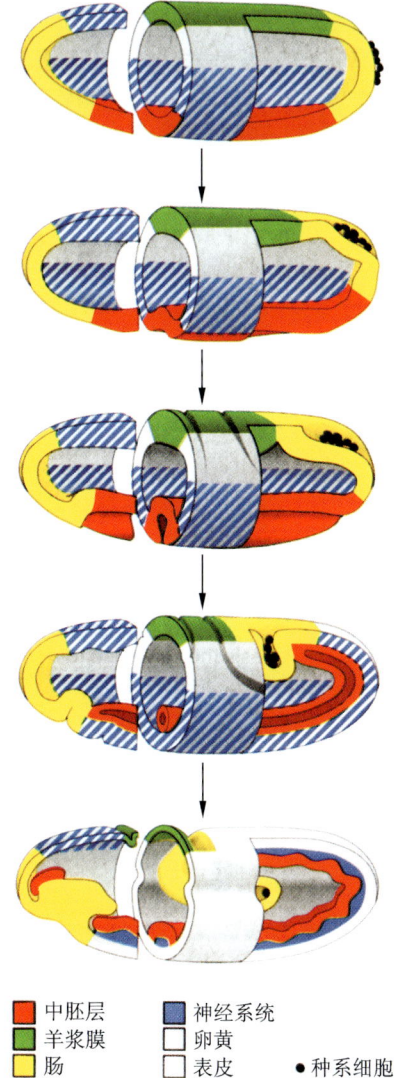

图1.1.12　果蝇胚胎的原肠化

果蝇胚胎的原肠化自中胚层（红色）在腹面内套叠开始。腹面中胚层先形成一条内陷的沟，然后卷成一条管子，脱离外胚层，在外胚层下迁移、铺展。神经系统来自外胚层中细胞（蓝色斜纹）的散在性内迁，随后它们定位在中胚层和腹面外胚层之间。前后两端细胞（黄色）向内凹陷构成前肠和后肠，它们将与中胚层起源的中肠相互通连成为消化道。（L.Wolpert）

■ 中胚层　■ 神经系统
■ 羊浆膜　□ 卵黄
■ 肠　　　□ 表皮　● 种系细胞

图1.1.18　两栖类胚胎的原肠化

囊胚的动物极细胞层下是充满液体的囊胚腔。原肠化从胚孔形成开始，它定位于未来胚胎的背侧。未来中胚层和内胚层经过胚孔的背唇向动物半球方向内卷运动，而中胚层形成于内胚层和外胚层之间，形成三明治样结构。细胞的运动产生了一个新的腔——原肠腔，将来发育为肠道。腹面的内胚层也通过胚孔的腹唇向内运动，最终完全沿着原肠腔排列，原肠化结束时，囊胚腔显著缩小。（L.Wolpert）

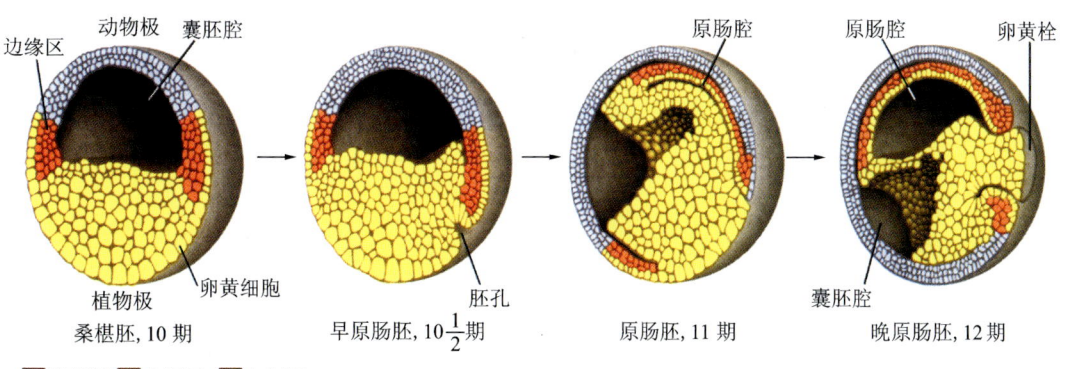

桑椹胚，10期　　早原肠胚，$10\frac{1}{2}$期　　原肠胚，11期　　晚原肠胚，12期

□ 外胚层　■ 中胚层　■ 内胚层

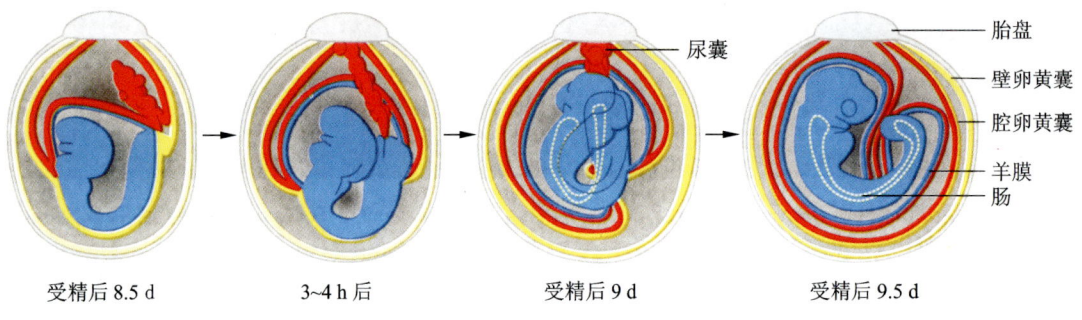

图1.1.24 小鼠胚外器官对胚胎的包被

在受精后8.5~9.5 d之间,小鼠胚胎经历了一个复杂的翻转过程,它被羊膜和羊膜液包裹保护起来,卵黄囊包围着羊膜,尿囊连接着胚胎和胎盘。(L.Wolpert)

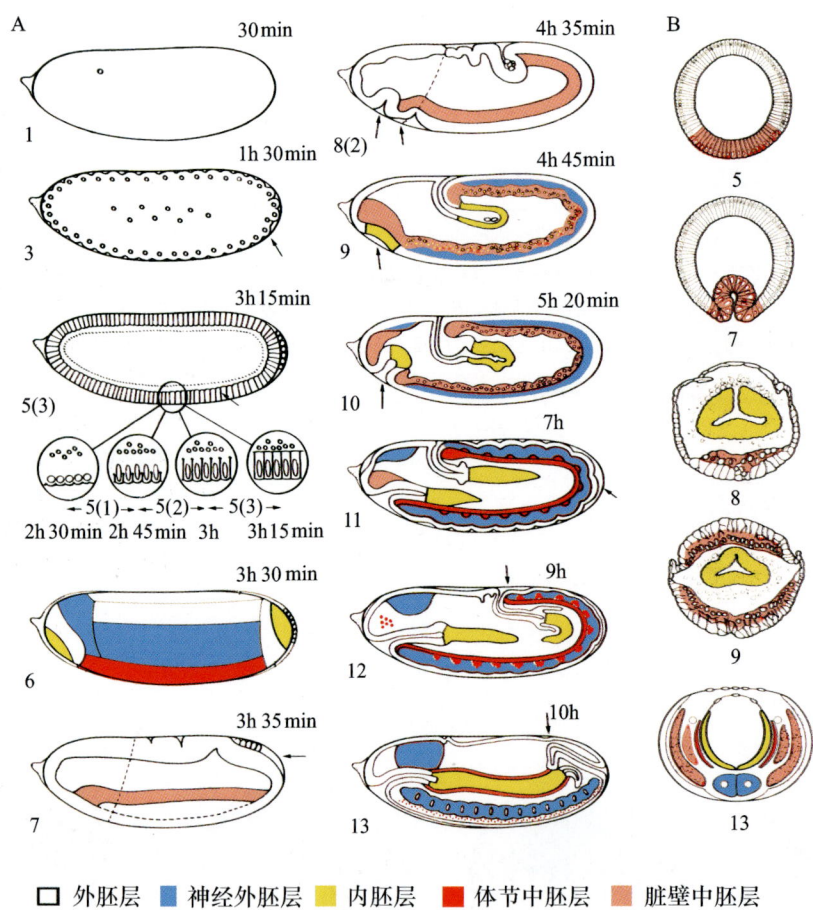

□ 外胚层　■ 神经外胚层　■ 内胚层　■ 体节中胚层　■ 脏壁中胚层

图3.3.2 果蝇胚胎早期发育

A.1~13期胚胎纵切面,体轴方向为左前右后、上背下腹。图中箭头指示从胚胎外观分辨不同发育阶段所依据的主要形态特征。B.胚胎横切面。

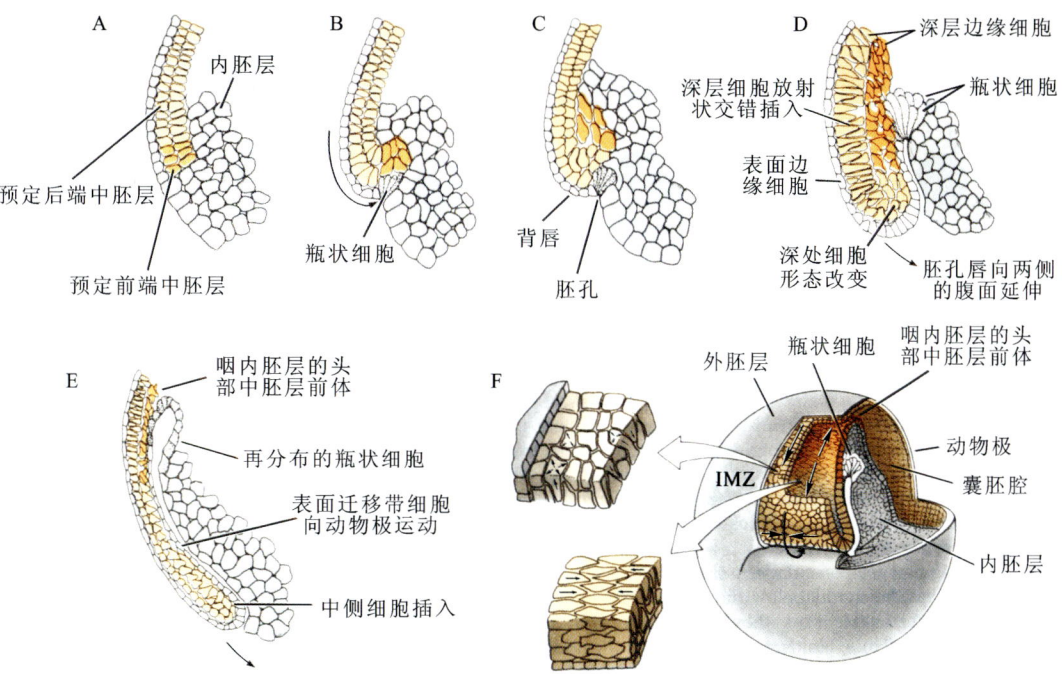

图3.3.10 爪蟾早期原肠发生中的细胞运动

A. 原肠发生前,深层迁移带细胞由将来的前端中胚层细胞和后端中胚层细胞组成。B. 瓶状细胞的压迫推动将来的前端中胚层细胞向内侧迁移,并带动迁移带细胞前进。C. 前端中胚层细胞引导中胚层进入囊胚腔。D. 中胚层向动物极运动,以褶入方式拉动表面细胞和瓶状细胞的持续迁移。E. 深层迁移带细胞变平,内表面细胞形成原肠壁。F. 深层中胚层细胞放射状相互交错形成薄层扁平胞层。在背唇的上方,细胞相互交错产生推拉力,使中胚层沿轴向继续伸长变窄。(S.F.Gilbert)

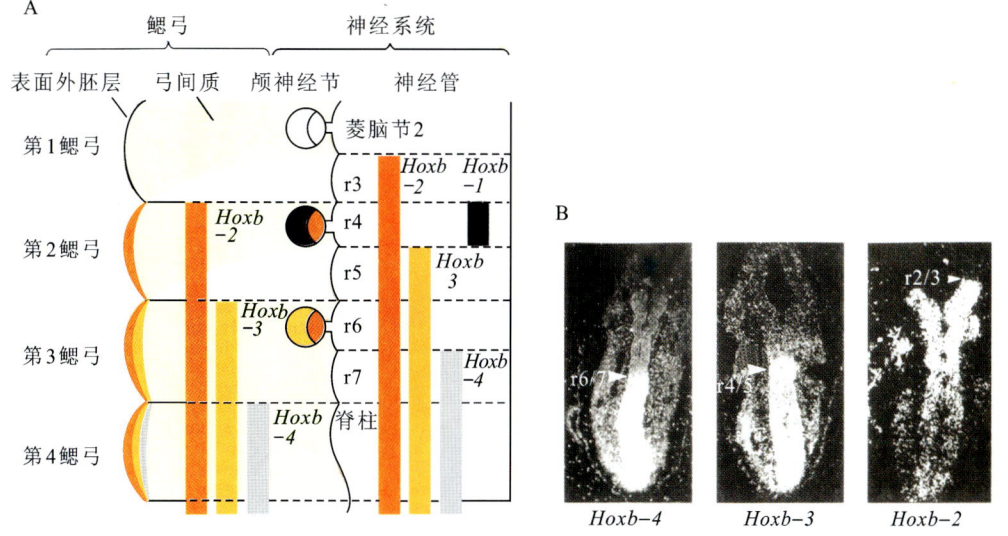

图4.2.10 *Hox-B* 基因的转录

A. 小鼠 *Hox-B* 基因的转录图案,*Hox-B* 基因的转录图案在神经管和中胚层中是错位的,在神经管中 *Hox-B* 基因的表达边界位于菱脑节边界。B. 9.5 d小鼠胚胎后脑中 *Hox-B* 基因簇的转录图案,图中箭头所指以及字符表示此基因在脊髓中表达终止的菱脑节数。(S.F.Gilbert)

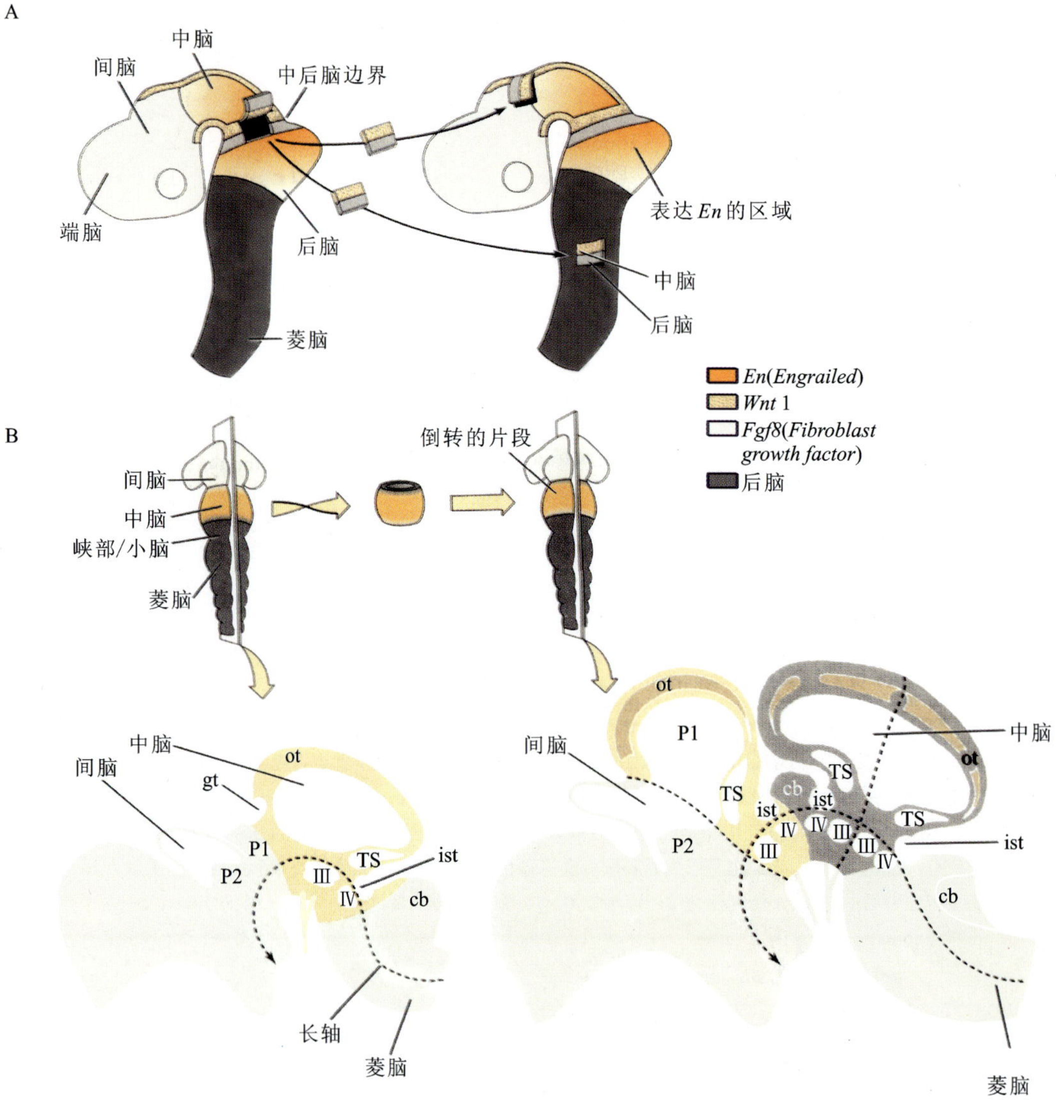

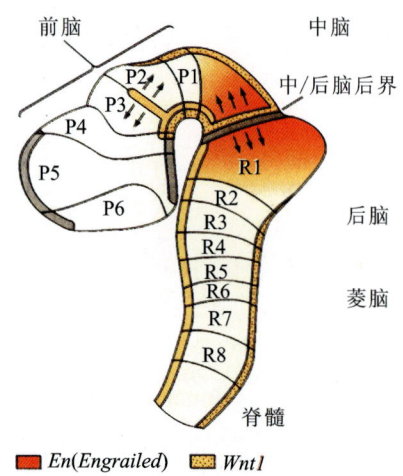

图5.1.3 中脑和后脑的连接部（mes/met）诱导中脑发育
A. 移植中脑-后脑结合带可以造成中脑、小脑的异位发生。B. 将中脑-后脑结合带旋转180°后原位植入，可造成中脑镜像对称重复结构发生。（S.F.Gilbert）

图5.1.4 脑发育分化过程中的基因诱导现象
中脑-后脑边界表达 *Fgf8* 和 *Wnt1* 基因，诱导两侧En基因的梯度表达。图中显示的P2/P3边界被认为是Sonic hedgehog蛋白的源头，它可能对前脑的发生有重要的作用。（S.F.Gilbert）

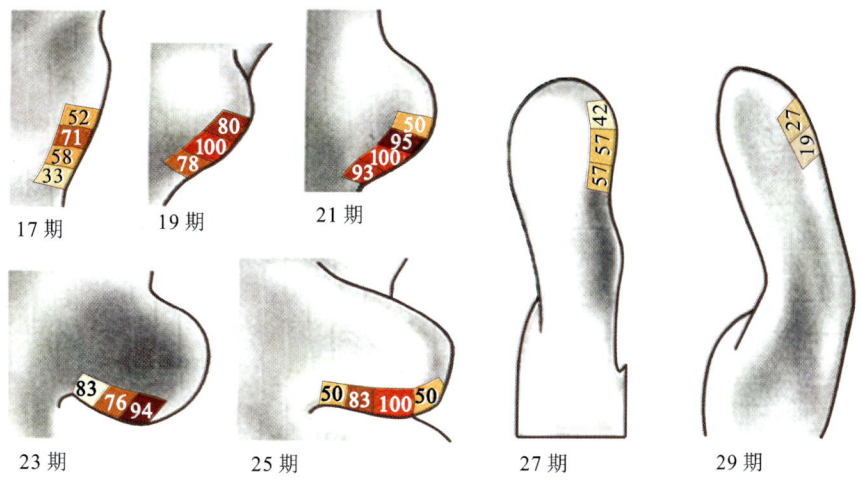

图5.4.13 肢体发育过程中的位置信号

图中以不同的色块表示 *sonic hedgehog* 基因的不同表达强度,而色块中的数字表示,如果将这些区域移植到早期肢芽前侧,造成额外肢体发生的百分数。(S.F.Gilbert)

图18.1.3 食性控制的发育

蛾春天孵化的幼虫以橡树花为食(A),发育出模拟花的表皮。夏天孵化的幼虫以橡树叶为食,发育出模拟橡树小枝的表皮(B)。(S.F.Gilbert)

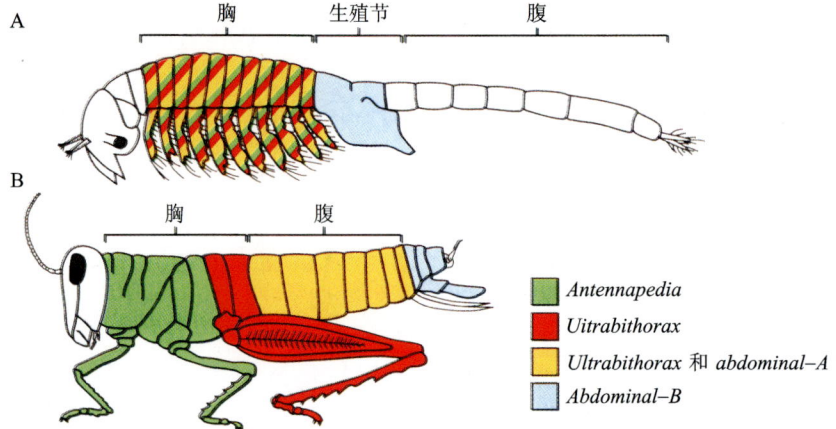

图21.3.3 两种节肢动物蝗虫和卤虫(Artemia)的 Hox 基因表达比较

在卤虫中(A), 大多数胸部体节很相似, Antennapedia、Ultrabithorax、abdominal-A 等基因在整个胸部表达。在蝗虫中(B),这3个基因在前胸、后胸、腹部的体节中均表达。这种表达图案的不同反应了蝗虫和卤虫胸部发育体制的不同。Abdominal-B 基因在蝗虫和卤虫的生殖节都表达,说明蝗虫和卤虫的生殖节有同源性。(L.Wolpert)

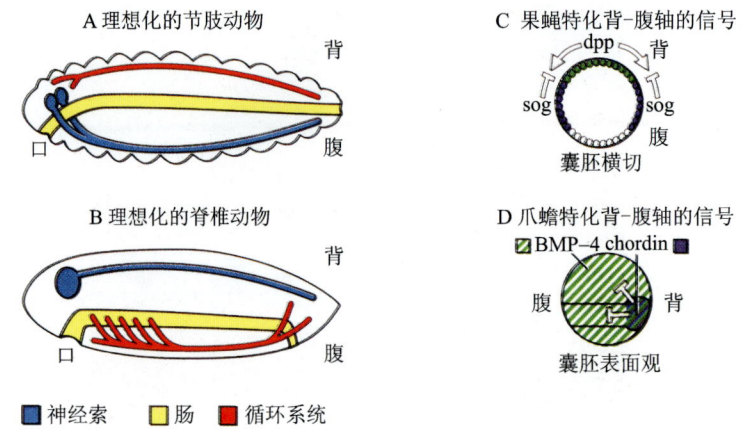

图21.3.13 脊椎动物和果蝇的背腹轴体制设定的比较

节肢动物(A)和脊椎动物(B)的背腹可由口的位置区分。节肢动物的神经管在腹面,脊椎动物的神经管在背面。在果蝇(C)和爪蟾(D)中,特化背-腹轴的信号是相似的,但是表达的位置相反。脊椎动物的背部特化因子chordin蛋白与果蝇的腹部特化因子sog蛋白同源。脊椎动物的腹部特化因子BMP-4与果蝇的背部特化因子decapentaplegic(dpp)蛋白同源。(L.Wolpert)

发育生物学原理

Principles of Developmental Biology

樊启昶　白书农　编著

高等教育出版社
HIGHER EDUCATION PRESS

图书在版编目(CIP)数据

发育生物学原理 / 樊启昶, 白书农编著. —北京: 高等教育出版社, 2002.11(2019.7重印)
ISBN 978-7-04-011090-6

Ⅰ.发…　Ⅱ.①樊…②白…　Ⅲ.发育生物学　Ⅳ.Q111

中国版本图书馆 CIP 数据核字(2002)第 069080 号

| 责任编辑 | 王　莉 | 封面设计 | 王凌波 | 责任绘图 | 朱　静 | 版式设计 | 李　杰 | 责任印制 | 刘思涵 |

出版发行	高等教育出版社	咨询电话	400-810-0598
社　　址	北京市西城区德外大街4号	网　　址	http://www.hep.edu.cn
邮政编码	100120		http://www.hep.com.cn
印　　刷	山东临沂新华印刷物流集团有限责任公司	网上订购	http://www.landraco.com
开　　本	850×1168　1/16		http://www.landraco.com.cn
印　　张	27.5		
字　　数	700 000	版　　次	2002年11月第1版
插　　页	3	印　　次	2019年7月第6次印刷
购书热线	010-58581118	定　　价	39.50元

本书如有缺页、倒页、脱页等质量问题, 请到所购图书销售部门联系调换
版权所有　侵权必究
物　料　号　11090-00

序

　　发育生物学是当今生命科学进展最为迅速的分支学科之一，编著一本发育生物学的教科书是一件不容易的工作。发育生物学从胚胎学演进而来，还处于发展形成的过程之中，不同学者从各自的角度审视，尚未形成共同接受的学科结构体系；另一方面，发育生物学的问题几乎渗透到生命科学的所有分支学科，相关的资料浩如烟海，各自只触及有限的发育现象。将这些"片段化"的资料归纳为发育生物学的系统理论的时机尚待成熟。即便如此，为适应我国高校发育生物学教学发展需要，编著相应的教科书是十分必要的。为此，北京大学樊启昶在以往教学实践的基础上，用了数年的时间，悉心地研究了国外的几本主要的发育生物学专著，系统听取并分析了美国两所大学的发育生物学的教学全过程，和白书农一起编写了这本《发育生物学原理》。

　　《发育生物学原理》一书侧重于介绍和讨论发育现象的规律性，对一些发育的具体内容做了概括和归纳，如动物的发育、植物的发育、发育机制和原理的讨论、发育与进化等。在内容和概念上，这本书尽量反映发育生物学领域的最新成果，例如发育体制（body plan）的概念、细胞核在发育中的编程现象、发育的时间空间结构、形态发生原的工作原理、体轴的决定、细胞分化、干细胞与细胞系、体细胞克隆等。在编写中，作者独具匠心地把对发育机制和原理的讨论单列出来，提出一些富有启发性和值得研讨的问题，如发育的世代重叠现象、集约化是发育组织的重要手段、植物与动物发育程序特征的比较等。对发育生物学结构安排上的这一新尝试，表现了作者的教学理念是摈弃单纯的知识灌输，力图激发学生的联想与创造，并将这一理念表达在教材的编写之中。

　　《发育生物学原理》一书的另一个特色是，将复杂的生物发育现象放在生命科学发展和生物进化的大背景中来进行认识和讨论。20世纪以来，在细胞学、遗传学、分子生物学发展的推动下，胚胎学发生了向发育生物学的演进。书中从介绍传统胚胎学与发育生物学的区别入手，说明了发育生物学是胚胎学的继承和扩展。现今一切多细胞生物复杂的个体发育程序都是在漫长的生命进化过程中建立起来的。通过分析和比较，探察生物进化的遗迹和可能的途径是当今发育生物学重要内容之一。对此，本书给予了充分的重视，并结合现代发育生物学的研究成果，对相关的重要的生命科学基本理论问题，如重演律、种质学说、生物进化的潜能性等，从新的视角做了分析，提出了个人的见解。

　　作者在书中还表达了一个愿望，就是将发育的概念也尽可能地介绍给对生命现象感兴趣的人们，特别是那些从事信息论、系统论和计算机领域的研究者们，希望这本书对他们具有参阅和评论的价值，以期推动不同学科间的交叉与融合。为此，作者尝试从系统论的角度对发育，特别是发育的程序特征和发育程序的稳定性方面展开了讨论。

　　任何一本教科书都会有它不足和缺憾之处，但是从鼓励科学的百花齐放和探索创新的角度,我希望《发育生物学原理》一书的出版能为这一领域的教学和学科的发展做出贡献,并不断完善。应该说,《发育生物学原理》一书所体现的探索、开拓、进取精神说明了作者对继承和发扬北京大学科学、求实、民主传统的追求,是北京大学历代教师重视教书、育人优良传统的延续。愿这一精神更加发扬光大,为我国的教育事业的不断发展,并走向世界做出我们应有的贡献。

朱作言于北京大学
2002 年 8 月 15 日

前　言

发育生物学的建立和现状

发育生物学是当今生命科学的一个重要分支学科，它是胚胎学的继承和发扬。伴随着生命科学的发展，从胚胎学的酝酿到建立，再到发育生物学的出现经过了一个漫长的历史过程。

历史记载，古希腊 Hippocrates(B.C.460—B.C.377)、Aristotle(B.C.384—B.C.322)观察了鸡、蜜蜂、乌贼的发育，提出了胚胎发育的概念。

胚胎学形成于 18—19 世纪，其创始人以及他们的代表著作和主要的学术贡献是：Wolff(1733—1794)的《发生学》、《肠的形成》出版，开始了对动物胚胎发生的系统研究；E.V.Baer(1772—1876)提出了胚层的概念，并指出动物发育的共性；Muller(1863)，Haeckel(1866)提出生物重演律，引入了从发育现象对生物进化的思考；Whitman(1878)对扁蛭卵裂过程进行了观察，建立了发育中的细胞谱系概念，将发育过程与细胞学研究更紧密地联系在一起；Beneden(1883)发现马蛔虫减数分裂，奠定了认识生物有性生殖过程的遗传学基础；Roux(1888)用杀伤细胞的方法研究蛙胚胎细胞的命运，开创了实验胚胎学的研究；Weismann(1892)《种质论》发表，确立了遗传基因组在发育中的重要地位，并提出种质延续的思想，等等。与此同时，在对植物发育现象的研究中相应地建立了植物胚胎学。

20 世纪以后，在细胞学、遗传学、分子生物学发展的推动下，胚胎学开始向发育生物学转化，主要来自于以下的成就和进展：E.B.Wilson(1856—1939)以果蝇为材料，将染色体行为与发育联系起来，并开始了性别决定的研究；T.H.Morgan(1866—1945)对果蝇遗传学作出了重要的贡献，奠定了果蝇发育研究的遗传学和分子生物学基础；F.Lillie(1930)开展了对海洋生物受精与生殖内分泌的研究，将对发育现象的研究进一步推到了分子生物学的水平；K.Sander(1958)发现发育形态构建中形态发生原的浓度梯度现象，将早期发育中体轴建立的认识大大提高了一步；M.Scott 等人(1981)发现了果蝇同源异型框基因(homeobox gene)，引导发育体制概念形成(图 0.1)。目前，在发育生物学的总题目之下，又出现了更细的研究分支，如动物发育生物学、植物发育生物学、神经发育生物学、进化发育生物学，并出版了不同代表物种(如果蝇、线虫、斑马鱼、拟南芥)发育研究的专著。

总之，胚胎学是早期研究多细胞生物发育现象建立的生命科学的一个分支学科，发育生物学是胚胎学的继承与发展。胚胎学与发育生物学的主要区别在于：① 胚胎学基本是对发育过程形态演变的追踪，如动物胚胎学建立了三胚层的概念，以及囊胚、原肠胚、神经胚、器官发生的基本发育模式，而发育生物学则侧重探察发育的分子生物学过程和机制，确立了发育体制的概念；② 胚胎学基本将发育过程限定在从受精卵到幼体建立的阶段，而发育生物学将发育扩展为从生殖细胞(或者植物单倍世代的孢子)的形成到个体衰老死亡的全过程；③ 胚胎学对各物种发育现象的研究突出的是形态比较，缺乏相互间的内在联系，而发育生物学明确地将各种

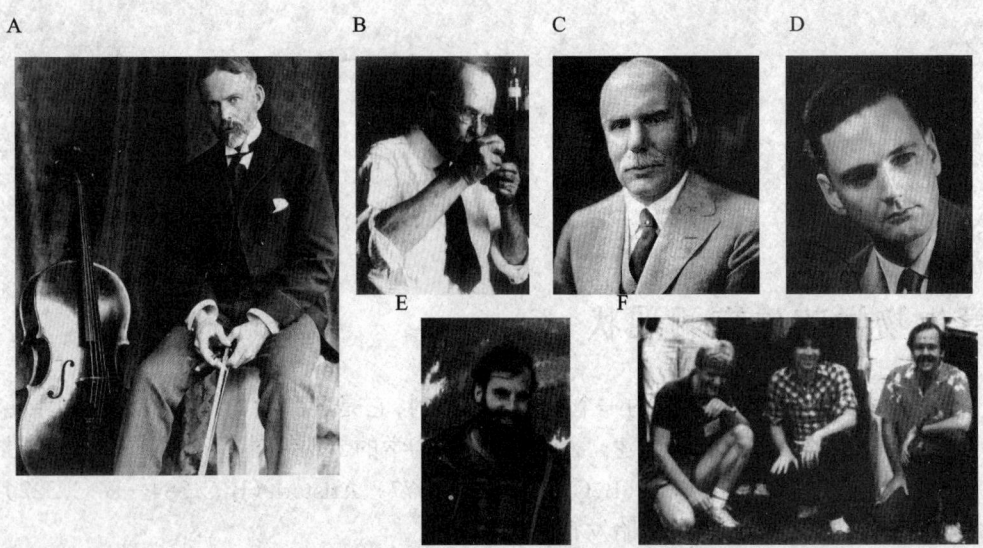

图 0.1 历史上有重要贡献的胚胎学家和发育生物学家
A. E.B.Wilson。B. T.H.Morgan。C. F.Lillie。D. K.Sander。E. M.Scott。F（从左至右）. E.Hafen, M.Lerine, B.McGinnis。

多细胞生物的个体发育放在了生物进化总背景下来进行考察。

当你提到"多细胞生物的发育"，或者开始这一领域的学习的时候，你所面临的是一个十分复杂和综合的生命现象。应该说，发育生物学涵盖了细胞学、基因学、分子生物学等广泛生命科学的内容，它同时密切地联系着生物与环境，以及生物进化等重要的生命科学课题。对于生物的发育现象，可以从许多不同的角度，采取不同的方法进行研究。目前，许多发育生物研究实验室正在全力以赴地调用一切新的生命科学技术手段，对不同的代表物种(如线虫、果蝇、爪蟾、斑马鱼、鼠、拟南芥)，特别是对它们的发育过程中基因的作用和发育的表达调控方面，进行全面深入地探察和研究。不同物种基因组测序工作的相继完成，为发育研究提供了很大的便利，也提出了许多新的课题，各物种发育过程的细节图案正在展开。

目前，国内外出版的发育生物学教科书主要有:《Developmental Biology, 6th ed》(S. F. Gilbert, 2000);《Principles of Development, 2nd ed》(L. Wolpert *et al*, 2002);《发育生物学》(W.A.Muller, 黄秀英等译, 1998);《发育生物学》(张红卫主编, 2001);《Molecular Plant Development》(W. H. Jeske, *et al* 1998)。此外，《Cell Embryos and Evolution》(J. Gerhart & M. Kirschner, 1997)是一本重点讨论发育与进化的专著。

应该说，目前发育生物学作为生命科学的一个重要分支学科正处在迅速发展的阶段，它的特点是：① 广泛吸收和容纳各方面的生物学知识，推动自身也同时促进其他生物学分支学科的发展；② 当今生命科学研究的许多热点和生长点来自于发育生物学或者与其有着密切的关系；③ 发育生物学强烈地表现出对生命现象进行完整、动态、历史地研究的特点，提出了许多极富启发性的课题；④ 作为一个生命科学的分支学科，与其他分支学科比较，应该说目前它自身还很不完善，还没有形成一个为人普遍接受的学科框架。

对本书编写的一点说明

　　如上面提到的,目前发育生物学还处在迅速发展的阶段,它自身的系统性还很不完备,还没有形成一个公认的学科框架结构和理论体系,这一点从下面这一事实中可以很容易地察觉到,即不同作者所著的《发育生物学》的结构很不一样,就是同一部著作的前后不同版本,其结构变动也很大。难怪有人说,目前发育生物学很难看作是一个独立的生命科学分支学科,因为几乎所有的生物学问题都与发育现象联系在一起。这一方面说明了发育现象的高度涵盖性,也间接反映了目前对发育现象的理论研究还很薄弱。本书在写作时参考了 S. F. Gilbert 所著的《Developmental Biology》一书中的部分材料,但是更赞同 L. Wolpert 等人编著的《Principles of Development》一书在前言中所表述的思想,即不强调对现今发育生物学进展的全面顾及,而是侧重于介绍和讨论发育过程的规律性,对一些具体的发育内容做了适当的压缩和筛选,例如对器官的发生只是给出一些例证(实际上如果仅此一项全面展开的话,也将是一部长篇巨著)。本书关于发育与进化方面的讨论吸收了 J. Gerhart 和 M. Kirschner(美)1997年编写的《Cell Embryos and Evolution》一书中的内容。此外,在本书的编写过程中,本人听了加州大学圣克鲁斯分校(UCSC)Andrew Chisholm 教授为大学本科生讲授的"发育生物学"课程,得到不少的教益。在此,一并表示作者对他们的衷心感谢。

　　本书采用如下的编排结构:第一部分,动物的发育;第二部分,植物的发育;第三部分,发育机制和原理的讨论;第四部分,发育与进化。其中,第一、三、四部分由北京大学樊启昶编写,第二部分由北京大学白书农编写,仲寒冰完成版图的前期编制工作,全书的通审工作由樊启昶完成。

　　如上的编写包含了对发育生物学教材结构建设上的新尝试。作者面临的最大困难有三:第一,虽然目前出版的发育生物学教科书或者专著在介绍多细胞生物发育现象的同时或多或少地对发育过程表现出的规律性,即发育机制有所讨论。但是,它们基本上是穿插在不同的具体发育内容之中,并且各自的提法、侧重也不尽相同,明显地缺乏系统性和全局性,这大概也正是至今发育生物学作为一个独立的生物学科还没有形成一个令人满意的框架结构的主要原因。本书尝试在这方面给出一种新的分析和认识方法,这等于给自己提出了一项十分困难的任务,也可以说是一种挑战。第二,目前发育生物学正处在迅速发展的时期,已有的发育生物学内容浩如烟海,而新的研究成果更是以惊人的速度增加着,这无疑给材料的获得、取舍和分析带来了极大的困难,而作者知识和能力的限制也就自然成为着手这一工作的巨大障碍。第三,有人说生命科学是一种相互连环的学科,它不像数学那样是建立在逻辑推理的基础上,可以从公理和定义出发,一步步推演、证明出各种定理,并以此建立起一套完整、系统的理论框架。在生命科学中,几乎任何一方面的学习都要以其他方面的内容作为其知识背景,而这一特点在发育生物学中显得更为突出。例如,本书没有将对发育机制和原理的讨论放在最前面,这是因为对发育机制的讨论必然要涉及许多具体的发育内容,如果将这一部分放在前面必然会给学习带来不少的困难。但是,这种安排也同样有它的缺憾,即在没有学习发育机制的情况下,首先讨论各种模式物种的发育,这种学习又必然缺乏发育原理的指导,也同样会给对各物种发育知识的理解和掌握带来困难。显然,就像逻辑上的怪圈和悖论一样,这种前后内容互为依存前提的学科特点为其框架的建立带来了不少的尴尬。因此,虽然本书的编写出发于教学的目的,但是它与一般的教科书又有所不同。

　　这里还有一点要特别说明,目前流行着这样一种看法,似乎发育生物学的出现已完全取代了传统的胚胎学。对此作者倒有不同的认识,即认为发育生物学是胚胎学的继承和发展,但是它不可能完全取代胚胎学。相反,要学好发育生物学,应始把胚胎学作为必学的先行基础课。不难设想,对动物或者植物的形态发生,以至于对它们各器官系统的组织结构都没有基本的了解,就能够很好地学习和掌握发育生物学的知识,而发育生物学也不可能用过多的篇幅去详细地介绍多细胞生物,包括它们各种器官系统的形态发生过程。其实,这就好像不能用生理学代替解剖学、用分子生物学代替生物化学、用细胞学代替组织学一样。此外,对发育生物学的学习还要求学生有较好的动物学、植物学、解剖学、细胞学、生理学、生物化学、遗传学、分子生物学等课程的基础,并有一定的系统论和混沌学方面的知识。由此,本书是作为生物系高年级本科生或者研究生的教科书,还是教学参考书,应该视学生的基础和课程设置的目的而定,教师也可以根据讲授的需要对其顺序进行调整(如将发育的机制和原理的部分,或者某些章节放在前面讲授)。

　　作为教学用书,宗旨在于使学习者能够对多细胞生物的发育过程有一个比较全面的了解,并突出对发育基本原理的介绍。因此,作者不准备(实际上也不可能)将本书编写成为一个对现今多细胞生物发育过程细节知识介绍的综合性专著,而是试图从总体上认识和分析多细胞生物的发育现象,即透过纷繁复杂的多细胞生物发育过程,探讨它们表达出来的共同机制或者基本原理,以及发掘由此投射出来的生命复杂系统运动的基本规律和它与生物进化现象的联系。作者认为这对于本课程的学习是重要的,对于当前接受高等院校系统的生命科学知识的学习和将要从事这一领域的基础理论研究和教学工作的学生来说也是必要的。

　　为了说明这一点,举一个例子:假设你拿到一本名为《魔幻的眼睛》(Magic Eye)的书(Andrews and McMeel,1995),翻开看到的是一幅幅类似于二方或四方连续图案的画页。但是,当你按照作者给出的方法对这些画面进行观看时,会立刻发现在这些画面中出现了一些原来根本看不到的立体图形。这是一本利用计算机技术绘制的特殊画册,它的关键是当你将你的双目视觉焦距锁定在近距离对画面(或者远距离对其他物体)观看的状态,然后逐渐拉远画面与你的距离(或者将画面近距离切入),画面上的图案信息将会在你锁定的聚焦状态下给出一个立体的图像(图0.2)。在惊奇之中你一定会再重新仔细查看画面的细节,这时你将发现,看似一样的各个图案单元在一些细微的地方实际上是不一样的。但是,这些信息只有在你双眼锁定在特定焦距状态并给画面一种全局的观察时,才能使你获得立体图案的视觉效果,看到原来看不到的图形(证明这一点很容易,只要你在看到立体图形以后闭上一只眼睛,立体图形便立即消失,因此严格地说这本书的名字应该叫《Magic Eyes》,而不是《Magic Eye》)。这一例子给我们一个启示:复杂过程的细节是重要的,许多重要的信息包含在这些细节中。但是,如果我们完全陷在细节的观察和描绘之中,往往不可能很好地了解和把握这个复杂过程所包含的规律性,只有站在适当的角度,才可能对研究的对象有更加本质的了解,看到一些原本看不到的东西。本书的编写正是对多细胞生物发育现象的认识进行一种类似的尝试。

　　在本书写作时,作者还有一个愿望,就是希望将发育这一重要的生物学现象也尽可能地介绍给对生命现象感兴趣的人们,例如从事信息论、系统论研究和计算机行业的人士,希望这本书对他们具有探讨、评论的价值,并且由此能够起到与不同学科相互交叉和促进的作用。如果能做到这一点,作者将感到十分欣慰。

图 0.2 三维视图:斑马与帆船

从上面的说明中可以看出,本书的编写包含着作者对一些问题的学习与思考,其中含混、错误或者粗糙、谬误一定是存在的,恳切希望专家、同行和广大读者予以指正。有一些近年出现的新的发育生物学的概念(如 body plan)和名词,有待专家商讨以给出规范和统一。

作者在此要特别感谢杜淼、曾弥白、张红卫先生,他们在本书的编写过程中,仔细地审读了原稿,提出了许多修改建议。此外,高等教育出版社编辑孙素青、王莉先生为本书的出版做了大量的工作,本书的完成还得到了光彩基金会的部分资助和北京大学生命科学学院的大力支持,在此一并表示衷心的感谢。最后,作者想借此机会表达对已故导师陈阅增先生的深切怀念。

樊启昶

2002 年 6 月

目 录

第一部分　动物的发育

1 动物的发育模式 (3)
　1.1 胚胎学对动物胚胎发育模式的确定和阶段划分 (3)
　　1.1.1 动物的生活周期 (3)
　　1.1.2 动物的形态结构特征及其发育构建的多态性 (3)
　　1.1.3 胚胎学的动物胚胎发育模式及其阶段划分 (6)
　　1.1.4 模式动物的胚胎发育图案 (9)
　1.2 发育生物学对动物发育现象的新理解 (17)
　　1.2.1 发育体制 (17)
　　1.2.2 当前动物发育研究的几个重要方面 (17)

2 胚胎发育的准备 (21)
　2.1 生殖干细胞的决定和迁移 (21)
　2.2 精子和卵细胞的发生 (27)
　　2.2.1 精子的发生 (28)
　　2.2.2 卵细胞的发生 (31)

3 胚胎的早期发育——门类体制特征的建立 (45)
　3.1 受精——胚胎发育的启动 (45)
　3.2 囊胚——从单细胞到多细胞 (55)
　3.3 原肠胚——三胚层建立 (62)
　3.4 神经胚——脊椎动物门类体制特征的确立 (74)

4 器官系统发生的奠定 (80)
　4.1 动物胚胎发育中器官系统发生奠定阶段的存在 (80)
　4.2 脊椎动物器官系统发生的奠定 (82)
　　4.2.1 中胚层的早期发育 (82)
　　4.2.2 内胚层的早期发育 (87)
　　4.2.3 *Hox* 基因和胚胎前-后轴向上的进一步分化 (88)
　　4.2.4 胚胎背-腹与左-右方向上的分化 (92)
　4.3 节肢动物体节的形成与分化 (95)

4.3.1　果蝇体节的形成与分化 …………………………………………………（95）
　　4.3.2　果蝇的同源异型选择者基因与执行基因 ………………………………（100）
　　4.3.3　节肢动物的长胚基模式和短胚基模式 …………………………………（103）

5　动物成体组织结构的形成和器官系统的发生 …………………………………（106）
　5.1　动物器官系统发生总论 …………………………………………………………（106）
　5.2　脊椎动物神经系统的发生 ………………………………………………………（112）
　5.3　脊椎动物肾脏及排泄系统的发生 ………………………………………………（118）
　5.4　脊椎动物肢体的发生 ……………………………………………………………（122）
　5.5　性腺的发育 ………………………………………………………………………（132）
　　5.5.1　哺乳动物的性别决定 ………………………………………………………（133）
　　5.5.2　果蝇的性别决定 ……………………………………………………………（138）
　　5.5.3　线虫的性别决定 ……………………………………………………………（139）

6　变态 ……………………………………………………………………………………（143）
　6.1　动物的变态 ………………………………………………………………………（143）
　6.2　变态的发育控制 …………………………………………………………………（144）
　　6.2.1　昆虫的变态 …………………………………………………………………（145）
　　6.2.2　两栖动物的变态 ……………………………………………………………（149）

7　胚后发育与生长 ………………………………………………………………………（153）
　7.1　哺乳动物的胚后发育 ……………………………………………………………（154）
　7.2　动物的生长 ………………………………………………………………………（157）
　7.3　对发育远程控制的进一步讨论 …………………………………………………（161）

8　衰老与死亡 ……………………………………………………………………………（162）
　8.1　动物的衰老与死亡现象 …………………………………………………………（162）
　8.2　衰老机制的研究 …………………………………………………………………（163）

小结 …………………………………………………………………………………………（168）

第二部分　植物的发育

9　植物发育的模式 ………………………………………………………………………（171）
　9.1　不同植物类群的生活史和形态建成的基本特点 ………………………………（171）
　9.2　植物发育的核心过程与基本模式 ………………………………………………（181）

10　植物发育中的茎端分生组织 ………………………………………………………（184）
　10.1　茎端分生组织的形成、形态变化与活动终结 …………………………………（184）
　10.2　侧芽的发生与茎端分生组织的重组 ……………………………………………（187）
　10.3　茎端分生组织的活动与组织的分化 ……………………………………………（188）

11　侧生器官的形成 ………………………………………………………………………（191）

11.1 子叶的形成 …………………………………………………………………………… (191)
11.2 营养性叶的形成 ……………………………………………………………………… (195)
11.3 花器官的形成 ………………………………………………………………………… (203)
11.4 胚珠的形成 …………………………………………………………………………… (213)
11.5 非侧生器官的形态建成:根与茎及其在植物发育中的地位 ……………………… (215)

12 减数分裂、孢子与配子的形成和受精 …………………………………………………… (220)
12.1 大、小孢子母细胞的分化、减数分裂与大、小孢子形成 ………………………… (220)
12.2 配子的形成 …………………………………………………………………………… (224)
12.3 配子的传递 …………………………………………………………………………… (228)
12.4 受精、幼胚与胚乳的形成 …………………………………………………………… (232)

13 植物适应固着生长方式的一些特殊发育现象 ………………………………………… (239)
13.1 光对生活周期完成的调控 …………………………………………………………… (239)
13.2 植株发育单元内与发育单元间的协调 ……………………………………………… (244)
13.3 分枝与营养繁殖 ……………………………………………………………………… (247)
13.4 物种的传播 …………………………………………………………………………… (248)

小结 …………………………………………………………………………………………… (252)

第三部分 发育机制和原理的讨论

14 细胞分化是发育建立的基础 …………………………………………………………… (255)
14.1 多细胞生物细胞分化建立的条件 …………………………………………………… (255)
14.1.1 细胞分化的遗传信息以及它们的表达 ………………………………………… (255)
14.1.2 信号系统与细胞分化 …………………………………………………………… (258)
14.1.3 细胞间质对细胞分化实现的重要作用 ………………………………………… (260)
14.2 细胞分化的近端诱导 ………………………………………………………………… (260)
14.2.1 旁泌素 …………………………………………………………………………… (261)
14.2.2 近端诱导细胞分化的主要特征 ………………………………………………… (265)
14.3 细胞分化的远程控制 ………………………………………………………………… (272)
14.3.1 激素 ……………………………………………………………………………… (272)
14.3.2 远程控制细胞分化的主要特征 ………………………………………………… (273)
14.4 发育过程中细胞分化的类型 ………………………………………………………… (276)
14.5 细胞系与干细胞 ……………………………………………………………………… (278)
14.6 细胞凋亡与发育 ……………………………………………………………………… (281)
14.7 发育中的细胞分化决定与细胞核在发育中的编程现象 …………………………… (283)

15 自组织在发育中的重要作用 …………………………………………………………… (286)
15.1 发育中的自组织现象 ………………………………………………………………… (286)

15.2 细胞粘着与亲和的分子基础 …… (293)
15.2.1 细胞粘着分子 …… (293)
15.2.2 底物粘着分子 …… (295)
15.2.3 细胞连接分子 …… (296)
15.3 对生物自组织现象的进一步讨论 …… (297)

16 集约化是发育组织的重要手段 …… (298)
16.1 发育在空间和时间上的集约化现象 …… (298)
16.2 发育中区域和阶段分化的建立 …… (300)
16.3 发育模块的自主性和可塑性 …… (304)
16.4 对发育集约化现象的进一步讨论 …… (307)

17 发育程序的构建及其主要特征 …… (309)
17.1 多细胞生物发育程序的构建 …… (309)
17.1.1 基因组是发育程序建立的最主要的信息储备库 …… (309)
17.1.2 程式级联是发育程序组建的基本方式 …… (310)
17.1.3 复杂的基因表达和细胞间信号调控系统是发育程序运行的执行者 …… (313)
17.2 多细胞生物发育程序结构的主要特征 …… (316)
17.2.1 发育程序具有超循环的结构 …… (316)
17.2.2 发育控制在程序编排上的世代移位和重叠现象 …… (318)
17.2.3 多细胞生物个体生存的不可持续性 …… (323)
17.3 植物与动物发育程序的比较 …… (324)
17.3.1 问题的提出 …… (324)
17.3.2 从植物与动物最重要的不同——自养与异养谈起 …… (325)
17.3.3 对动物和植物的发育程序结构的分析 …… (329)

18 多细胞生物对内外环境的探察性发育 …… (332)
18.1 环境对发育的影响 …… (332)
18.2 神经系统与免疫系统的学习性发育 …… (336)
18.3 生物个体性别发育中的环境决定现象 …… (339)
18.3.1 多细胞生物性别表达的多态性 …… (339)
18.3.2 生物界广泛存在环境影响性别发育的现象 …… (339)
18.3.3 对性别决定现象的进一步讨论 …… (342)

19 多细胞生物个体的整体维持和修复与重建能力 …… (345)
19.1 从多细胞生物的再生现象说起 …… (345)
19.1.1 生理再生 …… (345)
19.1.2 修复再生 …… (346)
19.1.3 繁殖再生 …… (347)

19.2 对修复再生现象的进一步研究 ……………………………………………………… (347)
  19.2.1 形变性修复再生 …………………………………………………………… (348)
  19.2.2 生长性修复再生 …………………………………………………………… (350)
19.3 多细胞生物的全息属性 ………………………………………………………………… (352)

20 发育程序的稳定性与发育的失控 …………………………………………………… (354)
20.1 对发育程序稳定性的探讨 …………………………………………………………… (354)
  20.1.1 生命的基本动力学属性 …………………………………………………… (355)
  20.1.2 生命过程中包含着丰富的混沌 …………………………………………… (357)
  20.1.3 用混沌和吸引子的思想来解析多细胞生物的个体发育
     和系统发育 ………………………………………………………………… (361)
20.2 发育的失控 ……………………………………………………………………………… (364)

小结 ……………………………………………………………………………………………… (368)

第四部分 发育与进化

21 生物发育研究对生物进化现象提出新的思考和探察方法 ………………………… (373)
21.1 对多细胞生物进化历史的回顾 ………………………………………………………… (373)
21.2 发育控制系统的演进在生物进化中发挥着重要的作用 ……………………………… (377)
  21.2.1 在进化上细胞学的核心程式表现出高度的同一性和保守性 …………… (377)
  21.2.2 建立对核心程序网络的特异控制是多细胞生物进化的
     重要手段 …………………………………………………………………… (381)
  21.2.3 多细胞生物有序过程控制系统的进化 …………………………………… (385)
  21.2.4 蛋白质分子的进化 ………………………………………………………… (396)
21.3 从发育体制的比较和分析中探察生物进化的线索 …………………………………… (397)
  21.3.1 多细胞生物体制构建和器官发育编程中的同源基因现象 ……………… (397)
  21.3.2 发育过程中生长速率的调整和异时作用可产生生物多样性
     和进化 ……………………………………………………………………… (401)
  21.3.3 对多细胞生物进化现象的进一步思考 …………………………………… (404)
21.4 发育生物学推动了对生物进化现象的动力学研究 …………………………………… (405)

小结 ……………………………………………………………………………………………… (411)
主要参考书 ……………………………………………………………………………………… (413)
名词索引 ………………………………………………………………………………………… (414)
与发育相关的基因（因子）和突变株索引 …………………………………………………… (419)

第一部分

动物的发育

自林奈创立生物系统分类学以来,生物的分类经历了一个不断修改和演变的过程。近年,一些学者提出将动物的概念限定于多细胞生物的范畴,即多细胞生物划分为动物、植物和多细胞真菌3大类群,而单细胞真核生物统称为原生生物,不再归属在这一划分范围之中。本书采纳这一分类方法。从对生物发育现象的研究看,多细胞生物与单细胞生物在许多基本的生物学性质上确实存在许多重要的区别,仅仅以生物的营养和运动性质,将异养和可自由运动的单细胞真核生物(如草履虫)与多细胞动物划在一起并不合理,它们应分属于不同的生物进化层次。

今天地球上的动物大约有34个门类,150万种之多。不同门类、物种的动物发育不同,有的存在着很大的差异。面对如此多样的动物种群,一方面,人们对不同的代表动物的发育进行系统的研究,以求对它们的发育过程有深入的认识和了解,另一方面,又力图从各种动物的发育研究中归纳出具有普遍意义的动物发育模式,探察动物发育的基本规律。棘皮动物海胆(*Echinoidea*)、头索动物文昌鱼(*Branchiostoma belcheri*)、脊椎动物两栖纲爪蟾(*Xenopus laevis*)、鸟纲鸡(*Gallus gallus*)、哺乳纲小鼠(*Mus musculus*)是经典的胚胎发育研究的代表动物,节肢动物果蝇(*Drosophila melanogaster*)、线形动物秀丽线虫(*Caenorhabditis elegans*)、鱼纲斑马鱼(*Danio rerio*)是发育研究模式动物的后起之秀,在发育生物学的研究中占有着重要的地位。本部分将首先对动物的发育模式进行讨论,并以此为基线综合不同的代表动物的研究成果介绍动物的发育过程。

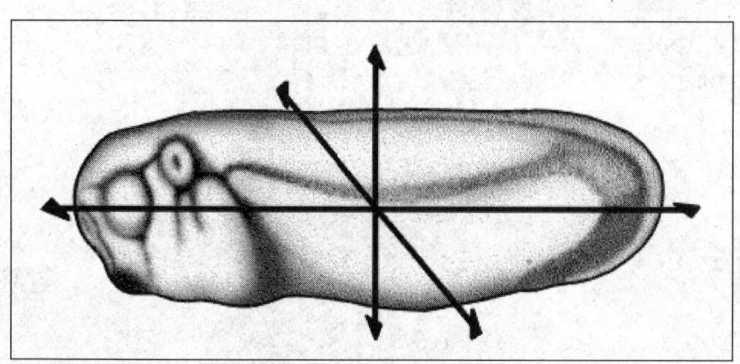

1 动物的发育模式

所有的动物从单一的受精卵到多细胞结构的成体都要经过一个复杂的发育过程,并且与动物形态结构的多样性相对应,它们的发育过程也是各不相同的。根据对不同动物发育过程的研究,特别是对胚胎期的形态构建和演变过程的观察,动物胚胎学建立了动物胚胎发育的基本模式并对其进行了阶段的划分。发育生物学在这一基础上,将动物发育的研究推向分子的水平,获得了对生物发育现象的新认识。

1.1 胚胎学对动物胚胎发育模式的确定和阶段划分

1.1.1 动物的生活周期

世代交替(alteration of generations)现象来自于多细胞生物的有性繁殖,即在多细胞生物周期性的生活史中存在有双倍染色体和单倍染色体两种不同细胞构成的阶段,并且它们之间相互更替出现。在多细胞生物中,无论是单倍细胞或者双倍细胞,都可能发育形成多细胞的个体,这一现象在植物中很普遍,而在动物中,其单倍细胞仅存在于配子阶段,并且它们不构成一个独立的生活个体。因此,长期以来都将受精作为动物发育的开端。

一个动物个体的生活周期分为胚胎期和胚后期。动物的胚胎发育界定在从受精到幼体孵化或者出生。动物胚后生长发育情况十分复杂,许多动物的幼体与成体之间还存在变态的现象。更有低等的动物,如腔肠动物海月水母,它还存在有性与无性繁殖世代交替的现象。在海月水母的生活周期中,雌性和雄性产生卵子和精子,受精卵经可自由游动的浮浪幼虫阶段后沉入水底,在固体物上着生,失去鞭毛发育为螅状幼虫,螅状幼虫再以横裂的方式由顶而下,形成很多扁平横裂体,并依次脱离母体成为碟状体,之后逐渐发育为新的海月水母。

1.1.2 动物的形态结构特征及其发育构建的多态性

动物体的基本结构,包括发育过程中出现的卵裂方式、胚层的形成和数目、体腔的类型、原口与后口的区分,以及头尾分化、体节形成、器官设置、身体的对称类型等等,反映了动物的形态结构和发育构建的多样性。对此,传统的胚胎学作了大量的研究,并由此探寻着不同动物物种之间的亲缘和进化关系(图1.1.1)。

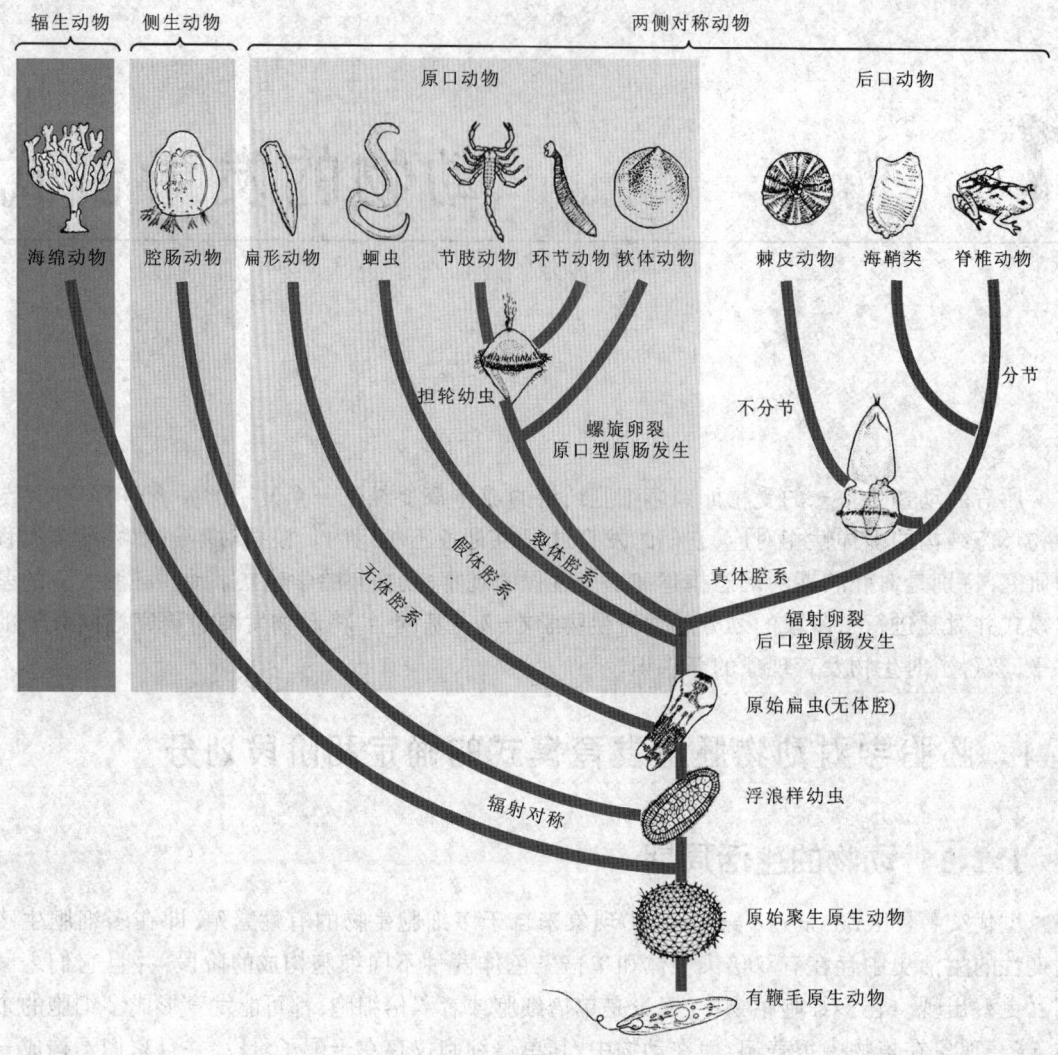

图 1.1.1　现生动物的主要进化分支（S.F.Gilbert）

概括地说，动物的形态结构和发育构建的多样性，主要包括在以下几个方面：

各种成体动物的体形特征不同，包括有：① 非对称型，即无法切割这些动物得到相似的两个部分，如海绵动物、软体动物蜗牛；② 辐射对称型，即这些动物身体存在一个纵向的中心轴，与中心轴垂直的切面可获得一个辐射对称的图案，如腔肠动物水螅、棘皮动物海胆等；③ 两侧对称型，即通过正中矢状切面可以将动物分为左右两个镜像对称的部分；如人类。总之，不论其身体的对称性如何，所有的动物都显示出身体结构存在有方向性。胚胎学的研究表明，这一性质在胚胎发育的早期就显现出来了，并且伴随着个体的发育被一步步地精细化。

动物胚胎发育早期，从受精卵开始，细胞分裂的方式是多样的，它包括完全卵裂和不完全卵裂两大类（图1.1.2，表1.1.1）。在完全卵裂中又分辐射卵裂（radial holoblastid cleavage）、螺旋卵裂（spiral holoblastid cleavage）、两侧卵裂（bilateral holoblastid cleavage）、旋转卵裂（rotational holoblastid cleavage）4 种不同的卵裂方式。在不完全卵裂中又分盘状卵裂（discoidal meroblastic cleavage)、表面卵裂(superficial meroblastic cleavage)、两侧卵裂(bilateral meroblastic cleavage)3 种不同的卵裂方式。研究表明,卵裂方式与动物的进化分类有相关性,例如,棘皮动物和脊椎动物可能在进化上更为接近。

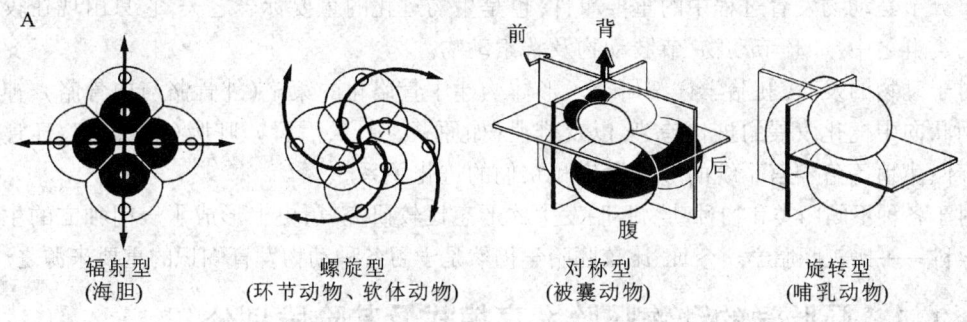

图1.1.2 4 种卵裂方式的模式图

表1.1.1 动物卵裂类型

卵裂方式	卵黄位置	卵裂的对称性	代表动物
完全卵裂	均匀分布卵黄	辐射对称	棘皮动物、两栖动物
		螺旋对称	多数软体动物、环节动物、扁虫及线形动物
	中度卵黄	两侧对称	海鞘
		旋转卵裂	哺乳动物
不完全卵裂	端卵黄	两侧对称	头足纲动物和部分扁虫动物
		盘状卵裂	爬行类、鱼类、鸟类动物
	中央卵黄	表面卵裂	多数节肢动物

在动物胚胎发育中,受精卵细胞经过迅速分裂和一系列的形态演变形成了在胚胎学中称为胚层的结构,并在此基础上发育出复杂的成体组织结构。低等动物,如海绵动物、腔肠动物,只有内外两个胚层,而高等动物的发育都形成内、中、外 3 个胚层。中胚层的出现奠定了高等动物复杂结构发生的基础。

动物消化道口从发生上分为原口(protostomata)和后口(deuterostomata)两大类。原口动物的口即是在发育中原肠形成时直接出现的消化道与体外通连的孔道,而后口动物的口形成于原肠盲端与体外次生性通连的孔道。在无脊椎动物类群中,绝大多数是原口动物,而棘皮动物、毛颚动物、半索动物是后口动物,脊索动物全部是后口动物。一般认为后口动物较原口动物处在更高的进化地位上。

动物体腔的发生与中胚层的出现有密切的关系。从体腔的发生方式看,动物可以分为无体腔动物(acoelomates)、假体腔动物(pseudocoelomates)和真体腔动物(coelomates)3 种,它们反映了动物进化的不同层次。除双胚层动物外,具有三胚层的扁形动物、纽形动物、颚胃动物都不具备体腔的结构,即中胚层在发育中不与其他胚层联合或者自身腔裂形成体腔的结构。假体腔是胚胎期的囊胚腔残留一直持续到成体而形成的体腔,它位于中胚层和内胚层之间,假体腔动物包括有腹毛动物、轮形动物、动吻动物、线虫动物、线形动物、棘头动物、内肛动物,它们都属于无脊椎动物类群。真体腔发生于中胚层内部的腔裂和扩展,软体动物、环节动物、节肢动物及所有的脊索动物都是真体腔动物。

分节现象(metamerism)是指胚胎发育过程中,沿身体纵轴排列出现的一系列结构相似的分段现象,每一单元叫一个体节(somites),在成体中分节结构可能继续保留或者出现相互间的融合。分节是动物发育过程中的重要事件,也是生物进化的重要标志之一,它只出现在较高等的动物类群之中,如环节动物、节肢动物及脊索动物。

对于动物的发育,胚胎学详细研究了形体构建中骨骼化的策略(外骨骼与内骨骼)、神经系统从网状向中枢化发展的进化趋势,以及排泄(如原肾、中肾、后肾)、呼吸(如鳃、肺、气管)、消化、循环、生殖等各器官系统的形态发生和它们的进化关系。

对于各种不同门类和物种动物胚胎发生的形态比较研究,历史上形成了一门独立的生物学分支学科——比较胚胎学。今日,比较胚胎学仍然是学习各种动物发育知识的重要来源之一。

1.1.3 胚胎学的动物胚胎发育模式及其阶段划分

生物学在长期的对动物生活周期过程的观察和研究中,形成了这样一个概念,即动物的个体生活史中包括两个大的阶段,胚胎期和胚后期。多数动物在胚胎期,通过迅速的发育过程,完成了未来成体的基本的形态结构的建设任务,而也有一些动物在胚后,还经历一个重要的变态期的发育过程。胚后期主要表现的是动物个体的生长和成熟。最后,动物个体进入衰老阶段,直至死亡。

对于动物的胚胎期发育,在比较了大量动物的发育过程后,胚胎学研究逐渐建立了动物胚胎发育的基本模式及其阶段划分,这一模式系统具有明显的对发育过程进行形态演变追踪和描述的特征,它们依次是:受精(fertilization)、桑椹胚(morula)、囊胚(blastula)、原肠胚(gastyula)、神经胚(nurula)、器官系统的发生(图1.1.3)。它的大致过程是:动物的胚胎发育从受精开始,首先出现倍增性的细胞分裂,形成多细胞组成的实心球体状桑椹胚。之后,伴随细胞的继续分裂,胚体中央出现空隙,并不断扩大成为中空的

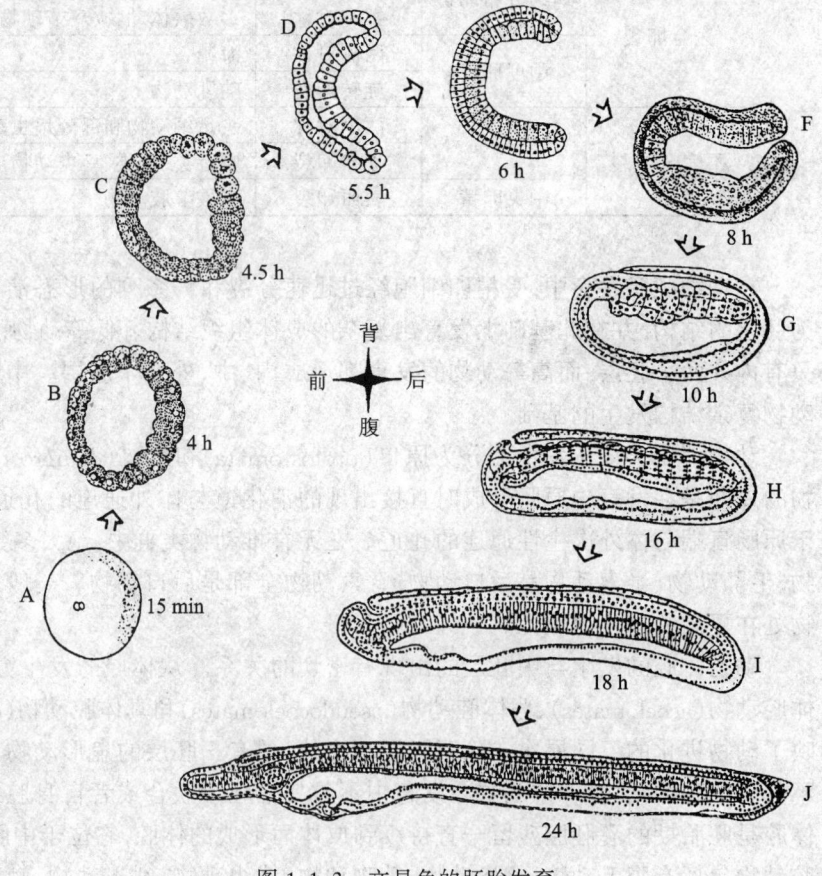

图1.1.3 文昌鱼的胚胎发育
A. 受精卵。B. 囊胚。C~F. 原肠胚。G. 神经胚。H~J. 幼虫。

囊胚。囊胚形成后，在其一端开始内陷并不断向囊胚腔内延伸，出现未来发育为消化管道的原肠，成为原肠胚。原肠的出现使动物的胚胎出现了外胚层和内胚层的分化。同时，通过细胞的迁移在内外两胚层之间出现了另一个细胞层，称为中胚层，奠定了未来动物器官发生的基础。进一步，外胚层特定区域细胞内陷形成神经系统，即成为神经胚。以后胚胎进入器官、系统发生的阶段，直至幼体发育完成。

上述动物胚胎发育的描述和阶段划分是一种模式化的概括，实际上不同的物种之间有很大的差异。腔肠动物棒螅从桑椹胚向囊胚的发育中，同时形成外胚层和内胚层，即贴近囊腔的细胞成为内胚层，外周的细胞成为外胚层（图 1.1.4）。因此严格地说它的发育中并没有囊胚的阶段，并且以后它始终没有中胚层出现。而同为腔肠动物的钵水母的发育明显地存在有囊胚的阶段，而内胚层的出现则是来自囊胚细胞的内陷。海月水母的发育同样不出现中胚层（图1.1.5）。棘皮动物海胆是经典的动物发育研究材料之一，它的发育较好地符合上述动物早期发育的模式，即有清楚的桑椹胚、囊胚、原肠胚的划分，并且出现了中胚层的分化，但是它并不存在神经胚的发育过程，而是直接进入幼虫和变态的阶段，最后成为成体（图1.1.6）。节肢动物的发育基本符合着经典的动物发育模式，但是它的神经系统的发育并不是产生于一个独立的神经胚的阶段。鱼类、两栖类动物的发育过程与经典的动物发育模式有较好的吻合。然而，高等脊椎动物鸟类和哺乳动物，由于生殖方式的进化，出现了胚外器官。尽管也存在囊胚的阶段，但是它们的后继发育将不是囊胚直接通过原肠的形成继续胚体的发育，而是首先出现了胚外器官和胚体发育的分化，使胚体中原肠和三胚层的形成发生了较大的调整。虽然在胚胎学的研究中，它们仍然规范在受精、桑椹胚、囊胚、原肠胚、神经胚、器官系统的发育的模式框架中，实际上在一些环节上已更像是一种形式上的套用。

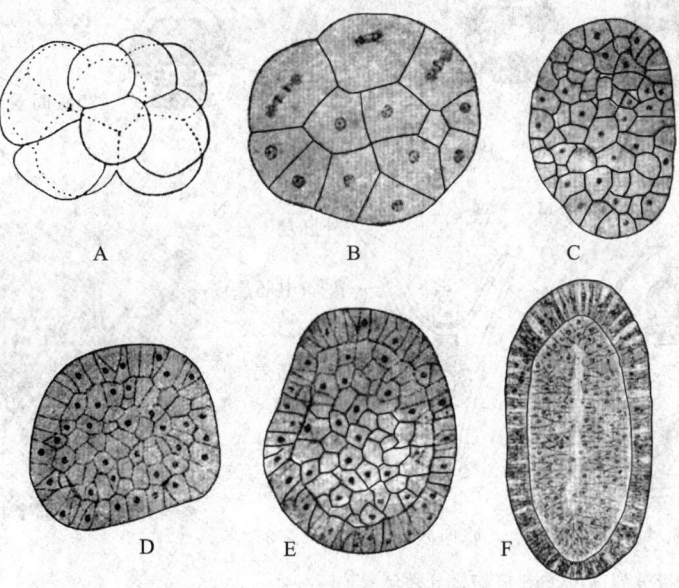

图 1.1.4　棒螅从桑椹胚向囊胚的发育及原肠腔的出现
A.分裂初期细胞的排布情况。B～E.胚胎的顺序发育过程。F.可见囊胚腔及内、外胚层。

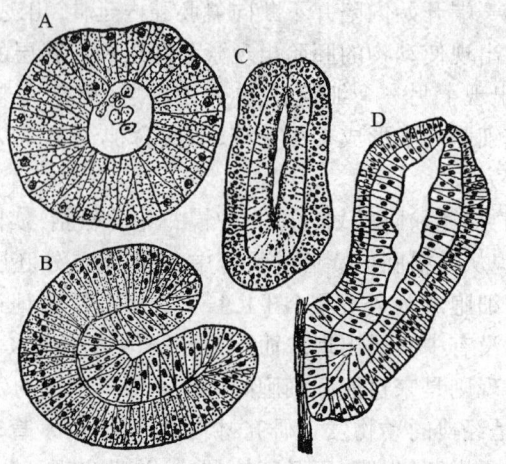

图1.1.5 海月水母从囊胚向原肠胚的发育
A~D.示胚胎的依次发育过程。

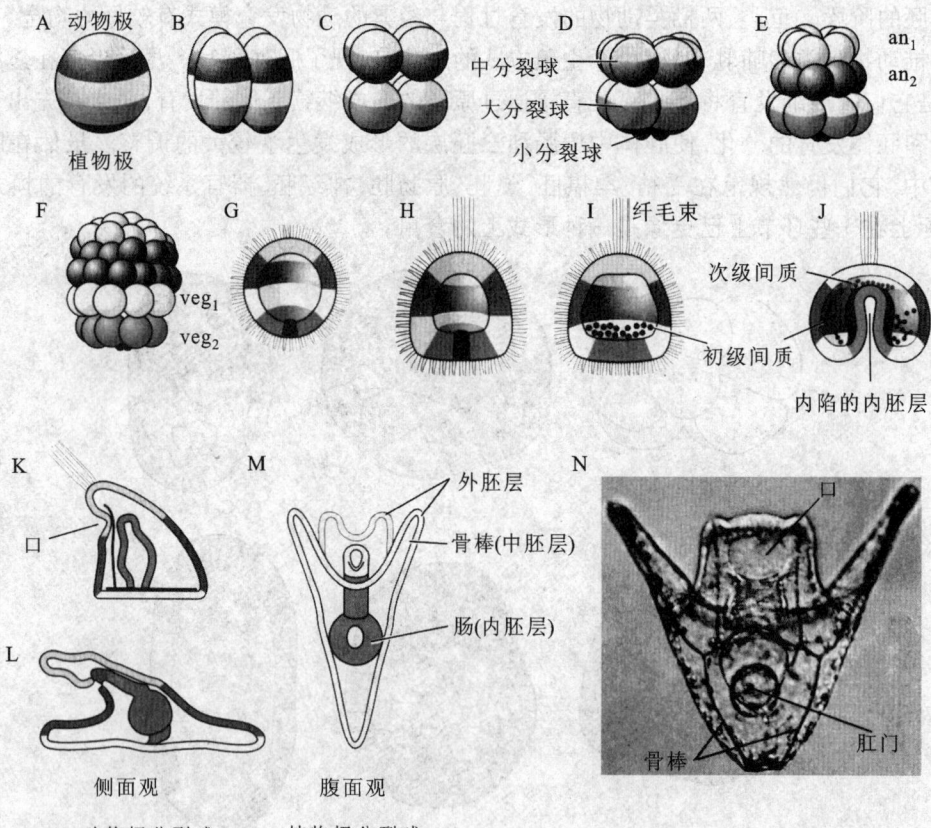

an: 动物极分裂球；veg: 植物极分裂球

图1.1.6 海胆的发育
A~F.卵裂开始到60细胞期。G.有纤毛的早期囊胚。H.有纤毛丛和扁平植物极板的晚期囊胚。I.有初级间质细胞的囊胚。J.有次级间质细胞的原肠胚。K.棱柱期幼虫。L~M.长腕幼虫（以上图中不同深浅色表示卵细胞质跟未来分化细胞命运的对应关系）。N.长腕幼虫活体光镜照片。

总之,经过复杂的发育过程,动物建立了各自不同的形态和结构,实现了生物个体在形态结构和功能上的高度和谐与统一,反映着生物对于环境的适应,也展现出生物进化现象的存在。

1.1.4 模式动物的胚胎发育图案

由于动物的多样性,在学习动物的发育时,有必要首先对各种代表动物的发育图案有一个概括的了解。

1. 线虫

秀丽线虫(*Caenorhabditis elegans*)是一种生活在土壤中,长 1 mm、直径 70 μm 的线形动物,其生活周期如图 1.1.7 所示。秀丽线虫有雌雄同体和雄性两种不同的性别个体,雌雄同体可以进行自体受精,也可以与雄性个体交配。秀丽线虫受精卵的胚胎发育过程只有 15 h,而孵化的幼虫经过 50 h 便发育为成体。秀丽线虫不仅可以大量地在琼脂培养基中繁养,而且其幼虫还可以直接进行活体冻存和复苏。由于这些特点,秀丽线虫已成为重要的发育研究的模式动物之一。目前,秀丽线虫全基因组的测序工作已经完成。

秀丽线虫的卵直径大约为 50 μm,受精以后极体形成,在雌雄核融合以后,卵裂真正开始。第一次卵裂便是不对称的,即它们未来不同的发育前景开始被决定,产生一个前端的 AB 细胞和一个后端的 P_1 细胞。以后 AB 细胞分裂产生 AB_a 和 AB_p 细胞,P_1 细胞分裂产生 P_2 和 EMS 细胞(图 1.1.8)。现在对秀丽线虫全部细胞系的演变关系和它们将发育的组织器官已经清楚,其中也包括发育过程中的细胞凋亡(图 1.1.9)。孵化的幼虫各器官结构与成体已极为相似,包括 558 个细胞核(因为有合胞体存在),只是生殖系统还没有发育成熟,经过 4 次蜕皮,体

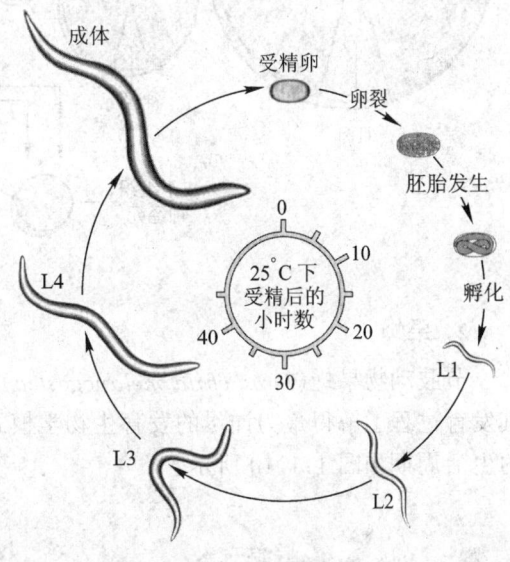

图 1.1.7 秀丽线虫的生活史
卵裂和胚胎发生之后,秀丽线虫经过 4 个幼虫蜕皮阶段(L1~L4)发育成熟。

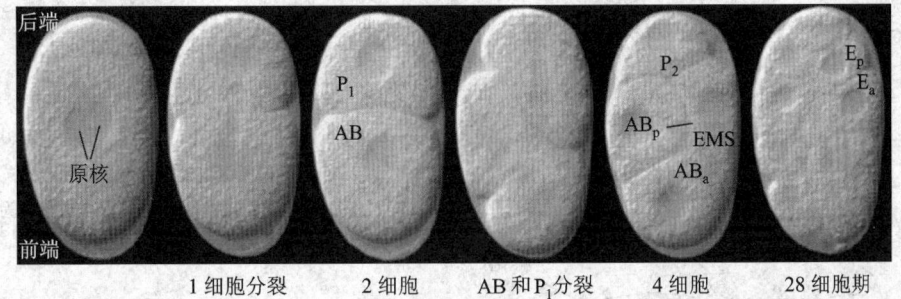

图 1.1.8 秀丽线虫胚胎的卵裂
从左向右:受精后,雌雄原核融合,受精卵开始分裂。首先分裂成一个较大的位于前端的 AB 细胞和一个较小的位于后端的 P_1 细胞。然后 AB 细胞分裂成 AB_a 和 AB_p 两个细胞;P_1 细胞分裂成 P_2 和 EMS 细胞。EMS 细胞分裂成 E 细胞(将来发育成肠)和 MS 细胞(图中未标出)。(L. Wolpert)

细胞核达到959个，此外还有若干配子细胞，这时生殖腺体和生殖器官(产卵器)发育成熟。

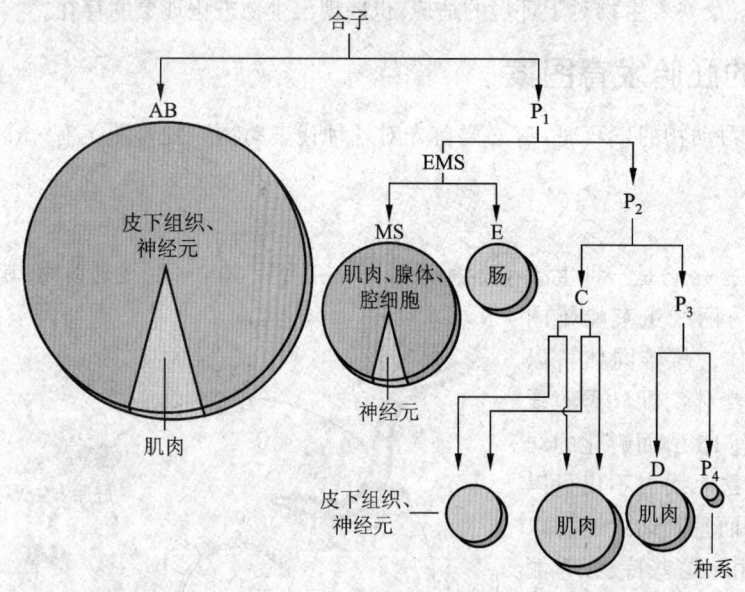

图1.1.9 秀丽线虫早期胚胎的细胞谱系和细胞命运
AB细胞发育成真皮、神经元和一部分肌肉。MS细胞发育成肌肉、腺体和腔细胞。E细胞发育成肠。P细胞谱系分裂产生的C、D细胞发育成各种不同的组织，而P4最终发育成生殖细胞。(L. Wolpert)

2. 果蝇

节肢动物果蝇(*Drosophila melanogaster*)是重要的遗传学实验动物，并由此也成为当今对其发育过程了解得最为详尽的发育生物学模式动物，其全基因组的测序工作已经完成。果蝇的生活周期如图1.1.10所示。

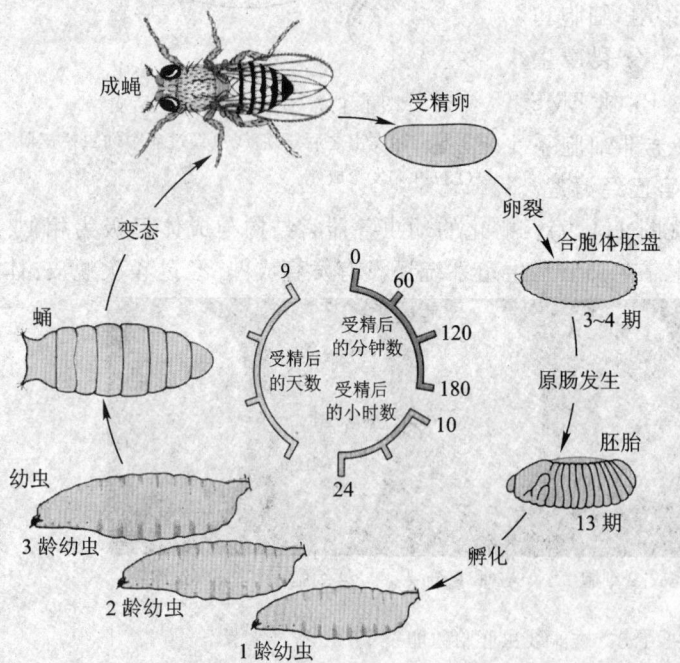

图1.1.10 果蝇的生活史
卵裂和原肠化之后，果蝇胚胎分节，孵化成幼虫。幼虫蜕皮两次，化蛹，变态成为成蝇。

果蝇卵呈长椭圆形，未来胚体的前端可以很容易地从有乳头状结构的卵孔加以确定。精子由卵孔进入卵细胞，雌雄核融合以后，细胞核迅速行有丝分裂，形成共享同一胞质的合胞体，并且在完成9个周期的分裂以后,细胞核开始移向外周,这一过程大约在受精9 min以后完成,这时相当于胚胎发育的囊胚阶段(图1.1.11)。之后,各细胞核之间胞质隔膜由外向内形成、延伸,合胞阶段结束。这时,一个重要的发育现象是,大约有5个先期移向后端的细胞核形成极细胞(pole cells),它们将定向发育为未来的生殖细胞(精子或卵细胞)。

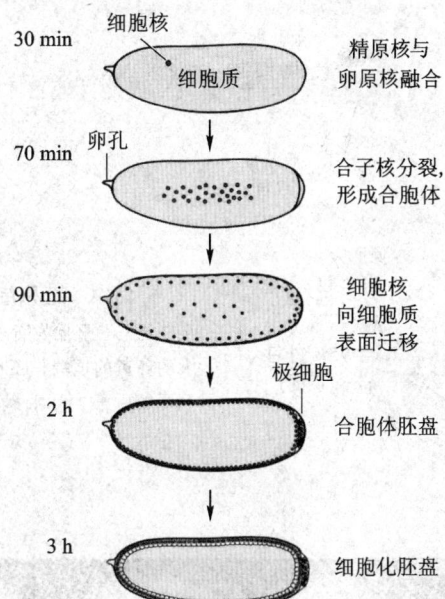

图1.1.11 果蝇胚胎的卵裂
精原核和卵原核融合后,合子核迅速分裂却不形成细胞膜,所以形成一个合胞体。第9次分裂后,细胞核运动到受精卵表层,形成合胞体。大约在3 h后,产生细胞膜,形成囊胚。在胚胎后端,由于细胞核的迁移和细胞膜的形成,出现大约15个极细胞,它们将来发育成种系细胞。孵化温度为25℃。(L. Wolpert)

发育命运图研究揭示了未来不同胚层在囊胚中的区域定位(图1.1.12,彩图),其大致的形态发生过程是:腹侧出现沟状内陷构成中胚层,它初与表层组织脱离时形成管状结构,以后通过细胞迁移扩散至外胚层下的各部位发育形成肌肉、结缔组织等中胚层来源的结构;两端向中央陷入构成内胚层和原肠,其中段为中胚层介入并通连形成消化道;来自于囊胚腹侧外胚层发生区域的细胞散在性地向内迁入,在外胚层和中胚层之间形成神经母细胞(neuroblasts)层,进而发育成以腹侧神经索为主体的神经系统;滞留在胚体表面的细胞构成外胚层。原肠胚的发生从受精后3 h开始,大约延续到受精后10 h左右完成。

原肠形成后期,果蝇胚胎体节开始形成,奠定了未来头、胸、腹和各器官系统发生的基础,并继之完成了这些结构或者它们原基(成虫盘)的建设,经过幼虫期和变态,最后发育为成虫。

3. 斑马鱼

斑马鱼(*Danio rerio*)因为它生活周期短(12周)和具有便于实验观察的透明胚体的特征而成为低等脊椎动物鱼类很好的发育研究的材料。图1.1.13是斑马鱼整个生活周期的示意图。

斑马鱼卵直径大约7 mm,卵可分为集中了细胞基质和细胞核的动物极和大量卵黄物质的植物极两个部分。由于受精卵的分裂并不深入到卵黄成分中而造成囊胚发育集中在动物极的现象。卵细胞前5次分裂都是垂直分裂,第6次分裂为水平分裂,形成64细胞的囊胚,这一过程大约在受精以后2 h完成(图1.1.14)。

囊胚细胞在继续的分裂增殖过程中通过外包运动(epiboly)向植物极扩展,在大约受精后5.5 h,外包细胞达到赤道板时开始原肠胚的发育,其大致过程是:外包细胞在不断向植物极推进的同时在特定的区域出现内卷现象(involution),内卷的细胞向动物极延伸的同时又向未来

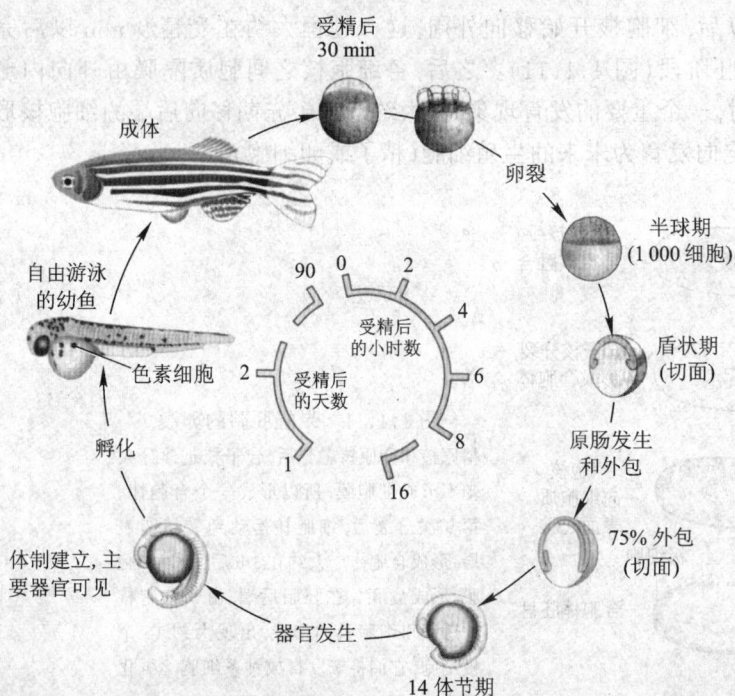

图 1.1.13 斑马鱼的生活史
早期斑马鱼胚胎发育呈盘状,位于大的卵黄的顶端。胚胎发育迅速,到受精后第 2 天时,幼鱼孵出。

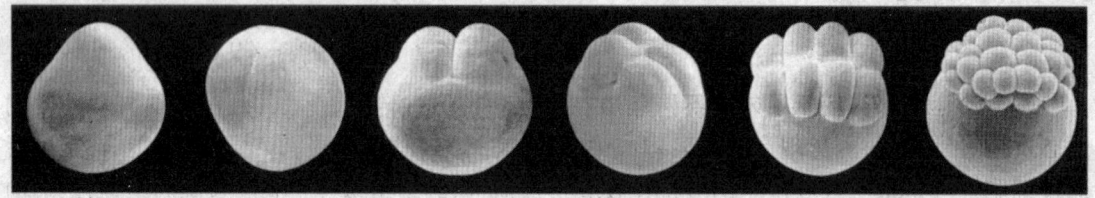

图 1.1.14 斑马鱼胚胎的早期卵裂过程(L. Wolpert)

胚体的背侧方向集中(图 1.1.15),三胚层和胚体的头尾、背腹轴形成。9 h 左右,脊索结构可见。10 h,原肠胚发育完成。

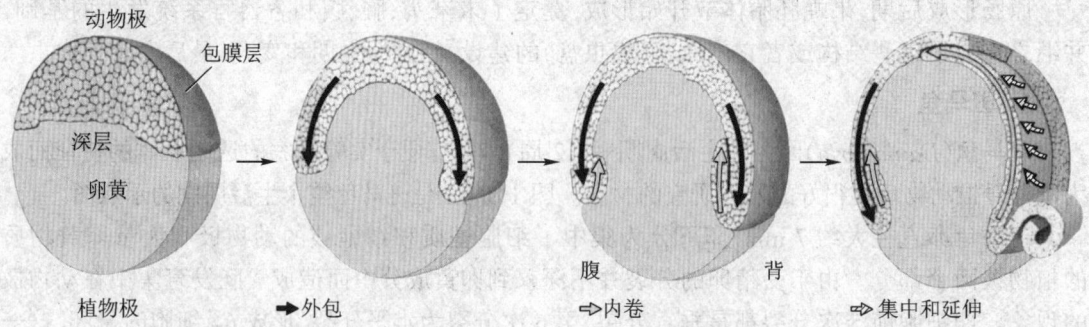

图 1.1.15 斑马鱼胚胎的外包和原肠化
卵裂第一期结束时,斑马鱼胚胎由卵黄上的一簇分裂球组成,随着进一步的细胞分裂和细胞层外包,卵黄的上半部分被胚盘覆盖。细胞沿着胚盘边缘的圆环内卷,原肠化开始,内卷的细胞在背中线聚集逐渐形成围绕卵黄的胚体(平行箭头所示)。(L. Wolpert)

在随后的 12 h 中,伴随胚体的增长,在脊索的诱导下,背侧外胚层内陷形成神经索,继而发育为神经系统,发育进入神经胚阶段。在这一过程中,体节出现在胚胎发育 10 h 左右,到 18 h 的时候,从前向后的 18 个体节全部形成。这一阶段神经系统发育迅速。48 h,幼鱼孵出,便可游泳和主动取食。

4. 爪蟾

爪蟾(*Xenopus laevis*)是可以在实验室中繁养的进行发育研究的两栖动物,它的生活周期如图 1.1.16 所示。此外,蝾螈和蜥蜴也是发育研究常用的两栖动物。

爪蟾的卵大约直径为 1~2 mm,它的动物极一端因有丰富的色素颗粒而呈深黑色,植物极中因包含大量高密度的卵黄颗粒而呈淡黄色,自然状态下,动物极位于上方,植物极位于下方。在卵细胞发育的减数分裂中,第一次分裂产生的第一极体位于动物极侧,精子由动物极进入卵细胞,而第二次减数分裂的完成在受精以后,并在动物极侧形成第二极体,随之合子核形成,卵裂开始。经过大约 12 次的连续细胞分裂,胚胎细胞数

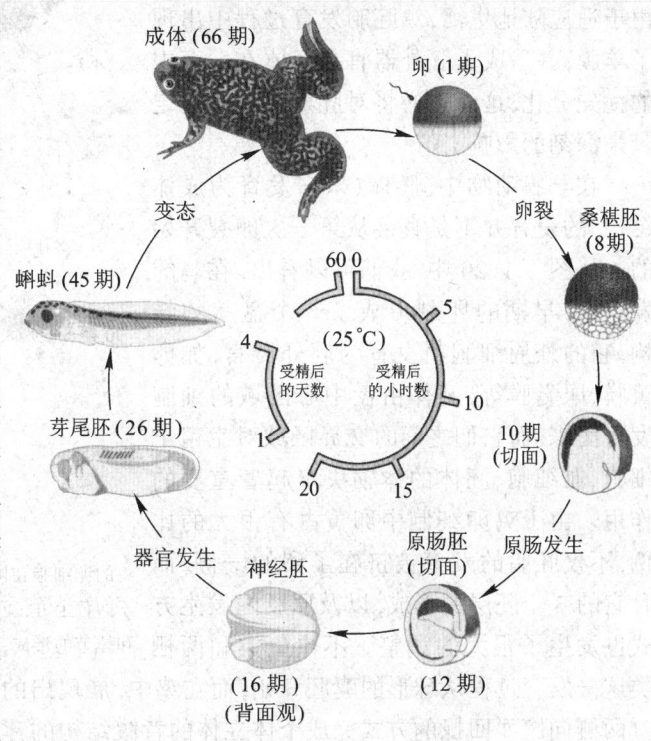

图 1.1.16 爪蟾的生活史

目达到几千个,细胞体积同时迅速变小,成为植物极细胞略大于动物极,内部中空并充满液体的囊胚(图 1.1.17)。继之经过一个类似于鱼类的原肠(图 1.1.18,彩图)、神经胚形成过程和体节分化、器官原基出现的过程,在受精后 4 d,蝌蚪孵化进入独立生活阶段。以后又经过变态,成体发育完成。

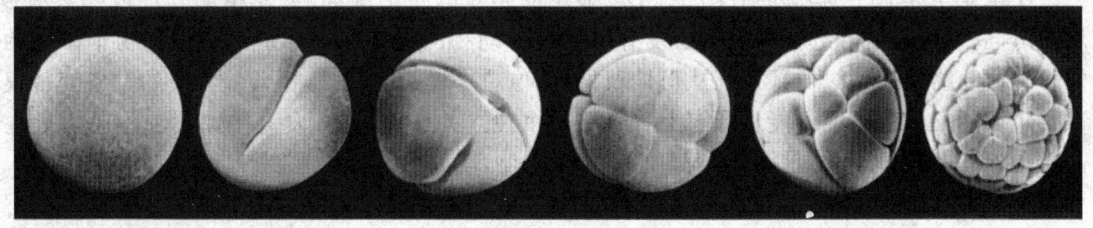

图 1.1.17 爪蟾的卵裂

爪蟾受精后在大约 20 min 内连续进行卵裂,图中可见最后形成囊胚。(L. Wolpert)

5. 鸡

鸡的胚胎发育经历大约 21 d(图 1.1.19)。作为卵生羊膜动物,鸡表现出与低等脊椎动物不同的胚胎发育程式,主要有两点:① 鸟类有一个巨大的卵,其中储存有比其他动物卵多得多

的卵黄以及卵清蛋白,以保证鸡胚发育的物质、能量来源,而这些物质的存在和利用又必然会反过来影响到胚胎的发育过程。② 由于适应陆地生活,鸡胚胎发育过程中出现了羊膜,并造成了胚外器官与胚体在发育中的优先分化,这一点必将对胚期的发育设定带来深刻的影响。

在羊膜动物中,胚体(未来发育为成体结构)的发育并不是直接从第一次卵裂开始的。从图 1.1.20 中,我们可以看出,在鸡的发育中,早期的卵裂形成了一个盘状的结构,它的外周细胞将发育为胚外器官,如卵黄膜、尿囊膜等,胚体由盘中心区域的细胞发育而来,而它们之间的交界区域对生殖干细胞、血细胞、胚体的体轴决定起着重要的作用。由于鸡卵细胞中卵黄占有很大的比例,不仅胚胎的发育被挤在了卵的一侧,而且它的 3 个胚层的形成,以及原肠的发生方式也发生了很大的调整。不像鱼类和两栖

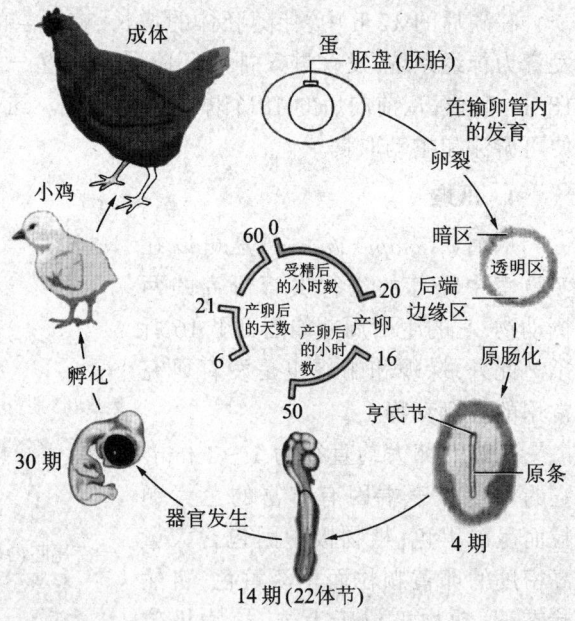

图 1.1.19　鸡的生活史

鸡的卵细胞在体内受精,当产卵的时候,卵裂已经完成,胚盘位于卵黄上方,原肠过程中,原条形成。随后伴随亨氏节的后退和体节的形成,器官发生开始。

类这一发育过程从球形的囊胚开始,而在鸡中,展现出的是一种平面层次发生的特征,随后通过两侧向腹面回拢的方式完成个体立体的背腹结构的建设,而胚外器官羊膜则从外围包被起来将胚体保护在羊膜腔内。其实,鸡胚体三胚层的形成与低等脊椎动物并没有本质的区别,不同的是在鸡的发育过程中,将其巨大的卵黄成分游离在了胚体的外面,胚层的建立采取平面构建的方式,而后三胚层再回拢形成同心圆的结构。关于鸡胚胎发育的过程我们在后面将详细地介绍。

6. 小鼠

小鼠是羊膜胎生哺乳动物,图 1.1.21 显示的是它的生活周期,从受精卵到性成熟只有 9 周的时间,这也是它被选作哺乳动物发育研究模式动物的重要原因。由于胎生动物个体胚胎发育的营养物质是通过循环系统从母体获得,不像鸡那样,其卵细胞中营养物质的贮备变得很次要。实际上我们已经不能从形态上看出有一个独立的卵黄结构,发育中卵黄囊也基本处在高度退化的状态,取代的是胚外器官——绒毛膜、胎盘、脐带——的发育。

小鼠卵细胞直径只有 100 μm,它从卵巢排放后在输卵管中受精并开始卵裂,直到 4.5 d,早期胚胎植入子宫,并很快进入原肠发育期,到受精后 10 d,各器官系统的发育开始,妊娠期约为 19 d。

尽管小鼠的早期发育从形式上与低等的脊椎动物,以至于与海胆十分相似,有着典型的桑葚胚、囊胚发育阶段,但是胚体并不是直接由此发育而来的。与鸡的胚胎发育相似,早期的小鼠发育首先完成的是胚外组织和胚体的分化和设定,这个过程大致如下:在卵裂达到 8 细胞的阶段,整个胚胎出现一次骤然的收缩,形成了外层和被随机压挤进入内部处于两种不同位置的细胞。以后,随着细胞的分裂,外层细胞(滋养层)围绕形成一个内部的充满液体的空腔(囊胚

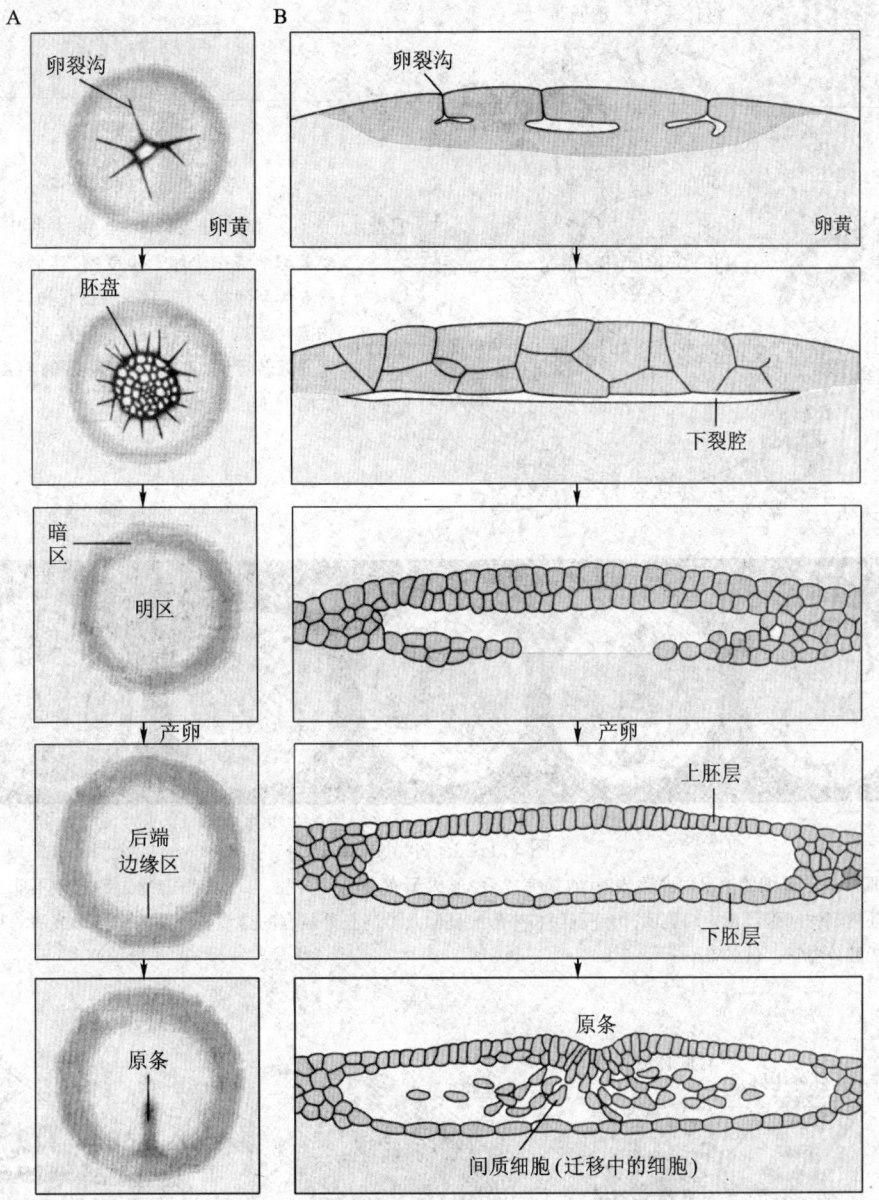

图 1.1.20 鸡胚胎卵裂和上胚层的形成

A.到产卵时,盘状胚盘已经形成,而位于下腔裂之上的胚盘称为明区,围绕明区的称为暗区。B.上胚层将来形成胚胎,下胚层发育形成于卵黄之上,将来参与胚外结构的发生。(L.Wolpert)

腔),而内层细胞数目增加,贴附于外层细胞内一侧,成为内细胞团(inner cell mass),胚体将来自于内细胞团(图 1.1.22),哺乳动物的囊胚发育在输卵管中完成。

在随后的发育中,内细胞团通过类似于鸡胚层形成的方式开始了胚体的建设(图 1.1.23),而其他部位形成羊膜、卵黄膜、尿囊、绒毛膜。到受精 8 d 以后,羊膜迅速延伸、合拢,将胚体合抱其中,使胚体在羊水中完成它的胚胎阶段的发育(图 1.1.24,彩图)。

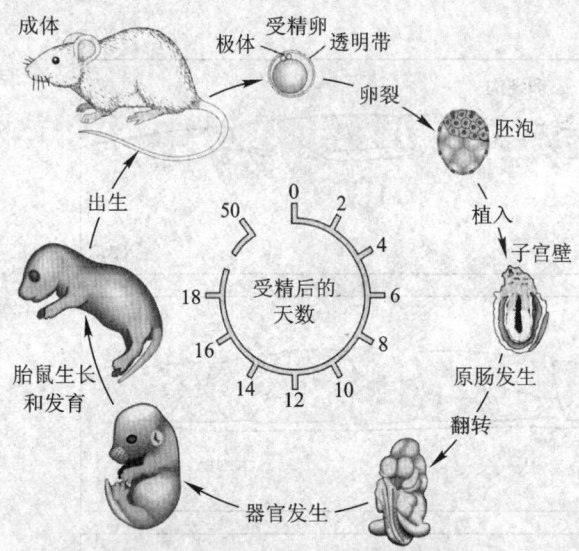

图 1.1.21　小鼠的生活史

小鼠卵细胞在输卵管里受精，然后进行卵裂，第 5 天胚泡植入子宫壁；原肠化和器官发生大约需要 7 d。原肠化之后，胚胎要经历一个复杂的翻转运动，被其胚外膜包围；在出生前最后的 6 d 里，胚胎长大。

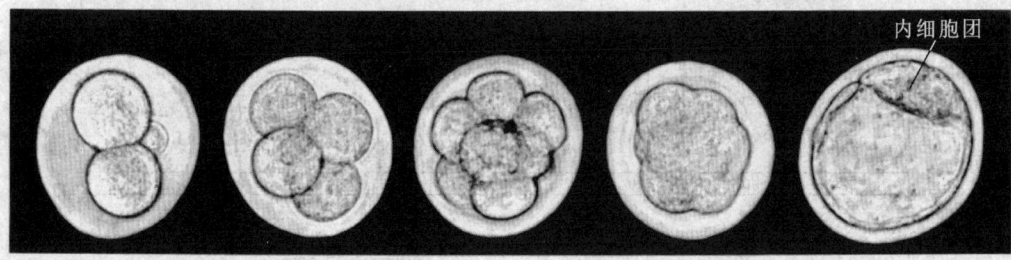

图 1.1.22　小鼠的卵裂

早期细胞分裂，8 细胞期出现胚胎收缩，收缩完成后，形成了实心的桑椹胚。此时，细胞的边界已经不能分辨了。桑椹胚内部的细胞形成内细胞团，内细胞团将来形成胚胎及参与胚外器官的建设。外面的细胞形成滋养层，将来发育成胚外器官。(L. Wolpert)

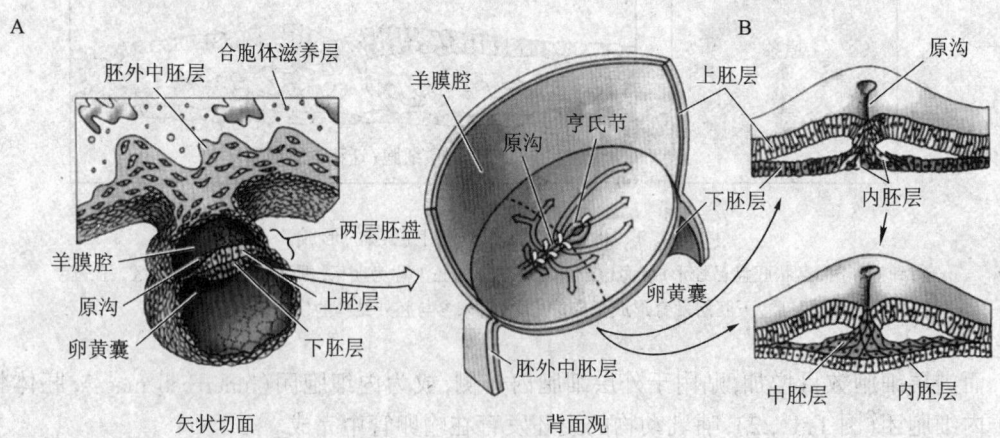

图 1.1.23　原肠化过程中的细胞运动

A. 图示沿胚胎中线的矢状切面和背面观。B. 上胚层细胞从原沟和亨氏节向内运动，迁移的上胚层细胞代替了下胚层细胞，由上胚层内卷的细胞依次构建了内胚层和中胚层。(S. F. Gilbert)

1.2 发育生物学对动物发育现象的新理解

1.2.1 发育体制

20世纪中后期,细胞学、遗传学、分子生物学的发展促使对生物发育现象的研究实现了从胚胎学向发育生物学的转化。如前言中指出的,这一转化主要表现在3个方面,即:胚胎学基本是对发育过程形态演变的追踪,而发育生物学侧重探察其分子水平的过程和机制;胚胎学基本上将发育过程限定在胚胎发生到成体形成的阶段,而发育生物学将对发育的研究扩展为从生殖干细胞的形成到个体衰老死亡的全过程;胚胎学对不同物种发育的研究突出的是它们之间形态结构的比较,而发育生物学强调的是对进化关系和途径的考察。发育生物学提出了多细胞生物发育体制(body plan)的概念,这一概念集中地体现了发育生物学对生物发育现象认识的深入。

在发育生物学中,体制是一个重要而又难于准确定义的概念,它有着广泛的内涵。不同于胚胎学对动物发育的形态学描述,从分子生物学的角度研究生物的发育现象,人们越来越强烈地感到,尽管各种生物在形态结构上千差万别,它们的发育程式也各不相同,但是在基本的细胞学过程和发育机制方面,它们却有着高度的同一性(参考本书第三部分、第四部分的内容)。那么,类同的基础细胞学过程和发育机制何以构建出如此不同的各种多细胞生物来呢?这是因为不同的生物在发育过程中,类同的基础细胞学过程的发展方向和对发育机制的运用不同,即程序的编排不同所致。这种发育程序编排的差异深刻地反映着生物进化的分形性质。不同的生物之间存在的形态结构、机能以及生活习性、生态行为上的不同正是这一历史过程的积累和表达。因此,不同的多细胞生物的发育传达了这样一种信息,即类同的基础细胞学过程和发育机制,不同的多细胞生物执行着不同的有序构建程式,就是说它们存在体制上的差异。这就好像是计算机的编程一样,有限的语言种类和模块可以编写出各种不同的程序来。但是,与计算机编程不同的是,任何一种多细胞生物的发育体制都是来自一个漫长的进化过程,它不可逃避地深深地刻着其进化的印记,而不同体制之间也或多或少地存在着某种历史的渊源联系。因此,体制研究的内容是极其广泛的。它既包括对胚胎学研究获得的胚胎形态发生过程的深入了解,也包括认识物种进化在体制上的演变的可能过程;既包括认识动物个体发育从门类到各分类等级特征的表达程序,也包括对与体制建立密切相关的生殖细胞系发育信息设定的探察。体制的概念来自于对动物发育的研究,今天它也正在进一步扩展用以指导包括植物在内的所有多细胞生物发育现象的研究。对多细胞生物发育体制的研究,特别是对体制早期建立的探察还直接指向了多细胞生物早期进化的问题。

总之,研究各种多细胞生物发育体制上的区别和特征,认识个体发育过程中各种体制歧化发生的机制,发掘多细胞生物体制构建的规律性,探察生物进化的内在机制和与环境的作用关系,这些已成为发育生物学的核心问题,成为对发育研究的指导。

1.2.2 当前动物发育研究的几个重要方面

发育生物学建立的新的动物发育模式具体表现在以下各个方面,它们也是当前动物发育研究的热点问题。

体轴确立是当前动物发育体制研究中的一个重要内容。前面谈到,动物身体具有方向性,就是说不论其对称性如何,它的身体结构都表现出明确的轴向特征,而头尾、背腹、左右的分化是这一轴向性的具体表现。那么,动物身体的轴向性是如何确立的呢?发育生物学研究表明,不同的生物它们体轴确立的方法和策略不尽相同。果蝇采取的是早在卵细胞发育成熟的过程中,在滋养细胞和卵泡细胞的参与下,通过不同的 mRNA 差异定位的方法来确定未来胚胎头尾、背腹的分化。两栖动物爪蟾在卵细胞发育和排卵以后,不同胞质成分自组织地发生动物极和植物极的分化,进而加进受精时精子在动物极进入部位的因素,决定了胚孔发生的位置,引导了未来胚胎体轴的确定。与果蝇和爪蟾在受精卵分裂一开始就执行体轴分化不同,鸟类和哺乳动物,由于生殖方式进化带来胚外器官的优先分化,胚体自身体轴的确定在发育过程中被延迟并出现新的特点,即在胚体与胚外器官过渡的区域出现基因差异表达和信号成分浓度梯度分布的图案,进而诱发胚体体轴的分化和建立。胚体轴性的确立无疑对未来胚胎发育有着重要的作用,它也是体制建立的基础。应该提到的是,看来动物生殖方式的进化包括胚胎营养物质的获得方式,对胚胎体轴的确定有着重要的调整作用。从另一个角度说,它提示我们在进化早期不同动物的体轴决定策略的差异可能对其未来生殖方式的进化赋予一种限定性,例如对母体依赖性越大,早期决定的精确性越高,其生殖方式的进化可能就越困难,反之则带来了较大的进化灵活性。总之,对于动物发育体轴的确立从机制和进化上都是一个有待于深入研究的问题。

发育生物学研究发现,在发育过程中,动物的门类特征很早就确定了,由此发育生物学家提出了门类体制(phylotypic body plan)的概念,这也是体制概念形成的重要原因之一。从对不同动物体制建立过程的比较中发现,动物基本的门类特征在发育的早期就显现出来了,例如节肢动物与脊椎动物在神经系统、循环系统体位上的倒置。对动物门类主要形态特征建立的研究无疑是发育生物学的重要课题之一。这方面在果蝇中已取得了很大的成就,头、胸、腹的分化,以及它们的基因表达信号调控系统和工作程式已经大致清楚。有意义的是发育生物学的研究表明,果蝇的发育研究对于其他动物有很强的借鉴性,即尽管不同门类动物的形态构建可能很不一样,但是它们在发育控制机制方面,以至于基因的应用上表现出很高的相似性和同源性,从而为发育研究带来了极大的便利,有力地推动着人们对各种动物发育过程的全面了解,果蝇由此也被称为发育研究的国王。

对动物体制建立的研究是一回事,探察它们在进化上歧化发生的原因和机制又是一回事。受生物进化思想的指导,人们自然地将在形态结构和功能上类同的器官作为同源的器官来考虑,并设定它们来自共同的祖先,不同动物的差异来自进化上的歧化。近年发育生物学的研究向人们提示,基因表达调节系统的改变是生物进化的重要原因,它的些微变化有可能对生物形态结构、体制设定带来重大的影响(参考本书第四部分)。但是现在也不能排除,或者在局部的原因上,存在另外的可能性。因为发育生物学的研究还告诉我们,来自十分基本的细胞学的原因,同结构同功的器官在历史上也可能完全独立地发生,例如现在普遍认为,眼睛在进化上起码独立地发生过 20 次,并且乌贼的眼的结构与脊椎动物眼的结构极为相似。所以,动物门类体制的研究不单纯是一个了解不同动物门类特征如何建立的问题,它联系着多细胞生物起源和它的早期分化这一生命科学的重要课题,无疑这是一项十分有意义而又艰巨的任务。

发育中,继门类体制建立,动物开始器官系统的发育,纲、目、科、属、种的分类特征大体依次获得表达,因此发育生物学将它归纳为体制的低级分类特征的实现。经过一个发育上的准备和奠定的阶段,包括各胚层的进一步分化、体节的形成等,个体开始了各种成体器官系统形成或者它们的原基的建立过程,细胞也由区域性分化为主大量地转向了细胞性分化(终末分化),这是一个形态结构急剧发展和变化的阶段。面对动物各种复杂器官系统的发生和不同物种间表现出的纷繁差异图案,人们关心着这些结构发生的机制以及它们之间差异发生的原因。这方面,对果蝇发育研究的最大成果是调节基因组级联系的发现。继早期形态发生原作用以后,首先是 gap、pair-rule、segment polarity 基因族群的依次表达,完成了体节的分化,奠定了成体器官发生的区域划分和定位的基础。之后同源异型选择者(homeotic selector)以及它们的靶基因——各种执行基因(realisator)启动,在复杂的细胞分化诱导作用下,实现了成体器官或它们的原基的构建。由于这一认识,人们不仅在实验室中创造了四只翅膀、头顶长出肢体的果蝇。更重要的是发现了这一工作模式在动物发育中普遍存在,特别是各种动物同源异型框(homeobox)基因有着高度的同源性,并且有趣的是它们的拷贝数、在染色体上的排布顺序,以及它们表达产物在发育过程中形成的复杂图案,直接与动物器官系统的发生相关。人们正在沿着这一方向研究广泛物种各级分类特征建立的机制,并思考着多细胞动物不断分支进化发生的可能途径。

应该指出,各种器官系统发育的早期决定是一个问题,它们的发育又是一个问题,这方面还有大量的课题在等待着人们去研究。由于条件的局限和历史的原因,人们对不同的器官系统的发育认识程度很不一样。例如,免疫系统可以说是人们迄今已知动物各系统中了解得最晚的一个功能系统。但是经过半个多世纪的努力,今天对它的发育过程的了解已经相当地深入和细微。神经系统,特别是涉及到高等动物复杂的神经网络的建立和它的功能表达方面,至今仍然是一个十分薄弱的领域,人们期待着发育生物学的迅速发展带动这一领域长足的进步。人们的关注已经使神经的发生成为发育生物学研究中的又一个热点。

发育中的细胞分化,特别是细胞分化决定、干细胞、细胞凋亡现象等是当前发育生物学中经常涉及的课题。动物的生殖细胞系的决定是发育生物学研究的又一个热点,这方面引人瞩目的有二:一是高等动物生殖干细胞在发育过程中的早期决定,包括线虫和果蝇卵细胞中 P 颗粒成分的迁移和脊椎动物从胚胎干细胞到生殖干细胞的研究;二是卵细胞发育过程对未来胚胎发育体制建立的设定作用,其中对果蝇的研究表明,母体不仅提供了卵细胞发育分化的环境条件,并且显然直接地参与了子代发育体制的建设工作。此外,对细胞分化表现出有广泛作用的基因(如 wnt、shh)也越来越受到人们的关注,并正在被给予综合性的研究。

以上我们列举了由于发育生物学的进展带来的对动物发育研究的主要课题,它们也表达了现今人们对生物发育现象的一种新的认识模式。其实,发育生物学带来的还不止是这些。发育生物学全面而系统地揭示了多细胞生物体内存在着一个复杂的信号调节体系,揭示了多细胞生物发育的许多以前没有认识或者没有充分注意到的重要性质,生动地向人们展示出生命是一个高度复杂的动力学系统。发育生物学不仅直接催生了一门新兴学科——生物信息学——的诞生,也给半个多世纪以前受热力学启发诞生的理论生物学的研究注入了新的活力,大量的发育生物学的研究成果正在被引进理论生物学的研究之中。显然,这些学科的建立和进展又必将反过来推动对生物发育现象的研究,以至对现今的发育生物学的认识模式带来新的调整。因此,应该说发育生物学建立起来的上述发育模式仍还处在发展和形成阶段。

思 考 题

1. 请你从发育的角度,谈一下动物形态构建的多样性。
2. 在对动物发育的学习中,掌握线虫、果蝇、斑马鱼、爪蟾、鸡和小鼠的基本发育图案是重要的,请你用概括的文字,表述它们各自的发育过程。
3. 请说明发育体制的概念。
4. 结合当前的发育生物学研究,谈一下发育体制概念对生物发育现象研究的深刻影响以及发育生物学与胚胎学的区别。

2 胚胎发育的准备

有性生殖是动物的基本繁殖方式，动物的发育应该说从亲代生殖干细胞的决定、分化就开始了。

高等动物的有性生殖现象十分复杂，它由一系列发育和生理过程组合完成，包括生殖干细胞的决定和分化、生殖腺体的发育、性别的决定、副性特征的建立、青春发育和生殖周期，等等。在动物的早期发育中，生殖干细胞的决定、生殖腺体的发生、性别的决定、配子的形成是4个密切联系而又相互区别的发育现象，准确把握这些概念对于认识动物的发育是重要的（关于这个问题，后面章节中将有详细的讨论）。

生殖干细胞(GSC)的功能是不断分化产生配子细胞，在动物的胚胎发育中存在一个生殖干细胞的决定过程，严格地说它也是子代个体发育的开端。发育生物学研究表明：第一，尽管形式不尽相同，动物特别是高等动物的生殖干细胞的决定都发生在胚胎发育早期的特定部位。第二，决定了的生殖干细胞需要在生殖腺中才能完成向成熟配子的发育，高等动物普遍存在生殖干细胞向生殖腺发生部位迁移的现象。生殖干细胞迁入生殖腺原基后，一方面完成着自身从干细胞向成熟配子的发育，同时诱发生殖腺体的发育和参与性别的决定。显然，前者执行的是后代发育的准备工作，子代许多重要的发育信息获自于这一过程，而后者是亲本自身的器官的发生和表型表达。本章将讨论生殖干细胞的决定、迁移和配子细胞的分化现象，而生殖腺体的发育和性别决定将放在器官系统发生的章节中学习。

2.1 生殖干细胞的决定和迁移

生殖干细胞的决定，以及进一步分化产生配子细胞是动物个体发育的开端。在高等动物中，这一过程从生殖干细胞决定并很快迁移到未来生殖腺体原基开始，不同物种生殖干细胞的决定和它们的迁移情况不尽相同。

1. 线虫

线虫生殖干细胞的决定从受精卵的第一次分裂就开始了，到4次分裂以后，生殖干细胞获得确定，即它的后代将只发生配子细胞。在这一过程中生殖干细胞的前体细胞因为定位在胚胎体轴的后端，在连续的细胞分裂过程中被分别称为 P_1、P_2、P_3、P_4 细胞。研究发现，线虫在卵细胞受精后，一种称为P颗粒(posterior granules)的胞质成分迅速地集中到细胞的后端部位，并且在随后的卵裂中只存在于 P 细胞系中(图 2.1.1)。应该指出的是受精卵和 P_1、P_2、P_3 细胞都不属于真正意义上的生殖干细胞，因为它们都同时责成分化产生出其他类型的细胞(体细胞)，并且除受精卵以外，P_1、P_2、P_3 也不再是真正意义上的胚胎干细胞，因为由它们分化出的体细胞的类型已经逐级受到限制，关于这一点我们在后面将给予进一步的讨论。

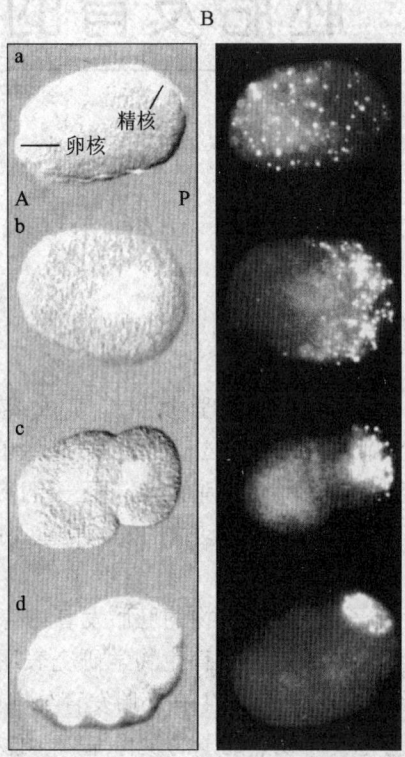

图 2.1.1　受精后 P 颗粒的胞质定位
A. Darpi 染色，显示细胞核的位置，图中 A 为未来胚体的前端，P 为后端，a 图中显示了融合前的精核与卵核，b 图中显示原核融合，c 图为 2 细胞期，d 图为 26 细胞期。B. P 颗粒特异染色，显示 P 颗粒在细胞质中的定位，其中：受精初期卵原核在前端，精原核在后端，P 颗粒分布在整个受精卵的胞质中；原核融合，P 颗粒集中到细胞的后端；2 细胞期，P 颗粒分布在后端细胞中；26 细胞期，全部 P 颗粒都在 P_4 细胞中。(L. Wolpert)

2. 果蝇

果蝇生殖干细胞的确定与线虫极为相似。果蝇受精卵细胞进行的是表面卵裂，细胞核连续分裂并最终迁移到卵细胞的外周，形成合胞的结构。在经过 9 次分裂后，有 5 个细胞核移到未来胚胎的末端，分化出现一个称为极细胞的细胞团，生殖干细胞出现。与线虫相似，在果蝇生殖干细胞形成的过程中，同样存在卵细胞胞质中特殊颗粒状物质向生殖干细胞形成区域迁移定位的过程，这种颗粒也称为 P 颗粒(polar granules)(图 2.1.2)，它们对生殖细胞的形成起着重要作用

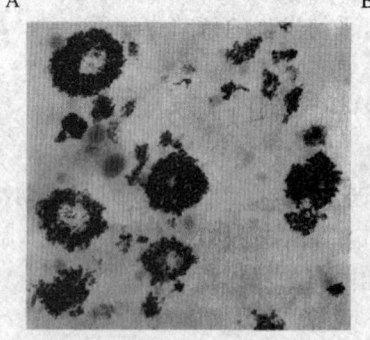
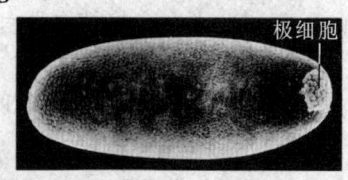

图 2.1.2　果蝇的极细胞质
A. 果蝇极细胞 P 颗粒的电镜照片。B. 早期果蝇胚胎极细胞的扫描电镜照片。(S. F. Gilbert)

(图2.1.3)。

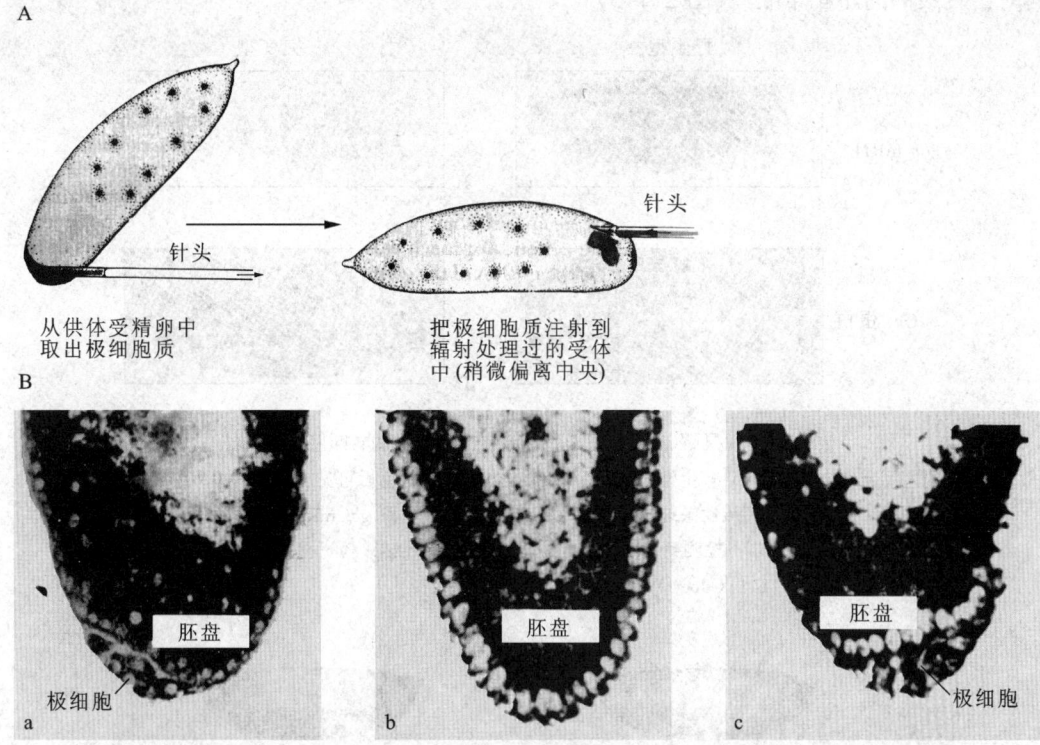

图2.1.3 果蝇极细胞质能治愈射线引起生殖细胞的不发育
A.将极细胞质从未受辐射的供体移植到受过辐射的受体中。B.卵裂完成时,固定果蝇胚胎,胚胎后端纵切图。其中:a.有极细胞的正常胚胎;b.早期卵裂时受过辐射处理的胚胎,没有极细胞形成;c.接受移植的受体,极细胞出现。(S.F.Gilbert)

果蝇 P 颗粒由蛋白质和 RNA 成分组成。这些成分之一是称为 *germ cell-less*(*gcl*)基因的 mRNA 和蛋白,它是受精前卵泡滋养细胞(nurse cell)的基因转录产物,经过滋养细胞与卵细胞之间的通道转运到卵细胞质之中,*gcl* mRNA 进入卵细胞以后迁移定位在未来发生生殖干细胞的部位并开始翻译产生蛋白质(图2.1.4)。研究显示 *gcl* 编码的蛋白进入极细胞核中,突变使这一蛋白失去表达则不再发生极细胞。对一个雌性个体 *gcl* 基因的敲除得到的结果是它可以正常产生子代,但是子代将是不育的,因为在子代的发育中不能生成新的生殖干细胞,即如此突变的雌性个体不可能有孙代出现。发现的 P 颗粒中包含的第二个重要成分是 *nanos* mRNA,这是一个影响果蝇腹部分化发育的基因,但是 *nanos* mRNA 的缺失同时带来了生殖干细胞向生殖腺迁移的失败,最终导致生殖细胞的缺失。第三个成分是线粒体大核糖体 RNA,这一发现出人预料。实验表明,用紫外线照射极细胞破坏其中的 RNA 成分,之后注射给予线粒体大核糖体 RNA,可以恢复极细胞的发生。研究发现,与其他细胞不同,在极细胞胞质中,存在有游离于线粒体之外的线粒体大核糖体 RNA 成分。第四个成分是一种称为 polar granule component(Pgc)的非翻译 RNA 分子,对于它的功能目前还不清楚,但是反义 RNA 可以造成极细胞不向生殖腺迁移。除此之外,还发现起码有其他 7 种基因(*cappucino*, *spire*, *staufen*, *oskar*, *vasa*, *valois*, *tudor*),它们在卵泡细胞中被激活,产物进入发育卵细胞之中,这些基因的突变将干扰 P 颗粒成分的正确定位,从而阻止生殖干细胞的发生或者它们的迁移,并同时出现腹部的不正常发育(图 2.1.5)。

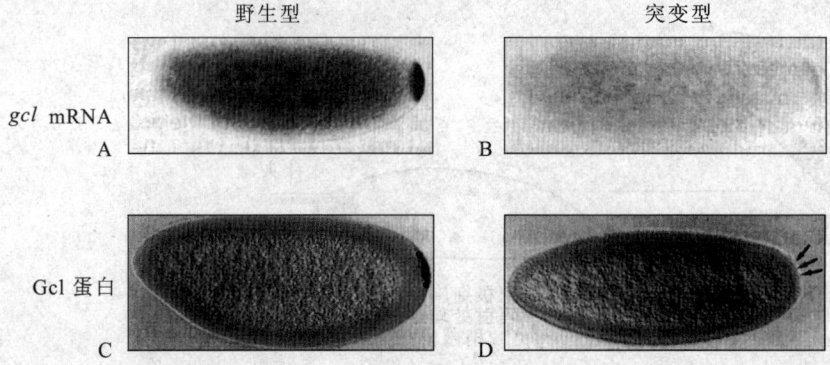

图 2.1.4　果蝇 *gcl* 基因产物定位在受精卵和早期胚胎后端

野生型与突变型对照:A. 野生型果蝇卵受精后的早期卵裂,染色后可见 *gcl* mRNA 集中在胚胎后端。B. *gcl* 突变型雌性果蝇的受精卵,胚胎早期后端看不到 *gcl* mRNA。C. 野生型果蝇卵受精后,在胚胎后端可检测到 Gcl 蛋白。D. *gcl* 突变型雌性果蝇卵受精后,在胚胎后端检测不到 Gcl 蛋白。(S. F. Gilbert)

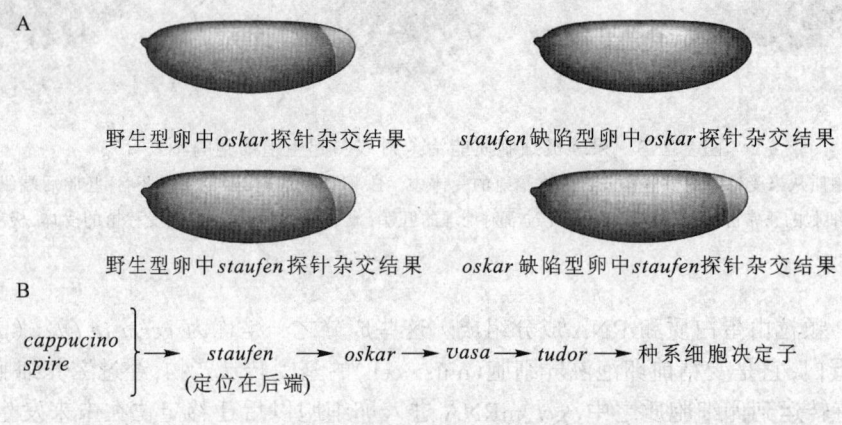

图 2.1.5　影响果蝇生殖干细胞发生的基因

A. *staufen* 基因的失效(*staufen*-deficient)影响了 *oskar* mRNA 的正常表达,而相反的 *oskar* 基因的失效(*oskar*-deficient)不影响 *staufen* mRNA 的表达及正确定位,因此 *staufen* 基因应在 *oskar* 基因之前行使功能,并影响 *oskar* 基因的表达。B. 研究明了的 6 种基因作用顺序的总结。(S. F. Gilbert)

采用对 P 颗粒成分免疫染色的方法,可以显示在果蝇胚胎发育过程中,原始生殖细胞从后端经后中肠向生殖腺的迁移(图 2.1.6)。

3. 两栖动物

目前对于脊椎动物生殖干细胞决定的细胞学过程还不十分清楚,但是它们都是发生在胚胎早期特定的部位这一点是明确的,当前在一些发育生物学研究中称这一类细胞为原始生殖细胞(primordial germ cells, PGCs)。

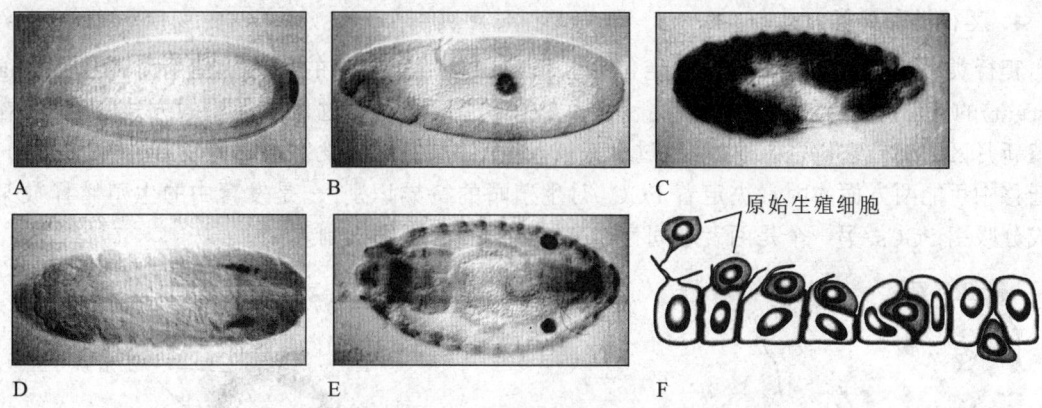

图 2.1.6 果蝇原始生殖细胞的迁移
A. Vasa 蛋白抗体染色示原始生殖细胞在胚胎后端起源。B. 原始生殖细胞运动到后中肠。C. 原始生殖细胞穿过肠壁,用 Engrailed 蛋白抗体复染以显示其他胚胎结构。D. 原始生殖细胞穿过中胚层,形成两个分离的队列。E. 原始生殖细胞聚集在生殖腺原基中。F. 模式图显示原始生殖细胞穿过肠壁的过程,此过程由内胚层细胞的分化而引发。(S.F.Gilbert)

两栖动物未来的原始生殖细胞的发生部位定位在卵细胞的植物极,在这一部位发现有类似于果蝇 P 颗粒染色性质的胞质成分(种质)存在(图 2.1.7),并见到后期富含这种成分的生殖干细胞前体细胞的形成(图 2.1.8)。在爪蟾中,PGCs 首先在幼体胚胎的后肠中聚集。当腹腔形成时,它们继续沿肠背侧经间质组织向腹壁迁移(图 2.1.9),期间 PGCs 大约分裂 3 次,有大约 30 个 PGCs 到达生殖嵴,开始诱发生殖腺的发育。实验表明,PGCs 的迁移与间质组织中纤连蛋白(fibronectin)的导向作用有密切的关系。

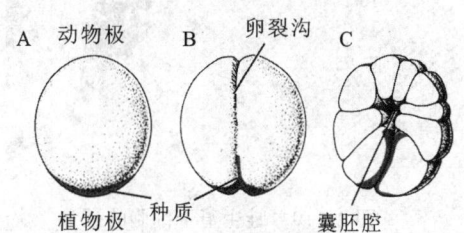

图 2.1.7 蛙早期胚胎生殖干细胞的定位
图中动物极在上,植物极在下,种质成分以黑斑显示:A. 种质成分初始定位靠近受精卵植物极。B. 种质成分沿着卵裂沟向上移动。C. 最后生殖干细胞定位在囊胚腔的底面,胚胎中部可见囊胚腔形成。(S.F.Gilbert)

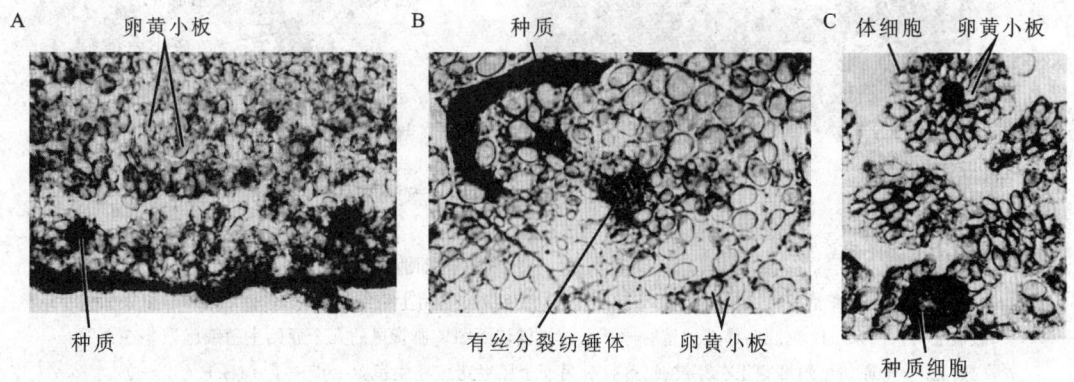

图 2.1.8 蛙胚胎中的生殖干细胞
A. 受精的合子中,种质成分靠近植物极。B. 桑椹胚内胚层区里含有种质成分的细胞的有丝分裂。C. 在原肠胚发育启动时,靠近囊胚腔底面的原始生殖细胞。(S.F.Gilbert)

4. 爬行类和鸟类

爬行类和鸟类的 PGCs 的发生定位在胚体与胚外器官交界的称为生殖新月区(germinal crescent)的部位(图 2.1.10)。爬行类和鸟类 PGCs 的迁移是通过血液运输的方式实现的,在生殖新月区的部位它们进入血管,通过血流植入生殖嵴之后,诱发生殖腺的发育(图 2.1.11)。在迁移中可能两方面的因素决定着 PGCs 对生殖嵴的特异识别,一是发育中的生殖嵴释放某种成分吸引 PGCs,另一个是两者之间存在有特异的表面识别机制。

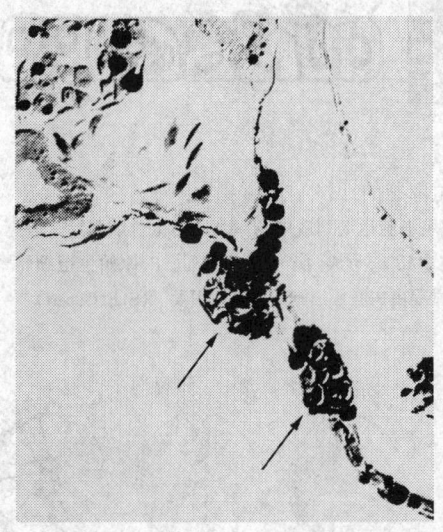

图 2.1.9 蛙生殖干细胞的迁移
爪蟾胚胎体壁和背肠系膜切片相差显微镜照片显示了两大群原始生殖细胞(箭头所指)在沿着背肠系膜迁移。(S.F.Gilbert)

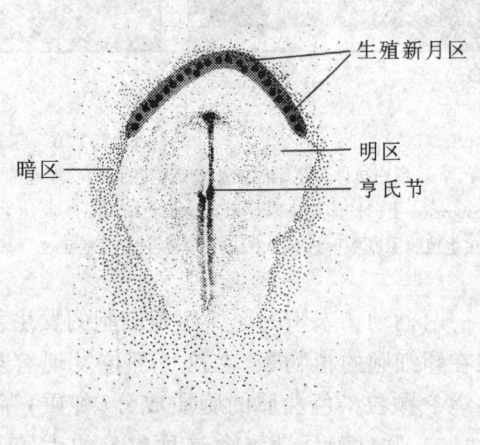

图 2.1.10 鸡原条期胚胎的背面观
图中显示了原始生殖细胞(黑色圆形图形)发生的生殖新月区、暗区、明区、亨氏节。(S.F.Gilbert)

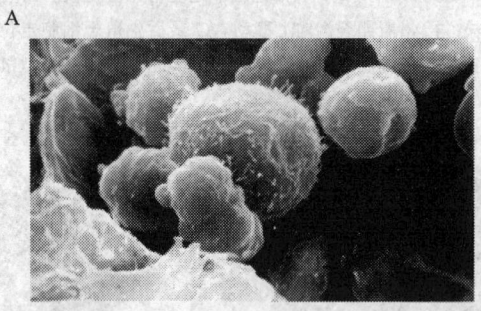

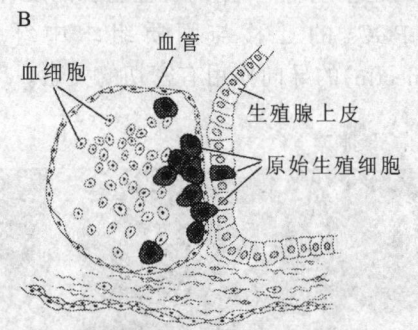

图 2.1.11 鸡胚胎的原始生殖细胞的迁移
A.原肠期胚胎毛细血管中的原始生殖细胞的扫描电镜照片,原始生殖细胞可由其较大的体积和表面的微绒毛辨认出来。B.鸡胚胎靠近生殖腺原基区域的横切面图。血管里的几个原始生殖细胞聚集在血管内皮上,一个原始生殖细胞正在穿过血管内皮,另一个已经定位在生殖腺上皮中了。(S.F.Gilbert)

5. 哺乳动物

在 7 d 的鼠胚中大约有 8 个大的嗜碱性的细胞出现在胚体原条后端的胚外间质组织之

中,如果将这些细胞移去则个体发育不再产生生殖细胞。胚胎发育的 7.5 d,PGCs 积聚于尿囊并开始迁移到邻近的卵黄囊之中。随后,PGCs 分成左、右两组,从尾部沿着新发育形成的后肠向上穿过背部间质组织,在大约 11 d 时分别进入左、右生殖嵴之中(图 2.1.12)。这时的 PGCs 也由迁移开始的大约 10~100 个细胞分裂增殖到大约 2 500~5 000 个。与爪蟾类似,哺乳动物 PGCs 也以团聚的方式通过非循环途径迁移,并且细胞间质成分表现出对 PGCs 迁移的导向作用。

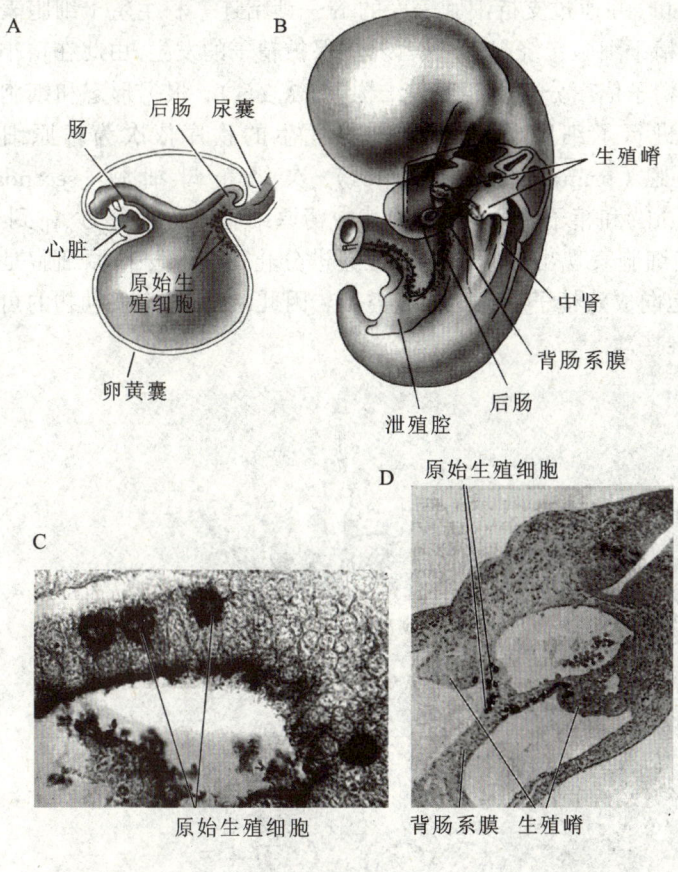

图 2.1.12 哺乳动物原始生殖细胞的迁移路径

A. 在卵黄囊靠近后肠和尿囊连接处可观察到原始生殖细胞。B. 原始生殖细胞经过肠、肠系膜的背面,迁移到生殖嵴。C. 小鼠胚胎后肠里 4 个大的原始生殖细胞(靠近卵黄囊和尿囊),染色显示高水平的碱性磷酸酶表达。D. 碱性磷酸酶深染的原始生殖细胞沿背肠系膜迁移并进入生殖嵴之中。(S. F. Gilbert)

2.2 精子和卵细胞的发生

在高等动物中,精子和卵细胞这一发育过程的完成是在生殖腺器官,即精巢和卵巢中进行的。如上面已经提到的,实际上配子的发育与生殖腺的发育是一个相互作用的过程。大致地说,在个体发育早期,生殖干细胞的迁入和诱导对于性腺的发育起着重要的作用,而性腺发育成熟后,它对配子细胞的功能维持和持续发生起着重要的作用。多数高等动物的配子和性器官都存在早于个体衰老死亡而先行退萎的现象。

精子和卵细胞发育的核心内容有四:第一,通过减数分裂,染色体数目由双倍变为单倍,使它们结合以后能重新恢复细胞双倍染色体的基因组构成;第二,配子细胞的分化与成熟,以实现未来受精过程的进行,并保证受精的特异性和唯一性;第三,建立和储备子代发育必备的信息以及营养成分,包括未来个体发育体制的初步设定,这方面卵细胞是主要的执行者;第四,与亲本性成熟以及其性生理活动的协调也是配子发育设计的重要内容之一。

2.2.1 精子的发生

在雄性脊椎动物中,一旦生殖干细胞迁入生殖嵴便与其组织结合形成上皮样生殖索(sex cord)的结构,并在实现了生殖腺的初步分化以后,生殖干细胞很快进入休眠状态。到个体性成熟的发育阶段,生殖索开始出现中空的形态变化,形成精小管(seminiferous tubule)。管道上皮同时分化为支持细胞(sertoli cell),并通过支持细胞表面的 N-钙粘连素和生殖干细胞表面的半乳糖转移酶分子的连接将生精干细胞包绕起来,以营养和保护精子的发生,由此在精小管中形成一个特定的从精原细胞到精子依序分化的环境和结构(图 2.2.1)。根据形态和细胞学的特征对精子的发生分化过程进行了细胞类型的划分,按发生的秩序依次为精原细胞(spermatogonia)、初级精母细胞(primary spermatocytes)、次级精母细胞(secondary spermatocytes)、精子细胞(spermatids)和精子(sperm cell),其中精原细胞又可细分为 A_1 到 A_4 型(图 2.2.2)。在精小管中,这些细胞表现出从基膜向管腔递进分化的排布。精原细胞是生精干细胞,其他细胞是生精干细胞向成熟精子发育的过渡类型。因此,在雄性脊椎动物的可育期中,可以认为生精干细胞终身维持。

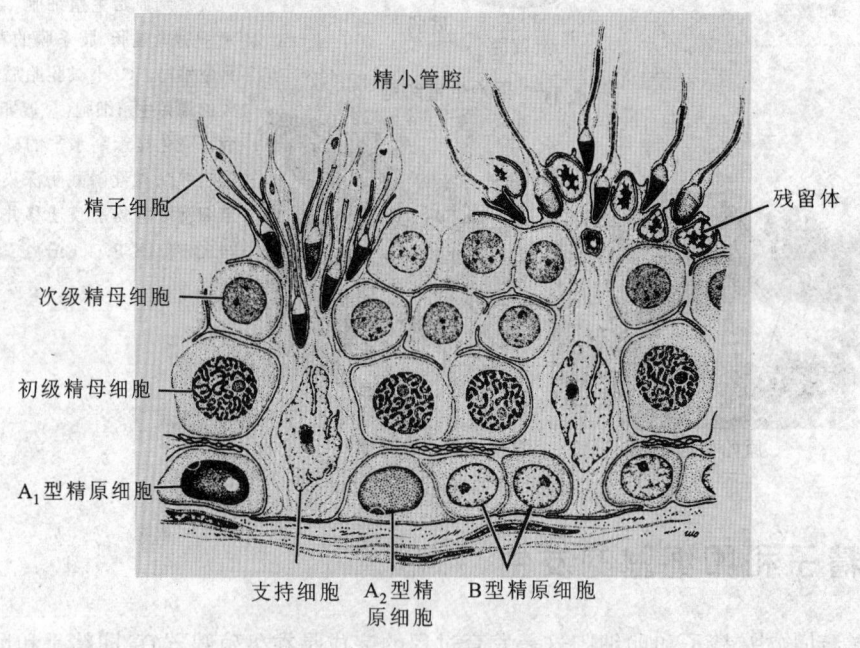

图 2.2.1 精小管切面图
显示支持细胞和精子的发育,细胞在成熟过程中不断地向精小管腔推进。(S.F.Gilbert)

精子的发生过程具有以下重要特征。A1 型精原细胞由于其原发性和可以通过有丝分裂维持自身细胞种类延续存在而被认为是属于干细胞,它在个体的可育期中始终存在于精巢中,人类一生大约可以由它们产生出 $10^{12} \sim 10^{13}$ 个精子。在精原细胞向精子细胞分化的过程中,伴随细胞的分化,各级分化细胞同时不断地分裂增殖,并且同一精原细胞的后代保持着合胞的状态,即各细胞之间有一个大约 $1~\mu m$ 直径的胞质桥相连,形成一个胞质成分可以直接相互沟通的同步发育的克隆系。在初级精母细胞的阶段完成第一次减数分裂,在次级精母细胞的阶

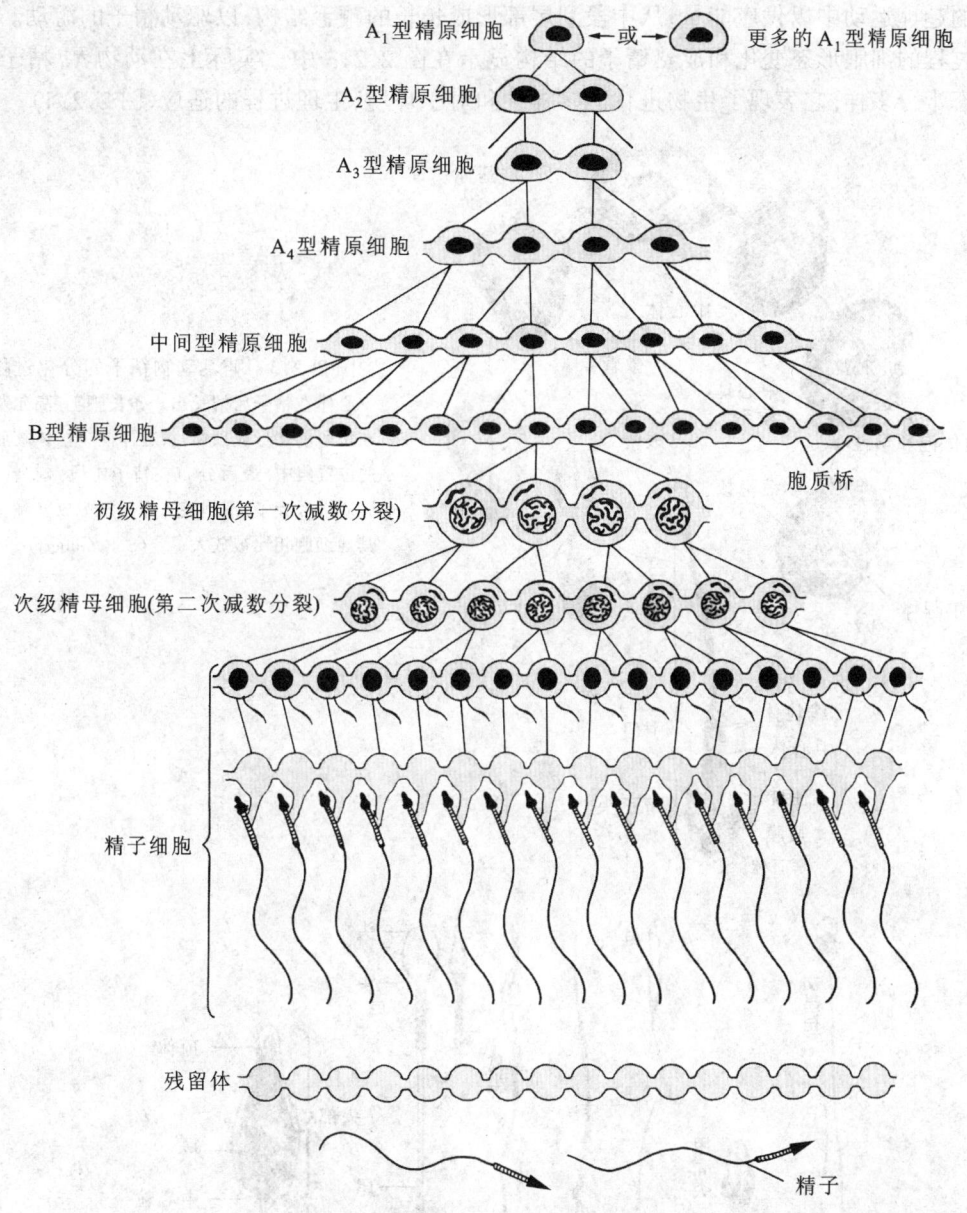

图 2.2.2　人精子发生过程中的合胞体克隆现象(S.F.Gilbert)

段完成第二次减数分裂。这一过程同时不断将分化的细胞从基膜向管腔的方向推进,使同一分化水平的细胞出现在同一个层位上。当精子细胞来到管腔面的部位,继续分化并丢弃残留体,精子游离进入管腔。此外,在排精前精子往往还有一个成熟和活化的过程,它在附睾中完成。人类从精原细胞到精子的发育过程大约需要 65 d。

从精原细胞到精子形成,除了染色体组的倍减和细胞核的高度浓缩以外,细胞的整体形态结构也发生着巨大的变化,其中最为突出的方面包括有:高尔基体发育为精子的顶体,其中包含了与卵细胞结合过程中需要的重要酶类;中心粒定位在精子的颈部,在受精过程中将随精核一起进入卵细胞,在未来雌核、雄核融合中发挥作用;大量的线粒体环绕排列在精子的中段,在精子的趋卵运动中以供应能量;从中段到尾部形成长长的鞭毛结构,以驱动精子的游动。精子发育过程的细胞形态变化和成熟精子的结构显示在图2.2.3中。实际上在动物界,精子的外观形态十分多样,它表现了生物进化的多样性和对于环境、生理过程的适应(图2.2.4)。

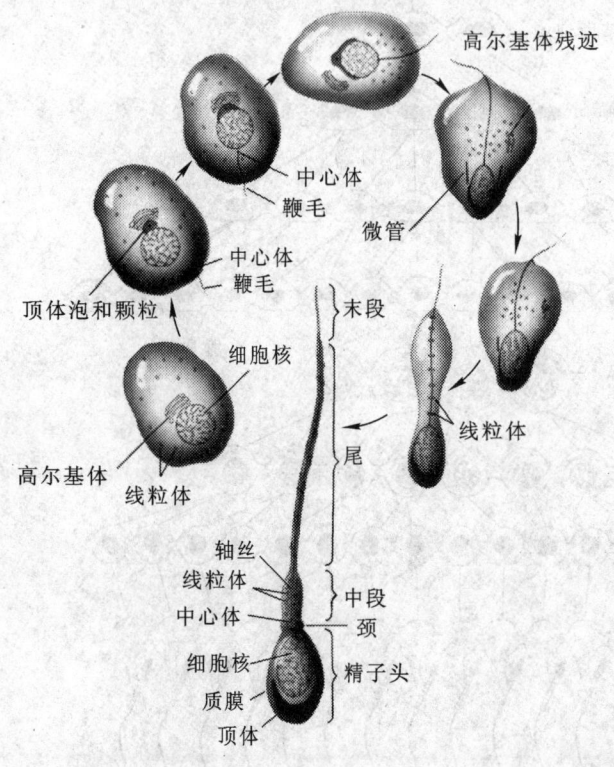

图 2.2.3　哺乳动物精子的分化过程
中心体在精子后端长出一条长鞭毛,高尔基体在精子前端形成顶体,线粒体向单倍体核底部的位置集中,最后分布在精子中段,剩余的细胞质被丢弃了,细胞核浓缩。图中成熟精子与其他细胞相比被放大了。(S.F.Gilbert)

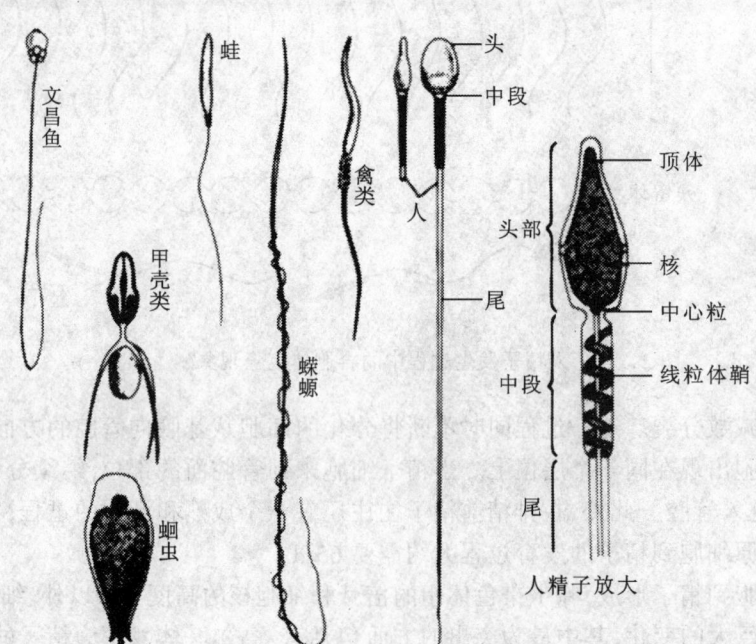

图 2.2.4　人和动物的精子

发育生物学对精子发生过程中基因表达的研究正在不断深入,它们分别出现于精子分化启动期、减数分裂期、单倍体精子细胞期。例如,BMP8B 表达于精原细胞之中,当它在细胞中的含量达到一定浓度时,细胞向精子细胞的方向分化,青春期的小鼠如果抑制 BMP8B 的表达则这一分化不发生,即没有精子发生;定位在人类 Y 染色体长臂上的 *DAZ* 基因的产物是一种 RNA 结合蛋白,表达在精原细胞之中,*DAZ* 基因的缺失将出现不育的现象。在果蝇中发现有两个与 *DAZ* 同源的基因,分别是 *Rb97D* 和 *boule*,同样编码 RNA 结合蛋白,它们的表达失效可造成精原细胞的退化或者不进入减数分裂的阶段。研究发现在精子的发育中,对 mRNA 翻译的控制在分化调节中占有重要的作用,对此 RNA 结合蛋白执行着重要的功能;在精子的发生过程中,绝大多数 mRNA 的翻译发生在减数分裂之前,它们的产物多与精子的运动和与卵细胞的结合有关,如 β_2-tubulin 和海胆顶体中的 bindin。如果用间质细胞或上皮细胞中常见的 β_3-tubulin 对 β_2-tubulin 进行替换,则精子的发生被终止;在减数分裂以后,即处在染色体单倍阶段的精子细胞中,同样发现有新的基因产物的表达,受精时结合于卵细胞透明带的 β-1,4-半乳糖转移酶在一阶段转录;此外还发现在精子发育中存在决定受精后正常纺锤体形成的基因产物的表达,在线虫中这一基因是 *spe-11*。

2.2.2 卵细胞的发生

海胆卵常常作为动物卵细胞结构的代表,由外向内它依次包括有:包裹在卵细胞外面的厚厚的凝胶层,由卵细胞分泌形成的紧贴于细胞膜外的卵黄层,卵细胞膜,紧贴细胞膜下的是大量的皮质颗粒,细胞质中含有大量的卵黄颗粒和线粒体,单倍的浓缩的细胞核位于卵细胞中央(图 2.2.5)。实际上,动物的卵细胞像精子一样同样表现出多态性,例如,由于卵细胞排放环境不同(如水中或输卵管里)造成卵细胞表面结构的变化;由于繁殖方式不同(如陆地卵生、胎生)造成卵细胞中卵黄物质储存量的不同,等等。这些我们在下面的不同动物卵细胞发生的讨论中将给予详细的介绍。

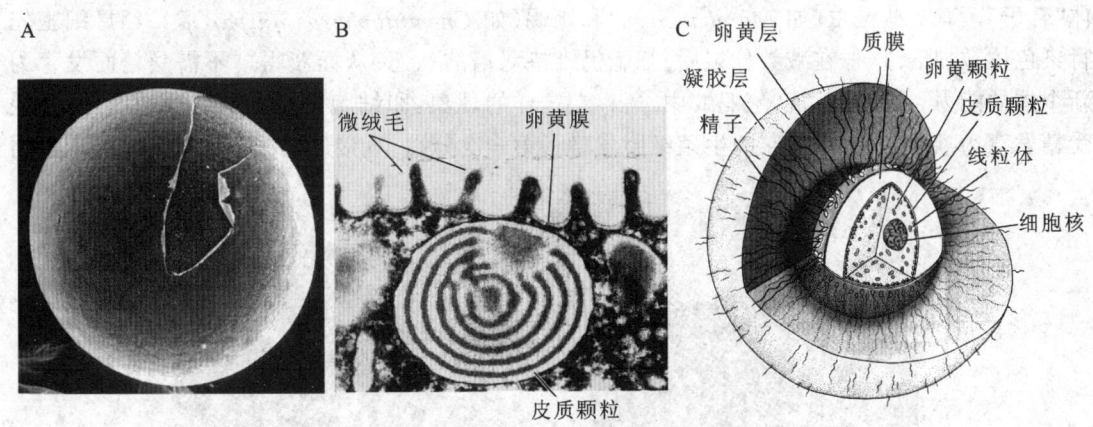

图 2.2.5 海胆卵细胞表面
A.受精前海胆卵细胞扫描电镜照片,剥去卵黄膜的地方露出卵细胞膜。B.未受精卵的透射电镜照片,示微绒毛和细胞膜,两者被卵黄膜紧紧覆盖,细胞膜下有皮质颗粒结构。C.海胆卵结构模式图。(S.F.Gilbert)

除了 DNA 外,卵细胞还肩负着传递包括酶、mRNA、细胞器(中心体除外)、营养物质,以及发育信息的任务,因此卵细胞的发育自然比精子更为复杂,物种差异给卵细胞发育带来的影响也要比精子大得多。此外,不同物种卵的排放情况也很不一样,海胆、蛙类每次排卵可多达几百或者几千枚,而人类和多数的哺乳动物每次排卵只有一枚或者数枚。

在卵细胞的发育分化过程中同样必须经过减数分裂过程,但是这一过程不同的动物的程序设计可能很不一样。人类在胚胎发育的第 2 到第 7 个月,经过急速的分裂,发育卵巢中的生殖细胞数目可达到 700 万个。但是,在以后的发育阶段,绝大多数的细胞迅速死亡,而留下的细胞进入第一次减数分裂的前期成为初级卵母细胞(primary oocytes),并保持这一状态直到青春期才开始后继的发育,期间相隔达 12 年之久。事实上,由于这些保留在卵巢中的初级卵母细胞在个体整个生育期中是周期性地逐一启动发育,有的细胞可能维持休眠状态长达 50 年之久,而期间仍不断有初级卵母细胞的死亡,使原初 700 万个生殖细胞大约只有 400 个走完它们的全发育过程成为卵细胞,而绝大多数被淘汰了(图 2.2.6)。虽然在广泛的物种里,卵细胞在胚胎发育中存在休眠、发育滞留现象,但是不同物种它们滞留所处的发育阶段常常很不一样。与精子发育另一个明显不同的特征是,在减数分裂的两次分裂中,卵细胞细胞质几乎只保留在其中之一的分裂细胞之中,另一个变成没有功能前途的第一和第二极体(polar body)而被淘汰(图 2.2.7)。在少数物种里甚至存在这样的现象,减数分裂被强烈地修改了,使产生的卵细胞的染色体仍然是两倍的,即它不需受精便可发育出新的个体。例如,在果蝇中,在第

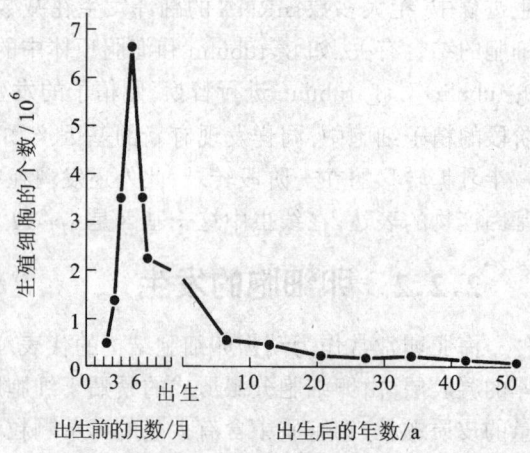

图 2.2.6 人卵巢中生殖细胞数目随年龄而变化的情况(S.F.Gilbert)

二次减数分裂以后,极体细胞有可能起着精子的作用,即与卵细胞结合,使之"受精"形成双倍体"合子"。有一些昆虫(如 *Moraba virgo*)和蜥蜴(如 *Cnemidophorus uniparens*),卵母细胞先行染色体数加倍,这样在减数分裂后,细胞仍维持双倍的状态,从而获得了不需受精而发育为新个体的能力。在蜜蜂、黄蜂、蚂蚁中,还存在这样的现象:卵细胞第一次减数分裂以后,不经受精发育为雄性个体,之后它的生殖细胞省略了第一次分裂,直接进入第二次减数分裂产生精

A B

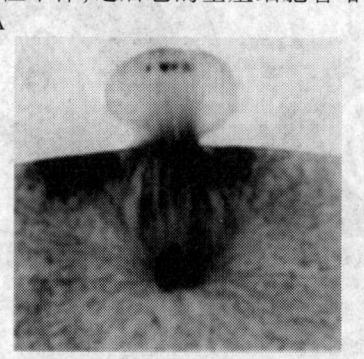
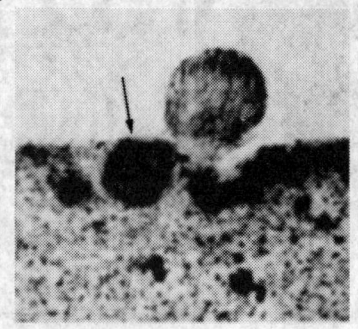

图 2.2.7 鱼(*Coregonus*)卵母细胞极体的形成

A.第一次减数分裂后期,第一极体形成。B.第二次减数分裂中期(箭头所指),这时可见第一极体仍然在原位,它可能分裂也可能不再分裂。(S.F.Gilbert)

子。在这些动物中,精子与卵细胞结合将发育为雌性个体。

不同动物卵细胞的发育可能很不一样,以下我们重点介绍昆虫(果蝇)、两栖动物(爪蟾)和哺乳动物的卵细胞的发育过程。

1. 昆虫卵的发育

果蝇卵细胞的发育很有特色。在卵巢中,每个卵原细胞经过4次分裂,形成一个相互之间有细胞质通连的由16个细胞组成的克隆单位。如图2.2.8所示,在这16个细胞中,只有具有4个连桥的两个细胞($1^\#$、$2^\#$)可发育为卵母细胞,而这两个细胞中又只有一个细胞将发育为卵细胞,另一个因为不能完成减数分裂而发育中断。但是,除一个发育为成熟卵细胞外,其他细胞均分化为滋养细胞,并继续维持着与卵细胞的通连。伴随卵细胞的发育,周围细胞围绕克隆单位形成滤泡细胞,并逐渐向卵巢前端推进形成一个卵泡。在这个过程中,卵细胞也同时逐渐定位在滤泡顶端的位置。

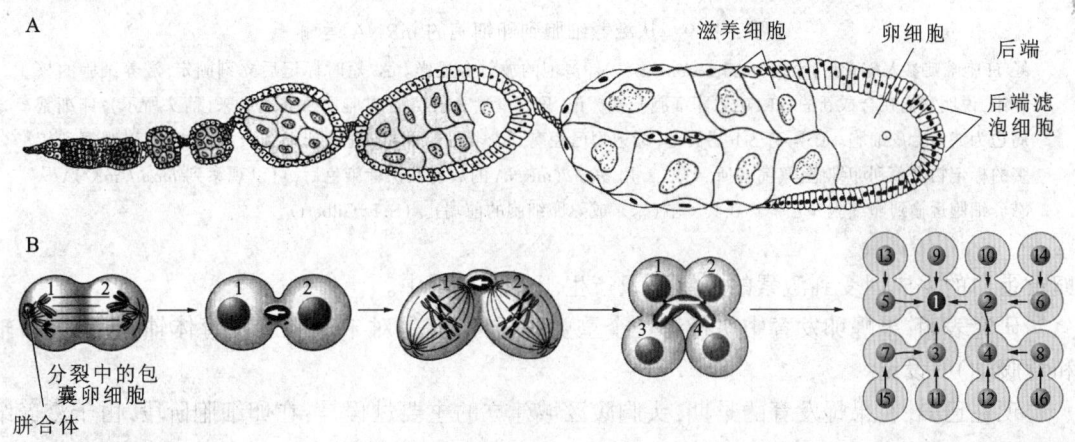

图2.2.8 果蝇卵泡的发生

A.卵巢结构,从左至右示卵巢管里卵细胞的发生成熟顺序。B.经过连续分裂,包囊卵细胞产生16个细胞的克隆体。这16个细胞中只有一个成为卵细胞($1^\#$),其他的都成为滋养细胞,它们以胞质桥与卵细胞直接或者间接相连。箭头示胼合体的极性,细胞间的物质运输由其调节。(S.F.Gilbert)

滋养细胞不是卵细胞发育遗弃的"废品"(如其他动物卵母细胞的极体),它们对卵细胞的发育有着重要的作用,成为制造并为卵细胞提供mRNA、核糖体、中心粒的"工厂",并通过细胞间的连桥运输到卵细胞之中(图2.2.9)。在细胞连桥形成过程中同时在桥的部位出现一种富含血影蛋白的称为胼合体(fusome)的构造。胼合体具有不对称的结构,因此有人推测它像一种方向阀门一样控制着胞质间物质信号的单向流动,造成唯有卵原细胞分裂形成的$1^\#$细胞发育为卵细胞。但是胼合体不是决定物质成分定向运输的唯一原因,一旦以上细胞间的关系确立,细胞骨架积极地参与到这一定向转运的工作中来,因为用实验方法破坏细胞骨架的基本结构,将会造成16个细胞全部发育为滋养细胞。可能由于存在滋养细胞,与其他许多物种不同,果蝇卵细胞本身在发育过程中不表现出有基因转录的活性。果蝇卵细胞的发育过程只有12 d,要在这短短的时间里完成卵细胞全部的RNA、核糖体等成分的建造工作,滋养细胞表现出异常活跃的功能,它们的染色体可以加倍成为512倍体。

果蝇卵细胞中的3种主要卵黄蛋白产生于体内的脂肪体,之后被运输储存于卵细胞之中,

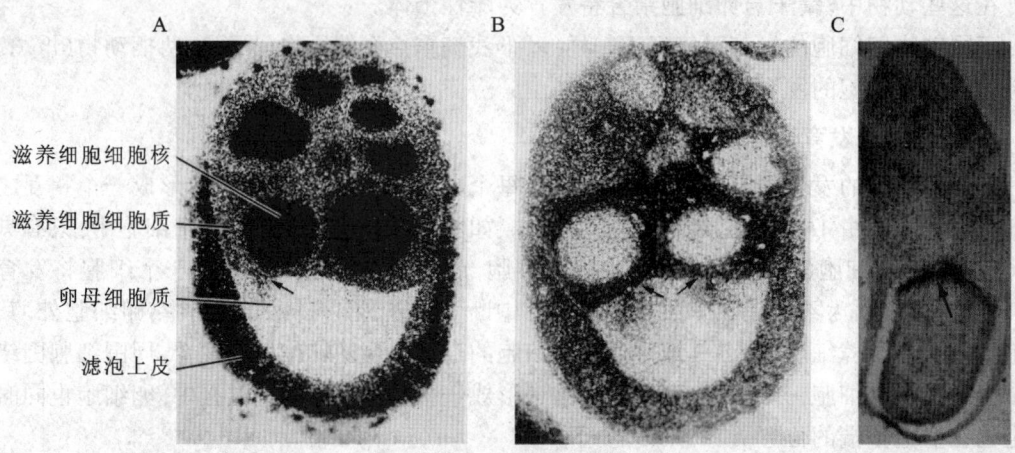

图 2.2.9　从滋养细胞到卵细胞的 mRNA 运输

经 ^{3}H 胞嘧啶参入孵育后，家蝇(*Musca domestica*)卵滤泡的放射自显影。A.短时标记后立刻固定，滋养细胞的核深染，说明它们在合成新的 mRNA。卵母细胞未被标记，只有少量 mRNA 通过胞质桥逃逸进来(箭头所示)，卵细胞周边为滤泡上皮细胞。B.孵育5 h 后固定，标记物已经离开滋养细胞的核，进入到细胞质中，而且可以观察到较多的标记物进入到卵细胞中(箭头所示)。C.用 *bicoid* mRNA 的放射性探针染色后，可以观察到 *bicoid* mRNA 从滋养细胞运输到卵细胞并且聚集在其一端(未来成熟卵细胞的前端)。(S.F.Gilbert)

卵黄蛋白的生成因受到激素的控制而只产生于雌性果蝇中。

　　研究表明，果蝇卵发育中执行着一个重要的任务，就是对未来胚胎发育体轴(包括前后轴和背腹轴)的设定。

　　现在已知，在果蝇发育的早期，头胸腹区域建立的主要过程是：在卵细胞阶段，由于滋养细胞和卵泡细胞的分泌和诱导，在长椭圆形的卵细胞两端分别差异性地锚定和储存了 *bicoid* mRNA 和 *nanos* mRNA。卵受精后进入胚胎发育阶段，两种 mRNA 翻译为对应的蛋白质，并且由于渗透和扩散作用，在胚胎中从前向后形成了 Bicoid 梯度性的浓度递减分布和 Nanos 梯度性的浓度递增分布。Bicoid 和 Nanos 都是 mRNA 翻译的调节因子，由于 Biciod 蛋白对 *caudal* mRNA、Nanos 蛋白对 *hunchback* mRNA 的翻译分别具有抑制作用，进而造成了这两种原本均匀存在于胚胎中的 mRNA 出现了蛋白表达的梯度分布，即 Hunchback 蛋白从前向后浓度依次降低，而 Caudal 蛋白浓度依次增高(图 2.2.10)。研究表明，正是由于初始 *bicoid* mRNA 和 *nanos* mRNA 的特异定位而导致的不同发育调节因子非均一的分布图案奠定了头胸腹区域划分的基础，*bicoid* 高浓度表达的区域规定了头的发育，*nanos* 高浓度表达的区域规定了腹的发育，而两者过渡的区段将发育为胸，这一结论进一步得到其他实验的证实：分别消除 *bicoid* 或 *nanos* 的表达，可以预测性地获得没有头胸或腹部的不正常的胚胎(图 2.2.11)；母体 *bicoid* 基因拷贝数异常带来子代胚胎头部定位的偏移(图 2.2.12)。显然，在果蝇早期头胸腹区域分化的过程中，各自首尾定位的 *bicoid* mRNA 和 *nanos* mRNA 充当了核心的角色，它们翻译产物浓度梯度分布形成的图案决定了头胸腹区域的划定。果蝇发育的研究使人们获得了形态发生原(morphogen)的概念，即形态发生原是发育过程中对分化和形态构建起重要作用的因子，它们往往通过扩散作用出现浓度梯度分布现象，并以此规范出不同区域的不同发育方向。在发育生物学中形态发生原一词常用于胚胎的早期发育阶段。

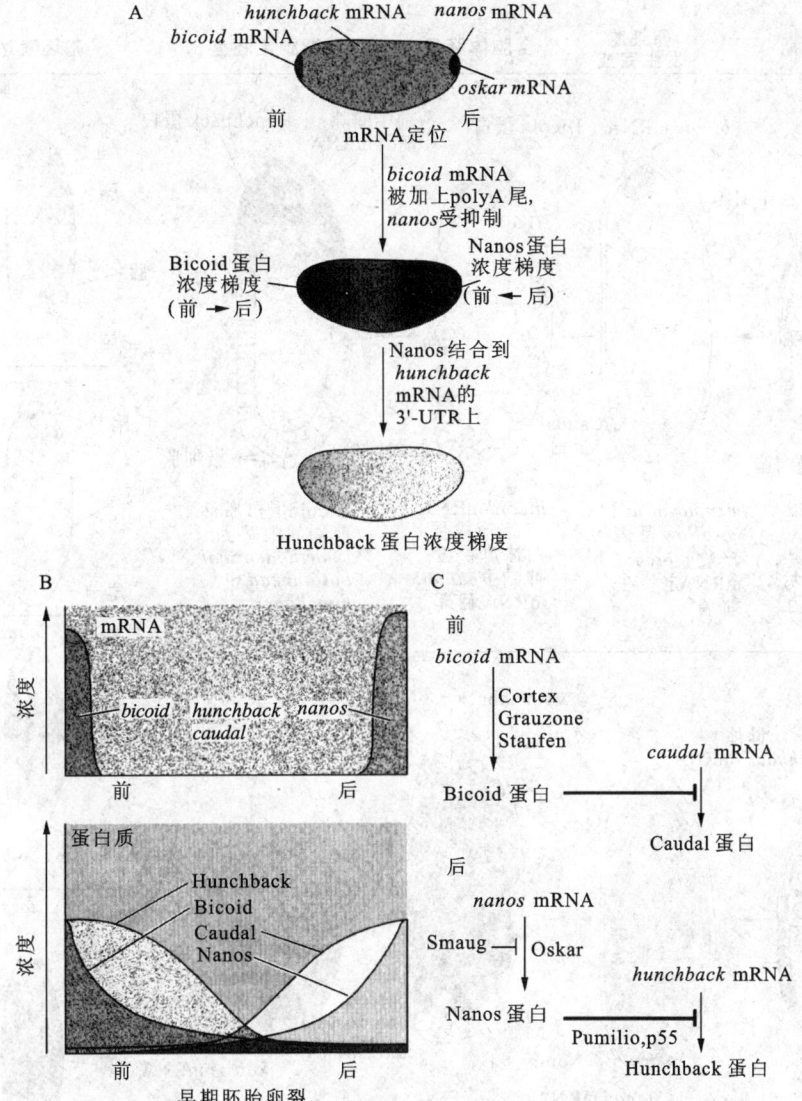

图 2.2.10 果蝇早期发育的前-后体轴的确定

A.母体 mRNA 对果蝇胚胎前后轴极性的控制。上:卵巢滋养细胞向卵母细胞提供了 *bicoid*, *nanos*, *oskar* 和 *hunchback* mRNA。*oskar* mRNA 最早进入卵母细胞,运输到后端,它在卵细胞发育中期转录,此时其他的 mRNA 还未进入。*bicoid* mRNA 以其 3′-UTR 固定在前端。*nanos* mRNA 由其 3′-UTR 引导运输到后端,与 Oskar 蛋白相互作用。Hunchback 蛋白在卵细胞中均匀分布;中:受精和卵细胞激活之后,*bicoid* mRNA polyA 化,获得转录活性,并形成从前向后的 Bicoid 蛋白梯度。同时 Nanos 形成了从后向前的蛋白梯度;下:Nanos 蛋白结合到 *hunchback* mRNA 的 3′-UTR 区,阻止其转译,Bicoid 蛋白结合到 *hunchback* 基因的增强子区域,促进其转录,结果形成了 Hunchback 蛋白的梯度分布。不同浓度的 Hunchback 蛋白将激活不同的基因,由此特异化胚胎的不同区域。B.母体决定基因引起的前后轴图案发生模型。上:在卵母细胞中,卵巢滋养细胞分泌的 *bicoid*, *nanos*, *caudal* 和 *hunchback* mRNA 位于卵细胞的不同位置。*bicoid* mRNA 被局限在前端,*nanos* mRNA 被局限在后端。下:在早期卵裂的胚胎中,翻译后 Bicoid 蛋白形成从前向后的梯度,Nanos 蛋白形成从后向前的梯度。Bicoid 蛋白阻止 *caudal* 基因的翻译,Nanos 蛋白阻止 *hunchback* 基因的翻译,结果形成了 Caudal 和 Hunchback 相反的梯度。因为 Bicoid 蛋白是激活 *hunchback* 基因的转录调节因子,所以前端细胞核转录 *hunchback* 基因,进一步加强了 Hunchback 梯度。C.果蝇胚胎前-后轴分化的基因调控程序。上:前端调控。在胚胎前端,*bicoid* mRNA 被束缚在细胞骨架上,因为此时只有一段短的 polyA 尾,所以 *bicoid* mRNA 不翻译。受精后 *bicoid* mRNA 的 polyA 尾以一种依赖 Cortex、Grauzone 和 Staufen 蛋白的方式延伸,因此 *bicoid* mRNA 被翻译。Bicoid 蛋白抑制 *caudal* mRNA 翻译。下:后端调控。在胚胎后端,Smaug 蛋白结合在 *nanos* mRNA 的 3′-UTR 上,抑制其翻译。受精后,Oskar 促使 *nanos* mRNA 翻译。Nanos 蛋白抑制了 *hunchback* mRNA 的翻译。(S.F.Gilbert)

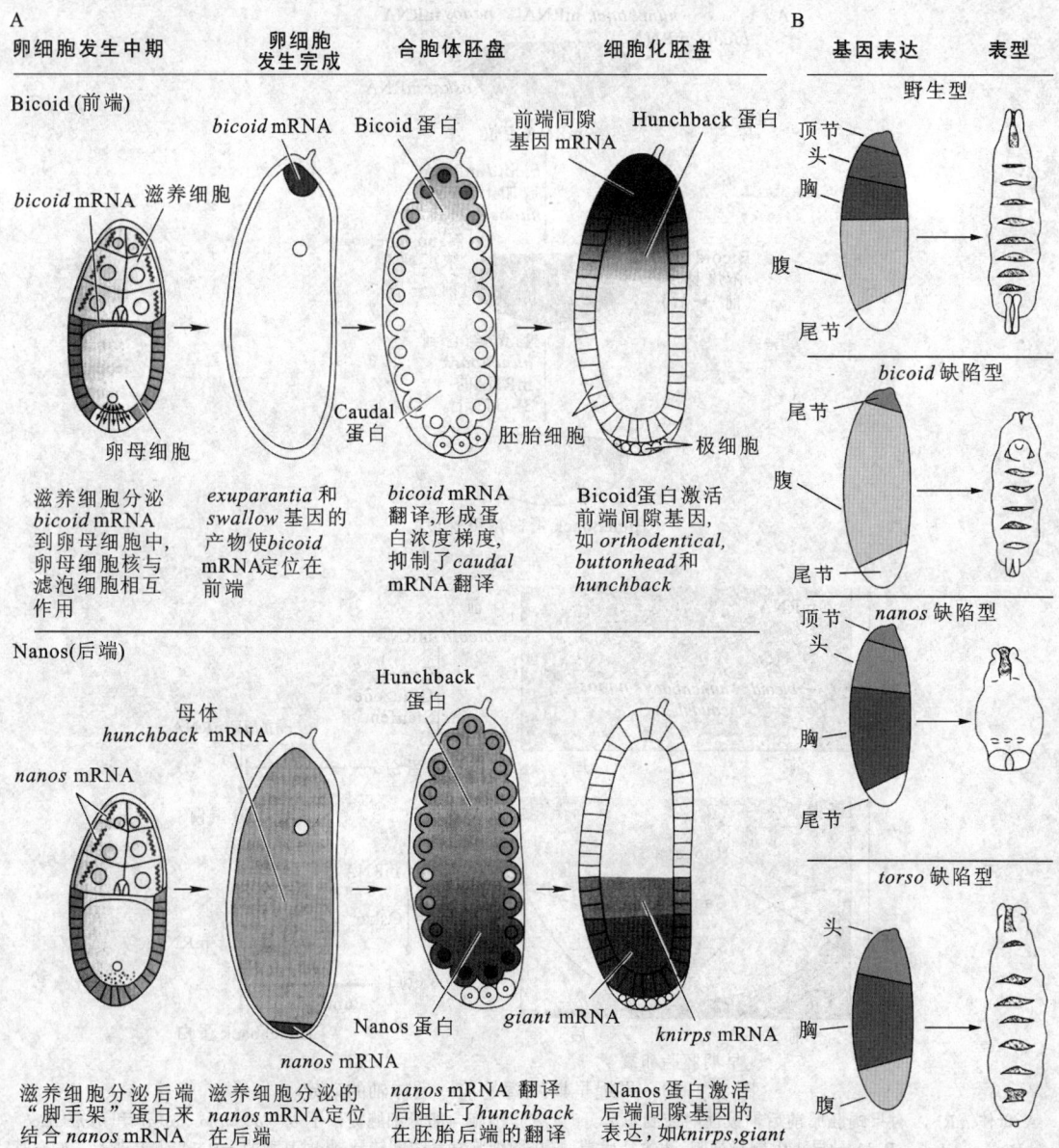

图 2.2.11 不同遗传途径相互作用形成果蝇胚胎的前-后轴

A. 在卵细胞和受精后的发育过程中,不同形态发生原基因对体轴分化的决定作用。B. 3 种形态发生原基因对体轴形成和胚胎发育的影响。与野生型比较,下面 3 图显示了 3 种形态发生原基因(*bicoid*、*nanos*、*torso*)的删除对体轴形成和胚胎发育的影响,它们分别出现头胸、腹和端部结构的丢失。(S.F. Gilbert)

与果蝇前-后轴形态发生原差异分布同时进行的是背-腹轴在卵细胞的发育中同时获得了确定。研究表明,*gurken* mRNA 集中在卵细胞的一侧,成为背-腹轴建立的关键形态发生原。那么这些分子的特异定位在果蝇卵细胞的发育中是如何建立的呢? 研究证明,这一过程不是孤立的卵细胞的发育行为,它是一系列复杂的卵细胞与滋养细胞和滤泡细胞相互作用的结果(图 2.2.13)。首先,由滋养细胞转录 *gurken* mRNA 并转运到位于卵细胞后端的细胞核

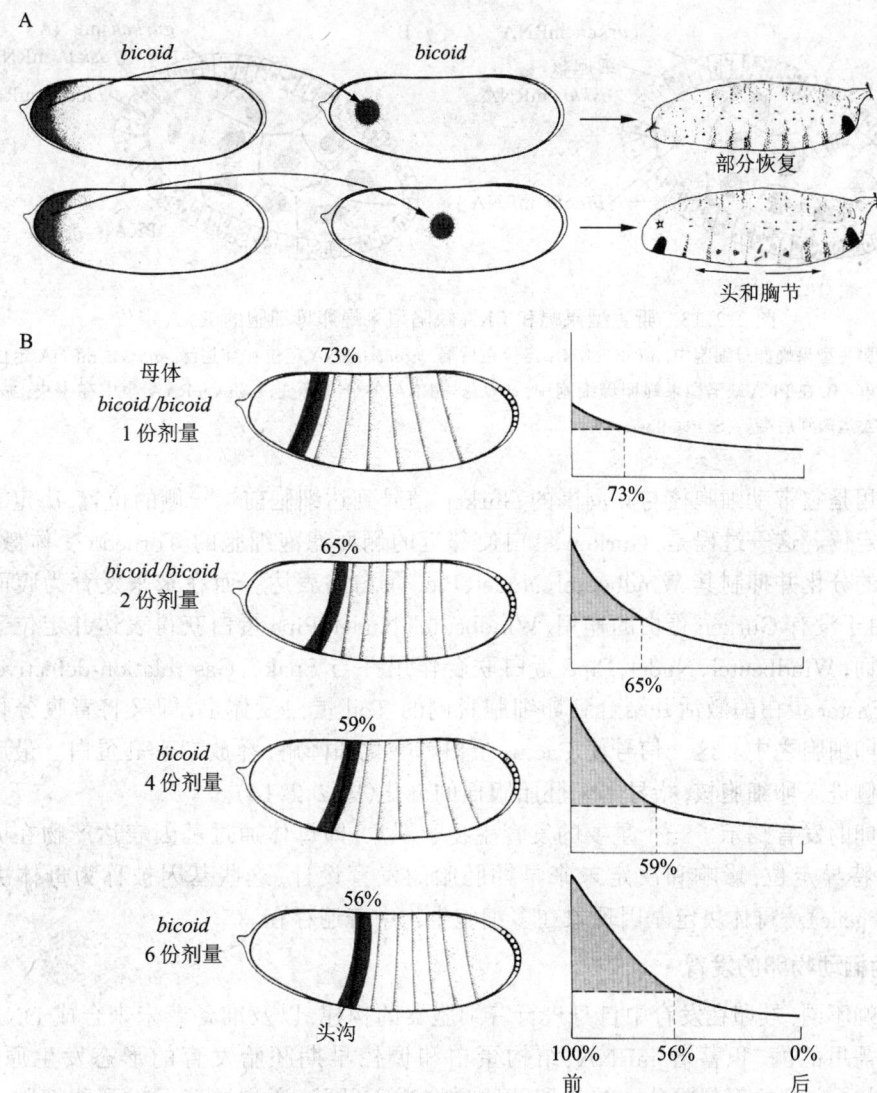

图 2.2.12　母体 *biciod* 基因拷贝数对胚胎头部定位的影响
A. 由于 *bicoid* 表达细胞的移植,造成前-后轴结构的推移,以至于形成有两个头区的对称结构。
B. 头区域的比例随 *bicoid* 基因拷贝数的增加而增加。(P.A. Lawrence)

与质膜间的部位。*gurken* mRNA 转译为 Gurken 蛋白以后,通过对卵细胞后端滤泡细胞受体的激活使之释放新的活化因子(可能是 cAMP),活化因子再激活卵细胞膜上的蛋白激酶 A (PKA)。PKA 的活化使卵细胞中的微管发生方向性的改变,将其延伸端从原有的指向滋养细胞的方向转而成为指向卵细胞的远滋养细胞端。这一变化是重要的,来自于滋养细胞并位于细胞质前端的 *oskar* 和 *nanus* mRNA 在微管的作用下将被转运至卵细胞的后端,并且开始在那里翻译为 Oskar 蛋白。对应地,*bicoid* mRNA 转运自滋养细胞并维持在卵细胞前端的位置。如果实验将卵细胞中的微管解聚,则 *bicoid* mRNA 将扩散到细胞的各个部位,如果微管蛋白不发生极性的调换,则出现 *bicoid* mRNA 集中到卵细胞后端的现象。微管方向的转变的另一

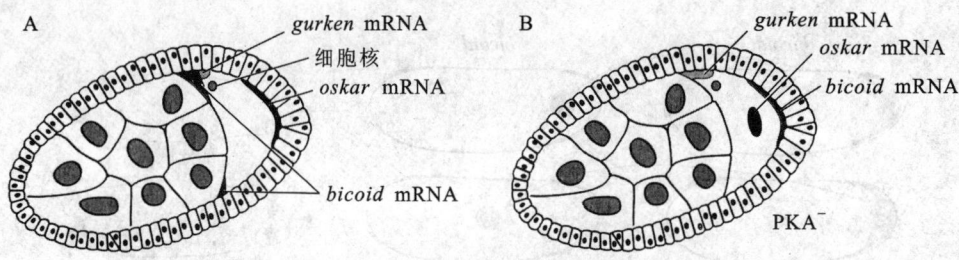

图 2.2.13 野生型果蝇和 PKA 缺陷型果蝇卵母细胞的 RNA 定位

A. 在野生型果蝇卵母细胞中，oskar mRNA 定位在后端，bicoid mRNA 定位在前边缘，gurken mRNA 定位在背前角。B. 在 PKA 缺陷型果蝇卵母细胞中，gurken mRNA 的分布不变，oskar mRNA 集中在中央，bicoid mRNA 运输到后端。(S.F.Gilbert)

个重要作用是它带动细胞核与其周围的 Gurken 信号到达细胞前端一侧的位置，决定了未来胚胎背部的定位。这一过程是：Gurken 蛋白使邻近的侧面滤泡细胞的 Torpedo 受体激活，诱发滤泡细胞的分化并抑制其 Windbeutel、Nudel、Pipe 蛋白的表达。而在未来发育为腹面的滤泡细胞中，由于没有 Gurken 蛋白的作用，Windbeutel、Nudel、Pipe 蛋白获得表达并定位于细胞膜表面。进而，Windbeutel、Nudel、Pipe 蛋白联合作用并与 Snake、Gastrulation-defective 蛋白结合，诱发 Easter 蛋白酶激活并结合到卵细胞腹侧的 Toll 蛋白受体上，即又将背腹分化的信号反馈传入卵细胞之中。这一信号使 Cactus 蛋白磷酸化和降解，释放 Dorsal 蛋白。最后，Dorsal 蛋白从腹侧进入卵细胞核，指导未来胚胎腹面的分化（图 2.2.14）。

果蝇卵的发育揭示了一个重要的发育生物学现象，即母体通过基因表达产物在卵细胞中的储存和特异定位，影响和决定未来早期胚胎的发育设计，这些基因被称为母体决定基因（maternal gene）。母体决定基因现象在多细胞生物中普遍存在。

2. 两栖动物卵的发育

与果蝇不同，蛙卵在发育中自身进行着细胞器的构建，以及准备着未来合成 DNA、RNA、蛋白质所需用的酶，积蓄着 mRNA、结构蛋白和调控早期胚胎发育的形态发生原因子，表 2.2.1 列出了它们的部分成分。蛙的卵黄物质合成于肝脏，通过血液运输到卵细胞。这一过程主要在减数分裂前期 I 发生，它又细划分为卵黄形成前期和卵黄形成期。肝脏生成的卵黄成分经过改造形成卵黄颗粒分布在卵细胞的皮质区域，并伴随着卵黄颗粒的积累逐渐移向植物极，最终 75% 的卵黄成分分布在这一区域（图 2.2.15）。在卵黄物质储备的同时，其他成分也在进行着在细胞质中的不对称积累分布。当卵黄成分不断地趋向植物极时，糖原颗粒、核糖体、脂滴、内质网集中到动物极，以及不同 mRNA 出现在胞质中的特定部位。由高尔基体产生的皮质颗粒，以及线粒体、黑色素颗粒分布在卵细胞的周围。目前对两栖动物卵细胞发育中不同成分的差异分布的精确机制还不清楚。研究发现细胞骨架对于 RNA 分子和形态发生原的定位起着重要的作用。例如，分布于植物极皮质的 Vg1 蛋白的 mRNA 最初散在于全细胞质中，在微管的参与下将其传送到细胞的植物极，而微纤维（microfilaments）则负责某些 RNA 分子在植物极皮质的锚定。与果蝇卵细胞发育不同，目前没有发现滤泡细胞直接参与两栖类卵细胞内不同成分的极性构建。

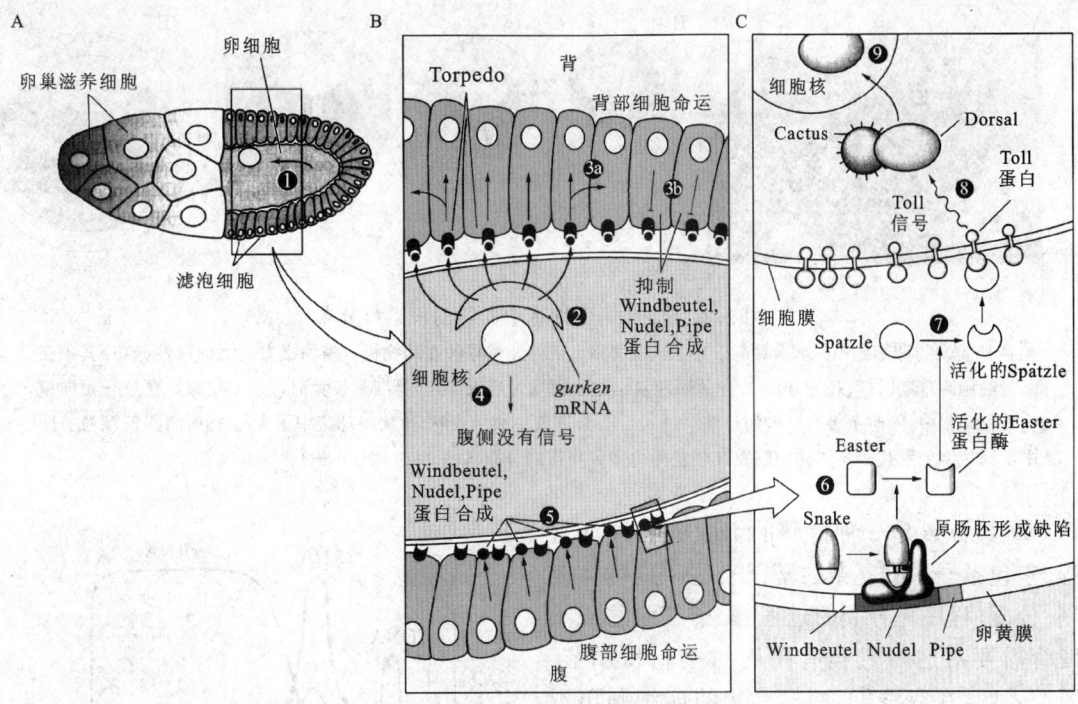

图 2.2.14 果蝇背-腹轴极性的建立

A. 卵巢滤泡。卵巢滤泡由卵细胞以及滤泡细胞和 15 个滋养细胞组成,滋养细胞向发育中的卵细胞提供母体发育信号,卵细胞核位于将发育成胚胎背部的一侧。B. 卵细胞的局部放大。卵细胞中的 Cornichon 和 Gurken 信号蛋白由滤泡细胞的 Torpedo 膜蛋白接受。由于此信号扩散能力很弱,只有离卵母细胞核很近的背部滤泡细胞才能接受到此信号,此信号抑制背部滤泡细胞 Windbeutel、Nudel 和 Pipe 蛋白的合成。因此,这 3 种蛋白只在腹部滤泡细胞中合成。C. 卵母细胞腹侧与相邻滤泡细胞接触处的放大。腹部表达的 Windbeutel、Nudel 和 Pipe 蛋白相互合作伸入腹侧卵黄膜,它们裂解生成有活性的酶,引发级联反应,通过 Toll、Dorsal 蛋白,最终将信号传递到核内。

现在知道,果蝇背-腹轴分化的基本过程是:① 卵细胞核迁移到卵细胞前端背部,同时聚集 cornichon 和 gurken mRNA。② 在卵细胞发生中期,cornichon 和 gurken mRNA 翻译,Torpedo 蛋白接受 Gurken 蛋白。③a Torpedo 信号引起滤泡细胞向背部形态分化。③b 背部滤泡中 Windbeutel、Nudel 和 Pipe 蛋白合成受到抑制。④ Cornichon 和 Gurken 蛋白不向腹部扩散。⑤ 腹部滤泡细胞合成 Windbeutel、Nudel 和 Pipe 蛋白。⑥ 腹侧 Snake 和 Gastrulation-defective 蛋白裂解,使 Easter 酶原分解,有活性的 Easter 酶只在卵细胞腹侧存在。⑦ Easter 酶分解 Spatzle 蛋白,Spatzle 蛋白被激活,结合到 Toll 受体蛋白上。⑧ Toll 信号引起 Cactus 蛋白磷酸化降解,使 Dorsal 蛋白释放。⑨ Dorsal 蛋白从腹侧进入细胞核,卵细胞出现背腹分化信号差异。(S. F. Gilbert)

表 2.2.1 爪蟾成熟卵细胞中的物质储备

组分	含量
线粒体	100 000
RNA 聚合酶	60 000~100 000
DNA 聚合酶	100 000
核糖体	200 000
tRNA	10 000
组蛋白	15 000
dNTP	2 500

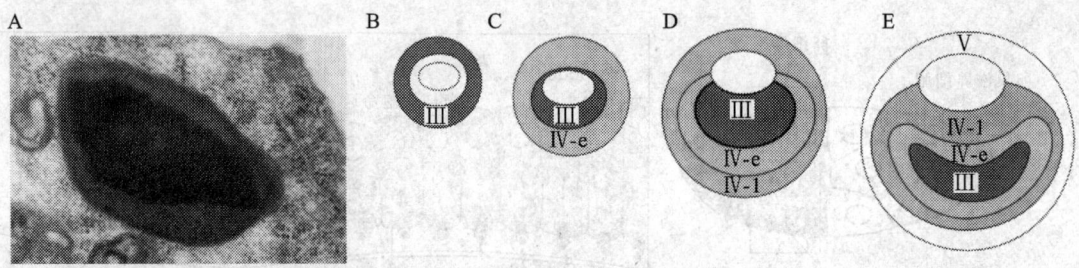

图 2.2.15　爪蟾卵细胞中卵黄的积累和分布

A. 两栖类动物卵细胞中的卵黄颗粒。B~E. 爪蟾卵母细胞卵黄颗粒在动物极－植物极方向上的极性分布,其中在卵母细胞晚Ⅲ期时(直径 600 μm),卵黄颗粒从细胞表面均匀进入,当卵母细胞长大时(C~D),卵黄颗粒开始向植物极移动集中,同时更多的卵黄颗粒继续进入。E. 当卵黄生成结束时,植物半球集中了大约 75% 的卵黄颗粒。图中罗马数字分别代表不同卵细胞发育期获得的卵黄物质的分布区域。(S. F. Gilbert)

减数分裂是一种特殊的细胞分裂周期过程,它包括一系列复杂的基因表达和染色体复制、分配、程序化分裂的过程,配子细胞的成熟发育需要对这一过程有精确的控制和调节。研究表明,在双线期,两栖动物的卵细胞出现极为活跃的基因转录活动,tRNA、rRNA 的转录量急剧增加(图 2.2.16),一些部位形成灯刷染色体,有的基因还发生专一性的扩增(rRNA 基因从 1 500 个拷贝扩增至 500 000 个拷贝),这一过程延续到第一次减数分裂前。这时有活跃表达的基因包括 3 类:一是细胞代谢必须的基因;二是指导细胞分化的特异基因;三是在未来受精卵自身基因表达前,发育早期必须利用的基因产物。前两者产生的 mRNA 被卵细胞发育过程近期所利用,而第三种 mRNA

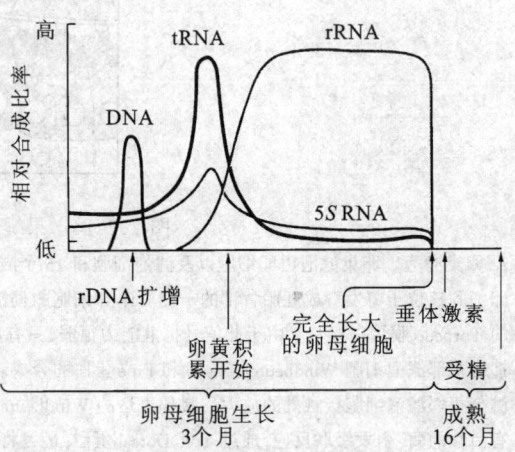

图 2.2.16　爪蟾卵母细胞核糖体 RNA 的合成
图示排卵前最后 3 个月期间,爪蟾卵细胞中的 DNA、tRNA、rRNA 的合成速率变化。(S. F. Gilbert)

则构成未来发育的信息储备。在完成以上准备工作以后,细胞开始减数分裂,迅速向成熟卵细胞发育,出现排卵。两栖类动物的卵细胞可以在减数分裂前期以休眠状态维持数年的时间。两栖动物 Rana pipiens 生殖细胞的发育分化分三批进行,其成熟要经历大约 3 年的时间。在这 3 年的周期里,第一、二年卵细胞的体积逐渐地增加,到第三年卵黄物质急速积累,细胞体积也同时扩增。以后每年有一批卵细胞到达成熟(图 2.2.17)。卵细胞减数分裂的重新启动需要滤泡细胞分泌产生孕酮来激活。研究表明,卵细胞成熟启动因子(MPF)等成分参与这一调节过程,构成一个精确的发育调节控制程序(图 2.2.18)。

3. 哺乳动物卵的发育

由于生殖方式的进化,哺乳动物卵细胞的后期发育与动物的生殖周期密切地联系在一起。此外,因为胚胎发育需依赖于母体营养的供应,在卵裂起始首先出现胚外器官的分化,这些也会给卵细胞的营养储备和发育信息设计带来新的特点。

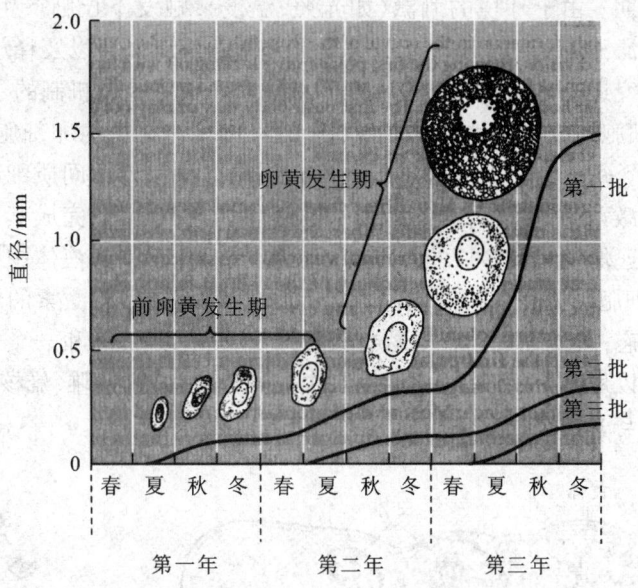

图 2.2.17 蛙卵母细胞的发育和生长
在雌蛙个体的生命周期过程中,卵巢产生三批卵母细胞,图中显示出的是第一批卵母细胞的发育成熟过程。(S.F.Gilbert)

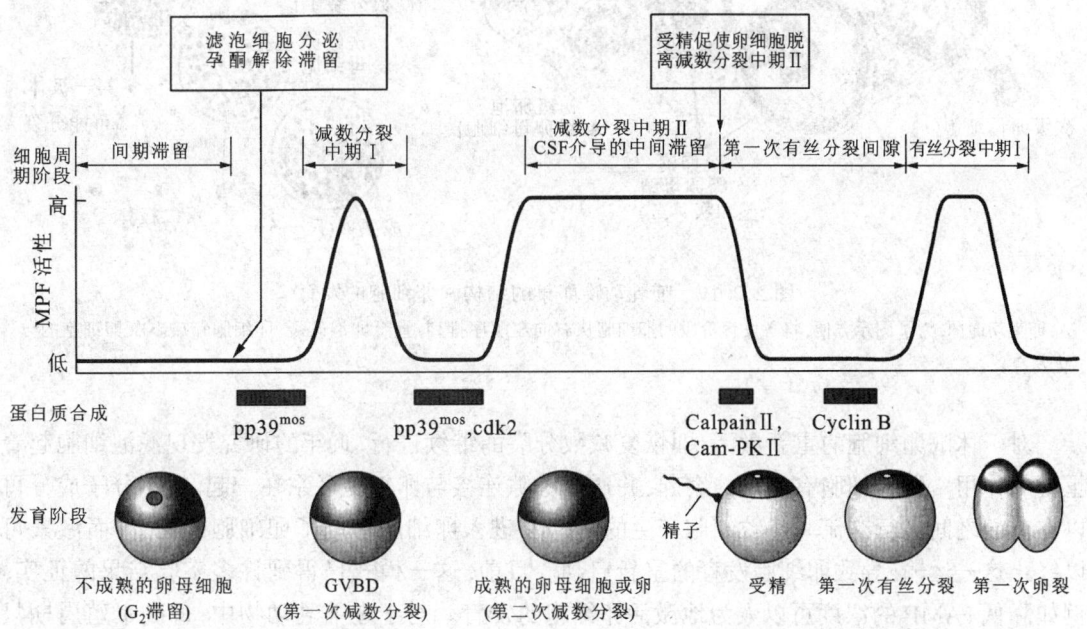

图 2.2.18 爪蟾卵细胞成熟过程示意图
示 pp39^{mos}、cdk2 和 CalpainⅡ等蛋白对减数分裂的调节,图中曲线代表 MPF 的相对活性,下方的短粗线表示进入下一个减数分裂阶段所需要的特定蛋白合成的时期,GVBD 表示卵泡破裂及卵细胞排出。(S.F.Gilbert)

哺乳动物的卵细胞成熟方式可以分为两种类型:一是如兔子、水貂等,交配过程的刺激诱发垂体分泌促性腺激素,导致休眠卵细胞苏醒完成减数分裂和释放;二是绝大多数哺乳动物,它们有固定的发情期。由于环境的刺激(如光照、温度),触发下丘脑产生促性腺激素释放因子,进而引发卵巢、滤泡细胞的生理变化和休眠卵细胞的继续发育以及释放。目前对于哺乳动物卵细胞发育的研究还基本属于对这一过程的细胞学和成熟控制机制的了解。

以人为例,卵细胞的成熟过程大致如下(图 2.2.19):卵巢中的卵细胞大多数处在第一次减数分裂的双线期。每一个卵细胞被单层上皮样颗粒细胞和外面间质细胞围成的鞘膜包围,形成初级滤泡。在激素的诱发下,卵细胞体积迅速增加近 500 倍,完成其物质和信息的储备,同时颗粒细胞也迅速增殖形成多层的结构,并且出现裂腔,其中的液体中含有大量的蛋白质、激素、cAMP,而卵细胞仍处在双线期的阶段(图 2.2.20)。之后在激素的作用下,卵细胞打破了细胞核的静止状态,首先完成第一次减数分裂,产生一个卵细胞和一个一级极体,这时进入排卵阶段。在受精以后,卵细胞迅速完成第二次减数分裂,并开始雌、雄核的融合。因此,严格地说卵细胞的发育与受精过程存在一个短暂的重叠阶段。

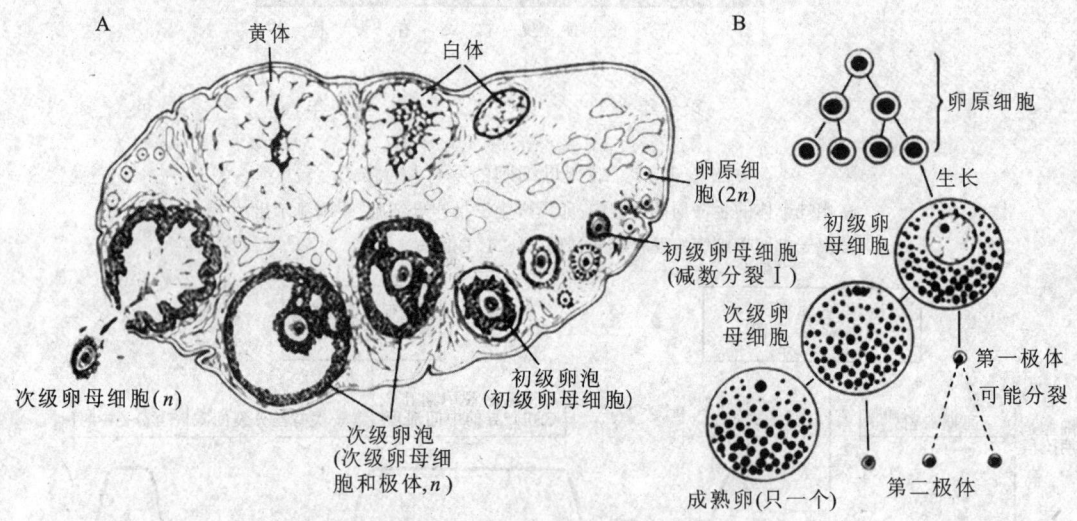

图 2.2.19　哺乳动物卵巢的结构和卵细胞的发育
A.卵巢切面图,为了图示方便,将各发育阶段的卵细胞从右向左顺序排列,直至卵泡破裂、卵细胞释放。B.卵细胞的分化发育。

对于休眠卵细胞的重新激活,即恢复减数分裂的继续进行,近年的研究发现滤泡细胞起着重要的作用。颗粒细胞有大量的突起,并通过缝隙连接与卵细胞联系在一起,使小分子成分可以在它们之间进行交流。颗粒细胞产生的 cAMP 进入卵细胞抑制了卵细胞的发育,而激素可以终止这一运输,导致卵细胞发育的重新启动。目前,这一模式已得到许多实验结果的证实,例如降低 cAMP 的浓度可以人为地激活卵细胞的发育。对于在哺乳动物中,每次生殖周期只有一个或有限的滤泡完成成熟发育,目前的研究表明滤泡细胞同样起着重要的作用。概括地说,滤泡逐一进入成熟发育的机制是:卵细胞的发育启动需要有激素的作用。当滤泡细胞接受促卵泡素(FSH)后,一方面使卵泡细胞增殖,另一方面同时在卵泡鞘细胞中诱导新的促黄体素(LH)受体形成,而促黄体素的作用将诱发卵泡鞘细胞产生分泌雌激素(estrongen)。雌激素会对滤泡细胞获取促卵泡素作用产生两种相反的效应,一是抑制垂体促卵泡素的生成,二是增加滤泡细胞促卵泡素受体的生成。显然这在不同的卵泡间构成了一个有竞争效应的反馈调节程

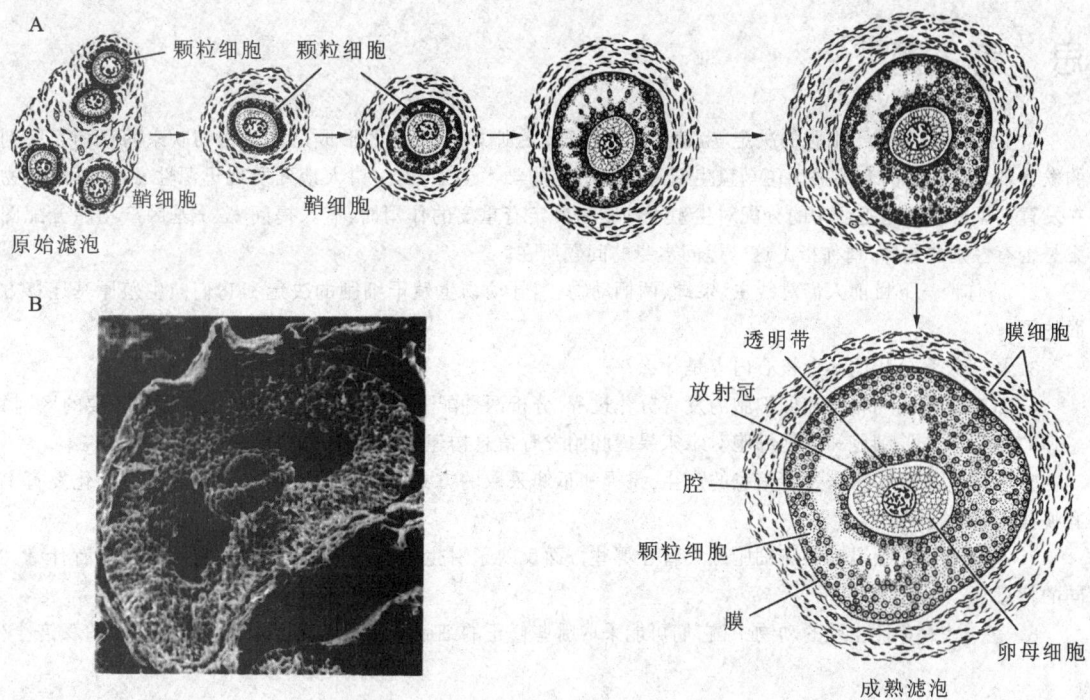

图 2.2.20 哺乳动物的卵巢滤泡发育
A.卵巢滤泡的成熟过程。B.大鼠成熟滤泡的扫描电镜照片,卵母细胞(中央)被比它小的颗粒细胞包围,颗粒细胞将来组成透明冠。(S.F.Gilbert)

式,使初始不同滤泡在这一过程中的些微差异发生"优者愈优劣者愈劣"的反差增强效应,最终导致只有一个卵泡进入成熟分化,而其他则由于发育终止而被淘汰(图 2.2.21)。

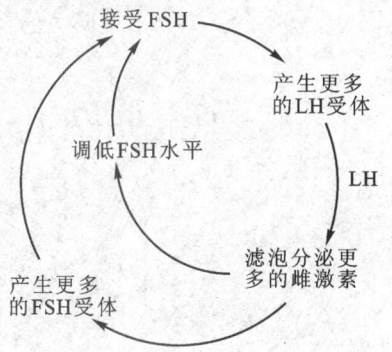

图 2.2.21 哺乳动物滤泡细胞成熟发育过程中的正反馈调节途径
卵泡接受促卵泡素(FSH)后,导致卵泡鞘细胞产生更多的促黄体素(LH)受体。当滤泡细胞受到促黄体素刺激时,分泌雌激素。雌激素有双重作用,一是增加促卵泡素受体的数量,二是降低垂体FSH分泌量。最终,由于促黄体素导致促卵泡素受体的大量产生,使促卵泡素生成被抑制,只有很少的滤泡进入成熟发育,而其他初始发育的滤泡因发育终止而被淘汰。(S.F.Gilbert)

此外,对哺乳动物的研究还发现一个重要的现象,即虽然在受精过程中精子和卵细胞各提供一套同源的单倍染色体组,但是两者并不是等效的,因为实验证明,只有精子与卵细胞各出一套单倍染色体才能保证胚胎的正常发育(见表 3.1.2)。目前,对这一现象发生的机制还不清楚。

思 考 题

1. 为什么说生殖干细胞的决定、生殖腺体的发育、性别决定、配子的形成是 4 个密切联系而又相互区别的发育现象？在一次介绍关于斑马鱼生殖干细胞决定的学术会上，当主讲人谈到发现母源性 *vasa* 基因产物在发育初期分裂细胞胞质中的分配对生殖干细胞的决定有重要的作用时，有人提问 *vasa* 基因产物的分配图案是否有性别的差异，请你指出这一提问本身的问题所在。

2. 请你谈一下目前人们对线虫、果蝇、两栖动物、哺乳动物生殖干细胞的决定和它们向生殖原基迁移方面的了解。

3. 配子发育分化的 4 个核心内容是什么？

4. 比较脊椎动物精子和卵细胞的发育分化过程，分析两种配子细胞发育程序设计上有哪些主要的区别。

5. 请说明滋养细胞和滤泡细胞对未来果蝇胚胎发育信息构建的重要作用。

6. 对于卵细胞中未来发育信息的产生，果蝇和爪蟾采取的方式有何不同？由此造成两者在分化发育上有哪些细胞学过程的差异？

7. 两栖动物和哺乳动物卵细胞的发育在哪些方面反映了对生殖生理周期的适应，它们的调节有什么共同的特点？

8. 在一些有单性生殖的动物中，它们可能采取哪些修正的细胞学过程以保证子代细胞染色体的双倍性？

3 胚胎的早期发育
——门类体制特征的建立

早在19世纪初(1828年),著名的胚胎学家K.E.von Bare就从对不同动物发育过程的观察中,总结出4点:① 比较不同动物,共同的特征比特异性的特征在发育中出现得要早;② 共同性低的特征在发育中来自于共同性高的特征;③ 对于一个给定的物种来说,在它向成体的发育过程中,它与其他物种的动物的差异越来越大;④ 高等动物的胚胎并不与低等动物成体相似,而是与低等动物的早期胚胎相似。直到今天,von Bare的观点对于我们学习动物的发育仍有指导的意义。

从发育生物学的角度分析,动物胚胎的早期发育应该说其中心是门类体制的建立,它包括体轴决定和三胚层的分化形成,对应于受精、卵裂、囊胚、原肠胚和神经胚的发育阶段。

由于动物的多样性和它们在进化上所处的地位不同,它们的门类体制的确立在胚胎发育中延续的时间也不同。一般而言,结构复杂和在进化过程中晚出现的动物,它的门类体制特征构建在发育中经历的时间更长、阶段划分更复杂。例如,海胆没有中枢神经系统,它在原肠胚的阶段便完成了胚胎的发育。无脊椎动物,包括高等的节肢动物,它们没有内骨骼,神经系统是由神经节联系在一起的实体器官,它们的门类体制的建立基本与三胚层分化过程同步实现。而脊椎动物由于管状神经系统和脊椎等内骨骼出现,这不仅为其进化拓展奠定了基础,其发育程式也明显地变得更加复杂,出现了一个重要的神经胚的阶段。从本章对不同动物的早期发育及其门类体制特征建立的介绍中,我们可以清楚地看到这一点。

3.1 受精——胚胎发育的启动

动物胚胎发育的启动是由卵细胞受精开始的,可以概括为围绕着两个重要的问题进行:一是受精的专一性和唯一性,包括精子活化、趋向、穿卵膜、细胞融合等;二是精核进入卵细胞以后受精卵细胞的重组和触发胚胎发育程序的启动,包括雌雄原核融合、胞质重组、代谢启动、胚胎发育程序开始等。

1. 受精的专一性

动物的受精有着严格的物种特异性,这是保证其个体发育正常进行的基本条件,也是生物进化中生存选择的必然结果。多细胞生物中存在有大量细胞间高度特异识别的现象,因此从原理上讲精子和卵细胞的物种专一结合并不是一件困难的事情。对此我们以海胆和哺乳动物为例加以说明。

在海胆的受精过程中,精子在卵细胞释放的吸引物质的作用下游向卵细胞,在 Ca^{2+} 介导下,顶体中的水解酶释放,使卵细胞外包被的胶膜成分降解,精子穿越胶膜,其突起与卵黄膜 (vitelline membrane)相互识别(图3.1.1)。一旦这一过程发生,顶体的突起与卵黄膜,并随之与卵细胞膜之间发生融合,导致精核进入卵细胞之中,而介导这一特异识别的成分称为结合蛋白(Bindin)。Bindin 已被纯化和分析,它是一种相对分子质量为 30 500 的非亲水性蛋白,并构成一个因物种而异的多态家族。用不同海胆物种(如 S. purpuratus, A. punctulata)的 Bindin 进行实验证明,Bindin 定位在精子顶体的突起上(图3.1.2),它们只能与同物种的卵细胞膜发生结合,即其特异性极高(图3.1.3),这表明在卵细胞膜上同时应该存在有物种特异的 Bindin

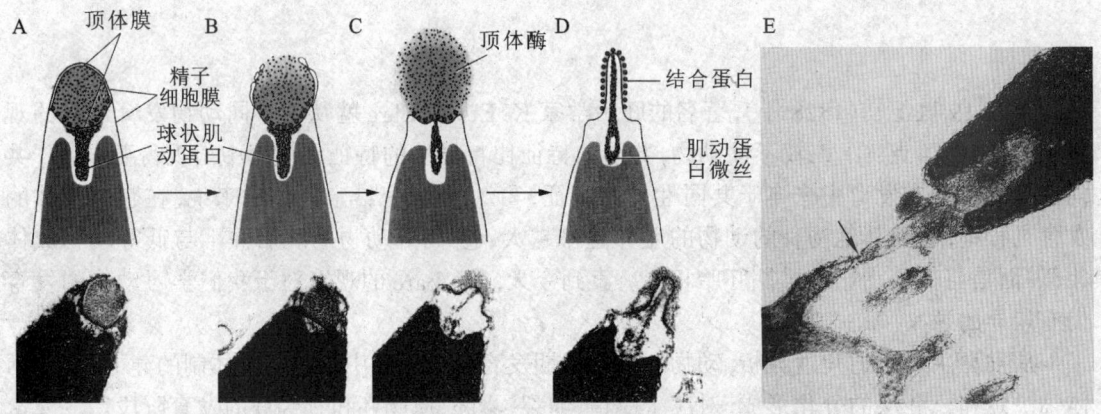

图 3.1.1 棘皮动物精子的顶体反应

A～C.顶体膜紧贴在精子细胞膜下方,受精时,顶体膜与细胞膜融合,释放出顶体内含物。D.当肌动蛋白组装成微丝时,顶体突起继续向外伸出。A～D 下排为与上图对应的海胆精子顶体反应的真实照片。E.海胆精子顶体突起与卵细胞微绒毛相接触。(S.F.Gilbert)

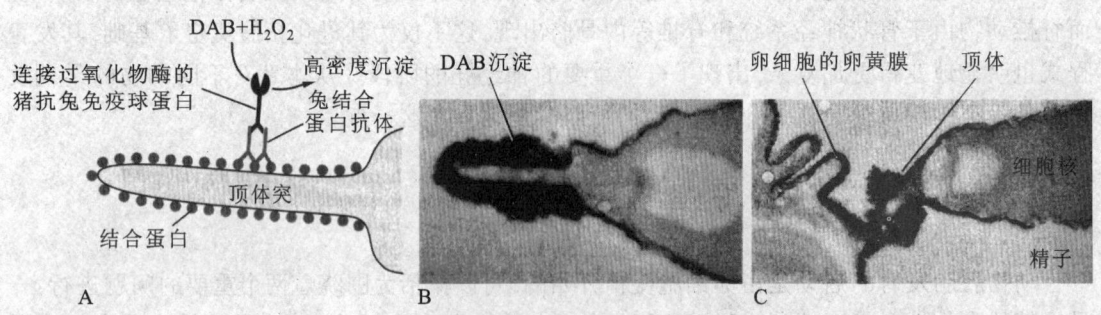

图 3.1.2 结合蛋白在顶体突上的定位

A.制备抗结合蛋白抗体,将此抗体与完成了顶体反应的精子温育。洗去未结合的抗体,再用结合有过氧化物酶的二抗处理。过氧化物酶催化 DAB 和过氧化氢反应,在结合蛋白处形成深色沉淀。B.顶体反应后,结合蛋白在顶体突起上的定位。C.精卵结合时,结合蛋白在顶体突起上的定位。(S.F.Gilbert)

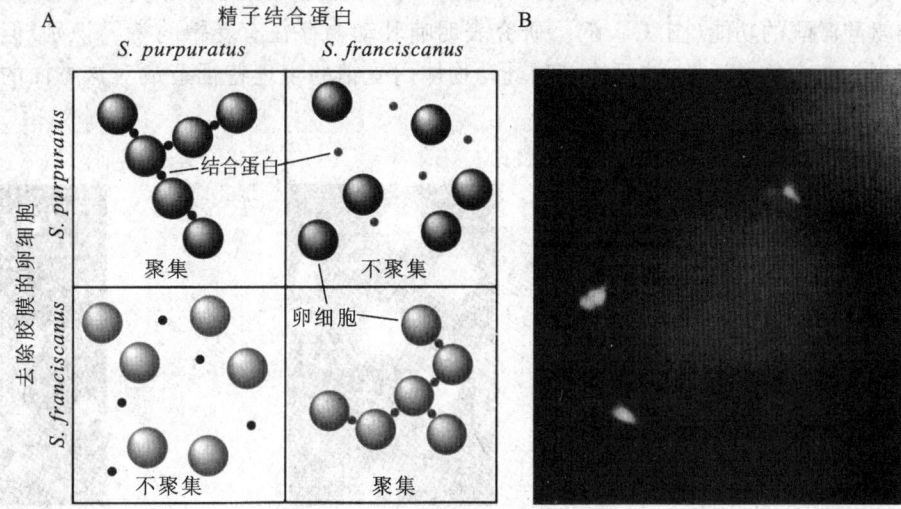

图 3.1.3　去除胶膜的卵和精子的种特异性结合
A.在塑料多孔板孔中分别加入 0.25 mL 2% 的 *S. purpuratus* 或者 *S. franciscanus* 的卵细胞悬液,然后分别加入 212 μg *S. purpuratus* 或者 *S. franciscanus* 的结合蛋白,轻微振荡 2～5 min,结果显示每种结合蛋白只凝聚同种的卵细胞。B.用荧光标记的结合蛋白凝聚的 *S. purpuratus* 卵细胞的荧光显微照片,在两个卵细胞靠近的地方有结合蛋白存在。(S.F.Gilbert)

受体。Bindin 受体也已同时被纯化和分析,它们是一种大约有 1 300 个氨基酸残基的糖蛋白分子。实验室中如果事先用 Bindin 受体来饱和精子,然后再与卵细胞混合,则受精失败。但是,如果用来饱和精子的 Bindin 受体是取自于其他的物种,则受精过程可以正常完成。这一实验不仅证明了 Bindin 受体的真实存在,也进一步说明它与精子顶体上的 Bindin 的结合具有高度的种间特异性。实验还显示,卵细胞表面 Bindin 受体的分布是有一定的局限的,就是说精子并不可以结合在卵细胞的任意部位上。

与海胆精子与卵细胞特异识别发生在卵黄膜的部位不同,在哺乳动物中精子与卵细胞特异识别发生在卵细胞的透明带部位。在卵细胞构建透明带的过程中,分泌一种相对分子质量为 8.3×10^4 称为 ZP3 的糖蛋白,同时介入透明带的构成。研究发现 ZP3 与另两种成分 ZP2、ZP1 以网状的骨架结构存在于透明带中(图 3.1.4)。与之对应的是在精子膜上发现起码有 3 种受体成分与 ZP3 的特异识别有关,其中之一称为 sp56,它是一种相对分子质量为 5.6×10^4 的蛋白分子,可与 ZP3 分子上的半乳糖端部相结合。用纯化的 sp56 作用于透明带以封闭卵细胞,将阻止其受精(图 3.1.5)。另一个精子膜上的受体成分是一种相对分子质量为 6×10^4 的糖基转移酶,它在反应底物不全的情况下可以与 ZP3 分子上的 N-乙酰葡糖胺维持结合状态。第三种受体是

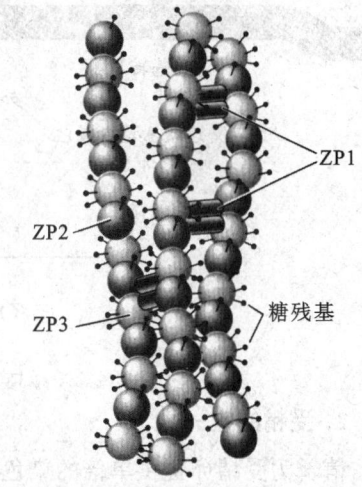

图 3.1.4　小鼠透明带纤维结构模式图
透明带主链由 ZP2 和 ZP3 蛋白重复二聚体组成,链和链间由 ZP1 交联。(S.F.Gilbert)

一种相对分子质量为 9.5×10^4 的跨膜蛋白,它的外侧部分可与 ZP3 分子特异结合,而内侧部分具有酪氨酸激酶的功能(图 3.1.6)。研究表明哺乳动物存在有受精的特异识别,但是它的特异性表现出较大的灵活性,这可能与哺乳动物体内受精的生理特征造成对这方面的要求不突出有关。

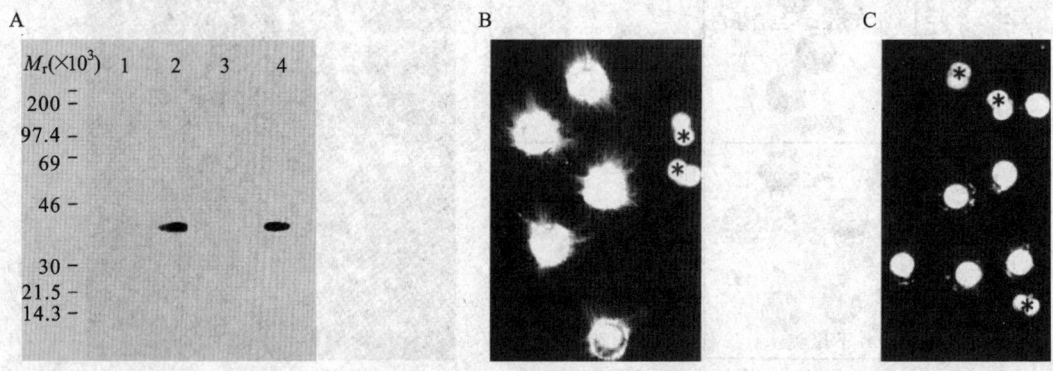

图 3.1.5 纯化的 sp56 蛋白与透明带结合并阻止小鼠精卵结合

A. sp56 与卵细胞透明带作用后洗去未结合的 sp56,进行凝胶电泳检测:1 是对照(未受精卵,但未与 sp56 温育),2 是未受精卵,3 是二细胞期的胚胎细胞,4 是纯化的 sp56。B. 小鼠精卵的正常结合,大约每个卵细胞结合有 70~80 个精子,作为对照的二细胞期的胚胎细胞(*所示)不结合精子。C. sp56 提前作用后,精子与透明带的结合被阻止了。(S.F.Gilbert)

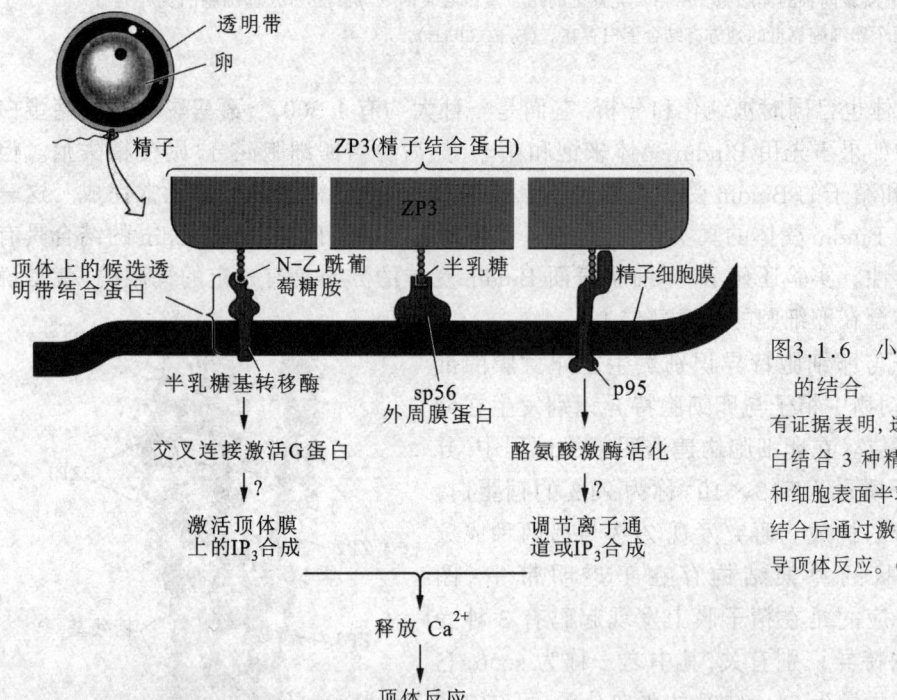

图 3.1.6 小鼠精子和透明带的结合

有证据表明,透明带里的 ZP3 蛋白结合 3 种精子蛋白:sp56、p95 和细胞表面半乳糖基转移酶,并且结合后通过激活钙离子的流入诱导顶体反应。(S.F.Gilbert)

2. 受精的唯一性

精子为受精卵提供单倍的染色体和中心粒。每个卵细胞只能接受一个精子,这对于胚胎发育的正常进行是至关重要的,即在受精过程中一定存在某种机制,保证卵细胞受精的唯一性。实验观察表明,在受精过程中,一旦有一个精子进入卵细胞,贴附在卵细胞表面的众多精子便被迅速地剥离。研究发现它是由两种机制来决定的:快封闭反应和慢封闭反应。

快封闭反应描述的是如下的细胞学过程:精子进入卵细胞触发细胞膜电位势迅速改变,引起膜外精子与卵细胞识别和融合的障碍。受精前,海胆卵细胞内膜的 Na^+ 浓度远远低于外膜,而 K^+ 浓度则高于外膜,并在膜两侧形成稳定的电位差。精子结合到卵细胞上后,1~3 s,卵细胞两侧的膜电压很快由 -70 mV 变为 $+20$ mV(图 3.1.7)。实验证明,用人为的方法继续维持卵细胞原有的膜电位状态,则可诱导多受精现象发生,而改变正常的初始膜电位,则会阻止卵细胞的受精。显然,受精过程中卵细胞膜电位的改变对于保证受精的唯一性有着重要的作用。目前对精子结合卵细胞过程中诱发细胞膜电位改变的进一步机制还不清楚,可能在精子中存在有一种电荷敏感的蛋白质,当它嵌入卵细胞膜后可使细胞膜的带电属性发生迅速的改变。快封闭反应维持的时间大约在 1 min 左右。

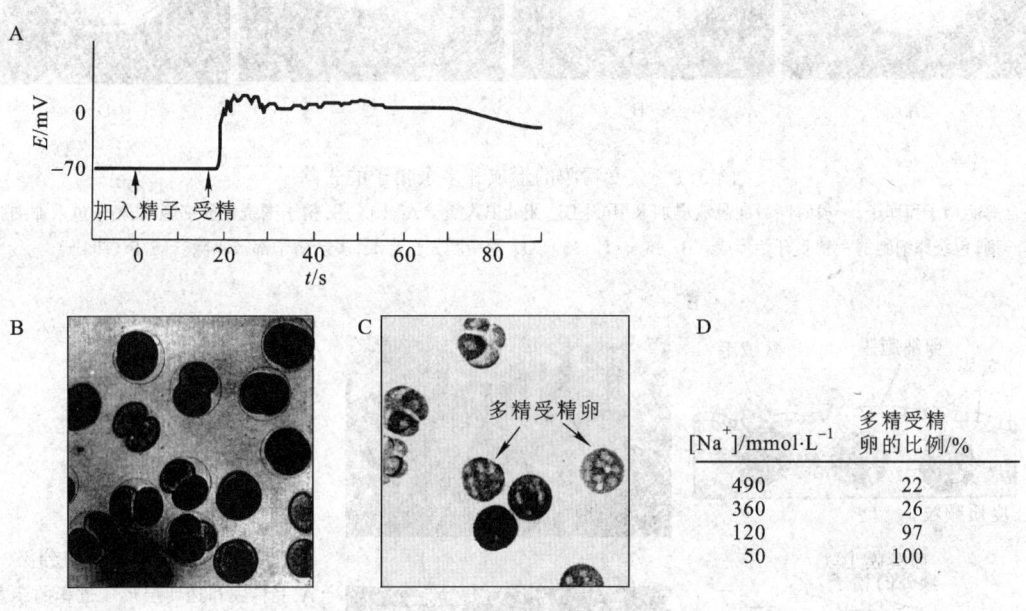

图 3.1.7 受精前后海胆卵的膜电位

A.加入精子前,海胆卵膜两侧的电位差大约为 -70 mV,精子结合 1~3 s 后,电位差转为正值。B.作为对照的在 490 mmol/L Na^+ 溶液中发育的卵。C.在 120 mmol/L Na^+ 溶液中的多受精卵细胞,图为第一次卵裂时照片。D.随着 Na^+ 浓度下降,多受精卵比例上升。(S.F.Gilbert)

海胆与许多其他动物还具有另一种保证单一受精的机制——慢封闭反应。由于快封闭反应维持的时间很短,观察表明仍难于确保不发生多受精现象,而慢封闭反应对避免多受精现象的发生具有更强的能力,其作用机制和反应程序也要复杂得多。在紧靠海胆卵膜的下方,有大约15 000个直径为 1 μm 的颗粒结构分布,称为皮质颗粒(cortical granule)。当精子进入卵细胞以后,皮质颗粒膜与细胞膜融合,颗粒内含物释放到细胞膜和卵黄膜间的基质中。在皮质颗粒内含物中,一类是蛋白水解酶,在它的作用下使卵黄膜与卵细胞膜间的联系分离,并由于Bindin受体的脱落使与之结合的精子剥离。另一类是粘多糖,它从颗粒中释放出来形成高渗透压差,使卵黄膜因水分进入而膨胀形成受精膜。第三类是过氧化物酶,其功能是催化酪氨酸残基与临近蛋白发生铰链作用使受精膜硬化。最后,颗粒中的透明质素在卵外面形成透明质层,卵细胞质膜突起的微绒毛深入到透明质层基部。观察发现,以上过程从精子进入以后20 s 开始,到 1 min 完成。图 3.1.8 和 3.1.9 显示了从受精部位开始,受精膜迅速形成并覆盖全卵的过程和机制。在哺乳动物中,以上过程略有差异,皮质颗粒释放不形成受精膜,但它的效果是一样的,即释放的酶对透明带中的精子受体分子进行修饰(剥离 ZP3 分子上的糖基),使之丧失与精子结合的能力,因此称为透明带反应。对受精慢封闭反应过程的深入研究表明,卵细胞皮质颗粒的释放直接偶联于 Ca^{2+} 释放及其在胞浆中浓度的增高,而对 Ca^{2+} 的调节又受控

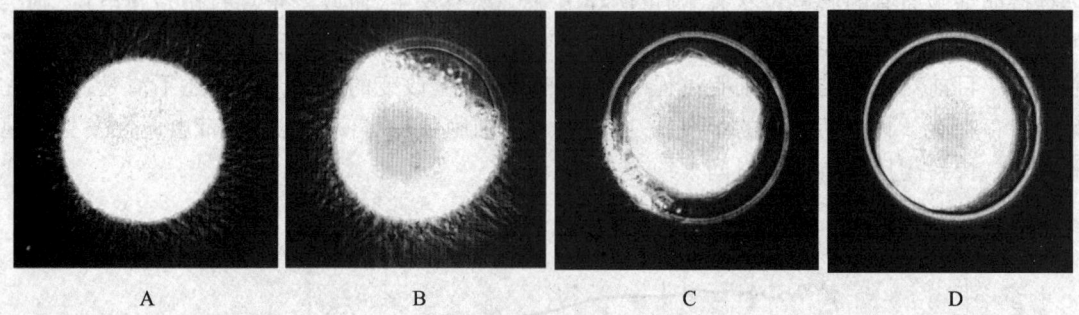

A   B   C   D

图 3.1.8　受精膜的形成和多余精子的去除

混合海胆精子和卵子,一段时间后向悬液里加入甲醛固定,阻止其发育。A. 10 s 后,精子围绕着卵细胞,从精子进入卵细胞那一刻,包绕卵细胞的受精膜开始形成。B. 25 s。C. 35 s。D.受精膜完全形成,多余精子都被剥除。(S.F.Gilbert)

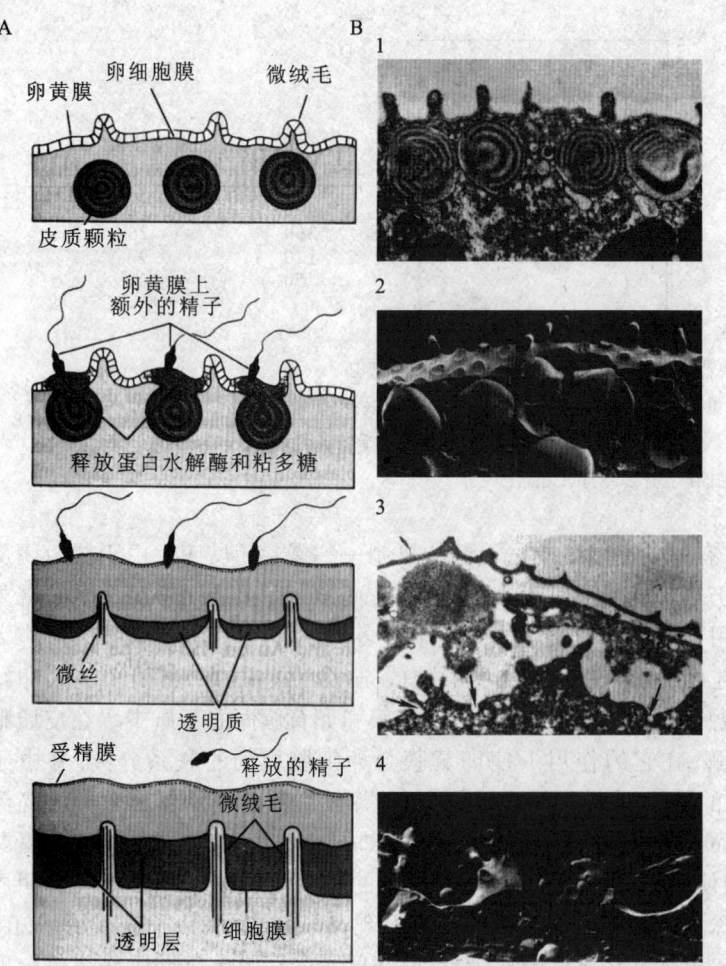

图 3.1.9　皮质颗粒的分泌

A.受精膜和透明层形成过程的示意图:当皮质颗粒向胞外分泌时,释放蛋白酶,切断连接卵黄膜和卵细胞膜的蛋白,释放粘多糖,形成渗透压梯度,吸水,撑大卵黄膜和卵细胞膜之间的间隙,释放其他酶硬化卵黄膜(现在的受精膜),使附着的精子脱落。B.未受精海胆卵皮质的透射电镜和扫描电镜照片,示皮质颗粒(1、2)。刚受精的海胆卵的透射电镜和扫描电镜照片,示受精膜胀大和皮质颗粒与卵细胞膜的融合(箭头所示)(3、4)。(S.F.Gilbert)

于G蛋白或酪氨酸激酶信号系统,与受精卵整体的活化和发育启动联系在一起。

3. 受精卵的代谢启动

卵细胞的受精过程是极为复杂的,除了保证受精的特异性与唯一性外,它还包括精核进入以后的一系列细胞学变化。对海胆受精过程的研究表明,这些变化的大致程序如表3.1.1所列,其中代谢的启动,包括蛋白合成的开始是这一过程的重要内容。对海胆的研究表明,成熟的卵细胞在代谢上是极为钝化的,只有受精的刺激才能唤醒代谢的活跃进行,这一活化过程可以分为两个阶段,分别称为"早期应答"阶段和"晚期应答"阶段。前者发生在皮质颗粒反应出现的数秒钟之内,后者发生在受精的数分钟之后。

表3.1.1 海胆卵的受精过程

事 件	时 刻
精卵结合	0 s
膜电位升高(快封闭反应)	1 s内
精、卵细胞膜融合	6 s内
初次检测到Ca^{2+}含量升高	6 s
皮质颗粒外排(慢封闭反应)	15~60 s
NAD激酶被激活	始于1 min
NAD和NADH含量上升	始于1 min
耗氧量上升	始于1 min
精子进入	1~2 min
酸外排	1~5 min
pH升高并保持	1~5 min
精子染色质解聚	2~12 min
雄原核向卵细胞中央迁移	2~12 min
雌原核向雄原核迁移	5~10 min
蛋白合成被激活	始于5~10 min
氨基酸转运被激活	始于5~10 min
DNA合成被激活	20~40 min
有丝分裂	60~80 min
第一次卵裂	85~95 min

如上面介绍的,慢封闭反应启动于胞浆内游离钙离子浓度的提高。在原口动物中(如蜗牛、蠕虫),起码部分的钙离子是从胞外进入胞内的,而在后口动物中(如海胆、鱼、蛙、哺乳动物),钙离子由内质网释放进入胞浆之中。钙离子浓度的这一变化对于受精过程有重要的作用,如果注射EGTA以螯合钙离子,则皮质颗粒的释放、精核的解凝聚、细胞的分裂等活动都将停止。而即便是在没有精子的情况下,实验性增高卵细胞中的钙离子浓度,可以诱导以上现象发生。由钙离子作用引发的受精卵的上述一系列变化过程即称为早期应答,它包括了卵细胞代谢的启动(图3.1.10)。研究表明,NAD^+激酶的活化是其中重要步骤之一。在Ca^{2+}的作用下NAD^+转换为$NADP^+$,后者是脂类代谢的辅酶,可能被用于细胞分裂过程中大量质膜合成的需求。这一变化也可能带动了细胞呼吸作用的加快,因为与此相关的酶(如过氧化氢酶)的功能表达也是NADPH依赖的。此外,NADPH也有助于谷胱甘肽等成分的合成,以确保早

期胚胎细胞 DNA 不受伤害。晚期应答是指伴随 Ca^{2+} 浓度增加后,细胞内 pH 很快提高而带来的一系列变化。在精子进入卵细胞数分钟以后,卵细胞很快出现蛋白质合成的高峰,其中包括组蛋白、微管蛋白、肌动蛋白、形态发生原因子等,它们对于胚胎的早期发育,包括体轴形成和体制建立有着重要的作用。研究表明,这一过程利用的是卵细胞储存的 mRNA,而 pH 的调整正是这些 mRNA 分子活化的重要条件。实验表明,通过调节 pH 的方法可以人为地启动或者终止卵细胞内的蛋白合成。

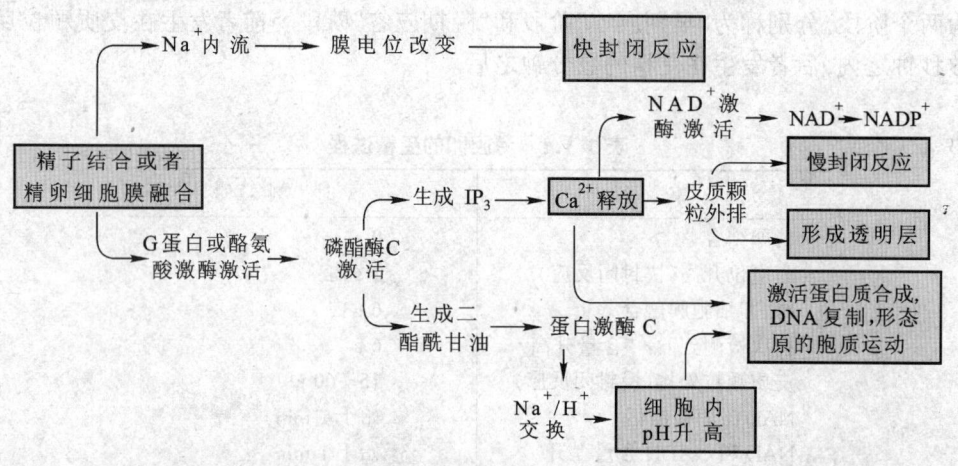

图 3.1.10 海胆卵受精后活化的路径和可能机制(S.F.Gilbert)

4. 遗传物质融合

在受精过程中,雌、雄原核的融合无疑是一项受人关注的重要的事件。由于材料获取和观察的方便,海胆(*Clypeaster japonicus*)受精过程中雌、雄核的融合现象已被详细研究。在精子和卵细胞融合中,精子中的线粒体是不进入卵细胞的(小鼠研究表明,进入卵细胞中的父源性线粒体的几率不会高于万分之一),而几乎所有动物受精卵中控制细胞分裂的中心体都是父源性的。单倍性精原核在进入卵细胞时呈高度浓缩的状态,称为雄原核(male pronucleus),与之对应的是卵细胞的单倍性雌原核(female pronucleus)。一旦精核进入卵细胞,它的核膜裂解成小的片段,染色质暴露于卵细胞质中,同时使精核染色质压缩和钝化的结合蛋白成分被来自卵细胞胞质中的其他蛋白质取代,并导致雄原核染色体转入去压缩状态。对海胆的研究表明,这一过程在精子进入卵细胞外胶膜时就开始准备了,即首先通过对组蛋白特异位点的磷酸化使染色体机构疏松化,以便于在进入卵细胞后新的组蛋白的取代。

海胆中,精核进入卵细胞后,相对于中心体发生一次 180° 的旋转,将中心体调到雄原核与雌原核中间的位置。然后,中心体发育形成星状体,连接并牵动雄原核与雌原核相互靠近,最后两核融合形成合子核(zygote nucleus)(图 3.1.11),这一过程大约需要 1 h 的时间。在哺乳动物中,其基本的过程与海胆是相似的,但与海胆比较存在细节上的不同,主要有:哺乳动物中,在完成了雄原核染色体组蛋白替换以后,又形成新的完整核膜;在雄原核与雌原核靠近的时候,各自完成一次 DNA 的复制;在两者接触以后并不发生真正的融合,而是在受精卵细胞发生一次分裂以后,相互间的融合才实现(图 3.1.12)。因此,哺乳动物的合子核出现在两细胞的阶段,而不是受精卵的阶段。

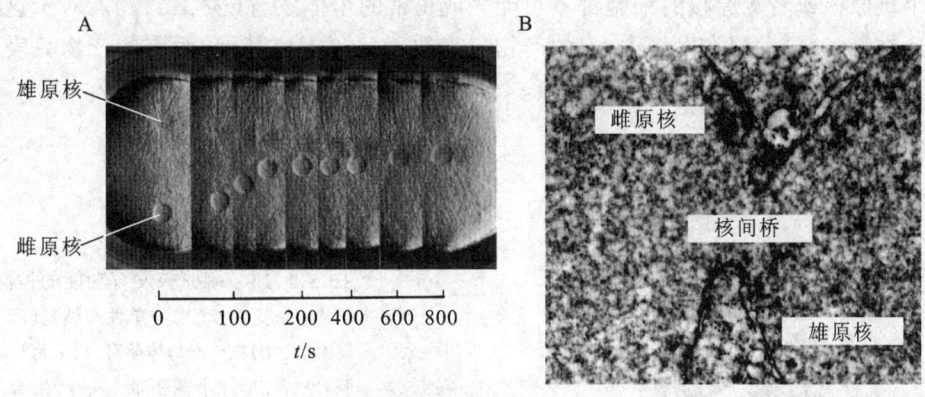

图 3.1.11　海胆卵受精过程中雌、雄原核的迁移与融合
A.海胆受精卵中雄原核和雌原核的迁移,其中雄原核被其星状体微管包围(图的上部)。B.海胆受精卵雌、雄原核的融合。(S.F.Gilbert)

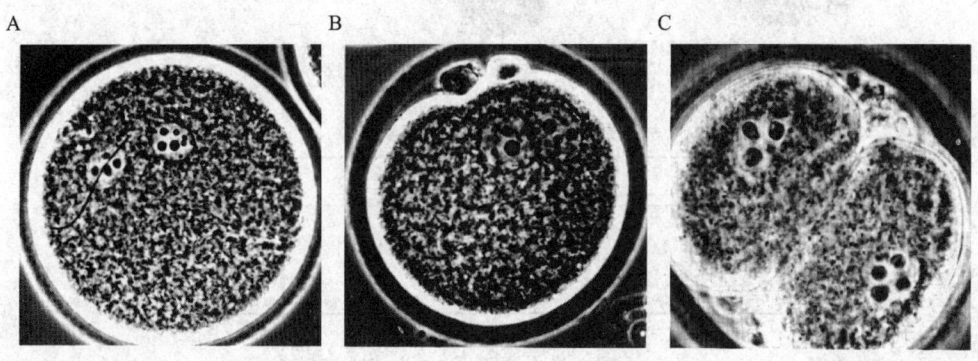

图 3.1.12　仓鼠原核的运动
A.精子进入卵细胞,雄原核膨大,可观察到精子尾在卵中。B.雌、雄原核并排。C. 2 细胞期,两个细胞中的核清晰可见。(S.F.Gilbert)

在讨论受精过程中遗传物质融合现象时,有一点需要特别加以说明,就是如前面提到的,在哺乳动物中发现来自精子和卵细胞的单倍染色体,它们有时在功能上并不是等效的。在许多无脊椎动物和某些脊椎动物(如蛙)中,存在有不经过受精即可以实现正常的新个体发育的现象。在这一过程中,雌核可以通过例如染色体加倍或者重新利用极体核的方式获得正常的双倍体细胞,并引导胚胎的正常发育。但是,在哺乳动物中这一实验企图失败了。将鼠卵放在培养基中,并用实验的方法抑制二极体形成,使卵细胞继续维持双倍染色体的状态。活化以后,这一"受精卵"出现细胞分裂,开始胚胎发育,形成脊索、肌肉、骨骼,以至跳动的心脏。但是,到大约 10~11 d,胚胎出现混乱,发育不能再进行下去了(图 3.1.13)。这一实验观察提示我们,在哺乳动物中,雄原核与雌原核在功能上并不是等效的,它们之间的互补作用是实现胚胎正常发育的必要条件。这一假设进一步得到了来自核移植实验的证实。取两个没有发生融合的哺乳动物的受精卵,对其中一个用移植的办法去除一个原核,再从另一个受精卵中取一个原核来进行补充。研究发现只有同时包含雄原核与雌原核的细胞才可能实现正常的发育,而

具有两个雄原核或者雌原核的细胞都不可能完成正常的个体发育(表 3.1.2)。对于这一现象的研究还在继续,已发现在发育中,有的产物只表达于父源等位基因,而有些产物只表达于母源等位基因,它们之间不能相互补偿替换。

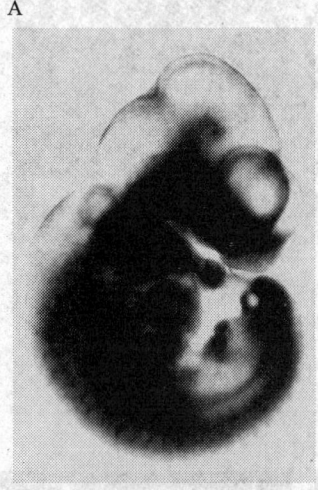

图 3.1.13 雌原核发育功能的检测
正常小鼠受精卵(A)与单性卵细胞(两个雌原核)(B)在同一母体孕育,11 d 后检测胚胎发育,单性小鼠胚胎个头小,发育不良,而且胎盘也小。(S.F.Gilbert)

表 3.1.2 配子核移植实验

重建合子分类	成功移植例数	存活例数
双雌原核	339	0
双雄原核	328	0
雌雄异核	348	18

5. 细胞质成分在受精后的重组

卵细胞受精后引起卵细胞质成分的重新排布和分配,称为卵细胞质重组。我们知道,在卵细胞质中往往存在有大量称为形态发生决定因子(morphogenetic determinant)或者形态发生原的物质,它们的分布和浓度对于未来胚胎的发育有重要的影响。因此,受精过程出现的卵细胞质成分的重组现象格外地引起发育生物学家的注意。

卵细胞质的重组现象在一些物种里可以被直接观察到,其中的一个例子是尾索动物(即被囊动物)S. partita。在 S. partita 未受精的卵细胞中,灰色的胞质成分位于细胞中央部位,其外周被含有黄色脂肪的皮质层包围着,而细胞核及周围的透明物质集中在上端的动物极处。在精子进入卵细胞 5 min 之内,动物极的透明物质和皮质的卵黄物质开始向下方植物极迁移。同时,雄原核从它进入的植物极侧向上沿未来胚胎的后位向赤道区移动,并带动脂类物质向上最终形成一个颜色差异的新月结构,使黄色的细胞质成分集中在幼虫肌细胞将要发生的部位(图 3.1.14)。受精卵细胞质的这一运动和重组过程的实现有赖于微管动态构建和钙离子的作用。

在两栖动物中同样观察到受精以后的卵细胞质运动和重组现象。蛙的精子可以从动物极区域的任何部位进入卵细胞。最初,卵细胞在动物极-植物极轴向上呈辐射对称。然而,当精子进入卵细胞后,皮质层向精子进入的方向旋转大约 30°。在动物极皮层含有大量黑色素而

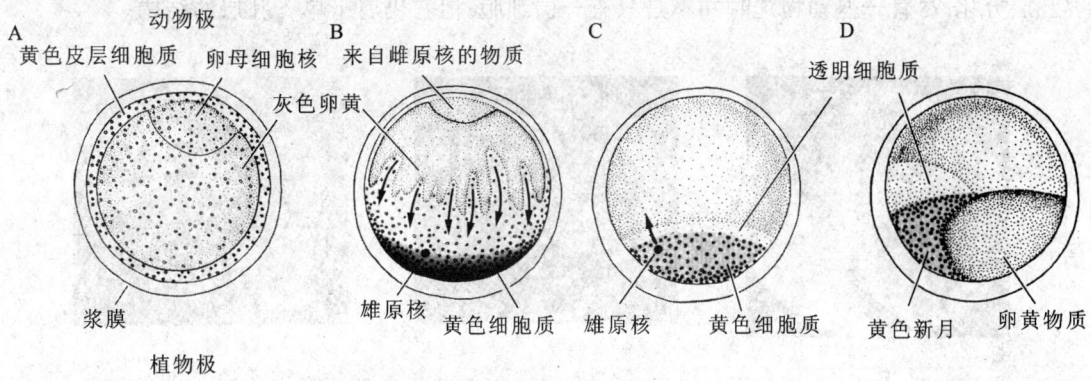

图 3.1.14 被囊动物(*Styela partita*)受精卵的细胞质重组

A.受精前,黄色皮层细胞质包围着灰色卵黄细胞质。B.精子进入后,黄色皮层细胞质和透明细胞质从顶端的雌原核的区域向下流向精子进入的区域。C.伴随着雄原核向雌原核运动,黄色细胞质和透明细胞质也随之继续向植物极运动。D.黄色细胞质和透明细胞质到达它们的最终位置,它们将发育为间充质和肌细胞(中胚层)。(S.F.Gilbert)

内层含有少量色素物质的物种中,这一细胞质不同层次的相对运动形成了一个在精子进入部位的对面位于赤道板下方的新月形的灰色区域称为灰新月区(图 3.1.15)。后面的章节中我们将介绍,灰新月区的出现确定了未来原肠形成部位和胚胎的体轴走向。对于卵细胞不含或者含有很少色素的蛙(如爪蟾),利用活性染料标记的方法,同样观察到卵细胞外层相对于内层大约30°的旋转现象。两栖动物受精卵细胞质的运动和重组同样与微管作用有密切的关系。

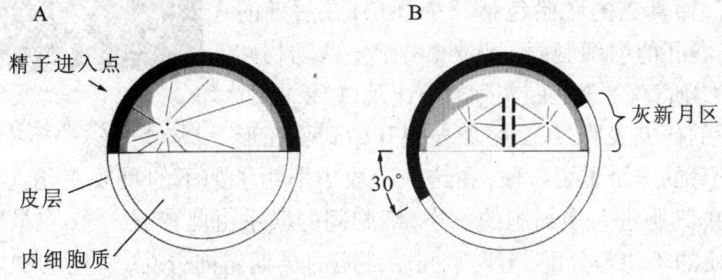

图 3.1.15 受精蛙卵细胞质的重组

A.初始蛙卵色素分布对植物极-动物极轴是辐射对称的,皮层由深色的动物半球和半透明的植物半球组成,精子从一边进入,雄原核向内迁移。B.在接近第一次卵裂开始之前,皮层细胞质相对于内层细胞质旋转30°,形成灰新月区。这次旋转对原肠形成很重要,原肠发生将在精子进入点相对的灰新月区域。(S.F.Gilbert)

3.2 囊胚——从单细胞到多细胞

在多数动物的发育中,受精以后卵细胞便立即进入快速分裂和细胞增殖的阶段,首先形成一个多细胞团聚体,称为桑椹胚(图 3.2.1)。之后,伴随细胞数目的增加,胚体中空而形成一个基本为球形的囊状结构,称为囊胚(图 3.2.2)。按照经典胚胎学的观念,囊胚阶段还没有出现胚层分化,尽管一些动物这时并不是只有一层细胞,但它仍属于单一胚层的结构。

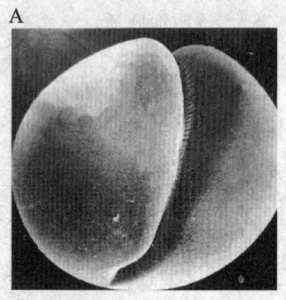 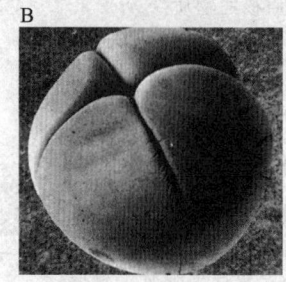 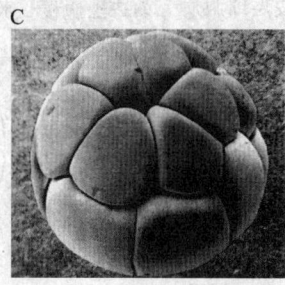

图 3.2.1 蛙卵卵裂时的扫描电镜照片
A.第一次卵裂。B.第二次卵裂(4 细胞)。C.第四次卵裂(16 细胞)。图中动物极在上,可见动物极和植物极细胞大小的差异。(S.F.Gilbert)

如前面讨论中提到的,这一胚胎学的阶段划分是一种模式的概括,实际上不同的动物,存在有许多细节的区分和变通。由于海胆等动物在囊胚的基础上,在后继的发育中没有内陷的体壁部分将发育为外胚层,内陷的部分形成内胚层,而两者之间的细胞发育为中胚层,因此形成了一个通行的概念,即这部分体壁是各胚层的直接前期组织成分。实际情况并不都是这样,例如哺乳动物的囊胚壁将发育的是胚外器官,而真正的胚胎包括三个胚层,在后继的发育过程中来自囊胚的内细胞团。此外,由于一些动物卵细胞中大量卵黄物质存在,囊胚腔实际并不出现(如果蝇)。

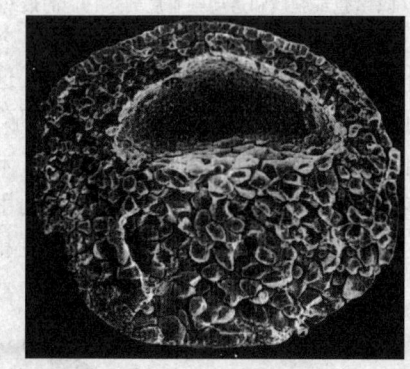

图 3.2.2 爪蟾囊胚(S.F.Gilbert)

发育生物学的研究表明,从受精卵分裂开始到囊胚形成是动物早期发育的一个重要阶段,在这一阶段中发生了如下的重要变化:① 通过快速的细胞分裂,发育由单细胞进入多细胞的状态,细胞间的联系由此建立。② 在早期的细胞增殖过程中,通过细胞质的不均等分配,出现了胚胎细胞的早期定向分化,一些动物由此奠定了发育体制的基础,例如体轴和未来胚层的划定在这一阶段获得了最早的确定。③ 在雄核与雌核融合前以及早期细胞分裂阶段,胚胎的发育信息的获得来自于储备的母体基因表达产物,伴随细胞分裂和囊胚的发育,合子基因库起用,子代"自主性"的发育开始。下面是对这些变化的介绍和说明。

第一,受精以后早期的细胞分裂速度极高,并且开始细胞的数目是以 2、4、8、16……级数方式增长,以后虽然逐渐缓慢下来,但高速分裂的状态仍维持一个相当的阶段,直到囊胚的后期才降下来(图 3.2.3)。经过 43 h,蛙胚细胞达到

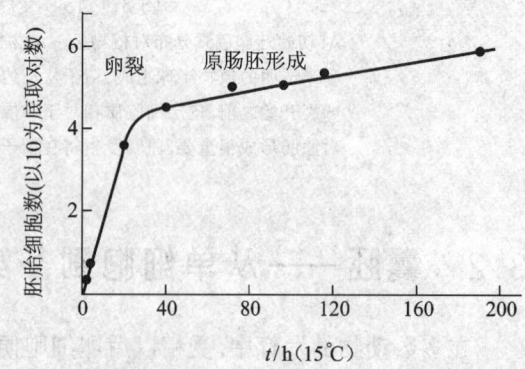

图 3.2.3 蛙(*Rana pipiens*)早期发育中细胞数目增长曲线 (S.F.Gilbert)

37 000个；果蝇在开始的 2 h 中，平均每 10 min 便完成一次有丝分裂，而 12 h 以后，总体细胞数可达到 50 000 个以上。总之，这一阶段的一些特征，例如，利用母体蛋白质和 mRNA 的储备、细胞数目增加而无细胞生长（胚胎大小基本不变）、细胞分裂周期没有 G_1、G_2 期，只有 M 期和 S 期的循环（图 3.2.4）等，都与细胞的快速分裂现象密切地联系在一起。此外，在一些多黄卵细胞中，还出现一个短暂的仅有细胞核分裂的合胞体阶段（如果蝇）。我们知道，细胞的分裂受成熟促进因子（MPF）的调节。研究表明，大量的母体 MPF 亚基（Cyclin, cdc2）蛋白储备和后期的母体 Cyclin mRNA 的及时翻译是保证胚胎早期细胞进行 M－S 分裂循环的重要条件，而当合子基因启动以后，细胞便逐渐进入正常的 G_1－S－G_2－M 分裂循环周期之中（图 3.2.5）。在细胞分裂的动力学过程中，细胞骨架发挥着重要的作用，而细胞膜的形成过程采取的是旧膜的前沿引导方式（图 3.2.6）。

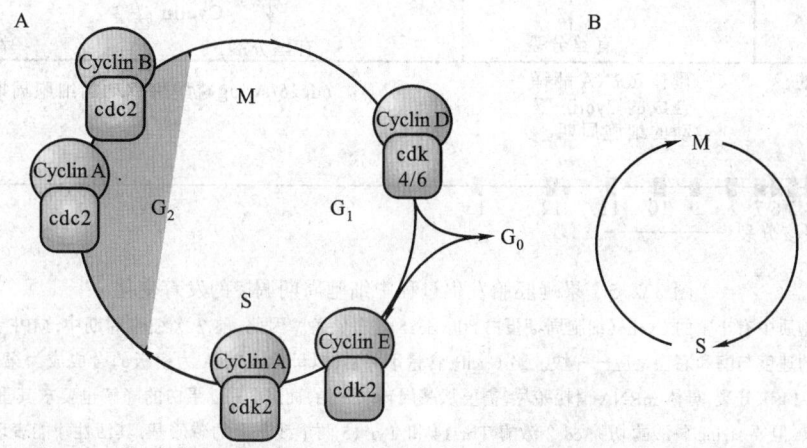

图 3.2.4 体细胞和动物早期分裂球的细胞分裂周期对照

A.典型体细胞的细胞周期，由 M，G_1，S，G_2 四个时期组成。进行分化的细胞通常脱离细胞周期，进入 G_0 期（延长的 G_1 期）。细胞周期蛋白和它们各自的激酶负责细胞周期进程的调节，图中将它们表示在各自的调控点上。B.两栖动物早期分裂球的细胞周期非常简单，只有 M，S 两个阶段。（S.F.Gilbert）

第二，伴随分裂的进行，细胞分化开始，并出现了发育决定的现象，细胞间的联系和相互作用关系也迅速建立。受精卵是胚性干细胞，伴随着细胞分化的开始，胚性干细胞的地位很快发生了变化。海胆在 4 细胞阶段，如果将各细胞分开，每一个细胞还能发育成一个小的独立幼体，而到了 8 细胞阶段，这一性质已发生了改变，这时出现了大小不同的动物极和植物极细胞的分化，每个细胞不再具有发育为独立幼体的能力。线虫在它完成第一次分裂以后，各子细胞便失去了独立发育为幼虫的能力。而哺乳动物由于胚外器官与胚体分化的优先进行，出现了早期胚性细胞（可责成胚外器官与胚体的发育）与随后确定的胚胎干细胞（仅责成胚体的发育）的区分，并且直到囊胚的后期，胚胎干细胞才不再存在。

在许多动物的发育中存在生殖干细胞很早就分化出来的现象。对线虫和果蝇的研究表明，卵细胞胞质中特殊成分的迁移和分配对生殖干细胞的决定起着关键的作用，对此我们在前面的章节中已有详细的介绍。

由于形态发生原在卵细胞胞质中的不均匀分布，以及形态发生原翻译产物的扩散在胚体中形成复杂的浓度梯度分布图案，出现不同位置的分裂细胞接受的分化信息不同，使不同区域的

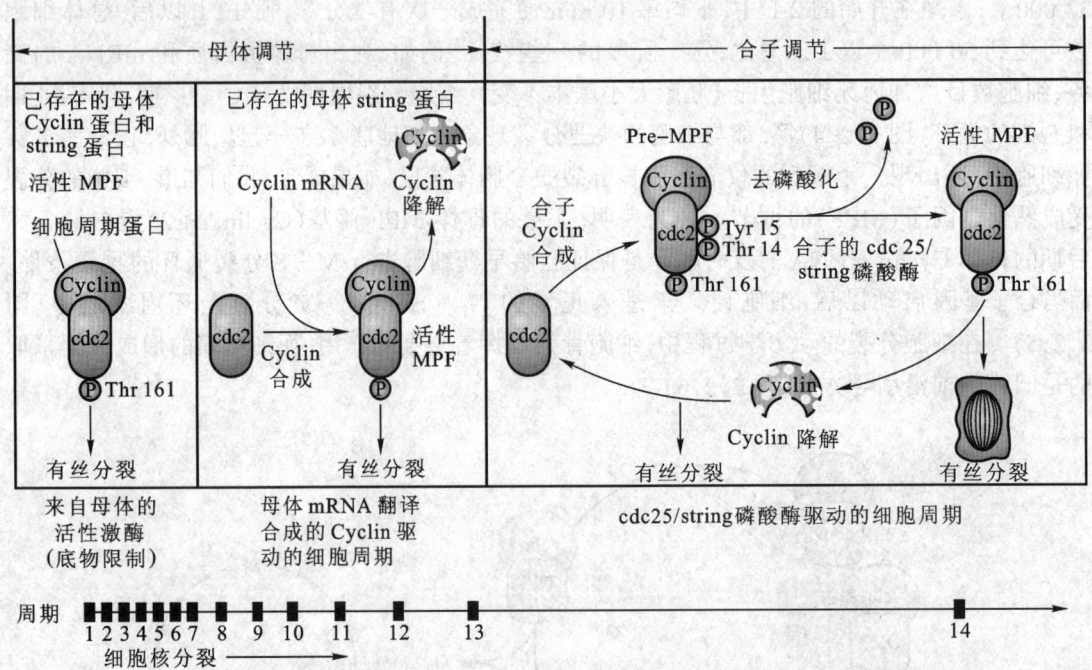

图 3.2.5 果蝇胚胎发生过程中细胞周期调控的发育变化

受精前,卵细胞质中有丰富的 Cyclin(细胞周期蛋白)和 cdc25 蛋白储备。因此,前 7 次细胞周期中,MPF 激酶一直保持活性,核分裂的速度与酶和底物反应一样快。当 Cyclin 含量下降后,以母体 mRNA 为模板的合成成为第 8 次分裂的限速步骤。到第 14 次分裂,母体 mRNA 消耗殆尽,需要从基因转录开始,而且 string 蛋白的降解也要求其重新合成。Pre-MPF 虽有积累,但要 string 磷酸酶切除 cdc2 激酶 Thr-14 和 Tyr-15 两个残基上的磷酸基,其活性才能表现出来。显然,这些都会造成细胞分裂速度的减慢。(S.F.Gilbert)

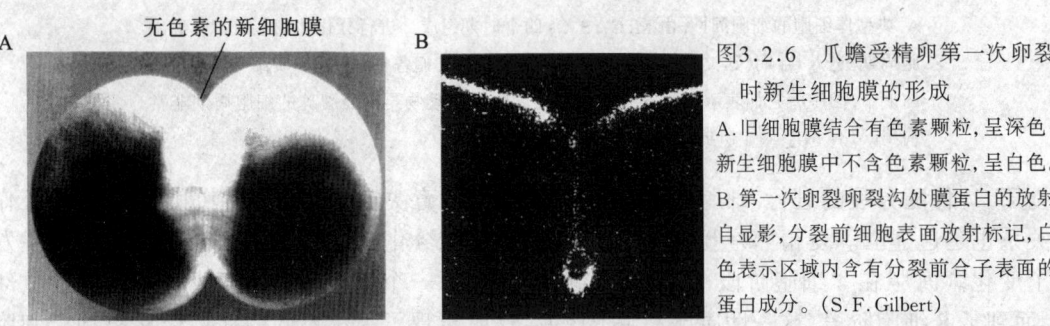

图 3.2.6 爪蟾受精卵第一次卵裂时新生细胞膜的形成

A.旧细胞膜结合有色素颗粒,呈深色;新生细胞膜中不含色素颗粒,呈白色。
B.第一次卵裂卵裂沟处膜蛋白的放射自显影,分裂前细胞表面放射标记,白色表示区域内含有分裂前合子表面的蛋白成分。(S.F.Gilbert)

细胞获得了不同的未来发育方向的决定。在胚胎学中已经研究了这种发育的早期决定现象,并通过实验胚胎的方法对它们在囊胚上的分布进行了详细的划定,图 3.2.7 和 3.2.8 显示的就是由此获得的爪蟾和斑马鱼囊胚期的发育命运图。发育生物学对这一发育决定现象从分子机制方面作了深入的研究。在这个过程中明确地显示了卵细胞和母体的发育信息储备和位置设定对未来个体发育的重要性,并带动了不同细胞合子基因库信息的差异启动和不同分化细胞的差异利用,由此引导动物特定发育体制的逐渐展示。对此,果蝇和斑马鱼的研究已经给出了很好的例证。

由于哺乳动物卵细胞受精和早期卵裂发生在从输卵管向子宫运动的过程中,给观察带来了困难。哺乳动物的早期卵裂和命运决定与其他动物有较大的区别。哺乳动物为旋转全卵

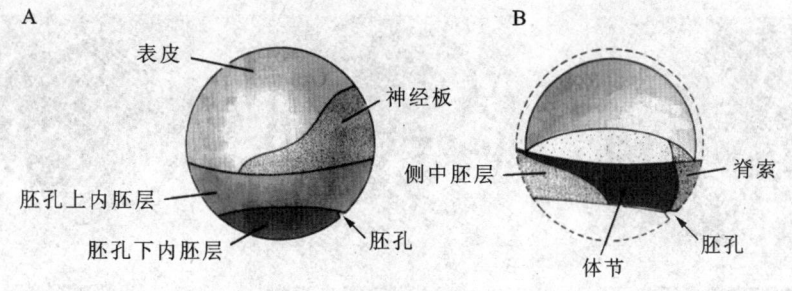

图 3.2.7 爪蟾囊胚期的发育命运图
A.外观发育命运图,箭头表示胚孔形成的位置。B.内部细胞的命运图,从图中可看出大部分中胚层细胞来自囊胚内部细胞。(S.F.Gilbert)

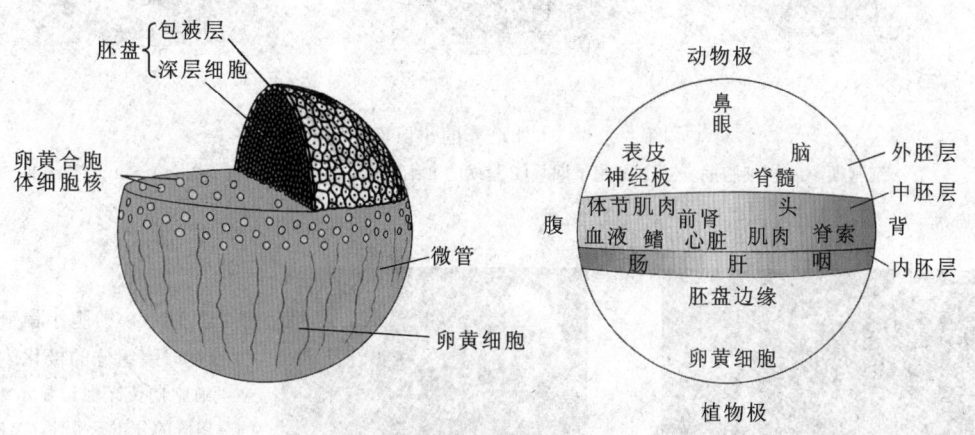

图 3.2.8 斑马鱼囊胚期的发育命运图
结果获自于向细胞注射高分子活性染料的方法。(S.F.Gilbert)

裂,即在细胞分裂过程中同时发生旋转,并且各细胞的分裂并不同步,细胞数目的增长也不是 2-4-8 的顺序,而含有单数,细胞分裂的速度要相对慢得多。与其他动物更大的不同是,在从受精卵细胞分裂开始到 8 个细胞的过程中,细胞排列疏松。但是,很快 8 细胞阶段的胚胎骤然紧缩(compaction),形成一个密实的球体结构。在这个球体中,相邻细胞外侧为紧密连接,内侧为间隙连接,使它们之间可以有离子和小分子的交流。在分裂达到 16 个细胞的时候,胚体细胞分成了两组,多数为外层细胞,少数被外层细胞包围形成内层细胞,前者称为滋养层(trophoblast),将发育为绒毛膜、胎盘等胚外器官,后者成为内细胞团(inner cell mass),以后发育为胚体以及卵黄囊、尿囊、羊膜。这时内层细胞不仅在外观上与滋养层细胞表现出不同,它们的生物合成也出现了差异。到 64 细胞的阶段,大约 13 个细胞的内层组织已经与滋养细胞明确划开,不能再纳入对方的发育程序。在这一过程中,滋养层细胞向桑椹胚内部分泌液体,逐渐形成中央的空腔,而内细胞团定位在腔的一侧(图 3.2.9)。发育生物学的深入研究表明,哺乳动物 8 细胞阶段的紧缩与细胞表面性质的改变有密切的关系。首先,出现细胞膜的极化现象,即不同的成分迁移到不同的区域。在 4 细胞的阶段,荧光染色显示一种糖蛋白成分均匀地分布于细胞的表面,但是到 8 细胞阶段,这些成分集中分布于细胞的远端(图 3.2.10)。紧

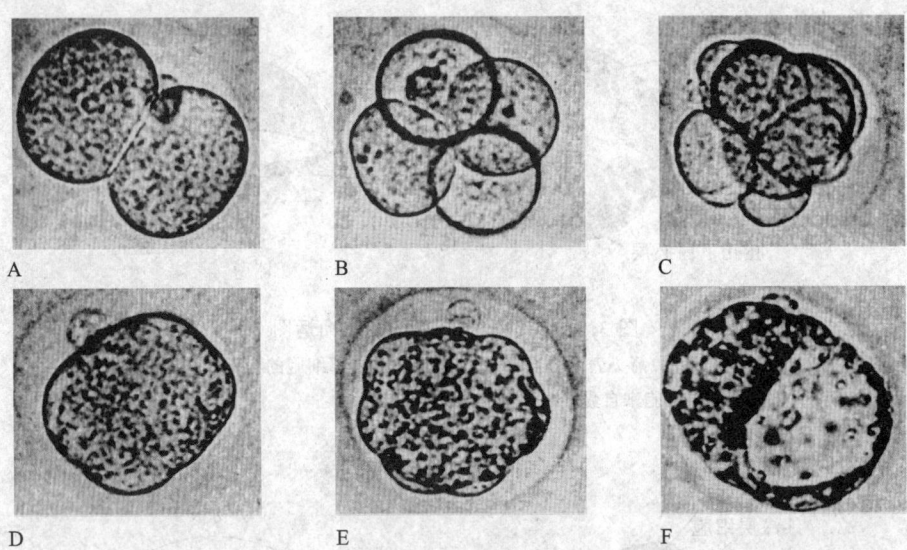

图 3.2.9 体外培养的小鼠卵裂过程
A. 2 细胞期。B. 4 细胞期。C. 8 细胞早期。D. 紧缩的 8 细胞期。E. 桑椹胚。F. 囊胚。(S.F.Gilbert)

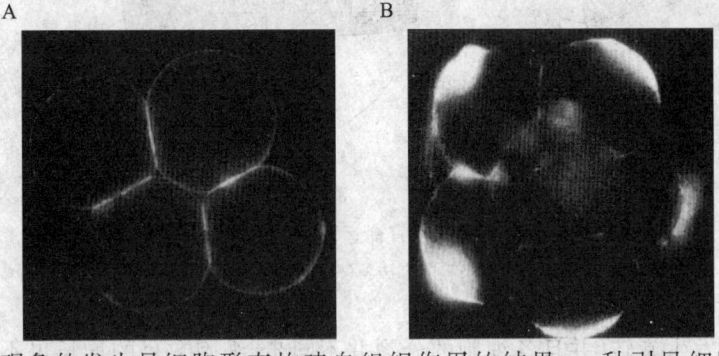

图 3.2.10 8 细胞小鼠胚胎分裂球膜组分的极化
A. 4 细胞期荧光标记显示细胞的膜组分的分布无极性。B. 8 细胞期荧光标记显示膜组分的分布有极性。(S.F.Gilbert)

缩现象的发生是细胞形态构建自组织作用的结果,一种引导细胞紧缩的成分——E-cadherin 已被鉴定,如果用抗体加以封闭,则细胞的紧缩现象被终止(图 3.2.11)。对于滋养层细胞和内细胞团分化的研究表明,它们不是预先的分化设定,而是由于细胞紧缩后所处的位置决定,即如果在紧缩的过程中某细胞进入内层,则向胚体的方向发育,反之,则走向胚外器官的发育方向。实验证明,将一个胚胎的细胞以手术的方法加在另一个胚胎的外围,则它所有的细胞将进入滋养层的发育路径。

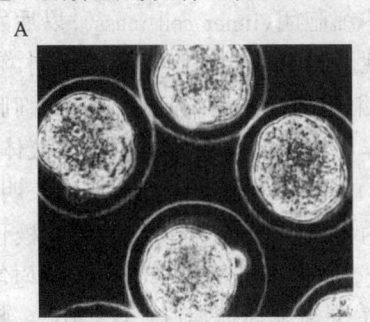
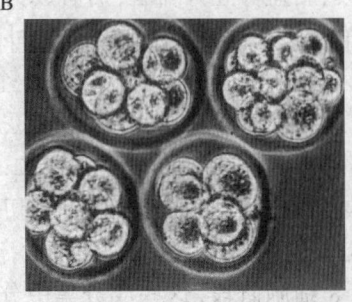

图 3.2.11 抗细胞表面粘连糖蛋白抗血清抑制胚胎紧缩
A. 无抗血清作用,胚胎正常紧缩。B. 有抗血清时,胚胎增殖而不收缩。(S.F.Gilbert)

发育研究的一个重要的问题是,在哺乳动物中,早期胚胎细胞的发育全能性如何呢?研究表明,如果在2细胞时期,细胞相互分离独立发育,则产生两个各自独立具有绒毛膜和羊膜的幼体;如果这一分离发生在滋养层形成以后,羊膜形成以前,则产生两个共享绒毛膜的幼体;如果这一分离发生在羊膜发生以后,则发育为共享同一绒毛膜、羊膜的两个幼体(图 3.2.12);植入的外源性囊胚内细胞团细胞可完好地介入宿主内细胞团的发育程式,随机地形成包括生殖细胞在内的未来胚体的所有成分结构,并且这种细胞可以在体外进行传代培养,由此称为胚胎干细胞(ES cell)。这一观察表明,哺乳动物胚胎早期发育中细胞的全能性演变很复杂,并且责成于胚体发育的胚胎干细胞的发生和存在可以维持和延续一个相当长的时间。人们也正是利用这一性质,实现了哺乳动物转基因动物的创造,即在体外将目的基因转入培养的 ES 细胞中,再将此细胞转入早期发育囊胚中,如果转入的细胞进入了生殖干细胞的发育路线,则用遗传学的方法可能获得转基因的表型显露或者纯合的转基因后代。

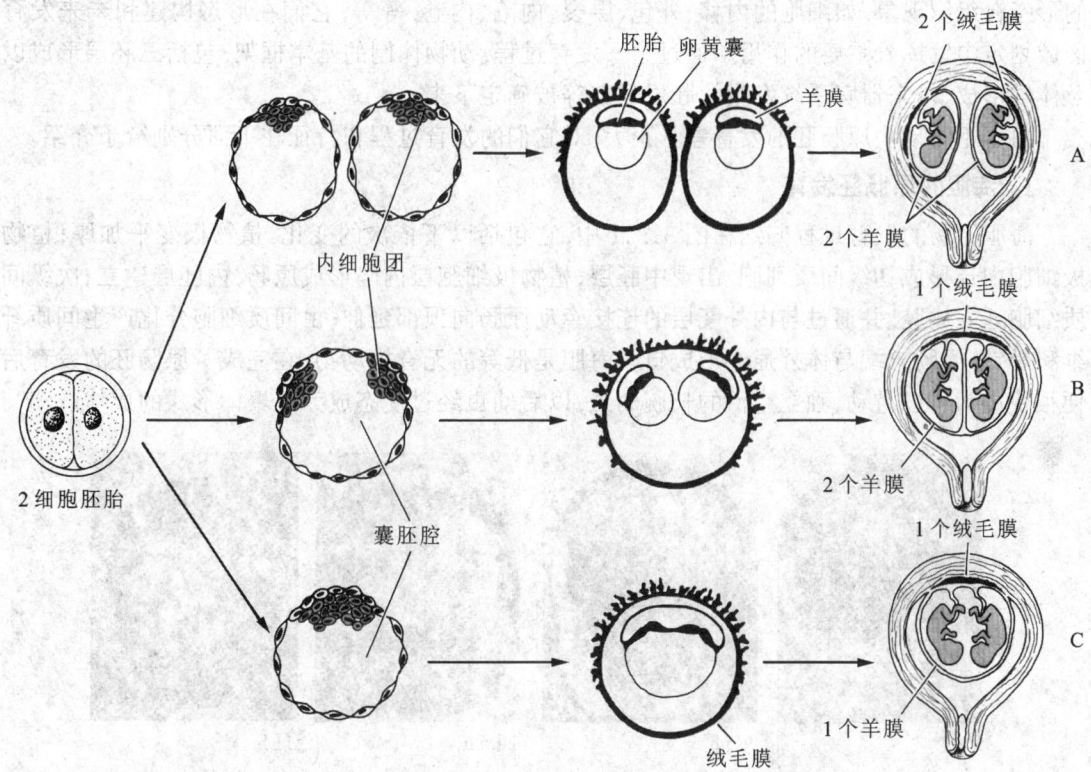

图 3.2.12　3 种不同类型的双生现象
A.分裂在滋养层形成之前发生,则双生胚胎的每一个都有独立的羊膜和绒毛膜。B.分裂在滋养层形成之后,羊膜形成之前发生,所以双生胚胎的每一个都有独立的羊膜腔和但共用绒毛膜。C.分裂在羊膜形成之后发生,导致双生胚胎共用一个羊膜腔和绒毛膜。(S.F.Gilbert)

第三,动物发育的亲代与子代基因组利用的转化发生在这一阶段。发育生物学的研究已经明确地证明,在动物早期发育中,发育信息的利用不是取自于子代的基因组,而是源于亲本,其中包括许多对发育体制有着重要作用的形态发生原成分(例如影响果蝇前-后轴决定和许多动物生殖干细胞决定的成分),它们产生于配子细胞还在亲本体内的发育和分化的阶段,以

RNA 或者蛋白质的形式储存在未受精的卵细胞之中,伴随受精卵细胞卵裂的不断进行,子代基因库中的发育信息才陆续地被起用。目前,人们对这一发育信息利用的转换过程还很不清楚,近年有人针对这一现象提出了动物早期发育的重编程(reprogramm)概念。但是看来,不同物种的亲本在胞质中发育信息的设置和子代基因库信息的起用,在内容和时间上是有差异的。

3.3 原肠胚——三胚层建立

除去如腔肠动物等低等动物外,高等动物都是三胚层动物。胚胎学研究表明,在囊胚形成以后,胚胎发育进入三胚层的分化和构建,并因原肠形成而定为原肠胚阶段。原肠胚是动物发育过程中细胞分化和形态构建剧烈变动的阶段,并因物种的差异而表现出很大区别。与前期的发育不同,除了细胞的增殖和分化外,在原肠胚的发育过程中明显地出现了细胞和组织水平的形态自组织现象,如细胞的内移、外包、层裂、内陷、内卷,等等,它们在形态构建和未来发育区域划定中发挥着重要的作用。通过这一发育过程,动物体制的基本框架,包括三胚层形成以及体轴形成、未来器官系统发生的胚层限定等被确定下来。

由于不同动物原肠胚的发育差异很大,对它们的发育过程和特征在下面分别给予介绍。

1. 海胆的原肠胚发育

海胆原肠的发育过程归纳在图 3.3.1 中,它包括以下依次的变化:植物极变平加厚;植物极细胞内迁形成初级间质细胞,出现中胚层;植物极细胞层内陷形成原肠,内胚层建立;次级间质细胞迁入体腔,并通过与内外胚层的连接牵动原肠向顶部延伸;由间质细胞分化产生间质纤维和骨针,原肠末端与体外通连形成口。海胆是低等的无脊椎动物,在完成了原肠胚的发育后便很快成为可以游动、独立生活的长腕幼虫,以后幼虫经过变态成为五聚体形式的成体。

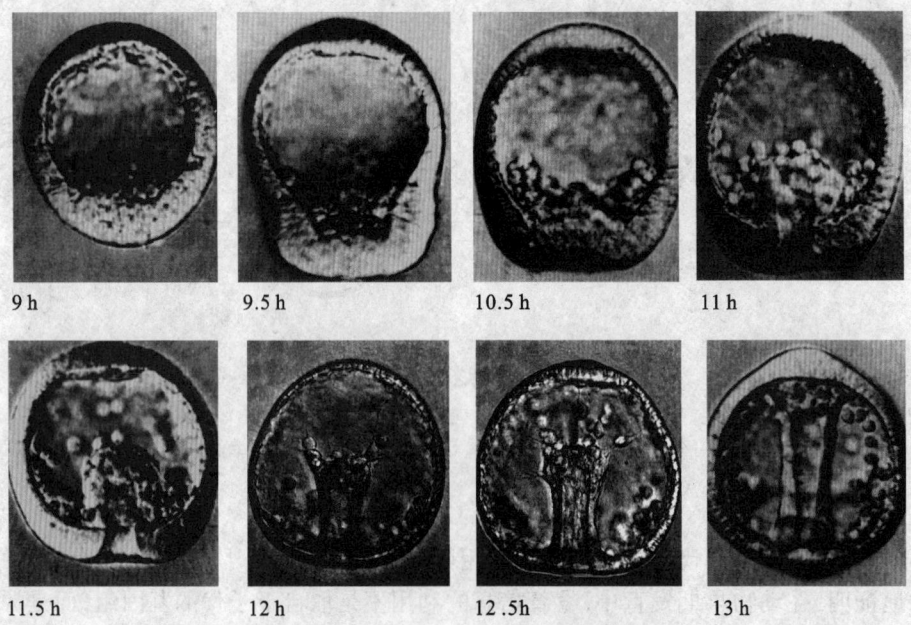

图 3.3.1 海胆(*Lytechinus variegatus*)原肠发生的顺序
图中所标注的时间为 25℃ 下的发育时间。

2. 果蝇的原肠胚发育

果蝇的早期发育过程很快,在完成了囊胚多胞体的分割和生殖干细胞的分化以后,在胚胎发育的 4 h 左右,便进入了原肠发育的阶段。果蝇的中胚层的分化来自于腹面表层细胞的内陷和分离,内胚层和消化道的分化形成来自头尾两端的内陷,而中段消化道起源于中胚层组织的加入,留在胚胎表面的将构成胚胎的外胚层,由此可以看出节肢动物原肠的发育和三胚层的形成与典型的动物胚胎发育模式已有所不同。

果蝇的原肠的发育过程在短短的数小时,即大约在受精后 10 h 便完成了(图 3.3.2,彩图)。图 3.3.3 显示了对这一过程更为细节的了解,即中胚层是以整体内陷,再与外胚层脱离的方式产生,而神经组织则表现为散在于外胚层中的神经母细胞独立地迁入胚胎深层并向中线聚拢,形成腹侧的中枢神经系统。在这一过程中存在有复杂的细胞分化诱导和特定的基因表达。

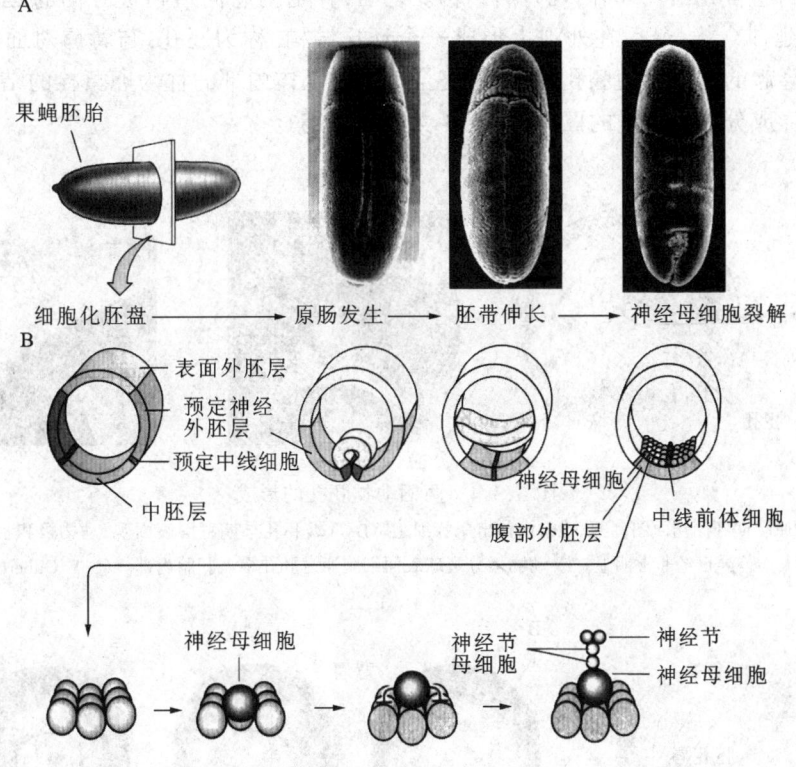

图 3.3.3 昆虫神经系统的发育

A.在原肠发生的过程中,中胚层从表面往胚胎内部套叠,使神经前体细胞位于胚胎的腹面正中区域,这时外胚层中的神经母细胞开始进入胚胎深层,沿着腹部中线形成中枢神经系统。B.神经母细胞产生一系列神经节母细胞,每一个再分裂产生两个神经元,图下方显示了 1 个神经母细胞的分化过程。(S.F.Gilbert)

从以上的分析中我们可以看出,在果蝇的原肠发育过程中,神经组织的发生几乎同时建立了,而难于把它另归纳为一个独立的发育阶段,这与脊椎动物在原肠发生后有一个明确而又重要的神经胚的发育阶段明显地不同。实际上,在这一阶段,果蝇的发育已经紧密地联系着体节的分化和各体节附属器官成虫盘的初期发育。在脊椎动物的发育中,类同的任务将执行于神经胚以后的发育阶段。

果蝇是目前对其发育了解最为详细的动物。研究表明,果蝇的体轴分化,包括头胸腹的区域确定,早在卵细胞阶段就通过母体特异信息(形态发生原)储备的方式设定好了,从受精卵发育开始便通过基因差异表达、细胞的空间区域性分化和囊胚、原肠胚的组织构建的方式逐级表达出来。

3. 两栖动物的原肠胚发育

人们对两栖动物胚胎发育的研究已经延续一个多世纪的时间了,直到今天仍不断有新的认识和报道。两栖动物原肠的发育可因物种的不同(如有尾两栖类和无尾两栖类)而有所不同,而这方面的认识多数来自于对无尾两栖类爪蟾(*Xenopus*)的研究。

动物极细胞的外包和内卷运动 两栖动物原肠的形成从囊胚细胞运动重组开始。动物极的表层细胞以外包的方式向四周延展,跨过赤道线覆盖了全部的植物极,在精子进入卵细胞的对侧——灰新月区的部位内卷进入胚胎内部。由于两侧迁移细胞到达灰新月区的时间不同,动物极端的内卷首先出现,即出现背唇结构。之后,伴随内卷向植物极方向的延伸,形态上出现背唇向下延伸合拢,最后在外观上形成一个环丘结构,称为胚孔,与背唇对面的称为腹唇。在胚孔环中隆起的是将伴随胚孔收缩,最终全部进入胚体内部的称为卵黄栓的结构,其内部为胚胎发育营养成分卵黄集中的区域(图3.3.4,图3.3.5)。

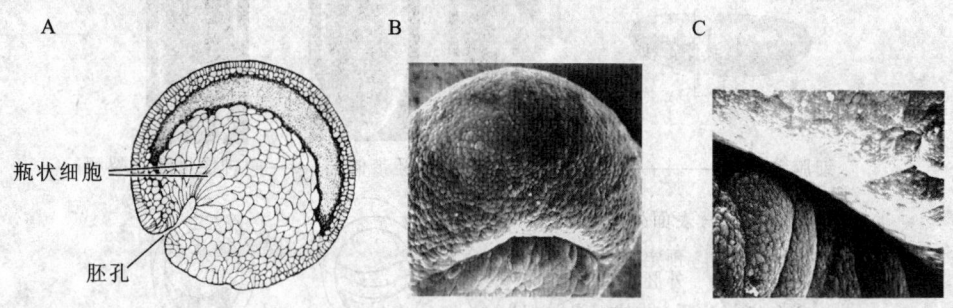

图 3.3.4 两栖动物胚孔的形成
A.蝾螈原肠期胚胎切面图,胚孔处向内伸出瓶状细胞。B.爪蟾胚孔早期背唇表面观,动物极和植物极分裂球的大小差异已经非常明显。C.动物极分裂球表面细胞通过胚孔褶入胚胎内部。(S.F.Gilbert)

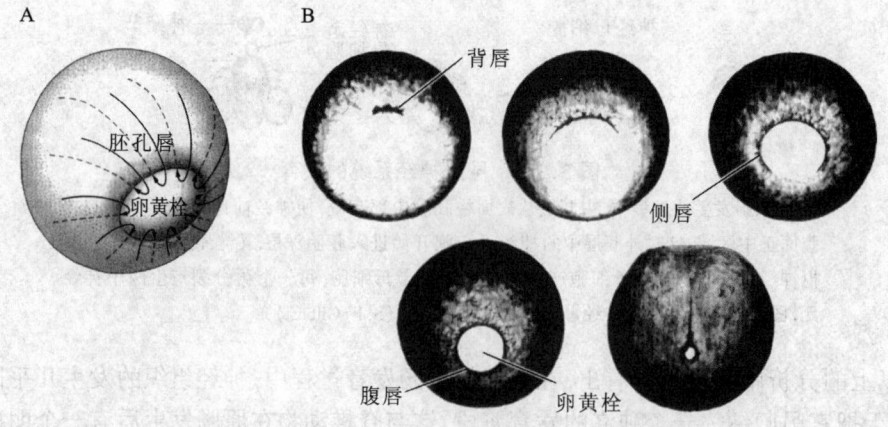

图 3.3.5 两栖动物胚胎发育中的外胚层包被现象
A.细胞迁移进入胚孔模式图。B.胚孔背唇、侧唇和腹唇相继形成的实际过程的照片。(S.F.Gilbert)

动物极细胞的外包和在灰新月区的内卷,在胚体中形成了原肠的结构。在这一过程中,近灰新月区的动物极细胞首先到达胚孔形成区,使内卷形成的原肠靠近灰新月区上方,并指向动物极的方向。原肠形成同时胚胎三胚层分化建立,即胚胎外侧的细胞层为外胚层,环绕原肠腔的细胞层为内胚层,位于它们中间区域的细胞构成了中胚层。原肠的形成过程中同时确定了未来胚体的体轴走向:原肠的前部将发育为胚胎的头部,而接近胚孔的部位是胚胎的尾部,在原肠近植物极的方向是未来动物的腹面,对面是未来动物的背面。可以认为,两栖动物原肠的形成与海胆没有实质性的不同,只是由于两栖动物卵细胞中含有大量的卵黄物质,出现了卵黄栓的结构,并将原肠挤向一侧。但是,与海胆利用囊胚腔构建体腔不同,在两栖动物原肠形成过程中,囊胚腔被挤压缩小,最后消失,未来的体腔来自于中胚层内部裂隙的形成与扩大,这种方式形成的体腔称为真体腔。

从以上的分析我们不难看出,除了胚孔以外,3个胚层分化的空间定位在卵细胞受精以前,即动物极和植物极的分化中就决定了。它们是:动物极的表层细胞发育为外胚层;植物极的半球的表层细胞分化为内胚层(消化道及其相关器官来自内胚层);赤道附近及内层的细胞分化为中胚层。胚胎学研究将这一现象称为发育的命运图。

胚孔的决定 三胚层是高等动物的普遍结构特征,是它们体制建立的共同基础。体轴的出现,主要是前后轴与背腹轴的设定不仅是动物体制建立的一个重要步骤,而且它开始显现出了门类的特征的分化。这一点在两栖动物的发育中,胚孔出现起着重要的作用,而胚孔位置的确定又是与卵细胞受精位置联系在一起的。

前面已经介绍,在两栖动物卵受精以后,卵细胞质出现了皮质与深层间的相对30°旋转运动,在精子进入点的对面形成灰新月区,也就确定了胚孔发生的部位。这是一种表面现象的观察,它的深入的机制又是什么呢?对此,20世纪80年代末,有人作了进一步研究。实验发现:①人为刺激而不经过受精,两栖动物卵细胞仍然表现出在正确的时间里出现细胞质的重组现象,但是这时皮层的旋转方向变得不确定了。②如果对一个受精卵在它发生了细胞质成分旋转以后,紧接着用特殊的方法固定并施以柔和的离心处理,使其内部细胞质成分由于植物极卵黄物质重力作用强行地对皮质成分再作反向的旋转,之后令其孵育,不仅出现了两个胚孔,而且发育出一个联体双胞胎(图3.3.6)。③对受精卵植物极进行紫外线的照射,胚胎发育出现没有体轴分化的腹面胚片,而对它的拯救方法是将未经紫外线照射的64细胞期的植物极下方

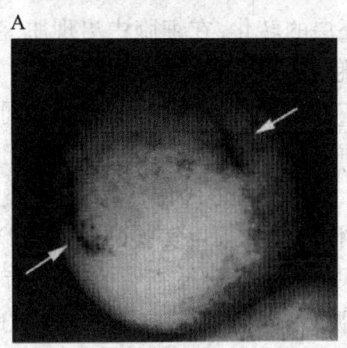 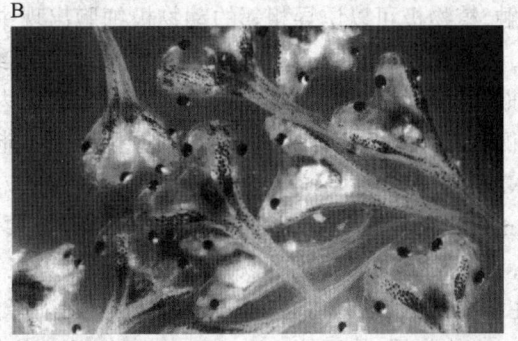

图3.3.6 离心处理,爪蟾受精卵在腹面产生两个胚孔
A.离心处理后的受精卵出现两个胚孔:一个初始胚孔(精子进入点对面)和一个新胚孔,这一现象的出现是由于细胞质物质重分配造成的。B.双胚孔卵发育出腹部相连的孪生蝌蚪。(S.F.Gilbert)

细胞植入。同样的方法植入未经紫外线照射的胚胎的细胞,可获得"双胎"个体(图 3.3.7)。综合上述实验,得到的推论是:精子的进入起到的只是触发细胞质的重组和给出未来胚体走向的线索,而胚孔发生的真正原因来自细胞质重组后皮质成分和内部成分的相互作用,其中植物极下部应该含有对此负责的有效成分,并表现出对紫外线敏感。

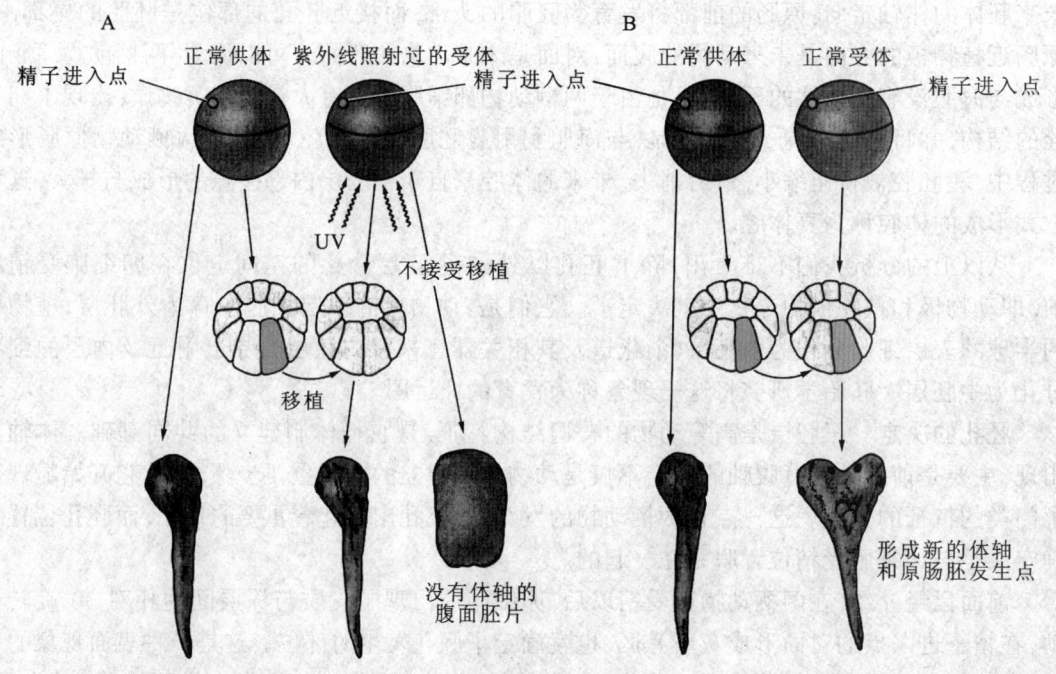

图 3.3.7 移植实验说明植物极细胞负责形成胚胎背唇和启动原肠的发生
A. 用紫外线照射受精卵植物极,受精卵发育成没有体轴的腹侧胚片。如果把正常 64 细胞期胚胎植物极下方细胞移植到紫外线照射过的受精卵植物极部位,则可挽救胚胎,使其正常发育。B. 把正常 64 细胞期胚胎植物极下方细胞移植到一个正常 64 细胞期胚胎的植物极下方的另一侧面部位,形成新的原肠和体轴。(S.F.Gilbert)

Nieüwkoop 中心的发现 Nieüwkoop 中心和它对两栖动物胚层形成作用的发现是对两栖动物早期发育研究的重要进展。研究发现,如果将囊胚赤道区域细胞移去,使植物极和动物极直接接触,植物极可以诱导相邻的动物极细胞出现中胚层的转化,在细胞中出现肌肉分化的基因表达,并且这种转化必须要有一定数量的动物极细胞才可能发生。Nieüwkoop 中心定位在爪蟾早期囊胚的植物极侧,并在未来的发育中形成内胚层。但是,Nieüwkoop 中心同时具有诱导其背侧临近细胞组织形成 Spemann 组织者的功能,而后者将发育形成中胚层,已经发现一些 mRNA 分子特异地定位于 Nieüwkoop 中心,如 Vg1、Wnt8(图 3.3.8)。近年发现转录因子 β-catenin 在诱导 Spemann 组织者的形成中起着重要的作用。如果用实验的方法消除 β-catenin 的表达,则胚胎出现腹面化的现象。进一步的研究表明,β-catenin 最初存在于所有的细胞之中,但在植物极侧,它们在 GSK-3 的作用下逐渐降解减少,而动物极由于锂元素的存在抑制了 GSK-3 的作用,从而使 β-catenin 维持在高浓度水平。在这些研究的基础上,人们设想,两栖动物卵受精后的胞质旋转很可能是介入一种背-腹发育诱导因子表达分配的机制之中。

原肠的形成 两栖动物原肠的形成起始于动物极细胞包被过程中出现的在背唇表层细胞向内的内卷,它首先表现出这一位置上一组细胞向胚胎内部的嵌入。这一细胞团外侧面出现

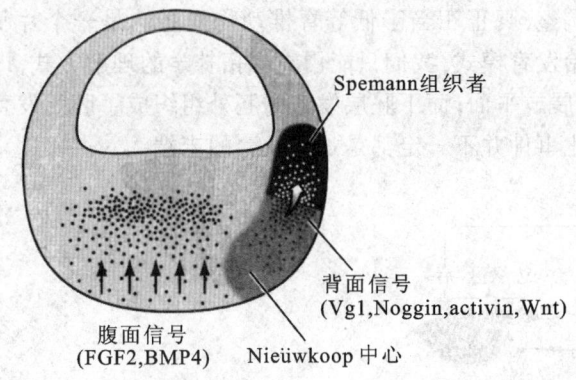

图 3.3.8 爪蟾中胚层诱导中心
胚胎植物极释放腹面信号(可能是 FGF2 和 BMP4),信号诱导边缘细胞发育为中胚层,其中 BMP4 可能特化边缘细胞,使其变成后端中胚层。在精子进入点的对面,Nieüwkoop 中心的植物极细胞释放背面信号,在其上边缘区诱导形成 Spemann 组织者中心。背面信号可能由 Vg1 起始,再由 activin、Noggin 和 Wnt 蛋白传递。(S.F.Gilbert)

明显的相互紧缩现象,而朝向胚胎内部的一面则表现出向深部延伸的趋势,并使每一个细胞呈现出瓶样的结构。实验证明,用移植的办法将蝾螈背唇的细胞团结合在其他细胞上,将自动地出现类似于原肠形成过程中的内侵现象(图 3.3.9)。对爪蟾的进一步研究表明,虽然瓶细胞具有引发内卷出现和形成顶端迁移带的功能,但是它们对原肠构建运动的继续并不是关键的因素。在以后的运动中,表现出的是在瓶细胞前方的深层迁移带细胞(IMZ)不断地向前推进而带动瓶细胞的深入(图 3.3.10,彩图)。研究发现 IMZ 细胞形成于背唇动物极一侧的深层,它们在瓶细胞形成时位于其内侧顶端部位,随后出现了沿深层细胞逆转向动物极迁移的运动,这实际上造成伴随原肠的延伸,原肠侧面的间质细胞也向动物极方向流动,构成未来的中胚层,并同时出现细胞形态和区域化的变化,即沿原肠的方向,在原肠和背部外胚层中间的部位细胞集聚,并开始与两侧的间质组织区分开来,脊索由此形成。

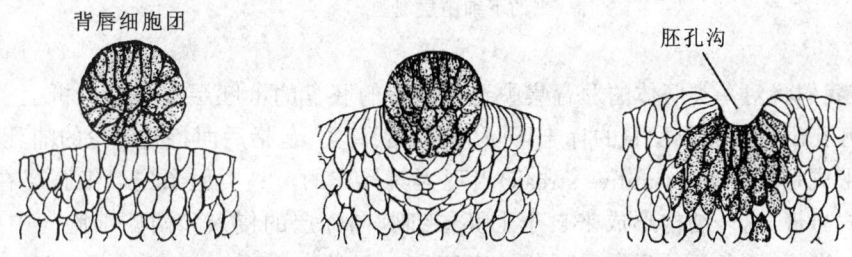

图 3.3.9 将两栖动物背唇处细胞移植到内胚层细胞上可形成胚孔沟的结构(S.F.Gilbert)

4. 鸟的原肠胚发育

鸟类卵细胞中含有大量的卵黄,它的早期发育形成一个端黄胚胎的结构,即胚盘覆盖表面很小的区域。因此,鸟类囊胚、原肠胚的发育与海胆和两栖动物相差很大。

在发育的初期,由于胚盘中央的细胞层与其下的卵黄物质有一腔隙相分离,使其外观看起来较周围组织颜色为浅,称为明区(area pellucida),而周围与卵黄衔接的部位显得浑浊,称为暗区(area opaca)。通过明区细胞分散性地脱落进入腔隙和暗区深层细胞向内长入的方式,最终连成一个与上胚层(epiblast)不相接触的下胚层(hypoblast)。这时胚胎发育构建了一个类似于囊胚的结构,中间的空腔即囊胚腔,而卵黄物质位于囊胚的一侧(图 3.3.11)。对鸟类发育的研究发现,未来胚体的 3 个胚层仅来自于上胚层,而下胚层细胞将发育为胚外组织,例如卵黄膜和卵黄与胚胎消化道连接的结构。显然,与鱼类和两栖类比较,由于生殖方式的进化(陆生），鸟类对胚胎发育的程序进行了较大的调整，真正相当于低等脊椎动物囊胚的是一个片状的结构——上胚层。对应于经典的动物胚胎发育模式，我们只能用类似拓扑学的理解方式，即将封闭的囊形结构从一端打开，然后将球形展成平面，而下胚层发育的胚外组织成了胚胎发育早期歧化的旁支程序。这一现象也说明进化事件并不一定都是加在发育的末端。

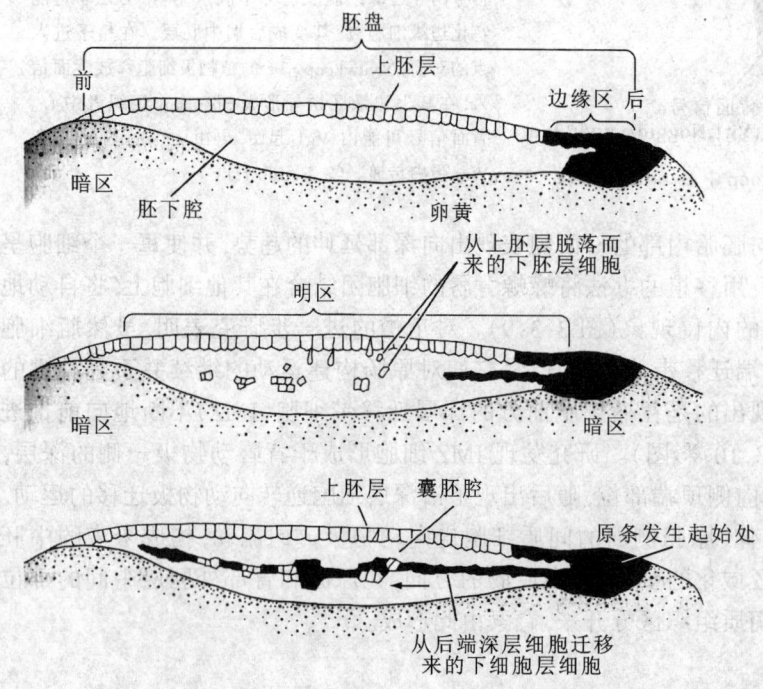

图 3.3.11 鸡胚盘的形成
最早的下胚层细胞是从上胚层中以分散的方式进入而来，即在上胚层之下形成细胞岛同时，来自后端边缘区的细胞在上胚层下向前迁移，与上述的细胞岛融合成下胚层。当下胚层运动时，上胚层细胞向胚盘后缘聚集，形成镰刀样结构，成为原条发生的起始处。(S.F.Gilbert)

现在，我们将对鸟类胚体的发育集中到对平展的胚盘的上胚层细胞的分析上。与两栖动物背唇和胚孔出现是原肠发育的标志不同，爬行类、鸟类，包括后面将要讨论的哺乳动物，它们的原肠的形成是以原条(primitive streak)出现为其标志的。鸟类原条先以细胞层在胚盘后缘加厚的形式出现，这一结构形成来自于上胚层细胞向深层的侵入和两侧细胞向中央的积聚。伴随发育的进行，原条从外观上看不断地变窄和向胚盘中心延伸，直到占据明区 60%～75% 的范围。在原条的前端，有一个节结样的结构，称为原节或者亨氏节(primitave knot, Hensen's knot)，它的中部有一个孔样的内陷，周围的上胚层细胞经此进入胚胎内部。原节可以类比于两栖动物同期发育的背唇结构。在原条向前端延伸的同时，在原条长轴中央留下了一条沟样的结构，称为原沟(primitive groove)，上胚层细胞继续不断地经由原沟向深部陷入，进入囊胚腔中。因此，鸟类的原沟实际上可以看作是对应于两栖动物同期发育的胚孔的结构。从原节进入囊胚腔的细胞向前迁移形成头部中胚层和脊索，而两侧由原沟进入囊胚腔的细胞是未来个体的内胚层和中胚层的原始细胞成分(图 3.3.12)。以上发育的连续变化过程总结在图 3.3.13 中。

与两栖动物原肠形成时细胞是以整体层片方式迁移不同，鸟类的发育表现为细胞分散迁移，进入囊胚腔呈疏松排列的状态，以后再相互联合起来构建为不同的结构。从图 3.3.18 中我们可以对应地看出胚胎内、中、外三胚层，以及对中胚层分化的更细的区分在原初明区中的分布情况。

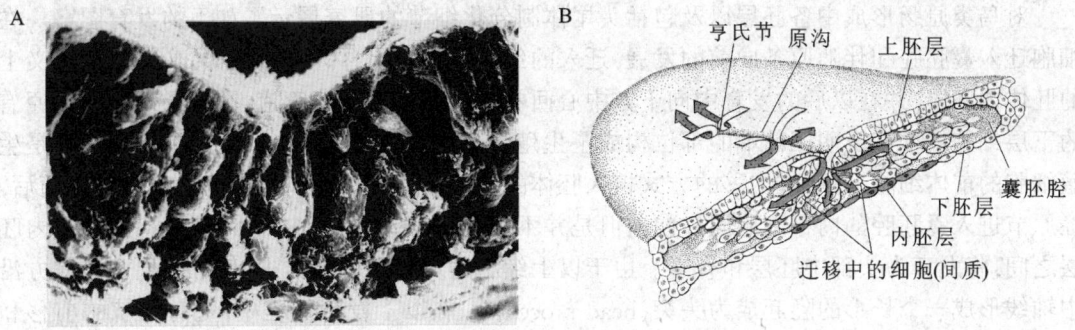

图 3.3.12 鸟类内胚层和中胚层的建立

A.扫描电镜照片显示上胚层细胞正进入囊胚腔,细胞顶端伸长成瓶状。B.细胞从原沟中迁移进入上胚层下部,逐渐取代下胚层细胞成为内胚层,留在囊胚腔的细胞成为中胚层,而留在表层的上胚层细胞构成外胚层。(S.F.Gilbert)

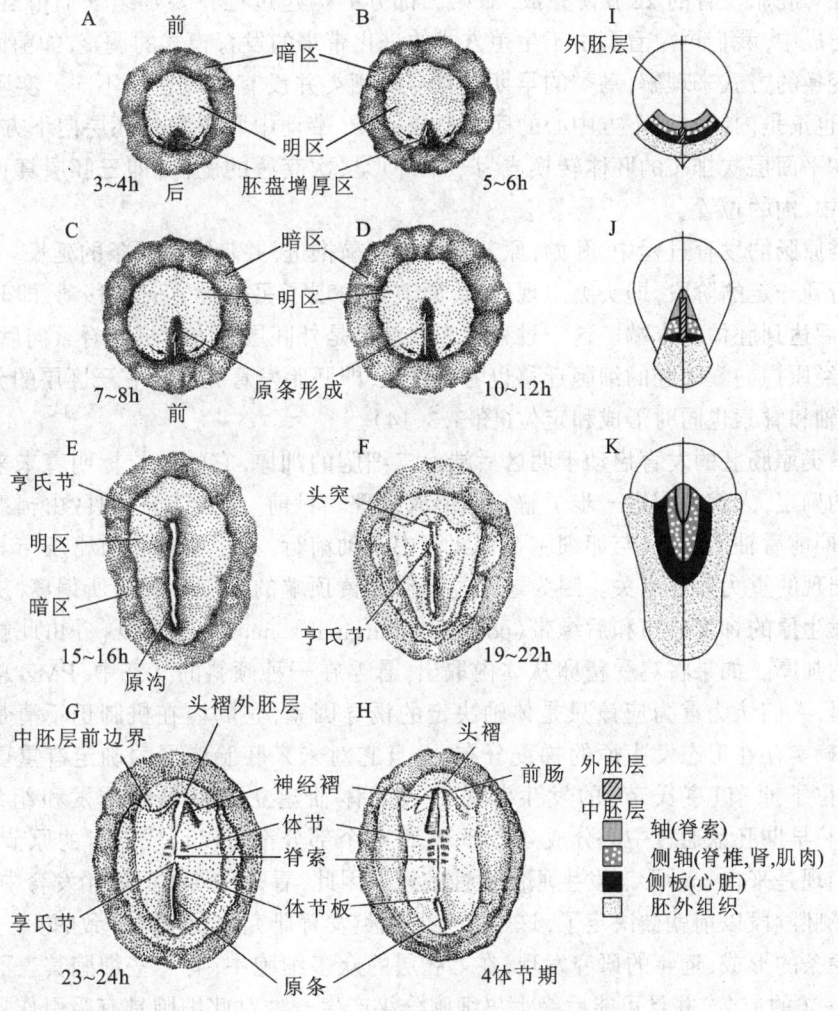

图 3.3.13 鸡胚原条的细胞运动

A～E.原条的形成和伸长(背面观)。F～H.伴随原条的退缩,脊索和体节形成。I～K.原肠发生期鸡胚表层细胞命运图。中线表示细胞趋中迁移和向前后延伸的中轴线,在这个过程中内胚层前体细胞内迁比中胚层前体细胞内迁要早。(S.F.Gilbert)

对鸟类原肠形成中各胚层以及包括头尾体制分化细节的研究展示了如下的发育图案。在细胞迁入囊胚腔和伴随原条向前的发展，迁入的细胞逐渐取代了下层细胞层成为真正意义上的胚体内胚层，并在以后的发育中向下方中心回卷构成胚体的消化管道，即原肠发生。而原有的下层细胞被推移至明区前端的部位构成了生殖新月区(germinal crescent)，这部分细胞是生殖细胞的前体细胞，并通过内移的方式植入胚体的生殖嵴(性腺原基)发育为生殖细胞。随后，经原节进入囊胚腔的内移细胞同样向前但是并不向腹侧移动很远，它们保留在外胚层和内胚层之间，将发育为头部中胚层和脊索。由于以上细胞的内移和向前推进，使外胚层原节前方沿中轴线形成一个长形的隆起成为头突(head process)。在以上发育过程中，随着原节的前移和原条的伸长，两侧的表层细胞连续地向囊胚腔内迁移。这些细胞分成两部分，一部分深入到囊胚腔的底部取代了原有的下层细胞，构成了对前端形成的内胚层的延续并向后发育，另一部分则散离在外胚层和内胚层之间的囊胚腔中，构成胚体中后段的中胚层。第一部分细胞对内胚层的构建在鸡胚胎发育的 22 h 便完成，而第二部分的构建过程将要延续一个相当长的时间。从原肠的形成中，我们再次看到由于生殖方式的进化带来的发育模式的调整，如前面提到的如果用拓扑变换的方式来理解，鸟类的早期发育与两栖类并没有实质性的不同。实际上在以后的发育中，也正是内胚层向下方中心的回卷形成原肠，带动中胚层和外胚层向下方中心围拢，使一个原初平面层次排布的胚体转换成为一个环形层次套叠的胚体，即三胚层真正确定了它们各自外、中、内的位置。

在鸟类原肠的发育过程中，开始，原节不断地向前推进，并带随后原条的延长。但是，当这一过程进行到一定的阶段，即头突出现以后，原节又出现了另一种方向的移动，即开始从前向后推移，最后达到胚体的末端。这一过程带来的结果是外胚层下方形成的脊索向后延伸，原条逐渐缩短，经原沟向囊胚腔的细胞迁移也随之终止，即胚胎发育完成了它三胚层的分化和原肠的构建，体轴和脊索也同时形成和定位(图 3.3.14)。

因为鸟类原肠胚的发育启动于明区后端上皮细胞的加厚，它的定位标明着未来胚体体轴前后方向的确定，人们期望进一步了解它的形成机理。目前，有人认为，明区由辐射对称变为两侧对称(即前后轴形成)是与卵细胞在输卵管中滚动前行，由于卵黄物质密度与其他细胞质的区别而出现的重力效应有关。因为这一过程使卵黄顶端的细胞位置有所偏离，从而诱发围明区形态发生原的梯度分布和后缘带(posterior marginal zone, PMZ)出现，并由此触发了后端上皮细胞的加厚。如果将鸡受精卵从体内取出，悬浮在一种倾斜的状态中，PMZ 总是形成于顶端。但是，人们认为重力应该只是体轴决定的诱导因素，它的内在机制仍不清楚。实验证明，围明区确实存在形态发生原的梯度分布，并且它对未来胚胎头尾的确定有重要的决定作用，由此定位了原节(亨氏节)的发生部位和成为体轴建立的最早的诱发和组织中心(图 3.3.15)。将早期胚盘通过中心分成 4 个部分，每一个部分都可以形成各自的原节，显然这表明原节的出现是来自一种形态发生原的极性效应。因此，看来在鸟类的胚胎发育中，体轴的设定远在原肠胚阶段以前就被决定了，这一点与两栖类发育研究的发现是一致的。

对于原条的形成，近年的研究发现，在上胚层的众多细胞中，有一些细胞其表面表达一种称为 HNK-1 的成分，并且可能后缘上皮细胞分泌产生一种对此细胞具有吸引作用的信号物质，导致相关细胞向后端的聚拢，原条由此发生。总之，在鸟类原肠发育中还有许多问题并不清楚，例如细胞的迁移、脊索的分化出现、原节运动方向的逆转，等等。但是，很多迹象表明，细胞表面亲和性的差异对导致自组织的特异发生(图 3.3.16)、G 蛋白偶联通道的运用等，发挥

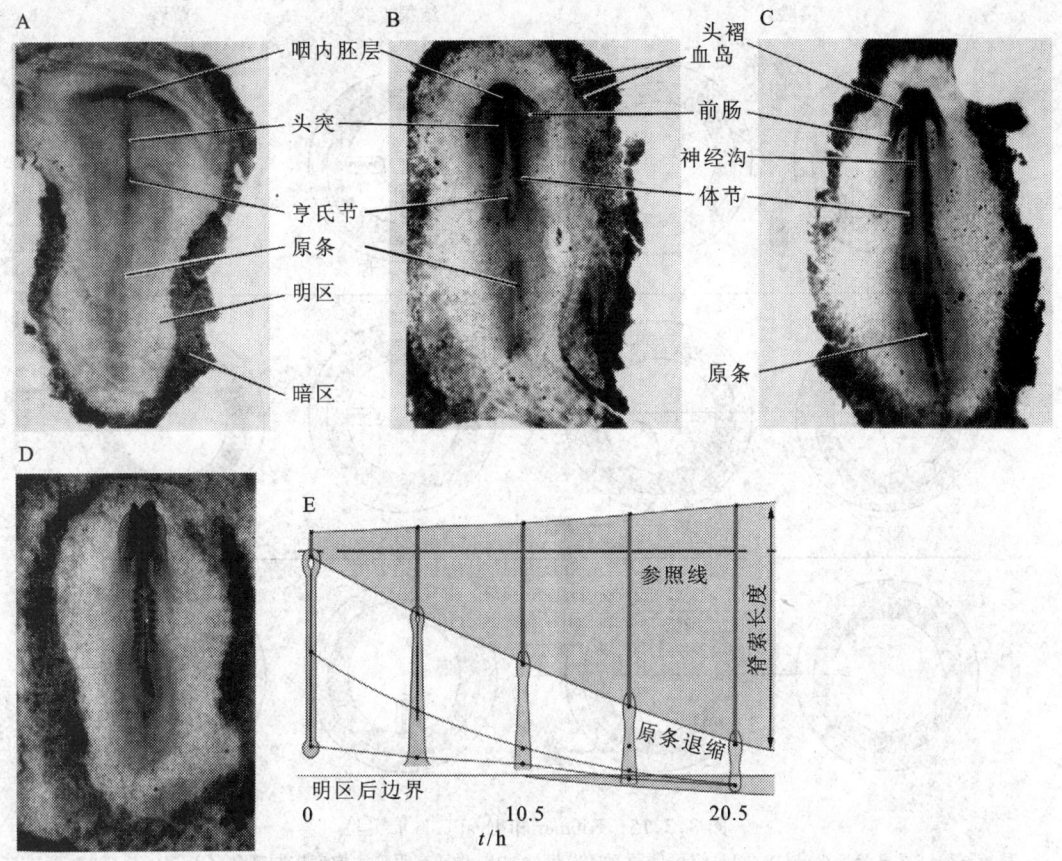

图 3.3.14 鸡胚胎发育大约第 24~28 h 的原肠发生

A.24 h,原条完全伸展,头突从亨氏节向前伸出。B.25 h,两体节期,前端可见咽内胚层,同时前脊索从下面把头突推起,原条退缩。C.27 h,四体节期。D.28 h,原条已经退缩到胚胎后部。E.脊索伴随原条的退缩延伸,横坐标起始点 0 表示胚胎发育大约第 18 h,此时原条伸长至最大。(S.F.Gilbert)

着重要的作用。此外,研究发现背腹的形成,即明区下胚层细胞的出现可能与原初明区细胞层内外 pH 相差有关,即外侧的 pH 为 9.5,内侧为 6.5。用实验的方法转换其 pH,可以干扰背腹的分化。

5. 哺乳动物的原肠胚发育

仅就胚体本身原肠发育看,哺乳动物与鸟类基本是一致的,都是先形成平面排布的三胚层结构,再通过回转成为一个环形层次套叠的胚体。但是,从生殖方式看,哺乳动物较鸟类更为进化,它对发育程式的进一步调整也是可以想见的。哺乳动物和鸟类之间的主要区别在于:①两者胚外器官的发育不同;②哺乳动物胚体发生来自内细胞团,在三胚层形成的开始,外胚层面向内腔面,故胚体发育中以后要经过一个翻转的过程。

前面在囊胚的发育中介绍了,哺乳动物胚胎发育早期在形式上形成了典型的囊胚结构。但是与海胆、两栖动物不同,它并不是真正意义的胚体发育的早期囊胚,而是滋养细胞层在外、整体称为胚泡(blastocyst)的哺乳动物胚胎发育所特有的结构。在胚胎植入子宫时,由滋养细胞发育形成合胞滋养层(胎盘胎儿部分和脐带的前体),胚体的发育来自在桑葚胚期就出现在内部的、在囊胚期位于囊胚腔一侧的称为内细胞团的细胞成分。

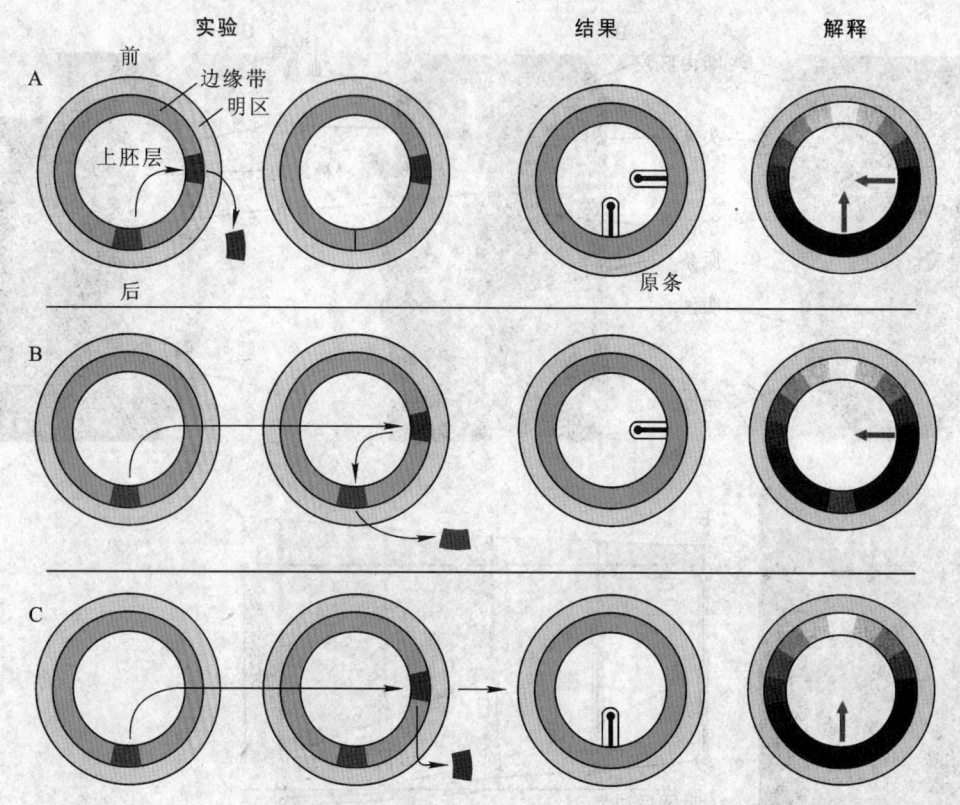

图 3.3.15 Khaner 和 Eyal-Giladi 实验
移植试验结果显示后缘带(PMZ)组织可诱导原条发生(A、B),并且有明确的梯度控制现象(C)。(S.F.Gilbert)

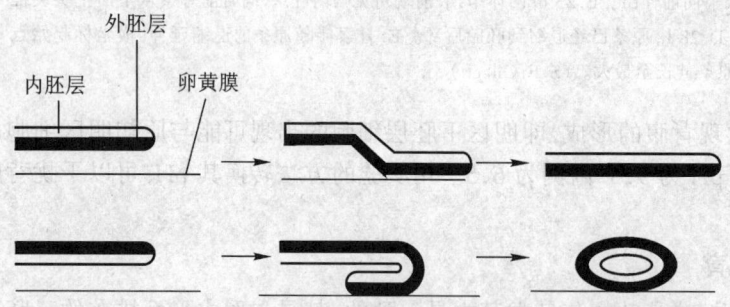

图3.3.16 鸡外胚层前体细胞的迁移属性
当外胚层细胞(黑色)与卵黄膜接触时,外胚层细胞沿卵黄膜迁移(上图)。当内胚层细胞(白色)与卵黄膜接触时,胚盘弯曲使外胚层细胞与卵黄膜粘附,并在其上迁移,结果形成封闭泡结构(下图)。(S.F.Gilbert)

在囊胚的晚期,在内细胞团与相接的外周囊胚细胞之间出现一个新的腔裂,以后发育为羊膜腔,内细胞因此成为隔断羊膜腔和囊胚腔的中间片状结构,并且形成两个细胞层,近羊膜腔的一侧为上胚层,近囊胚腔的一层为下胚层,胚体的发育就是直接来自于上胚层,而下胚层将发育为卵黄囊,参加胚外器官的建设(图 3.3.17 和 3.3.18)。因此,从上胚层细胞和下胚层细胞的结构形式和发育命运看,哺乳动物与鸟类的原肠胚发育极为类同。实际上,两者的原肠胚的发育过程也极为相似。从图 3.3.19 和 3.3.20 中我们可以清楚地综合和理解它的发育过程,在此不作更多的文字描述。

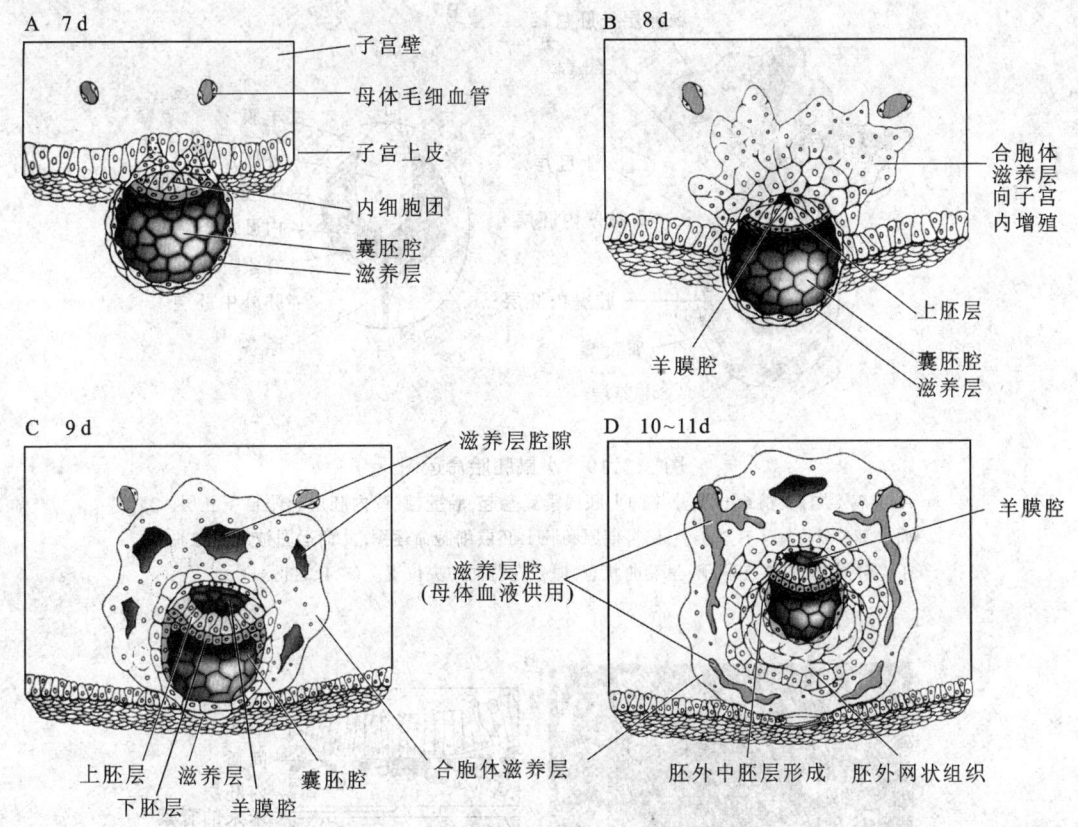

图 3.3.17 7～12 d 人胚胎组织形成

A～B.内细胞团裂解形成两细胞层的胚盘,即上胚层和下胚层(这与鸟类胚胎非常类似),同时形成原始卵黄囊。C～D.进而,上胚层形成羊膜外胚层(包围羊膜腔)和胚体发生细胞层,下胚层发育为卵黄囊。(S.F.Gilbert)

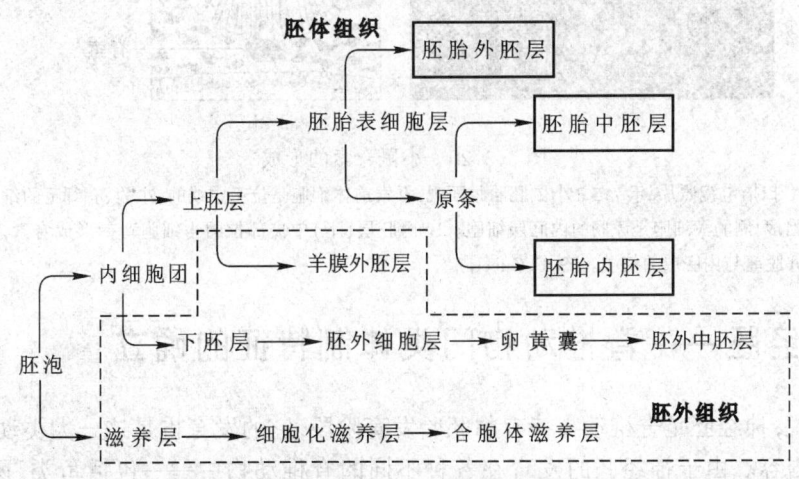

图 3.3.18 人和恒河猴胚胎发育中各组织成分的分化起源图

其中框内为胚外器官组织,框外为胚体结构组织 (S.F.Gilbert)

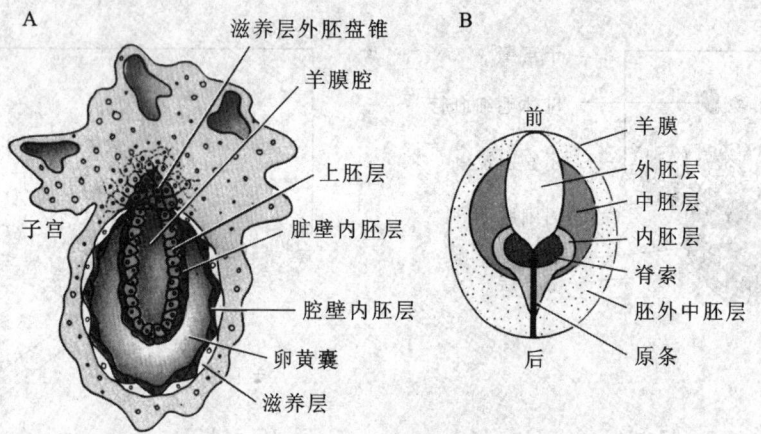

图 3.3.19 小鼠胚胎命运图

A. 与鸡不同,受精 6 d 后,小鼠的上胚层紧紧卷起,腔壁、脏壁内胚层起源自下胚层,而非滋养外胚层。B. 7 d 小鼠,早期原肠胚上胚层细胞命运图,此命运图被展开拉平了,实际情况如 A 图所示,呈卷曲状态,原条在背面中央位置。(S. F. Gilbert)

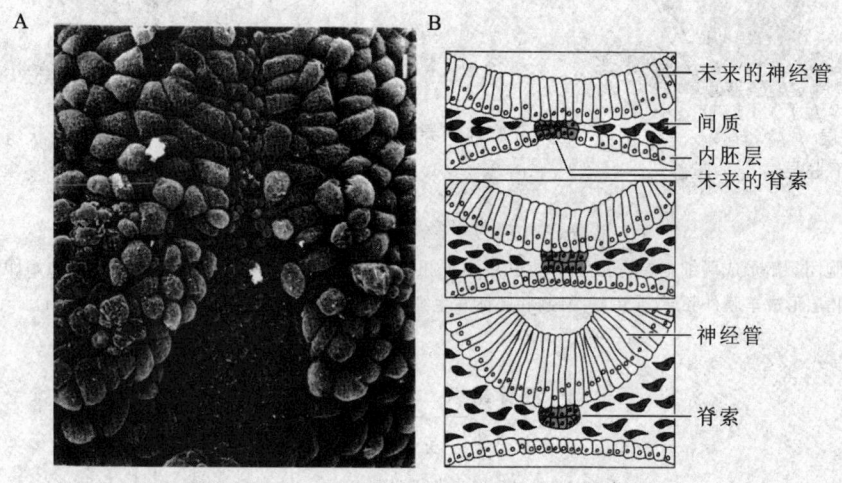

图 3.3.20 小鼠脊索的形成

A. 扫描电镜照片,示 7.5 d 小鼠胚胎腹面观,脊索前体细胞是位于中线的、小的、有纤毛的细胞,两侧的大细胞是原肠的内胚层细胞。B. 内胚层(下)中央部位的小细胞背褶形成脊索,并脱离与内胚层的接触。(S. F. Gilbert)

3.4 神经胚——脊椎动物门类体制特征的确立

严格地说,神经胚是脊椎动物特有的胚胎发育阶段,它的发育也是这一大类动物门类体制构建的重要内容。由于神经胚的发育在各种不同的脊椎动物中——包括鱼类、两栖类、爬行类、鸟类和哺乳类——基本一致,在此不再分不同动物来介绍。

脊椎动物中枢神经系统呈管状结构,胚胎发育中称神经管出现阶段为神经胚阶段。中空的神经管的出现是神经系统的一个大的进化,因为在皮层发育、区域划分、体积扩展等方面,它为神经系统的发展创造了有利的条件。神经管形成有两种方式:一种是在脊索中胚层的诱导下,外胚层细胞增殖、内陷、对折、顶端封闭、脱离表层组织,形成在脊索背侧沿体轴中线纵行走向的神经管,称为初级神经管(primary neural tube)。另一种是内陷的实心神经索通过内部腔裂的方式(包括细胞凋亡)形成管状结构,称为次级神经管(secondary neural tube)。在鱼类中全部为次级神经管。在鸟类中前部为初级神经管,后部为次级神经管。哺乳动物的情况与鸟类类似,只是次级神经管的形成方式占的比例更小。

初级神经管的形成 研究表明在脊椎动物胚胎经过原肠阶段分化形成三胚层以后,背侧的中胚层组织与相邻的外胚层间的相互作用对于后继的发育起着重要的作用,其集中表现在脊索对神经管形成的指导效应。神经管形态发生的过程表示在图 3.4.1 中。脊索对神经管的形成的重要作用可以归纳为两个方面:第一、在脊索的诱导作用下,背侧临近的外胚层细胞变成高柱状,成为神经板(neural plate),而神经板两侧的外胚层细胞则向愈加扁平的方向发展,两者的相衔接部称为神经褶(neural fold),这是神经管发生时两侧隆起和未来与外胚层断裂及形成神经嵴的部位(图 3.4.2)。第二,脊索细胞成分直接迁入神经板中线位置构成神经底板(neural floor plate),并由此部位开始神经板的对折。这一结论清楚地来自于将鹌鹑原节手术移至鸡胚的对应部位的实验,因为抗鹌鹑特异抗体染色表明,来自原节的鹌鹑细胞出现在鸡胚的脊索和神经底板中(图 3.4.3)。

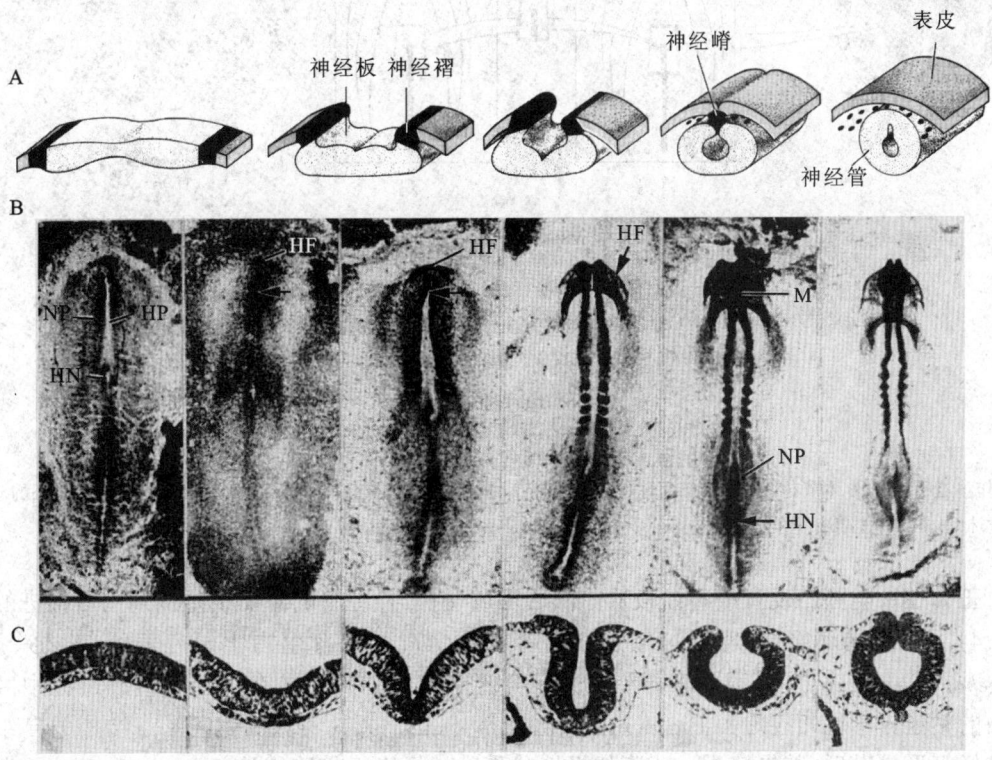

图 3.4.1 两栖类和羊膜(脊椎)动物的神经胚
A.神经管形成示意图,黑色表示神经嵴前体细胞,灰色表示表皮前体细胞,位于背面正中央的外胚层褶形成神经管,中间由神经嵴相连。B.鸡神经胚发育的照片,其中:HF-头褶;HP-头突;HN-亨氏节;M-中脑;NP—神经板。C.通过鸡胚胎预定中脑发生处横切,示神经管形成,每幅图与上图发育阶段对应。(S.F.Gilbert)

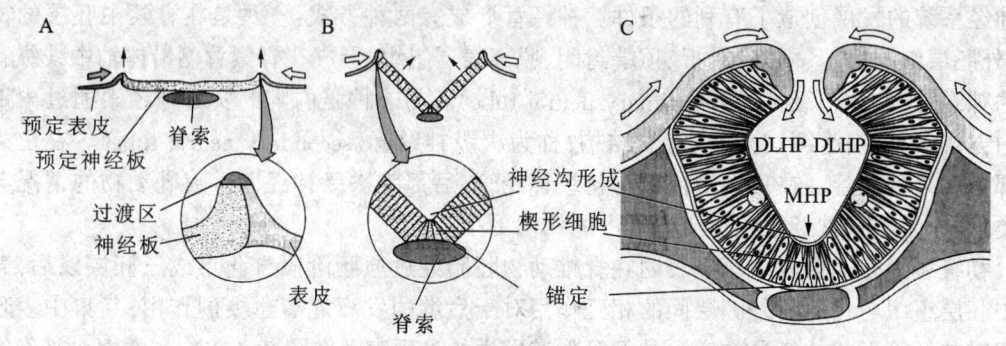

图 3.4.2 鸡神经胚上皮弯曲示意图
A.前体上皮细胞向胚胎中部推进,使神经板对折,神经褶形成。B.神经板中线细胞(底板)锚定在脊索上,而神经褶上举,形成三个铰链区。C.神经板细胞伸长,且顶部收缩。(S.F.Gilbert)

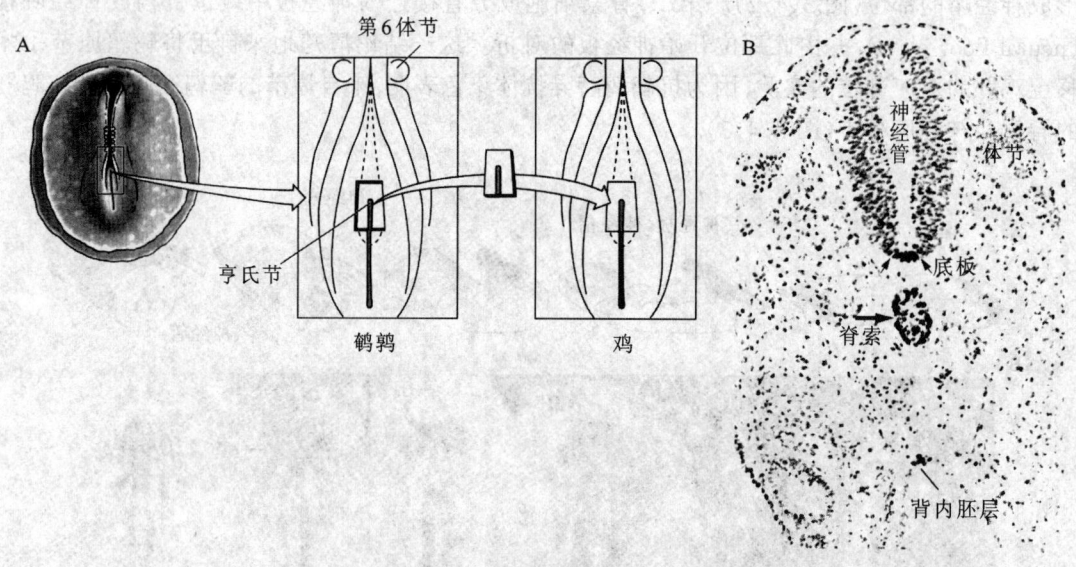

图 3.4.3 鸡胚胎神经管底板细胞来自亨氏节
A.作移植手术,以6体节期鹌鹑亨氏节代替鸡胚胎亨氏节。B.用鹌鹑特异抗体染色,显示鹌鹑细胞出现在鸡胚的脊索和底板中。(S.F.Gilbert)

  正如在鸟类胚胎发育中神经板从前向后形成一样,神经管的封闭也是从前向后推进的(图3.4.4),而哺乳动物则出现不同位点分别合拢的情况。发育生物学研究表明,Pax3、sonic hedgehog、openbrain 等基因对于神经管的闭合起着重要的作用。在神经管形成过程中,细胞表面的粘连分子也相应地由 E-cadherin 转换成 N-cadherin,以实现细胞间形态结构的自组织。在神经管形成以后,其自身进入背腹的极性分化。神经底板细胞表达 Sonic hedgehog 蛋白,并作为信号物质使其临近的细胞出现向运动神经细胞方向的分化,同时抑制了神经管腹侧 dorsalin、Pax3、msx1 基因的表达。而表达于外胚层的 BMP4 和 BMP7 使神经管背侧 dorsalin、Pax3、msx1 基因获得表达(图3.4.5)。神经管的初级分化为脊椎动物中枢神经系统的发生奠定了基础。

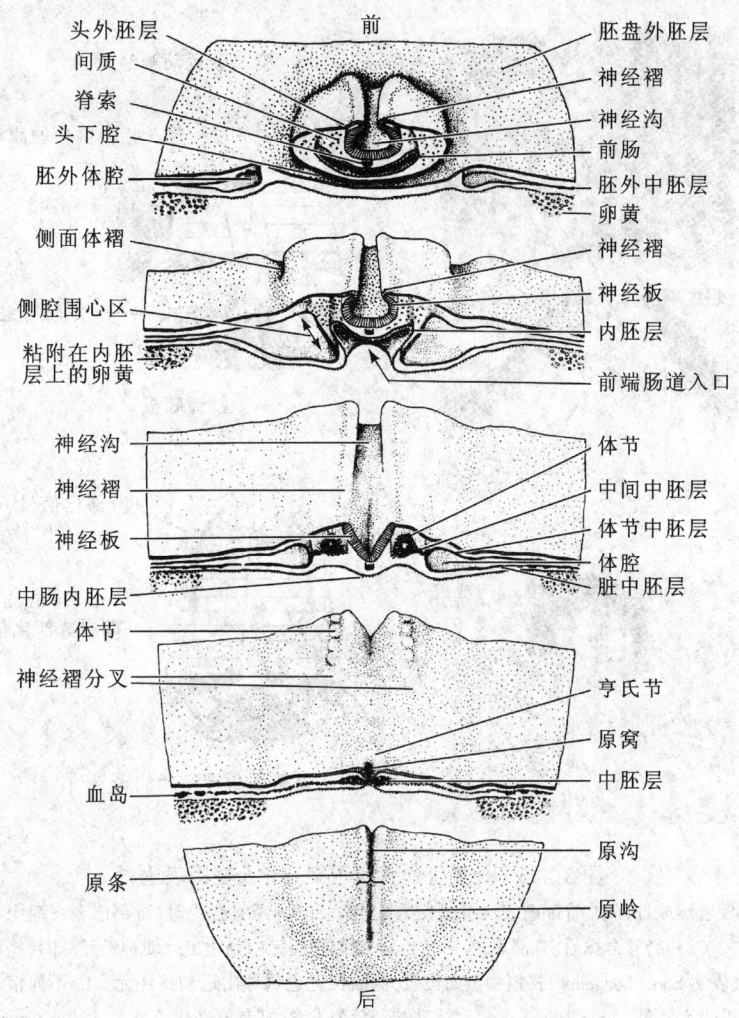

图 3.4.4　24 h 鸡胚胎的立体结构图
头部已经接近完成神经管的发育,而尾部神经管的发育还没有开始。(S.F.Gilbert)

次级神经管的形成　如前面提到的,次级神经管形成于鱼类中和其他脊椎动物的后端。图 3.4.6 显示的是鸡胚由尾端向前的横切面,从中我们可以清楚地看出伴随神经索从前向后的成熟发育,神经索中空的管腔形成和向后推进。

神经嵴　神经嵴细胞起源于神经管的背侧端。在以后的发育中它们不仅广泛地迁移至身体的各个部位,而且分化出多种类型的细胞,包括:①感觉神经元和神经胶质细胞;②肾上腺髓质细胞;③皮肤色素细胞;④头部的许多骨骼和结缔组织及肌肉组织。这一分化在很大程度上决定于神经嵴细胞所迁移和定植的部位和环境。由于神经嵴细胞的这一特征,有人说从细胞分化角度看,脊椎动物中最具魅力的是神经嵴细胞,以至于称它为第四胚层。关于神经嵴的发育我们将在器官发生的章节中详细地介绍。

从以上的讨论中我们可以很容易地发现,经过了胚胎发育的桑葚胚、囊胚、原肠胚和神经胚阶段,动物的发育完成两项基本的任务:①实现了其基本的体制建设,其中包括体轴、对称类

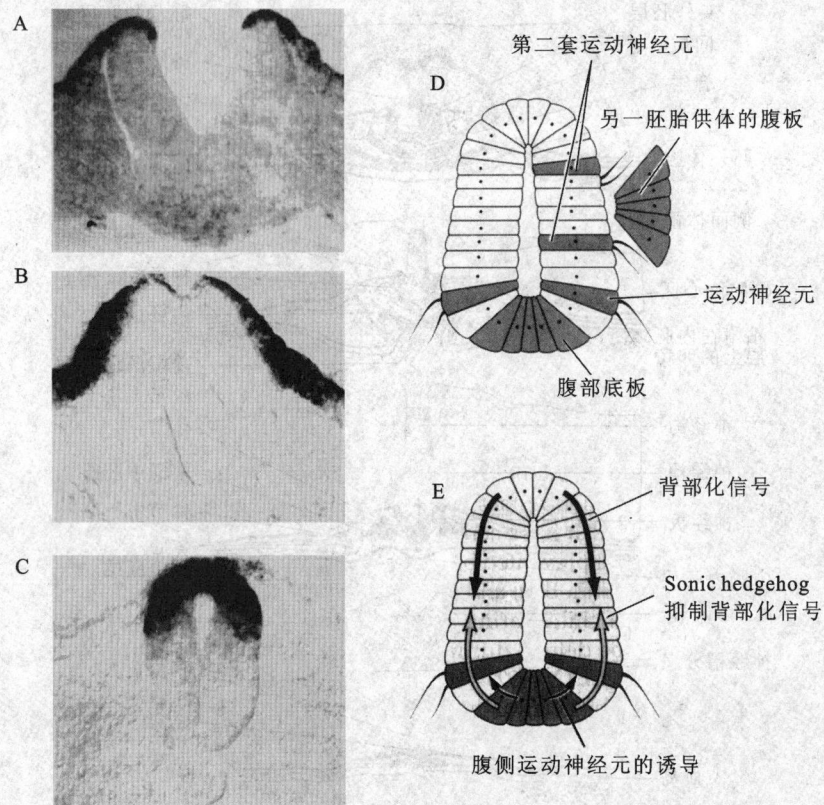

图 3.4.5 神经管的背腹图案分化及基因表达

A.神经管形成过程中,背部前表皮组织表达 BMP4。B.神经管合拢时,背部前表皮组织表达 BMP7。C.神经管合拢后,背部表达 *msx1*。D.腹侧神经元中分化出运动神经元,如果将底板细胞(表达 Sonic hedgehog)移植到侧面位置,侧面位置也诱导出运动神经元。E.不同信号相互作用的示意图,Sonic hedgehog 启动运动神经元的发育,抑制背部化信号。(S. F. Gilbert)

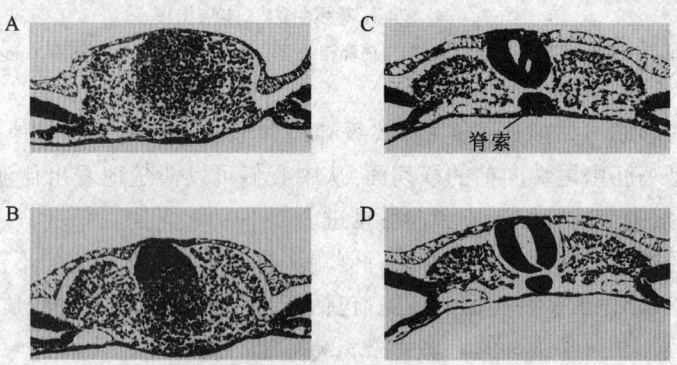

图 3.4.6 25 体节期鸡胚胎次级神经管的形成

A.鸡尾芽最末端髓索形成。B.鸡尾芽稍前方的髓索结构。C.更为前方的位置,髓索已经形成有腔隙的神经管,神经管下方为脊索。D.再向前,腔隙融合连通成次级神经管腔。(S. F. Gilbert)

型、胚层组成、首尾区域划分、神经系统的结构方式和在体内的定位,等等。这些特征表明发育个体在分类中的门类地位获得了确定。②各胚层实现了其在胚体中的初步区域划分、组织到位和环境营造,以及先导性的细胞性分化或者定向(如生殖干细胞、造血干细胞、神经前体细胞、间质细胞、上皮细胞),它们为胚胎的进一步发育创造了条件。总体而言,越是进化上高等的物种,这一发育过程越复杂,在胚胎期中延续的时间比例越长。

在完成以上的阶段发育以后,胚胎将进入另一个大的发育阶段——器官系统发生的奠定,并一步步地向低级分类特征表达靠近。

思 考 题

1. 请从今天对动物发育的了解,解释和说明1828年K.E.von Bare提出的"高等动物的胚胎并不与低等动物成体结构相似,而是与低等动物的早期胚胎相似"的现象。

2. 在保证受精的专一性方面,动物采取的措施是什么?请结合例子加以说明。

3. 什么是动物受精过程中的快封闭反应和慢封闭反应?在保证受精的唯一性方面慢封闭反应过程中包括哪些主要的步骤?

4. 从受精后到卵裂发生前,受精卵细胞发生了3个重要的细胞学变化过程,它们分别是什么?说明它们对未来胚胎发育的意义。

5. 早期卵裂与一般的细胞分裂有什么重要的不同?今天人们对造成这种区别的分子机制的了解是什么?

6. 根据目前发育生物学的知识,分析节肢动物和脊椎动物早期卵裂过程表现出的它们对未来发育设定的异同之处。

7. 比较爪蟾与鸡早期胚胎发育三胚层形成的形态发生过程,说明背唇与原条结构在发育地位上的同一性。

8. 在脊椎动物三胚层的发育过程中,形成了脊索的结构,脊索在神经胚的发育中发挥着重要的作用。请简述当前对这一过程的了解。

9. 比较果蝇与脊椎动物神经系统的形成与发育,指出它们各自的特点。

10. 动物胚胎的早期发育可以归纳为门类体制基本特征的分化和建立,并为以后的发育奠定了基础。请你对此加以说明。

4 器官系统发生的奠定

从卵裂开始,经过桑葚胚、囊胚、原肠胚、神经胚阶段,动物的胚胎发育奠定了三胚层的基本结构和门类体制的基本特征。此后,胚胎发育将进入器官系统发生的准备阶段。

4.1 动物胚胎发育中器官系统发生奠定阶段的存在

器官系统的发生不仅是完成动物胚胎发育以保证胚后幼体生存的重要阶段,也是在发育过程中继门类特征建立以后,一步步展现低阶分类特征的必经过程。三胚层的建立给出了动物器官系统发育来源的基本划定,图 4.1.1 列出了哺乳动物不同胚层与各器官发生的对应关系,也显示了三胚层的出现在生物进化上的重要意义。但是,研究表明,在许多器官发生以前,还需要经过一个胚层组织进一步发育分化的中间过程和阶段,这一过程包括必要的过渡性结构的建设、特定区域环境的营造、原基的形成、前体细胞分化的准备等,它大致对应于在许多动物(如线虫、爪蟾)胚胎发育研究中发现的继体轴分化和三胚层形成后出现的胚体伸长期(elongation),这是高度特化的器官系统发生的必要条件,也是这一阶段在发育上要完成的基本任务。当然,由于各种器官的复杂性不同,在胚胎发育过程中功能作用的不同,或者进化上的地位不同,它们在发育中的出现不是也不可能是同步进行的,而实际上是这一发生过程跨越着相当长的时间阶段,例如血细胞的发生在发育的很早期就开始了。但是总体观之,或早或晚、或简或繁、经历时间或长或短,从胚层门类体制的建立到具体器官系统的发生都须经过一个过渡和准备的时期,即在发育过程中存在一个器官系统发生奠定的阶段。

高等动物都是有体节(somite)的动物,体节出现在动物进化中占有重要的地位,它不仅为器官的发育创造了更有利的条件,也为器官的多样化发展奠定了基础。在发育上,体节的形成是高等动物器官发育准备阶段的重要内容。

从物种比较和生物进化的角度,我们可以很容易地发现,在许多方面,物种间的区别并不是发生在某些器官系统的有与无的方面,即它们的同源器官在形态结构、发育程序、基因利用方面极为相似,而相互区别的常常是来自这些器官在身体中的部位和数量上的设置出现不同。例如,脊椎动物鱼、两栖、爬行、鸟和哺乳动物的颈、胸、腰、荐椎骨数目各不相同;节肢动物的肢体数量可能有很大的变化,而体节形成的设置不同还可以造成长胚基动物与短胚基动物的区分(见后)。显然这些不是决定于胚胎发育早期门类体制的设计,也不是发生在器官形成水平的变革,而是在门类体制决定以后器官系统发生以前,生物发育的程序设计发生了变化,或者说是在相关的程序调控方面出现了变化,对 Hox 基因的研究已经向人们清楚地展示了这一点。

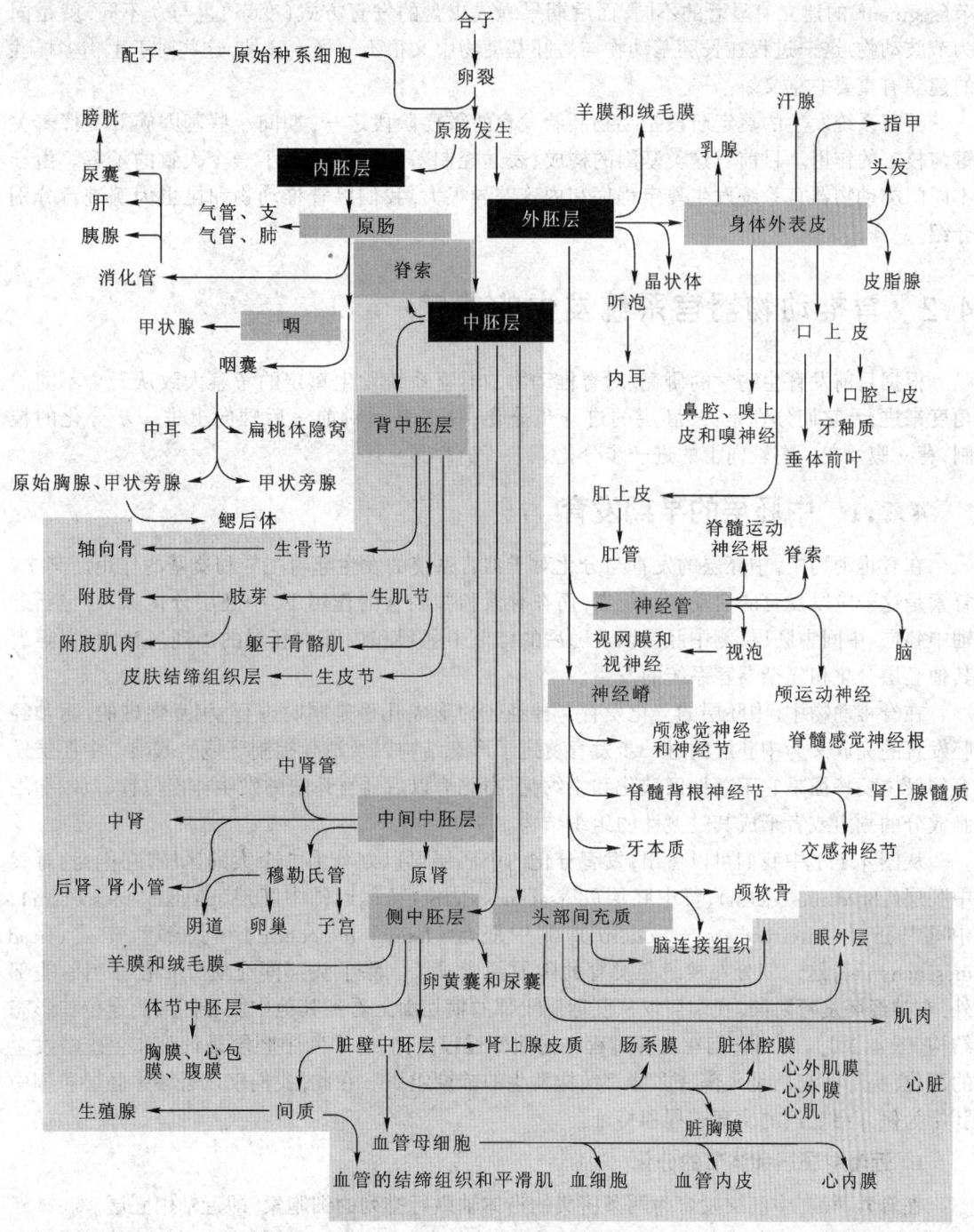

图 4.1.1　哺乳动物三胚层发育命运图(S.F.Gilbert)

前面的学习表明,门类特征的建立有其连续性,构成一个发育上相对独立的模块,而以 Hox 基因为中心的发育控制在门类特征建立后实际上构成了另一个发育的模块。发育生物学研究表明,继动物门类体制建立以后,在器官系统形成的准备阶段,不同动物对 Hox 基因的利用和编程方式出现了差异。例如,脊椎动物中胚层的分化和体节(somite)出现和果蝇的体节(segment)的建立有显著的不同,而后期果蝇成虫盘的发育方式(变态)也与众不同,就是同为节肢动物,这一过程在长胚基动物与短胚基动物中又很不一样。显然,这些对于生物多样性的建立有重要的意义。

器官系统发生的奠定阶段是动物胚胎发育的重要阶段之一,期间一些基因族群发挥着关键与核心的作用。目前对这类基因的构成、表达控制等方面已经有了一个大致的了解。由于不同门类动物器官系统发生奠定程序和内容差异很大,我们以脊椎动物和昆虫为例进行分别介绍。

4.2 脊椎动物器官系统发生的奠定

根据目前发育生物学的研究,对脊椎动物的器官系统发生奠定的考察大致从三个不同的角度来进行,它们分别是:三胚层的进一步分化;Hox 基因对前-后轴向上进一步分化的控制;背-腹及左-右轴向上的进一步分化。

4.2.1 中胚层的早期发育

在脊椎动物中,中胚层的发育与分化对于器官系统的发生起着主导和奠基的作用。其中,脊索是这一阶段发育的启动和组织者,而在脊索和神经管的作用下,中胚层分化深入,包括近轴中胚层、中间中胚层、侧中胚层以及随后的体节中胚层和内脏中胚层的出现,带动和引导着其他胚层分化和复杂器官系统的发生。

在脊椎动物中,中胚层的分化发育与神经胚的形成几乎是同时进行、相互促进的,而神经胚发育的完成又为中胚层的进一步发育奠定了形态结构以及诱导控制环境的基础。中胚层发育的最主要特征是它不断地区域化和集约化,由此为以后器官系统的发生作出位置、范围和细胞成分的划定或者形成其过渡性的组织结构。

从图 4.1.1 中我们可以看出,发育分化的中胚层可以划分为 5 个大的区域,它们是:脊索中胚层(chordamesoderm)、背中胚层(dorsal mesoderm)又称近轴中胚层(paraxial mesoderm)、中间中胚层(intermediate mesoderm)、侧中胚层(lateral mesoderm)和头部间充质(head mesenchyme),这一划分在神经胚发育的阶段便形成了。除了头部间充质分布在胚胎的头部外,在神经胚发育阶段,我们可以从胚胎躯干部的横切面上看到其他中胚层区域的定位和形态结构(图 4.2.1),看到它们在发育过程中的演变过程。例如,中间中胚层是肾脏和生殖嵴发生的部位,头部间充质是头部许多器官结构发生的前期组织。在此,我们仅以近轴中胚层和侧中胚层为例介绍它们的发育过程和特征。

1. 近轴中胚层和体节的分化

在脊索两侧,中胚层发育为两条密集的沿体轴纵行排列的细胞索,即近轴中胚层。在神经管形成时,它进一步断成若干小的组织团块,称为体节。体节在发育中是一个过渡性的结构,脊椎和肋骨、背部皮肤的真皮、背部的骨骼肌、体壁和肢体的骨骼肌均来自于体节,体节对于脊椎动物的分节结构(segmental pattern)(如椎骨、神经)产生着深远的影响。体节始出现于胚胎的前部,并依次向后推移形成(图 4.2.2)。体节的数目因物种而异,成为分类的重要特征指

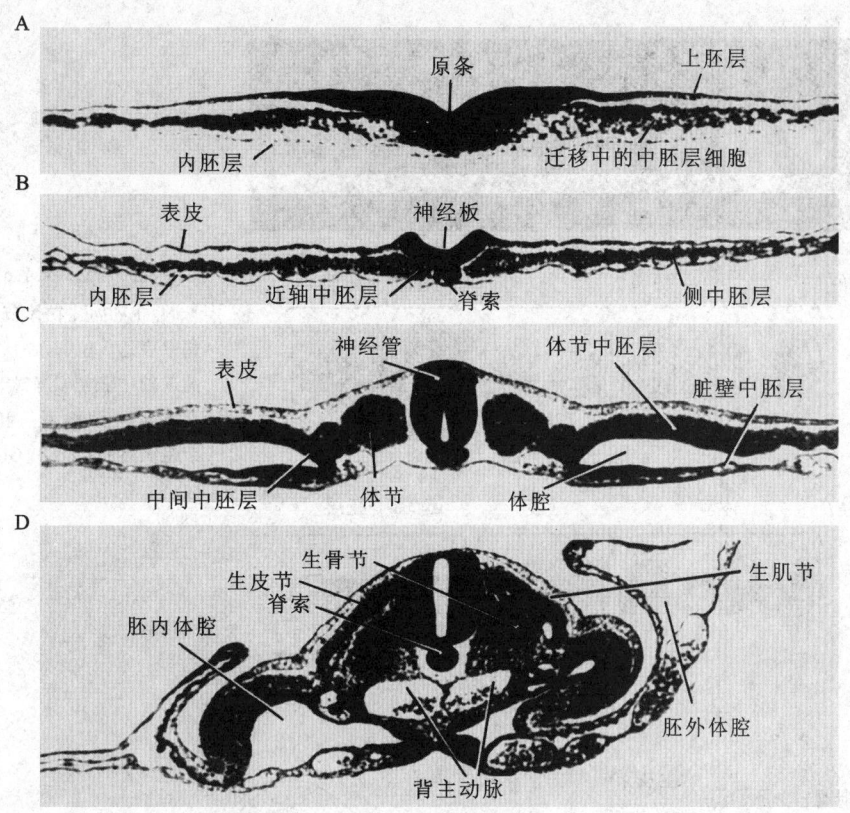

图 4.2.1　鸡胚胎发育中的中胚层分化

由上到下为 24~28 h 不同发育阶段的胚胎：A.原条阶段，示中胚层和内胚层前体细胞的迁移。B.脊索和近轴中胚层形成。C~D.体节、体腔和两个背主动脉（它们最后将融合在一起）的分化。(S.F.Gilbert)

标。关于体节形成的机制还不十分清楚。目前已了解到，在近轴中胚层的前端首先出现 *Notch1* 和 *Paraxis* 基因的表达，它们的产物是调节转录因子。可能由于 *Notch1* 和 *Paraxis* 基因产物的作用，近轴中胚层细胞开始合成并分泌两种重要的细胞间质成分——fibronectin 和 N-cadherin，创造了体节结构发生的条件。在体节形成中，开始细胞无规则地组织在一起，很快便形成由柱状上皮细胞围成的球形结构。细胞间以紧密连接相互结合在一起，在球形中部的腔内填充有疏松的细胞成分。用注射反义寡聚核苷酸等方法，抑制 *Notch1* 和 *Paraxis* 基因的表达，将干扰体节的发生（图 4.2.3）。

在体节形成的初始，各部位的细胞在发育上是等潜能性的，即它们可以发育为各种体节起源的组织结构。但是，很快这一状态发生了改变，即不同部位的体节细胞被限定在特定的分化方向上（图 4.2.4）；①中腹部的体节细胞出

图 4.2.2　神经管和体节

扫描电镜照片示两侧体节的形成和尚未形成体节的近轴中胚层，中央部位是神经管。(S.F.Gilbert)

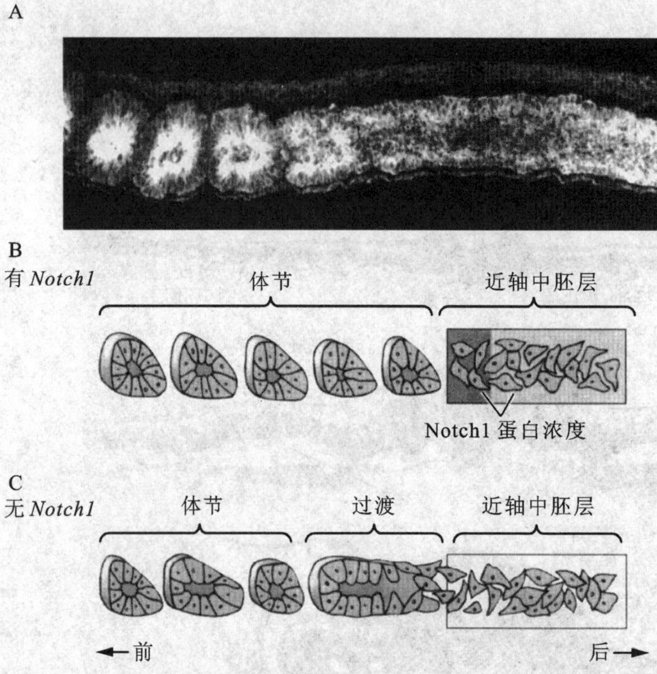

图 4.2.3 体节的形成
A. N-cadherin 在体节形成的结构中表达。B. Notch1 在未分节的近轴中胚层最前端表达。C. 在 Notch1 缺陷型的胚胎中，体节组织错乱。（S.F.Gilbert）

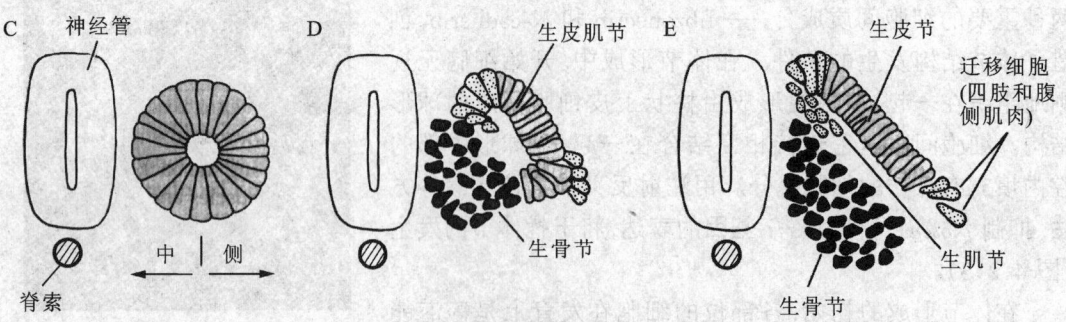

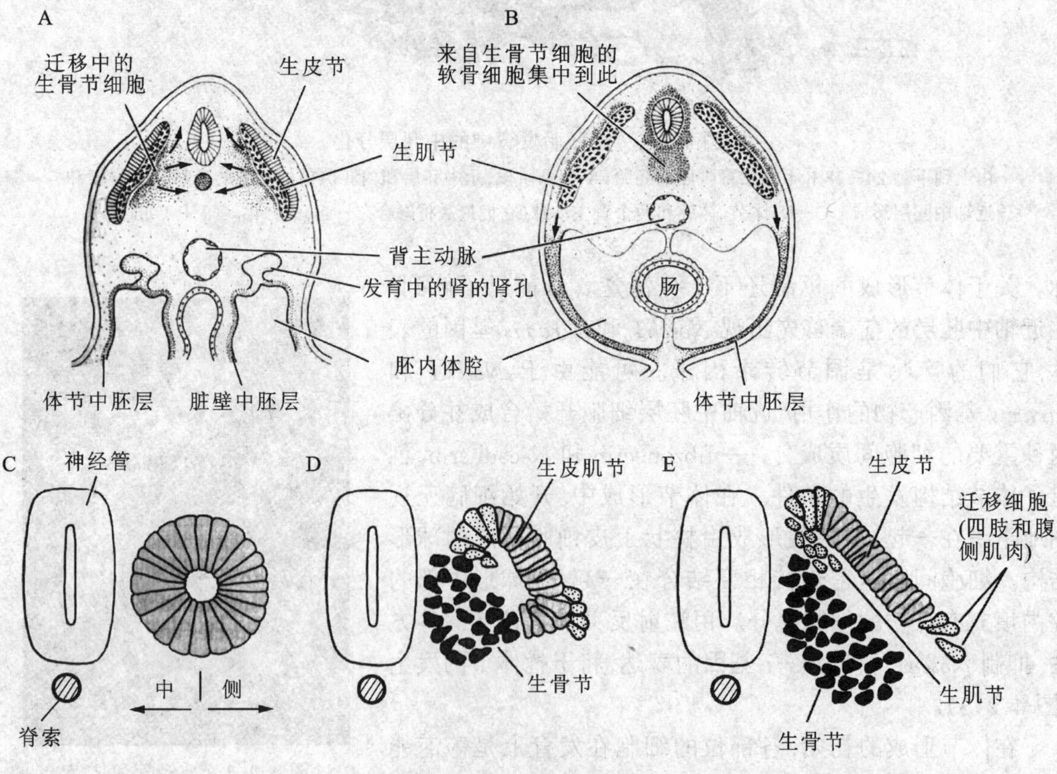

图 4.2.4 体节发育
A.4 周早期人胚胎，生骨节细胞离开生肌节和生皮节，开始迁移。B.第 4 周末期，生骨节细胞集中形成软骨脊椎，生皮节开始形成皮肤，生肌节细胞沿胚胎壁向腹面延伸。C～E.鸡胚胎体节细胞迁移及其结构的变化。（S.F.Gilbert）

现细胞增殖并失去它们上皮细胞的特征，再次变为间充质细胞，称为生骨节(sclerotome)。生骨节细胞将发育为椎骨软骨细胞，进而分化发育形成体轴骨骼系统(包括椎骨、肋骨、韧带等)。②最远离神经管的体节侧部同样出现细胞形态变化和细胞间的解聚现象。这一部分细胞将分化发育为体壁和肢体肌肉的前体细胞。③一旦上述两部分细胞分化迁移发生以后，留下近神经管部分的细胞开始向腹侧折转、回拢形成一个双层的上皮样结构，背面的称为生皮节(dermatome)，腹面的称为生肌节(myotome)。生皮节将发育为背部真皮的结缔组织，而生肌节将进入向椎骨肌肉的发育。总之，可以看出体节这一过渡性的发育结构对于椎骨、椎骨运动肌、背部真皮、背部肌肉的形成有着重要的作用，而脊索也伴随着上述的发育绝大部分解体消失了。

研究发现，近轴中胚层包括体节的深入分化并不是孤立的发育行为，它的进行同时有赖于它与周围组织间的相互作用(图4.2.5)。目前已经知道，脊索和神经管底部细胞产生和分泌的 Sonic hedgehog 蛋白是诱导体节细胞分化的因子之一，它使体节细胞中 *pax1* 基因表达，进而活化一系列软骨细胞分化基因，它们对于椎骨的发育是必须的。脊索和神经管底部细胞同时还表达另一种 MyoD 家族基因转译的抑制因子 I-mf，而阻止了中腹部体节细胞向肌肉细胞的分化。生肌节的分化可能来自神经管顶端和背部外胚层分泌产生的 Wnt、BMP4 的诱导，产生 MyoD、Myf5 等基因转录调节因子，从而活化了肌肉分化基因的表达，启动了肌肉细胞的定向分化。皮节的分化因子则是神经管分泌产物 NT-3。

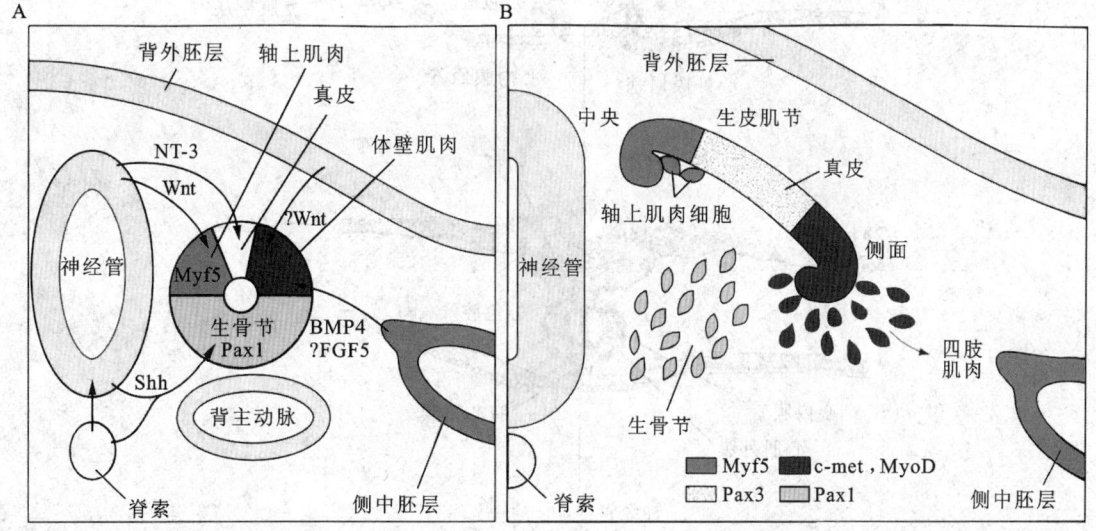

图 4.2.5　体节发育分化的基因调控

A.脊索和神经管底板细胞分泌 Sonic hedgehog(Shh)蛋白诱导生骨节形成。神经管分泌的 Wnt 蛋白诱导生肌节形成，表皮分泌的 Wnt 蛋白和侧中胚层分泌的 BMP4(也可能是 FGF5)蛋白联合作用诱导生肌节将来分化形成体壁肌肉。神经管分泌的神经营养蛋白(NT-3)可能引起生皮节细胞的分化。B.体节不同区域的不同转录因子的表达预示了不同的细胞分化命运。生骨节细胞表达 Pax1，中央生肌节细胞表达 Myf5 蛋白，侧生肌节细胞表达 MyoD(肌源)蛋白和 c-met 受体，生皮节表达 Pax3，进而分化为皮肤。(S.F.Gilbert)

2. 侧中胚层的分化与心脏发生的决定

侧中胚层在发育的早期首先以板状结构出现在近轴中胚层的远端。以后它纵裂成背侧的体中胚层(somatic mesoderm)和腹侧的内脏中胚层(splanchnic mesoderm)两部分。前者相邻于外胚层,后者相邻于内胚层,两者之间形成体腔。初始体腔从两侧贯通于颈到身体的后部,以后左右两侧通连,而体中胚层发育又将体腔隔断分为不同的部分(如胸腔、腹腔)。

心脏和血液循环是高等动物胚体发育中第一个发挥功能的器官系统。心脏发生的前体细胞便出现于内脏中胚层中。图4.2.6显示了鸡心脏早期发生的过程。从中我们可以看到,在胚胎大约25 h的时候,在心脏发生区域的水平位置,内脏中胚层横断面的近中心部位上,生血

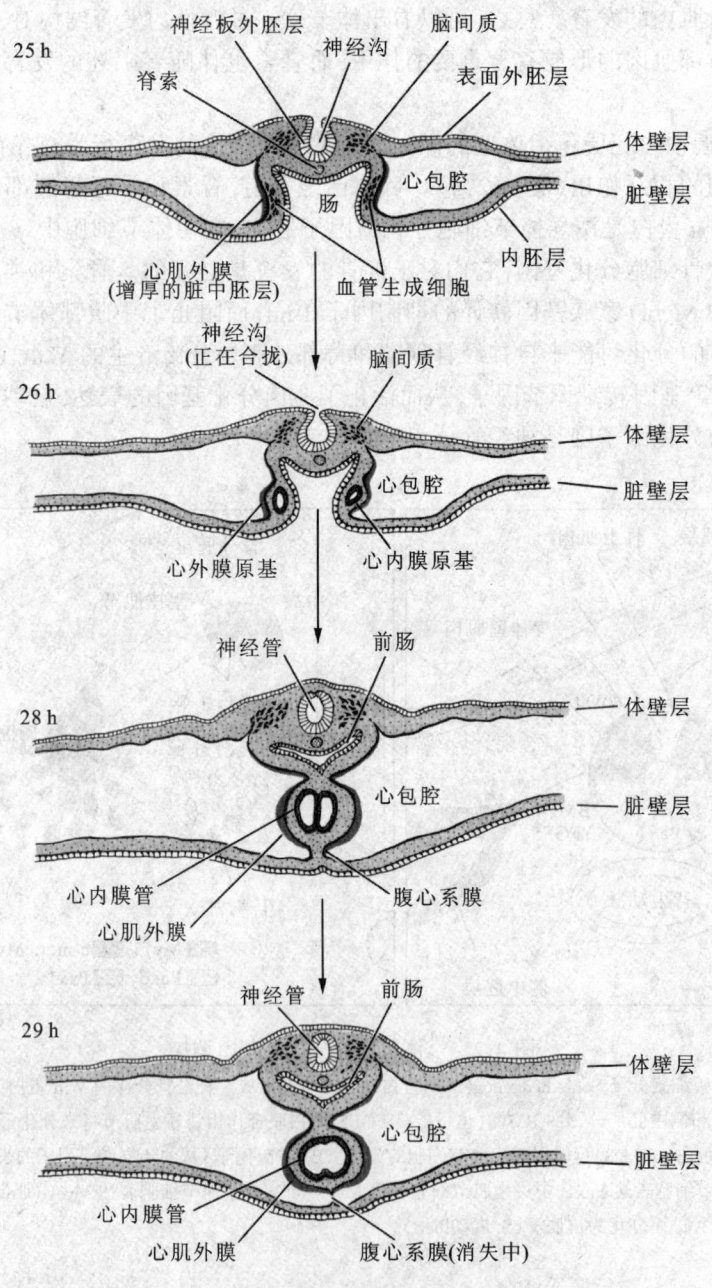

图4.2.6 心脏的形成
不同发育阶段鸡胚胎心脏形成区的横切面。(S.F.Gilbert)

细胞团(angiogenetic cell cluster)的细胞发生团聚、增殖和腔裂。之后两侧的内脏中胚层靠近(26 h),最后导致两侧心脏原基管腔融合,并与其他部位的内脏中胚层分离(28 h),管状的心脏原基形成。为了深入研究心脏的发生,特别是心脏部位生血管细胞团的决定和形成,人们仔细地追踪了它们对应于原条期的细胞来源。认为心脏生血管细胞团细胞迁移来自紧靠原节到原节近一半的部位。在此部位的中胚层的某些细胞应该受到特异的心脏发生信号的作用,实现其早期的分化决定(图4.2.7)。目前,这方面的研究还是很初步的。

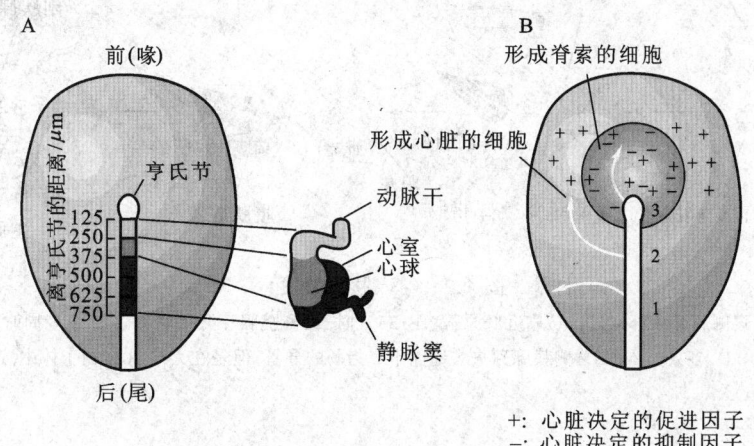

图 4.2.7　心脏发生细胞的来源与决定

A.鸡胚胎心脏细胞的起源,图中显示了心脏不同部位细胞在原条中的起源部位。B. 原条不同区域中胚层细胞的迁移路线(箭头表示),诱导心肌发生的信号用"+"表示,抑制心肌发生的信号用"-"表示,其中1区细胞与两种信号都不相遇,3区细胞同时遇到两种信号,2区细胞只遇到诱导信号。(S.F.Gilbert)

4.2.2　内胚层的早期发育

从形态上分析,内胚层责成于两个管道系统的内层细胞构建,一个是消化管道以及其他消化器官(肝脏、胆囊和胰腺),另一个是呼吸器官。这两个管道系统在它们的前端有一个共享的部分,称为咽部。

1. 咽的形成与分化

消化和呼吸系统最早都是起源于原肠。后口动物在原肠形成时,原初它的盲端部有一个外胚层形成的口板(oral plate)阻断,使之不与体外通连。在人胚胎大约22 d,口板打开,形成了对外的开口,即口。在哺乳动物中,胚胎咽部有四个咽囊(pharyngeal pouches)。在低等脊椎动物中,对应的部分发育为鳃,而在高等脊椎动物中,颅部的神经嵴细胞迁入这一区域,发育形成软骨和间充质组织,内胚层来源的上皮细胞覆盖其上。相邻的咽囊之间称为咽弓(pharyngeal arches)。咽囊在发育中是一个过渡性的结构:第一对咽囊将发育为中耳室和咽鼓管;第二对咽囊将发育为扁桃体;第三对咽囊将发育为胸腺和两对甲状旁腺中的一对,两对甲状旁腺中的另一对则来自于第四对咽囊。此外,在第二对咽囊中间咽腔的底部,形成一个小的下陷,并最后脱离咽腔下行,形成甲状腺。

2. 消化管道的分化

图 4.2.8 显示了消化道的初步分化和各消化腺的来源。显然,与咽的发育一样,消化道以及消化腺的形成是由内胚层与中胚层协同完成的,它们的分化强烈地受到来自中胚层的发育控制。

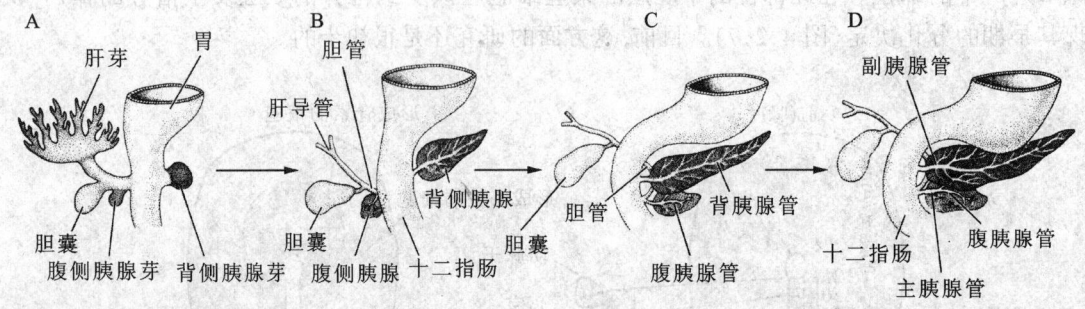

图 4.2.8　人胰腺的发育

A.胚胎 30 d 时,腹侧胰腺芽(深色组织)靠近肝原基。B.35 d 时,腹侧胰腺芽开始转移。C.第 6 周时,腹侧胰腺芽与背侧胰腺芽接触。D.多数个体中,背侧胰腺芽失去通向十二指肠的导管,但是在大约 10%的个体中,这一导管终生存在。(S.F.Gilbert)

3. 呼吸管道的分化

无论从进化还是发育上看,呼吸系统的发生都可以看作是消化管道的衍生产物。图 4.2.9 显示了在发育中呼吸系统和肺原基的最初形成过程。同样,中胚层组织的介入从它发生的一开始就是必不可少的。

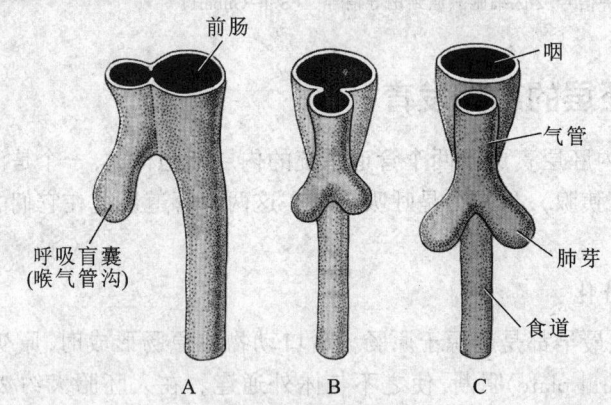

图 4.2.9　怀孕第 3 和第 4 周人胚胎前肠形成食道和呼吸盲囊

A.第 3 周末,侧面观。B~C.第 4 周,腹面观。(S.F.Gilbert)

4.2.3　Hox 基因和胚胎前-后轴向上的进一步分化

1. Hox 基因族的组织方式

除了中胚层五个区域的形成外,胚胎沿前后体轴方向上的进一步分化同样是脊椎动物器官系统建立的重要条件,而控制这一过程发生的主要基因是 Hox(鼠)或 HOX(人)基因。脊椎动物的 Hox 基因共有 4 套,分别定位在 4 条不同的染色体上,而各套中又包含有 13 个不同的基因(实际上并不是每一条染色体上都包含有全套的 13 个 Hox 基因),并在染色体上以它们对应地顺序排列着(图 5.2.3)。在鼠中它们分别用 $Hoxa-1$、$Hoxa-2$、……;$Hoxb-1$、$Hoxb-2$、……;$Hoxc-1$、$Hoxc-2$、……;$Hoxd-1$、$Hoxd-2$、……$Hoxd-13$ 的形式定名,其中 a、b、c、d 分别代表不同染色体上的 Hox 基因,而 1~13 分别代表同一条染色体上前后排列的不同 Hox 基因(类同的,在人中将换成 $HOXa-1$ 的形式)。同一染色体上的不同 Hox 基因构成一个同源异形基因簇,而同一号数位于不同染色体上的基因合称为平行进化同源异形基因组(paralogous group),如 $Hoxa-1$、$Hoxb-1$、$Hoxc-1$、$Hoxd-1$。研究发现,与果蝇一样,在脊椎动物中,不同 Hox 基因在染色体上的排列顺序与它们在体轴上表达的前后顺序是一致的。与果蝇不同的是在脊椎动物中,在结构上各 Hox 基因之间不组成复合体(complex),实际上这种情况在其他昆虫中也被发现(如甲虫 $Tribolium$)。

2. Hox 基因在胚胎神经系统和躯体中的表达图案

研究表明,发育中沿体轴出现的神经管的分化和神经嵴的形成与 Hox 基因的顺序表达有密切的关系。在神经嵴形成以前,$Hox-B$ 基因产物出现在神经管中,并延续存在于随后出现的神经嵴及其迁移的组织中(图 4.2.10,彩图)。值得注意的是,从图 4.2.10 中我们可以看出,$Hox-B$ 的不同基因表现出在前后体轴方向上的差异表达。例如,$Hoxb-2、3、4$ 依次向后分别起始于菱脑节 2/3、4/5、6/7,并延续表达至神经管的后端。实际上,在 $Hox-B$ 基因系列中的其他基因,越靠近 5′端,其表达的前界也就越靠后(图中没有显示),而唯有 $Hoxb-1$ 仅出现在菱脑节 4 中,这似乎是 $Hox-B$ 基因簇中的一个例外。

Hox 基因在脊椎动物胚胎躯体中胚层中,存在着与上述 Hox 基因在神经系统中类似的表达图案,只是它们的界定以体节为准(图 4.2.11)。

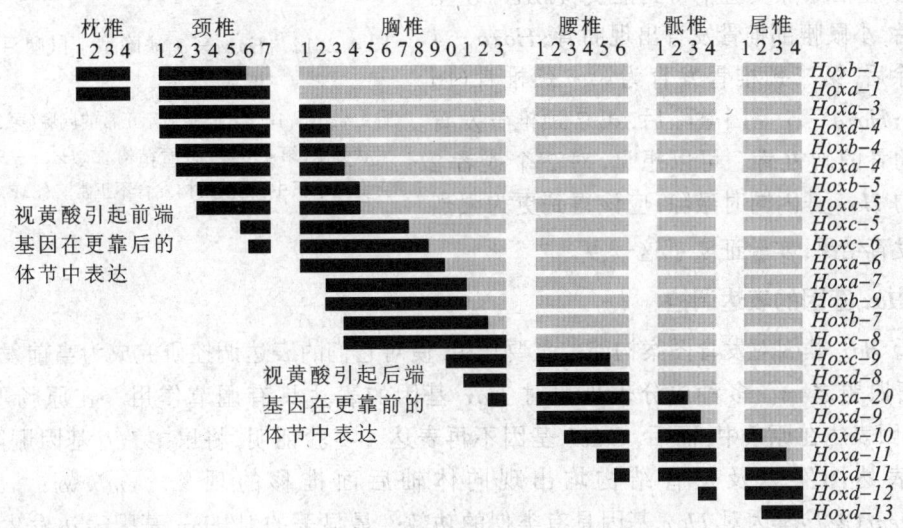

图 4.2.11 小鼠胚胎颈部和躯干部体节中 Hox 基因的表达图案
深色表示主要的表达区域,而后边界因尚不明确用浅色表示。视黄酸使上半部(从 $Hoxb-1$ 至 $Hoxc-8$)基因的表达向尾部方向扩展,而下半部(从 $Hoxc-9$ 至 $Hoxd-13$)基因的表达向头部方向扩展。(S.F.Gilbert)

研究发现，果蝇和哺乳动物的一些 Hox 基因甚至在功能上可以互换。例如，转基因实验显示小鼠 $Hoxb-6$ 基因可以部分地执行果蝇 $Antennapedia$ 基因的调节功能；人的 $HOXD-4$ 基因可以部分地执行果蝇 $Deformed$ 基因的调节功能；果蝇 $Deformed$ 基因(果蝇脑发育的特异基因)的增强子可以引发小鼠后脑发育相关基因的表达；反之，人的 $Deformed$ 同源基因同样显示了对于果蝇脑发育的特异化功效，等等。

3. 对脊椎动物 Hox 基因功能的研究

从上述的基因表达图案中，我们可以清楚地感到 Hox 基因在脊椎动物沿前后轴进一步分化发育的过程中起着重要的作用。但是了解这一过程的分子机制却是一项十分艰难的任务。根据实验结果，有人提出这样一个 Hox 基因对体轴分化的工作模式：同一 Hox 基因簇中的不同基因组成一组，它们的协同作用对于完成个体前后轴向上的区域分化是必须的，而处在同一排列位置上的不同 Hox 平行进化同源异形基因组成另一组，它们负责同一区域中的侧向分化。越来越多的证据表明以上的分析基本是正确的。例如，在 Hox 基因的表达中，$Hoxa-1$ 与 $Hoxa-3$ 基因存在重叠的现象，而 $Hoxa-1$ 的表达范围比 $Hoxa-3$ 更靠前端。敲除 $Hoxa-3$ 基因以后，纯合的小鼠出生后很快死去。分析发现，它们的颈部软骨既短又厚，甲状腺和甲状旁腺严重地发育不全或者缺失(图 4.2.12)，心脏和血管出现畸形。敲除 $Hoxa-1$ 基因以后，菱脑节的发育不正常，神经管不闭合，但是颈部和甲状腺以及甲状旁腺的发育不受影响。此外，如果这一猜测是对的，在胚胎某一部位改变 Hox 基因的组合方式，应该造成其发育结构的改变，并且表现出应该类同于前后轴中其他某个部位的结构。这一推测在 Hox 基因敲除实验中得到证实：$Hoxc-8$ 基因敲除后，小鼠腰部椎骨发育出现肋骨；$Hoxb-4$ 基因敲除后，第二颈椎骨发育为第一颈椎骨(图 4.2.13)；$Hoxa-5$ 基因敲除后，第 7 颈椎骨发育为具有肋骨的胸椎骨。可以想见，对 2 个或者 2 个以上的 Hox 基因同时敲除，应该得到更为强烈的畸形发育结果，实验证实了这一点。

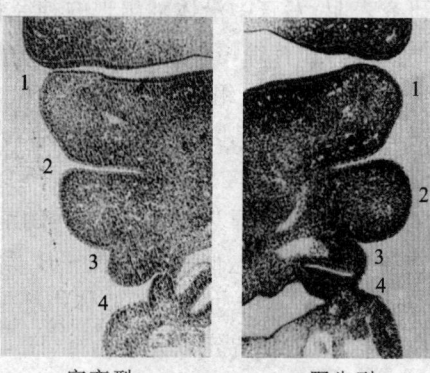

图 4.2.12 $Hoxa-3$ 缺陷型小鼠咽弓发育不正常

野生型小鼠 10.5 d 胚胎显示正常的胸腺(第 3 咽囊)、甲状旁腺(第 4 咽囊)发育结构，在 $Hoxa-3$ 缺陷的突变型小鼠中，这些结构发育不正常。(S.F.Gilbert)

4. Hox 基因的表达调控

由于 Hox 基因对发育图案构建的重要作用，使对它们的表达调控研究成为当前发育生物学的重要课题之一。多种成分表现出对 Hox 基因的表达具有调节作用。在原肠形成期，$Cdx1$ 基因表达在原条中，而后，$Cdx1$ 基因不再表达。实验证明，将鼠 $Cdx1$ 基因删除，Hox 基因的表达图案以及发育结构均出现向体轴后面推移的现象。embryotic ectoderm development(eed)基因对 Hox 基因具有类似的功效。最显著的对 Hox 基因表达发生影响的是视黄酸(retinoic acid, RA)。通过从子宫给予视黄酸的办法，人们发现过量的视黄酸可使小鼠的发育出现体轴特征向后推移的现象，与控制 Hox 基因表达的实验结果是一致的。例如，正常小鼠有 7 节颈椎、13 节胸椎、6 节腰椎。如果在胚胎发育的第 8 天(原肠胚期)给予 RA，则

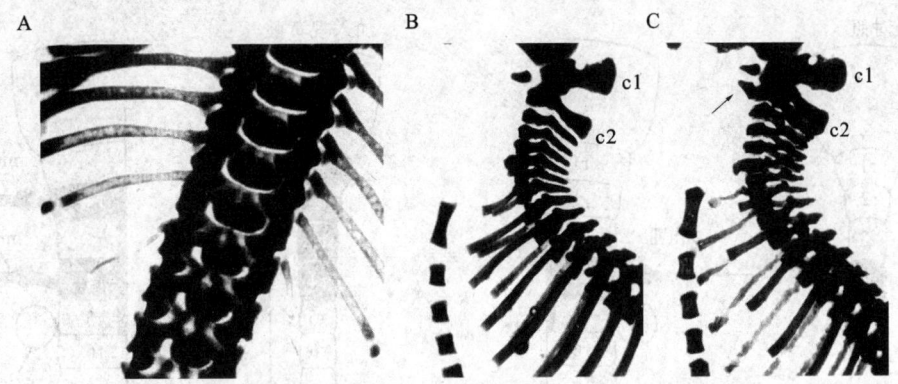

图 4.2.13 敲除同源异形基因的表达小鼠躯干发育出现变形
A. 敲除 $Hoxc-8$ 基因后,第一腰椎部分变形成胸椎(只有胸椎上面生有肋骨)。B. 正常小鼠的颈椎 c1 和 c2。C. 敲除 $Hoxb-4$ 基因后,第二颈椎变成了第一颈椎的另一份拷贝(第一颈椎的特征是有腹突,箭头所示)。(S.F.Gilbert)

第一或者包括第二腰椎转为胸椎,而第一荐椎常转化为腰椎(图 4.2.14),以至于胚胎后部结构不再形成,而检测表明 Hox 基因的表达确实出现向后推移的现象(如 $Hoxa-10$)。视黄酸对中央神经系统的发育同样有重要的调节作用,它的改变可使 Hox 基因的表达出现推移和菱脑节分化的变异(图 4.2.15)。现在认为,视黄酸可能最早发生于原节并形成从前向后的浓度梯度分布,伴随视黄酸浓度向后递减,在一定的临界浓度点诱发特定的 Hox 基因表达,从而出现不同的 Hox 基因沿体轴由前向后逐次表达的现象。已有越来越多的实验证据支持这一假设。

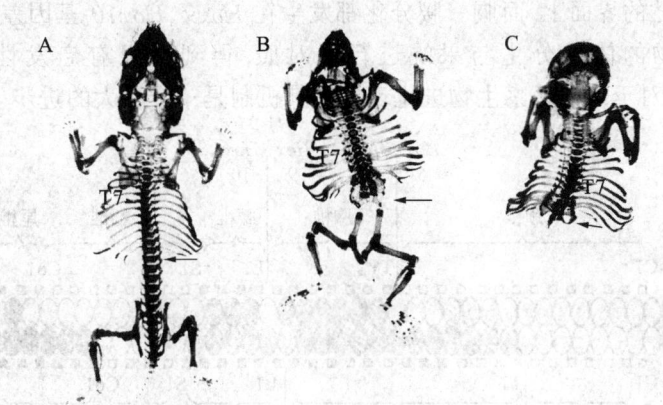

图 4.2.14 给孕鼠注射视黄酸改变了 Hox 基因的表达图案和胎鼠的表型
给怀孕第 8 天的小鼠子宫注射视黄酸,胎鼠的脊椎和肋骨发生了变化:A.野生型小鼠有 7 节颈椎,13 节胸椎,6 节腰椎,4 节融合在一起的骶椎和尾椎。B~C.在视黄酸的作用下,小鼠失去了腰椎、骶椎和尾椎。(S.F.Gilbert)

5. Hox 基因对生物进化的启示

有人将不同脊椎动物身体各区段的脊椎分布和 Hox 基因表达对应起来,画了一张比较图(图 4.2.16)。从中我们可以清楚地看到,尽管不同物种(如鸡和鼠)在解剖上相去很远,但是

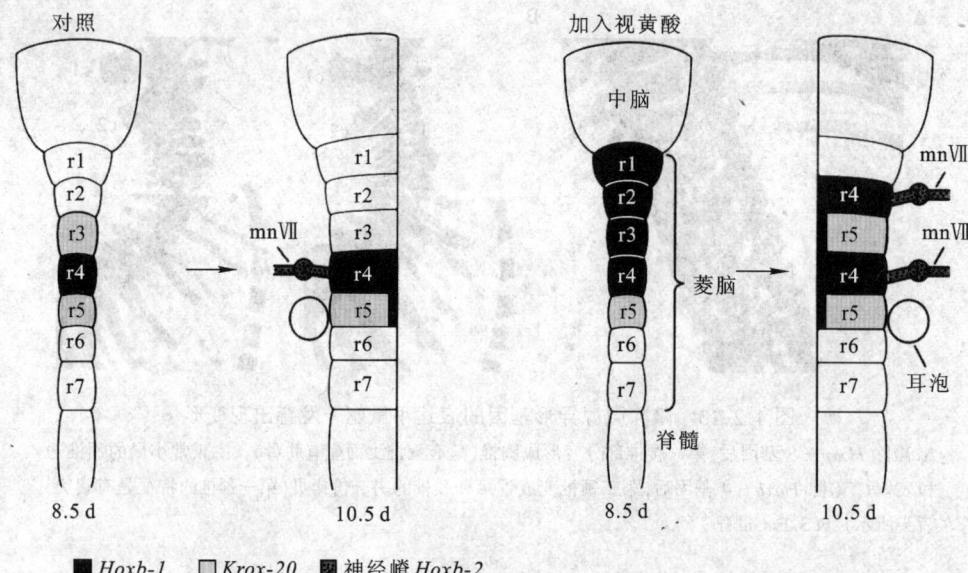

图 4.2.15　视黄酸介导的菱脑区的同源异形变异

在 8.5 d 的对照小鼠胚胎中，*Hoxb-1* 基因只在第 4 菱脑节中表达。在用视黄酸处理后的胚胎中，*Hoxb-1* 基因表达向前扩展到中脑。2 d 后，对照小鼠胚胎中，*Hoxb-1* 基因在第 4 菱脑节的子代细胞和第 5 菱脑节的细胞里表达。这部分细胞形成颜面运动神经 (mnⅦ)。在用视黄酸处理后的胚胎中，r2/3 也出现了 r4/5 的模式，形成 2 条 mnⅦ。(S.F.Gilbert)

Hox 基因指导身体各区段脊椎的分化上却高度一致，例如它们的颈-胸分化都发生在 *Hox5*、*Hox6* 基因差异表达的界面上，而胸-腰分化都发生在 *Hox9*、*Hox10* 基因差异表达的界面上。更有人将脊椎动物的体轴分化与果蝇进行了对照，得到了很有启发性的比较结果（图 4.2.17）。显然，这对于人们探察生物进化现象和其机制是一个重大的进步。

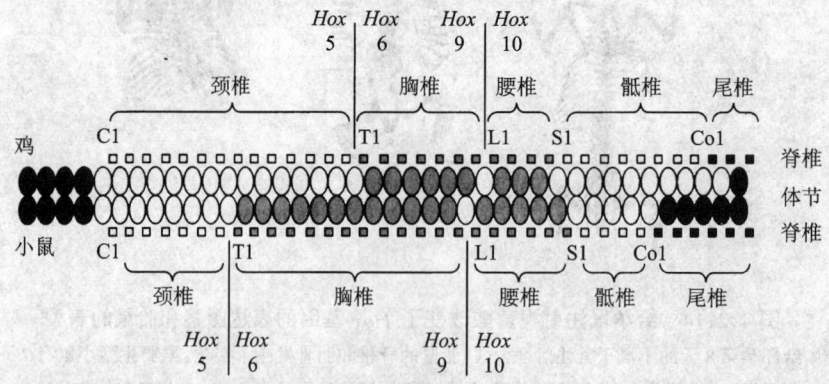

图 4.2.16　鸡和小鼠同源异形基因在脊椎上沿前-后轴的表达图案

图中标出了不同 *Hox* 基因的表达边界及与不同解剖结构区段的对应关系。(S.F.Gilbert)

4.2.4　胚胎背-腹与左-右方向上的分化

除前后轴外，脊椎动物存在背腹和左右（如哺乳动物的脾脏在腹部的左面，而肝脏的主叶在身体的右面）的差异。总体而言，目前对于脊椎动物胚胎发育中，背腹与左右方向上的分化机制的了解还很有限，在此我们只能对已有的研究成果加以简单的介绍。

与果蝇早在卵细胞期就奠定了背腹轴分化的基础不同，鸟类背腹的分化源于胚胎发育早期下胚层细胞的定位，哺乳动物背腹的分化源于内细胞团在囊胚腔中的定位（因为下胚层细胞出现在面向囊胚腔的一面）。以后脊索和神经管的形成进一步发展了背腹轴的分化。

在小鼠中发现有2个基因，当它们突变时可能改变正常的左右不对称性，它们分别是 situs inversus viscerum (iv) 基因和 inversion of embryonic turning (inv) 基因。研究发现，iv 基因的突变可能造成心脏随机地定位于左边或者右边，并且这种随机性与脾脏或者胃的走向没有相关性，这种不正常的发育可能是致死性的。inv 基因的突变带来的对身体左右不对称性的影响是广泛的，几乎所有的不对称器官都将定位于错误的方向。尽管对 iv 基因和 inv 基因的表达产物是什么还不清楚，但目前对它们的发育控制通道已有了一些了解。在小鼠中，lefty 和 nodal 基因仅表达于左面的侧板中胚层中，并且这一过程发生在心管（心脏发生的早期结构）右向弯曲出现前。但是，在纯合的 inv 基因突变体中，lefty 和 nodal 基因的表达移到了右侧板中胚层。在 iv 基因突变体中，lefty 和 nodal 基因可能同时表达于两侧或者停止表达（图4.2.18）。lefty 和 nodal 基因的表达产物是属于 TGF-β 家族的旁泌素。目前对这一旁泌素的作用还不清楚，它可能影响着原本处于对称状态的心管的发育。另一个重要的发现是，在脊椎动物的发育中

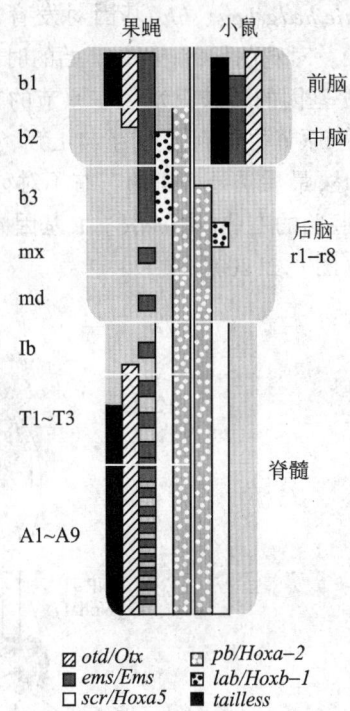

图4.2.17　果蝇和小鼠沿体轴方向上（重点是头部）Hox基因表达对照

图中表明不同基因（果蝇基因名称/小鼠基因名称）的表达区域，其中：b1~b3为神经（脑）节；lb为唇节；md为上颚节；mx为下颚节；r1~r8为菱脑节；T1~T3为胸节；A1~A9为腹节。(S.F.Gilbert)

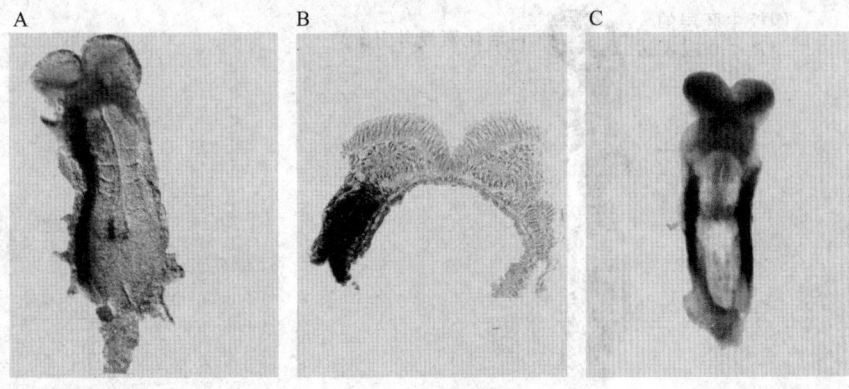

图4.2.18　小鼠胚胎基因表达的左右不对称现象

原位杂交显示5体节期小鼠胚胎中，nodal 基因的表达被限制在左侧的侧板中胚层中(A)，以及同期的胚胎的横切面(B)。在 inverted iv 突变小鼠胚胎中，nodal 基因在两侧的侧板中胚层中都表达，心脏也将随机定位于左边或者右边(C)。(S.F.Gilbert)

sonic hedgehog(shh)基因对发育左右对称性有影响(有意思的是肢体发育也存在同样的情况)。对鸡的研究表明:开始的时候,shh 基因对称地表达于原节的组织中。但是数小时以后,shh 基因的转录只发生在原节的左侧。同时,另一个基因 activin receptor IIa(ActRIIa)只表达于原节的右侧。大约 24 h 后,shh 基因表达停止,但在左侧出现了 cNR-1(nodal)基因的表达,最后诱导心脏的左右不对称发育(图 4.2.19)。如果这时将分泌 shh 基因产物的细胞植于胚胎的右侧,则 cNR-1 基因同时表达于左右两侧,心脏的发育将出现左右随机发生的情况(图 4.2.20)。

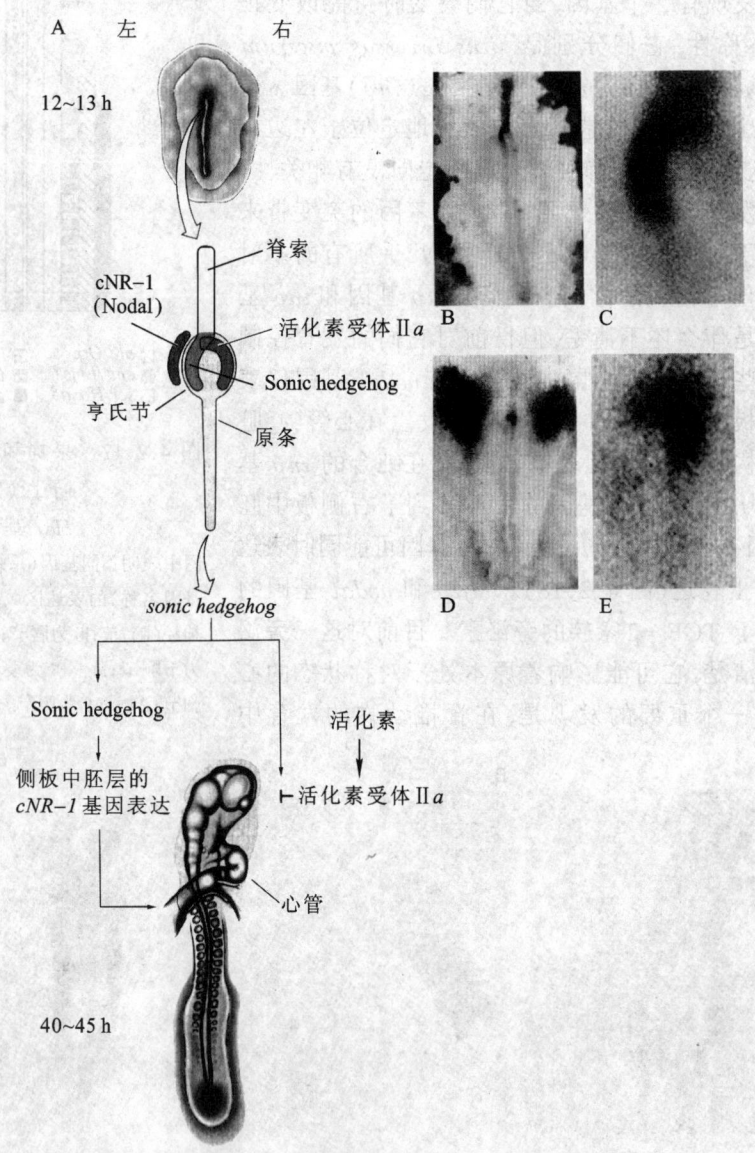

图 4.2.19 鸡胚胎左右不对称的发生

A. 上图显示原条背面观;中图显示 sonic hedgehog、活化素受体Ⅱa 和 cNR-1(nodal)基因在亨氏节中的表达图案,它们出现的顺序是,活化素受体Ⅱa、sonic hedgehog、cNR-1(Nodal);下图显示一天后,可以观察到,心右手螺旋不对称发育出现,图中基因间的作用途径是假说模型。B. sonic hedgehog mRNA 的原位杂交背面观。C. 为 B 图的局部放大。D. 活化素受体Ⅱa mRNA 的原位杂交背面观。E. 为 D 图的局部放大。(S.F.Gilbert)

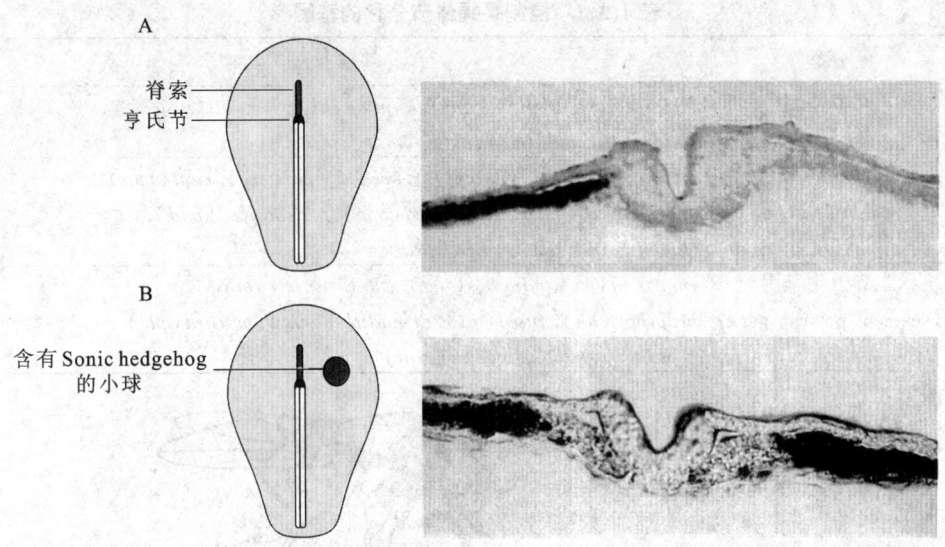

图 4.2.20 *sonic hedgehog* 的异位表达导致 *nodal* 基因的对称表达和心脏的随机定位
A.野生型胚胎只在左侧表达 *nodal* 基因,心脏几乎都定位在右边。B.将含有 Sonic hedgehog 的小球植入亨氏节右边,*nodal* 基因的表达变为两侧对称。(S.F.Gilbert)

4.3 节肢动物体节的形成与分化

节肢动物是体节分化的动物,体节在发育中的早期出现不仅奠定了后期个体器官系统发生的基础,并且深刻地影响着以后动物整体形态结构的建设,直到成体节肢动物也还保留着明显的分节特征。果蝇是目前发育研究最为深入的动物,并常常作为节肢动物的代表。在果蝇的发育中,器官形成的前期准备过程又可以分为两个阶段:一是体节形成;二是各体节的特异化过程。

4.3.1 果蝇体节的形成与分化

1. 体节的形成

体节形成是果蝇发育继头胸腹区域分化发生后又一向成体结构推进的重要的发育过程。果蝇体节发生过程非常复杂,它受 3 组基因的控制(表 4.3.1),最终沿体轴从头到腹出现 14 条相间表达 *ftz* 基因(奇数)和 *even-skipped*(*eve*)基因(偶数)的条带(图 4.3.1),而每一条带又进一步区分前后两个部分(compartment)。在此基础上,每前一个条带的后半部分与后一条带的前半部分组成一个体节。在果蝇的 14 个体节中,前 3 个体节对应于成体的头部,中间 3 个体节对应于胸部,后 8 个体节对应于腹部(图 4.3.2)。从头胸腹的区域划定到体节的建立,这一过程与众多基因表达产物浓度分布复杂图案密切地联系在一起,例如首先出现的 7 条 *eve* 基因表达条带,除第二条带外,都定位在多数间隙基因蛋白浓度低的区域,而落于 *giant* 峰值中的第 2 条带存在具有活化 *eve* 基因的形态发生原 *hunchback* 的补偿作用(图 4.3.3)。

表 4.3.1　控制果蝇体节分化的基因

分类	基因
间隙基因 （gap gene）	*Krüppel*（*Kr*），*knirps*（*kni*），*hunckback*（*hb*），*giant*（*gt*） *tailess*（*tll*），*huckebein*（*hkb*），*empty spiracles*（*ems*）
成对规则基因 （pair-rule gene）	*orthodenticle*（*otd*），*hairy*（*h*），*even-skipped*（*eve*），*runt*（*run*）， *fushi tarazu*（*ftz*），*odd-paired*（*opa*），*odd-skipped*（*odd*）， *sloppy-paired*（*slp*）　*paird*（*prd*）
体节极化基因 （segment polarity gene）	*engrailed*（*en*），*wingless*（*wg*），*cubitus interruptus*（*ci*） *hedgehog*（*hh*），*fused*（*fu*），*armadillo*（*arm*），*patched*（*ptc*）， *gooseberry*（*gsb*），*pangolin*（*pan*）

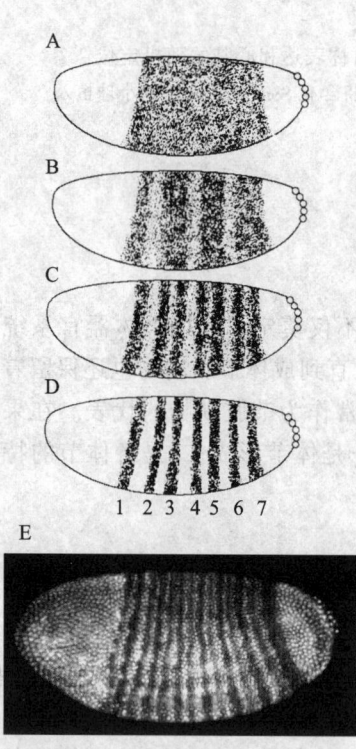

图 4.3.1　*ftz* 基因与 *eve* 基因的表达
A~D. 第十四次卵裂开始时，在果蝇胚胎分段的区域中，每个细胞核都低水平转录 *ftz* 基因。在接下来 30 min 里，表达图案改变了：*ftz* 基因在特定区域表达加强，形成带；在相邻带之间，*ftz* 基因被抑制。E. *eve*（深色带）和 *ftz*（浅色带）基因转录双标记，显示 *ftz* 基因与 *eve* 基因的相间表达图案。（S. F. Gilbert）

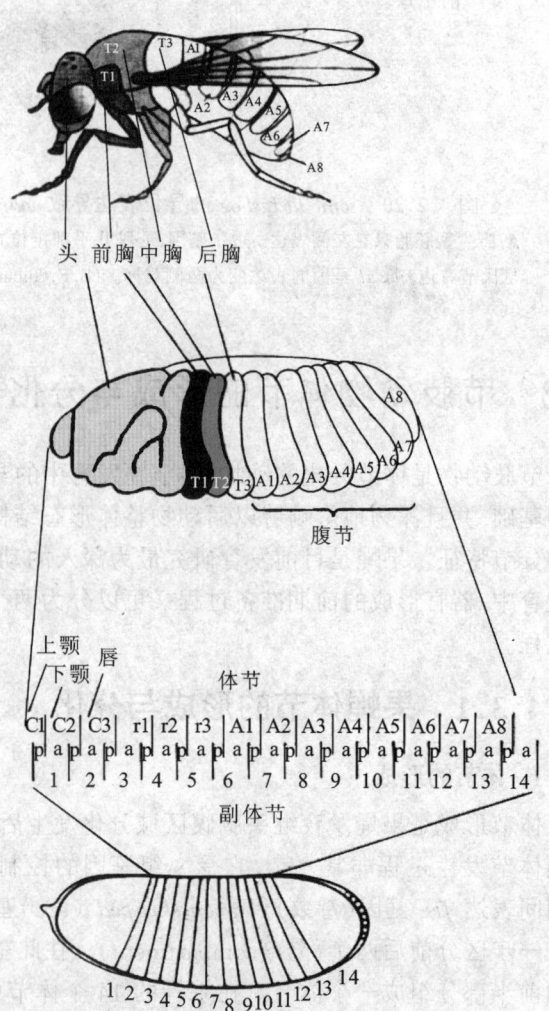

图 4.3.2　果蝇成虫和幼虫体节的对照
图中 1~14 分别代表 14 个副节，C1~C3、T1~T3、A1~A8 标明了体节的划分，它们各自对应着未来成体头（C）胸（T）腹（A）及其相应的器官的发生。胸部 3 个不同的体节可由其上的附肢来区分：T1（前胸）只有肢体，T2（中胸）有肢体和翅，T3（后胸）有肢体和平衡棒。（S. F. Gilbert）

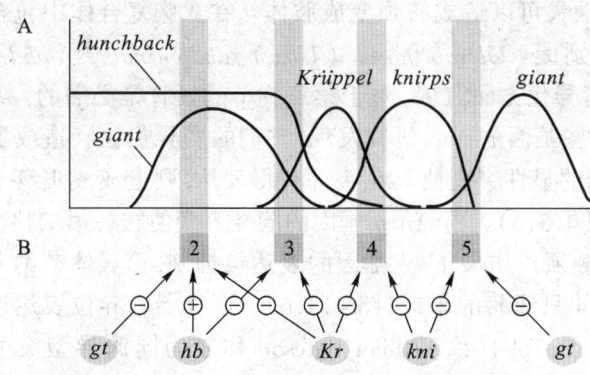

图4.3.3 第二条 *eve* 基因转录条带形成的假说

A. *eve* 基因多在 gap 蛋白浓度低的地方被激活(深色条带)。B. *eve* 基因中的增强子包括不同因子的结合序列。可能在第二条带，Hunchback 蛋白结合增强子后，激活 *eve* 转录；在第三条带，Hunchback 蛋白结合增强子后，却抑制 *eve* 转录。(S. F. Gilbert)

2. 体节的进一步分化

在果蝇发育体节形成以后，每一个体节即开始了各自的特征建设，由此各器官的发生被分别定位，并为原基出现准备了条件。与脊椎动物不同的是，果蝇中的这一建设先以成虫盘的形式表达出来，到了变态期，它们的成体结构才最终展现出来。发育生物学的研究表明，实现果蝇体节特异化的核心基因是同源异型选择者基因。在果蝇的第三条染色体上，有两个区域，绝大多数同源异型选择者基因容纳在它们之中，一个称为触角足复合体(antennapedia complex)，另一个称为双胸复合体(bithorax complex)，它们共同构成的大区域又称为同源异型复合体(Hom‒C)(图 4.3.4)。在触角足复合体中包含有以下同源异型选择者基因，它们分别是：*labial*(*lab*)、*Antennapedia*(*Antp*)、*Sex comb reduced*(*Scr*)、*Deformed*(*Dfd*)、*proboscipedia*(*Pb*)。在体节的特异化方面，*lab* 和 *Dfd* 基因作用于头节，*Antp* 和 *Scr* 基因作用于胸节，*Pb*

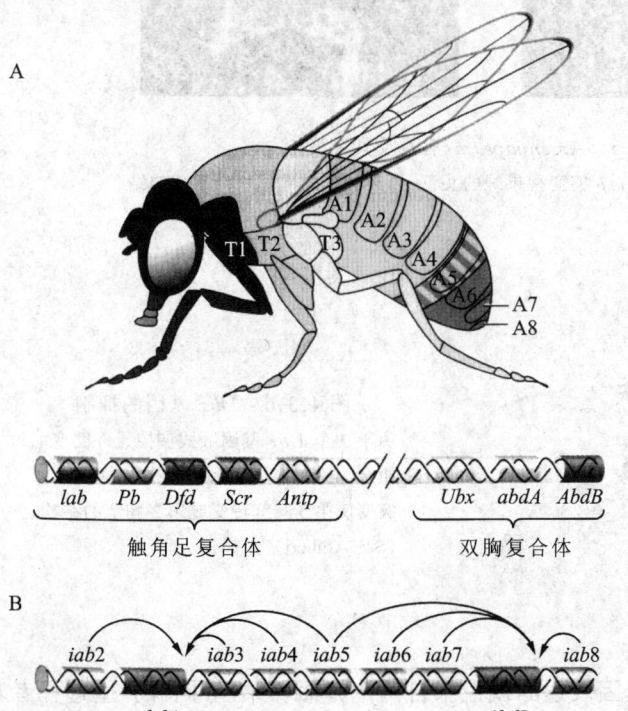

图4.3.4 果蝇双胸复合体和触角足复合体基因的功能区

A. 双胸复合体包括 3 个致死互补基因群，*Ubx*、*abdA* 和 *AbdB*。触角足复合体包括 *lab*、*Dfd*、*Scr* 和 *Antp* 基因。B. 示果蝇 *abdA* 和 *AbdB* 基因群的表达调控元件，它们受间隙基因的控制。(S. F. Gilbert)

基因似乎只表达于成体之中,但是它的缺失可以造成唇须变成肢体。在双胸复合体中包含有以下同源异型选择者基因,它们分别是:*Ultrabithorax*(*Ubx*)、*abdominal A*(*abdA*)、*Abdominal B*(*AbdB*)基因。在体节的特异化方面,*Ubx* 对于第三胸节的发育是必需的,*abdA* 和 *AbdB* 基因决定着腹部的分化。对这些基因的深入研究发现,它们的变异往往会造成器官异位表达的怪异个体。例如,*Antp* 基因的显性突变使其在头部获得表达,则造成成虫盘错位发生,在应长触须的地方长出了肢体(图4.3.5)。而 *Antp* 基因的隐性突变使它在第二胸节不能表达,则在应长出肢体的地方长出了触须。如果 *Ubx* 基因的表达被抑制,第三体节纳入与第二体节同样的发育路径,则发育出有 4 只翅膀的果蝇(图4.3.6)。这种器官异位表达产生怪异个体的现象已被发现了一百多年了,1894 年,Willian Bateson 称之为同源异型突变体(homeotic mutant),这正是以后发现的将造成同源异型突变体发生的基因称为同源异型基因(homeotic gene)的原因。果蝇主要的同源异型选择者基因不仅已经被克隆,而且它们在胚胎发育各体节中的表达也被仔细地研究了,图4.3.7是对这方面研究结果的归纳。

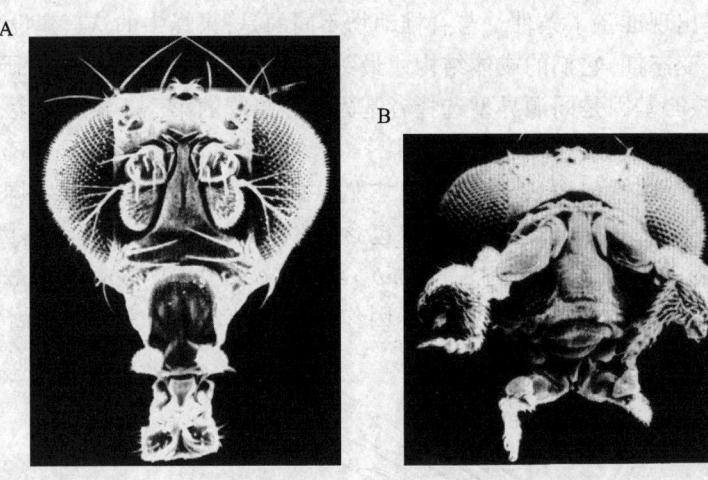

图4.3.5 *Antennapedia* 基因及其突变
A.野生型果蝇的头部。B.*Antp* 突变型果蝇的头部,可见触角的部位长出了腿的结构。(S.F.Gilbert)

图4.3.6 *Ubx* 基因的抑制
由于 3 个 *Ubx* 基因顺式调控元件突变的组合,导致果蝇长出 4 个翅膀,即这 3 个突变使第 3 胸节转变成第 2 胸节的结构。(S.F.Gilbert)

研究表明,对同源异型选择者基因表达的调控来自两个方面。第一,同源异型选择者基因的表达受体节发育间隙基因、成对规则基因产物的影响和控制。例如,间隙基因 *hb*、*Kr* 的产

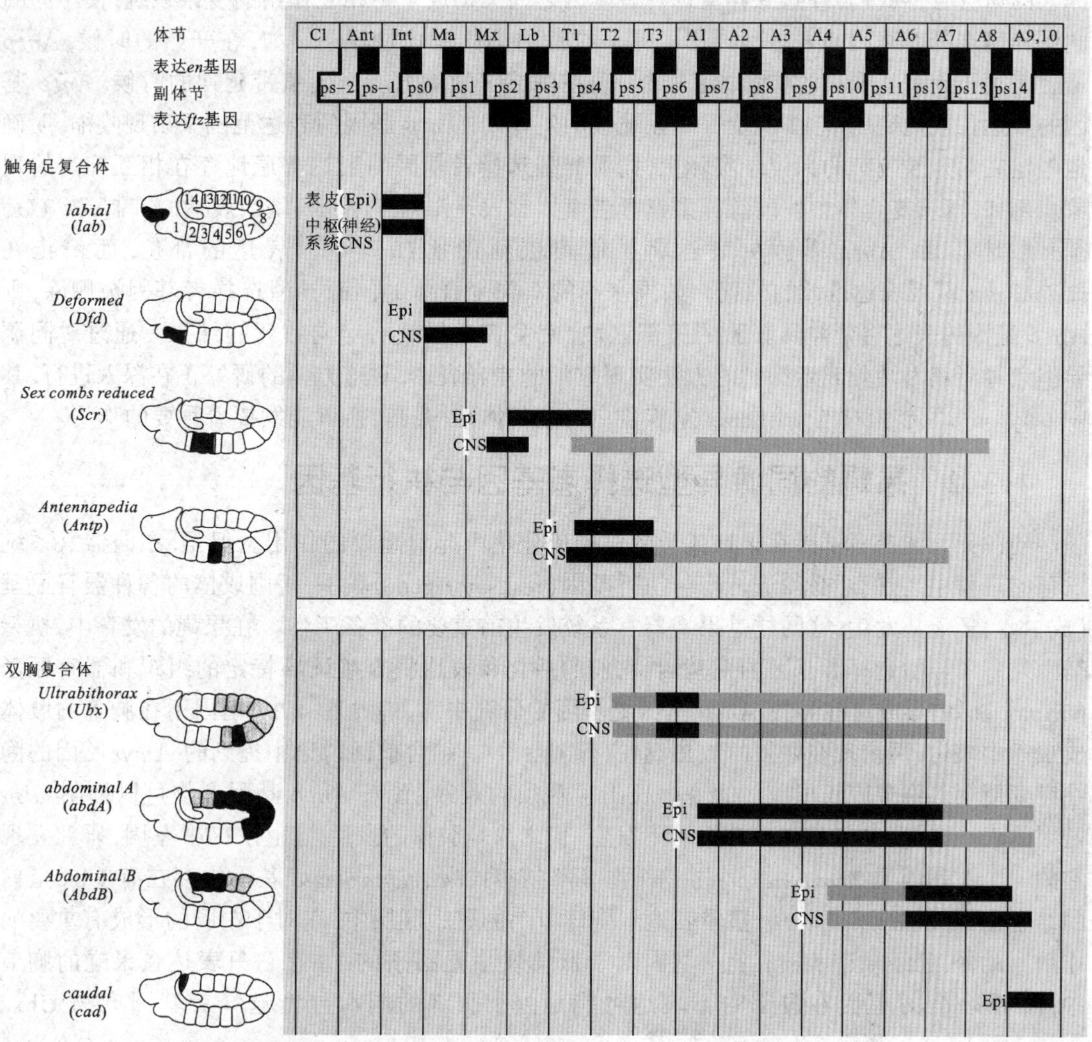

图 4.3.7 果蝇胚胎同源异形基因的表达区域(包括蛋白和 mRNA)
深色区域是基因强表达的体节,并对应于上图标出的副体节的位置,以及它们之中的间隙基因的表达种类,浅色区域表示此基因有弱表达的位置。(S.F.Gilbert)

物抑制 abd A、Abd B 基因的表达,并正因为如此使果蝇头、胸避免了向腹节的发育。相反地,一定浓度的 Hunchback 蛋白和 Krüppel 蛋白可分别活化 Ubx 基因和 Antp 基因,使之在胚胎中部表达(图 4.3.8)。再如,基因 ftz、eve 的表达同样使同源异型选择者基因出现在副节区域中的限定表达。第二,

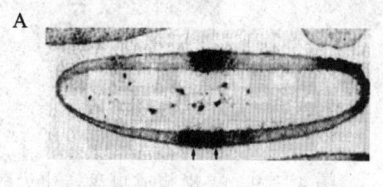
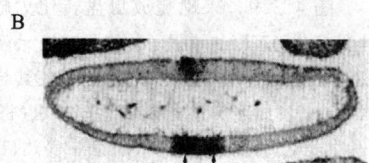

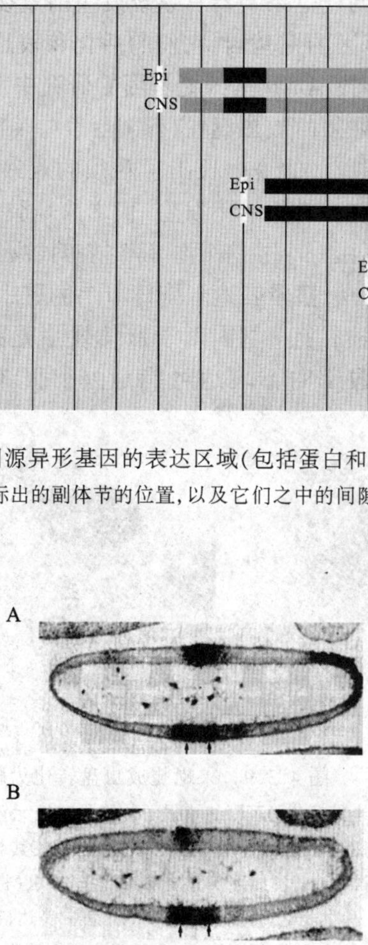

图 4.3.8 Krüppel 基因的表达(A)预示了之后 Antp 在同一区域的表达(B) (S.F.Gilbert)

深入的研究告诉我们,各同源异型选择者基因之间又构成一个相互作用的复杂系统,使不同的同源异型选择者基因的表达呈现出的是一个动力学的变化过程。例如,在开始的时候,*Antp* 基因表达于副节 4 形成的位置,很快又出现在副节 5 的地方。当生殖带延伸的时候,*Antp* 基因的表达扩展达到副节 12 的位置。在继续的发育中,*Antp* 基因的表达范围又出现收缩,明确地限定在第 4、5 副节的部位。实际上,同源异型选择者基因的表达普遍地存在相互抑制的现象。例如,双胸复合体中的同源异型选择者基因都表现出对于 *Antp* 基因表达的抑制,当 *Ubx* 基因被删除后,*Antp* 基因的表达将扩展覆盖到正常 *Ubx* 基因表达的部位,而停止在 *abdominal* 基因表达区域的位置。如果全部的双胸复合体的同源异型选择者基因被删除,则 *Antp* 基因的表达将延伸到胚胎的腹部区域,使发育过程最后走向致死的结果。通过对同源异型选择者基因活化或者抑制的方法实现它们的差异表达,对这方面的研究正在深入进行,其中 polycomb 家族蛋白与 trithorax 家族蛋白对染色体结构的转换可能发挥着重要的作用。

4.3.2 果蝇的同源异型选择者基因与执行基因

同源异型选择者基因在果蝇体节的进一步分化中起着重要的作用。但是,在向器官系统发育的进程中,它们还必须进一步与执行基因(realisator gene)联系,否则成体的各种器官原基(成虫盘)还无从发生,这同样是果蝇器官系统发生前重要的准备工作。在果蝇的发育中,执行基因是同源异型选择者基因的靶基因,它们的活化和表达将直接诱导特定的组织和器官原基(primordia)的形成。在寻找 *Antp* 基因靶基因的研究中,人们发现 *salm* 基因不在胸部的肢体成虫盘中表达,而出现在触须的成虫盘中(图 4.3.9)。结合前面讨论中提到的 *Antp* 基因的隐性突变使第二胸节应长出肢体的地方长出了触须的观察,看来 *Antp* 基因产物可以抑制 *salm* 基因的表达,从而决定了胸部触须的不发生,代之的是肢体的发生。对于 *Ubx* 基因,研究发现它的一个靶基因是 *decapentaplegic* 基因。研究表明 *decapentaplegic* 基因中存在有 Ubx 蛋白的结合位区,*decapentaplegic* 基因表达于副体节 7 的脏中胚层中,它对于中肠的形成有重要的作用。此外,已经知道 *Distal-less* 基因对于肢体发生是必须的,并且它只表达在果蝇的胸节中,而 *Distal-less* 基因在腹部的不表达可能是由于腹部的同源异型选择者基因产物 Ubx、

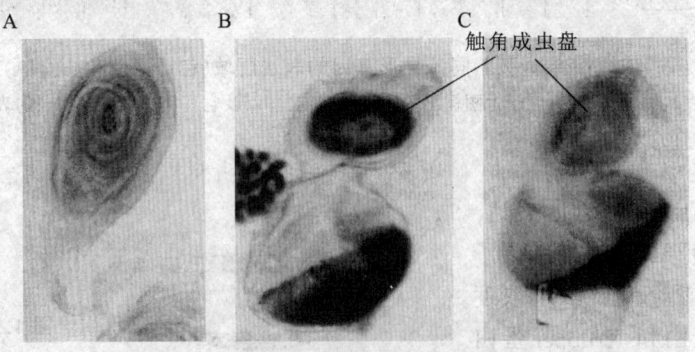

图 4.3.9 果蝇腿成虫盘转化为触角成虫盘

当含有 β-半乳糖苷酶基因的增强子的陷阱转座元置于一个增强子附近时,β-半乳糖苷酶基因被激活。用转座元的这个性质使其与果蝇的一个调节头胸分化的基因靠得很近,得到如下实验结果:野生型幼虫(将要成蛹的 3 龄幼虫),*salm* 不在腿成虫盘中表达(A)而在触角成虫盘中表达(B),但是 *Antp* 突变抑制了 *salm* 在触角成虫盘中的表达(C),触角发育受到抑制。(S.F.Gilbert)

AbdA 蛋白与 *Distal-less* 基因中的增强子结合,从而抑制了它的表达。但是,这似乎又解释不通为什么副节 5 和副节 6 都表达 *Ubx* 基因,前者将发育出现肢体,而后者没有。研究发现仅仅 Ubx 蛋白的因素对于肢体的决定是不够的,而且 Ubx 蛋白在副节中表达的时间因素看来也是很重要的。这样的分析来自以下的观察:在 *Ubx* 基因活化以前,4~6 副节的发育潜能是同样的,到了果蝇胚胎发育的第 10 期(关于果蝇胚胎发育的分期属于十分专业的内容,本书不作介绍),Ubx 蛋白出现在副节 5 和 6 的前部,使它们不发生副节 4 中出现的气孔结构。同时,在副节 6 的后半部(compartment)而不是副节 5 的后半部,Ubx 蛋白表现出对 *Distal-less* 基因表达进而对肢体原基发生的抑制。到了发育的第 11 期,当 Ubx 蛋白出现在整个副节 6 中时,*Distal-less* 基因已经变为自我调节的状态,Ubx 蛋白对它已不发生任何作用了(图 4.3.10)。

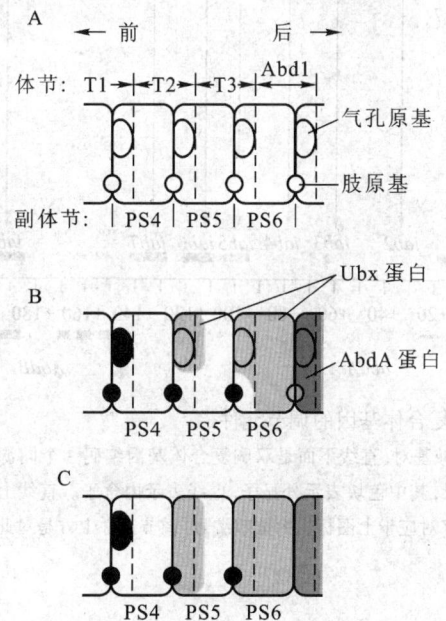

图 4.3.10　果蝇第 5、6 副体节中 *Ubx* 基因表达的差异
A. 在 *Ubx* 基因表达之前,每一个副体节都具有气孔原基和肢原基发生的潜能,图中 T1~T3、Abd1 标明不同体节的范围,PS4~PS6 标明不同副体节的范围。B. 在胚胎发育的第 10 期,*Ubx* 基因表达封闭了第 5、6 副体节的前气孔形成,并阻止第 6 副体节后段肢体的形成,而在后方的各腹节中,AbdA 蛋白扮演了相同的角色。C. 在胚胎发育的第 11 期,*Ubx* 基因表达区域延伸到第 5、6 副体节的肢原基,但此时已经"太晚",已不能抑制 *Distal-less* 基因的表达,即此处的肢体发育将不再受阻。(S. F. Gilbert)

从上面提到的 *Ubx* 基因在副节 5 和 6 中表现出的在时间、空间上的表达分化现象中,我们可以猜测到 *Ubx* 基因的表达应该是受着多种调节因子控制的,由此 *Ubx* 基因的顺式调节元件(cis-regulatory element)受到重视并被详细地加以研究。图 4.3.11 总结了这方面的研究成果:从中可以看出在双胸复合体的序列中,除了包含 *Ubx*、*abdA*、*AbdB* 三个结构基因外,还鉴定出了若干个有基因转录调节功能的序列,它们定位在以上 3 个基因编码区的旁邻序列或者内含子中。其中,*abx* 或 *bx* 调节元件的突变使副节 5 发育为副节 4,*bdx* 或 *pbx* 的突变影响的是副节 6 的发育,而对 *Ubx* 的整体删除得到的是副节 5 和副节 6 转型为副节 4,在它们的序列中含有可与 *tll*、*ftz*、*hb* 等体节分化基因产物结合的增强子。双胸复合体的序列中的另一组基因转录调节功能序列是 *intra-abdominal*(*iab*)2~8,它们分别参与 *abdA* 或者 *AbdB* 基因在不同腹部体节中的表达。

以上我们把重点放在相关于果蝇胚胎前后轴分化的讨论上,实际上器官的发生和定位同时还受着背腹、左右方向因素的影响。图 4.3.12 总结了果蝇背腹方向上不同基因的表达分布图案。这方面还有许多不明了的地方有待于深入研究。

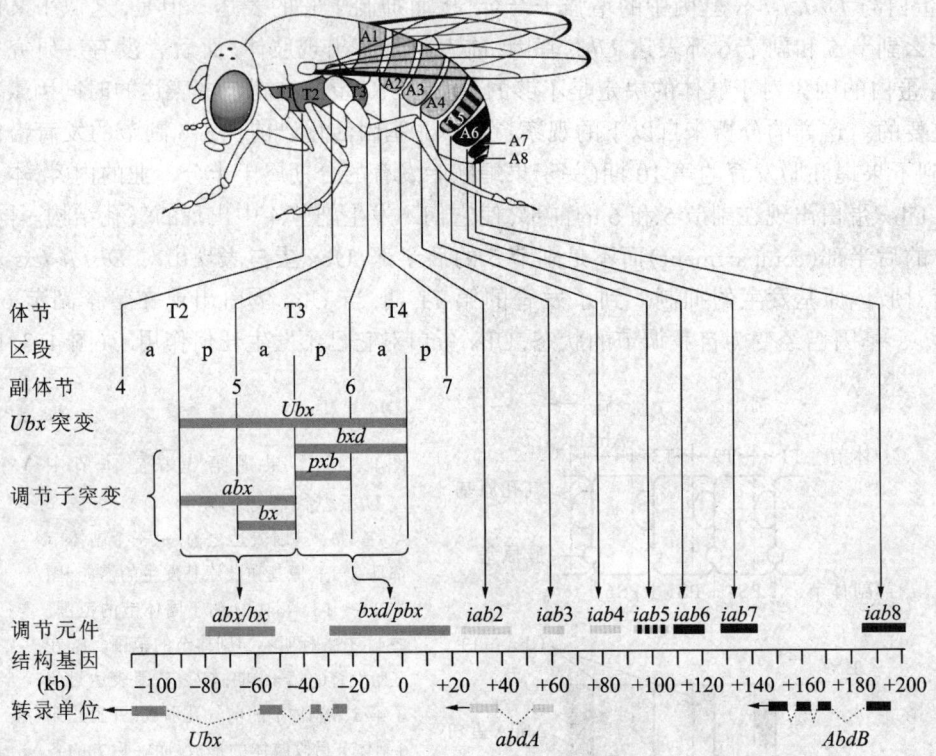

图 4.3.11　双胸复合体基因的调节元件

图下部的直线表示双胸复合体基因的 300 000 个碱基对，直线下面是双胸复合体基因编码 3 个同源异型蛋白的 3 个转录单位，每个基因都是从右向左转录，其中色块表示外显子，虚线表示内含子。直线上面是用遗传突变方法确定的调节元件定位，其中的数字对应于上图标出的体节编号，调节元件上方是对此序列突变效应的进一步研究。(S. F. Gilbert)

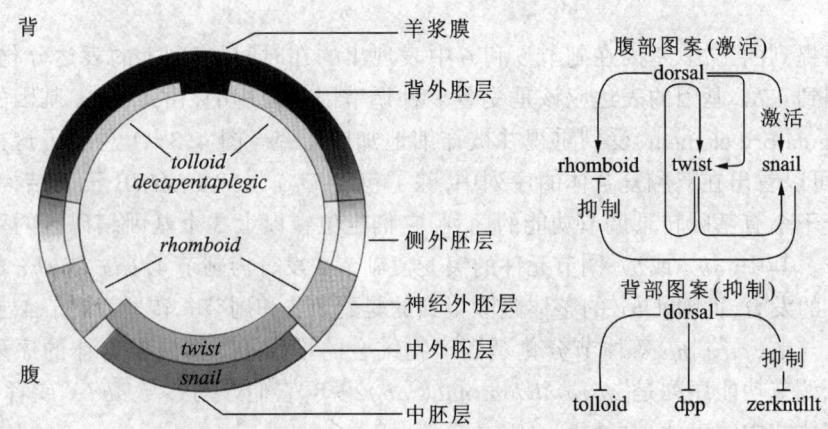

图 4.3.12　果蝇 Dorsal 蛋白梯度决定背－腹轴的分化

核中的 Dorsal 蛋白依照不同的浓度分别激活合子基因 *rhomboid*, *twist* 和 *snail*。Snail 蛋白主要在腹部合成，抑制 *rhomboid* 的转录，同时抑制腹部 *tolloid*, *decapentaplegic*(*dpp*), *zerknüllt* 的表达，而不同浓度的 Zerknullt 蛋白决定着背部细胞的命运。(S. F. Gilbert)

4.3.3 节肢动物的长胚基模式和短胚基模式

体节的出现和设置不仅是节肢动物个体发育的重要环节,而且它的发育程式的差异也深刻地影响着动物分类地位的决定,造成了物种的多样性分化,使发育沿着分类层次递进的路线一步步获得表达。除了上述来自体节和同源异型选择者基因与执行基因间作用关系的分化外(如双翅与四翅昆虫的存在、腹部有肢体与无肢体的区分),发育生物学研究表明,节肢动物存在有两种不同的体节构建模式,长胚基模式(long germ mode)和短胚基模式(short germ mode)。在果蝇的胚胎发育中,无论是体节的形成还是它们继之的分化,可以说在其胚胎的前后轴向上基本是同步进行的。但是,在节肢动物中还有另一类动物,例如蚱蜢、缨尾目动物 *Petrobius*,它们的发育除了尾端以外,中间体节的部分是以原基的形式首先出现在前部,然后原基从前向后不断依次分化发育出各体节来(图4.3.13)。果蝇的体节形成模式被称为长胚基模式,蚱蜢的体节形成模式被称为短胚基模式。显然,节肢动物之中两种造成物种分类地位显著不同的发育模式来自于这一阶段发育程序设计的不同,并且应该能够找到产生这种差异

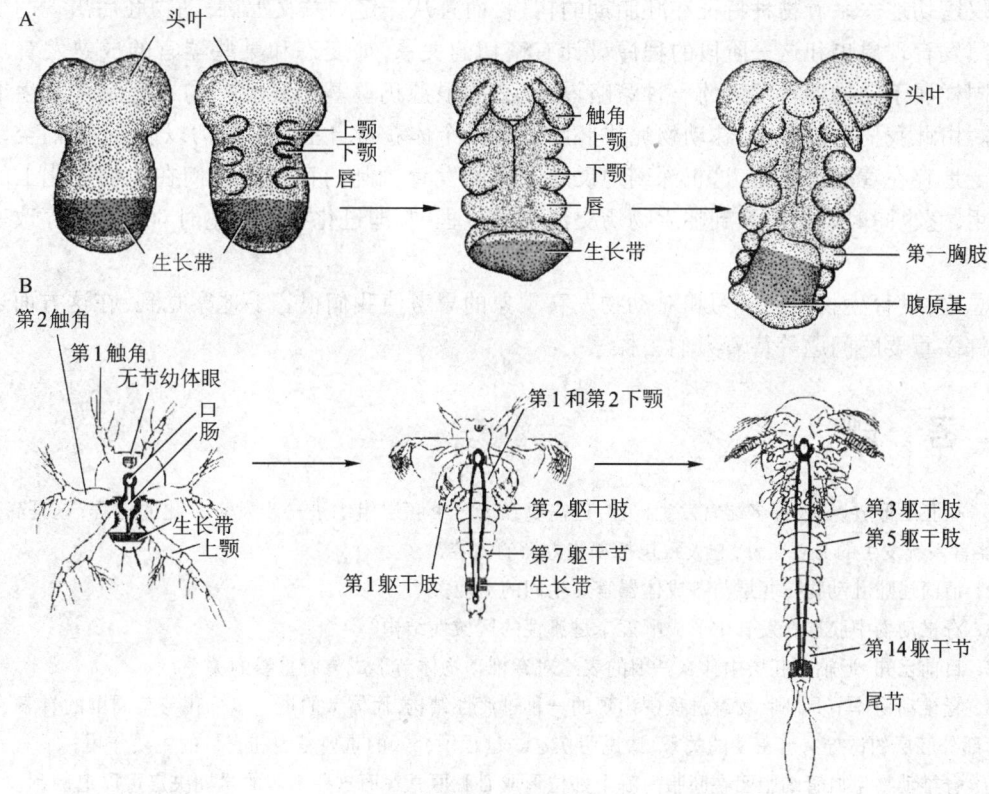

图4.3.13 节肢动物的短胚基发育

A.无翅缨尾目昆虫 *Petrobius* 的发育。受精卵首先发育出个体的最前端部分(包括颚、唇)和末端部分,但是没有胸和腹,但在靠近身体末端处形成由增殖细胞组成的生长带(深色),然后生长带陆续分化发育出胸和腹的结构,在这个过程中,生长带不断消化吸收卵黄中的营养成分,到孵化时,长出全部体节。B.甲壳动物的发育。甲壳动物的卵黄相对很少,到孵化时,幼体只有头部和末端结构。幼体有完整的肠,以浮游生物为食,而在肛门之前是生长带(深色),生长带细胞吸收营养并陆续按前后顺序长出各体节,当全部体节长出后,甲壳动物成体动物发育完成。(J.Gerhart & M.Kirschner)

在调节程式上的原因。这不仅对于我们认识动物的发育现象是重要的,对于探察动物的进化机制也同样是十分有意义的。实际上推广而言,果蝇在幼虫的时候没有肢体,蟋蟀稚虫期有肢体而没有翅膀,以及昆虫表现出的不同变态模式等,都联系着动物在漫长的演进历程中门类以下分类等级进化的问题。

以上,我们粗略地讨论了在发育过程中,器官系统发生奠定的问题,其实这个问题应该远比这要复杂得多。从本章的讨论中,我们可以看出,对于一个具体的器官发生或者器官系统之间的组配方式,可能在它们原基出现之前很早的阶段就开始了准备工作,它们应来自于一个复杂的信号调节、控制网络的分化作用。相反,真的到了终末器官形成的时期,问题可能倒变得简单或者表现出更大的一致性了。实际上在发育中,细胞的终末分化和器官系统的构建往往到来得很晚。因此,器官系统发生的奠定在动物胚胎发育中,特别是在门类体制以下物种分类特征的表达上,应该占有着极为重要的地位。今天发育生物学对这方面的了解还仍然十分不够。

从进化的角度,动物器官发生的准备和奠定阶段是一个应该特别受到关注的阶段。因为它不仅密切地关系着物种特征在胚胎期的构建,而且从一定的意义上讲,动物胚后出现的变态和成熟发育现象也和这一阶段的程序设计有密切的关系,如变态和某些器官的成熟发育可以认为同样属于动物器官发生的一种策略设计,它的根源仍奠基于胚胎期的器官系统发生准备阶段。由此我们可以看出,在动物完成胚胎发育即个体获得自主生活能力以后,不同门类动物中广泛地存在着变态现象,这正深刻地反映了共同发育机制的存在和它们在生物进化上的差异运用,它也同时直接涉及到在生物历史演变的过程中,即进化事件发生时对发育程序改变的问题。

总之,发育生物学的学习和对动物发育现象的思考使我们很容易地察觉到,在这方面还蕴涵着许多重要的问题等待着人们去探索。

思 考 题

1. 在胚层形成以后,许多器官发生以前,还需要经过一个胚层组织进一步发育分化的过程,这是高度特化的器官系统发生的必要条件,它大致包括哪些方面的内容?
2. 请简述哺乳动物三胚层与各成体器官发生间的对应关系。
3. 脊椎动物中胚层在发育中形成哪五个过渡性的区域性结构?
4. 目前已知,近轴中胚层中什么基因的表达对脊椎动物体节形成有着重要的关系?
5. 脊椎动物体节是胚胎发育过程中出现的一种过渡性结构,而体节的进一步分化与其周围的脊索、神经管、背部外胚层的诱导有着密切的关系,请说明在这一过程中介入的重要基因和它们的主要作用。
6. 脊椎动物生血管细胞团在胚胎的哪个部位形成心脏原基?而这些细胞的早期决定可以追溯到发育的什么阶段?
7. 脊椎动物内胚层在发育形成未来器官时必有中胚层的加入,请举例说明。
8. 请说明在脊椎动物中,Hox 基因族的组织方式和它们的命名方法。
9. 请简述脊椎动物胚胎发育中,Hox 基因沿体轴方向上的表达特征和它们对发育的重要作用。
10. 举例说明,在脊椎动物胚胎发育中表现出的左右轴向分化的基因控制现象。
11. 发育中,实现果蝇体节特异化的核心基因是什么基因,并请说明这一基因族命名的由来。
12. 果蝇同源异型基因族在第三染色体上形成两个复合体,它们分别是什么?它们、以及它们的表达调控元素在染色体上的排列顺序有什么特征？

13. 举例说明果蝇同源异型基因的表达调控有哪两个基本的途径。
14. 果蝇同源异型基因的靶基因统称为什么基因？这一类基因的基本功效是什么？
15. 什么是节肢动物发育的长胚基模式和短胚基模式？

5 动物成体组织结构的形成和器官系统的发生

所谓动物成体组织结构的形成和器官系统的发生,是指动物体中普遍存在的器官结构(如心脏、肾脏、肺脏、精巢等),以及由这些器官按生理功能分类组成的各种系统(如呼吸系统、循环系统、生殖系统等),同时包括一些广泛存在于各种器官系统中的在发育上高度特化的成体组织成分(如肌肉、骨骼等)的形成和发育。在学习这一部分内容时有两点需要说明的是:第一,随着考察的动物物种的不同,特别是动物门类的不同,它们的成体组织结构和器官系统会在种类、构成、以至很基本的工作原理上表现得很不一样(如脊椎动物的内骨骼与节肢动物的外骨骼),它们既反映了动物进化过程中的多样性和对于不同环境适应的差异,也体现出它们进化的深度和历史制约性的区别。显然,如果全面展开的话,这方面将包括十分浩瀚的内容。为此本章将采取举例说明的方式,而不全面展开讨论。第二,如前面提到的,各种动物成体组织和器官系统,它们各自在发育过程中并不是同步进行和完成的,有的在胚胎发育的很早阶段就开始并基本完成了(如心脏),而有的要到很晚,以至胚后很长的时间后才开始其结构和功能的终末构建工作(如性腺),这一现象相关于它们在个体生命活动中的地位和作用(如循环系统在个体发育中的早期建立),以及它们的进化深度(如脊椎动物肾脏的发育)。

显然,在这里,我们跨越个体发育中可能存在的时间先后的明显差异和物种间发育内容上的巨大不同,把各种器官的发生归纳在一起作为一个特定的动物发育的阶段来看待,力图反映的是对动物发育的一种理解,即它们都属于胚胎发育形态结构的终末性构建,它们有着同样的发育上的地位,并由此讨论它们的共性。

5.1 动物器官系统发生总论

器官系统的发生常被看作是动物胚胎发育阶段的终末任务,是动物胚后获得独立生活能力的必须构建,它随着物种的不同和器官的不同而呈现出各自差异、丰富多彩的发育图案。总体而观,发育中动物的器官系统发生表现出以下特征。

1. 在动物的器官发生过程中,细胞普遍进入终末分化阶段

在动物的器官发生过程中,细胞普遍进入终末分化阶段,许多组织、器官特异的细胞出现在这一时期,例如内分泌器官的激素分泌细胞(胰岛细胞、肾上腺嗜镉细胞),各种不同形态功能的神经细胞(小脑浦肯野细胞、视网膜视锥细胞),等等。终末细胞分化的命运决定,包括基因、信号控制和环境因素的建立,是当前发育生物学重要的研究课题之一。

肌细胞是组成许多器官系统的重要细胞类型之一。在动物的进化历史中,肌细胞是多细胞生物体中很早分化出现的一种细胞类型,它被严格地编程在包含有肌细胞的各种组织和器官的发生过程之中。脊椎动物有3种不同的肌细胞:骨骼肌、心肌和平滑肌细胞,发育生物学要回答的问题是肌细胞从它的前体细胞分化发生的机制和器官系统的差异对这种分化的类型决定和空间结构设计。已知决定肌细胞分化发生的核心成分是 MyoD 家族,包括有 Myogenin、Myf5、MRF4 等成员,它们是一种含有螺旋-环-螺旋结构(basic helix-loop-helix)的转录调节蛋白。在肌肉特异表达的磷酸激酶和乙酰胆碱受体基因上游有 MyoD 的结合位点,并通过这一途径最终诱导肌动蛋白重链等成分的表达。研究发现,如果将鸡外胚层细胞与原肠期的其他细胞分离开来,它们自发地发育为肌细胞,在细胞中也检测到有 MyoD mRNA 存在。这一现象提示我们,肌细胞在特定器官中的表达更像是通过这样一个过程完成的,即 MyoD 基因的表达在非肌肉发生的部位受到了来自环境因素(旁泌素)的抑制,这可能是决定前体细胞进入生肌母细胞路径还是分化为其他细胞类型(如成纤维细胞、骨细胞、脂肪细胞)的重要机制。已经知道参与这一调节的基因有 *Twist* 基因、*Wnt* 基因、*Notch1* 基因。MyoD 家族基因有一个重要的性质,即它的上游有一个自身产物的结合位点,一旦 MyoD 基因获得表达,即可以通过正反馈调节的方式维持其持续表达,以保证肌肉细胞分化的进行和完成(图5.1.1)。肌细胞是终末分化细胞,研究发现 MyoD 的表达与细胞分裂相关的基因的表达有相互拮抗的作用关系,Cyclin D1 抑制 MyoD 的表达,反之 MyoD 通过诱导 p21 因子抑制 Cdk 4 的表达(图 5.1.2)。关于形成哪种肌肉及其调节机制的分化我们将在本书的进化部分介绍。此外,骨骼肌在其发育中存在一个细胞融合形成多核肌纤维的过程。

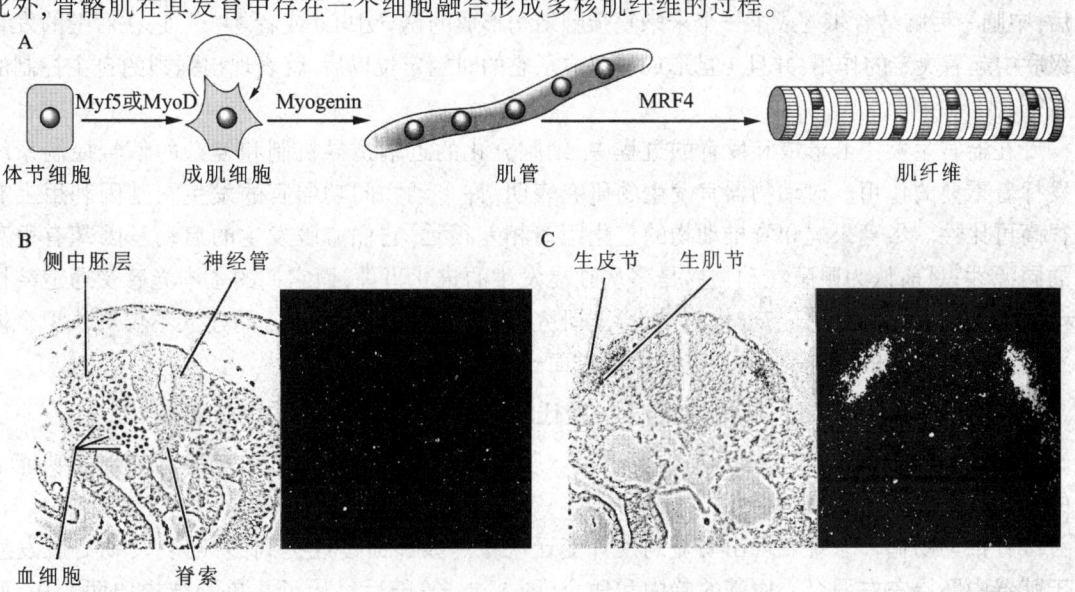

图 5.1.1　转录因子 MyoD 家族调节肌肉的发生

A. MyoD 家族在小鼠骨骼肌发生中的作用。B. 原位杂交显示,在小鼠胚胎分节前的侧中胚层里没有 *myf5* mRNA 表达。C. 原位杂交显示,在小鼠胚胎生肌节中有 *myf5* mRNA 表达。(S. F. Gilbert)

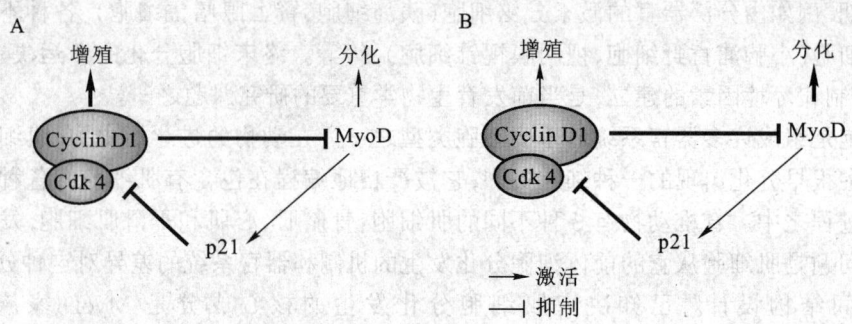

图 5.1.2　肌细胞增殖和分化之间的转换

A.在细胞增殖时,Cyclin 的激酶 Cdk4 持续表达,它抑制 MyoD 的表达。B.进入细胞分化程序后,MyoD 表达,并通过激活 p21 蛋白来抑制激酶 Cdk 4。因此,分裂的细胞不分化,而分化的细胞不分裂。(S.F.Gilbert)

2. 许多器官的发生往往从建立生发中心开始

许多器官的发生往往从建立生发中心开始,并且这一中心常常以原基的形式出现,例如生殖腺、肾脏、肢体的发生等等,而且在复杂的器官发生过程中,内部新的生发中心或者区域又可能逐级出现和发展下去,例如肾单位的发育(详见后面的内容)。

神经发育研究表明,中脑(mesencephalon)和后脑(metencephalon)的结合带对于脑的构建有重要的组织作用。如果将这一部位的组织移植到其他部位,可造成中脑和后脑的异位构建,而将这一部位的组织旋转180°以后再植入原位,则诱发出 3 个中脑(图 5.1.3,彩图)。对其基因表达图案的研究表明,$Wnt1$、$Fgf8$、shh 等基因在不同的区域有精确的表达,而 En 基因表达在中脑、后脑结合带前后两侧,并呈递减的梯度分布(图 5.1.4,彩图)。显然,在神经管形成以后,中脑-后脑结合带构成了一个未来复杂脑结构形成的诱导中心(或者之一),它在后继的发育级联中起着决定的作用,并且一旦形成和完成了它的时空定位以后,就表现出强烈的自主控制的特征。

在器官生发中心形成和发育的过程中,细胞分化的近端诱导机制和复杂的信号控制系统发挥着重要的作用。对动物器官发生的研究表明,许多动物同功器官的发生在基因利用上有很高可比性。尽管果蝇和脊椎动物的进化距离相差很远,它们心脏发生的启动基因却有很高的同源性;目前认为眼睛在动物界是多次独立发生的进化事件,而它们的基本光感受通道结构十分地相似(见后面发育与进化的讨论)。研究器官的发生和生发中心的建立不仅对认识个体发育过程是重要的,在探察生物进化机制方面也有着重要的意义。

3. 发育过程中,体位、结构、功能上的变迁现象是一些器官发生的又一特征

在动物的发育中,我们很容易地发现在一些器官的发育过程中,存在有体位、结构、功能上的变迁现象,这成为器官发生的又一特征。

脊椎动物循环系统表现出明显的发育变迁现象。如前面已经提到的,哺乳动物心脏发生于脏器中胚层左右两个心原基的趋中和融合(图 5.1.5),随后经历了从单管结构向两心房、两心室的形态演变过程(图 5.1.6)。除了心脏以外,血管和血细胞的发生也表现出变迁的特征。血管的生成有两种方式,第一是生血母细胞(anioblast)独立地在不同部分发生血管,再连成网络;第二是通过出芽的方式扩展血管的分布区域,其过程类似于神经的发育。伴随发育进行,

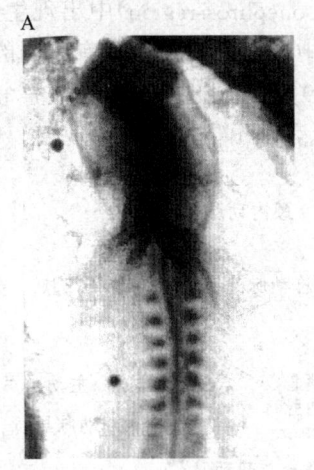
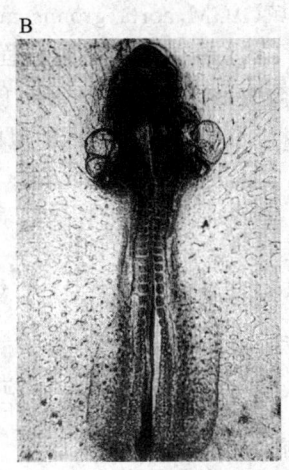

图 5.1.5 脊椎动物左右心原基融合形成一条心管
A.30 h 的鸡胚胎的左右心原基在腹中线相遇。B.阻止两个心原基融合导致鸡胚胎出现双心现象。(S.F.Gilbert)

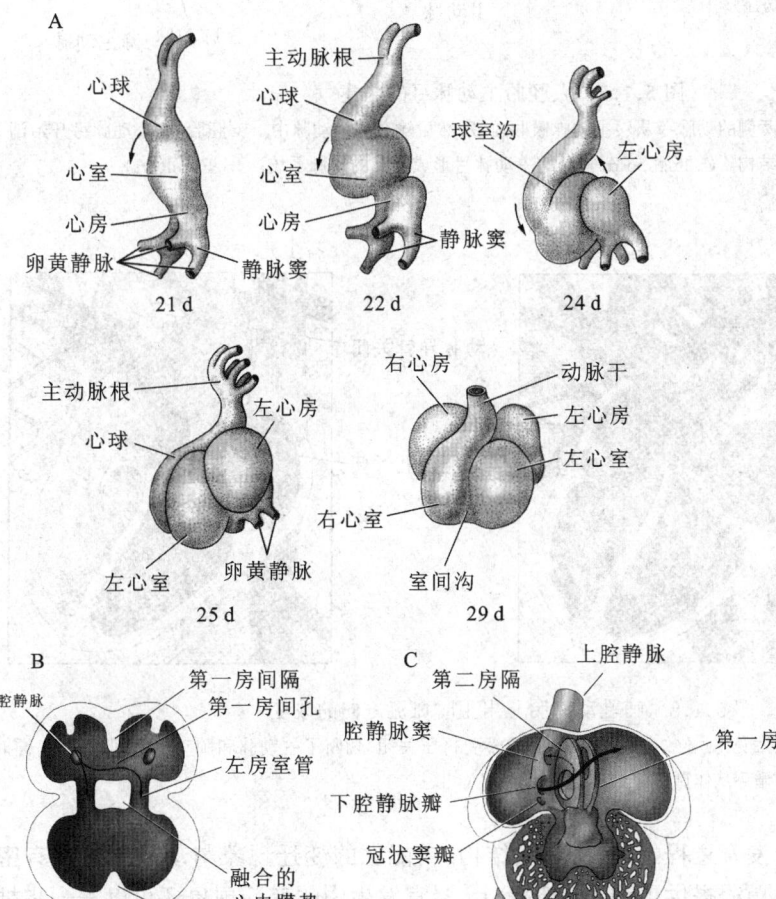

图 5.1.6 人胚胎发育过程中,心脏发生的形态演变
A.人胚胎在第 3 周从一根心管开始,到第 4 周两心房、两心室结构形成。B.心脏各个腔的形成,图为 4.5 周人胚胎心脏切面图,房隔和室隔正在向心内长入。C.出生前人胎儿心脏切面图,通过尚未封闭的房间隔,血液可以从右心房流到左心房。(S.F.Gilbert)

血管也进行着相应的改造(图 5.1.7),而在出生时,由于肺功能起用和与母体物质交换的阻断,婴儿循环路径发生改变(图 5.1.8)。哺乳动物血细胞最早来自于生血母细胞,这种多潜能造血干细胞始见于卵黄囊,最早分化的血细胞以红细胞为主;随后在生殖腺－中肾组织－动脉

血管区域(AGM, aorta、grouns、mesonephros region)中出现生血母细胞,这些细胞迁入肝脏,形成造血干细胞。在个体发育过程中造血干细胞先后有不同的宿营地和发育场所,它们分别是肝、脾、胸腺、骨髓等器官(图5.1.9)。此外,在脊椎动物的个体发育过程中,血红蛋白基因的利用、淋巴细胞抗体的表达类型也表现出依次更替的现象。

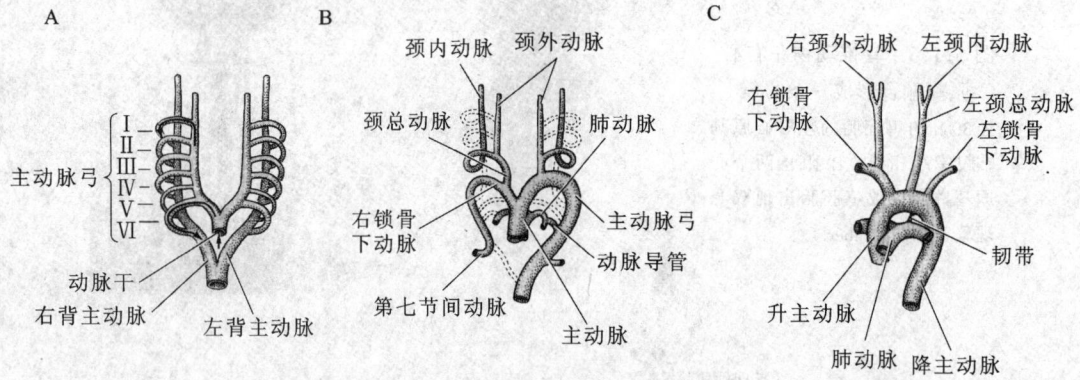

图 5.1.7　人胚胎主动脉弓的构建

A.胚胎 29 d,6 个分布在前肠两侧的动脉弓从腹主动脉吸收血液,然后输送到背动脉中。B.胚胎 49 d,动脉弓开始消失或者变形,虚线表示退化中的结构。C.胚胎 56 d,剩余的主动脉弓形成婴儿的动脉系统。(S.F.Gilbert)

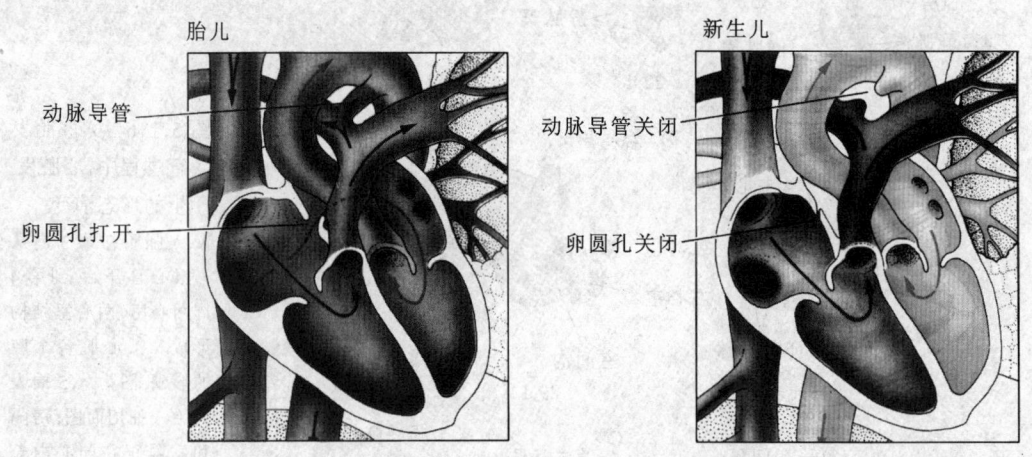

图 5.1.8　哺乳动物胎儿出生时血流方向的改变

空气进入新生儿的肺,引起压力变化,导致血流改向:动脉导管受挤压关闭,切断了主动脉和肺动脉之间的联系,同时两心房间的卵圆孔也关闭,肺循环从体循环中分离出来。(S.F.Gilbert)

显然,动物器官系统发育过程的这种体位、结构、功能上的变迁现象与动物的进化有密切的联系,并为认识其进化历程提供了线索。实际上,器官发生中的变迁现象还可以进一步推广到不同物种间的比较上。许多不同物种同源器官的发育差异,以及由此带来的形态结构和功能的分化很早就被人们注意到,这是带来生物多样性的一个重要原因。为此,探索其发生的机制是生物进化现象对发育生物学提出的又一个重要课题,目前在这方面的研究也还很不够。

4. 器官形态发生与其生物学功能表达的相互关系

动物发育的一个基本特征是,由于动物的异养方式不仅带来了动物形态结构功能的高度

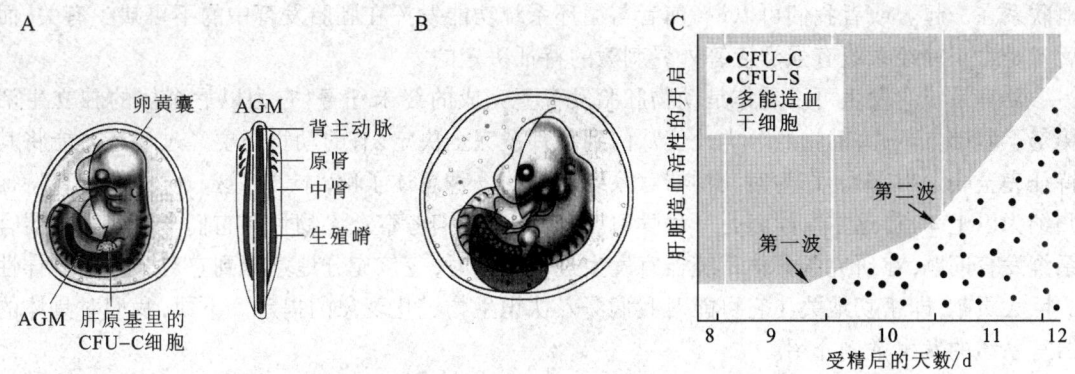

图 5.1.9　小鼠造血干细胞在肝中的两波集落发生现象,造血干细胞分别来自卵黄囊和 AGM 区
A.胚胎第 9 天时,卵黄囊发生出一批早期 CFU−C 细胞,这些细胞被认为是肝脏第一波造血细胞的主要来源。B.第 10 天时,来自 AGM 的 CFU−S 细胞和多能造血干细胞逐渐成为肝脏第二波造血细胞的主体。C.为发育中植入肝脏造血细胞的来源情况。(S.F.Gilbert)

复杂的特点,而且还造就了一个显著存在的胚胎发育的阶段,要求在这一阶段中基本完成有独立生活能力的个体的结构建设。结构和功能的统一是生物遵循的普遍法则,但是在发育过程中,特别是在动物器官系统的发生中,结构和功能的表达可能表现出相当程度的分离,即一些器官在胚胎期完成其形态结构的建设,而其功能在胚后才表达出来。

如果说早期胚胎发育与后继的发育密切地联系在一起,它的形态结构和功能可以统一在为后期发育准备和创造条件的认识之上(如体节)。那么,作为胚胎发育终末建设的器官系统的发生,一些器官的发生与它们的功能之间出现明显的分离现象:完好发育的肺只有在个体出生以后才执行其呼吸的功能;肢体在它运用以前就实现了其完备的建设;生殖腺体在发育早期其基本结构就构建完成,而性成熟往往推迟到胚后的很长时间,等等,这些都是人们早已熟知的发育现象。

就程序本身来说,造成发育中出现结构建设和功能表达间的分离并不困难。但是从进化即程序的建立看,这确实是一个至今仍让人费解的问题。对此,可以有两条推理路线:第一是在进化上,复杂器官系统的形成来自于个体与环境的相互作用,即它的形态构建和功能表达是同时建立和获得的,而后是将这种获得纳入发育的程序,实现其胚胎期的先期建设;第二是由于生物的随机变异使胚胎发育产生了各种器官结构发生的可能性,即它的形态构建和功能表达在开始的时候并没有必然的联系,而后是胚后的个体生活过程使特定结构的功能潜在性表达出来,并通过物种选择保留下来。显然,无论哪种推理或者两者兼有,要回答个体有序改变纳入总体有遗传属性的发育程序、或者发育程序在没有功能因素推动下实现如此复杂结构建设的机制,都是一个困难的问题。但是无论如何,设想在现有的发育程序中包含着它的建立机制或者印记应该是合理的。不是单纯地描述发育的建设过程,而通过此揭示生命有序过程的规律是发育生物学的重要内容,器官系统发生中突出表现出的这个问题,从作者掌握的知识看,目前发育生物学在这方面的研究还基本上是一个空白。

当然,在发育过程中,并不是所有的器官发生都表现出明显的形态构建和功能表达的脱节现象。如上面讨论中提到的,循环系统各器官的发生过程与功能表达密切地联系在一起,而某些神经网络的发生(如视觉、语言中枢)可能延续到胚后很长的时间,并且也与其功能表达密切

地联系在一起。或者我们可以说，前者与循环系统功能发挥在胚胎发育中的不可缺少有关，而后者是由于神经系统有强烈应答外界刺激的特征决定的。

器官系统的发生可以看作是动物胚胎发育要完成的终末任务，它为以后个体的独立生活奠定了基础。至此，动物的分类地位从门到物种被完全决定(有的动物还要经过变态才能将其特征完全表达出来)。作为对动物器官系统发生的一种总体了解，本书将这一阶段的发育特征归纳为以上4点，这本身同时是一种学习。总之，当我们考察众多物种和它们丰富多彩的器官系统发育问题，在研究各具体系统器官发生过程的同时，应该充分地意识到它对于生物多样性的巨大贡献，即密切地关注它可能对我们深入认识生物进化现象的提示。下面，我们对具体的器官系统的发生举例介绍。

5.2 脊椎动物神经系统的发生

1. 神经管的分化与发育

从神经系统整体发育过程看，神经管的分化包括脑区的形成、神经系统的组织(皮层)建设、神经细胞的迁移、分化等重要的发育现象。在神经管形成的初期，神经管的早期分化便开始了，它大致包括以下3个方面：①脑的发育从神经管前端膨胀为前脑(forebrain)、中脑(midbrain)、菱脑(hindbrain)3个脑泡开始，并在这一基础上以后逐渐发育为成体脑(如大脑、间脑、中脑、小脑)以及相关的器官结构(如眼、垂体)(图5.2.1)。研究发现对应于前脑、中脑的脊索对脑的形成有重要的影响，如果敲除了这一组织中 $Lim1$、$Otx2$ 基因的表达，则会出现无脑现象(图5.2.2)。而后脑和脊髓的发育受 Hox 基因的控制，这一现象最初发现于果蝇之中，在脊椎动物中也随之发现。从图5.2.3中可以看到多种不同的 Hox 基因在后脑区域表达。②初形成的神经管的管壁由单层原神经上皮(germinal neuroepithelium)组成，之后通过原神经上皮的迅速分裂增殖使管壁不断加厚。这一过程是神经上皮细胞通过纵裂使细胞数目不断增加，在解剖上称这一层细胞为室管膜细胞(ependymal cell)。室管膜细胞在其分裂的周期

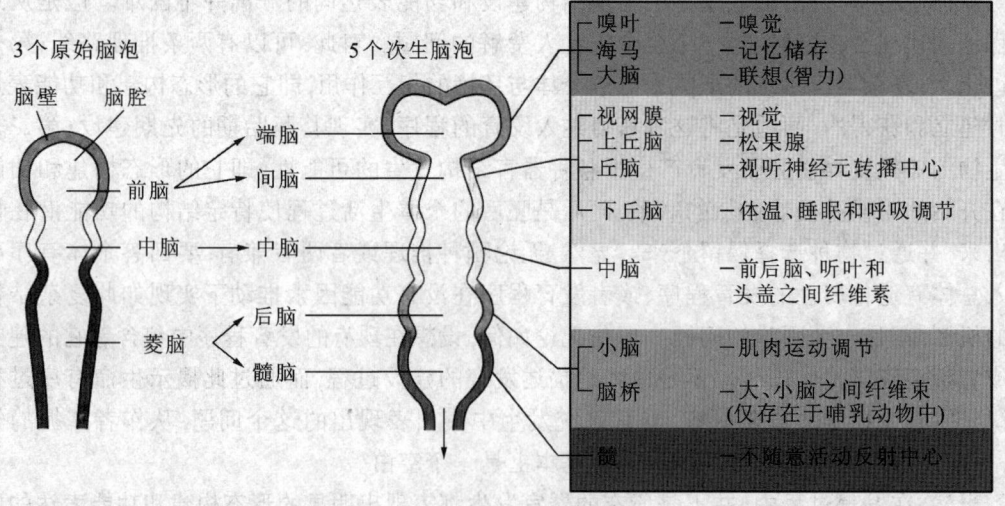

图 5.2.1 早期人脑发育
发育中，先形成3个初级脑泡，而对应于成体脑结构的次级脑泡随后出现。(S.F.Gilbert)

中,表现出特征性的细胞核在 DNA 合成期的外移现象(图 5.2.4)。到发育的一定阶段,室管膜细胞出现细胞横裂(有时称为特定神经细胞分化发生的生日),并向管壁外表面方向迁移出现层次的组织结构(图 5.2.5),以此逐渐构建了神经器官复杂的皮层结构。③在人的大脑中大约有 10^{11} 个神经细胞和 10^{12} 个神经胶质细胞。神经细胞是一个在分化上极为多样化的细胞,它们有树突和轴突的基本结构,但是有的细胞的树突很少,而有的可以多到可以和 100 000 个其他神经细胞相连接。它们的分化方向被认为在很大程度上决定于周围的环境因素。

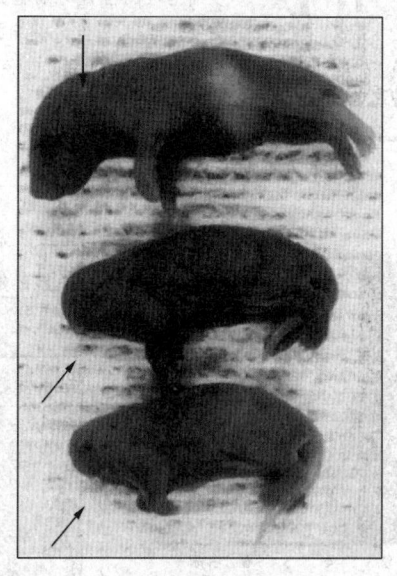

图 5.2.2 *Lim1* 缺陷小鼠的无头胚胎
图上方为野生型仔鼠,下为两个 *Lim1* 敲除鼠的仔鼠(大多数 *Lim1* 敲除仔鼠出生前就死亡了),耳翼(箭头所指)作为头、颈区分的标志,它成为 *Lim1* 敲除仔鼠最前端的结构。(S.F. Gilbert)

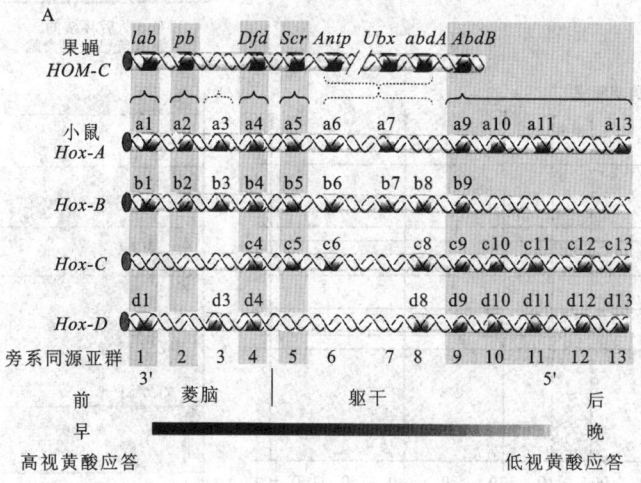
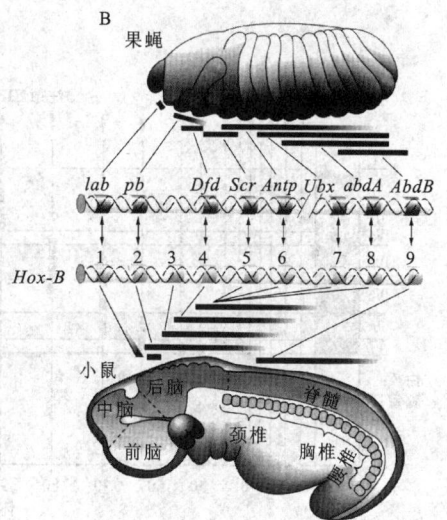

图 5.2.3 果蝇和小鼠中同源异形基因组织和表达的进化保守性
A.果蝇 3 号染色体上的同源异型框(homeobox)基因簇和小鼠基因组中 4 个 *Hox* 基因簇的保守性比较,阴影区表示特别强的结构相似,同时各基因在染色体上的顺序也是保守的。研究表明,发育中 5′端的基因晚表达,且在胚胎后端表达,只能被高剂量视黄酸诱导,并且属于同一族的基因有相似的表达图案。B.10 h 果蝇胚胎和 12 d 小鼠胚胎的 *HOM-C* 和 *Hox-B* 转录图案的分别比较。控制果蝇头部形成的一套基因 *orthodonticle*、*empty spiracles* 的小鼠同源基因在小鼠的中脑和后脑表达。(S.F.Gilbert)

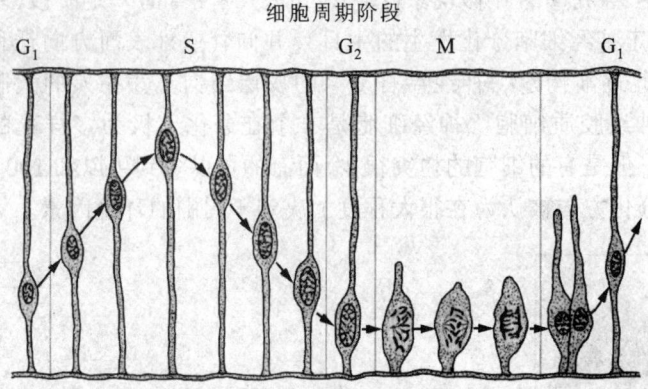

图 5.2.4 鸡胚神经管的发育
鸡胚胎神经管切面示意图,示神经上皮细胞核的位置与细胞分裂周期间的变化规律,有丝分裂细胞靠近神经管的中央,与神经管内腔邻近。(S. F. Gilbert)

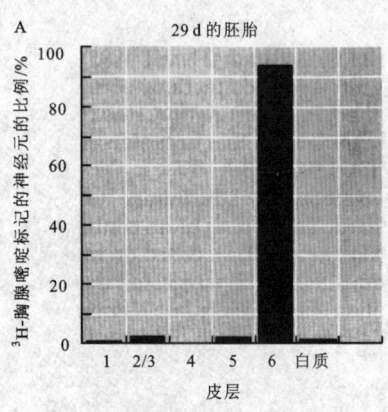
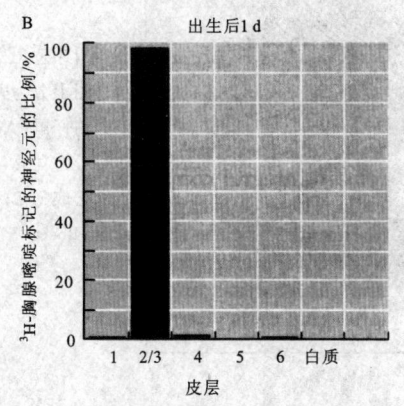
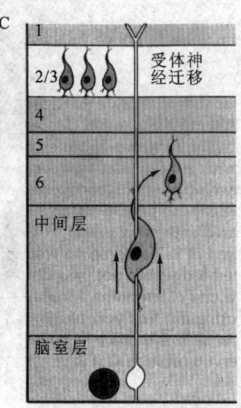
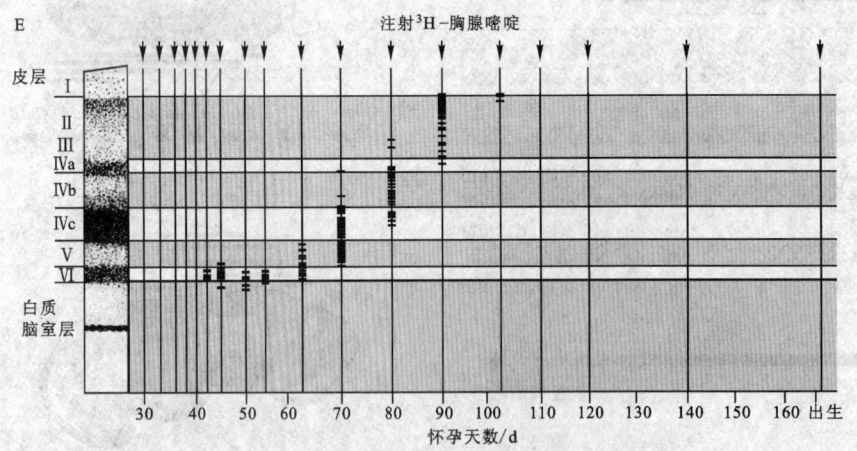
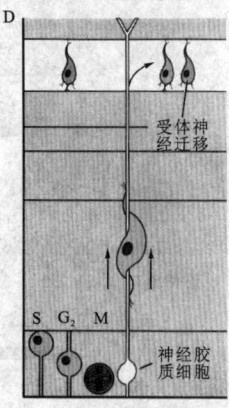

图 5.2.5 雪貂大脑皮层的发育
A. 同位素标记细胞的百分数统计表明,雪貂早期神经元前体细胞(胚胎第 29 天出现)迁移到大脑皮层的第 6 层。B. 晚期神经元前体细胞(出生后第 1 天出现)迁移得更远,到达第 2 和第 3 层。C. 如果神经元前体细胞在最后一次有丝分裂 S 期之后迁移到脑室区,它形成的神经元迁移到第 6 皮层。D. 如果早期神经元前体细胞在最后一次有丝分裂 S 期之中将迁移到脑室区,它形成的神经元迁移到第 2 皮层。E. 恒河猴大脑皮层内外梯度的形成。在怀孕的不同时间,静脉注射 ^{3}H-胸腺嘧啶检测大脑不同皮层的形成时间。幼猴出生后(恒河猴的完整怀孕期为 165 d),可以发现不同时间被标记的神经细胞(深色)迁移到不同的皮层区域,最年轻的神经元在最外周。(S.F.Gilbert)

2. 神经嵴的发育

脊椎动物全身的神经嵴细胞可以划分为 4 个功能区,它们分别是:①脑神经嵴区;②躯体神经嵴区;③荐神经嵴区;④心脏神经嵴区(表 5.2.1)。下面对它们的发育举例加以说明。

表 5.2.1　神经嵴细胞的分化衍生

部位	细胞类型或结构
外周神经系统	感觉神经节、交感和副交感神经节和神经丛神经胶质细胞、施万细胞
内分泌系统	肾上腺髓质细胞、降钙素分泌细胞、颈动脉体 I 型细胞
皮肤	表皮色素细胞
头和颜面部	颜面和前下头骨的软骨和骨骼、角膜内皮和基质、牙乳头、平滑肌、头颈皮肤的脂肪组织、唾液腺、泪腺、胸腺、甲状腺、垂体的结缔组织
躯体部	主动脉弓起源的动脉的平滑肌和结缔组织

躯体神经嵴　躯体神经嵴是发育过程中出现的一个过渡性结构,其细胞在神经管闭合以后很快便发生迁移,有两条主要的迁移途径,即背部途径和腹部途径(图 5.2.6)。在背部途径中,如黑色素前体细胞沿胚体的外周,经皮下间质组织,穿过基膜小孔,定植在皮肤中,分化为黑色素细胞。用色素不同的鸡作移植实验,不同来源的神经嵴组织成分的迁移可以培育出毛色相间的个体(图 5.2.7)。在腹部迁移途径中,近年用抗体、活性染料或者荧光标记的方法证明,神经嵴细胞在神经管上方首先向前或者向后集中至自身所处体节的前方或者相邻后一体节的前方的位置,然后穿过相对应的体节迁移至不同的部位,形成感觉神经、交感神经、肾上腺髓质内分泌细胞、施万细胞(图 5.2.8,图 5.2.9)。神经嵴细胞的上述行为提出了两个发育的问题,一是神经嵴细胞的迁移机制,包括启动、路径、终止,二是神经嵴细胞分化方向的决定。研究表明,前者与细胞间质有密切的关系,而后者决定于组织环境的近端诱导。

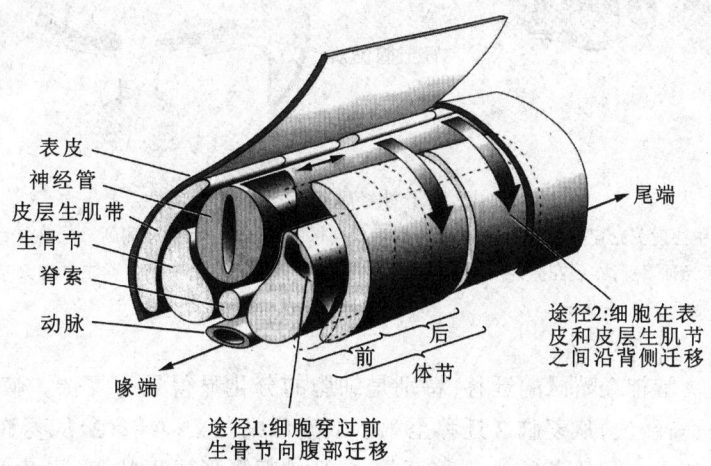

图 5.2.6　鸡胚胎神经嵴细胞在躯干中的迁移

途径 1:细胞穿过前生骨节(将来形成脊椎软骨)向腹侧迁移,这些神经嵴细胞将来形成交感神经和副交感神经节、肾上腺髓质细胞和背根神经节。途径 2:稍晚一些时候,细胞在表皮下沿背侧向外迁移,将来变为色素细胞。(S. F. Gilbert)

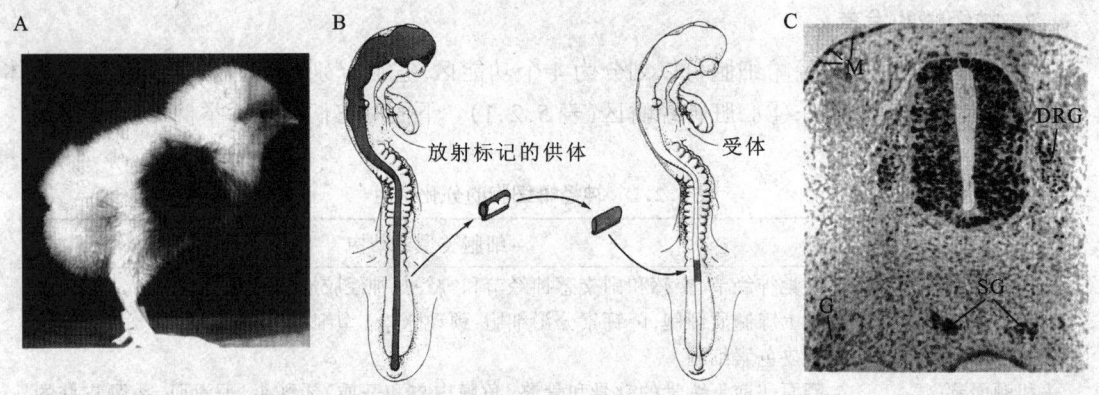

图 5.2.7 神经嵴细胞迁移的实验证据

A.神经嵴细胞迁移实验得到的杂色鸡雏,供体为有色素品系,受体为无色素品系。胚胎期,将供体的躯干神经嵴区移植到受体的相应部位,供体的产色素细胞能迁移到翅膀皮肤中。B.神经嵴细胞移植实验。从供体胚胎切下一段背轴,分离神经管和相连的神经嵴,植入进已切除相应部位的受体胚胎。当供体神经嵴细胞被放射标记或者遗传标记后,它们的后代细胞可以被追踪鉴定。C.放射自显影结果显示出移植的神经嵴细胞在受体中的迁移位置。M-黑色素细胞;SG-交感神经元;DRG-背根神经元;G-神经胶质细胞。(S.F.Gilbert)

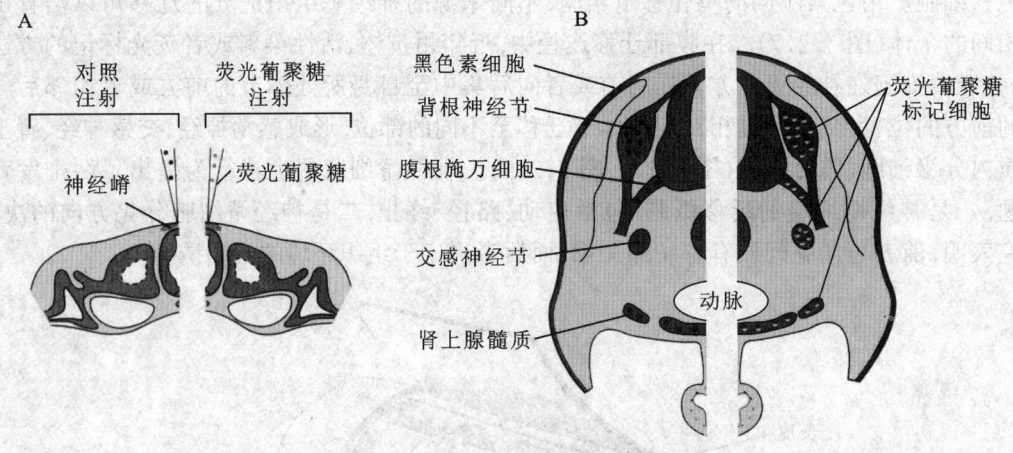

图 5.2.8 躯干神经嵴细胞分化的多能性

在神经嵴细胞中注射荧光葡聚糖分子,这些细胞的后代会保留标记分子而被检测到。A.在神经嵴细胞迁移之前,向其注射荧光葡聚糖,本图左侧为对照;B.两天后,神经嵴衍生的组织中包含着注射过荧光葡聚糖的前体细胞的后代细胞。(S.F.Gilbert)

脑神经嵴区 脑神经嵴区的迁移,特别是细胞的分化显得更为复杂。脑神经嵴区细胞的迁移主要有三条途径:(1)从菱脑2迁移至第1咽囊形成三叉神经;(2)从菱脑4迁移至第2咽囊形成颈部的舌软骨;(3)从菱脑6迁移至第3、第4咽囊形成甲状腺、甲状旁腺、胸腺。如果以上区域的神经嵴细胞被移取,则对应的组织或器官的形成将发生障碍。表5.2.2列出了人6对咽弓的发育分化和它们的起源。总之,脑神经嵴区细胞表现出更为广泛的分化潜能,汇总多方面的研究成果,图5.2.10给出了脑神经嵴细胞不同分化路线间的相互关系。

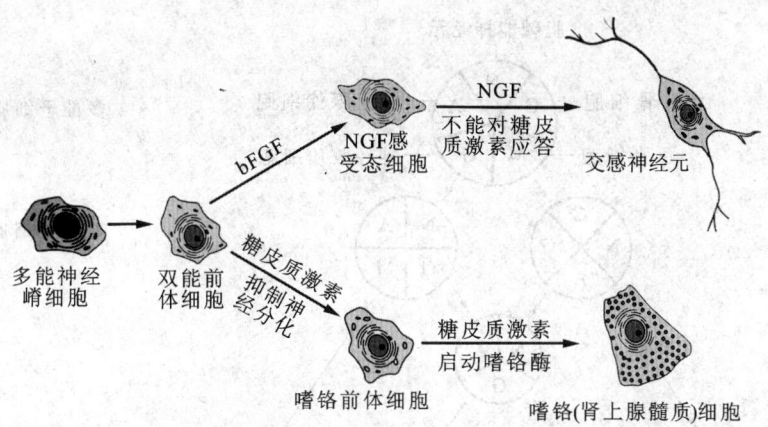

图 5.2.9 神经嵴细胞分化为肾上腺髓质细胞(嗜铬细胞)或者交感神经细胞的控制机制

糖皮质激素的作用决定着肾上腺髓质细胞的分化方向,它在两处起作用:第一,抑制那些启动神经分化的因子作用;第二,诱导产生肾上腺细胞的特征酶类。暴露在bFGF(基底成纤维母细胞生长因子)和 NGF(神经生长因子)下的细胞分化成交感神经细胞。(S.F.Gilbert)

表 5.2.2 咽弓的发育衍生

咽弓	骨骼 (神经嵴细胞+中胚层)	动脉 (中胚层)	肌肉 (中胚层)	颅神经 (神经管)
1	砧骨和锤骨,下颌骨,上颌骨,颞骨区	颈动脉的上颌支	颚肌,口腔底板,耳和软颚肌肉	三叉神经的上颌支和下颌支
2	中耳镫骨,颞骨茎突,部分颈舌骨	耳区动脉,镫骨动脉	表情肌,颚和上颈肌	面神经 V
3	舌骨下缘和大孔	普通颈动脉,内颈动脉根	颈突咽肌	舌咽神经 IX
4	喉软骨	主动脉弓,右锁骨下动脉,肺动脉的原始管口	咽缩肌和声带	迷走神经 X 的喉上神经支
6	喉软骨	动脉管,定形肺动脉的根	喉内肌	迷走神经 X 的返喉神经支

3. 神经轴突的发育导向

在神经系统的发育中,无论是中枢神经系统内部联络的形成,还是运动神经从中枢向其所控制的肌肉的延伸,或者体表部位的感觉神经向中枢方向的生长,神经轴突的发育导向(axon guidance)在神经网络的建立中占有着重要的地位。神经轴突的延伸和走向是通过轴突前端的生长锥(growth cone)的发育完成的。目前知道影响神经生长锥生长方向有 4 种不同的机制:化学吸引;化学排斥;接触吸引;接触排斥。相当数量的神经轴突发育导向功能分子已经被发现和研究,其中信号素(semaphorin)构成一个包括有不同分泌型和细胞膜结合型的家族,而 netrin 表现出对不同神经细胞具有吸引或者排斥的不同功能。普遍的看法是,神经发育导向都是通过生长锥丝足(filopodia)与其他细胞或者细胞间质的相互作用以及他们之间的选择和

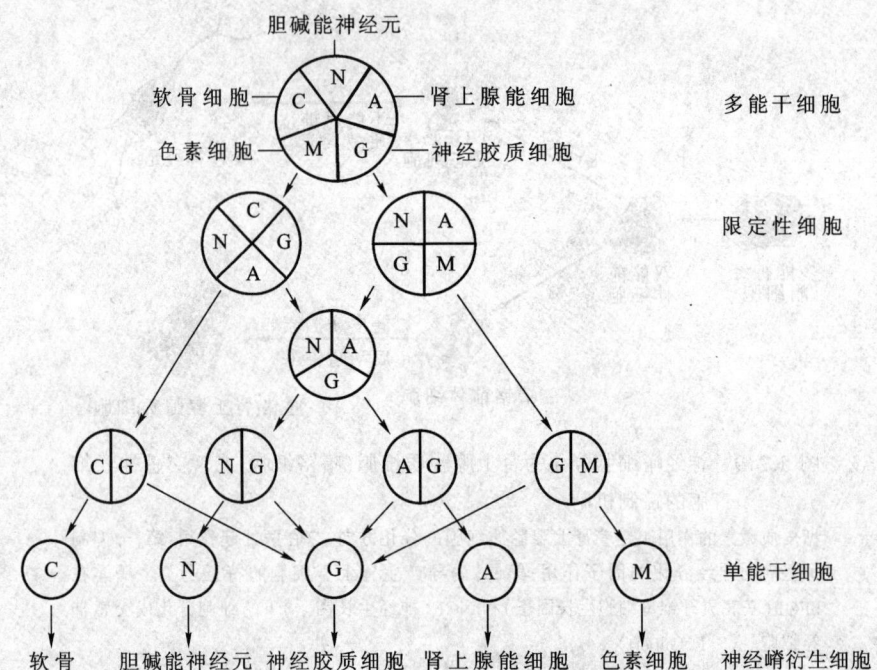

图 5.2.10　对鹌鹑脑神经嵴细胞分化研究获得的神经嵴细胞谱系限定假说
总共 533 个神经嵴细胞克隆,观察所有衍生出的细胞类型,其细胞命运受到逐级限制:从多能干细胞到限定性干细胞,再到单能干细胞。(S.F.Gilbert)

稳定性发挥作用的。例如,研究发现伴随脊椎动物肢体的发育,肢端感觉神经细胞生长锥的丝足可以接力式地通过对一个个间断的靶细胞的识别,不断带动轴突生长,最终实现与中枢神经系统的沟通。由于结构简单,细胞系明确,秀丽线虫材料对神经轴突发育导向的研究作出了很大的贡献。应该指出的是,近年的研究显示,神经网络的发育调控十分复杂,它不仅涉及复杂的信号通道系统,并且其中包含大量的协同、拮抗机制。

5.3　脊椎动物肾脏及排泄系统的发生

本节以哺乳动物为例介绍动物排泄系统的发育过程。在动物界,排泄系统无论在不同的门类间还是在门内,它们都表现出很大的差异和变化,而哺乳动物排泄系统的发生过程强烈地表现出它的进化痕迹。

从形态结构上看,哺乳动物排泄系统的发育经过 3 个大的阶段:①在人胚胎大约 22 d(小鼠为 8 d)时,原肾管(pronephric duct)首先出现在前位体节腹面的中间中胚层中,然后逐渐向后延伸,同时前端的原肾管诱导附近的中胚层细胞分化形成原肾肾小管(pronephric kidney tubules)。在鱼类中和两栖动物的幼体中,它们表现出肾脏的功能。在哺乳动物的发育中,它们很快便退化,而后段的原肾管保留,称为中肾管(Wolffian duct)。②在哺乳动物发育中,当原肾退化时,中段中肾管诱导附近的间质组织发生新的肾小管,称为中肾(mesonephros)。人类发育的这一过程开始于 25 d。当中肾肾小管的形成并向后推进时,前端先行出现的中肾肾小管在雌性个体中完全退化,而在雄性个体中部分保留将发育为精巢中的输精管。这时生殖腺开始在中肾附近的间质组织中发生形成。③之后,在后端中肾管的诱导下,附近的后肾间质组织(metanephrogenic mesenchyme)开始形成,同时中肾管向旁侧突起形成输尿管芽(ureteric buds),后肾(metanephros)开始形成。哺乳动物肾脏构建于输尿管芽与后肾间质组织间的相互诱导,输尿管芽形成输尿管,并最终与中肾管脱离,两侧输尿管汇合于膀胱(图5.3.1)。

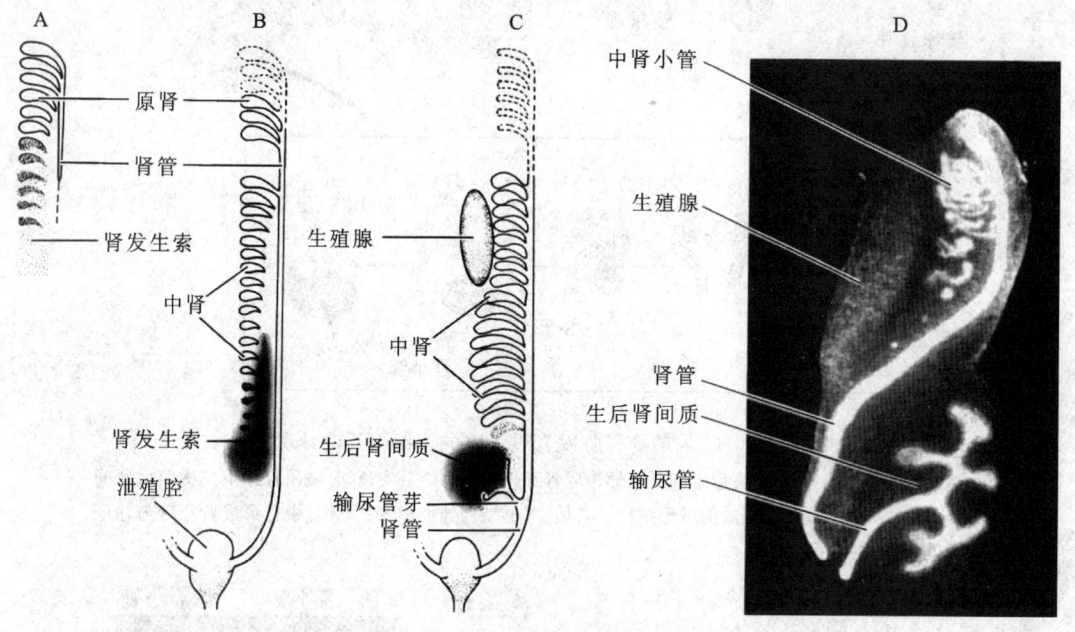

图5.3.1 脊椎动物肾脏发生示意图
A.当原肾管向尾部延伸时,它诱导间质组织产生原始小管,并与原始小管组成原肾。B.伴随原肾退化,形成中肾小管,构成中肾。C.后肾是哺乳动物最终的肾脏,由输尿管芽诱导产生。D.小鼠胚胎切片显示当中肾还存在时,后肾发生已经开始了,此切片导管组织用一种荧光抗体染色,显示肾管细胞中的一种角蛋白及其衍生物。(S.F.Gilbert)

哺乳动物的肾脏(即后肾)的结构极为复杂,一个肾单位从肾小球经肾小管降支、升支到集合管,有多于12种1万个左右的细胞组成,它的发生来自于输尿管芽和后肾间质组织的相互诱导作用。从图5.3.2、图5.3.3、图5.3.4中我们可以了解到肾发生时大致的形态变化过程和肾单位形成中肾小球、近端小管、远端小管间的发生关系。哺乳动物肾脏的发生集中地表现了发育过程中组织间相互近端诱导的重要作用,这也是我们在本节中所要强调的内容。

哺乳动物肾脏的发生经历了复杂的输尿管芽和后肾间质组织间的相互诱导过程,其中包括后肾间质组织诱导输尿管的延长、分支和输尿管顶端诱导后肾疏松间质组织上皮样团聚以及向肾小球、肾小管的分化。已经知道,起码有6套不同的信号系统参与这一发育过程,它们分别是:①第一套信号系统相关于肾间质组织的初始形成。研究表明,输尿管芽对后肾间质组织的发育诱导是以后肾间质组织具有发育为肾组织的定向性为先决条件的,而这一能力获得被认为是WT1表达和作用的结果。WT1是一种基因转录调节因子,它最早表达在中间中胚层中,然后出现在发育为肾、性腺的前体组织中。如果没有WT1的表达,输尿管芽将退化消失。②第二套信号系统是一组扩散性的分子,它们使输尿管芽从中肾管长出和持续发育(图5.3.5)。研究表明,间质组织产生的GDNF(glial-derived neurotrophic factor)对于输尿管芽的

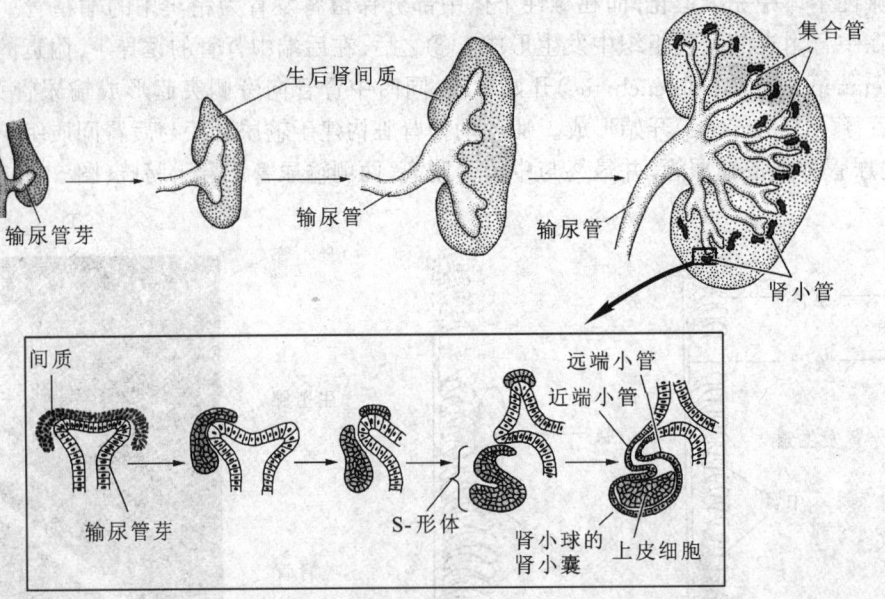

图 5.3.2 哺乳动物肾脏发育过程中的组织相互诱导现象

当输尿管芽进入后肾间质时,后肾间质诱导输尿管芽分支。每个分支顶端,输尿管芽上皮诱导后肾间质聚集形成一个上皮细胞组成的球形结构。之后,球形结构伸展成 S-形体,中空形成肾小管与输尿管通连。(S.F.Gilbert)

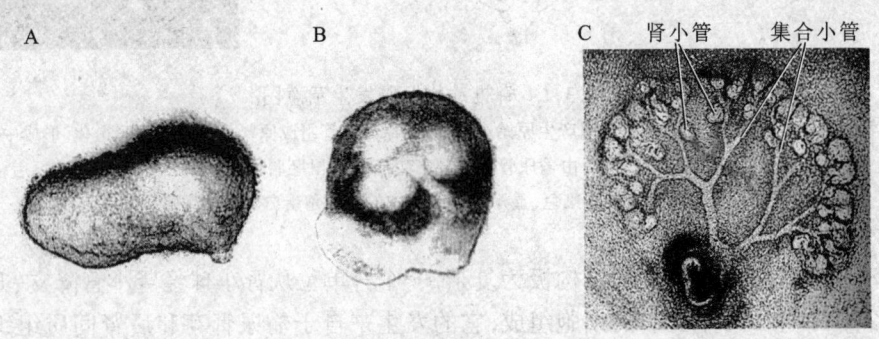

图 5.3.3 体外观察肾脏的诱导

A. 11 d 小鼠胚胎的后肾原基。B. 培养 1 d 后,在输尿管芽的分支顶端可以看到肾管的球形结构。C. 培养 8 d 后,可以清晰地观察到输尿管芽形成的集合小管和后肾间质形成的肾小管。(S.F.Gilbert)

形成十分重要,敲除 *gdnf* 基因的小鼠在出生后因为没有肾脏便立即死掉。GDNF 受体分子合成于中肾管细胞中,并很快集中在输尿管芽形成的区域。间质组织产生的另一个信号蛋白分子是 HGF(hepatocyte growth factor),它的受体表达在输尿管芽表面。抗体封闭 HGF 对输尿管芽的结合则阻止了输尿管芽的生长。目前认为 GDNF 与 HGF 的生成都受控于 WT1。再一个信号分子是 Wnt11,它出现在输尿管芽的顶端,而它的稳定维持存在有赖于间质组织的糖胚(proteoglycan)的表达。Wnt11 的缺失将阻止输尿管芽向肾间质组织的伸入。③第三套信号分子产生于输尿管,而作用于肾间质组织的分化,如果没有来自输尿管的诱导,肾间质组织细胞将凋亡。这一信号分子包括 FGF2(fibroblast growth factor 2)和 BMP7(bone morphogenetic protein 7),而间质组织则表达它们的受体分子。来自不同的实验结果表明,FGF2 具有抑制间质组织细胞凋亡、促进间质组织密集、维持 WT1 生成等功能。BMP7 具有类同的功效,它的缺失同样可造成肾间质组织的细胞凋亡(图 5.3.6)。④第四套信号系统的功能是驱动间质组织细胞向上皮的转化。原初,间质组织细胞产生和分泌Ⅰ型和Ⅲ型胶原。但是在输尿管组织的诱导下,间质组织细胞开始产生和分泌Ⅱ型胶原,并且在细胞表面出现基膜受体。这一细胞间质和细胞表面受体的转变对于间质细胞的组织构建是重要的,使疏松的间质细胞组织转变为上皮组织,奠定了肾脏皮质区域管道结构发生的基

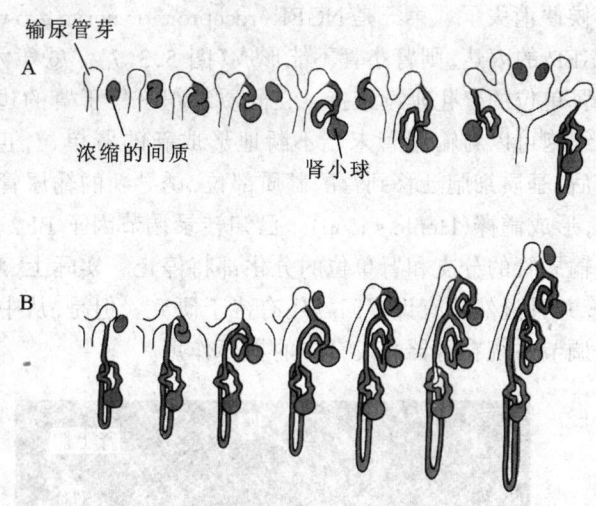

图 5.3.4　人肾单位的发生示意图
A. 早期肾单位直接粘附在输尿管芽上皮上。B. 几个肾单位连接在一条集合管上。(S.F.Gilbert)

础。此外,间质组织还开始表达两种粘连蛋白(E-cadherin & syndecan)和一种转录调节因子(Pax2),研究表明它们对于间质组织的增殖和分化是重要的。⑤第五套信号系统相关于肾单位的形成,即从密集的上皮组织分化出不同类型的细胞和形成肾小球、肾小管、集合管等结构。已知有 3 种成分在这一过程中起着重要的作用:第一是间隙连接蛋白——connexin43,它出现在密集间质组织和 S 形小体中。第二是 Pax2,它出现在密集的间质组织中,而在细胞分化的

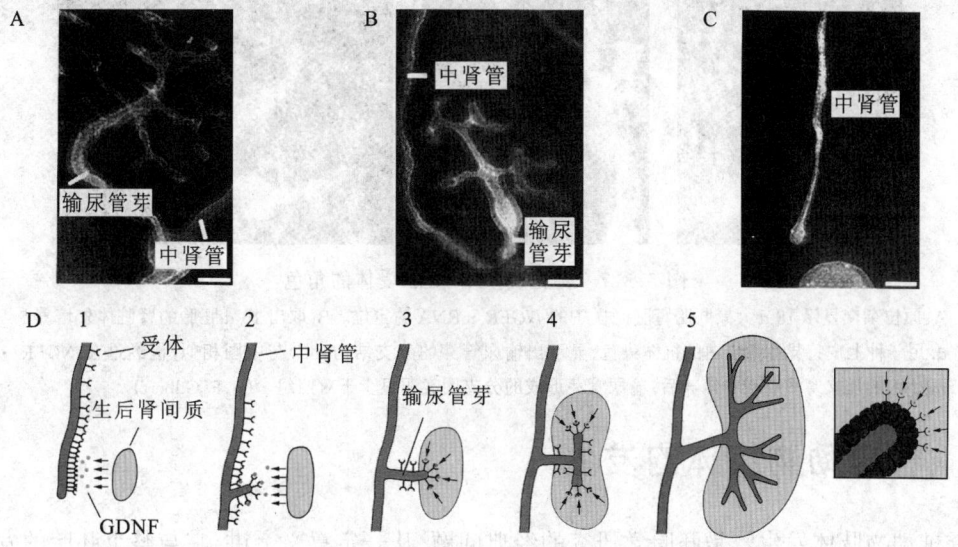

图 5.3.5　输尿管芽的生长依赖 GDNF 和其受体
A. 取 11.5 d 胚胎肾的输尿管芽体外培养 72 h,形成典型的分支图案。B. 在 *gdnf* 基因杂合小鼠的胚胎中,输尿管芽的大小及其分支的长度与数目都减少。C. *gdnf* 基因纯合缺失小鼠的胚胎中,中肾管不形成输尿管芽;D. GDNF 受体集中分布在肾管的后段,后肾间质分泌的 GDNF 激活中肾管后段长出输尿管芽。在肾脏发育的晚期,GDNF 受体只分布在输尿管芽的尖端。(S.F.Gilbert)

时候便消失了。第三是 NGFR(receptor for nerve growth factor)，如果用反义 RNA 的方法阻止 NGFR 的表达，则肾小管不能形成(图 5.3.7)。⑥第六套信号系统的功能是使输尿管的生长和肾单位的分化延续维持。在间质组织密集于肾的边缘部位的时候,分化产生干细胞。这种干细胞可以与输尿管末端不断地形成新的肾单位,也可能分化产生基质细胞(stromal cell)。然后,基质细胞迁移到肾的髓质部位,诱导新的输尿管芽分支形成和刺激肾单位的发育进入髓部,形成髓襻(Henle's loop)。已知转录调节因子 BF2 表达于基质细胞中,如果将此基因敲除,则输尿管的分支和肾单位的分化都将停止。实际上,对于肾的发生和形成,以上的分析还很粗糙,并且显然还有许多问题还有待于研究。但是,从中我们已清楚地看到近端诱导和复杂的级联调节系统在肾器官发育中的重要作用。

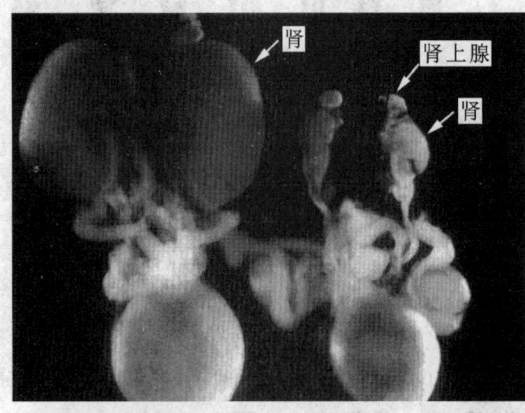

图5.3.6 *BMP7* 缺陷型小鼠的胚胎肾脏畸形

胚胎发育的第 19 天,*BMP7* 缺陷型小鼠的肾(右)比正常小鼠的肾(左)小很多。(S.F.Gilbert)

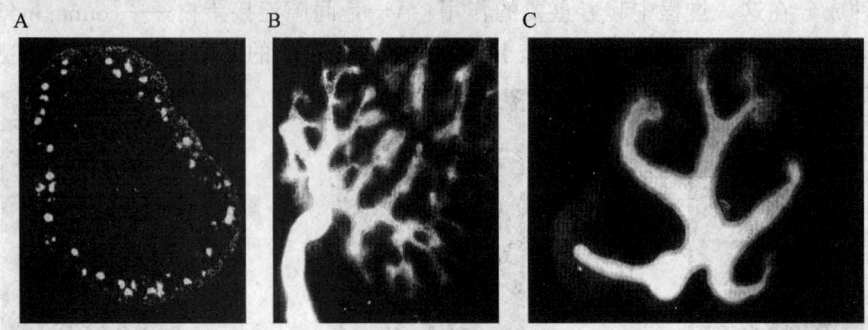

图 5.3.7 肾脏发生中 NGF 受体的角色

A.原位杂交显示 18 d 大鼠胚胎肾脏间质中的 *NGFR* mRNA 的定位。B.取出 13 d 胚胎的肾脏体外培养 5 d,用一种上皮特异性角蛋白的抗体染色,显示出输尿管芽的分支结构。C.与中图相似,但经过在 *NGFR* mRNA 的反义寡核苷酸中培养后,输尿管芽形成的分支图案明显少于对照组。(S.F.Gilbert)

5.4 脊椎动物肢体的发生

脊椎动物肢体发生曾是胚胎学研究的经典问题,从一定意义上讲,它与整个胚胎的发育有许多可以类比的地方,例如,鸟翅的发生既有各部分组织结构分化构建的问题,也存在前后、背腹、左右对称决定的问题。此外,在进化上肢体也是多样化发生十分突出的器官之一。

1. 肢体原基的定位和形成

前面已经介绍,脊椎动物胚胎发育早期出现的沿前后体轴呈浓度梯度分布的视黄酸对于肢体的发生和定位起着重要的作用,如用视黄酸处理可在蝌蚪的尾部诱发额外肢体形成。在发育的基因表达级联程式中,特定的 *Hox* 基因可能是肢体发生的直接诱导者,例如研究表明各种脊椎动物的前肢均发生在 *Hoxc-6* 基因表达区域的前沿部位。

研究发现,在肢体原基出现以前,在脊椎动物的胚胎中首先出现一个特定的圆形区域,它的中央部分的细胞将发育为肢体(free limb),其外围细胞分为两部分,一部分将发育为肩带(shoulder girdle),另一部分将发育为围臂组织(peribrachial flank tissue),它们共同组成了肢体盘(limb disc)。实验胚胎学研究证明,如果将动物胚体中的肢体盘移去,肢体仍可能迟后发生。但是如果将其外围的细胞一并拿掉,则肢体不能再发生。肢体盘以及它外围的可以诱导肢体形成的细胞环共同称为肢体场(图5.4.1)。

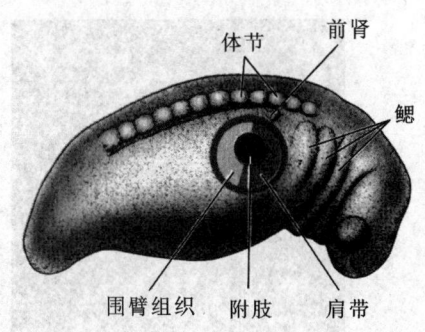

图5.4.1 蝾螈(Ambystoma maculatum)的前肢场

中央区将形成自由活动的附肢,包围中央区的灰色和浅色半环形细胞带分别是肩带和围臂组织。这些区域以外的外周组织(深色环形)通常不直接参与肢体的发育,但是如果切除中央组织,它们有可能诱导肢体形成。(S.F.Gilbert)

在形态上,肢体首先以肢芽(limb bud)的形式出现在胚体躯干部的侧面。这时,中间中胚层组织分泌产生纤维母细胞生长因子(FGF8),介导肢体发生区域表皮下间质组织细胞的大量增殖,形成肢芽突起(图5.4.2)。将吸吮了 FGF8 的珠子埋在胚体的其他部位,可以诱导肢体的异位发生(图5.4.3)。从已有的发育生物学知识看,这里 FGF8 创造的可能是一种发育许可性环境,而并不是扮演着直接诱导者的角色。肢芽的出现并不是单纯地决定于间质细胞组织,它还同时需要外胚层细胞具有特定的潜能性,而有这一性质的外胚层细胞定位在胚体背腹的交界处。在间质细胞组织的诱导下,这里的外胚层细胞形成称为顶端外胚层嵴(apical ectodermal ridge, AER)的结构(图5.4.4)。实验证明:在外胚层腹面背部化的突变体中,AER将不再形成;将腹侧外胚层组织移植到肢芽形成区的背侧面,则同时出现两个 AER(图5.4.5)。研究发现,肢芽形成前,在背侧外胚层中出现 *Radical fringe* 基因的表达,随后

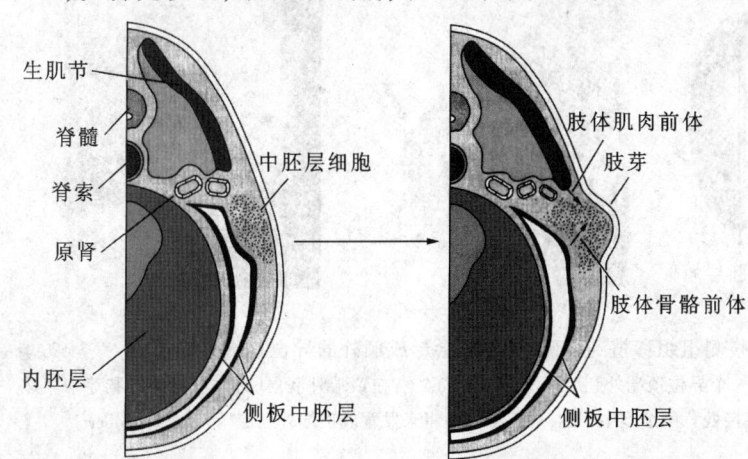

图5.4.2 肢芽的形成

两栖类胚胎侧板中胚层的细胞增殖引起肢芽外凸,这些细胞将产生肢体的骨骼,迁移到肢芽的体节细胞产生肌肉。(S. F. Gilbert)

Radical fringe 蛋白集中在紧靠腹侧外胚层的区域。目前对肢芽形成过程的分子机制还不清楚,综合了一些研究成果提出的分子模型是:中间中胚层或者包括外胚层(表达 Radical fringe 蛋白)产生和分泌 FGF8,FGF8 诱发间质细胞组织增生和肢芽体轴后缘组织中 *sonic hedgehog* 基因表达,Sonic hedgehog 蛋白再诱导外胚层细胞产生 FGF4,由此构成一个持续性的区域化多基因诱导网络,导致肢芽的形成(图 5.4.6)。因此,AER 的出现对肢芽的形成起着重要的作用,它定位在肢芽远端的边缘,构成肢体发育的信号中心,它的功能可以归纳为:①维持外胚层下方的间质细胞组织不断地进行肢体纵轴方向上的增殖;②持续产生和分泌远端和近端轴分化决定因子;③与肢体发育中影响前后、背腹(即手心与手背的区分)轴的因子相互作用,给出细胞分化指导。

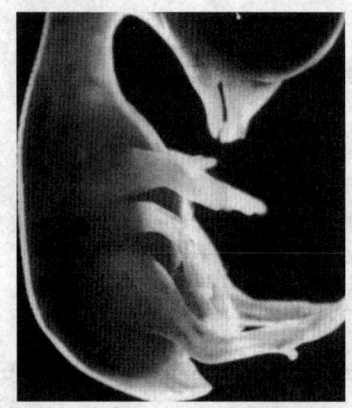

图 5.4.3 鸡胚胎 15 期,在肢间中胚层里植入吸吮了 FGF 的珠子(黑点所示的位置)将导致产生异位肢体,胚胎长出前肢、后肢和 FGF 诱导出的中间肢(S.F.Gilbert)

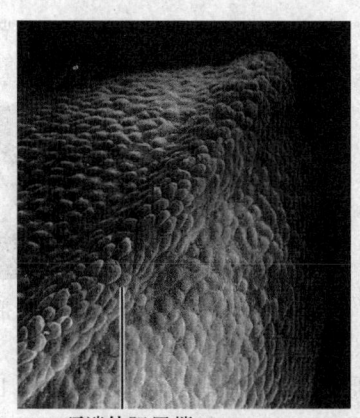

图 5.4.4 鸡胚胎早期前肢芽的扫描电镜照片,示顶端外胚层嵴(S.F.Gilbert)

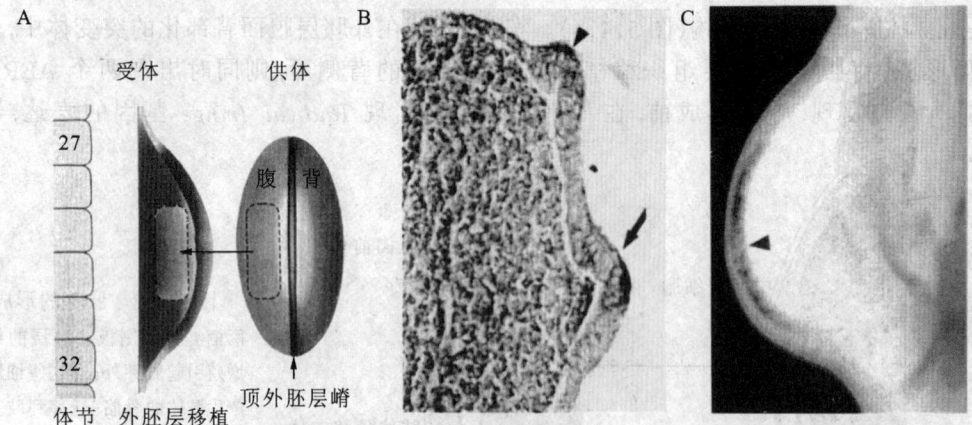

图 5.4.5 将肢芽的腹侧组织移植到背侧组织中,会形成额外的异位顶端外胚层嵴
A.移植手术。B.手术 26 h 后,形成一个异位顶端外胚层嵴(三角所指)。C.在顶端外胚层嵴形成过程中,肢芽中表达的 *radical fringe* 基因限制在背腹连接处背侧细胞中表达,这部分细胞将来发育成顶端外胚层嵴。(S.F.Gilbert)

5 动物成体组织结构的形成和器官系统的发生

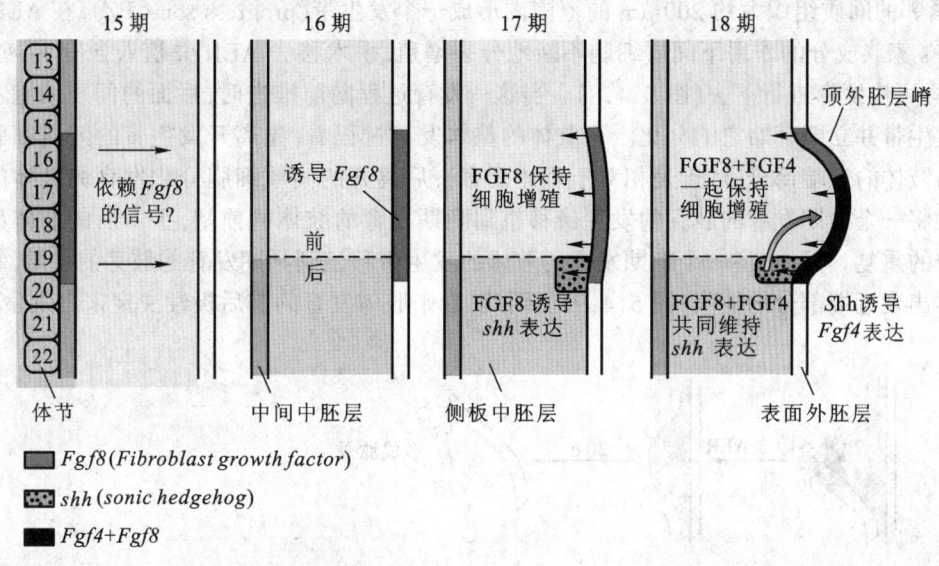

图 5.4.6 肢芽起始形成的分子模型

中间中胚层分泌的 FGF8 和/或外胚层边缘区表达的 Radical fringe 诱导因子诱导外胚层表达 FGF8。前后边界在第 16 期(也许更早)就形成了。外胚层分泌的 FGF8 又反过来诱导间质细胞增殖和肢芽后段表达 *sonic hedgehog* 基因。Sonic hedgehog 诱导肢芽后段外胚层表达 FGF4。(S.F.Gilbert)

2. 肢体近-远端发育的实现

概括地讲,肢体近-远端发育的实现是 AER 和肢芽间质细胞相互作用的结果,这一结论可以从图 5.4.7 归纳的实验现象中获得。因为:①在任何时候移去 AER,肢体的延伸发育将终止;②将 AER 移到另一个肢芽的顶端,额外的向远端进行的肢体发育出现;③将腿芽中的间质细胞组织移到翅芽的 AER 下,则其远端发育为下肢前端的结构;④如果用非肢芽间质细胞组织代替肢芽间质细胞组织,移植后肢体的发育终止。对此似乎可以作这样的分析,即 AER 的主要责任是诱导间质组织不断地生长和促使其骨骼的形成,而肢芽间质组织则决定着肢体发育的类型(如是翅还是腿)。

研究表明,肢芽在其近-远轴向上的发育经历着这样一个过程:在肢芽的顶部与

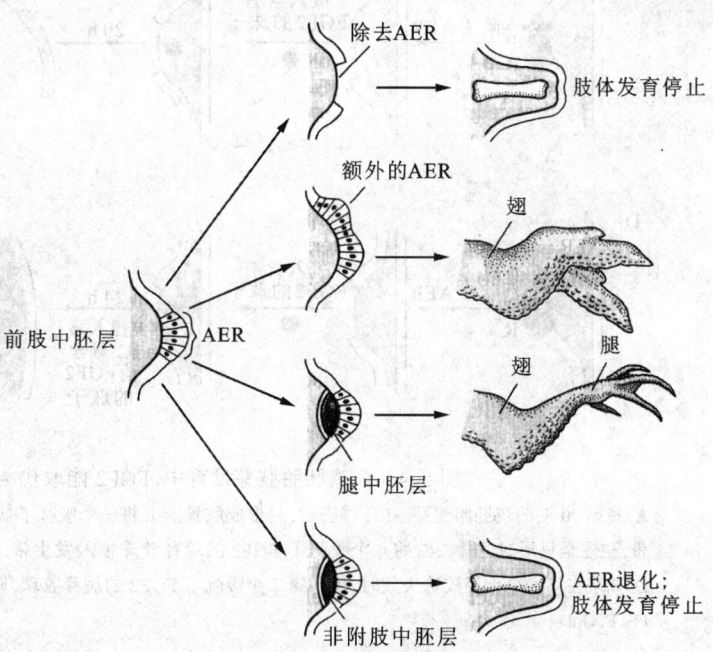

图 5.4.7 AER 受不同间质组织诱导的发育结果(S.F.Gilbert)

AER 紧邻的间质组织大约 200 μm 的范围内形成一个发生带(progress zone, PZ),在 AER 产生的 FGFs 家族成分的作用下间质细胞不断地分裂增殖,手术移去 AER 并植入含有 FGFs 的珠子,同样可使发育进行下去(图 5.4.8)。当这一发育过程向前推进时,后面的间质细胞不断地离开发生带并立即开始它的分化。从肢体的整体发育过程看,先离开发生带的间质细胞分化发育为肢体的近端部分(远近是相对于躯体而言),后离开的间质细胞分化发育为肢体的远端部分。将一个早期发育的肢芽的发生带移植到晚期发育的肢体的前端,手术后的肢体出现近端部分的重复。反之,将一个晚期发育的肢体的发生带移植到早期发育的肢芽的前端,手术后的肢体出现近端部分的缺失(图 5.4.9)。因此,看来肢体发育的前后极性决定来自发生带。

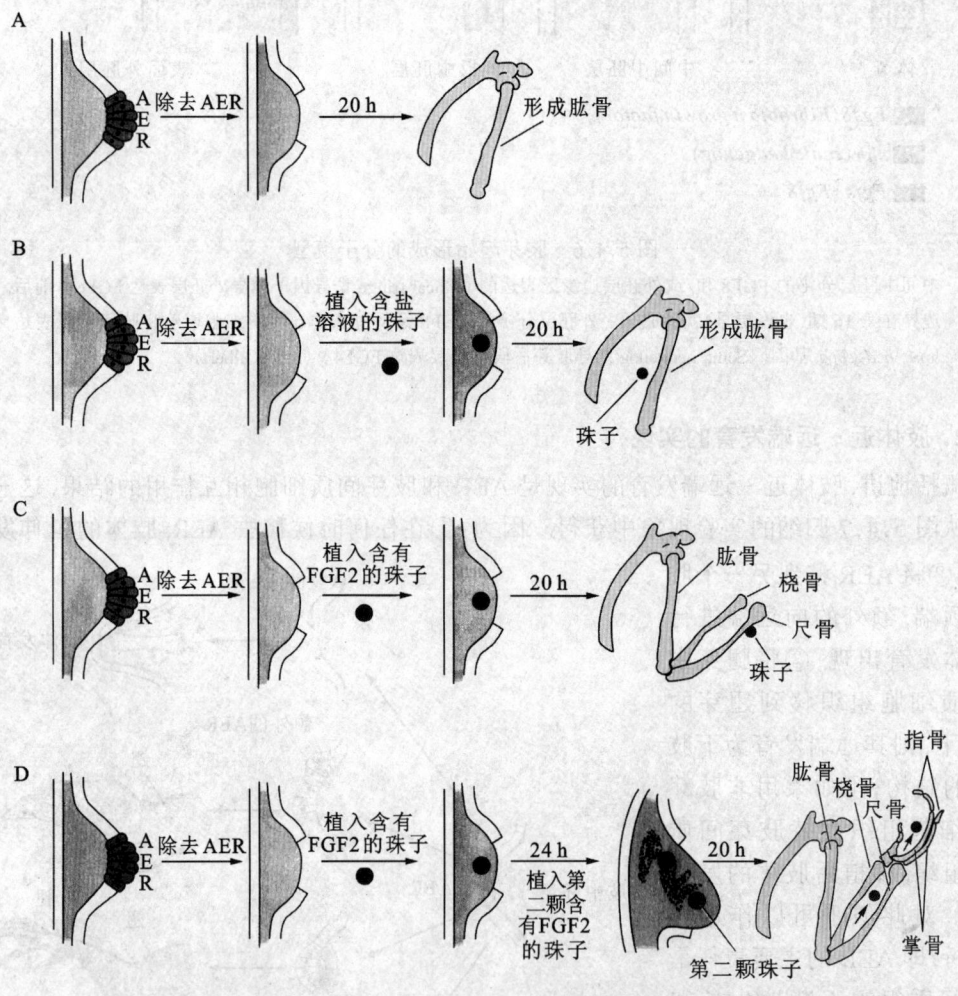

图 5.4.8 鸡胚胎肢芽发育中,FGF2 能取代 AER 的作用
A.将第 20 期的鸡胚胎翅芽 AER 移去后,只形成肱骨。B.将一个吸吮了盐溶液的缓释胶珠(对照)植入发生带,也还是只形成肱骨。C.将一个吸吮了 FGF2 的缓释胶珠植入发生带,肢芽继续生长,形成尺骨和挠骨。D.如果在第一个缓释胶珠失效时,植入第二个吸吮了 FGF2 的缓释胶珠,则肢芽继续生长,形成掌骨和指骨。
(S. F. Gilbert)

在肢体发育的过程中,*Hox* 基因对于近 – 远轴的分化上起着关键性的作用。与脊椎动物

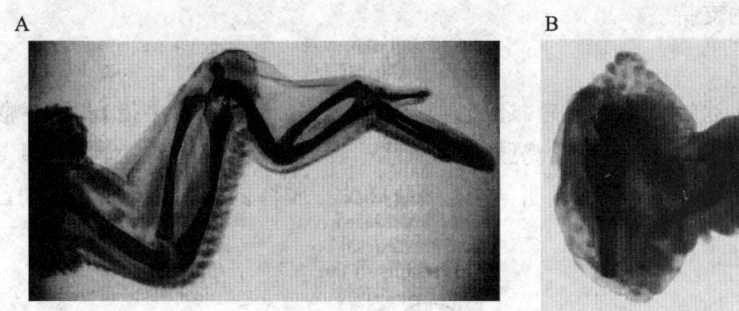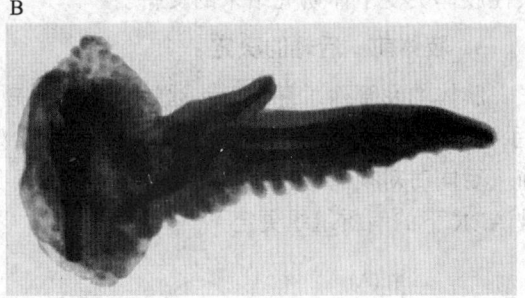

图 5.4.9 发生带(PZ)细胞控制近-远端分化

A.将早期翅芽的 PZ 移植到已经形成尺骨和挠骨的晚期翅芽中,形成额外的尺骨和挠骨。B.将晚期翅芽的 PZ 移植到早期翅芽中,中间结构缺失。(S.F.Gilbert)

体轴分化类似,顺序排列的 Hox 基因表现出对肢体发育由近到远的分化控制,它们集中在同源的 Hoxa 和 Hoxd-9~13 基因系列上。综合基因敲除对鼠前肢发育影响的研究结果,建立了这样的基因对肢体不同部位发育控制的模型,即 Hox 9~13 分别对应着肩胛骨、肱骨、尺骨(包括桡骨)、腕骨和掌骨(包括指骨)的发育控制(图 5.4.10)。这一认识同样得到了来自对先

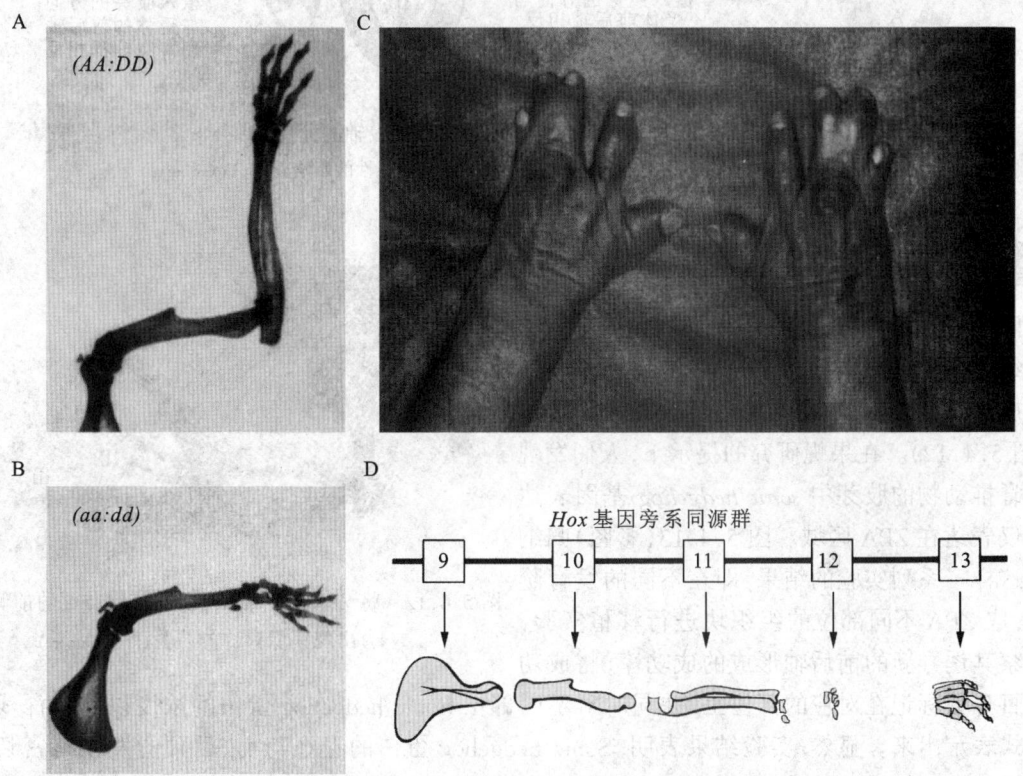

图 5.4.10 删除平行同源 Hox 基因会导致发育中肢骨丢失

A.野生型小鼠前肢。B. Hoxa-11 和 Hoxd-11 基因双突变小鼠的前肢缺失尺骨和挠骨。C. HOXD-13 位点纯合突变导致并指。D. Hox 基因控制前肢不同部位分化的假说:Hox 9~13 分别对应肩胛骨、肱骨、尺骨与桡骨、掌骨、指骨。(S.F.Gilbert)

天性肢体突变个体研究结果的支持。

3. 肢体前-后轴的决定

肢体的发育除了存在近-远端分化的问题,还同时表现出前-后(拇指与小指)和背-腹(手背与手心)方向的差异。图5.4.11给出了鸡肢体原基背-腹对换、前-后对换、背-腹与前-后同时对换的移植实验和它们的结果,表明早在肢芽的阶段,肢体的前-后、背-腹轴已被AER下的间质组织决定了。

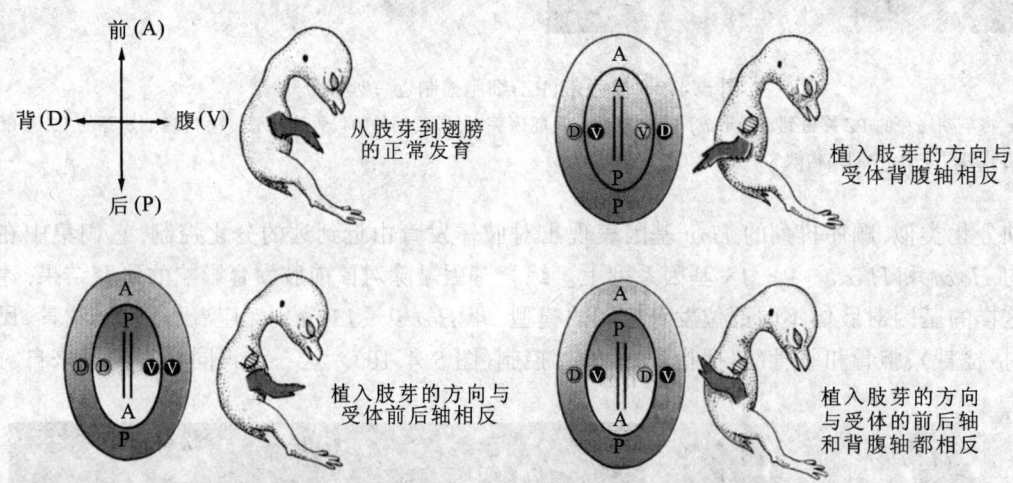

图5.4.11 鸡胚胎翅膀前后轴和背腹轴的分化
移植的肢芽的发育依照其自身的极性而不受周围环境极性的影响。(S.F.Gilbert)

发育生物学研究表明,肢体前后方向的决定来自早期就存在于肢芽后侧的称为极性活化区(zone of polarizing activity, ZPA)的小块间质组织的作用。如果将ZPA移植到另一肢芽的前侧,将会发育出现前后呈镜像对称的肢体(图5.4.12)。在果蝇研究的提示下,人们发现在脊椎动物的肢芽中 *sonic hedgehog* 基因表达并仅表达在ZPA区域。图5.4.13(彩图)归纳了这样一系列实验的结果,即在不同的发育阶段,取ZPA不同部位的组织块进行移植实验,观察其诱导新的前后轴形成的成功率,将成功的百分数标记在对应的部位上,并同时对不同部位Sonic hedgehog蛋白的浓度以颜色深浅的方式表示出来。显然,实验结果表明,Sonic hedgehog蛋白的存在与前、后轴的发生有密切的关系,并且 *sonic hedgehog* 基因的表达随发育过程而变化。此外,用转基因的方法也得到了同样的结果(图5.4.14)。

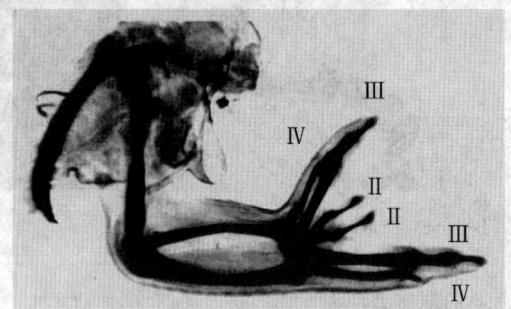

图5.4.12 将ZPA(极性活化区)移植到肢芽的前侧,会出现镜像对称的指骨(S.F.Gilbert)

目前,对于ZPA和 *sonic hedgehog* 基因决定肢体前后分化的机制还不明了。但是,从已有的实验报道看,它显示出的是存在一个十分复杂的区域性的基因表达和信号调控网络,并密切关联着远近轴、背腹轴的分化过程(图5.4.15)。对此,有人提出了不同的肢体体轴形成模型(图5.4.16)。

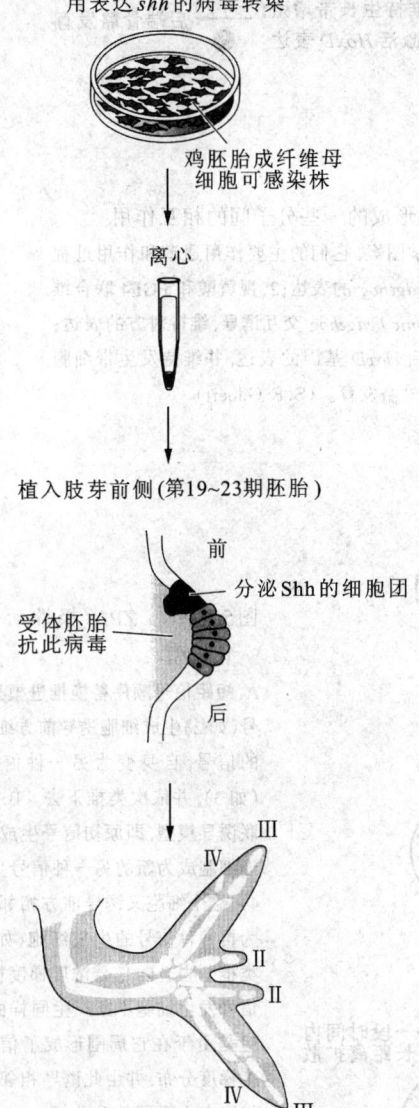

图5.4.14 *sonic hedgehog* 基因的极性活化实验

将 *sonic hedgehog* 基因插入一种鸡病毒强启动子后端,用此重组病毒转染体外培养的鸡胚胎成纤维母细胞。感染细胞离心分离后植入具有抗此病毒感染能力的鸡胚胎的肢芽前侧,此病毒不能感染受体胚胎,但移植的感染细胞具有表达并分泌高水平 *sonic hedgehog* 基因的能力。结果显示接受移植的胚胎长出的镜像对称肢体,这说明 *sonic hedgehog* 基因有造成发育极化现象的功能。(S. F. Gilbert)

4. 肢体背 - 腹轴的决定

实验表明,将覆盖肢芽的外胚层旋转180,其发育将出现背-腹轴的反转。研究发现,*Wnt7a* 基因只表达在背部的外胚层中,将 *Wnt7a* 基因删除以后,鼠爪两面都长出了正常情况下只出现在腹面的足垫结构(图5.4.17)。对其机制研究表明,*Wnt7a* 可诱导 *Lmx1* 基因在背部间质组织中表达,后者的基因产物是转录调节因子,它进一步决定了表达部位向背部特征的分化。如果 *Lmx1* 基因表达在腹部,则可以使腹部转向背部的发育方向。因为 *Wnt7a* 基因功能失效还带来后部指的丢失,因此看来,*Wnt7a* 基因还同时参与肢体前-后轴的建设。

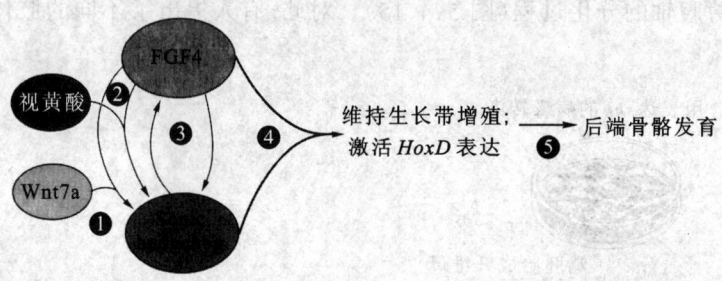

图 5.4.15 启动并维持肢芽形成的一些分子间的相互作用

鸡翅膀发生过程中 HoxD 基因的动力学图案,它们的主要作用通道和作用过程是:1. Wnt7a 和 FGF4 联合维持 sonic hedgehog 的表达;2. 视黄酸和 FGF4 联合维持 sonic hedgehog 的表达;3. FGF4 和 sonic hedgehog 交互诱导,维持对方的表达;4. FGF4 和 sonic hedgehog 联合作用激活 HoxD 基因的表达,并维持发生带细胞的分裂;5. 在 HoxD 基因的作用下肢体骨骼发育。(S. F. Gilbert)

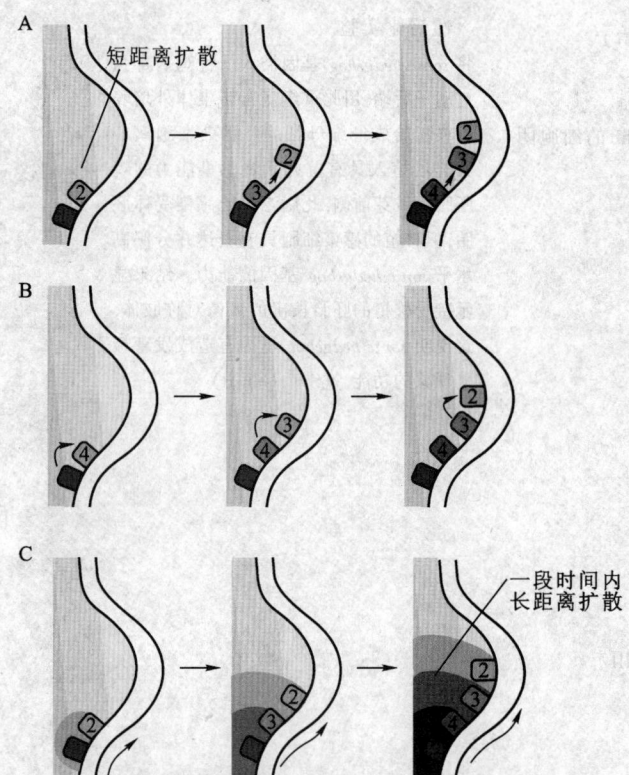

图 5.4.16 ZPA(极性活化区)的活化模型

A. 短距信号顺序替换推进模型,即一种信号(如 2)生成细胞诱导前方细胞产生同样的信号,自身变为另一种信号生成细胞(如 3),并依次类推下去。B. 短距信号级联诱导模型,即原初信号生成细胞诱导邻近细胞成为新的另一种信号生成细胞(如 4),这个细胞又诱导前方相邻的细胞分化为再一种信号的生成细胞(如 3),并依次类推下去。C. 信号浓度梯度模型,即原初信号发生细胞不断产生同样的信号物质,但是由于在它周围形成了信号物质的浓度梯度分布,并由此诱导相邻远近不同的细胞产生不同的分化(如 4、3、2)。(S. F. Gilbert)

5. 前后肢体的区分

在以上的讨论中,我们把前肢和后肢同等地看待。实际上,两者并不一样(如人手和足),以至有很大的差异(如鸟翅和腿)。从组织分化的角度研究也发现,鸡翅和足的原软骨细胞对于生长因子的应答也不一样。例如体外培养中,TGF-β1 使腿的软骨发生细胞长成片状结构,而在同样的条件下翅的软骨发生细胞仍可继续它的发育。此外,两者的前软骨细胞产生的纤连蛋白的图案也不一样(图 5.4.18),这一点可能对于它们各自的形态构建上有着重要的作

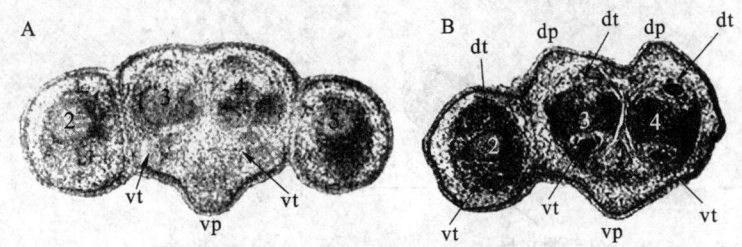

图 5.4.17 *Wnt7a* 缺陷型小鼠肢体背-腹分化的改变
A.野生型小鼠15.5 d 胚胎前爪的组织切片,可以观察到腹面腹腱和腹足垫的结构(箭头)。B.*Wnt7a* 缺陷型小鼠15.5 d 胚胎前爪的组织切片,背面也有了腱和足垫的结构,图中:dt-背腱;dp-背足垫;vt-腹腱;vp-腹足垫。(S.F.Gilbert)

用。近年发现:在鸡中,*Hoxc*-4、*Hoxc*-5 基因表达在翅芽中,而 *Hoxc*-9、*Hoxc*-10、*Hoxc*-11 基因表达在足中;在鼠中,*tbx5* 基因表达在前肢中,而 *tbx4* 基因表达在后肢中;人由于 *TBX5* 缺失而造成疾病,但是病人只表现出前肢和心脏发育不正常,而并不影响其下肢的正常发育。总之,尽管现在已有不少分子生物学的证据表明前肢与后肢的发育具有明显的遗传学上的差异,但是至今对它们,尤其是对其机制和信号控制系统上的了解还远远不够。

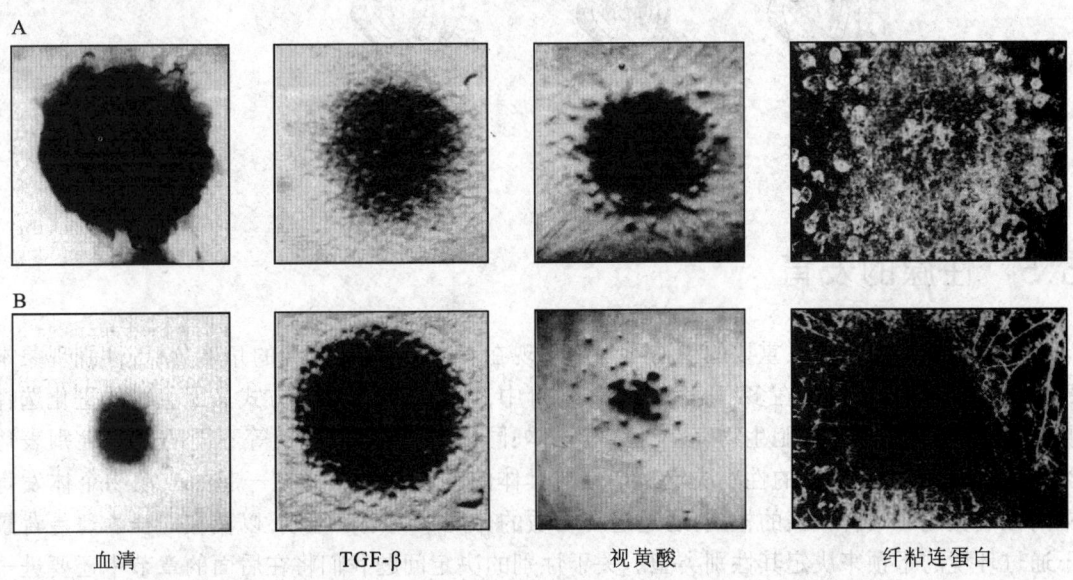

图 5.4.18 鸡翅膀和腿的前软骨细胞(第 24 期)体外培养对不同形态分化因子的应答不同
图显示了翅(A)和腿(B)前软骨细胞对血清、TGF-β、视黄酸、纤粘连蛋白的应答效果。左边3组照片是光镜照片,右边1组照片是荧光显微照片。(S.F.Gilbert)

6. 细胞凋亡和指的形成

在脊椎动物肢体发育的过程中存在一个引人注意的现象,就是在指(如人手的五指分离)和肢骨(如桡骨、尺骨出现)形成中通过细胞凋亡的手段来实现其形态构建。这种纳入发育程序中的细胞死亡现象在变态中表现得更为突出。目前对于肢体发育中细胞凋亡的程序设计还不清楚。但是,已经知道未来凋亡的细胞会出现特定的基因表达,如图 5.4.19 所示,鸟类爪中凋亡部位有视黄酸 β 受体、CRBP、msx-1 的表达。

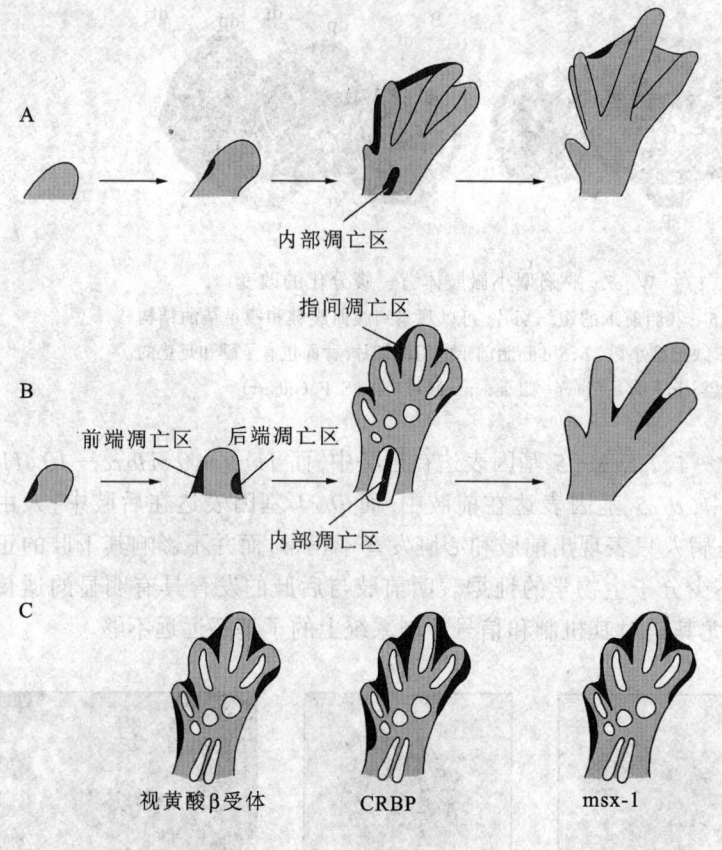

图5.4.19 鸭和鸡爪发育中的细胞凋亡

鸭(A)和鸡(B)爪发育中的细胞凋亡,黑色部分表示发育过程中细胞凋亡的区域,鸭胚胎的腿中细胞凋亡得很少,而鸡胚胎的腿中细胞凋亡较多,尤其是趾间组织。C.表示鸡爪发育过程中细胞调亡前,特异基因的表达(图中黑色部分)。(S.F.Gilbert)

5.5 性腺的发育

性别是一个复杂而又重要的生物学现象。现在看来,从有性起源的角度分析,性别现象本身具有被选择的属性,而在多细胞生物个体发育中,性别决定的具体方式又因生物的进化选择不同而不同,造成了多细胞生物存在有雌雄异体、同体、性别发育转换等不同的个体性别表达类型。因此,凡谈到个体的性别决定一定是与具体的动物种类联系在一起的。动物个体发育中的性别决定有两种代表的模式:通过遗传物质的分配来决定其性别,以及在同样的遗传背景下通过环境的干预来决定其性别类型。关于性别的决定问题我们将在后面的章节中还要进一步讨论。为了简单起见,在本书中我们仅选择通过遗传物质分配实现性别决定的动物为例,说明性腺的发育和其他性特征的建立。

对于有复杂性行为的高等动物,性别决定又包括两个方面:第一为性腺的决定和发育,第二为附属性器官、特征以及性行为的建立。在果蝇中,性腺以及附属性器官的决定和发育独立地受各自发育部位基因组类型的直接控制。在脊椎动物中,性腺的发育占有优先和主导的地位,而性附属器官、性特征以及性行为的建立主要是来自性腺产生的激素的诱导作用。因此,脊椎动物中又有初级性别决定(primary sex determination)和次级性别决定(secondary sex determination)的区分,即性腺的发育称为初级性别决定,性附属器官、性特征以及性行为的建立称为次级性别决定。在发育上,性别决定还常具有跨越胚胎期延续到胚后完成的特点,并存在两性间的差别。因此,对于同属于性别决定的内容,有的又将放在胚后发育的章节中进行讨论(如哺乳动物的乳腺发育)。

同为通过遗传物质分配实现性别决定的模式,哺乳动物、果蝇、线虫之间存在明显的不同,以下我们分别加以介绍。

5.5.1 哺乳动物的性别决定

哺乳动物执行的是典型的通过遗传物质(染色体)分配实现其后代性别决定的模式。发育生物学研究表明,其关键的基因是位于 X 染色体上的 DAX1 基因和位于 Y 染色体上的 SRY 基因。除非突变的原因,由于在 XX 染色体组型的个体中只有 DAX1 基因表达,个体无选择地发育为雌性个体,而在 XY 染色体组型的个体中,由于 SRY 基因对于 DAX1 基因表达的强竞争作用,个体将发育为雄性个体。它们的基本机制是,DAX1 基因或 SRY 基因产物在其他辅助因子的协同作用下分别诱导生殖原基向卵巢或者精巢的发育,实现初级性别决定。然后,两种不同的性腺再进一步通过产生激素的方式诱导各自的次级性别特征发生(图 5.5.1)。

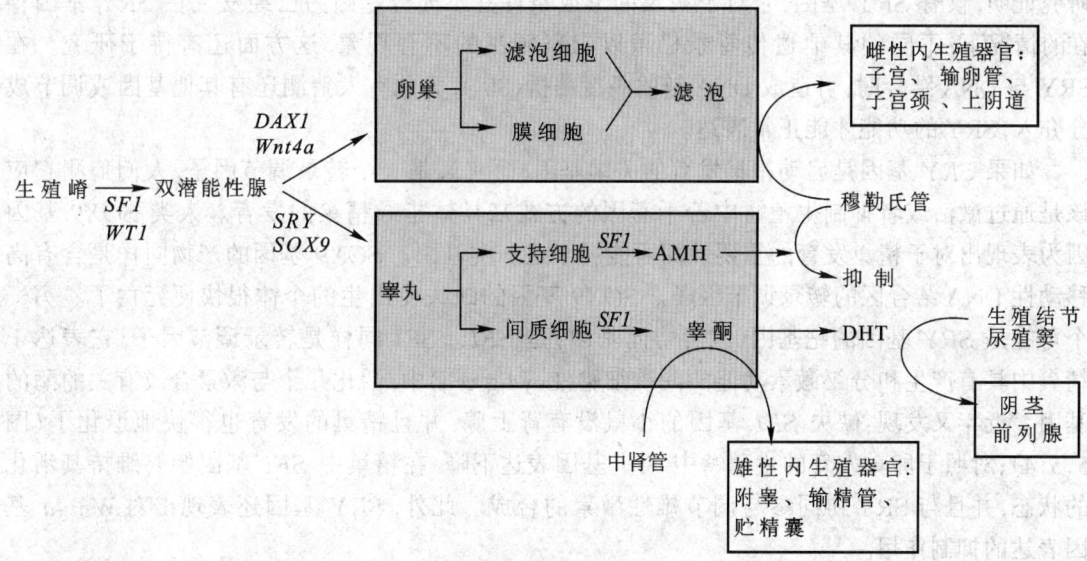

图 5.5.1 哺乳动物的性别决定的级联表达

双潜能性生殖嵴的性别决定转变需要 SF1 和 WT1 基因的作用,缺少这两个基因中的任意一个,小鼠都没有生殖腺的发育。然后,在 Wnt4a 和 DAX1 基因的作用下,双潜能性腺原基向雌性途径分化;在 SRY(位于 Y 染色体上)和 SOX9 基因的作用下,双潜能性腺原基向雄性途径分化。卵巢产生滤泡细胞和颗粒细胞,两者都能合成雌激素,在雌激素的作用下,穆勒氏管分化成雌性生殖器官,并诱导产生雌性的第二性征。睾丸产生两种主要激素:1、抗穆勒氏管因子(AMH),造成穆勒氏管退化;2、睾丸酮,导致中肾管分化成雄性生殖器官。在尿殖区,睾丸酮转化成二氢睾丸酮(DHT),DHT 引起阴茎和前列腺的发生。(S. F. Gilbert)

1. 哺乳动物的初级性别决定

性腺发生的形态学变化 与其他的器官发生不同,动物的性腺原基的性别发育方向在一开始往往并不是确定的,即它首先经历一个不表现任何性别特征的发育阶段(indifferent stage),或称为双潜能阶段(bipotential stage),然后再进入性别分化的发育程序。在人的胚胎发育中,没有性别分化的性腺原基首先出现在中间中胚层中,这一阶段从第 4 周开始延续到第 7 周。这时生殖嵴中的上皮细胞向内增殖形成生殖索(sex cord),并维持着与表面上皮的联系。在第 6 周的时候,生殖干细胞迁移进来,被上皮索细胞包围。如果胚胎个体是 XY 型的,生殖索在 8 周以后继续其向深部延伸,并开始形成相互通连的网状结构,同时与表面上皮脱离,而表面形成致密的被膜,精巢的雏形建立。如果胚胎个体是 XX 型的,生殖干细胞维持在表面的上皮组织中,表层生殖索增殖,而仍分布在浅层的部位成为皮质部,并且外周的细胞围绕生殖细胞形成一簇状的结构,它们将发育为未来的卵泡,深部的生殖索同时退化,卵巢雏形建立(图 5.5.2)。相应地,在其周围两性开始了不同的生殖系统管道的发育(图 5.5.3)。

精巢发生的基因决定 具有 223 个氨基酸残基的 *SRY* 基因表达产物可能是基因转录调节因子。*SRY* 含有一个称为高移动性 DNA 结合区(high-mobility group box, HMG box),当它与 DNA 结合时可以造成 DNA 链的弯曲形变(图 18.3.8)。实验证明:在 XY 型的个体中,当生殖干细胞迁入生殖嵴以后便立即开始 *SRY* 基因的表达;*SRY* 出现在突变的 XX 型雄性个体中而不出现在突变的 XY 型雌性个体中,表明了 *SRY* 基因对于精巢发育的重要作用。但是研究证明,仅有 *SRY* 基因,它对于精巢的形成条件并不充分。因为已经发现在 *SRY* 基因存在的情况下,不同的其他遗传背景仍可以出现精巢的不育现象,这方面还有待于研究。在 SRY 与 DNA 结合时,可造成 DNA 链的高度曲折(80°),为此有人猜测还有其他基因或调节成分介入,SRY 的功能才能正常表达。

如果 *SRY* 基因是启动精巢发育的关键基因,而它又是一个转录调节因子,人们猜测它应该是通过激活或者抑制生殖嵴中若干基因的方式来具体指导精巢的发育。人类 *SOX9* 基因因为表现出对于精巢发育的重要性而可能属于这一类基因。*SOX9* 基因的产物同样是含有高移动性 DNA 结合区的转录调节因子。*SOX9* 基因的缺失使出生的个体很快便死亡了。另一个可能是 *SRY* 基因的靶基因(或者协同基因)是 *SF1*。SF1 同样是转录调节因子,它表达于精巢中具有产生和分泌激素功能的间质细胞(Leydig cell)中,活化几个与激素合成有关的酶的基因。近年又发现:缺失 *SF1* 基因的小鼠没有肾上腺,并且精巢的发育也很快地退化了(图 5.5.4);对照于卵巢发育的生殖嵴中 *SF1* 基因表达下降,在精巢中 *SF1* 基因始终维持其活化的状态,并且与 SRY 协同参与调节雄性激素的合成。此外,*SRY* 基因还表现出对 *Wnt4a* 基因表达的抑制作用。

卵巢发生的基因决定 当人类 X 染色体短臂某部分突变加倍以后,XY 型的个体将发育为女性,表明可能卵巢发育的决定基因存在于 X 染色体的这一部分。这一基因已经被确认和克隆,就是 *DAX1* 基因。研究表明 *DAX1* 基因编码一种膜上的核激素受体成分,并初步证实它特异表达于鼠胚的生殖嵴中。

除了 X 染色体以外,哺乳动物常染色体中也发现了与卵巢决定相关的基因。在生殖腺体还没有实现性别决定以前,*Wnt4a* 基因表达在生殖嵴中。继之,它在 XY 染色体组型的个体中消失,而在 XX 染色体组型的个体中延续到卵巢开始形成。如果个体缺少 Wnt4a,卵巢不发育,代之的是细胞表面表达的是精巢特异性的标志。可能的情况是,SRY 诱导精巢发生的机制是通过抑制 Wnt4a 的表达,并代之的是 SF1 的表达。

值得注意的是,精巢或卵巢的发育都表现出的是激活的过程,而不是其中一个是另一个的失效状态。尽管近年对酵母的性别决定研究取得了显著的成就,获得了类同的结果(见本书第四部分),但是由此联系到的性别起源的问题仍然是生物学中一个令人不解的课题。

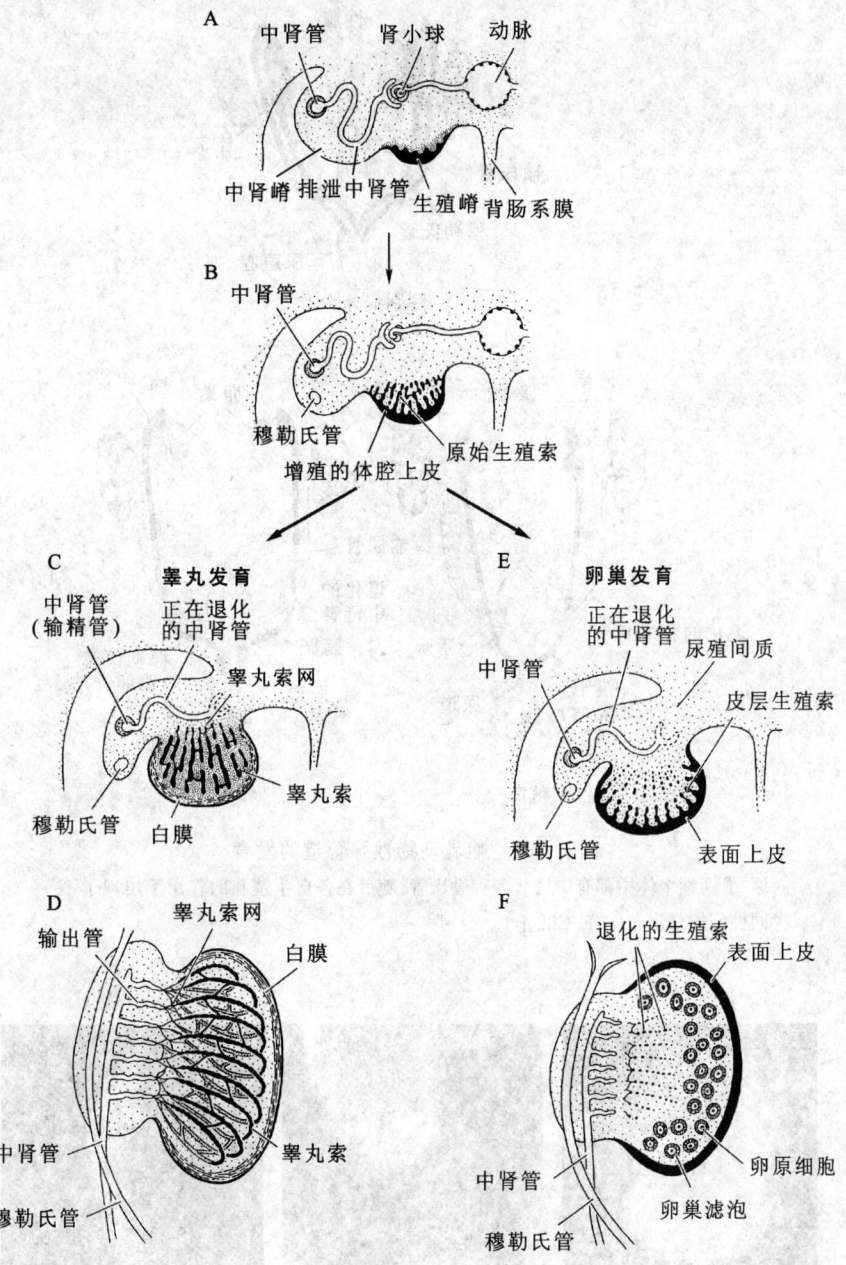

图 5.5.2 人性腺的分化

A.4周胚胎的生殖嵴。B.6周胚胎的尚无性别差异的生殖嵴,可见其中原始生殖索开始发育。C.第8周睾丸发育,生殖索与皮层的联系减弱,发育成网状结构。D.到第16周,睾丸索与中肾管相连。E.第8周卵巢发育,原始生殖索退化。F.到第20周时,卵巢不与中肾管相连,初始卵泡形成。(S.F.Gilbert)

2. 哺乳动物的次级性别决定

哺乳动物次级性别决定,包括性附属器官、副性特征、性行为等,发生于激素的作用。研究

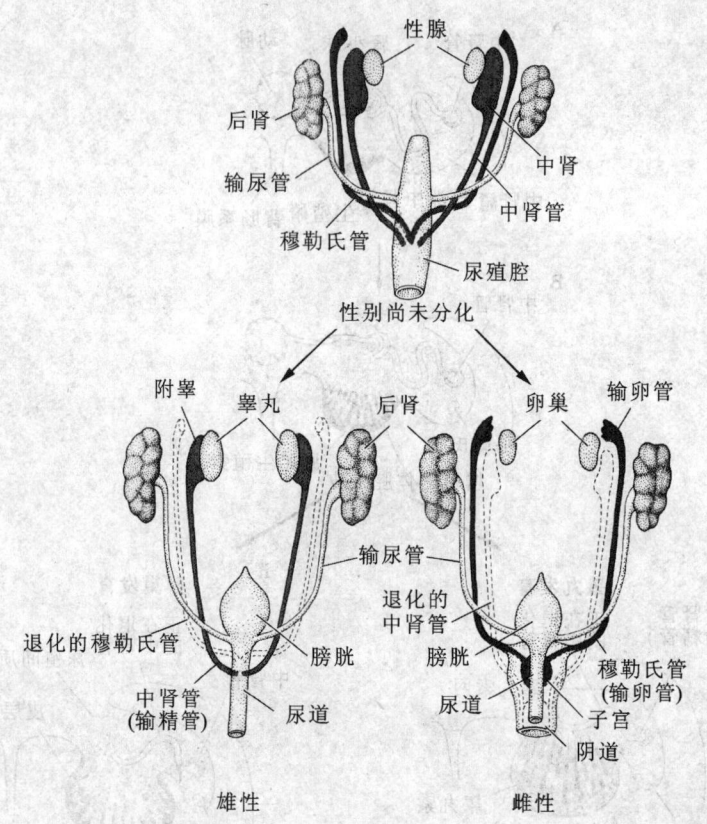

图 5.5.3 哺乳动物性腺管道的发育
原初,两性个体中都有中肾管和穆勒氏管,随后在各自生殖腺的作用下出现了不同性别的分化。(S. F. Gilbert)

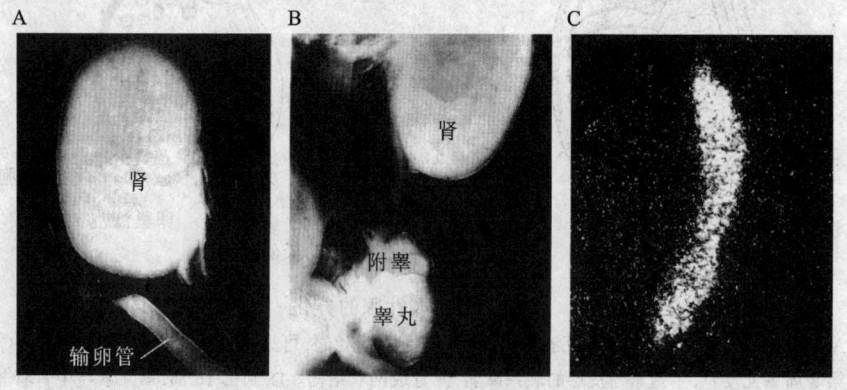

图 5.5.4 精巢发育中 SF1 的功能研究
A. SF1 敲除的小鼠胚胎没有肾上腺和睾丸,穆勒氏管还存在,并发育成输卵管。B. 野生型对照胚胎,示睾丸和附睾。C. 原位杂交显示 SF1 表达在胚胎 12.5 d 小鼠的睾丸中。(S. F. Gilbert)

表明,若生殖腺在分化前被去掉,个体的发育表现为雌性的特征,如副肾管(输卵管前身)发育,中肾管(输精管前身)退化。但是精巢发育产生的激素扭转了这一发育方向。如果雄性激素靶组织受体表达失败，也将产生外表为雌性的雄性个体，使雄性副征雌性化，但是它没有输卵管，此外睾丸在发育中也不出现体位下降的现象(图 5.5.5)。显然，这是一个复杂的发育诱导过程，与它们相关的激素和调节因子的研究也正在不断地深入。

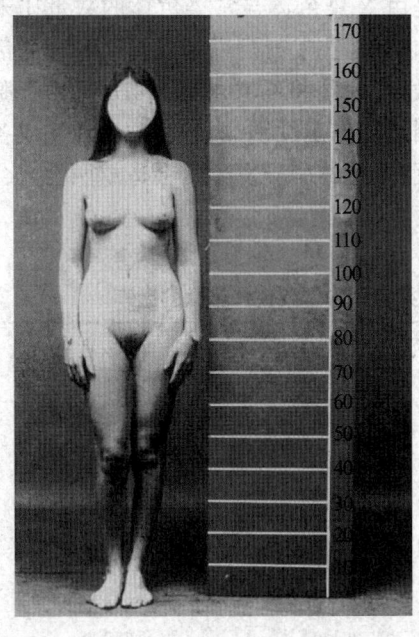

图5.5.5　一个患雄激素不敏感综合症的XY型个体

尽管核型是XY而且有睾丸，个体仍然发育出雌性的第二性征，他缺少穆勒氏管衍生物并且在发育中睾丸也不下降。(S. F. Gilbert)

到哺乳动物的青春期，雌、雄两性激素再次诱导性征的进一步发育。值得注意的是在这一阶段，中枢神经系统明显地介入次级性别决定的发育过程，特别是在性行为的建立方面。这一现象在动物界中广泛存在，例如鸟类神经系统出现雌、雄性别的差异(图 5.5.6)。

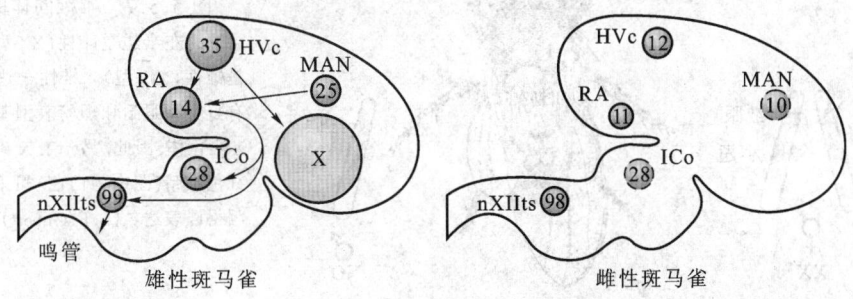

图 5.5.6　鸟类大脑的性别差异

图示斑马雀大脑里被认为与鸟鸣有关的神经中枢区域，以圆圈代表，圆圈的大小与其所占的相应区域的体积成正比，虚线圆圈表示其体积是估计的。圆圈内的数字表示其中的细胞与放射性标记的睾丸酮产生识别作用的百分数。HVc, RA, nXIIts 三个区域的体积在两性之间明显的不同，在雌性斑马雀大脑中观察不到 X 区域，睾丸酮在 HVc 和 MAN 两个区域的结合显著不同，箭头表示雄性斑马雀大脑中连接不同区域的轴突路径。在大脑的其他部位，没有观察到类固醇激素作用的性别差异。(S. F. Gilbert)

5.5.2 果蝇的性别决定

果蝇的性别决定特征 果蝇的性腺发育和性别决定采取的也是染色体分配的方式。但是它的设计与脊椎动物之间又存在显著的不同。第一,虽然果蝇同样有性染色体(X 与 Y)和常染色体的区分,但是它的性别(包括性腺的发育)是由 X 染色体与常染色体的数量比来决定的(表5.5.1),而 Y 染色体并没有性别决定的作用,它只是在发育后期才发挥对精子的活化作用以保证受精的正常进行。第二,果蝇性腺不产生激素,因此并不像脊椎动物那样由性腺指导次级性别决定,而是身体的相关部位根据自己的基因组型作出性别"决定",独立地完成各自的副性特征发育。也正因为如此,在果蝇中,由于体细胞染色体变异发生常会造成两性嵌合体出现(图 5.5.7)。

表 5.5.1 果蝇不同性别个体中的 X 染色体和常染色体套数的比率

X 染色体数	常染色体套数	X:A	性别
3	2	1.50	超雌性
4	3	1.33	超雌性
4	4	1.00	正常雌性
3	3	1.00	正常雌性
2	2	1.00	正常雌性
2	3	0.66	中间性
1	2	0.50	正常雄性
1	3	0.33	超雄性

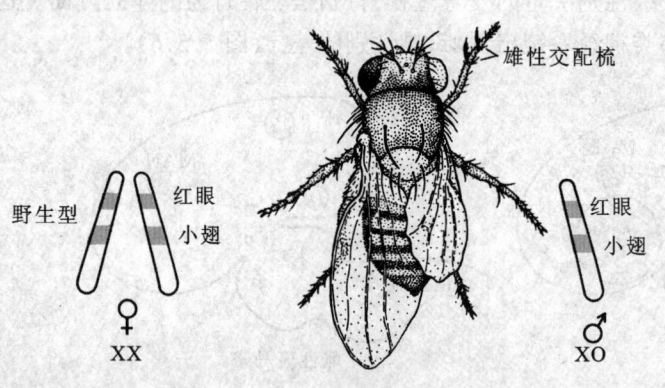

图 5.5.7 雌雄同体的果蝇
果蝇的左半边是雌性(XX 型),右半边是雄性(XO 型)。雄性一边丢失了带有野生型眼睛和翅膀表型基因的一条 X 染色体,因此,另一条 X 染色体上的红色眼睛(图中为白色)和小翅隐性基因得以表达。(S. F. Gilbert)

果蝇性别决定的基因控制 果蝇的性别决定,包括性腺和副性结构,大致执行的是如下的发育程序:在果蝇的 X 染色体和常染色体中,分别存在两套不同的基因。定位在 X 染色体上的一套称为"计数元素"(numerator elements),定位在在常染色体上的一套称为"定名元素"(denominator elements)。它们之间构成一个与 X 染色体和常染色体数量比(即两套基因组数量比)密切相关的复杂反应系统,而 *Sex-lethal* (*Sxl*)是这一系统的靶基因,即 X 染色体与常染色体的数量比决定 *sex-lethal* 基因的表达方式。在 *Sex-lethal* 基因表达时,其 mRNA 有两种不同拼接路线,分别对应着两种不同的性别决定,而 *Sex-lethal* 基因 mRNA 具体采用哪种拼接方式是由"计数元素"和"定名元素"的相互作用来决定的。因此,*Sex-lethal* 基因在果蝇的性别决定中起着关键与核心的作用。然后，Sex-lethal 基因产物转入对 transformer (tra) 基因表达的调控。与 Sex-lethal 基因相对应，transformer 基因 mRNA 也同样有雌性和雄性两种不同的拼接方式。类同的情况又发生在 transformer 基因的靶基因 doublesex (dsx) 基因的表达上。在从 Sex-lethal 基因向 doublesex 基因级联表达的路径上，性别分化的各种条件建立起来，并通过进一步的靶基因的作用最终完成了果蝇的性别决定。由于这一过程极为复杂，并涉及到众多的基因，在此不作详细的介绍，而从图 5.5.8、图 5.5.9、图 5.5.10 中我们可以对它的机制有一个大致的了解。

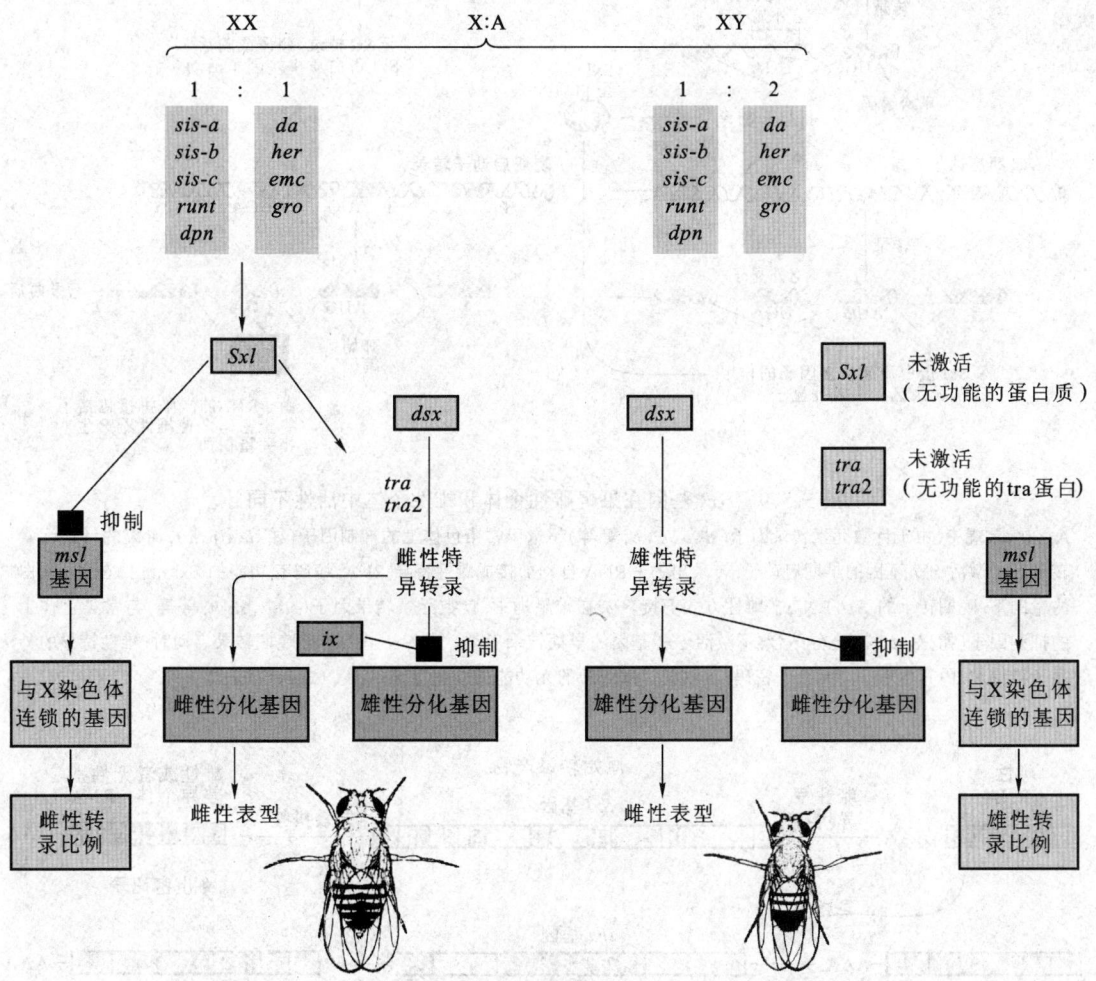

图 5.5.8　假定的果蝇性别决定的级联调节

在 XY 基因型个体中，Sxl 基因的产物不活化，使 msl 基因获得表达，进而激活了雄性 X 染色体上的剂量补偿性基因的转录，形成了雄性发育决定因子组合的表达。图中箭头代表激活效应，黑方块代表抑制效应。(S.F.Gilbert)

5.5.3　线虫的性别决定

秀丽线虫有两种性别类型：一种是雄性，一种是雌雄同体(hermaphrodite)。雌雄同体个体同时发育有精巢和卵巢，在幼虫阶段它产生精子并储存于生殖管道之中，到成体阶段开始产生

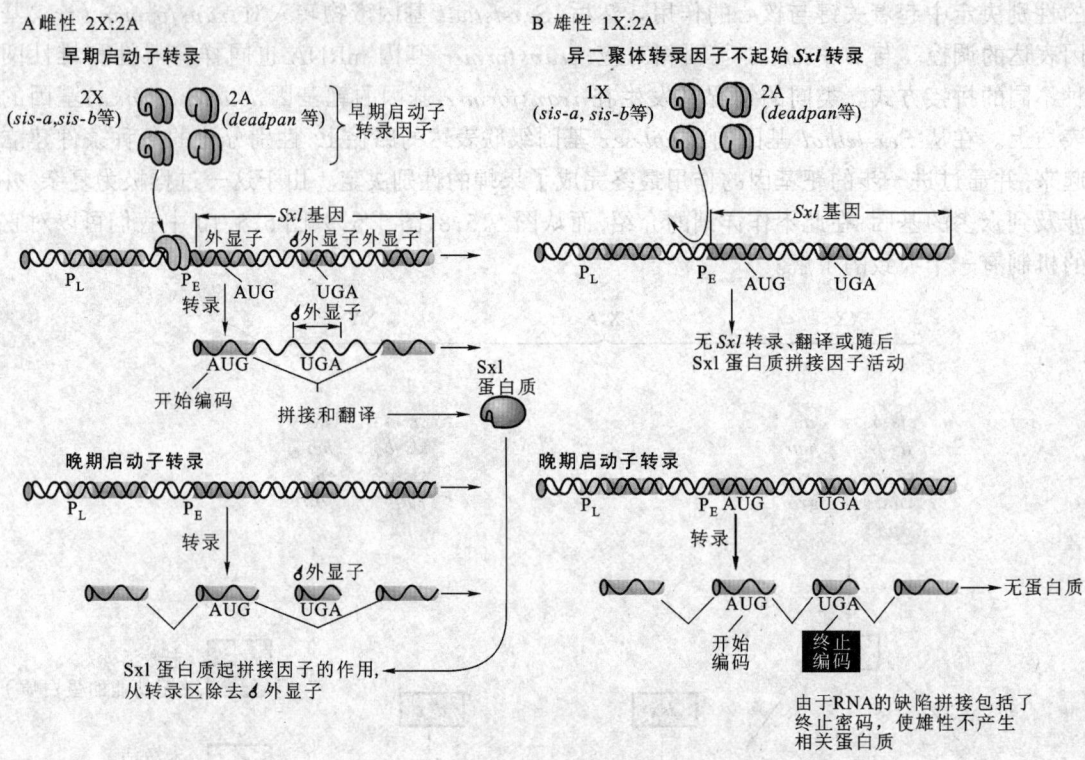

图 5.5.9　Sxl 基因在果蝇雌性个体和雄性个体中活性不同

A. 在雌果蝇中，由于计数元素转录因子（sis-a，sis-b，等等）超量于常染色体上的抑制因子（如 deadpan），游离的计数元素转录因子激活 Sxl 基因的早期启动子，转录出的 mRNA 自动剪接成雌性特异 RNA，编码有功能的 Sxl 蛋白，在 Sxl 蛋白的帮助下，晚期转录的 Sxl RNA 按雌性方式剪接。B. 在雄果蝇中，计数元素转录因子（sis-a，sis-b，等等）与常染色体上的抑制因子（如 deadpan）充分结合，不激活 Sxl 基因的早期转录启动。当 Sxl 基因开始晚期转录启动时，雄性特异的外显子被保留，因其含有一个终止子密码，所以翻译出截短的无功能的雄性特异多肽。（S. F. Gilbert）

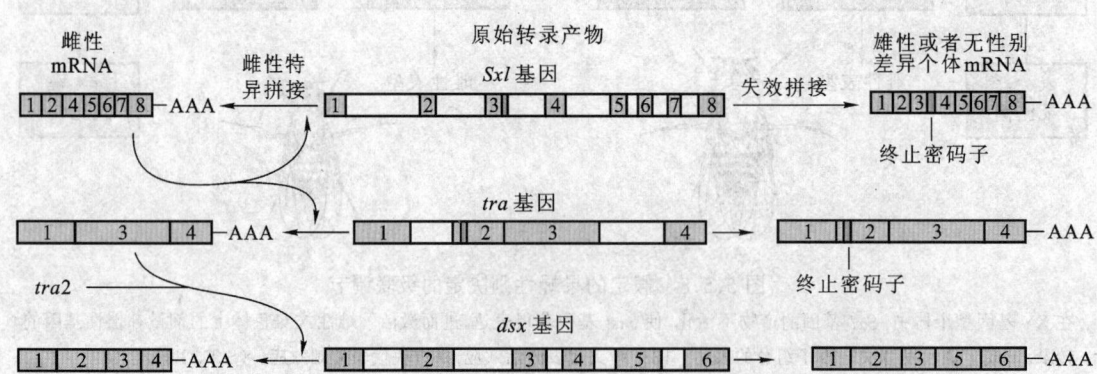

图 5.5.10　果蝇 3 个主要性别决定基因的性别特异剪接

图中央是果蝇 3 个主要的性别决定基因的原始转录本，雌雄都一样。左边是剪切后的雌性特异转录本，右边是剪切后的雄性特异（或者无性别差异个体）的转录本。图中数字表示外显子，并标记了终止密码和 PolyA 的加入位置。（S. F. Gilbert）

卵细胞并在子宫中受精。自体受精的卵绝大多数发育为雌雄同体个体,有大约0.2%发育为雄性个体。雄性个体可与雌雄同体个体交配并具有受精的竞争优势,而且使后代50%成为雄性个体。研究表明,与果蝇一样,线虫的性别也是由X染色体和常染色体的比例决定的,但XX型是雌雄同体个体,XO型是雄性个体。因为线虫其他物种中发现有XX型的雌性个体,因此一般认为雌雄同体个体在进化上源于雌性个体,它们的不同是在秀丽线虫中,在卵巢成熟以前,在发育的早期先完成精巢和精子的发育。

线虫性别决定的基因控制方式与果蝇很相似。秀丽线虫的X染色体和常染色体中同样存在若干分别属于"计数元素"和"定名元素"的两套基因,它们也构成一个与两者数量比密切相关的反应系统。在线虫中对应于果蝇 *Sex-lethal* 基因的是 *xol-1* 基因。图5.5.11总结了从 *xol-1* 基因到 *tra-1* 基因的基因级联表达路径和不同的X染色体与常染色体比例对它们表达的影响。从中我们可以看出,正是性染色体占的比例关系在XX和XO中分别为1.0和0.5,造成各级联基因相反的表达特征(高或者低),最后导致个体性别是雌雄同体还是雄性的不同结果。图5.5.12给出了通过上述过程最后实现性别决定的假定模型,目前对于线虫两性表达的控制程序仍然有许多不清楚之处。

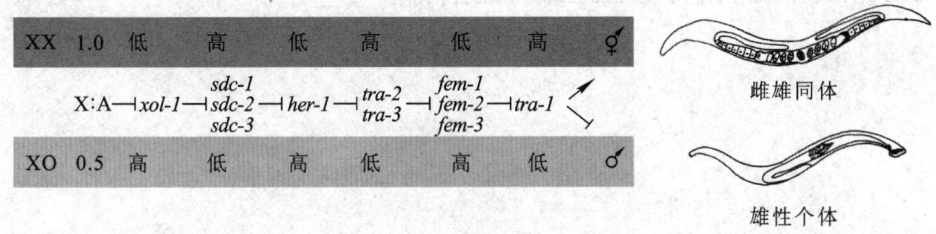

图5.5.11　线虫的性别决定

目前认为 *sdc-1* 基因的表达与个体X/A比率有关,如果X/A比率是1,由于 *sdc-1* 基因的高表达率而抑制 *her-1* 基因表达,进而控制着X染色体级联基因的表达,获得了两性个体发育所需的剂量补偿组合,图中"高"、"低"反映各基因的活性。由于 *sdc* 基因最终导致 *tra-1* 基因激活,启动了两性同体表型的发育程序;反之 *xol* 基因只在雄性个体中表达,使 *sdc* 基因表达受到抑制,最终引导雄性个体发育。(S.F.Gilbert)

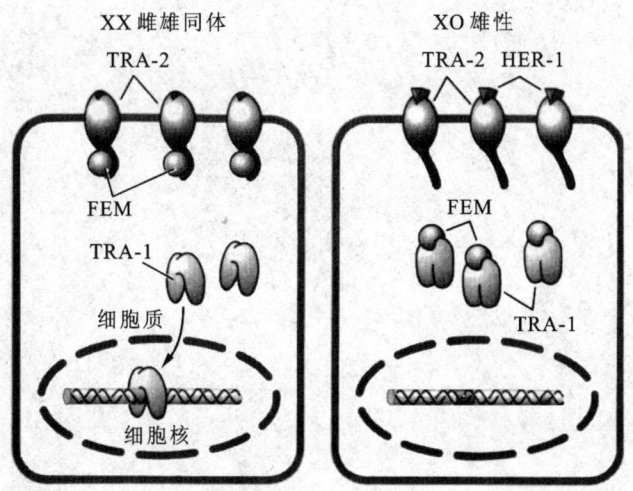

图5.5.12　线虫性别决定基因作用的假说模型

在XX个体中,高数量的膜蛋白TRA-2与FEM蛋白结合,使细胞质中没有游离的FEM蛋白,导致TRA-1蛋白进入核内,激活两性同体发育所需的基因。在XO个体中,高数量的HER-1蛋白与低数量的膜蛋白TRA-2结合,使膜蛋白TRA-2释放FEM蛋白,FEM蛋白与TRA-1蛋白结合,导致细胞质中没有游离的TRA-1蛋白,也就不能进入核内激活雌雄同体发育所需的基因,个体发育为雄性。(S.F.Gilbert)

思 考 题

1. 书中归纳出动物成体组织结构形成和器官发生过程的 4 个基本特点,它们分别是什么?请举例说明。
2. 请以脊椎动物肾脏的形成为例说明分化的近端诱导和诱导的级联在发育中的重要作用。
3. 简述脊椎动物肢体 AER 的形成过程和对这一过程分子生物学机制的了解。
4. AER(包括 PZ)的出现可以看作是脊椎动物肢体生发中心的建立,请结合肢体的发育过程说明其理由。
5. 肢体的发生和在躯体中的定位,肢体在前 - 后、左 - 右、背 - 腹 3 个轴向上的分化和生长,前后肢体的区分是脊椎动物肢体发育的 3 个重要的问题,请概述当前发育生物学对这方面的认识。
6. 什么是脊椎动物的初级性别决定和次级性别决定现象?请说明节肢动物对应的发育内容与脊椎动物在发育机制和策略上有什么不同。
7. 简述哺乳动物雌、雄两性性腺各自发育的形态学变化过程。
8. 试比较哺乳动物精巢与卵巢发生的基因决定过程。
9. 说明果蝇常出现两性嵌合体现象的原因。
10. 试分析果蝇、线虫与哺乳动物性别决定方式的异同点。

6 变态

变态发生在动物的胚后发育阶段中,它是动物发育中的一个十分引人注目的现象。在胚胎学建立的早期,人们就开始了对它的研究。但是直到 1912 年,Gudernatsch 发现两栖动物的变态受甲状腺的控制,人们对动物变态发生机制的认识才逐渐深入。伴随遗传学和分子生物学的发展,发育生物学以果蝇为材料,对昆虫变态以及相关发育现象的研究取得了长足的进步,并且发现在基本原理方面各种动物的变态现象是类同的。

6.1 动物的变态

变态现象(metamorphosis)在动物界普遍存在,在腔肠动物、软体动物、环节动物、棘皮动物、节肢动物、脊椎动物中都发现具有变态现象的物种。变态是这些动物在其个体发育进程中的一个特殊阶段,或者可以把它看作是动物在进化中建立起来的一种特殊的发育策略。由于异养的生存方式,动物必须在它的胚胎阶段迅速地完成其具有独立生活能力的结构建设。显然,面对整体上多细胞生物不断承受的进化压力,变态现象的出现无疑是对动物由于异养方式带来的发育基本特征的一种适应和变通,即变态可以在满足胚胎期完成个体独立生活能力的建设和实现不断的复杂成体结构的进化之间建立一种过渡,而多细胞生物通过激素实现发育的远程控制为变态程式的建立提供了可能。因此看来,动物变态现象的出现具有其内在的必然性,在进化上它不仅可能独立地多次发生,也同时为生物的多样性作出了贡献。

总观动物的变态现象,它有 3 个十分显著的特点:

第一,变态与动物的系统进化没有直接和必然的联系。在许多门类的动物中都存在有变态现象,而在同一门类动物中又同时存在有变态与不变态的物种。例如脊椎动物两栖纲有变态,而鸟纲没有变态。

第二,变态具有多型的特征,即变态在程度、方式上可能有多种的表达,最突出的例子是昆虫的变态(图 6.1.1)。昆虫有无变态(ametabola)或称表变态(epimetabola),如生活于书籍、衣服以及墙壁中的衣鱼。衣鱼卵一孵化出来就有成虫的形态,只是比成虫小,至成虫时期还要继续蜕皮。不完全变态,即幼虫不化蛹而直接发育为成虫。不完全变态又分为两种类型:渐变态(paurometabola)和半变态(hemimetabola),蝗虫、蟋蟀等都是渐变态昆虫。渐变态昆虫的幼虫称为若虫(nymph),它的形态和生活习性与成虫相似,只是翅未长成,生殖器官未成熟,经过几次蜕皮,若虫发育为成虫。蜻蜓、豆娘等都是半变态昆虫。半变态昆虫的幼虫称为稚虫(naiad),它们的形态和生活习性与成虫有很大的差别。稚虫生活在水中,胸部没有翅而是翅芽。此外,蜻蜓稚虫肛门内有叶状鳃、豆娘稚虫尾端有片鳃,以适应水中气体交换,为呼吸器官。稚虫经过多次蜕皮,鳃退化,气管系统及翅长成并转入陆地生活,成为成虫。完全变态(holometalola),即昆虫的发育要经过卵(egg)、幼虫(larva)、蛹(pupa)成虫(adult)四个阶段。蚊、蝇、蜂、蝶等都是全变态昆虫。

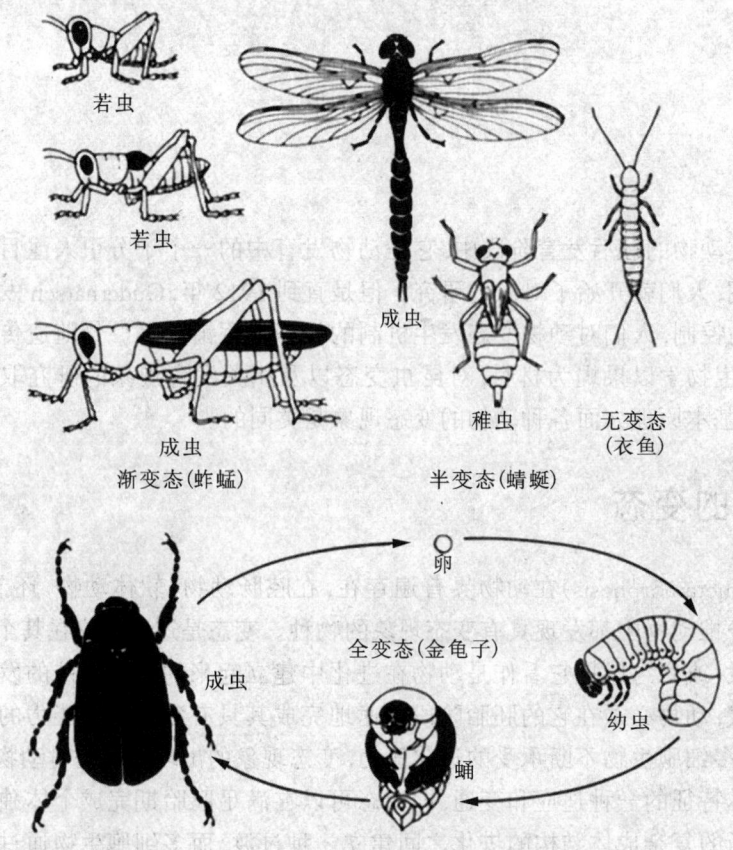

图 6.1.1 昆虫变态的不同类型

第三,在发育中,高等动物的变态均采用了激素诱导启动和全局发育控制的机制。

严格地说变态与不变态并没有截然的界限,几乎所有初始孵化的幼体与成体动物都多多少少地在形态结构、生活习性上存在着差别,并且这种变化都或多或少地与发育的远程控制机制联系在一起,例如哺乳动物的青春发育与变态实际上有着某种内在的一致性。关于胚后的其他发育现象我们将在下一章中讨论。

6.2 变态的发育控制

发育控制是发育生物学对动物变态现象研究的重点。由于物种和其变态现象的多样性,各种不同动物的变态控制因子和它们的程序设计以及效果可能很不一样。但是,普遍看来它们有一个显著的共同特点，就是：激素控制的远程诱导在动物的变态过程中起着关键与核心的作用。下面我们以昆虫和两栖动物为例介绍动物的变态发育控制。

6.2.1 昆虫的变态

1. 昆虫变态的形态学特征

果蝇是全变态昆虫。跨过蛹的阶段，果蝇幼虫和成虫之间在形态结构、生活习性上都发生了巨大的变化。形态学研究表明，在果蝇幼虫阶段，体内存在有各种不同的成体结构的原基，称为成虫盘(imaginal disc)、成虫岛(imaginal islands)或者成虫环(imaginal ring)，它们各自对应于不同的成体结构，如分别称为翅成虫盘、肢体成虫盘、触角成虫盘、中肠成虫岛，等等（图6.2.1）。全变态昆虫有一个特定的变态发育阶段——蛹的阶段。这时幼虫原有的结构出现重大的改造和重建，它包括各成虫盘(岛、环)迅速发育，显出成体的结构特征，如一些幼体特有的组织结构解体消失(如消化道的一些部位)，一些器官系统进行了重新改造(如神经系统)。因此，果蝇成体器官的发育实际上因为变态过程的存在而被分割为两个阶段。

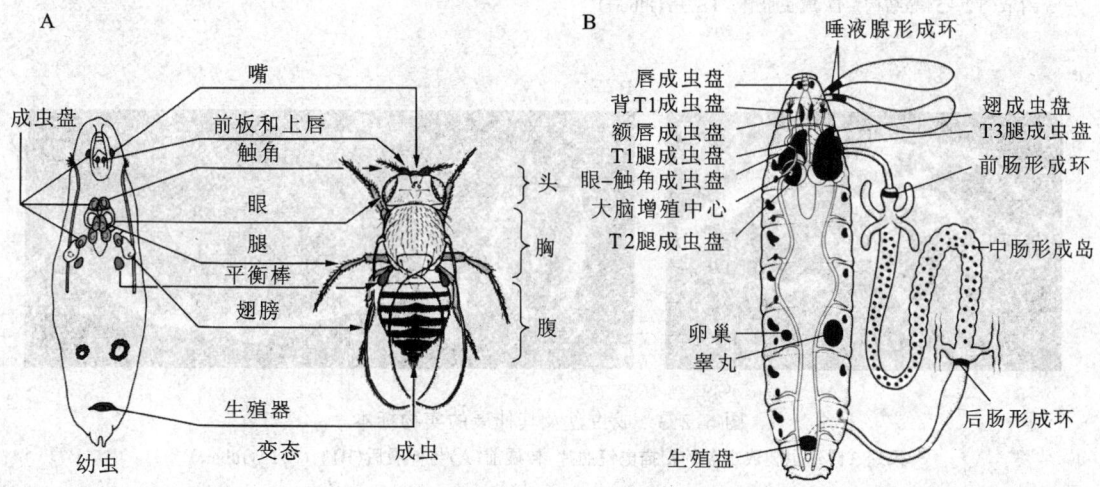

图 6.2.1 果蝇成虫盘
A.幼虫成虫盘与成虫结构的对应。B.幼虫各成虫盘的定位。(S.F.Gilbert)

2. 成虫盘的确定与形成

成虫盘是全变态昆虫特有的一种发育过渡性结构。由于它们是未来成体器官的原基，有如脊椎动物肢体等器官发生一样，同样有着发育决定的问题，特别是肢体、翅膀，它们对不同体轴方向上的决定的要求很严格。此外，由于昆虫存在集中的变态阶段，各器官原基向成体结构的快速发育和展现，以及不同原基间的同步发育问题也就自然变得十分突出。图6.2.2显示的是一个果蝇肢体成虫盘在变态过程中的形态变化，图6.2.3是它的实物标本。从中我们可以清楚地看到，成虫盘中未来肢体的不同结构已经建立和精确定位。研究表明，在变态过程中，成虫盘各部位的细胞迅速伸长，并且表现出活跃的基因表达和蛋白质合成，而针对这些分子生物学过程的抑制剂将阻止其发育也在完全预料之中。

追溯果蝇成虫盘的出现和形成，它们应属于器官发生的内容，但为了叙述的方便，本书放

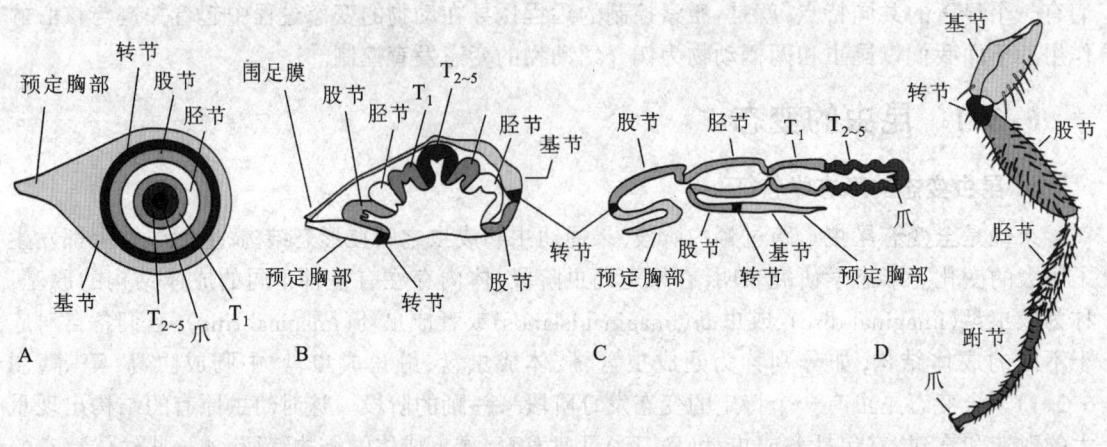

图 6.2.2 果蝇肢体成虫盘及其伸展

A. 未伸展的腿成虫盘的表面观。B. 腿成虫盘伸展前的纵切面。C. 伸展中的腿成虫盘的纵切面,可见基跗节(T1)、第2～5跗节(T2～5)等结构。D. 成虫肢体。(S.F.Gilbert)

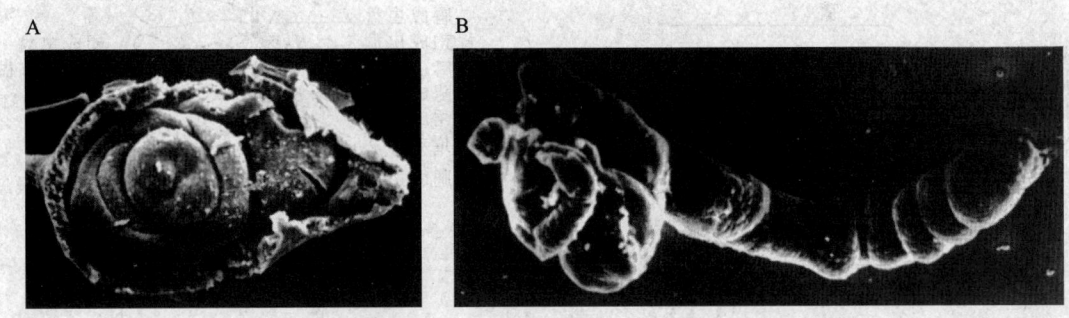

图 6.2.3 成虫盘及其伸展的实物标本

果蝇3龄幼虫腿成虫盘的扫描电镜照片:伸展前(A)与伸展后(B)。(S.F.Gilbert)

在此一并介绍。成虫盘的决定和发育开始于胚胎体节分化和 *homeobox* 基因表达的阶段。以胸部体节同时出现肢体和翅成虫盘的分化为例,它们的形成过程可以用图6.2.4来表示。由于前后和背腹体轴信号的相互作用,在 *homeobox* 基因产物的诱导下,在体节中形成了一个水平方向上 Decapentaplegic(Dpp)蛋白和垂直方向上 Wingless(Wg)蛋白的表达条带和它们的十字交叉区域。两种蛋白表达的交汇处出现一些 *Distal-less* 基因表达的细胞,成为成虫盘形成的前体细胞。随后,Dpp 生成细胞向背部移动,并"携带"部分 Distal-less 生成细胞向背部迁移。造成留在原处的 Distal-less 生成细胞发育为肢体成虫盘,而迁移的 Distal-less 生成细胞发育为翅成虫盘。目前对于肢体成虫盘和翅成虫盘分化的基因控制还不清楚,但是已知 *vestigial* 基因对于翅的形成有重要的作用,当此基因表达在眼、触须或肢体原基中时,可诱导这些部位翅样结构的发生(图6.2.5)。研究发现,与脊椎动物肢体体轴形成的控制相类似,在果蝇翅成虫盘的发育中, *hh*、*dpp*、*wg* 基因在它们的轴向分化上发挥着重要的作用(图6.2.6)。

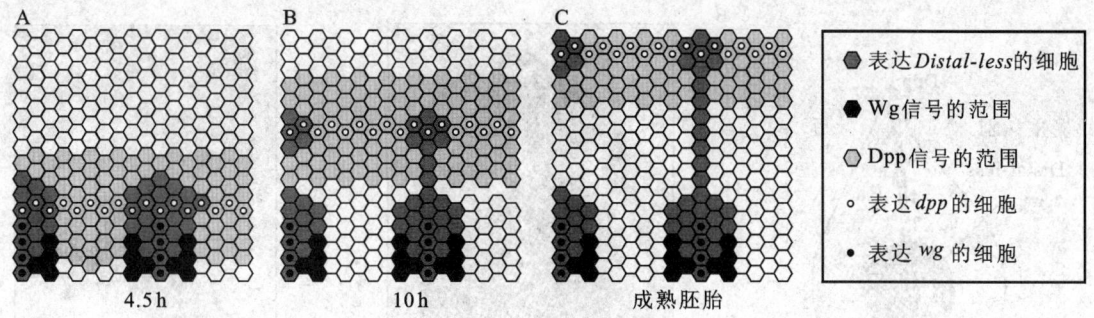

图 6.2.4 果蝇胸部腿成虫盘和翅成虫盘的分化和定位的示意模型
A.果蝇胚胎细胞分裂成栅格结构,垂直带合成分泌 Wg(黑色圆点),水平带合成分泌 Dpp(白色小圈)。在这两条带交叉的区域,形成初始成虫盘(灰色区域)。B.分泌 Dpp 的水平细胞带向背部迁移,带走一部分成虫盘初始形成细胞。C.迁移的背部成虫盘细胞产生翅成虫盘,留在原地的成虫盘细胞产生肢体成虫盘。(S.F.Gilbert)

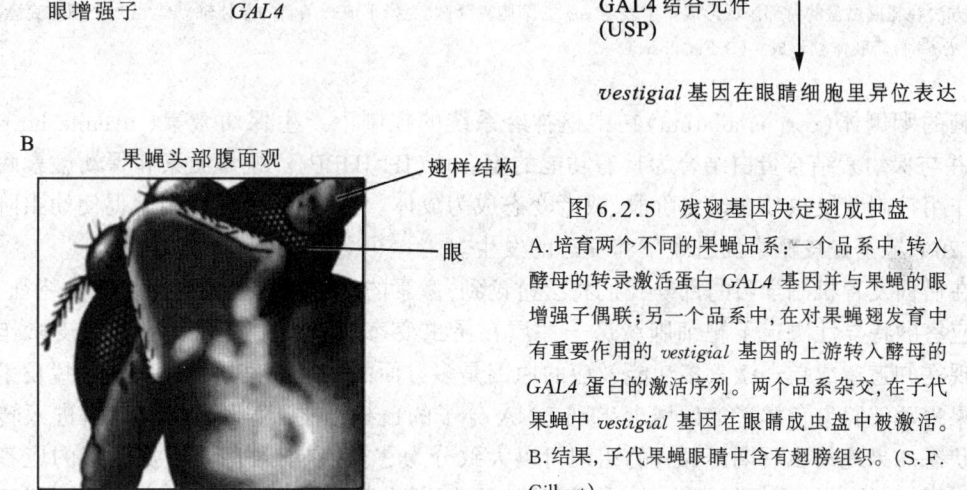

图 6.2.5 残翅基因决定翅成虫盘
A.培育两个不同的果蝇品系:一个品系中,转入酵母的转录激活蛋白 *GAL4* 基因并与果蝇的眼增强子偶联;另一个品系中,在对果蝇翅发育中有重要作用的 *vestigial* 基因的上游转入酵母的 *GAL4* 蛋白的激活序列。两个品系杂交,在子代果蝇中 *vestigial* 基因在眼睛成虫盘中被激活。B.结果,子代果蝇眼睛中含有翅膀组织。(S.F. Gilbert)

3. 神经系统的改造

由于幼虫与成体在器官结构上的巨大差异(如眼、肢体),神经系统必然会出现相应的调整和改造。在昆虫的变态中,其神经系统经历了一个重建的过程,其中包括一些神经细胞凋亡,一些神经组织新建,一些神经组织分化出现新的功能。

4. 昆虫变态的激素控制与调节

昆虫的变态受着激素的总体控制。尽管不同昆虫变态的机制有所区别,但是它们的控制程式非常相似。从图 6.2.7 中,我们可以获得对这一控制程序的概括了解:脑中的分泌细胞产生促前胸腺激素(prothoracicotropic,PTTH)进入前胸腺,诱导其产生蜕皮激素(ecdysome),并在脂肪体等外周组织中的线粒体或微体中转化为具有活性的 20-羟基蜕皮激素。另一方面,

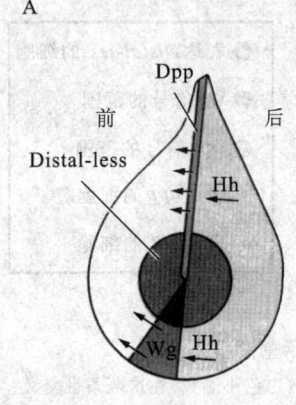 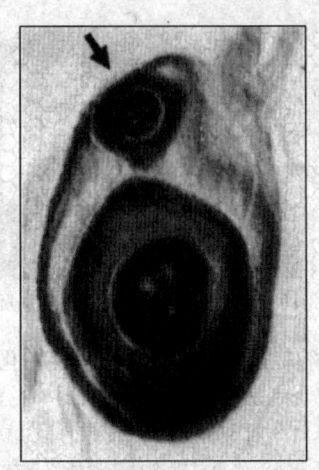 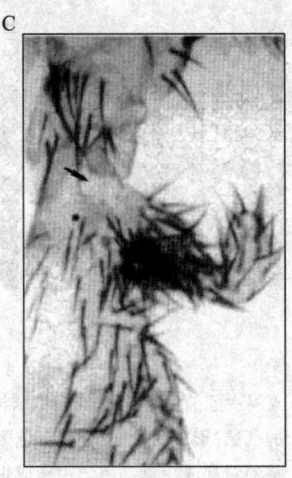

图 6.2.6 果蝇腿轴形成的模型

A. 只有腿成虫盘后侧合成 Engrailed 蛋白的细胞才合成并分泌 Hedgehog(Hh)蛋白。Hedgehog 蛋白的扩散半径只能达到几个细胞，所以在相邻的背部后侧区域中诱导出一条表达 dpp 基因的细胞带，Dpp 蛋白扩散并形成成虫盘前背侧图案。Hedgehog 蛋白诱导腹侧靠近后部的部分前端细胞合成并分泌 Wg 蛋白，Wg 蛋白帮助形成腹前翅图案。B. 用转基因的方法在腿成虫盘的背部区域形成一个表达 wg 的细胞克隆，此克隆形成一条新的肢体轴。C. 当一个细胞克隆异位表达 dpp 时，新肢体轴形成。(S. F. Gilbert)

靠近脑的咽侧体(corpus allatum)在中枢神经系统的控制下产生保幼激素(juvenile hormone, JH)，并与保幼素结合蛋白结合为具有功能的复合体(JH-JHBP)。蜕皮激素和保幼激素两者的综合作用控制着昆虫处在幼虫阶段，或者变态成为成体。总体而言，保幼激素促使幼虫阶段的延续，20-羟基蜕皮激素促进蜕皮和变态的发生。

在后面发育机制学习的部分我们将会讨论到，激素的远程诱导控制具有多效的特征，而对激素应答的特异性决定于靶细胞。这一性质在昆虫变态的研究中集中在羟基蜕皮素作用方面。现在知道造成单一激素多功能效应的原因是多方面的。人们很早就发现羟基蜕皮素可以诱发果蝇唾液腺染色体特定区域上出现 DNA 分子的蓬松结构，使此部位的基因进入转录活跃的状态。果蝇幼虫后期(三龄)的组织可以大致分为 3 类，它们对羟基蜕皮激素的应答效应各不相同：①幼虫特有的组织(如幼虫唾液腺、肌肉、消化道)在羟基蜕皮激素作用下将解体消失；②成虫盘在羟基蜕皮激素作用下将出现分化并发育为成体结构；③脂肪体、中枢神经系统等在羟基蜕皮激素作用下将出现修改和重建。

研究发现羟基蜕皮激素受体(ecdysone receptor, EcR)基因的 mRNA 有 3 种不同的拼接方式，可以产生 3 种不同的受体分子，EcR-A、EcR-B1 和 EcR-B2。每个细胞中同时存在 3 种不同的受体分子，但是它们的比例在不同的组织细胞中不同。幼虫特有组织细胞中 EcR-B1 的丰度远远高于 EcR-A，而在成虫盘和改造组织中，上述两种受体分子的丰度比正好相反。再有通过 mRNA 不同的拼接方式可使羟基蜕皮激素诱导的同一基因产生不同的分子，典型的例子是一种称为 $Broad-Complex(BR-C)$ 的基因，它有 Z1、Z2、Z3、Z4 4 种不同的产物形式。显然，靶基因表达方式的多样性和它们的相互作用，极大地扩展了羟基蜕皮激素的多功效能力。除了羟基蜕皮激素作用的组织差异外，同一组织细胞在不同的时间中也需要对羟基蜕皮激素的应答存在差异，两者协同作用才能构成发育在空间和时间双重因素上的精确定位，这对于像羟基蜕皮激素这样一个有限因子起动的全方位的发育程序显得格外重要。现在发现,尽管在同一细胞中,同样都是羟基蜕皮激素的靶基因,有的可以被蜕皮素直接活化,有的则需要其他基因的先期活化才能被活化。显然,这一区分使两者出现了被蜕皮激素诱导活化的时间差(图 6.2.8)。综合上面的介绍,我们不难看出,在实现单一激素因子对变态发育的综合控制过程中,存在一个复杂的基因表达和作用系统。实际上,已经发现了许多与此有关的基因并初步勾画出了一个在总体上应答于蜕皮激素浓度和发育阶段的复杂的信号网络(图 6.2.9),在此不再做更详细的讨论。

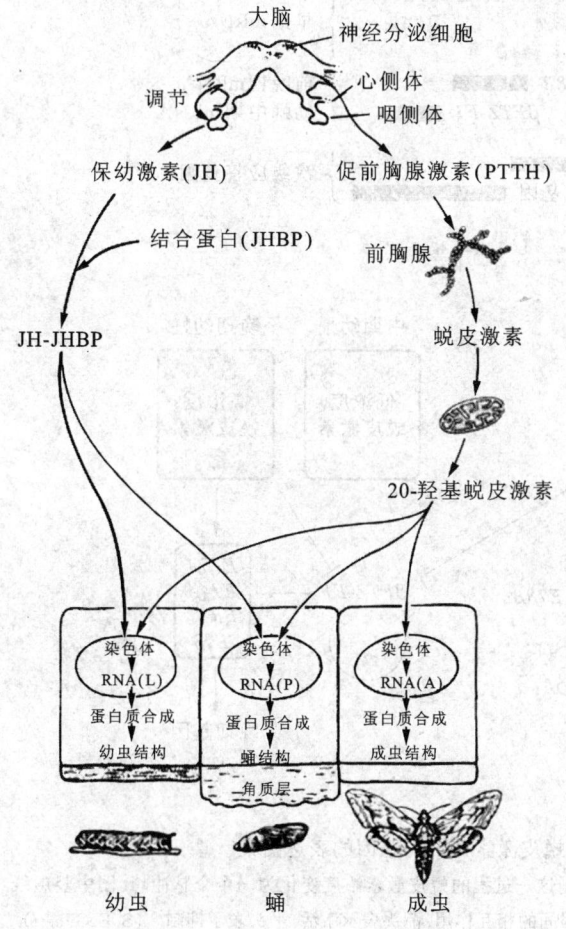

图 6.2.7 激素对烟草 hornworm 幼虫及蛹蜕皮和变态过程调控的示意图(S.F.Gilbert)

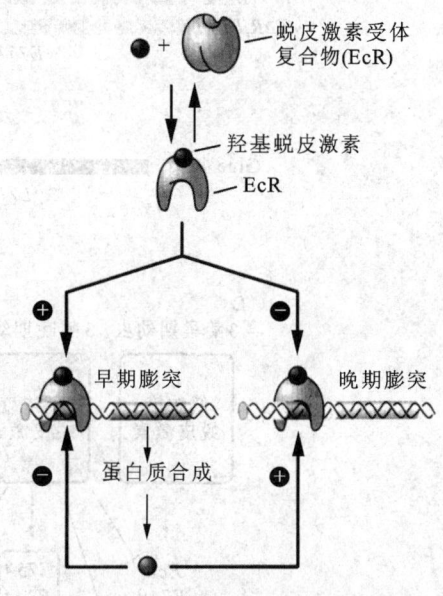

图 6.2.8 羟基蜕皮激素对不同基因表达差异调节的模型

羟基蜕皮激素(hydroxyecdysone)与其受体复合物(EcR)结合,之后结合到早期膨突基因和晚期膨突基因上。但是,早期膨突基因因为能被它自身表达的蛋白产物调控(左),而晚期膨突基因需要早期激活基因产物的活化(或许是取代了羟基蜕皮激素受体)才能转录表达(右),因此出现了受同一激素控制,但它们的表达存在时间差异的现象。(S.F.Gilbert)

6.2.2 两栖动物的变态

两栖动物,特别是无尾两栖类,其发育过程中有着典型的变态阶段存在。蛙从蝌蚪变态为成体,身体发生了重大的改变,包括生态类型的改变和适应结构的出现,它的呼吸系统、循环系统、神经系统、排泄系统、代谢类型等都发生了巨大的变化(表 6.2.1)。

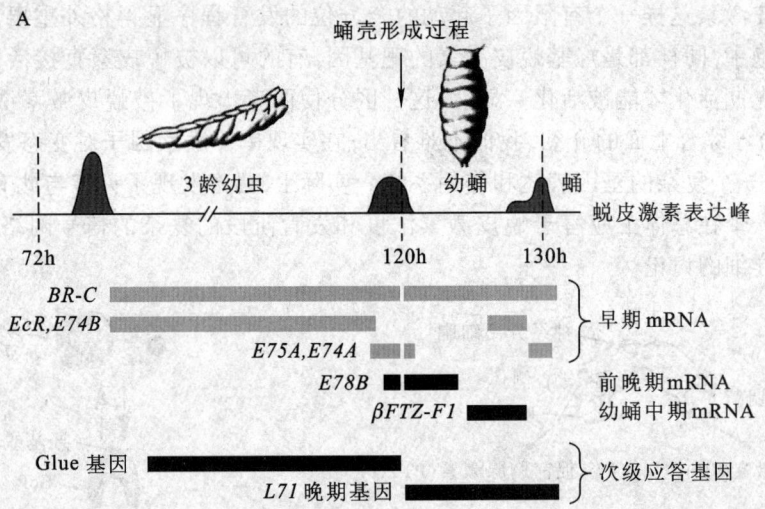

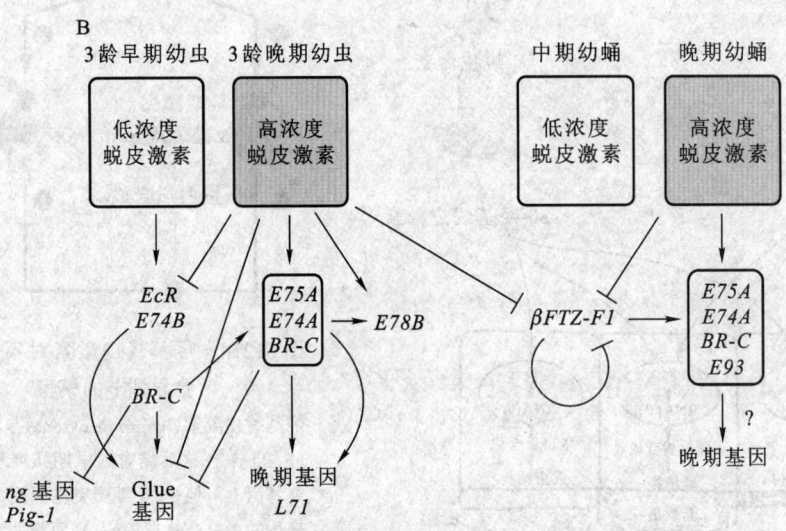

图 6.2.9 果蝇变态过程中蜕皮激素调节的基因的表达图案

A. 与蜕皮和变态有关的一些基因表达的时序图案,而控制这一过程的蜕皮激素浓度变化为一个个脉冲峰,图中竖虚线表示蜕皮发生。B. 在转录的时序程序过程中,上述各基因间的相互作用,箭头表示激活,平头表示抑制。(S.F.Gilbert)

表 6.2.1 无尾两栖类的变态

系 统	幼 体	成 体
运动系统	水生,尾,鳍	陆生,无尾,四足
呼吸系统	鳃,肺,皮肤,幼体血红蛋白	皮肤,肺,成体血红蛋白
循环系统	主动脉弓,主动脉,前、后、总心静脉	心脏,颈动脉弓,颈静脉弓
消化系统	植食,长的螺旋消化道,小嘴——角颚,唇齿	肉食,短的肠道,大嘴,长舌
神经系统	没有瞬膜、视紫质,有侧线系统	发育出眼肌,瞬膜,视紫红质,侧线消失
排泄系统	大量氨,少量尿素	尿素
皮肤	薄,双层上皮,真皮薄,没有粘液腺或者粒状腺	具有含成体角蛋白的覆盖鳞片的皮肤,含有粘液腺和粒状腺分泌抗微生物多肽

胚胎学和发育生物学研究表明,甲状腺产生分泌的三碘甲状腺素(triiodothyroxine, T_3)对两栖动物变态发生有着重要的作用。从基本原理上讲,两栖类的变态与果蝇的变态并没有本质的差别,它们都是激素操纵下的全身性的远程诱导发育控制现象,它们也都必须要有近端诱导的协同作用才能完成。但是,由于物种不同,特别是激素类型不同,其机制和程序过程也不相同。在此,我们仅对两栖动物变态过程中甲状腺素作用的分子生物学研究结果作简要的介绍。

实验表明,甲状腺素对两栖动物变态的启动和控制是通过对一系列靶基因转录的控制实现的,其中首要的是甲状腺素和甲状腺素受体(thyroid hormone receptor, TR)间的相互作用关系。有两种主要的甲状腺素受体,TRα 和 TRβ。在通常的情况下,TRα 和 TRβ mRNA 都以低浓度的状态存在于细胞中。但是到了变态期,它们的含量急剧地增加。注射甲状腺素可以人为地使靶细胞中 TRα 和 TRβ mRNA 分别增加 2~5 倍和 20~50 倍。可能正是在这一机制的作用下,当变态期到来时,甲状腺素分泌量的增加使 TRα 和 TRβ 含量急速提高,全面诱发变态高峰(metamorphic climax)的迅速到来。目前,对两栖动物的变态现象,特别是对它的分子机制的了解还很不清楚。根据对爪蟾的研究,有人提出了一个甲状腺素和甲状腺素受体表达的相关模型,以解释甲状腺素引发靶细胞中甲状腺素受体含量急剧提高和变态高峰到来的机制(图6.2.10)。从图中我们可以看出:①在低浓度甲状腺素的环境中,甲状腺素不与甲状腺

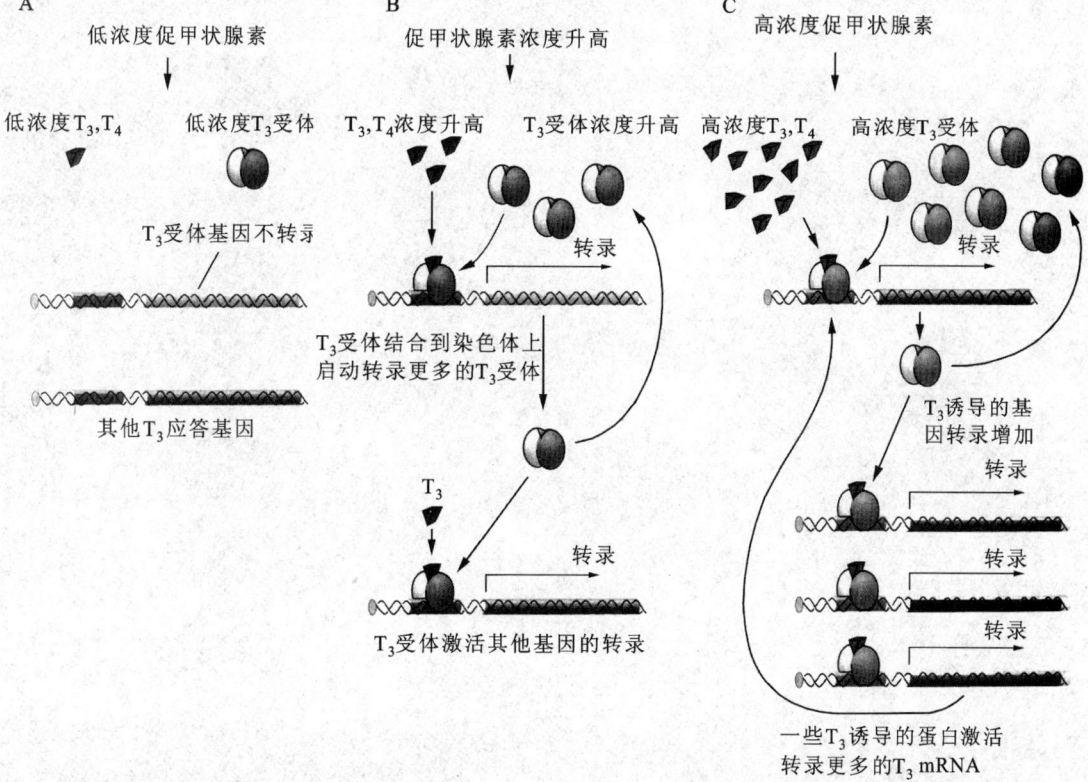

图 6.2.10　甲状腺素 T_3 引起的 T_3 受体自诱导造成爪蟾变态加速的假说模型
A.变态前,蝌蚪体内的促甲状腺素、甲状腺素和 T_3 受体浓度都低。B.变态开始后,促甲状腺素的浓度升高,引起 T_3 浓度升高,T_3 结合少量的 T_3 受体,激活 T_3 受体基因的转录,T_3 与其受体结合使一些靶基因活化表达。C.在变态高峰期,高浓度的 T_3 诱导合成更多的 T_3 受体,诱发更多的靶基因表达。(S.F.Gilbert)

素受体结合,甲状腺素受体基因以及其他甲状腺素靶基因不被活化;②当甲状腺素量增加,甲状腺素与甲状腺素受体发生结合,并首先自身性地激活甲状腺素受体基因的表达,形成一个正反馈调节回路,同时也使少量的其他甲状腺素靶基因开始活化表达;③由于甲状腺素受体生成的正反馈调节回路的作用,靶细胞中甲状腺素受体含量急剧增加,捕获更多的甲状腺素分子,使更多的甲状腺素靶基因进入激活阈值范围,变态高潮到来。显然,这还是一个十分概括和粗糙的模型,这方面的研究还有待于深入。

思 考 题

1. 如何理解书中提到的"可以把变态看作是动物在进化中建立起来的一种特殊的发育策略"一句话的含义?
2. 各种动物的变态表现出哪3个共同的特征?
3. 请简述果蝇肢体成虫盘与翅成虫盘确定的主要分子生物学过程。
4. 请举例说明激素受体在控制变态发生的调节系统中的重要地位。

7 胚后发育与生长

胚胎发育在动物个体发育中占有着重要的地位,但并不是所有动物的成体结构和功能获得都是在胚胎期完成的,除了上面讨论的变态现象以外,从幼体到成体,动物仍不断地展示出发育过程的继续进行。实际上可以说绝大多数动物都存在胚后发育的现象,有的甚至表现得十分突出。

在具体讨论动物胚后发育之前,我们需要对发育生物学研究中常会提到的发育与生长的概念加以说明。在 L. Wolpert 等人编著的《发育的原理》一书中对多细胞生物的生长现象有这样一段描述:生长是组织或者器官的大小和其中所包含的成分的增加,它来自于组织或者器官中细胞数目的增多、细胞的长大以及细胞间质的积累(例如骨基质成分)(图 7.1.1)。在本书的后面,在讨论多细胞生物发育机制的章节中,在对动物发育和植物发育的基本特征进行比较时,将提到动物往往表现出胚胎期的快速发育,而植物通常表现出发育和生长协同进行。这就是说,在对多细胞生物的发育研究之中,发育和生长有着某种概念上的区分。概括地讲,发育强调的是未来成体框架结构(如身体大的区段划分,各器官系统的形成)的发生过程,而生长突出的是终末框架结构的延展和定型。显然,这种区分有相当的人为性,实际上许多被看作是生长的过程仍然包含着大量的细胞分化,新的精细结构建立,以及对原有结构的改造等,例如哺

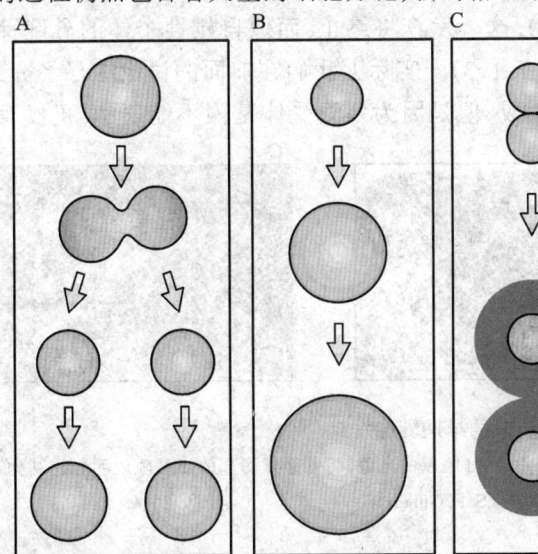

图7.1.1 脊椎动物的 3 种主要生长方式

最普通的生长方式是细胞增殖,因为细胞分裂而生长(A)。第 2 种生长方式是细胞长大,细胞体积增大而不分裂(B)。第 3 种生长方式是细胞向外分泌细胞间质所致(C)。(L. Wolpert)

乳动物幼体的长骨的生长就是一个不断地软骨发生和向硬骨转化的过程，而不是简单的只是细胞数量的增加和体积的加大。但是为了学习和分析的方便，本章将采用上述对发育与生长概念的理解，主要讨论两方面的内容，一个是动物存在的胚后成体形态结构发育和调整的现象，另一个是动物的生长现象。

7.1 哺乳动物的胚后发育

除了上面讨论的广泛物种存在的变态现象以外，其他方式的胚后发育不仅普遍存在，而且它对于实现其成体结构建设和生理功能的成熟仍具有重要的作用，例如神经系统、免疫系统、生殖系统的发育和成熟。对此，我们以哺乳动物青春发育为例加以介绍。

青春发育的中心是性成熟发育。它不同于多细胞生物中常有的性生理周期变化过程，而是一个从不成熟到成熟的个体发育过程，其中也包括一些新结构的建设。青春发育涉及到性腺以及辅助生殖器官的发育与成熟，第二性征的出现和发育，以及行为、心理的发展，等等。显然，这些都属于发育生物学研究和考察的范畴。由于性腺的发育在器官形成的章节中已经涉及和介绍，而性行为、心理的发展目前还缺乏发育生物学的研究，在此我们重点介绍有关乳腺的发育。乳腺这一器官其原基在胚胎期已经建立，但是它的全面发育是在哺乳动物青春期开始的。

乳腺的胚胎期发育

在11 d雌性鼠胚腹面中线的两旁，各出现了一个皮肤组织形成的隆起带，称为乳腺嵴。在这个嵴中，周围的细胞向中心积聚形成乳腺芽（图7.1.2）。在鼠中每侧出现五个腺芽，而人类只有一个。雌鼠幼体出生前，腺芽部位的上皮细胞迅速分裂增殖形成乳腺索。乳腺索一端开向于皮肤表面形成乳头，另一端向内深入、分支，并形成管状结构。这时乳腺的发育停止，直到青春期再继续它的发育。在雄性鼠胚胎中，发育的前13~15 d，与雌性鼠没有区别，即同样出现乳腺嵴和乳腺芽的结构。但是，乳腺索细胞很快凋亡而不与外面通连，仅在皮肤表面留下一个小小的痕迹。深入的研究显示，在体外培养的条件下，来自雌性个体的乳腺芽可出现向乳腺方向发育，但是如果加入睾酮（testosterone），这一发育将终止，而取自雄性个体的乳腺芽如果不给予睾酮，将出现向乳腺方向的发育（图7.1.3）。实际上我们在前面的讨论中已经介绍，有的人其染色体虽然是XY组型，也有睾酮生成，但是因为睾酮受体基因不能表达，仍发育出

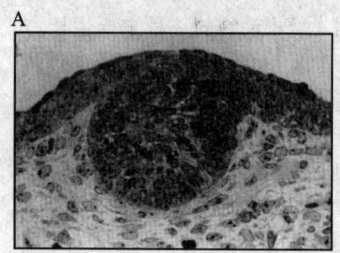
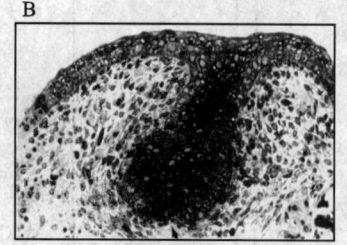
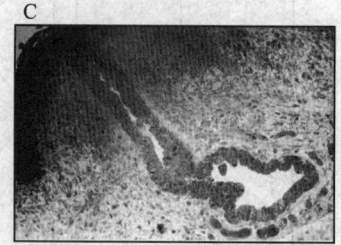

图7.1.2　雌性小鼠的早期乳腺发育

A. 12 d胎鼠的乳腺芽，外胚层上皮细胞侵入间质组织中。B. 15 d胎鼠的乳腺索，乳腺索底部的小裂隙说明分支结构开始形成。C. 20 d的胎鼠，乳腺索中形成中空的腔，呈管道状。(S. F. Gilbert)

健全的乳房。这些现象提示我们,在没有激素诱导的条件下,脊椎动物早期发育中似乎表现出一定程度的自发表达雌性次级性别特征的趋向性。

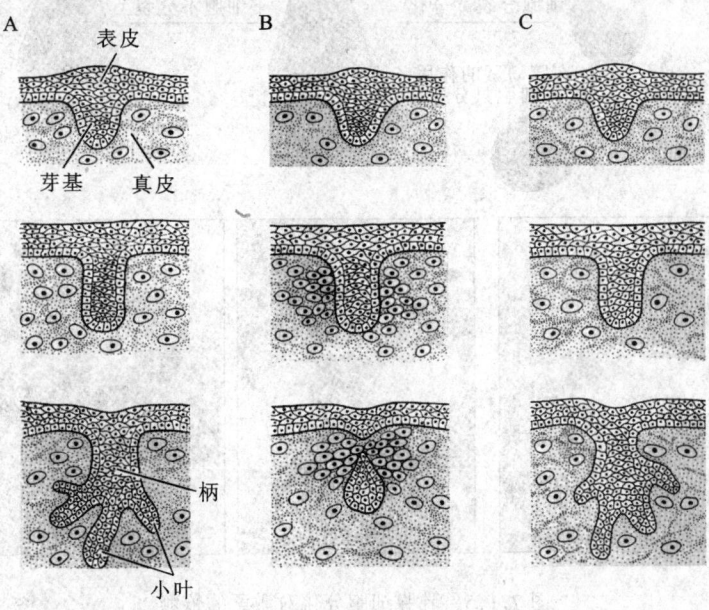

图7.1.3 睾丸酮在乳腺索分支发育中的角色
A.雌性小鼠的乳腺组织,不管是体外培养还是体内发育,都从表皮向内生长并分支。B.雌性小鼠的乳腺组织加睾丸酮体外培养,出现正常雄性小鼠的发育图案。C.雄性小鼠的乳腺组织不给予睾丸酮体外培养,则象正常雌性小鼠那样发育。(S.F.Gilbert)

青春期的乳腺发育

到了青春期(鼠开始于出生后的4~6周),雌性个体的乳腺再次继续发育。在雌激素(estrogen)和生长激素(EGF)的作用下,乳腺管发育,乳腺管顶端滤泡细胞分化出现,但这时仍不具备泌乳的功能(图7.1.4)。这时如果移去卵巢,乳腺不出现上述发育现象,但人工给雌性激素上皮生长因子,乳腺发育得到恢复。之后,乳腺的发育又停止,待妊娠后,在激素的作用下,乳腺的发育又向前继续进行。

妊娠和哺乳期的乳腺发育

雌性哺乳动物妊娠后,在雌激素和孕酮(progesterone)的作用下,乳腺滤泡细胞向泌乳细胞方向分化,包括细胞内内质网和高尔基体发育,酪蛋白颗粒出现(图7.1.5)。到了哺乳期,由于催乳素(prolactin)(来自腺垂体)的作用,酪蛋白基因持续表达,开始泌乳。现在知道酪蛋白基因的表达,即乳汁的生成还有赖于其他调节因子的存在(图7.1.6),在酪蛋白基因中含有与相应的控制因子结合的增强子序列(图7.1.7)。

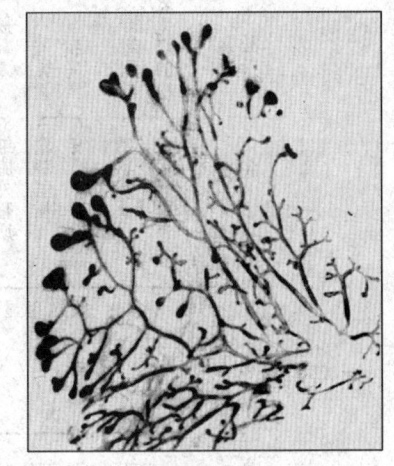

图7.1.4 5周未交配的性成熟雌性小鼠的乳腺 (S.F.Gilbert)

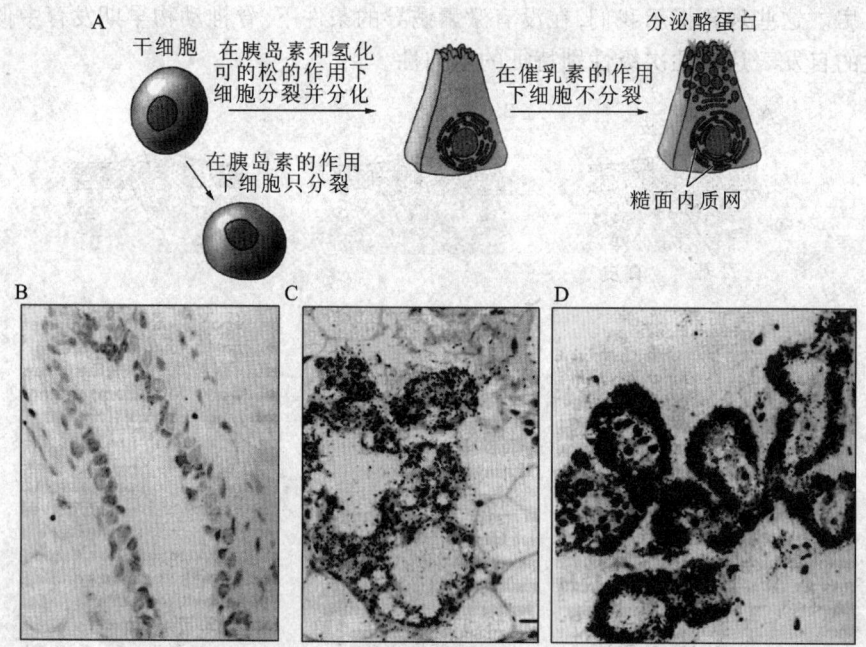

图 7.1.5 乳腺细胞分化对激素的依赖

A.乳腺细胞的分化发育依赖于激素。B.未交配的成熟雌性小鼠乳腺放射性标记的酪蛋白 mRNA 原位杂交照片。C.同样探针的泌乳期小鼠乳腺原位杂交照片。D.未交配的成熟雌性小鼠乳腺在胰岛素、氢化可的松和催乳素中培养 72 h 后,进行上述探针的原位杂交的放射自显影照片。(S.F.Gilbert)

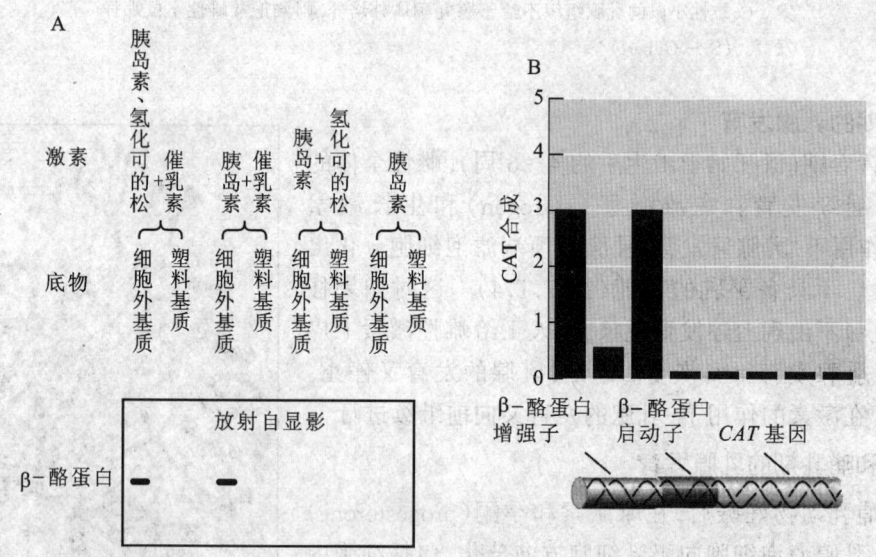

图 7.1.6 不同条件下体外培养的小鼠乳腺细胞中 β-酪蛋白 mRNA 的表达水平

A.在含有胰岛素、氢化可的松或者催乳素的胞外基质或者塑料基质上培养 6 d 后,各自的乳腺内源性 β-酪蛋白标记 mRNA 的表达。可见胞外基质和催乳素对酪蛋白的表达是必要的。B.将外源的报告基因 CAT 插入到 β-酪蛋白增强子和启动子的下游,把此融合基因转入体外培养的小鼠乳腺细胞中,在不同的基质和条件下培养 6 d。报告基因 CAT 只在胞外基质和催乳素存在的情况下才表达。如果融合基因只包含报告基因 CAT 和 β-酪蛋白启动子,没有 β-酪蛋白增强子,则在任何情况下,报告基因 CAT 都不表达。(S.F.Gilbert)

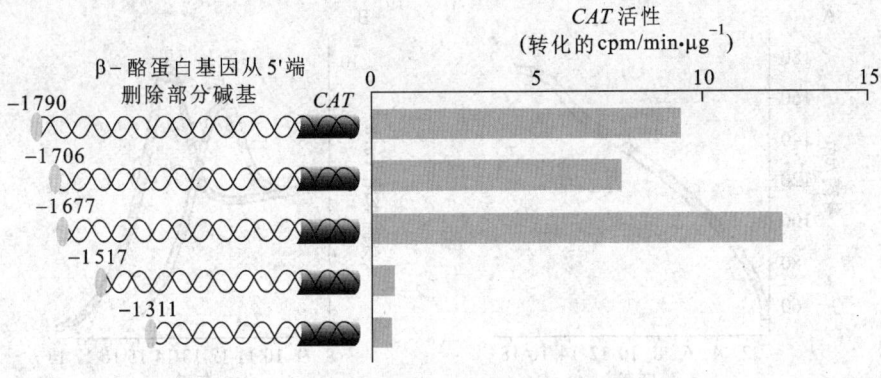

图 7.1.7　小鼠 β-酪蛋白基因增强子序列的确定步骤

把 CAT 作为报告基因融合到 β-酪蛋白基因的 3′端，用外切核酸酶连续删除 5′端序列，当 5′端序列含有 1 677 个核苷酸对时，报告基因有最大的表达活性；当 5′端序列含有 1517 个核苷酸对时，报告基因活性很小。因此认为 β-酪蛋白基因增强子序列在这 160 个核苷酸范围中。(S.F.Gilbert)

7.2　动物的生长

发育生物学研究表明动物的生长，包括胚胎期与胚后阶段有以下特点。

1. 动物的显著生长过程集中在胚胎的后期和胚后的前期

发育生物学研究显示，在胚胎还是很小的时候，动物的基本结构图案便普遍构建完成，而个体发育的生长主要发生在以后的阶段。在动物早期胚胎发育阶段，即初始的细胞分裂和囊胚形成时，胚体只有微弱的生长，细胞变得越来越小。随后，动物陆续在不同的阶段开始了胚体的生长，例如，鸡的这一过程发生在原条形成期，而爪蟾则开始于原肠形成期。人胚胎植入子宫时大约为 150 μm，长到 50 cm 需要经过大约 9 个月的时间。在开始的 8 周，其长轴大约为 1 cm，而个体的基本形态结构建设已经完成，快速生长出现在以后的 4 个月中，接近每个月 10 cm。出生以后第一年中，婴儿平均的生长速度是每个月 2 cm，以后生长速度虽然逐渐延缓下来，但是生长过程始终没有停止，直到青春期又出现一次快速生长的高峰(图 7.2.1)，前后共延续 20 a 左右的时间。

在个体的生长过程中，不同的器官或者部分，在不同的发育阶段其生长速率是不一样的，例如 9 周人胎儿的头的长度占整个胚体 1/3 以上，而在出生时减少到大约 1/4，出生以后，身体的其他部分的生长速率加快，到成人，头大约只占整个身高的 1/8(图 7.2.2)。母体对胎儿的生长有着重要的作用，研究发现用高大的夏尔马与矮小的设特兰马杂交，母亲的选择明显地影响着出生胎儿的大小，但是出生以后子代个体表现出最终两者的身材基本一样，都介于夏尔马和设特兰马之间。

2. 生长因子和生长激素对于动物的生长有重要的控制和调节作用

发育生物学的研究逐渐形成了这样一种概念：在动物胚胎发育阶段，生长因子(growth factor)对胚体的生长起着主要的控制和调节作用；在动物发育的胚后阶段，生长激素(growth hormone)介入，并对幼体的生长起着重要的作用。

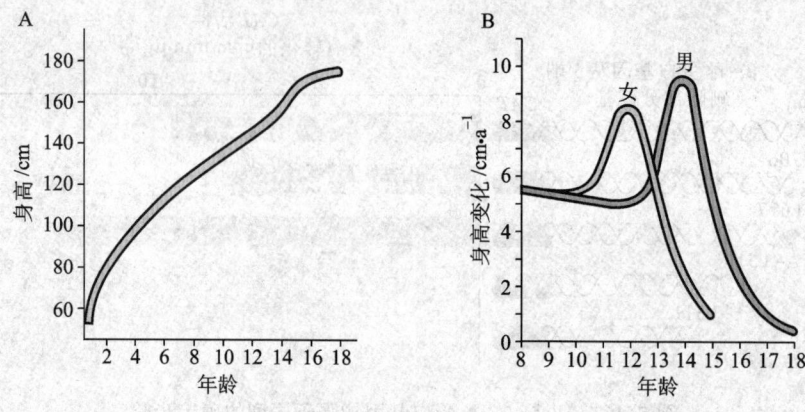

图 7.2.1 人的生长曲线
A. 男性出生后的平均生长曲线。B. 男女生长率的比较,在青春期,男女都有一个生长高峰,而女性生长高峰来得比男性早些。(L. Wolpert)

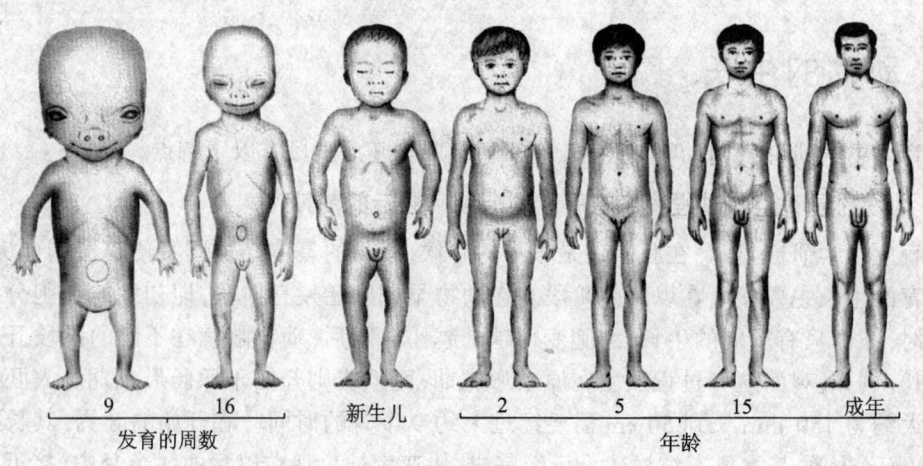

图 7.2.2 人身体不同的部分在不同发育阶段生长率不同
在胎儿 9 周时,头相对很大,但是随着发育,身体的其他部分比头的生长快很多。(L. Wolpert)

前面已经介绍,在鸡胚肢体的发育过程中 FGFs 控制着生发带(progress zone)的细胞增殖。对胚胎期胚体生长控制机制研究的新的证据来自基因敲除研究:敲除类胰岛素生长因子基因(insulin-like growth factor, $Igf-1$, $Igf-2$),新出生的小鼠与正常小鼠在结构发育上是一样的,但是它们的体重明显地小于正常小鼠,以至于只有正常小鼠的 60%。早在鼠胚胎发育的 8 细胞阶段,类胰岛素生长因子和它们的受体就开始表达,并且 $Igf-2$ 对胚胎发育早期的生长起着重要的作用,继之由 $Igf-1$ 取代占了优势。

高等脊椎动物的生长激素产生分泌于垂体中,它是哺乳动物胚后生长的最主要的调控因子。在生长激素缺乏或者失效情况下,幼体的生长显著地减慢,而给予生长激素后可以使个体的生长恢复正常,并且它具有追加效应,即在一定的时期内它可使已经迟后的生长快速达到正常的水平。研究表明,垂体生长激素的产生受下丘脑分泌的生长激素释放素(growth hormone-releasing hormone)和抑制素(somatostatin)两种激素的控制,而垂体生长激素又通过促进 IGF-1 及少量 IGF-2 的合成来控制个体的胚后生长(图 7.2.3)。

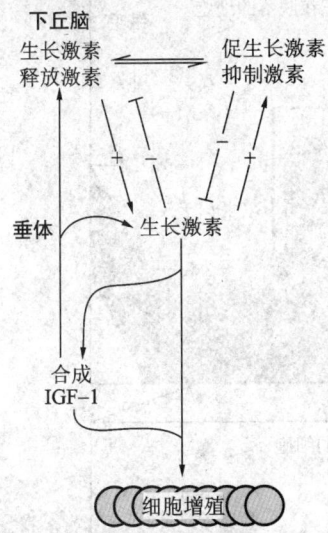

图 7.2.3　下丘脑激素控制生长激素的合成

垂体合成并分泌生长激素,生长激素引起生长因子 IGF-1 的合成,IGF-1 又通过正反馈机制来促进生长激素合成。下丘脑分泌的生长激素释放激素可促进垂体的生长激素合成,而下丘脑分泌的抑制激素可抑制垂体的生长激素合成。同时,生长激素对这两种下丘脑信号又有负反馈作用。通过这一复杂的控制环路,最终实现对靶细胞的增殖控制。(L. Wolpert)

3. 动物的不同器官或者不同部位常常表现出独立的生长编程特征

动物器官在它初形成时很小,例如人的肢体在胚胎中还只有 1 cm 长的时候就已经具备了各部分的完整结构,而在以后的生长过程中它起码加大了 100 倍以上,但是不同部分(如上臂骨和指骨)的生长速率是不同的。对鸡翅的研究表明,在开始时,肱骨或尺骨与腕骨的大小相差无几,但是伴随着生长过程的延续,两者的生长速度不同很快地显现出来(图 7.2.4),这表明两者的生长编程是有区别的。实验胚胎学证明将一种大体形蝾螈的肢体原基移植到一种小体形蝾螈身上,移植的肢体表现出明显的大体形蝾螈的特征(图 7.2.5)。对哺乳动物和人长骨发育的研究表明它有着自己独特的发育与生长方式,在这一过程中长骨对于生长激素应答也与其他部位的骨骼不同。此外,骨骼肌的发育和生长还明显地与长骨所处的张力状态有关(图 7.2.6)。

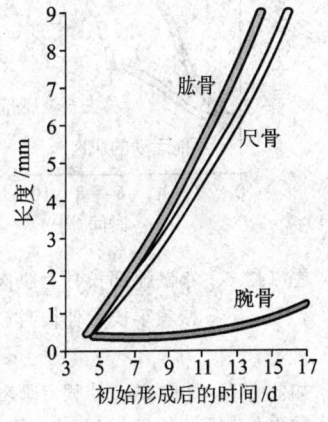

图 7.2.4　鸡胚胎翅软骨元素生长率的比较

开始时,肱骨、尺骨、腕骨的大小几乎是一样的,但是随后,肱骨和尺骨的生长比腕骨快得多。(L. Wolpert)

4. 动物的一些器官部位或者细胞成分具有终身维持生长更替的性质

动物的一些器官部位或者细胞成分具有终身维持生长更替的性质,其中包括皮肤表皮组织从生发层不断向表层推进及角质化的过程,肠道上皮的持续发生和顶端脱落(图 7.2.7)、指甲、毛发的生长,骨骼成分和血液细胞的更新,等等。

图7.2.5 蝾螈肢体的大小是遗传编程的

把一种大体形蝾螈 *Ambystoma tigrinum* 胚胎的肢芽移植到一种小体形蝾螈 *Ambystoma punctatum* 的胚胎上,结果长出的肢体比受体的大很多,跟大体形蝾螈一样。(L. Wolpert)

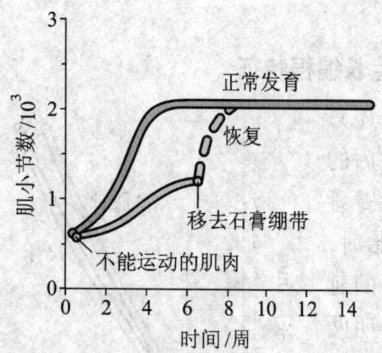

图7.2.6 小鼠腿部长骨上肌肉的长度依赖于长骨伸长时产生的拉力

如果用石膏绷带在某一点固定肌肉,使其不受拉力,则肌肉长度生长很小。移去石膏绷带后,肌肉长度迅速变长。(L. Wolpert)

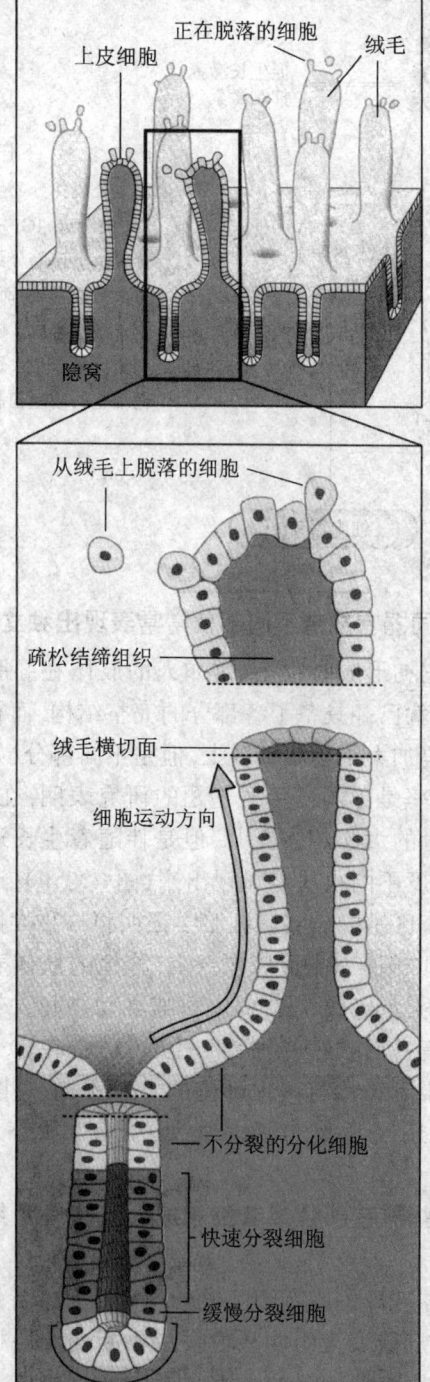

图7.2.7 哺乳动物肠上皮细胞不断更新

肠绒毛覆盖着肠壁,下图为隐窝和绒毛的放大,其底部存在有干细胞。干细胞持续分裂,分裂的子细胞向上运动,这些子细胞分化成肠绒毛中的上皮细胞,并最终从肠绒毛顶端脱落,整个转变过程大约需要4 d。(L. Wolpert)

7.3 对发育远程控制的进一步讨论

从上面的介绍我们可以清楚地看到,由激素(包括各种不同的生长激素和性激素)带动的发育远程控制在动物的变态和胚后生长发育过程中发挥着重要的作用。与在动物发育早期起着重要作用的近端诱导机制不同,发育与细胞分化的远程控制的意义在于它更有利于不同发育环节的整体协调和环境因素的介入。

伴随生物的进化,多细胞生物形态结构的复杂化,及其有序度的提高,以及对环境适应的多样发展,生物对发育过程中整体协调和环境的应答,以及能够对外界因子作用产生调整的要求会变得越来越高。实际上我们在许多动物和植物的发育中,包括胚胎期和胚后期,都清楚地看到这种发育机制现象的存在。营养、光照、温度的变化可能造成多细胞生物发育的改变;捕食、营巢、防卫可以使动物某些身体结构强化发育;免疫系统抗原特异细胞系的建立来自胚后,尤其是母体抗体消耗尽后,出现环境诱导下的发育过程;神经系统许多感觉反应的建立,特别是高级神经活动网络的建立来自胚后个体在复杂生活环境中的学习过程,等等。显然,在生物史中,多细胞生物发育远程控制系统的建立和它表现出的上述性质无疑是生物进化上的一个重要事件,并由此有力地推动着多细胞生物在形态结构建设和对环境的适应方面的发展。

目前,在这方面发育生物学的研究还显得十分地薄弱,特别是多细胞生物发育中远程控制系统的起源和建立的问题还很不清楚。我们期待,随着发育生物学研究的深入,在这方面能有一个大的发展。对此,本书的第三部分还将有进一步的讨论。

思 考 题

1. 影响哺乳动物乳腺早期发育的关键激素是什么?青春期、妊娠及哺乳期,对乳腺发育起着重要的作用的激素又是什么?

2. 在动物胚胎发育阶段,对胚体的生长起着主要的控制和调节作用的因子是什么?在动物胚后发育阶段,什么因子对幼体的生长起着重要的作用?

8 衰老与死亡

衰老(senescence)与自然死亡是多细胞生物不可逃避的生物学现象,如果将多细胞生物的整个发育过程看成是一个严格的生命编程过程,则衰老与死亡现象的存在表明这一程序具有单向不可逆性,或者说多细胞生物的动力学结构不是一个持续稳定的结构,多细胞生物的延续只能通过世代更替的方式来完成。与其他发育过程比较,目前人们对于多细胞生物的衰老、死亡现象了解得还很不够,本章将从动物的衰老表现和衰老机制研究两方面展开讨论。

8.1 动物的衰老与死亡现象

即便没有严重的疾病或者非常事件发生,多细胞生物个体的衰老和死亡也是不可避免的。各物种的衰老发生和平均寿命不仅相当地稳定(图8.1.1),而且不同物种间寿命的长短也有着明显的区别(表8.1.1),例如大象在出生21个月时还只是幼仔,而出生21个月的小鼠已经到了中年期了,更有的动物在完成生育任务后不表现出一个衰老的阶段便很快地死去(如蚕蛾、马哈鱼)。显然,这表明多细胞生物的寿命不是一个完全由环境决定的随机和偶然的事件,而是一个受发育程序控制的编程现象。

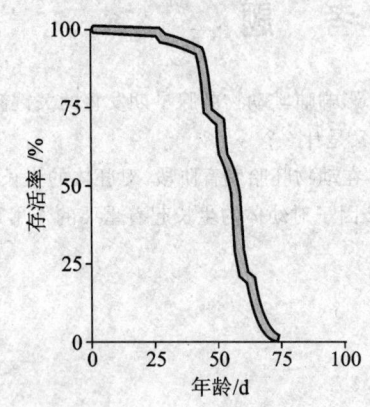

图 8.1.1 果蝇的衰老
果蝇进入年老期后,死亡率迅速上升。(L. Wolpert)

动物个体的衰老过程和其表现很复杂,它的表现大致地可以归纳为两个方面:生理功能显著衰退和各种疾病特别是老年性疾病陆续发生。

器官系统生理功能衰退是动物个体衰老的重要标志之一。生殖系统往往在个体全面衰老以前便失去其功能;骨骼在老年出现失钙现象使之变得脆弱易折;网状结缔组织中弹性纤维成分变性、消失,使皮肤组织松弛;神经系统在功能上出现记忆减退、反应变慢的现象;免疫系统也明显地出现机能衰退现象,等等。器官系统生理功能衰退不仅使生物的自我更新、修复能力减弱,而且也使个体对环境的应变和适应能力减弱,并可能直接或者间接地诱发各种疾病出现。

表 8.1.1　不同哺乳动物的寿命、怀孕时间和青春期年龄

物种	最大寿命/月	怀孕时间/月	青春期年龄/月
人	1440	9	144
长须鲸	960	12	—
印度象	840	21	156
马	744	11	12
黑猩猩	534	8	120
棕熊	442	7	72
狗	408	2	7
牛	360	9	6
恒河猴	348	5.5	36
猫	336	2	15
猪	324	4	4
松鼠猴	252	5	36
羊	240	5	7
灰松鼠	180	1.5	12
欧洲兔	156	1	12
几内亚猪	90	2	2
家鼠	56	0.7	2
黄金仓鼠	48	0.5	2
小鼠	42	0.7	1.5

动物的许多疾病有明显的年龄特征，疾病的高发率特别是老年疾病的出现是个体衰老的另一个重要表现。老年性疾病几乎可能发生在动物的所有器官系统之中，例如老年痴呆症、心血管疾病、前列腺肥大症，以及某些癌变的高频发生等等。

显然，除了明显的生理性程序化死亡外（如蚕蛾、马哈鱼），绝大多数动物的个体死亡来自于上述衰老过程的积累，而不同个体的直接死因又不一样。

8.2　衰老机制的研究

研究动物的衰老机制不仅是认识多细胞生物发育规律的重要内容，而且它为减少老年人疾病痛苦和延长寿命的临床目标提供了理论依据。从发育生物学的角度来说，当今这方面的研究还很有限。下面简单地介绍目前在这一领域中的一些研究成果和提出的有关衰老机制的假说。

1. 来自体外培养细胞的观察与衰老的端粒成因说

早期，人们曾猜想从动物体内分离出来的细胞如果给予充足的营养和适当的条件，它们将可能与单细胞生物一样可以无限期地传代培养下去。但是研究表明，情况并不是这样。例如，培养的哺乳动物结缔组织成纤维细胞，它们只能分裂有限的次数便不再继续分裂了。更有意思的是，这种培养细胞的分裂次数与物种和取自个体的年龄有密切的关系。长寿物种的成纤维细胞其寿命也长（图 8.2.1）。获自人胎儿的成纤维细胞可以分裂达 60 次，80 岁人的成纤维细胞只能分裂大约 30 次，而取自早衰的 Werner 综合症病人的纤维细胞的倍增次数明显地低

于正常人成纤维细胞的倍增次数。与人相比较,取自于成年小鼠的成纤维细胞的倍增次数是 12～15。这些观察表明多细胞生物的细胞同样有衰老的现象,并且暗示个体的衰老有其深刻的遗传学和细胞学的原因。

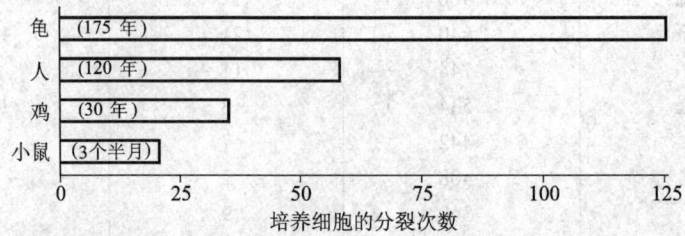

图 8.2.1　脊椎动物成纤维细胞在体外培养条件下只能进行有限次的分裂
成纤维细胞体外培养停止生长时的传代数与物种的最大寿命相关。(L. Wolpert)

研究发现,动物体内细胞与体外培养细胞间有一个共同的特征,就是它们的染色体端粒(telomeres)的 DNA 序列都随着细胞分裂次数的增加而进行性地缩短,细胞分裂中每次 DNA 复制后,端粒序列将减少大约 50 个碱基左右。深入研究表明,负责染色体端粒合成的端粒酶(telomerase)在正常的体细胞中是不表达的。由此,形成了多细胞生物衰老的端粒成因说,即多细胞生物的衰老是由于在个体发育的过程中,伴随分化细胞分裂的连续进行,细胞染色体端粒序列不断缩短,导致这一细胞学过程终止,最终使个体的生命过程受阻,诱发各种衰老现象发生。这也是对动物体细胞克隆产生争议的原因之一,即克隆动物由于其细胞核来自成体体细胞而可能发生早衰使其寿命受到影响。

衰老的端粒成因说有其相当的合理性,也得到大量的实验证据的支持。但是,面对动物复杂的衰老表象,端粒在体细胞中的持续性缩短是否是个体衰老的唯一或者根本原因呢？这仍然存在许多质疑。人们可以很自然地想到,我们如果能够人为地使细胞分裂过程中端粒序列递减现象得到补偿,个体的衰老是不是就不再出现了呢？从根本上说,多细胞生物体细胞染色体端粒的进行性缩短是来自多细胞生物发育的编程,从单细胞生物到多细胞生物的进化中必然有一个这一编程的建立过程,那么这一过程发生的动因是什么呢？其实,对于有着大量各种机遇的生物进化过程,为什么单单没有选择出端粒酶在体细胞中可以持续表达的个体呢？自然,这里提出了这样一个问题:端粒在 DNA 复制过程中的持续性缩短是多细胞生物衰老发生的根本原因,还是只是衰老程序内容之一？

2. 自由基学说

对衰老的另一种解释是自由基成因说。自由基成因说提出,动物的衰老是由于代谢产物——自由基(free radicals)对 DNA 和蛋白质分子损伤积累的结果。观察发现,在宽松的环境和充足营养的条件下,秀丽线虫的寿命是两周左右。如果线虫生活的环境很拥挤,并且食物得不到供应,秀丽线虫幼虫可以进入一种不取食也不生长发育的状态,一直到食物再次得到供应,线虫的这种持幼状态(dauer larval state)可以延续几个月的时间。基因诱变可出现有持幼表型的突变株,尽管在食物充足供应的情况下,例如携带有 $daf-2$ 基因突变的线虫,其寿命可以延长两倍以上。这一现象被认为部分是因为突变株代谢率降低,使体内自由基生成减少所致。因为在代谢中,伴随食物降解而获取能量的过程同时产生自由基,而自由基由于其高化学活性可造成 DNA 和蛋白质分子的损伤,这种损伤的积累将最终诱发个体衰老出现。减少食物的摄取使寿命延长的现象在不同动物中被普遍发现,如节食的小鼠可以使其寿命延长 40%。

由于自由基是生物代谢不可避免的产物,而它的产生使生命重要信息分子受到破坏,从而导致个体有序程序结构的改变和衰老死亡的必然发生,自由基学说表现出对多细胞生物衰老死亡现象的合理解释。但是,自由基学说并不能单独地解释多细胞生物衰老和死亡过程中出现的许多现象(如马哈鱼的死亡),因此它同样不会是多细胞生物衰老的唯一机制。

3. 对衰老的基因学研究

对衰老的基因控制的研究包括两方面的内容:第一,尽管各种动物的寿命很不一样,从线虫到人,都发现基因突变可能造成寿命改变的现象,这无疑提供了从基因的角度来认识动物衰老机制的线索;第二,许多老年性疾病表现出来自基因控制方面的原因。基因学的研究不仅加深了对衰老的端粒成因说和自由基学说的认识,也拓宽了人们对衰老机制的了解,为全面认识多细胞生物的个体衰老现象奠定了基础。

除了上面提到的秀丽线虫 $daf-2$ 基因突变可以显著地改变线虫的寿命以外,研究还发现基因 $clk-1$ 的突变不仅延缓了发育过程中的细胞分裂速率,并且同时延长线虫寿命 70%,而在其他动物中同样观察到 clk 基因突变带来个体寿命显著延长的现象,以至于有的动物寿命可以长达正常个体的 5 倍以上。有意思的是,近年研究发现,线虫生殖腺和生殖细胞的前体细胞可生成某种因子对个体的寿命产生影响,并且它们的作用具有相互拮抗的特点,即生殖腺前体细胞的因子使个体的寿命延长,而生殖细胞前体细胞的因子使个体寿命缩短。

人类 Werner 氏病是一种以早衰为主要病症的遗传性疾病。病患者青春期发育迟缓,并且在 20 岁后就开始头发灰白、出现心脏疾病等典型的老年人疾病的征候,多数患者在 50 岁以前就因衰老而死亡了。研究已经知道 Werner 氏病是由于编码 DNA 解旋的蛋白成分的基因的双隐性突变造成的,在纯合的情况下,个体细胞染色体 DNA 分子的解旋受到阻碍,从而严重地干扰了 DNA 的复制、修补和一系列基因的正常表达,使之较正常个体承受大得多的 DNA 分子损伤的机会,造成这种破坏的加速进行,这被认为是 Werner 氏病早衰发生的基本原因。

下面我们重点介绍一下关于老年性痴呆及其相关基因 APP、$MT-III$ 的研究。

巴伐利亚精神病学家 Alois Alzheimer 1906 年首次描述的脑损害——老年斑(senile plaques, SP)和神经纤维缠结(neurofibrillary tangles, NFT)是造成老年痴呆的最常见疾病,被命名为 Alzheimer's disease(AD),即老年性痴呆。老年性痴呆表现为患者丧失记忆力、判断力降低和情绪不稳定,通常会使患者在发病后 4~12 年内在极度虚弱、不能动弹的状态下死去。在欧洲国家,65 岁以上的人群发病率为 5%,80 岁以上的人患此病的机率为 20%,Price 在 1998 年的一篇综述中说,AD 病影响着 7%~10% 的 65 岁以上人群以及 40% 的 80 岁以上老人。老年性痴呆的主要病理特征包括:β-淀粉样蛋白(β-amyloid)的沉积、神经纤维缠结、神经突触损失、神经细胞死亡。AD 病的病因很复杂,从现有的资料来看,造成 AD 病的原因包括遗传影响和环境因素。

从遗传特性来说,AD 病可以分为两类:一类是由单基因突变引起的,在较早年龄就会发病,因为具有家族遗传特征,所以又叫做家族性 AD 病,这种类型占 AD 病的 10%。已经克隆的 3 个相关基因包括位于 21 号染色体上的 APP(β-amyloid precursor protein)基因、位于 14 号染色体上的 $presenilin-1$($PSEN-1$)基因和位于 1 号染色体上的 $presenilin-2$($PSEN-2$)基因。另一类由多基因及环境因子共同影响,发病时间较晚,并有较强的不可预测性,叫做偶发性 AD 病,占 AD 病总数的 90%,已发现的相关基因有 19 号染色体上的 *APOE epsilon4* 基因。

APP 基因编码的蛋白 APP 蛋白是一种膜结合型糖蛋白,在大多数组织中均有表达。*APP* 基因位于 21 号染色体的长臂上,400 kb,含 18 个外显子,根据剪切方式的不同,至少可以分为 6 种类型,分别有 365、563、695、714、751、770 个氨基酸,其中 695、751 和 770 三种所占比例最高。近十年来,人们陆续发现了 AD 病患者 *APP* 基因的突变现象和它们的突变位点,包括有:17 外显子上的一个碱基替换(C→T),使 APP_{770} 转录产物 C 端 717 位的 Val 被替换为 Ile;717 位由于错义突变 Val 分别被替换为 Gly 和 Phe;16 外显子上的 670/671 位分别为 G→T 和 A→C 替换,造成 APP_{695} 的 Lys→Asn 和 Met→Leu,而这个突变的位置恰恰在 β-amyloid 的 N 端,即 APP 进行淀粉样蛋白降解的切割位点。

APP 蛋白在体内有两种不同的降解方式:① 分泌型降解途径。一般情况下,整合在膜上的 APP 蛋白被 α-secretase 在 β-amyloid 区段的 Lys^{16}-Leu^{17} 之间切开,向胞外分泌出一段相对分子质量约 10^5 的 N-端蛋白。② 细胞处理途径。在极少的情况下,APP 能够从细胞表面转入到内质网-溶酶体结构上,在那里被 β-secretase 在 β-amyloid 区段之前切开,然后又经过 γ-secretase 在 Val_{711}-Thr_{714} 之间切开,形成完整的 β-amyloid 和 C-端片断 p3。最终,完整的 β-amyloid 片断分泌出细胞。在 AD 病人的脑中,特别是海马体中,发现有大量 β-amyloid 沉淀聚集成的斑块,这就是老年斑(SP),它可以被刚果红染色。这种沉淀随年龄的增长而聚集得更多,其细胞毒性也随之加大。各方面的研究表明,pH 值、自由基、金属离子(Zn^{2+},Al^{3+})等众多因素都可以影响 β-amyloid 的沉淀。用血小板衍生生长因子-β(PDGF-β)的启动子获得了人类 APP 突变体模型的转基因小鼠,突变位点是 717 位的 Val→Phe。小鼠的脑中有弥散的 β-amyloid 沉淀以及星形细胞附近的"成熟"的淀粉样蛋白斑。蛋白斑的周围有小胶质细胞的聚集,但没有发现神经纤维缠结(NFTs)。而表达人的野生型 *APP* 基因的小鼠在 12 个月只有 4% 的老龄转基因鼠有 β-amyloid 稀少的弥散状沉淀,并不被刚果红染色。Hsiao 等人在 1995 年用 PrP(朊蛋白)粘粒载体在 FVB/N 品系小鼠中,证明了过量的 *APP* 表达造成小鼠的早死和 CNS 的紊乱,包括恐惧症和空间认知能力的损害,但没有胞外过多的淀粉样蛋白沉淀。这说明独立于 β-amyloid 形成的清除过量的 β-amyloid 机制在起作用。另外,过量表达人类 *APP* 基因的小鼠比过量表达小鼠 *APP* 基因的小鼠在同一表达水平上,死亡得早得多。这种差别正好与人和小鼠的 *APP* 基因差别一致。啮齿类动物比人类不易产生淀粉样蛋白斑,而小鼠与人在 *APP* 基因上有 3 个非保守的氨基酸残基的区别,它们都位于 β-amyloid 区段外,可能与清除和防止 β-amyloid 沉淀有关。

另一个与老年性痴呆有关的基因是金属硫蛋白-III(*MT-III*)。近年的研究表明,MT-III 作为调节因子,可能通过 Zn^{2+} 或氧自由基,对 APP 蛋白形成淀粉样蛋白沉淀的过程进行调节,影响 AD 病的形成。MT-III 可能通过下列几种途径来调节 β-amyloid 的沉淀:① MT-III 作为 MT 家族的一员,其结构决定了它易于与 Zn^{2+} 和 Cu^{2+} 这样的金属离子螯合,减轻金属离子对脑的伤害。MT-III 还被认为是 Zn^{2+} 的储存库,所以 MT-III 的缺失,会引起细胞之间的 Zn^{2+} 浓度增加。而许多实验又表明,Zn^{2+} 与淀粉样蛋白斑的沉淀有着重要的关系。Zn^{2+} 有选择性地与 β-amyloid 结合,当 Zn^{2+} 浓度大于 300 nM 时,淀粉样蛋白沉淀形成。而在啮齿类动物中,Zn^{2+} 与 β-amyloid 的结合能力比人的要低得多,这似乎解释了为什么啮齿类动物不易患 AD 病。许多证据表明 AD 病人脑中的 Zn^{2+} 有所改变,如胞外 Zn^{2+}-金属蛋白酶活性升高。Zn^{2+} 与 β-amyloid 结合,可以抵抗典型的分泌酶(secretase)降解方式,并增加 β-amyloid 之间的黏着性。Zn^{2+} 还结合在启动子区域中依赖 Zn^{2+} 的转录因子 NF-kappa B 和 Sp1 上,所以,很小的 Zn^{2+} 浓度变化就会影响 β-amyloid 的代谢。② MT-III 通过释放所结合的金属离子,可以使本身被氧化,这样,它就可以用来清除自由基。有报道指出,β-amyloid 沉淀之所以产生对细胞的毒性,自由基的存在是一个必要因素。

总之,从上面的介绍我们可以看出,动物的衰老是一个十分复杂的生命过程,而不能用一两个简单的机制来概括。但是,大量的研究已经向我们充分地显示出,多细胞生物个体衰老是不可避免的,即其有序结构不可能无限期地延续下去,这也正是多细胞生物个体发育程序的基本属性之一。

思 考 题

1. 从哪些生物现象中可以看出个体衰老是多细胞生物发育编程的基本属性之一?从生物学角度看,多细胞生物个体的衰老集中表现在哪两个方面?
2. 目前对于动物衰老机制的研究集中在哪些方面?

小 结

以上，我们对动物发育的全过程作了概要的介绍。这与整个动物界形形色色的发育现象相比，可以说只是凤毛鳞爪。但是不难看出，动物的发育向我们展现出的是一幅精妙绝伦、博大精深的生命画卷。一个动物从它还处在亲本的生殖细胞的发育阶段，就开始了它未来个体发育的程序设定和准备。受精的特异性和唯一性保证了胚胎发育的正常启动和物种的延续，而体轴的早期决定和胚层的设置确定了动物门类特征的划分。伴随发育的深入进行，各器官系统分化条件逐渐成熟，不同动物的低级分类特征显现出来，最后完成了具有独立生活能力的幼体建设，即胚胎发育。对许多动物来说，胚胎发育的完成并不等同于成体发育的实现，变态和其他的胚后发育现象是动物由其营养特征带来的一种特有的进化策略，同时个体生长快速进行，实现了成体形态结构及完备生理功能的建设。像绝大多数多细胞生物一样，动物个体最终都要走向衰老和死亡，完成它们的生活周期及世代更替。

发育生物学对动物发育的认识将从基本为形态描述的方式中全面解脱出来。探察发育的分子生物学过程和发育程序中的基因及信号调控机制，是当前发育生物学研究的重要内容，并由此引导生命科学多项前沿研究课题的建立。此外，对动物发育过程的全面研究，以及它们在不同物种的分子和基因水平上的比较，正在给深入认识生物进化机制创造新的契机和条件。

第二部分

植物的发育

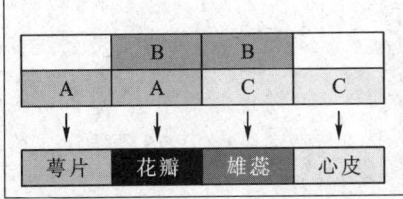

前面,我们讨论了动物的发育。动物的发育都存在一个胚胎发生的阶段,在胚胎发生的过程中,动物完成其从受精卵到十分复杂的多细胞身体结构的分化。可是,到目前为止,人们对植物发育却一直未能提出一个类似动物,包括胚胎发生那样带有普适性的发育模式。人们目前对植物发育的了解,基本上是对不同类群植物的分别了解,以及对不同类群植物形态建成相对独立的研究。与动物不同,近年刚发展起来的模式植物——拟南芥是与其他植物类群相比在发育上最复杂的被子植物。植物发育研究的这一现状给对植物发育的学习带来了更大的困难。

9 植物发育的模式

揭示植物的基本发育模式,对我们深入理解植物发育的基本规律是十分重要的。为此,我们首先需要对不同类群植物发育的基本过程进行一个系统的比较。

9.1 不同植物类群的生活史和形态建成的基本特点

从林奈以来,人们对地球上不同类型植物进行了长时间的系统观察和研究。过去很长一段时期,人们将地球上除动物之外的所有生物都归入植物界,因此植物被分为原核的细菌、真核的真菌、藻类、苔藓、蕨类、种子植物等不同的门类。20世纪60年代后期,R. H. Whittaker根据生物体是否具有细胞核及是否具有自养功能这两个特点,将原核的细菌和没有自养功能的真菌从植物界中划分了出去,提出了生物类群划分的五界系统(图9.1.1)。在这个系统中,他将单细胞藻类划入原生生物界(protista),而植物则包括了多细胞绿藻、苔藓、蕨类和种子植物这些具有光合自养、多细胞、有复杂个体发育顺序等特点的真核生物。

1. 多细胞绿藻

多细胞绿藻的代表植物是石莼(*Ulva*)和德氏藻(*Derbesia*)。

石莼具有由多细胞形成的片状结构,它既可能由单倍体细胞构成,也可能由二倍体细胞构成。图9.1.2表示了石莼的生活周期。在这类植物中,单倍体和二倍体细胞都出现了多细胞化的形态结构。人们用配子体(gametophyte)来表示由单倍体细胞所构成的形态结构,用孢子体(sporophyte)来表示由二倍体细胞所构成的形态结构。对这种植物而言,从合子分裂开始到形成新合子的整个生活周期中,配子体的形成过程被称为配子体世代,而孢子体的形成过程被称为孢子体世代。整个生活周期的完成过程中这两个世代的变换被称为世代交替(alternative of generations)。

德氏藻的两个世代形态有很大的区别(图9.1.3)。孢子萌发后形成生长在固着器上的多核的中空球状体(配子体)。这种球状体生长到一定阶段后,形成大小不同的配子,配子融合形成合子(异配生殖,anisogamy)。这些合子萌发后又形成了多核的有分枝的丝状体。与石莼相比,这种绿藻的孢子体不仅有明显的形态结构分化,而且不同部位的细胞之间还出现了明显的功能分化,即只有在分枝中所分化出的孢子囊(sporangium)部位的细胞才会进入减数分裂。这已经与高等植物有很大的相似性了。

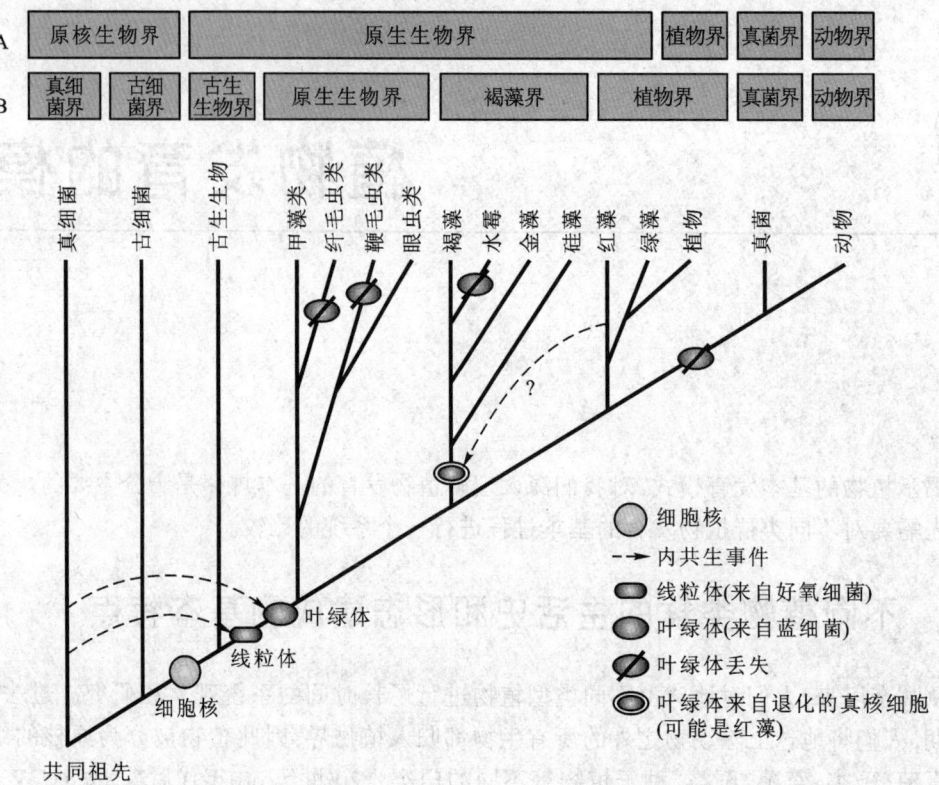

图 9.1.1 关于生物类群及其演化关系的两种假说
A. 五界说。B. 八界说。（Campbell）

2. 苔藓

苔藓是一类结构比较简单、体形比较小、生长在潮湿地区的陆地植物。与石莼和德氏藻相似，苔藓类植物也有世代交替——即由合子有丝分裂而来的二倍体细胞形成具有特定形态结构的孢子体，而由减数分裂而来的单倍体细胞形成具有另一种形态结构的配子体。在苔藓类植物中，尽管孢子体细胞能够进行光合作用，但孢子体不能够独立存活，它必须寄生于配子体之上。人们通常所看到的苔藓类植物多是它们的配子体。图 9.1.4 是代表性的藓类植物的生活史。

苔藓类植物形态建成有两个主要的特点：

第一，苔藓植物合子的发育及孢子体的形成早期是在配子体颈卵器的包被中进行的。这种合子发育的方式使得苔藓类植物又被称为有胚植物（embryophyta）。由于所有陆生植物的合子均在特殊的保护结构中进一步发育，因此所有的陆生植物都属于有胚植物。在植物学中，人们根据合子在其发育早期受到特殊结构的保护这一特点，将所有的有胚植物称为高等植物。人们将苔藓植物孢子体被包被在颈卵器中的结构界定为胚，而将从合子到该结构的形成过程称为胚胎发生（embryogenesis）。

第二，苔藓特别是藓类植物配子体的生长常常可以追溯到位于芽状结构中心部位的顶端细胞（apical cell）。该细胞呈倒金字塔形（图 9.1.5）。它的纵向分裂形成的子细胞是叶状结构和茎形态建成的原始细胞。藓类植物茎叶中均没有典型的维管组织分化，也没有根的结构，只

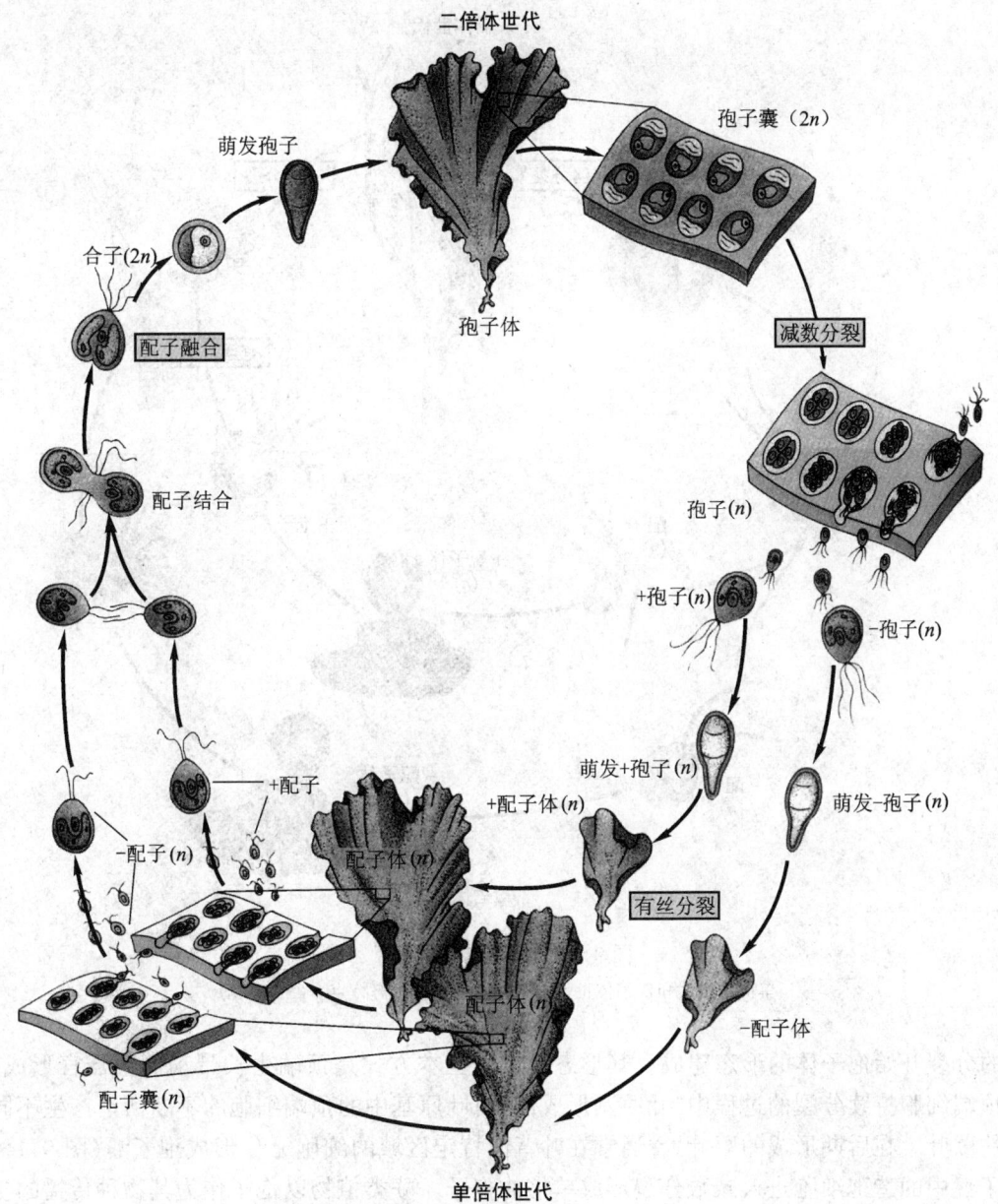

图 9.1.2 石莼生活史
石莼单倍体世代和二倍体世代具有基本相同的形态特点。(Mauseth)

是在原丝体近地面处形成由单列细胞构成的假根,起吸收水分和矿质营养的作用。

3. 蕨类

与苔藓类植物相比,蕨类植物(fern)在体形大小、分布区域等方面均有显著的不同。蕨类植物小的仅若干厘米,大的可高达百米。它与苔藓类植物最大的区别在于其有维管系统的分化。

图 9.1.6 是具代表性的蕨类植物水龙骨的生活史图解。从图中可以看出,合子在颈卵器

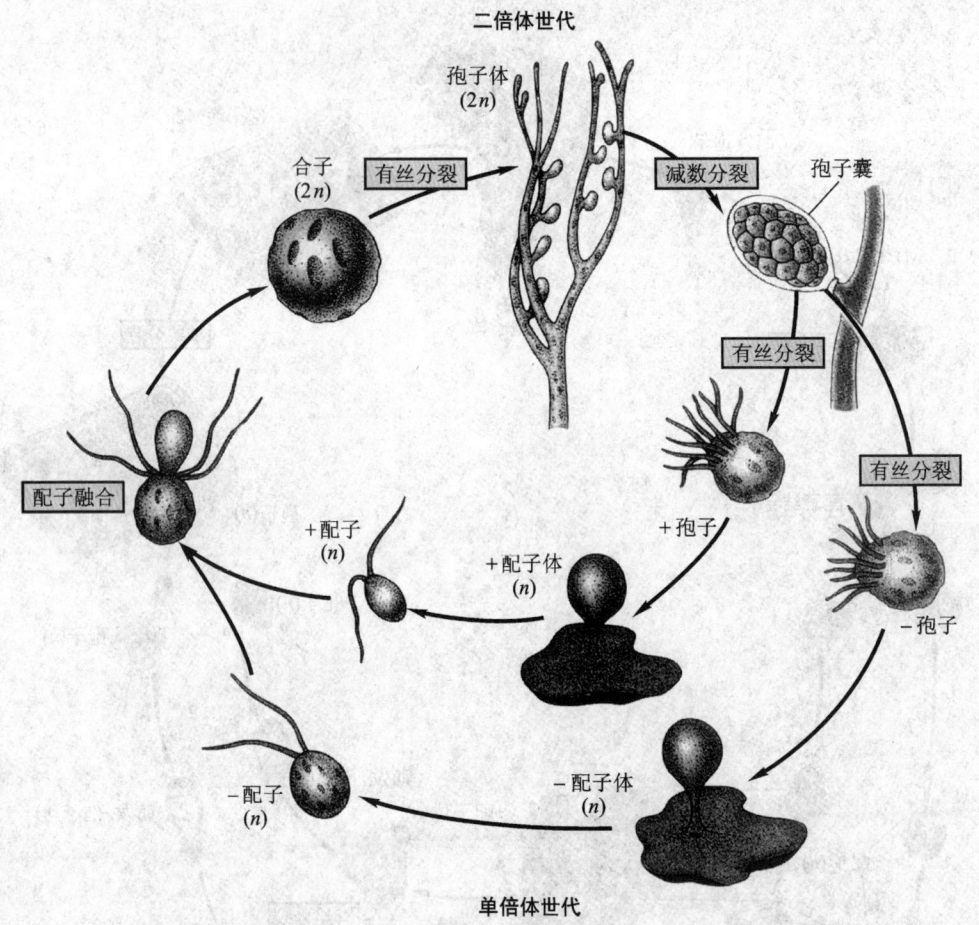

图 9.1.3 德氏藻生活史
单倍体世代和二倍体世代具有完全不同的形态特点。(Mauseth)

中的分裂开始孢子体的形态建成。其形态建成的基本方式是顶端生长带动侧生器官形成，即在顶端细胞持续分裂的过程中，叶原基形成，再由叶原基中的顶端细胞的不断活动产生不同类型的蕨叶。在后期形成的蕨叶上，通常在叶背面特定区域的细胞分化形成孢子囊(图 9.1.7)。孢子囊中的造孢细胞进入减数分裂形成单倍的孢子。蕨类植物以孢子作为其物种传播的主要形式。根的结构在蕨类植物中首先出现。它们以不定根的形式着生于根状茎和原叶体上。

4. 裸子植物

裸子植物(gymnosperm)是我们周围常见的植物，如松柏、银杏、苏铁等。这类植物在距今 2.8 亿年左右取代蕨类成为当时地球上主要的植被物种，其原因一般认为是由于种子的进化出现。由于有了种子，植物幼小的胚受到种皮良好的保护，同时还有胚乳供应其进一步生长所需要的营养，大大提高了新一代植株的成活率。

图 9.1.8 是松属植物生活史图解。卵细胞在颈卵器中受精形成合子后，首先分裂形成一个由四层细胞所构成的原胚，其中顶端的胚细胞层的细胞横向分裂后分化出次生胚柄和新的顶端细胞(apical cell)。这些新的顶端细胞是新一代孢子体的原始细胞。这些原始细胞分裂形

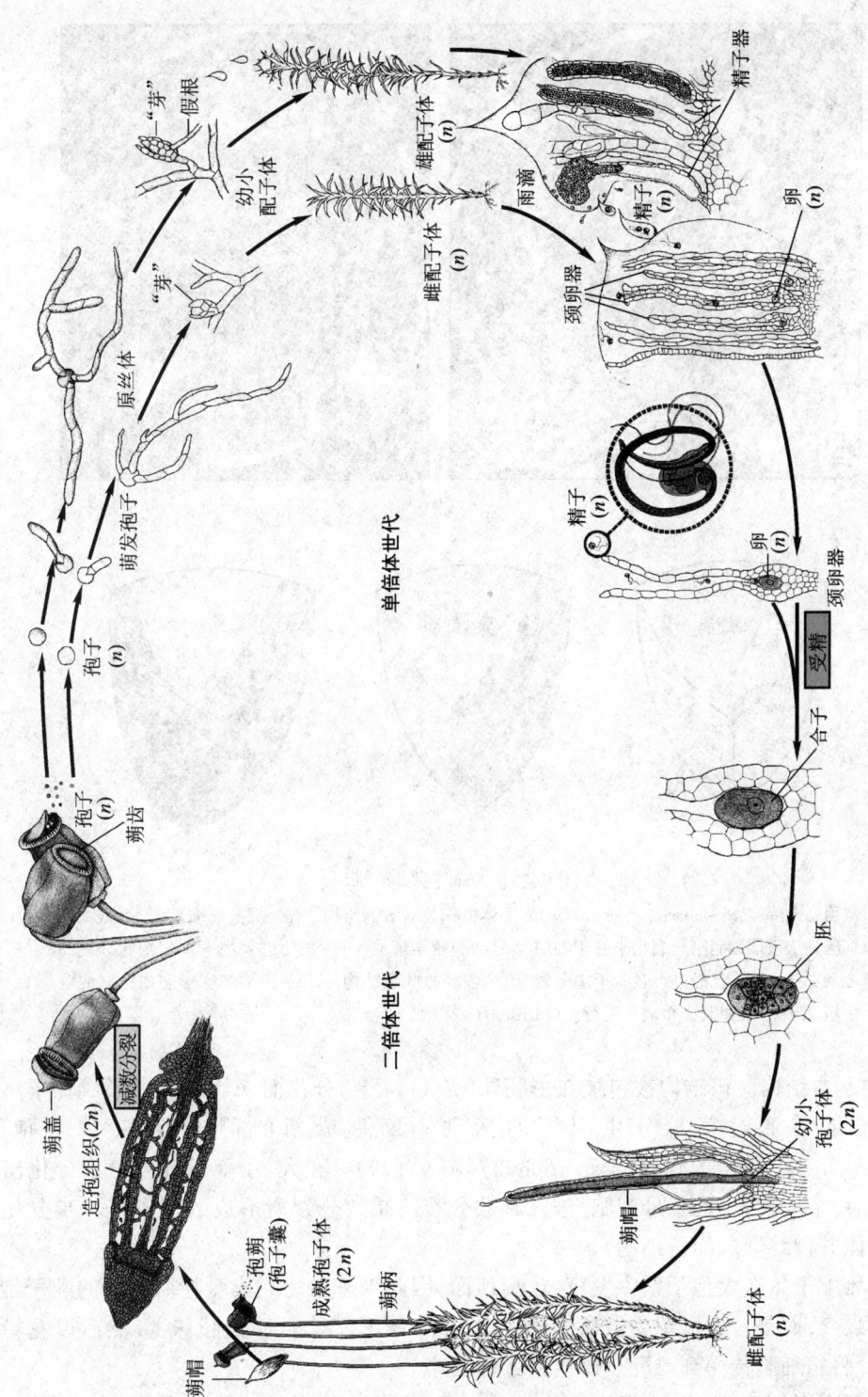

图9.1.4 金发藓属（*Polytrichum*）藓类植物生活史 (Reven, et al)

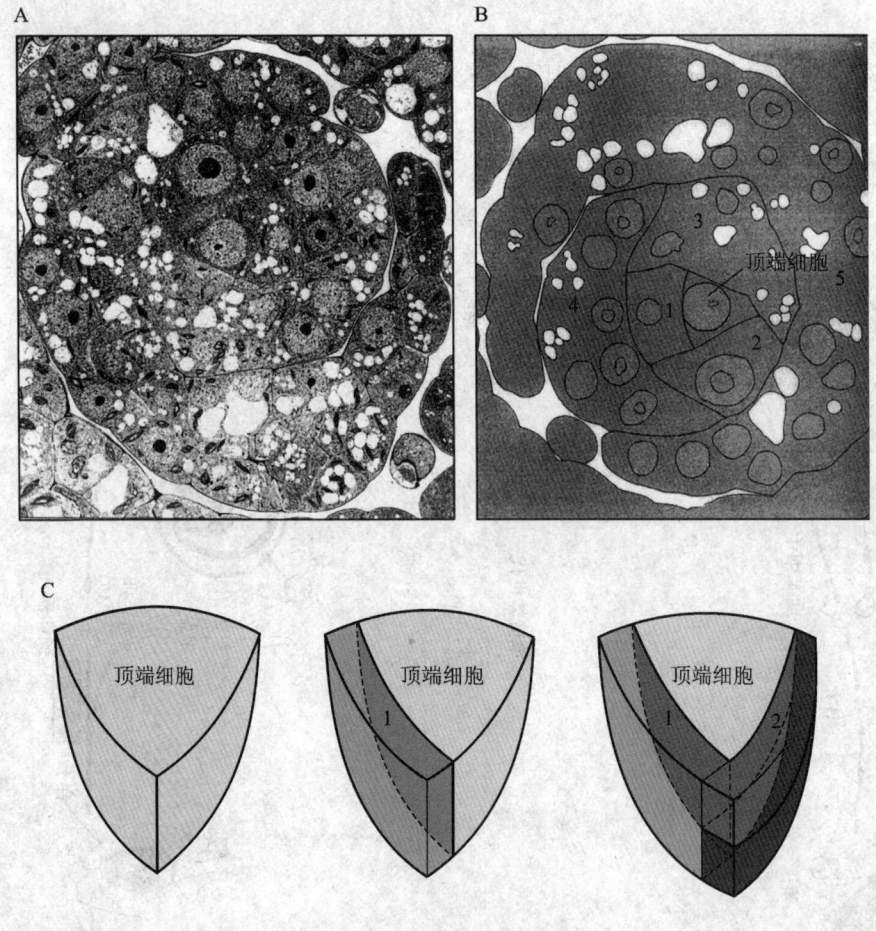

图 9.1.5 藓类顶端细胞

梨蒴立碗藓(*Physcomitrium pyriforme*)配子体植株茎端解剖结构。A~B.茎端横切面,可见 1 号细胞是从顶端细胞刚分裂出来的子细胞,2 号细胞较早形成,正在开始进入进一步的细胞分裂,3 号及更早的细胞已经进行过若干次分裂,形成各自的叶状结构。C.示顶端细胞形态如倒立的金字塔,细胞分裂由其一个侧面进行。(Mauseth)

成"胚"的基本结构。该结构被包被在由胚珠(见 11.4 节)分化而来的种皮内形成种子。萌发后的种子能够通过茎端分生组织的活动不断形成新的侧生器官,如大孢子叶(megasporophyll)、小孢子叶(microsporophyll)(图 9.1.9)。在大、小孢子叶中分别分化出胚珠和小孢子囊,形成大、小孢子母细胞,进入减数分裂。减数分裂所形成的孢子进一步分化形成雌雄配子体并最终形成配子细胞。

由于雌配子体在大孢子壁中发育,远离地面,因此裸子植物完成受精所需要的配子传递不再以水为媒介,而是首先以花粉散播的形式,将整个雄配子体转移到胚珠上,然后以花粉管生长的方式,将精细胞传递到雌配子体内的颈卵器中。

从上面介绍的裸子植物生活史完成过程来看,有几个特点是值得注意的:①在藻类、苔藓类和蕨类植物中,物种的传播均是以单细胞的形式进行(孢子或配子),而在裸子植物中,则都是以多细胞的形式进行,如种子和花粉。②在孢子体的形态建成过程中,出现了多细胞的、具

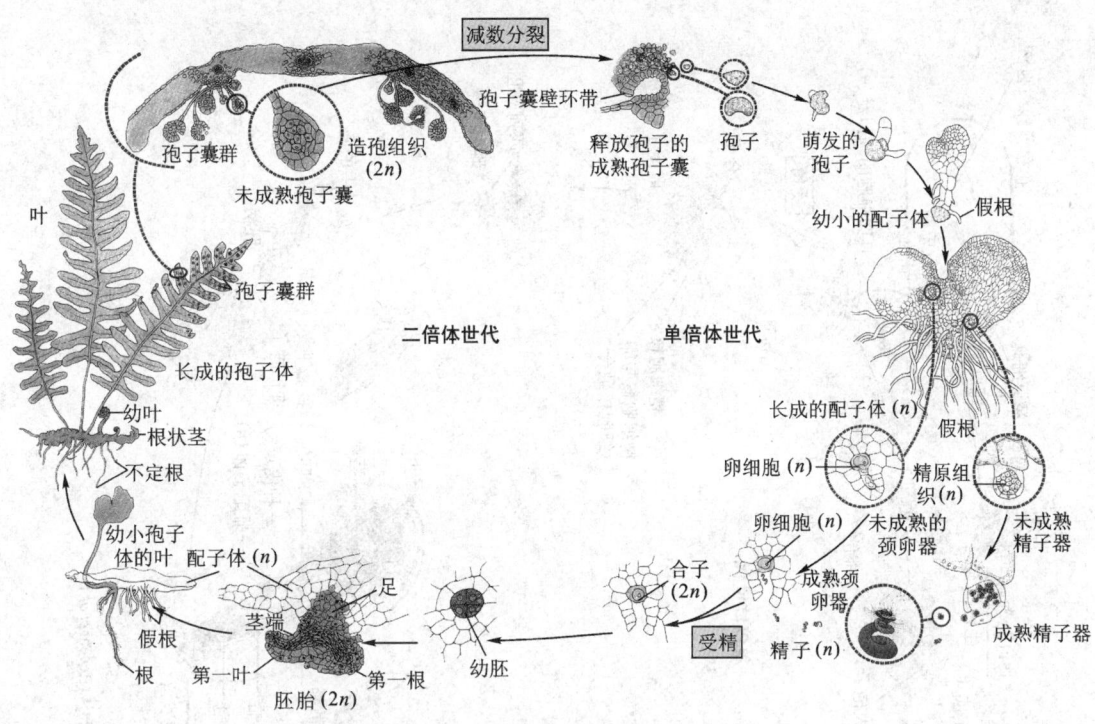

图 9.1.6 水龙骨属（*Polypodium*）蕨类植物生活史（Reven, et al）

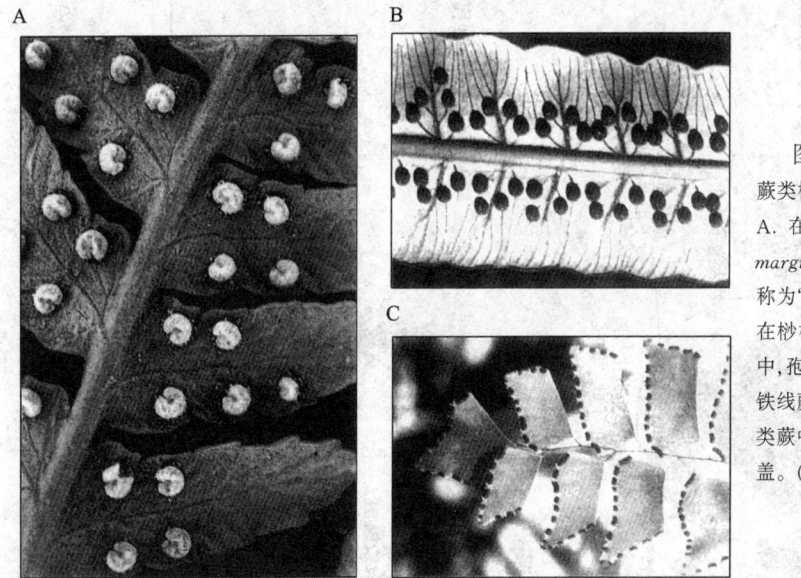

图 9.1.7 蕨类孢子囊

蕨类植物孢子囊群形态的多样性：A. 在边缘鳞毛蕨（*Dryopters marginalis*）中孢子囊群外有一被称为"囊群盖"的叶组织覆盖。B. 在桫椤（*Alsophila simata*）一类蕨中，孢子囊群则是裸露的。C. 在铁线蕨（*Adiantum trapezifome*）一类蕨中，孢子囊群被叶的边缘所覆盖。（Moore, et al）

有特定结构的茎端分生组织（shoot apical meristem）（关于茎端分生组织，我们在下一章中将予以详细介绍）。通过茎端分生组织的活动，形成了不同类型的侧生器官（如不同类型的营养性叶和大小孢子叶）的发育。③裸子植物孢子体的形态建成的复杂性大大增加，除了由茎端分生组织所形成的侧生器官类型增加之外，还有茎的形成、根系的形成以及根和茎的次生生长等。

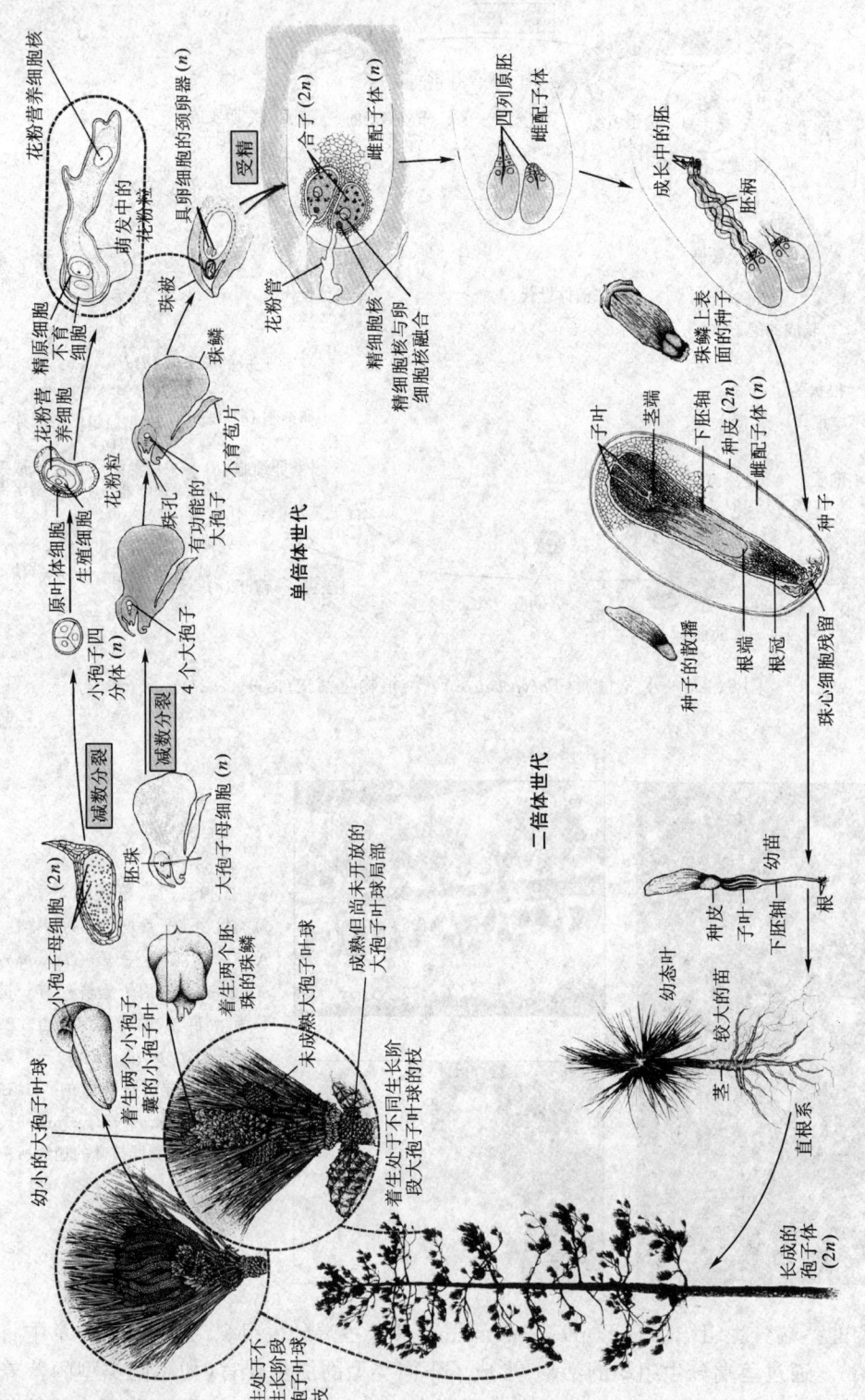

图9.1.8 松属（*Pinus*）植物生活史（Reven, et al）

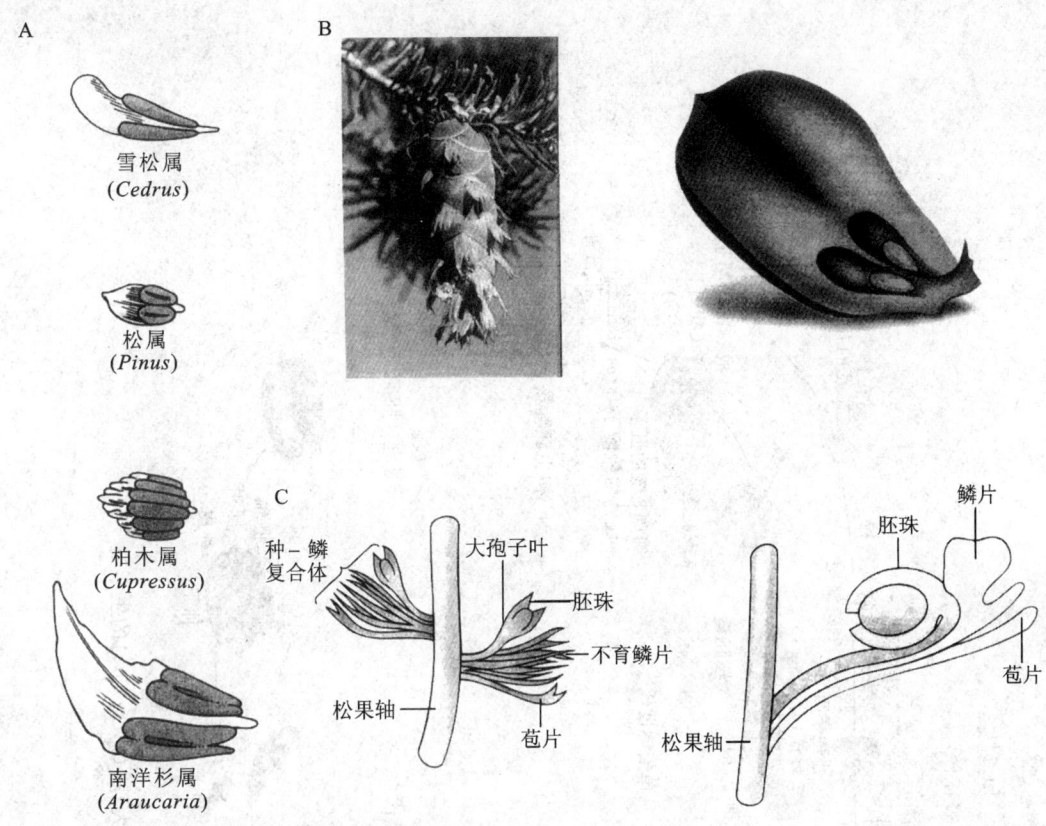

图 9.1.9　松类植物的大、小孢子叶

A.不同松类植物小孢子叶的结构,在小孢子叶上着生若干小孢子囊。B.松类植物的大孢子叶。C.与小孢子叶相比,大孢子叶周围还有一些附生的结构,这些附生结构在不同种中有所差异。(Mauseth)

在此要特别指出的是,孢子体的形态建成过程是明显而且有规律的分枝活动。因此,裸子植物的一个植株实质上是由分枝所造成的许多等价的单元所构成的,使整个植株成为各单元彼此密切联系在一起的聚合体(colony)。

5. 被子植物

被子植物(angiosperm)是目前地球上种类最多、分布最广的植物类群,一般认为现存约 23 万多种。从裸子植物和被子植物的名称上,可以了解二者最大的区别在于其种子是否有包被。起包被作用的结构是心皮。在裸子植物中,胚珠裸露地着生于大孢子叶上,而在被子植物中,胚珠被心皮(在功能上类似于大孢子叶)包裹起来。同时,由于一些目前还不了解的原因,伴随胚珠的包被,在被子植物中出现了花的结构。因此,被子植物又被称为有花植物。

对于学过普通植物学的人来说,对被子植物的生活周期应该比较熟悉。在此,我们仅以图 9.1.10 表示大豆的生活史,而不做进一步的文字介绍。

从图中介绍的被子植物的生活周期来看,前面所提到的裸子植物在生活周期完成过程中的三个特点在被子植物中也同样存在。所不同的是,由茎端分生组织活动所形成的侧生器官的类型在被子植物中变得更加多样化(出现了萼片与花瓣结构)。同时,与裸子植物一样,植株中所发育出现的各种侧生器官并不都是由来自合子胚的茎端分生组织所直接产生,而是通过

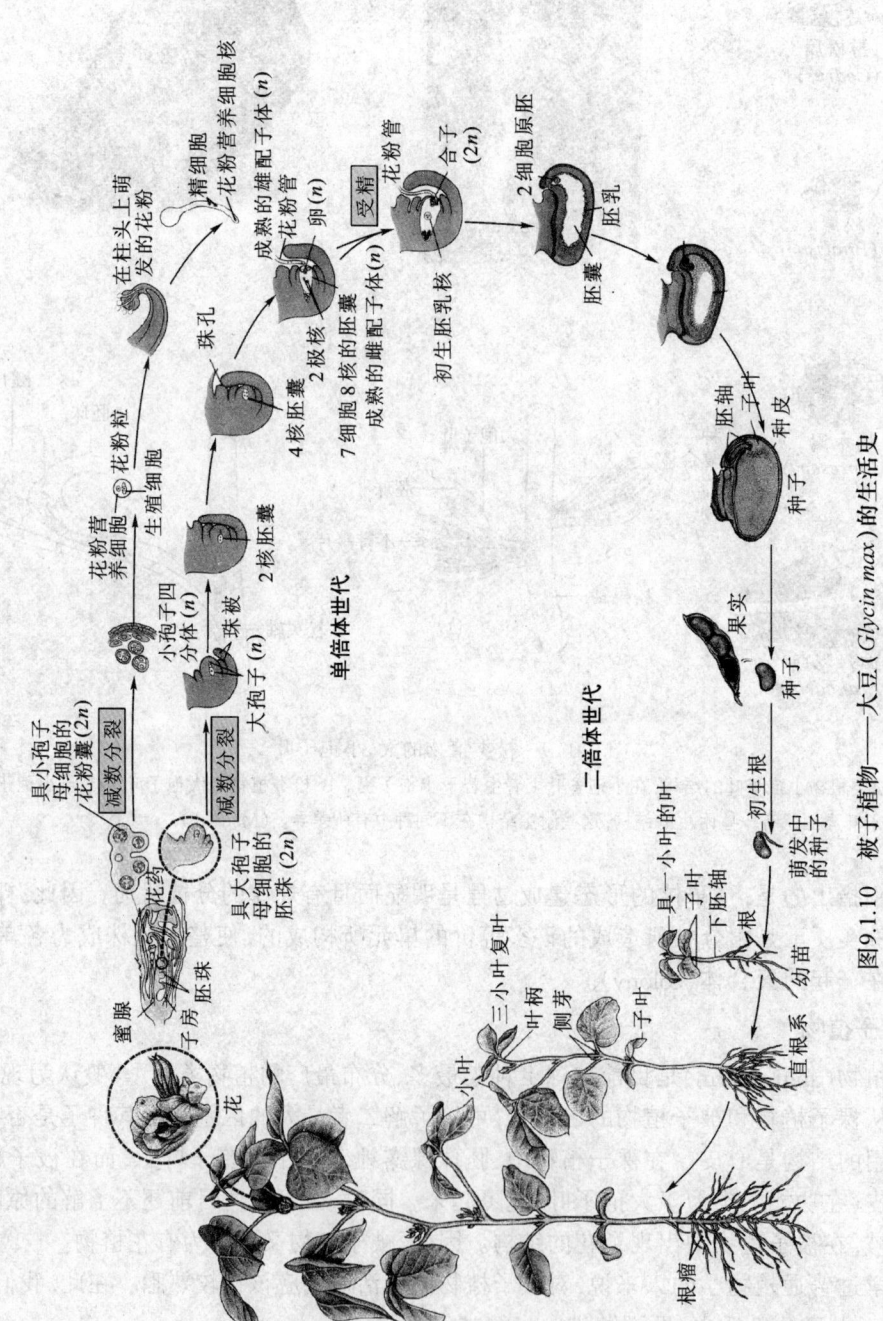

图9.1.10 被子植物——大豆（*Glycin max*）的生活史

分枝的方式,由分枝的茎端分生组织所产生。因此,和在裸子植物中的情况一样,被子植物的一个植株也是由分枝所造成的许多等价单元构成的聚合体。

9.2 植物发育的核心过程与基本模式

如果我们对上面所介绍的几大类植物的生活周期做一下比较,可以发现以下共同的特点:

第一,在整个植物界,从藻类到被子植物,它们的生活周期完成过程中,都有3种单细胞的存在状态——合子、孢子和配子,以及两个在单细胞水平发生的重要事件——减数分裂和受精。

第二,如果我们以二倍体的合子作为生活周期的起点,那么各种植物的生活周期的完成过程都是从合子发育开始形成孢子体,经过孢子作为中间环节,经配子体到形成配子作为终点的单向过程。当新的合子通过受精形成之时,那已经是新一代的生活周期的起点。

第三,在各种多细胞的植物类群中,在生活周期完成过程中的3种单细胞存在状态之间,都存在不同形式的多细胞化过程(即发育)和从多细胞结构中特化出单细胞的"少细胞化"过程。合子与孢子、孢子与配子之间的转化,正是通过从多细胞化到少细胞化这样的过程来相互连接,而其中发育所构成的各种形态结构则构成了各种植物类型。

如果我们将上面谈到的几个特点用图9.2.1来表示,则可以看出,植物生活周期的中心是3种单细胞状态之间的转换。而伴随这种转换,同时存在两个有规律的变化:一个是从单细胞到多细胞又回到单细胞的变化;另一个是细胞倍性由二倍到单倍的变化。一个植物的生活周期正是以3种单细胞状态的转换为中心,在单细胞到多细胞又到单细胞的细胞倍性的振荡与变化中所完成。

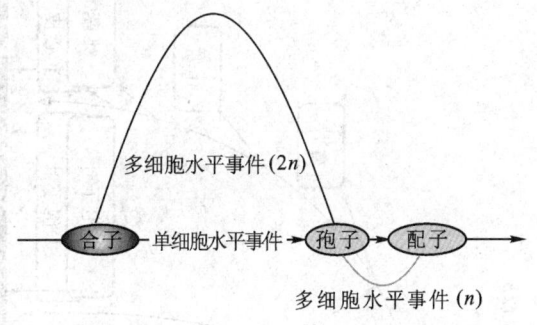

图9.2.1 植物生活周期完成的核心过程

如果我们将不同类群植物伴随生活周期完成的核心过程所发生的多细胞体形态建成事件在图9.2.1的骨架上标出,则可以形成图9.2.2。该图表示,在合子进入多细胞化发育之后,在生活周期完成的核心过程中,孢子体的形态建成在苔藓植物中是采用的无生长点的有限生长方式,而在蕨类植物、裸子植物和被子植物中所采用的是顶端生长点(包括蕨类植物中的顶端细胞和裸子植物、被子植物中的茎端生长点)加侧生器官的持续生长方式。同时,从蕨类植物、裸子植物到被子植物,随着它们在地球上出现时间的推迟,其在合子和孢子这两种特别的单细胞状态之间所出现的侧生器官类型趋于复杂化。如在蕨类植物中,仅出现不着生孢子囊的蕨叶和着生孢子囊的蕨叶;在裸子植物中就出现了子叶、早期的营养性叶、晚期的营养性叶和大小孢子叶;而到了被子植物,除了子叶、早期的营养性叶、晚期的营养性叶和相应于大小孢子叶的心皮和雄蕊外,还出现了萼片和花瓣。在这里需要指出的是,所有这些侧生器官类型并不一定是通过同一个茎端分生组织活动来产生的,而有相当一部分是通过由分枝所形成的茎端分生组织所产生的。

根据以上分析,我们认为植物发育的基本问题可以概括为以下几个方面:① 3种核心细

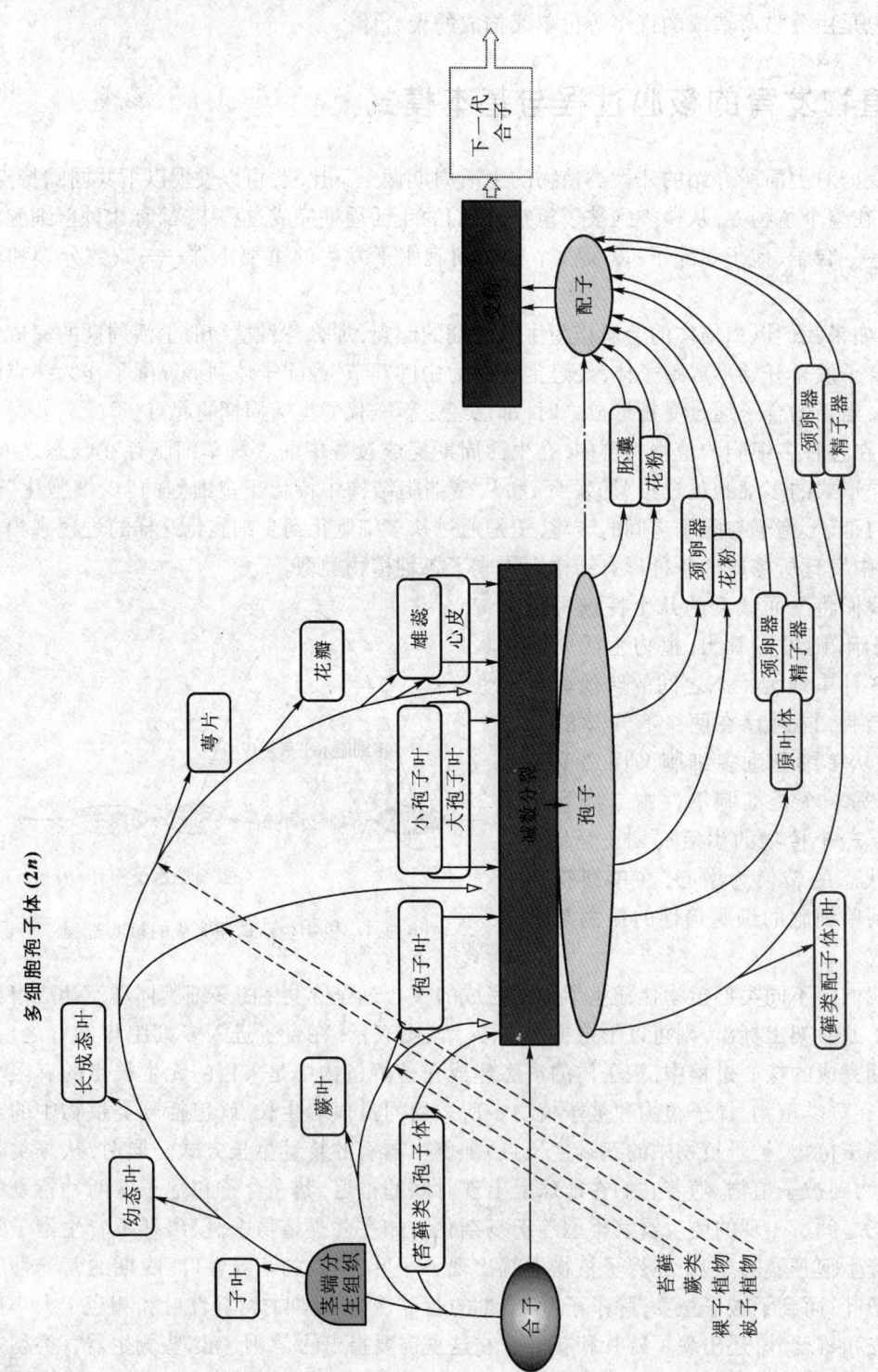

图 9.2.2 不同植物类群生活周期比较

胞——合子、孢子和配子在分子水平的分化特点以及减数分裂与受精的分子机理。②顶端生长点(包括顶端细胞和茎端分生组织)的形成机理。其中无生长点的有限生长方式与顶端生长点加侧生器官的持续生长方式之间的区别是理解发育体形态建成机制的一个十分重要的问题。③不同侧生器官类型之间的转换与侧生器官的形成。从个体发育的角度看,重点在不同侧生器官类型之间的转换;而从系统发育的角度看,则重点在于为什么随着植物的进化发展,植物侧生器官的类型会逐渐增加。④多细胞化与少细胞化过程的启动与调控。这在植物发育中是一个十分独特的现象。在后面的章节中我们将会介绍,孢子的分化具有十分明显的空间特异性,因此显然这种分化过程是受到严格调控的。⑤分枝与生活周期核心单元的聚生。⑥配子传递与物种传播。

此外,在多细胞体的形态建成的不同环节中,始终存在细胞与组织的分化,并始终受环境因子(光、温等)的调控;同时,在许多多年生植物中还存在次生生长等现象,这些在另外的层面上构成植物发育研究的重要问题。

思 考 题

1. 为什么本书将不同植物类群生活周期完成过程的分析作为植物发育研究的基础?不同植物类群生活周期完成过程中最重要的特点是什么?它们之间主要的相同之处和不同之处在哪里?
2. 植物发育的核心过程和基本模式分别是什么?这种概念对认识植物发育的基本规律有什么帮助?
3. 植物发育的基本问题可以分为哪几类?为什么?

10 植物发育中的茎端分生组织

对于植物发育而言,由于其具有顶端生长的特点,完成生活周期所需要的各种侧生器官都由于顶端生长点的活动而形成,因此了解顶端生长点的活动对于认识植物发育有重要的意义。

10.1 茎端分生组织的形成、形态变化与活动终结

分生组织在英文中称为 meristem,意思是指植物中的胚性组织,或一群未分化的、正在生长和活跃分裂的细胞。从上一章的介绍我们了解到,在蕨类植物、裸子植物和被子植物中,侧生器官都是由茎端分生组织或茎端分生细胞(图 10.1.1)所形成的,在藓类植物配子体中的叶状体也是通过顶端细胞的活动所形成(图 9.1.5)。因此要了解植物发育的基本过程和基本特点,我们必须首先关注茎端分生组织的形成、形态变化及其活动终结。

关于植物最初的茎端分生组织的来源问题,目前基本上有两种不同的看法:

第一种看法强调分生组织就是一团保留胚性的细胞。这种看法认为,从合子开始分化到种子形成是植物的胚胎发生阶段,子叶、胚根和胚轴都属于胚的组成部分,而茎端分生组织就是胚胎发生过程中在胚的顶端、子叶之间所存留的一些能够持续分裂的胚性细胞。即茎端分生组织是由子叶而界定的,先有子叶,而后有茎端分生组织。这种看法还认为,由子叶、胚根和胚轴所构成的植物的胚构成了一个新植株的基本模式,种子萌发开始的胚后发育是胚所反映出的模式的扩展。

第二种看法强调茎端分生组织在侧生器官形成上的作用,同时考虑到在蕨类等具有顶端生长的特点,但没有种子发育阶段的植物中的情况,提出在合子早期分化形成球形胚的上部时,就开始设定了茎端分生组织。这种看法认为,在蕨类等相对低等的植物中,球形胚上部细胞的不断分裂与分化,直接形成各种侧生器官,表现出顶端生长的特点。而在种子植物中,种子的形成并不是完成胚胎的发生,而是中断了从合子开始的顶端生长以适应不良的环境,子叶是由茎端分生组织产生的执行适应环境功能的侧生器官。根据这种看法,茎端分生组织是合子分裂与分化的直接产物,即使对于种子植物而言,也是先有茎端分生组织而后有子叶。

实际上,无论怎样看待茎端分生组织的起源,从图 10.1.2 所示的不同时期茎端分生组织结构的比较可以看出,在不同的形态建成阶段或在不同环境条件下,茎端分生组织的形态和结构是不同的。大量的关于植物开花诱导的研究表明,在植物接受开花诱导信号之后,形态上最

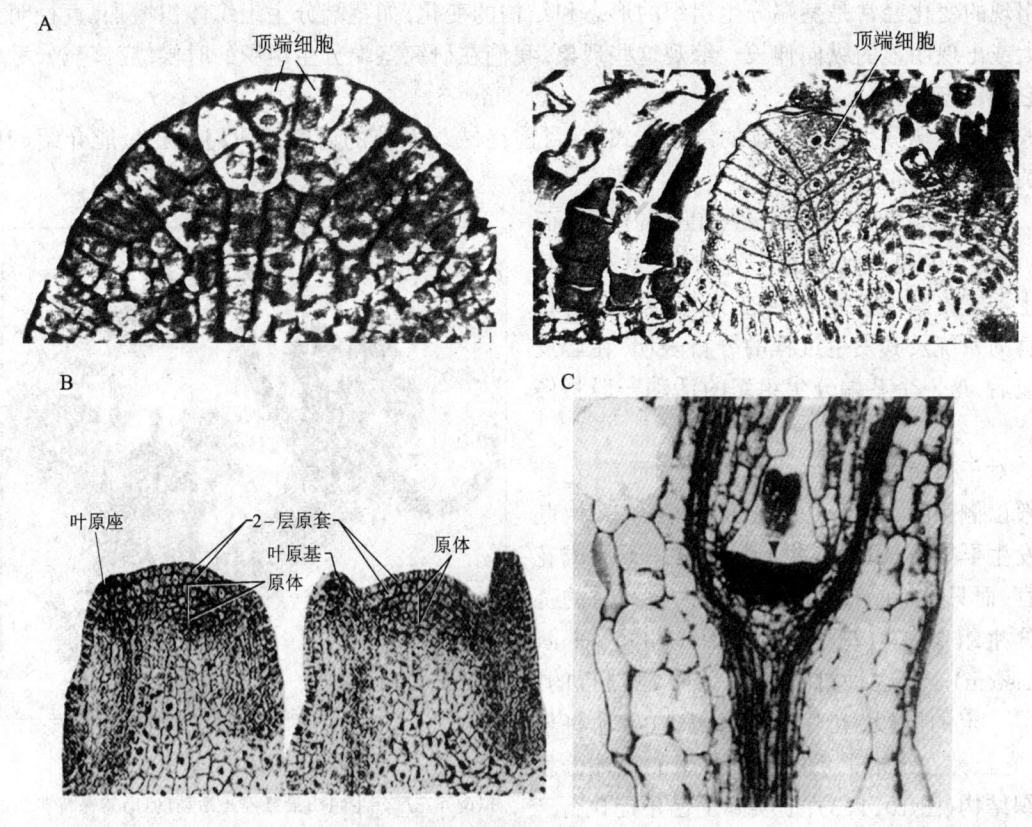

图 10.1.1 顶端细胞和茎端分生组织形态
A.蕨类植物的顶端细胞。B.马铃薯茎端分生组织。C.拟南芥幼苗早期的茎端分生组织(三角箭头所指)。

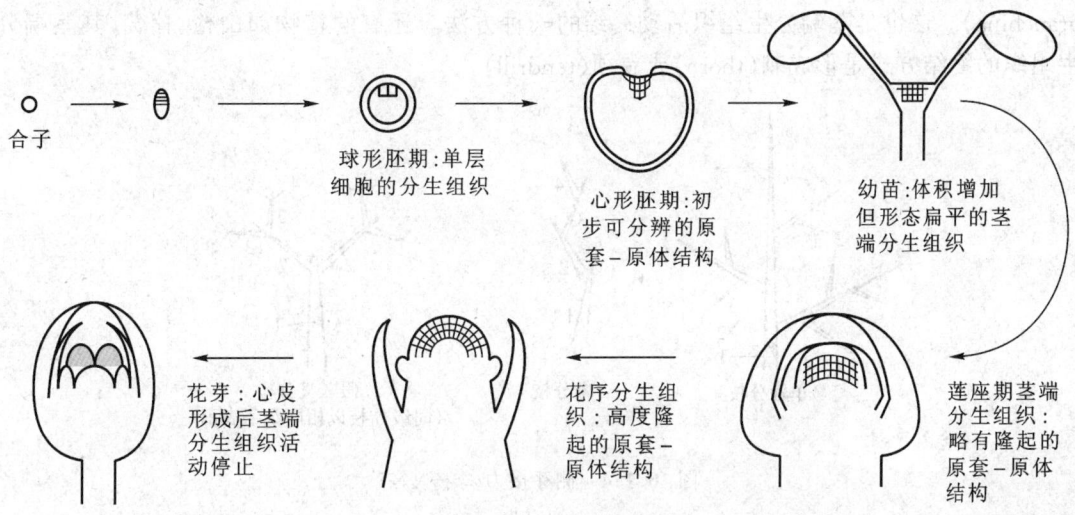

图 10.1.2 拟南芥茎端分生组织形态变化图解

先出现的变化经常是茎端分生组织的形态和结构的变化,如茎端分生组织体积增加,直径明显加大或出现明显的纵向伸长。综观这些现象,我们在研究茎端分生组织的时候,应该充分考虑到它的动态变化。

关于茎端分生组织活动的终结方式上,目前尚缺乏系统的研究。我们现在只能介绍一些有关的现象。

对于月季等单花(solitary flower)植物而言,茎端分生组织活动到一定阶段,就会将其侧生器官由营养性的叶转变为花器官。对花器官的系统及其发生过程的分析表明,在心皮形成后,这一个茎端分生组织的活动一般将停止。

对于拟南芥等这些非单花植物而言,花芽一般以侧芽的方式形成。在这些植物中,由胚胎发生早期形成的茎端分生组织并不形成花器官,而只是不断形成花芽。有人将这时的茎端分生组织称为花序分生组织(inflorescence meristem)。但这种过程不是无限地进行的。到了一定的阶段,花序分生组织的活动将停止,它虽然在结构上仍然具有典型的茎端分生组织结构(图10.1.3),但实际上已不能执行产生新的侧生器官或分枝的功能。这是茎端分生组织活动的又一种终结方式。

图 10.1.3 花序分生组织

拟南芥花序分生组织最终停止活动,但仍然保持典型的原套－原体结构(箭头所指)。

有的植物如丁香,其茎端分生组织活动在形成营养性叶片的阶段就停止活动,结果其完成生活周期的功能由旁边的侧芽接力完成(图10.1.4),在形态学上被称为合轴分枝(sympodial branching)。这也是茎端分生组织活动终结的一种方法。还有的植物如山楂、葡萄,其茎端分生组织的终结方式是形成刺(thorn)或卷须(tendril)。

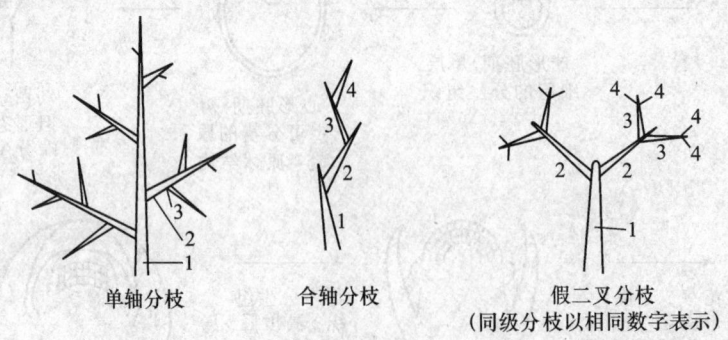

图 10.1.4 侧芽接力(李扬汉等)

关于茎端分生组织活动终止的机制,目前知之甚少。目前所掌握的一个与茎端分生组织活动终止机制有关的证据是,当 AG 基因突变后,茎端分生组织在形成萼片与花瓣之后并不形成雄蕊和心皮并停止活动,而是持续形成新的萼片与花瓣。显然,AG 基因的表达是茎端分生组织活动终止的重要信号(见第11章)。

10.2 侧芽的发生与茎端分生组织的重组

上面介绍的主要是由合子发育而来的茎端分生组织的形成、形态与结构的动态变化及其终结方式。这个茎端分生组织形态发生的全过程,对于单花的植物而言,能够形成其生活周期完成过程中孢子体世代所出现的所有侧生器官类型。但是对于非单花的植物而言,单独一个茎端分生组织在其活动停止前,只能形成部分的侧生器官类型,如拟南芥中直接来自合子的茎端分生组织只能形成营养性叶,而不能直接形成花器官。花器官的形成需要侧芽参与。实际上对任何比较高等的植物而言,无论其生活周期孢子体世代的完成是由单独一个茎端分生组织的活动来承担,还是由多个茎端分生组织的活动接力来承担,其外部形态中总有不同程度的由侧芽活动所形成的分枝。这些分枝常常构成一种植物独特的形态标志。因此了解侧芽茎端分生组织的形成方式,不仅对认识非单花植物生活周期的完成机制是不可缺少的,而且还可以帮助我们更为全面地认识植物形态建成的机制。

分枝来源于侧芽的活动。因此,了解侧芽的形成规律就成为了解植物分枝特征的一个关键环节。侧芽(axillary buds)是着生于叶腋中的茎尖。关于侧芽的形成过去存在两种看法:一种看法是,侧芽的茎端分生组织是主茎的茎端分生组织在形成叶原基时保留在其叶腋(axil)处的分生细胞所组成。另一种看法是,侧芽的茎端分生组织是在叶腋处的已分化的细胞重新脱分化而形成。最近人们根据对拟南芥显性突变体 *phabulosa* (*phb*)的研究提出,侧芽是从叶的结构上形成,而不是直接从茎端分生组织存留细胞所形成。*phb* 突变体的主要表型是叶的腹背性(详见第11章)发生了变化,叶片远轴面(背)出现近轴面(腹)的细胞特征。对该突变体的观察发现,在叶的远轴面能够出现一些本来只能在近轴面出现的侧芽(图10.2.1)。由于很难解释茎端分生组织细胞能够特异地留存在叶的远轴面,因此最简单的解释就是,侧芽是由叶的近轴面细胞所形成的。

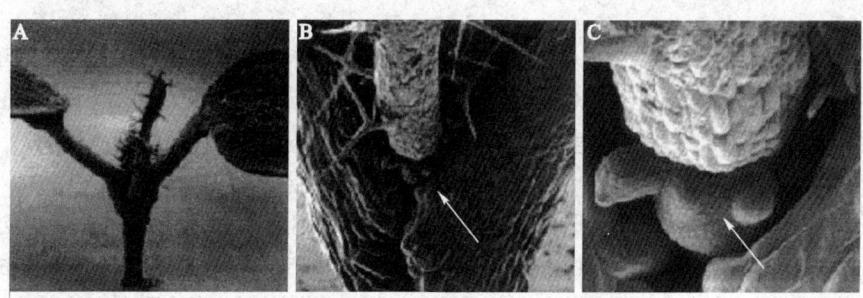

图 10.2.1 *phb* 突变体表型

拟南芥 *phb* 突变体中侧芽从叶片背面发生:A. *phb* 突变体幼苗。B.侧芽从叶片背面发生(箭头所指为侧芽)。C.B图中侧芽区域的放大。(McConnell & Barton)

值得注意的是,由合子起源的茎端分生组织能够形成生活周期完成过程中所出现的各种侧生器官。但侧芽茎端分生组织的活动通常只能形成从该侧芽发生所在侧生器官类型之后的各种侧生器官,不能形成在该侧芽发生所在侧生器官类型之前的各种侧生器官。如在前面提到的单花的月季主茎的茎端分生组织能形成各种不同类型的叶片及各种花器官,而高节位的侧芽就不能形成低节位的叶片类型。在拟南芥中,只有莲座叶的侧芽才可能形成莲座叶,茎生叶的侧芽通常只能形成茎生叶而不形成莲座叶。通常拟南芥萼片的叶腋是不形成侧芽的。但在 *AP1* 突变体中,萼片叶腋中出现了侧芽。但这种侧芽不形成茎生叶而只形成不同类型的花器官。目前没有证据表明由侧芽形成的侧生器官与由合子起源的茎端分生组织所形成的同类型侧生器官之间有什么不同。

从上面对侧芽形成特征的介绍可以看出,目前较多的证据支持侧芽从叶或叶原基发生,而不是直接从茎端分生组织存留细胞形成。这样就涉及从已分化的细胞脱分化而形成新的茎端分生组织,即茎端分生组织重组的问题。从前面的介绍我们知道,茎端分生组织是一团活跃分裂的胚性细胞。因此,已进入侧生器官分化方向的细胞如何逆转其分化的方向,退回到分化程度低的胚性状态,这一直是人们所关心的一个问题。其实,自然环境中常见的不定芽的发生、组织培养中再生芽的发生等也都涉及细胞分化状态的逆转和茎端分生组织重组的问题。长期以来,人们了解到不定芽或再生芽的发生都是由组织的外层细胞起源的,被称为"外起源"(图 10.2.2);同时,细胞分化状态的逆转和茎端分生组织的重组均受到激素条件的影响(如一定比例的细胞分裂素与生长素可以促进不定芽或再生芽的形成)。但关于茎端分生组织重组的分子机理目前还知之甚少。

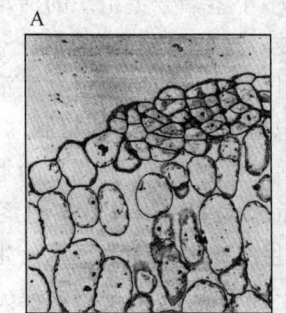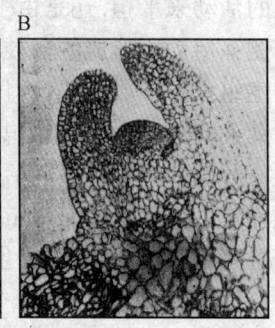

图 10.2.2 植物组培过程中外层细胞转变为分生细胞(A),并最终形成新的茎端分生组织(B) (Miller, *et al*)

10.3 茎端分生组织的活动与组织的分化

植物形态解剖学研究表明,在各类植物中均有程度不同的组织的分化。在维管植物中,一般认为存在表皮(epidermal)、皮层(cortex)和维管束(vascular boundle)三大类组织。这些组织的分化与茎端分生组织的结构及其活动方式有直接的关系。

在多数被子植物中,茎端分生组织由外向内可分为 3 层,被称为 L1、L2 和 L3。利用体细胞突变技术所做的细胞谱系分析证明,表皮组织是 L1 细胞的后代所形成,皮层和维管组织则是由 L2 和 L3 细胞的后代所形成(图 10.3.1)。由于植物侧生器官是茎端分生组织的产物,这种茎端分生组织结构与植物组织分化的关系不仅存在于茎的部分,而且也存在于侧生器官的部分。

细胞谱系的技术虽然可以很好地揭示茎端分生组织的结构与组织分化之间的衍生关系,但是由于植物细胞的非移动性的特点,这种解剖学上的衍生关系,还不足以说明不同组织起源的问题及组织起源与茎端分生组织形成之间的内在关系。最近,一些从拟南芥中分离出来的基因的研究为寻找这些问题的答案提供了新的证据。*ATML1* 基因是利用 cDNA 文库筛选技术从拟南芥中分离得到的一个基因。基因的序列分析表明它具有转录调节因子的特征,属含

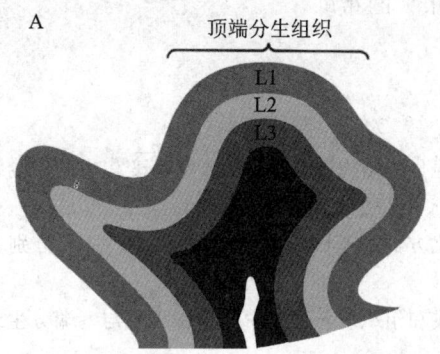

图 10.3.1 被子植物茎端分生组织细胞分层现象及细胞谱系分析
A.茎端分生组织细胞通常被分成 3 层(L1、L2 和 L3),L1 细胞构成所有来源于茎端分生组织器官的表皮,L2、L3 细胞构成器官内部其他组织。B.用于进行细胞谱系分析的烟草植株。人们用射线诱导茎端分生组织的部分细胞白化,这些细胞的后代便会在叶片中形成大小不同的白斑,人们根据白斑的大小和部位来分析器官不同部分的细胞来自茎端分生组织的什么部分。(S.F.Gilbert)

同源异形框(homeobox)的基因家族。其基本特点是在茎端分生组织的 L1 专一表达。值得注意的是,该基因在合子分裂为两个细胞时,就将形成原胚的顶细胞表达,直到 16 细胞胚阶段,即开始出现与环境接触的表层细胞和不与环境接触的内部细胞分化时,它的表达才集中在表层的细胞。而当幼胚发育到心形胚阶段时,该基因的表达在基部将要形成胚根的区域表面消失。在以后的发育过程中,ATML1 的表达就一直集中在茎端分生组织 L1 细胞和处于分化早期的表皮细胞中,一直到胚珠阶段(图 10.3.2)。该基因的发现,第一次在分子水平上将表皮组织的起源与茎端分生组织的起源及其结构特点联系了起来。显然,这对我们认识茎端分生

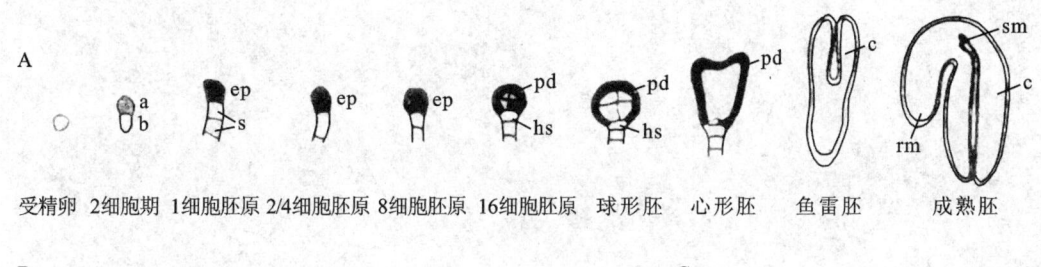
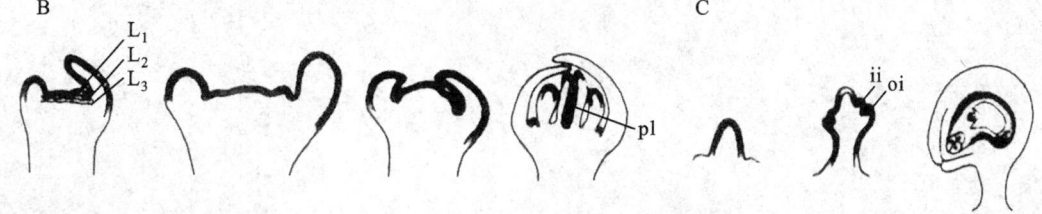

图 10.3.2 ATML1 基因在拟南芥发育的不同阶段的表达
拟南芥 ATML1 基因仅在相应于茎端分生组织的 L1 及其衍生细胞中表达。图中黑线条表示 ATML1 的表达部位。A.幼胚阶段。B.茎端区。C.胚珠。图中 a－顶细胞;b－基细胞;ep－胚原;s－胚柄;pd－表皮原;hs－胚根原;c－子叶;rm－根分生组织;sm－茎端分生组织;pl－胎座;ii－内珠被;oi－外珠被。(Lee, et al)

组织的起源、形态发生及终结的问题也同时有很大的帮助。

思 考 题

1. 什么是茎端分生组织？茎端分生组织是一个静止的结构还是一个处于动态变化中的结构？它在植物发育中扮演怎样的角色？

2. 目前已知的关于茎端分生组织形成及功能变化方面的基因有哪些？试举出 5 种，并分别介绍它们的结构、功能特点以及相关的实验证据。

3. 什么叫"茎端分生组织的重组"？植物侧芽形成和组织培养过程中的植株再生与茎端分生组织的重组之间有什么样的关系？

4. 茎端分生组织活动与组织分化之间存在什么样的关系？

11 侧生器官的形成

在植物学中,器官指植物体中由一些组织构成的、执行一定功能的特定的形态结构,在被子植物中,一般被分为根、茎、叶、花、果实和种子。这种传统的划分方法主要是依据人们对植物外部形态的观察。但细究起来,这样的划分在界定标准中存在一些问题。例如,在这种划分方法中花被认为与茎、叶等处于同一等级。但实际上,绝大部分被子植物的花是由萼片、花瓣、雄蕊、心皮等4个部分组成,其中每一部分从发生过程看,均与叶非常类似,都是从分生组织形成原基,然后由原基形成特定的形态结构。因此,如果以发生过程为依据来看,应该是萼片、花瓣等结构与叶处于同一等级,而花则是这些器官的组合。对于高等植物发育而言,由于孢子体世代主要是通过茎端分生组织的活动,在分生组织区域形成原基,然后由原基形成以叶性结构为主的侧生结构所完成,因此我们在此从生活周期完成的角度出发,将对植物器官的介绍集中在由原基发生而来的单一的叶性结构上。按照这个标准,凡是由在茎端分生组织区域形成的原基发展而来的单一的侧生结构,均被平等地视为植物的器官,主要有6类:子叶(cotyledon)、营养性叶(foliage leaf)、萼片(sepal)、花瓣(petal)、雄蕊(stamen)和心皮(carpel)。在这6类侧生器官中,子叶和叶主要执行营养功能。萼片则既具备营养功能,又有保护雌、雄蕊的功能。花瓣虽然并不直接具备有性生殖的功能,但也基本上不具备营养的功能,它的存在主要与有性生殖相关。雄蕊和心皮是直接进行有性生殖的器官。在本章中,我们将对这6类器官的形成过程做一些基本的介绍。由此看来,传统概念的根和茎,它们都不是茎端分生组织所形成的侧生器官,但它们对植株的形态建成及生理功能同样具有十分重要的作用。因此在本章中对它们的形成也给予基本的介绍。

11.1 子叶的形成

子叶在传统上一直被看作是种子的一个部分。近年植物发育生物学研究的结果表明,拟南芥 *leafy cotyledon1*(*lec1*)突变体由于一个基因的突变,其子叶丧失了储存养分的功能,在形态建成上,表现出真叶的特点(图11.1.1)。这个现象说明,虽然子叶的储存养分功能及其相应的形态特点是和种子发育紧密地联系在一起的,但如果种子发育过程因基因突变或其他原因被阻断,子叶原基仍可能继续发育成叶状的结构。

通常,子叶给人的印象是如同大豆、花生种子中那两片肥大的结构。但实际上,子叶的结构在不同种类的植物中是十分多样化的。如蓖麻子叶并不承担储藏营养物质的功能,其维管

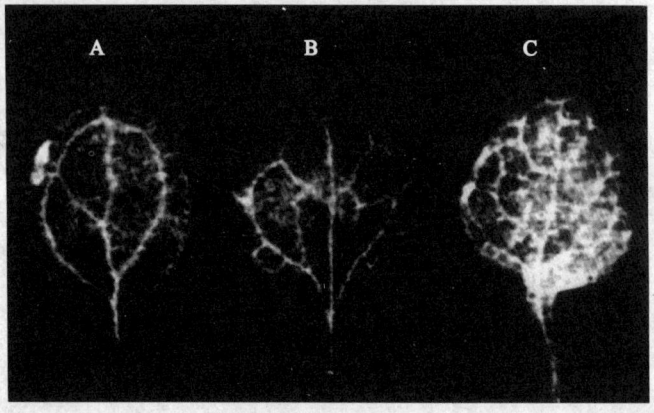

图11.1.1 拟南芥 *lec1* 突变体第一对叶的维管模式
A.野生型子叶相对简单的维管(叶脉)模式。B.*lec1* 突变体第一对叶的维管(叶脉)模式,介于野生型的子叶与第一对真叶之间。C.野生型第一对真叶的相对复杂的维管模式。(Meinke)

组织结构与真叶没有明显的差别(图 11.1.2);在禾谷类植物中子叶被称为"盾片"(scutellum)(如图 11.1.3B 所示);而很多树木的子叶在种子萌发后能够进行进一步的形态分化(图11.1.4)。

子叶发生的基本过程在植物学和植物胚胎学中均有比较全面的描述。形态学和胚胎学研究的结果显示,在双子叶植物中,受精卵发育到球形胚(globular stage embryo)之后,其顶部两侧细胞分裂加快,形成隆起的细胞团,构成子叶原基(图 11.1.3A)。随后,原基不断生长、分化,并开始执行种子发育程序中储存营养物质的功能,这对子叶的形态与结构特点的形成有很大的影响。以拟南芥为例,其野生型植株子叶的维管组织结构相对于真叶十分简单。但在 *lec1* 突变体中,植株不能进行正常的种子发育程序,子叶的形态与结构发生的明显的改变,不仅维管组织的结构变得复杂,而且表皮毛也能够发生。单子叶植物的子叶发生情况与双子叶植物有所不同。以玉米为例,在棒型胚阶段(club-shaped stage,较球形胚稍晚的时期),在形态上不是在胚的顶端形成突起,而是在棒型胚的侧面出现分生细胞团,将来形成茎端,而棒型胚的顶端将分化为子叶(盾片)(图11.1.3B)。

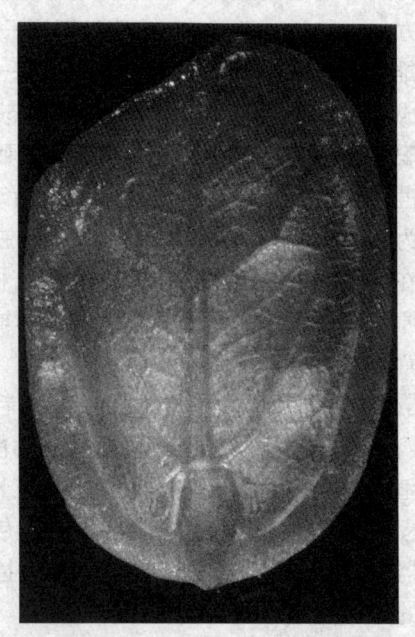

图 11.1.2 蓖麻子叶具有复杂的维管(叶脉)模式

长期以来,人们对子叶发生的研究主要是和胚胎发生及种子发育联系在一起的。对子叶的形态建成的认识,主要是形态学的描述和生理学上对其在种子形成与萌发过程中营养物质储存和分解过程中的了解,而对子叶形态建成过程中的分子机制了解很少。根据目前的研究结果,已知参与子叶器官发生的基因主要有影响细胞分裂与粘合的基因 *GNOM*(*GN*)、影响生长素极性运输的基因 *PINHEAD*、*MONOPTUERS*(*MP*)和影响种子形成过程的基因 *LEC1*、*EXTRA - COTYLEDON1*(*XTC1*)、*XTC2* 和 *ALTERED MORPHOLOGICAL PROGRAM1*(*AMP1*)。*GN* 参与子叶形成的基本证据是,当 *GN* 基因由于突变而丧失功能时,种子将没有正常的子叶发生(图 11.1.5)。当然,*GN* 并

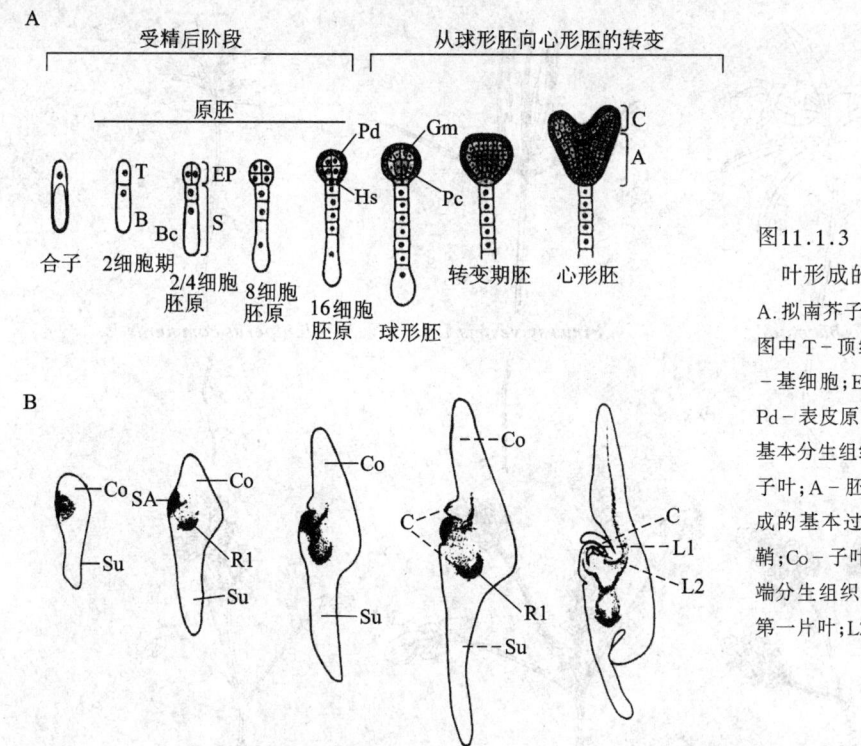

图11.1.3 拟南芥与玉米子叶形成的基本过程

A.拟南芥子叶形成的基本过程。图中T-顶细胞;B-基细胞;Bc-基细胞;EP-胚原;S-胚柄;Pd-表皮原;Hs-胚根原;Gm-基本分生组织;Pc-中柱原;C-子叶;A-胚轴。B.玉米子叶形成的基本过程。图中C-胚芽鞘;Co-子叶;Su-胚柄;SA-茎端分生组织;R1-初生根;L1-第一片叶;L2-第二片叶。

不是专一地对子叶的发生起作用,因为基因表达的分析表明,该基因在野生型植株的其他部分也有表达,但由于子叶是植株个体形态建成中形成的第一类器官,因此在突变体中所看到的最早的表型就是子叶形态的异常。

影响生长素极性运输的基因也会影响子叶的形态建成。有实验表明,如果以生长素极性运输的抑制剂处理处于球形胚到早期心型胚阶段的甘蓝种子,则子叶不能按正常的发育途径形成两侧对称的两个叶性侧生器官,而是形成喇叭状的单个筒状结构(图11.1.5B)。PIN1基因突变后,子叶发生的部位出现异常,并且常出现3子叶的情况。此外,MP基因突变后,突变体子叶的维管组织结构也明显受到影响。关于生长素的极性运输是如何影响子叶的形态建成的,目前还没有令人满意的解释。

从上面的介绍可以看出,尽管我们有理由将对子叶发生的分析从种子形成过程中相对地分离出来,但是子叶的发生与种子形成过程确实存在十分紧密的联系。首先,对于双子叶植物的种子形成过程而言,子叶的形态是一个常用的分阶段的指标。根据目前已有的资料,子叶的发生与种子形成在时间上存在这样的关系:即子叶发生在先,然后种子形成过程启动。有人对拟南芥种子发生全过程中几种储藏蛋白mRNA的表达特点进行了系统的分析,证明在鱼雷胚(torpedo stage embryo)阶段以前,这些mRNA都无法被检测到,而此时子叶原基已有了相当程度的生长。另一方面,种子形成过程会影响到子叶的形态建成。这种影响主要从lec1突变体表现出来。在双子叶植物中,子叶作为储存器官的功能和它的形态建成在种子形成阶段会受到一定的抑制。有趣的是,种子形成过程对子叶形态建成的抑制对不同的植物是不一样的。对于拟南芥而言,这种抑制主要表现为对子叶叶柄形成和维管组织发育的抑制,而对于一些兰科植物,种子形成对子叶形态建成的抑制出现得更早,在子叶原基的阶段,甚至更早,其形态建

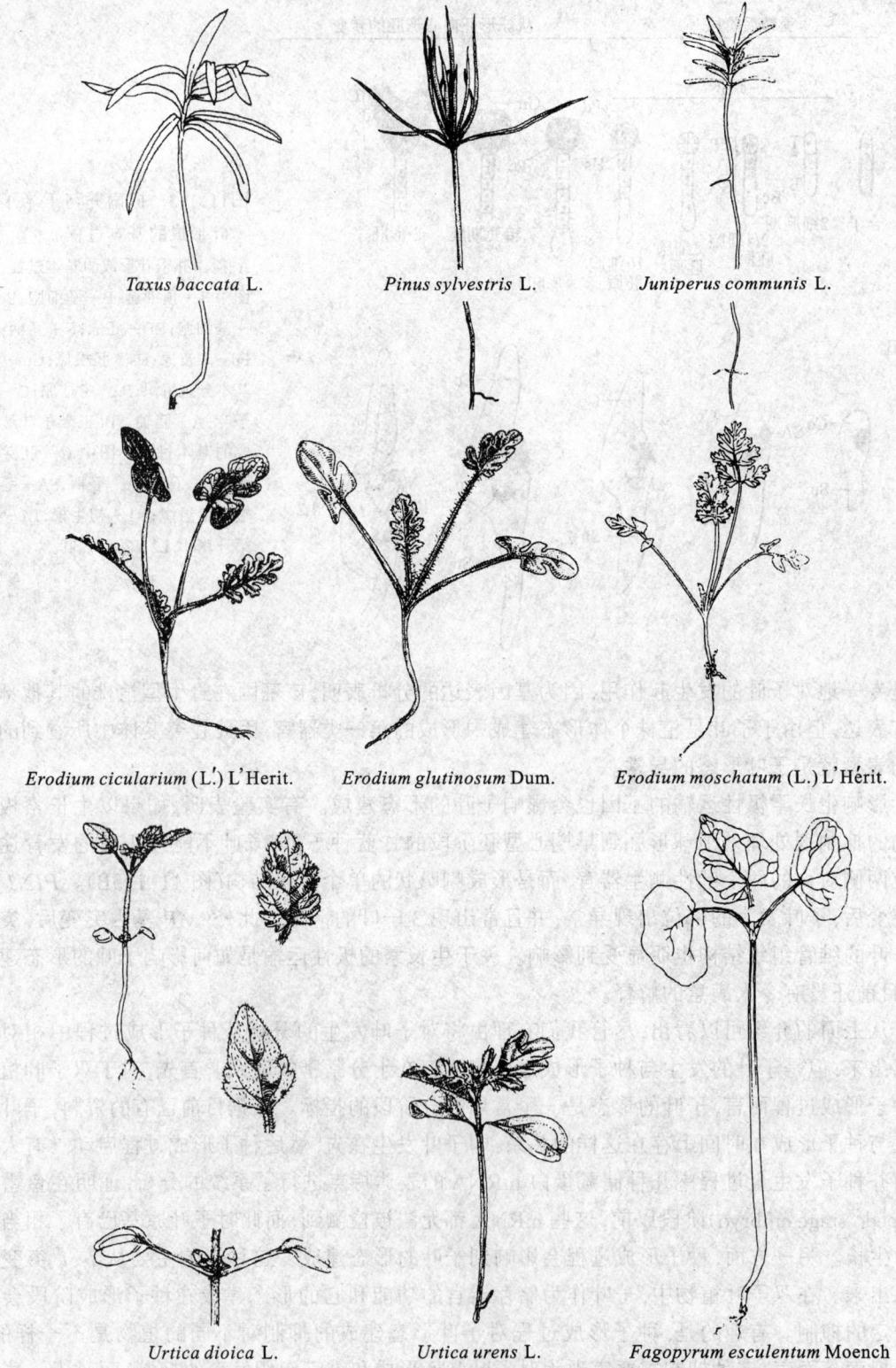

图 11.1.4　不同植物种子萌发后子叶的发育 (Muller)

成就受到了抑制(图 11.1.6)。在这些植物中,子叶的形态建成是在接近休眠的条件下,以很低的速率完成的。

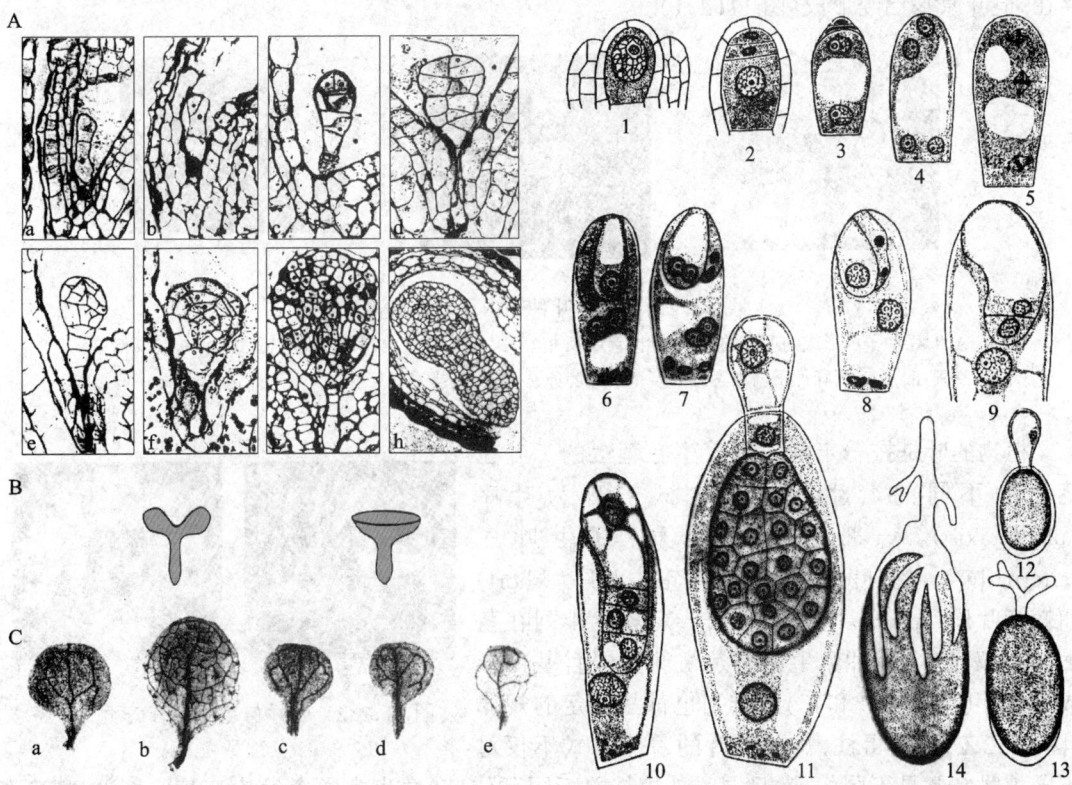

图 11.1.5 影响子叶形态建成的一些突变体及因素
A. GN 突变体中子叶无法形成,a~h 为 GN 突变体幼胚形成过程的切片观察。B. 种子形成过程中抑制生长素极性运输之后,甘蓝子叶不能形成正常的两片对生结构(左图),而形成喇叭状结构(右图)。C. 在 XTC1, XTC2 和 AMP1 突变体中,可能由于种子程序运行紊乱,导致第一对真叶均表现出子叶的特点。a 为野生型子叶,b 为野生型第一对真叶,c~e 分别为 XTC1, XTC2, AMP1 突变体的第一对真叶。(Meyer, et al)

图 11.1.6 兰科植物种子形成的基本过程
数字表示种子发育的不同阶段。(Poddubnaya - Araoldi)

11.2 营养性叶的形成

在绿色植物世界中,叶的形态是千变万化的。从不同的植物种类来看,叶的大小变化范围可以从微萍叶状体的不足 1 mm 到王莲叶的直径大于 1 m 或棕榈叶的长度超过 2 m;形状可以从全缘圆形到针状;即使对同一种植物,不同部位或不同发育阶段的叶的形态也有所不同(见本节的"植物的异形叶性"部分)。

1. 叶原基的形成与叶序

很多植物营养叶的发生在种子形成过程中就开始了,最为经典的例子是人们所熟悉的单子叶植物玉米和双子叶植物大豆。观察表明，水稻、小麦的叶的发生与玉米十分类似，也是在种子形成中就开始了。在蓖麻、黄瓜等植物中，尽管在成熟种子中没有较为明显的营养性叶的存在，但叶原基已经形成(图11.2.1)。

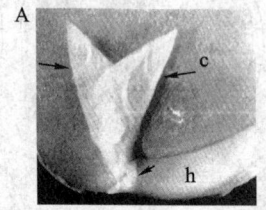 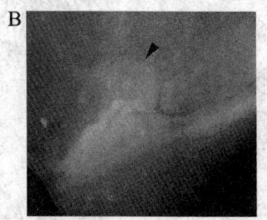 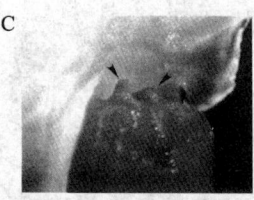

图 11.2.1 双子叶种子内所形成的真叶
A.大豆种子内形成的明显的真叶幼叶(箭头所指)。B.黄瓜种子内观察到的一个真叶叶原基(箭头所指)。C.蓖麻种子内观察到的两个真叶叶原基(箭头所指)。

植物的叶是按一定的方式着生在茎上的。叶在茎上的不同的着生或排列方式被称为叶序(phyllotaxis)。一般被分为 4 种：互生叶序(alternative)、对生叶序(opposite)、轮生叶序(whorl)和螺旋叶序(spiral)。实际上，按一定规律排列在茎上的不仅是叶，各种侧生器官及由侧生器官基部形成的侧芽(包括分枝和花)的排列也都呈一定的规律(图11.2.2)。值得注意的是，叶的着生方式不仅对

图 11.2.2 叶片与花序都有美丽的叶序

不同植物常常是不同的，而且同一株植株的不同部位，叶序也常常会发生变化。例如，拟南芥的两片子叶的排列方式基本上是对生的，其莲座叶和茎生叶是螺旋的，而其花器官则基本上是轮生的。

叶序的形成可以追溯到叶原基在茎端的形成与排列方式。从图 10.1.1 可以看出，叶原基一般形成于茎端分生组织的基部。由于茎端分生组织的体积及其表面积是相对稳定的，显然在一定的时间内，在其基部所能够形成的叶原基的数目也是一定的。因此，叶序的形成显然表示了不同叶原基的发生在时间和空间上的关系。对叶原基发生在时空上的关系是如何被决定的问题，人们至今知之不多。有人认为由不同大小的原基因其激素含量不同所产生的对周围细胞分裂与分化的促进或抑制效应来决定；有人则认为是由于茎端分生组织表面表面张力变化对细胞分裂与分化的影响来决定。这两种解释对理解不同原基之间的空间关系上都有一定的合理性，但对于理解原基发生的原因方面均存在一定的问题，即是否在一定的激素浓度下，或在特定的表面张力情况下，茎端分生组织基部的细胞就会分裂以形成新的原基而不是增加茎端分生组织本身的体积？换句话说，茎端分生组织基部的细胞怎么知道它们分裂所产生的子细胞应该形成叶原基而不是保持分生组织细胞的特征？显然，激素及表面张力均不能够对此作出令人满意的回答。

2. 叶的形态建成

不同植物的叶基本上可以被看作由 3 个基本部分所构成：叶柄、叶片和叶托。具有这 3 个部分的叶被称为完全叶，缺少其中某个部分或某两个部分的叶被称为不完全叶。值得提及的

是,所有这3个部分都有各种各样的变化,这些变化的各种组合构成了叶形态的千变万化。在叶的形态变化中,最为常见或明显的是叶片的变化。人们根据叶片的组成方式,又把叶分为单叶和复叶两大类。单叶的基本特点是,其叶柄上只着生一个叶片;而复叶的基本特点是,其叶柄上可以着生两个以上的小叶。

关于叶形态建成方面的研究目前可大致分为3个部分:第一,腹背性的建立;第二,叶片的延展;第三,复叶的形成。

从叶与茎的位置关系上看,无论叶的形状如何变化,它总有一面是面向茎(近轴面),而另一面是背向茎的(远轴面)(图11.2.3)。这样的一种位置关系使得叶的扁平结构存在一种腹背性的特点。从叶的发生过程来看,从叶原基形成的时刻开始,它就表现出腹背性的特点。叶原基所具有的腹背性的特点,是人们区分叶原基和侧芽原基的重要依据。叶或叶原基的腹背性是如何被决定的,是人们研究叶形态建成中的一个重要问题。在20世纪五六十年代,人们主要以显微切割技术来研究叶原基腹背性确立的时间。到了90年代后期,人们利用突变体遗传学的方法,从金鱼草和拟南芥中发现了两个与叶腹背性建立有关的基因 *PHABULOSA*(*PHB*)和 *phantastisca*(*phan*)。这些发现首次证明,腹背性的建立是由基因控制的。同时,通过对这类基因的深入研究表明,腹背性的建立还需要叶原基细胞与茎端分生组织区域细胞之间的沟通。

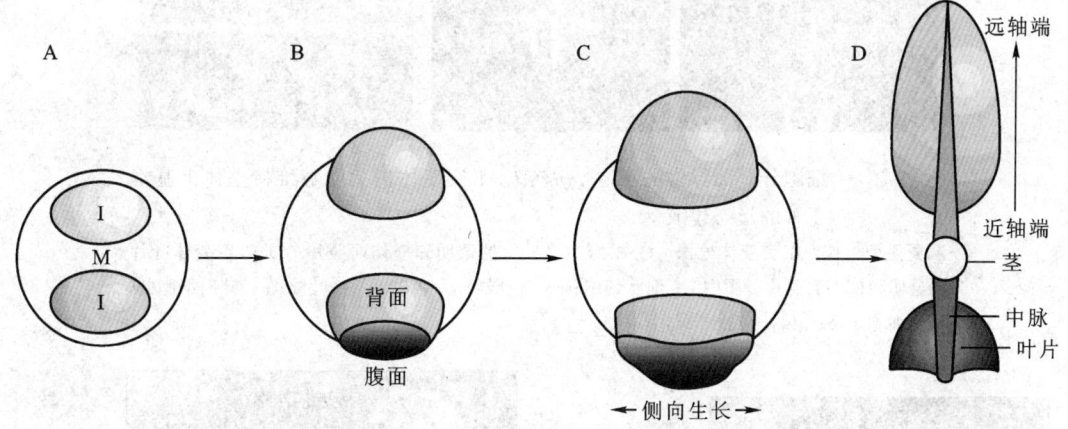

图11.2.3 叶形态建成基本过程
A.叶原基从茎端分生组织区域发生,图中M-茎端分生组织,I-刚形成的叶原基。B.叶原基体积增加,出现腹背性。C.叶原基开始侧向生长。D.图示长成叶及有关形态学术语。(Waites & Hudson)

叶的形态建成必须回答的另外一个问题是,为什么叶原基发育过程中细胞分裂能够被控制在长宽两个方向,而很少在厚度上进行?关于这个问题,目前人们所掌握的证据表明,叶片的延展过程的控制可能具有两个特点:第一,叶片延展过程中纵向和横向的扩展可能是由两个分别独立的过程所控制的。第二,叶片的延展过程与细胞的分裂方向及速率无关。在早期对叶片形态建成的研究中,人们特别注意叶片形成过程中,细胞分裂方向和速率的控制。这是可以理解的。因为在叶片面积如此扩展的情况下,其细胞的层数能如此地稳定,确实是一个引人注目的问题。然而,近年从突变体和以控制细胞分裂的基因为标记的研究均表明,叶片扩展中形状的形成与细胞分裂的方向和速率无关。例如在玉米的 *tangled* 突变体中,其细胞分裂的方向异常,但其叶片的形状并没有受到影响(图 11.2.4)。又如,在控制细胞分裂速率的 *cdc2* 基因失活的烟草突变体中,其叶片的形状也基本正常。目前人们倾向于认为叶片的延展过程可能不是以细胞为单位在受到调控,而受一种在细胞层次之上的更为综合的机制所调控。从总体上看,大多数植物的叶从原基开始,其生长是有限的,细胞分裂与分化的能力在其形态建成过程中将逐渐消失。但是,也有叶片进行无限生长的例子。例如一种生长在非洲的多年生裸子植物百岁兰(*Welwitschia*),其一生只发生两片叶,它们在其基部进行无限的居间生长(图 11.2.5)。又如,蕨类植物的叶也具有无限生长的特点,不过在蕨类植物中,其叶的生长区域集中在顶端(图 11.2.6)。

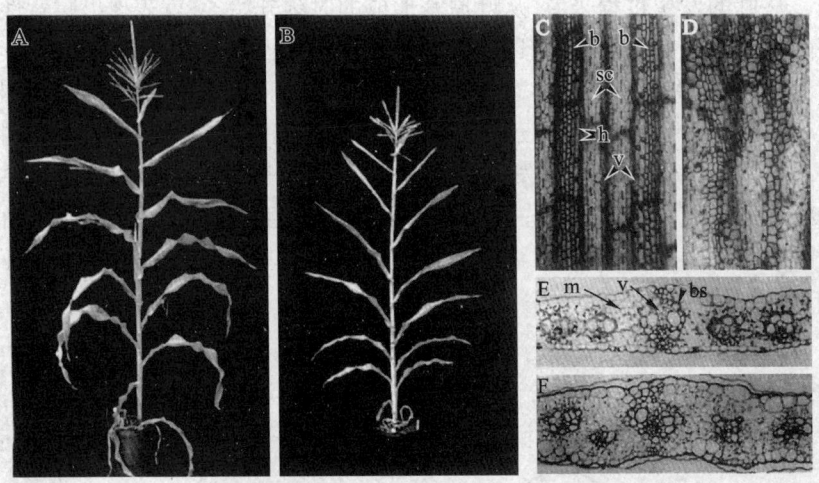

图 11.2.4 细胞分裂面异常的玉米 *tangled* - 1 突变体仍然能够维持整体上基本正常的形态建成

A.野生型植株。B.突变体植株。C,E.野生型叶片的透明和横切面照片。D,F.突变体叶片的透明和横切面照片。图中 b - 泡状细胞;sc - 气孔器;h - 表皮毛;v - 叶脉;m - 叶肉细胞;bs - 鞘细胞。(Smith, *et al*)

图 11.2.5 百岁兰叶的形态

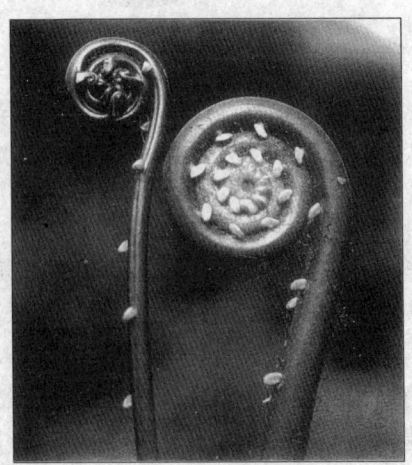

图 11.2.6 蕨类植物叶的生长

图为蕨叶未伸展前的形态。(Moore, *et al*)

复叶有比较复杂的结构。一般认为,复叶的形成与单叶的形成机制基本相似。复叶中的小叶是在叶原基生长的过程中不同部位向外侧的快速生长的结果;或在单子叶植物中,是叶片不同部位深裂的结果。在豌豆及西红柿等具有复叶的植物中,人们发现有隐性突变的基因表现出单叶的形状,因此人们认为复叶是在单叶的基础上衍生而来。然而,由于对蕨类叶的显微切割研究证明,切割处理可以将蕨类的叶转变为茎,但不能使被子植物的单叶转变为茎;同时,在 KN1 基因的转基因研究中,发现 KN1 的过量表达不仅不能抑制西红柿复叶的发生,使其变成单叶,反而使本来是复叶的西红柿的叶片出现多重复叶。因此,有人提出新的看法,认为复叶的形成机制可能和单叶在本质上是不同的。关于这一问题,目前所掌握的实验证据太少,还没有办法对复叶的形成机制作出有意义的解释。

3. 叶的组织分化

叶片都是扁平的结构,一般认为这种结构比较适应光合作用。叶的结构解剖表明,它的背腹两侧的组织结构是不同的,如气孔和表皮毛的数目不同、表皮表面蜡质的不同、叶肉细胞形态与结构的不同,等等。发育中,与叶外部形态建成同时发生的还有叶内部结构的变化。在叶原基发生的早期阶段,除了表皮细胞可以由 ATML1 基因的表达来区别于内部的细胞之外,内部的细胞在很大程度上是均一的。随叶原基的进一步发育,各部分的细胞将出现明显的分化,如表皮细胞的分化、光合组织的分化和维管系统的分化等等。

在表皮分化的研究方面,前面曾经提到, ATML1 是在茎端分生组织 L1 细胞所特异表达的基因,它同时也在各种侧生器官原基的表皮层细胞内特异表达。因此,表皮的分化应该是从 ATML1 基因的表达开始。然而, ATML1 基因的表达并没有给我们提供更多的信息,告诉我们表皮组织分化的控制机制。我们目前并不知道为什么植物表皮会呈现复杂的不规则的细胞镶嵌的结构(图 11.2.7),我们也不知道腹背两面的表皮的结构为什么会有不同。因此,我们目前所能介绍的,只是两种代表性的结构——表皮毛和气孔,这是所有被子植物表皮所共有的,而且又是研究比较深入的两种结构。在表皮毛形成的调控方面目前的基本认识是,拟南芥表皮毛的形成有 21 个基因参与控制(图 11.2.8)。在这些基因中,已经有 4 个被克隆(GL1 、 TTG 、 GL2 和 ZWI)。另外有研究表明,在整个叶的表面,表皮毛的发生并不是同步进行的,一般是先在叶原基的顶部发生,然后向基部扩展。但在表皮毛的发生部位上,还没有证明存在

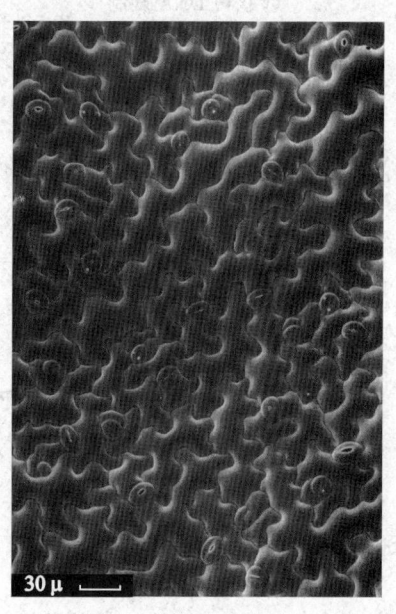

图 11.2.7 拟南芥表皮细胞的复杂镶嵌结构(Bowman)

特别的时空梯度。还有研究表明,表皮毛之间空间距离是由特别的基因控制的,在 REDUCED TRICHOME NUMBER(RTN)基因被突变失活后,表皮毛之间的空间距离增加,从而导致表皮毛数目的减少。在气孔形成的研究方面,有人利用对细胞分裂特异、有丝分裂特异和气孔母细胞特异的分子标记,比较确定地揭示了气孔形成的过程(图 11.2.9)。同时,还利用突变体的方法证明,气孔在表皮上的空间分布由两个基因 TOO MANY MOUTHS

(TMM)和 FOUR LIPS(FLP)共同控制,这两个基因的突变会导致气孔数目的增加。

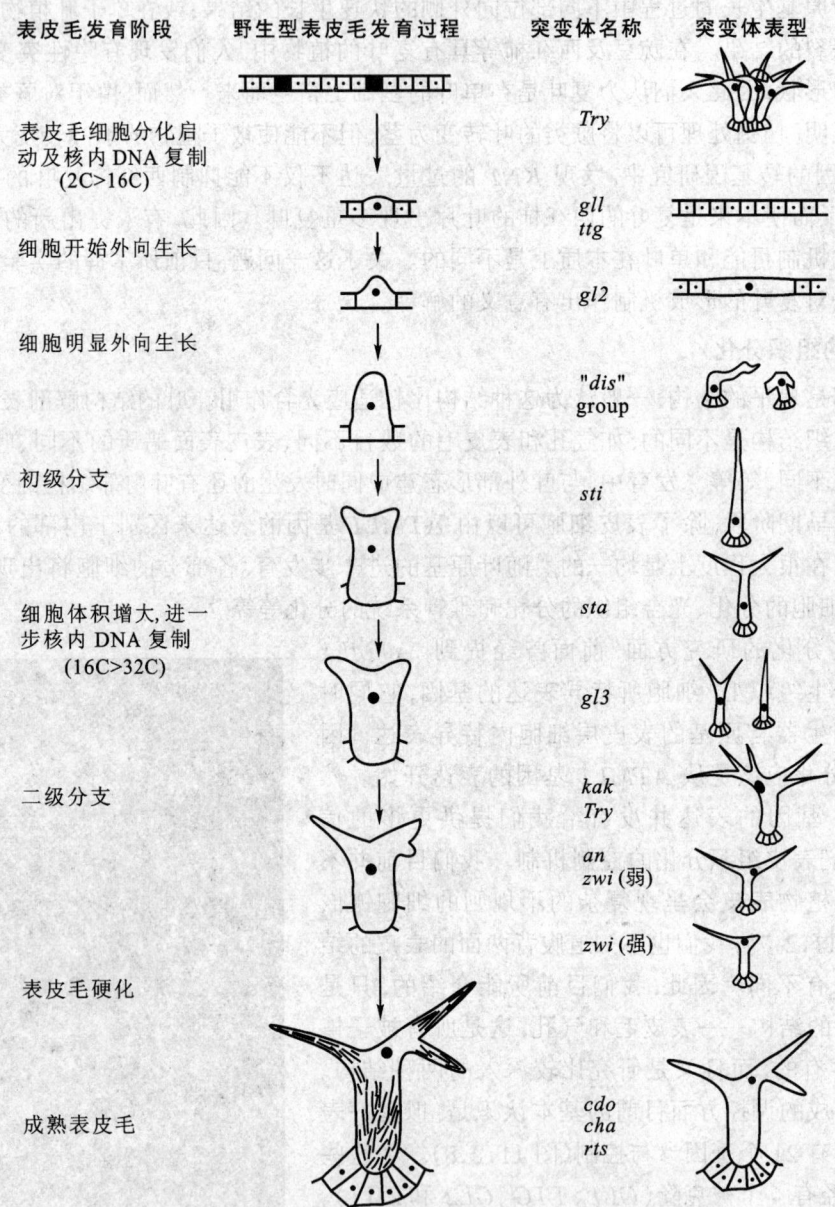

图 11.2.8 拟南芥表皮毛形成过程的基因调控模式(Hülskamp, et al)

在多数植物的叶片中,表皮下的薄壁细胞根据其形态和排列方式,一般可分为栅栏组织和海绵组织。由于它们均可以进行光合作用,因此同属光合组织。目前,对叶片中光合组织的分化,人们的研究主要集中在叶绿体的发育上,已经分离得到一些突变体如 pale cress(pac)、cab underexperssed(cue1)和 accumulation and replication of chloroplasts(arc1 到 arc9),它们对叶绿体的发育有明显的影响。虽然,其中 PAC 基因还会影响到栅栏组织的发育,但目前的看法是,叶绿体的发育和光合组织的发育是受两套相互独立的机制所调控的。除了光合组织中栅

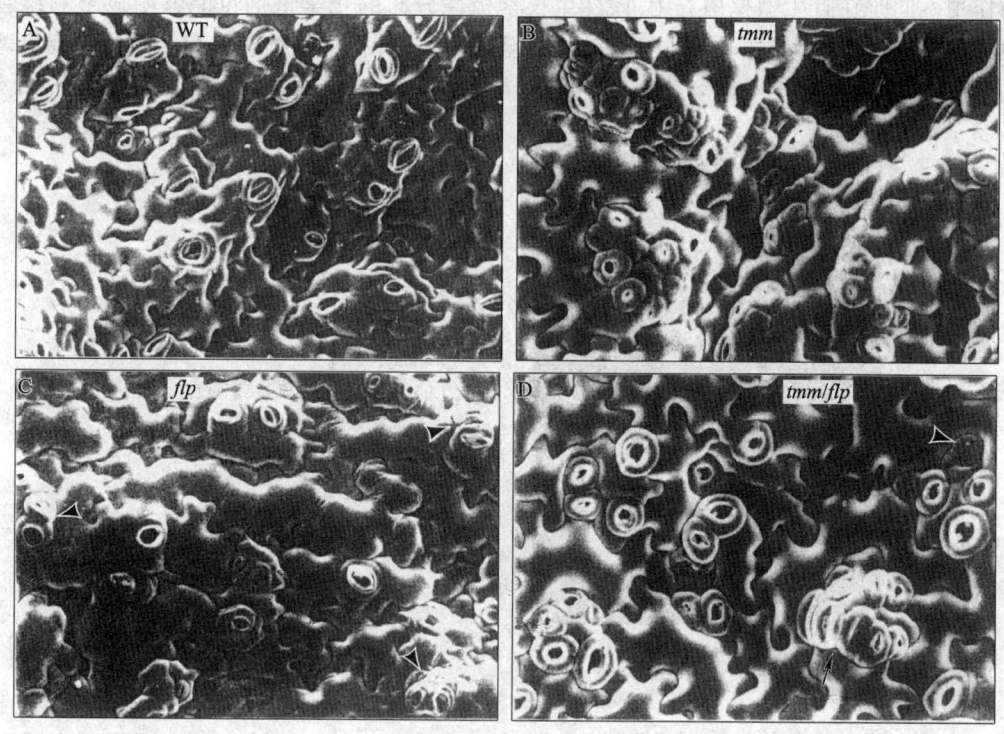

图 11.2.9 拟南芥影响气孔分化的两个突变体表型
A. 野生型。B. *tmm*。C. *flp*。D. *tmm/flp* 双突变体。(Yang & Sack)

栏组织和海绵组织的分化之外,由于光合作用 C4 循环的中间产物需要在不同形态的细胞之间传递,C4 植物中还存在一个"花环型"结构分化的控制问题。与上面提到的栅栏组织和海绵组织的分化一样,我们目前对此基本上是一无所知。

相比较而言,目前对维管形态分化的控制机制了解得稍微多一点。从形态发生的角度看,双子叶植物叶片中的维管组织的发育方式是,在中脉发生后,在叶片基部由中脉两侧发生一级侧脉,再从侧脉不同的部位分出二级侧脉,并依此类推,最终形成一个网状结构(图 11.2.10)。根据现有的实验资料,叶维管组织的分化主要受生长素极性分布的影响。影响生长素极性分布的基因,如 *MONOPTEROS*、*PIN-FORMED* 和 *LOPPED* 等,都对维管组织的形成产生明

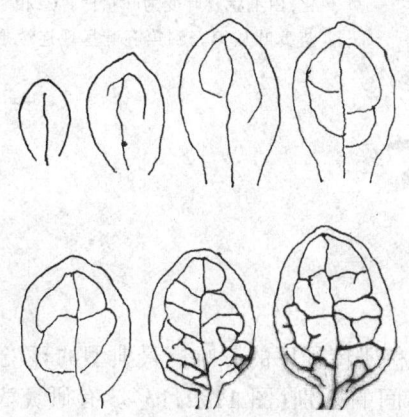

图11.2.10 拟南芥叶片维管系统分化过程

图中依次显示叶片发育不同阶段维管系统的形态,可见叶片维管系统的形成,是随幼叶发育在主要由中脉维管逐步向两侧延伸、分枝而形成。

显的作用。同时在野生型拟南芥中,改变生长素极性分布的化学试剂也能够明显影响维管组织模式的形成。例如,施加 NPA 之后,叶片乃至所有茎、叶柄中的维管组织结构均受到显著的影响(图 11.2.11)。

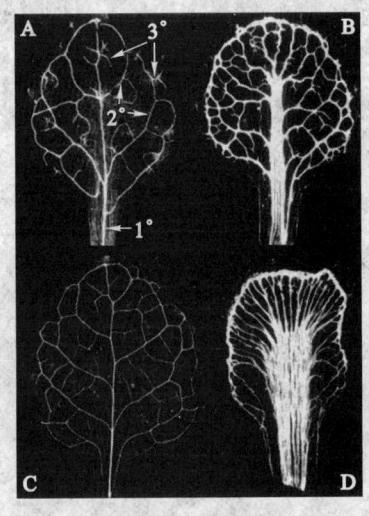

图11.2.11 拟南芥生长素极性运输被抑制后叶片维管系统分化受到显著的影响

A,C.对照植株第一和第二节位莲座叶,显示正常的叶脉发生模式。B,D.NPA 处理植株第一和第二节位莲座叶,显示异常的叶脉模式。(Mattsson, et al)

4. 植物的异形叶性

前面提到,不同植物的叶的形态是不同的,同一种植物的不同部位或发育阶段,其叶的形态也可能不相同。例如,拟南芥的莲座叶和茎生叶之间的不同(图 11.2.12),这是一个最为人们所熟悉的例子。通常营养性叶形状和大小的不同被称为异形叶性(heterophylly)。

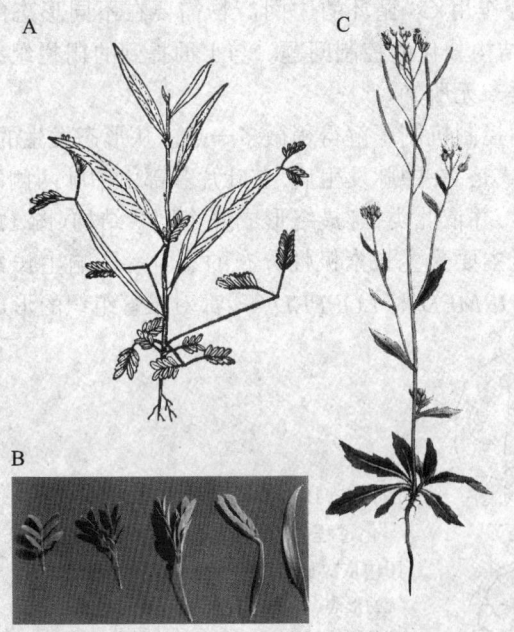

图11.2.12 拟南芥和相思树叶的异形叶性现象

A.拟南芥莲座叶和茎生叶在形态上不同,莲座叶有叶柄而茎生叶没有叶柄。B.相思树叶的形态随其着生节位变化而有变化,由羽状复叶变为叶状柄。C.相思树幼苗真叶从第一到第五叶呈现连续形态变化。

异形叶性现象通常被认为主要受环境条件和遗传程序的影响。最典型的环境对叶形态的影响表现在杉叶藻等植物中水生叶和气生叶之间的区别(图 11.2.13)。有研究表明,这两种形态上截然不同的叶,在叶原基发生早期是完全相同的,它们形态上的分化发生得很晚,直到幼叶达到其最终体积一半的时候才最后决定。由此可见,这些植物中,叶的形态发生具有很大的可塑性。在水稻光周期实验中我们发现,虽然水稻叶片的形态是比较稳定的,但感光性水稻的叶片长度却明显地受光周期的影响(图 11.2.14)。此外,很多多年生植物越冬芽芽鳞的形成,也是叶片形态受光周期和温度影响的一个例子。

图 11.2.13　衫叶藻水生叶与气生叶形态的差别(Mauseth)

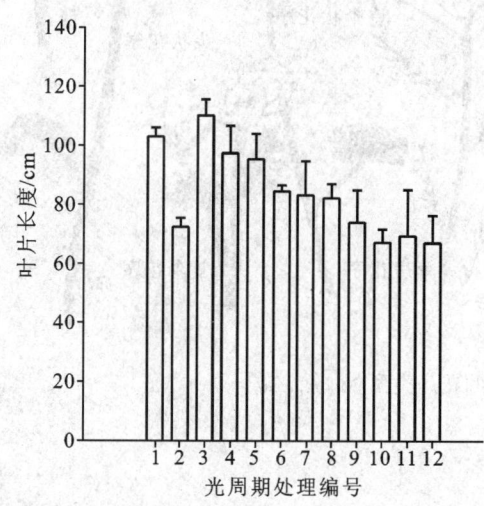

图11.2.14　感光性水稻农垦 58 叶片长度受光周期影响

取不同光周期处理下的第 12 叶叶片长度变化,不同处理分别为:1. 完全长日照(16 h);2. 完全短日照(10 h);3.30 d 长日照后给 3 d 短日照,再回到长日照;4.30 d 长日照后给 5 d 短日照,再回到长日照;5.30 d 长日照后给 7 d 短日照,再回到长日照;6.30 d 长日照后给 9 d 短日照,再回到长日照;7.30 d 长日照后给 11 d 短日照,再回到长日照;8.30 d 长日照后给 13 d 短日照,再回到长日照;9.30 d 长日照后给 15 d 短日照,再回到长日照;10.30 d 长日照后给 17 d 短日照,再回到长日照;11.30 d 长日照后给 19 d 短日照,再回到长日照;12.30 d 长日照后给 21 d 短日照,再回到长日照。

除了受环境的影响而发生变化之外,我们更多地看到的是其在植物不同部位或发育阶段所呈现的变化,如拟南芥、英国长春藤和红豆杉叶片形状的变化。对这些现象的分析表明,这种叶片形状的变化与植物开花事件的发生有着密切的联系。因此,人们一般将这种叶的变态现象看作是植物"成熟"过程的一种标志,或者看作为是不同侧生器官类型转换中的过渡类型。

从上面的介绍可以看出,虽然叶是植物对地球生态系统贡献最大的器官,但人们对其形态建成控制机制的认识却少得可怜。

11.3　花器官的形成

花是植物中一个十分独特而美丽的部分。花由不育和可育器官组合而成,着生在花托上。不育的部分有萼片(若干萼片组成花萼)与花瓣(若干花瓣组成花冠),花萼与花冠并称花被;可育部分有雄蕊(若干雄蕊组成雄蕊群)和心皮(若干心皮组成雌蕊群)。这4个部分被统称为花器官。由于在被子植物中花通常在很短的时间内先后形成,其数目和形状又相对稳定,因此过去在研究中通常被人们作为一个同时形成的整体来看待,我们在此也将4类花器官的形成特点及其调控机制放在一起进行介绍。

1. 花器官形态的多样性

花中萼片、花瓣、雄蕊和心皮的有无,以及形态和数目在不同植物甚至在同一中植物的不同部位中有很大的不同,从而表现出植物花形态的丰富多样性。通常在同一种植物中,花器官的形态及其组合方式是相对稳定的。因此长期以来,人们在鉴定植物物种时,通常主要依据花的形态为判定标准。在很多被子植物中,花还会按一定的方式聚生在一起,构成为花序(inflorescene)(图11.3.1)。

图 11.3.1　被子植物中基本的花序类型(Moore, et al)

2. 从营养性叶向花器官的转换

同营养性叶一样,花器官也是茎端分生组织活动的产物。人们所关心的问题是,为什么在一定的条件下茎端分生组织会停止形成营养性叶而形成花器官。从20世纪初开始,人们逐渐发现环境条件能够影响从形成营养性叶到形成花器官的转换。如最早人们发现如果施肥过多,将延长形成营养性叶的时间而推迟形成花器官。后来人们发现不同植物花器官的形成对光周期条件有一定的要求。有的植物需要在短日照条件下才能够形成花器官而有的植物需要长日照,这种现象被称为开花的光周期现象。同时人们还发现,一些二年生植物,种子萌发前后的低温处理将促进花器官的形成,这种现象被称为春化现象。近年对拟南芥的突变体遗传学研究使得人们在从形成营养性叶到形成花器官的转换的遗传控制机制方面有了重要的突破。通过对影响开花时间的突变体(表现为早花或晚花)的研究,人们发现有两大类基因控制着开花过程:一类是不依赖于环境信号的花器官发生控制基因;另一类是介入于环境信号传递途径而影响花器官形成的基因。

在第一类基因中,突变体照样能够对光周期信号作出相应的反应,表明其突变基因所控制的并不介入环境信号传递环节。这一类突变体主要包括 *lfy*、*ap1*、*tfl1*、*fve*、*fca*、*emf* 等。目前已有的证据表明,这一类基因影响花器官形成早晚的机制有很大的不同。有的似乎只对花器官能否形成有关(如 *LFY*),而有的则似乎影响整个生活周期核心过程的运行速率,即各种不同器官类型之间的转换速度改变(如 *FVE* 和 *FCA*)。在这些基因中,*EMF* 的作用最令人费解。从突变体表型及其与其他影响开花时间的突变体的互作分析看,它在开花控制中位于十分核心的位置。因为在该基因强突变体中(*emf1-2*),种子萌发后,不形成任何新的叶性器官,而只是在子叶的顶部形成若干乳突结构(图 11.3.2),使子叶表现出某些心皮的特征,而且它对几乎所有各种晚花突变体都表现出上位效应。但该基因被克隆之后,却发现它在植物不同部分的表达在 RNA 水平上没有差异,或许其作用主要表现在蛋白质水平。

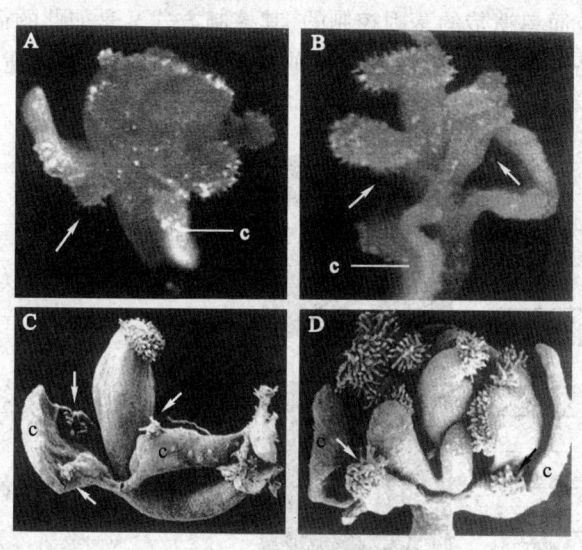

图 11.3.2 拟南芥突变体 *embryonic flower*(*emf*)1-2 表型
A~B.解剖镜下萌发 7 d 的突变体形态。C~D.扫描电镜下萌发 7 d 时突变体形态,可见子叶(c)和新出现的叶状结构中都有乳突结构(箭头所指),表现出心皮特征。(Chen, *et al*)

第二类基因主要包括有 *FHA*、*CO*、以及从玉米中克隆出的 *ID* 等。这些基因的特点是直接参与光周期信号的传递。例如,*FHA* 编码一种新的光受体——隐花色素;*CO* 基因突变后,植株失去对光周期信号的正常反应(图 11.3.3);而 *ID* 基因专一性地在幼叶中表达,表明其通过影响叶片产生影响茎端形态建成信号而对开花时间发生影响。

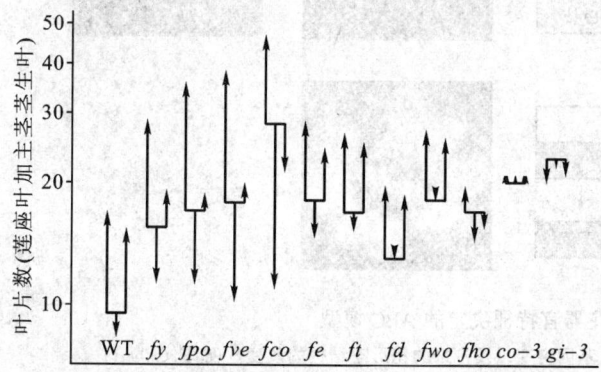

图 11.3.3 拟南芥不同的晚花突变体在各种影响开花的环境条件下的表型特点
图中开花时间以莲座叶加主茎叶片数表示。叶片越少表明开花时间越早。野生型和各突变体符号上方短横线表示其在长日照且无春化处理条件下的开花时间;左侧、中间和右侧的垂直箭头分别表示短日照条件、春化和短日照加春化条件对开花时间的影响。由本图可以看出,不同的突变体对环境条件的反应能力不同。如 *fco* 对春化有强烈的反应而 *co* 则对各种环境条件都不反应。(Koornneef)

3. 花器官特征的遗传决定

从形成营养性叶转入形成花器官之后,通常情况是 4 种花器官几乎同步地形成。在 20 世纪 80 年代末,通过寻找 4 种花器官在数量和排列方式上出现变化的突变体,成功地分离得到一批控制花器官特征的基因,并提出了控制花器官特征的 ABC 模型。这一成功带来了植物发育生物学研究中的一个重大突破。

通过对金鱼草和拟南芥等花形态突变体的研究,人们分离得到 *AP1*、*AP2*、*AP3*、*PI*、*AG* 等一批影响花器官特征的基因。通过对这些基因表达模式的研究,特别是利用双突变体、甚至三突变体的方法,对上述几种基因对花形态建成的影响方式进行系统的分析,提出了著名的"ABC"模型(图 11.3.4)。该模型的要点是:植物花的四轮器官的特征受到 3 类基因 A、B、C 的决定。A 基因本身足以决定萼片,A 基因与 B 基因同时作用决定花瓣,B 基因与 C 基因同时作用决定雄蕊,而 C 基因本身决定心皮。由于该模型的提出第一次向人们表明,在植物中,花形态建成这样的复杂事件也是可以由少数简单遗传的基因控制的,其控制方式又是如此的简明,因此该模型提出后立刻引起了人们的高度重视,并很快成为目前认识植物花形态建成遗传机制的占统治地位的学说。

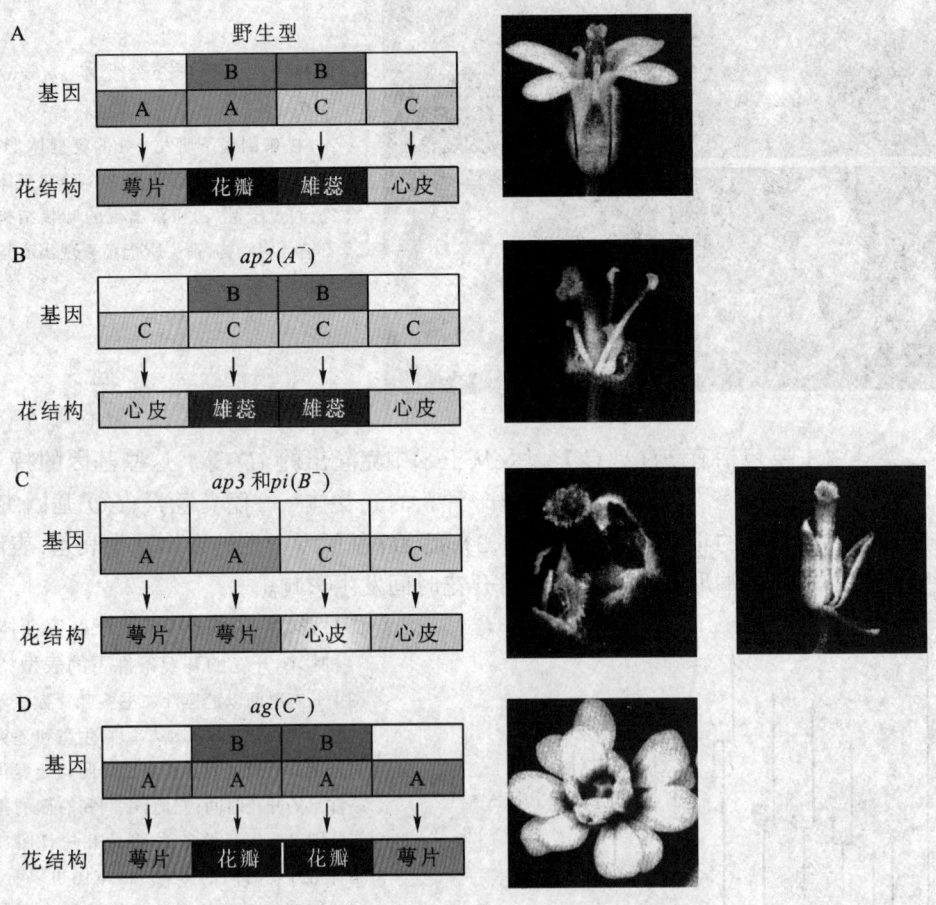

图 11.3.4　花器官特征决定的 ABC 模型
A. 野生型花的结构和基因表达。B~D. 基因突变以及带来的花形态结构的改变。(S.F.Gilbert)

然而,当人们在特定的光周期条件下给予凤仙花(*Impatien*)不同的去叶处理,发现在这种植物中开花时间并没有显著的变化,但花器官的数目出现了明显的变化(图 11.3.5)。这表明在特定的条件下,花器官之间的类型转换也会像营养性叶到花器官的转换一样,受到环境条件的影响。将这种现象与 ABC 基因对器官特征的决定作用结合起来,我们认为花器官特征的决定及花器官类型之间的转换不仅决定于 ABC 类基因的表达与否,还决定于不同基因之间开始表达时间或强度上的精细搭配。一旦环境条件改变了其中某一类基因表达开始的时间或表达的强度,则将出现类似凤仙花那样的花器官数量上的变化。

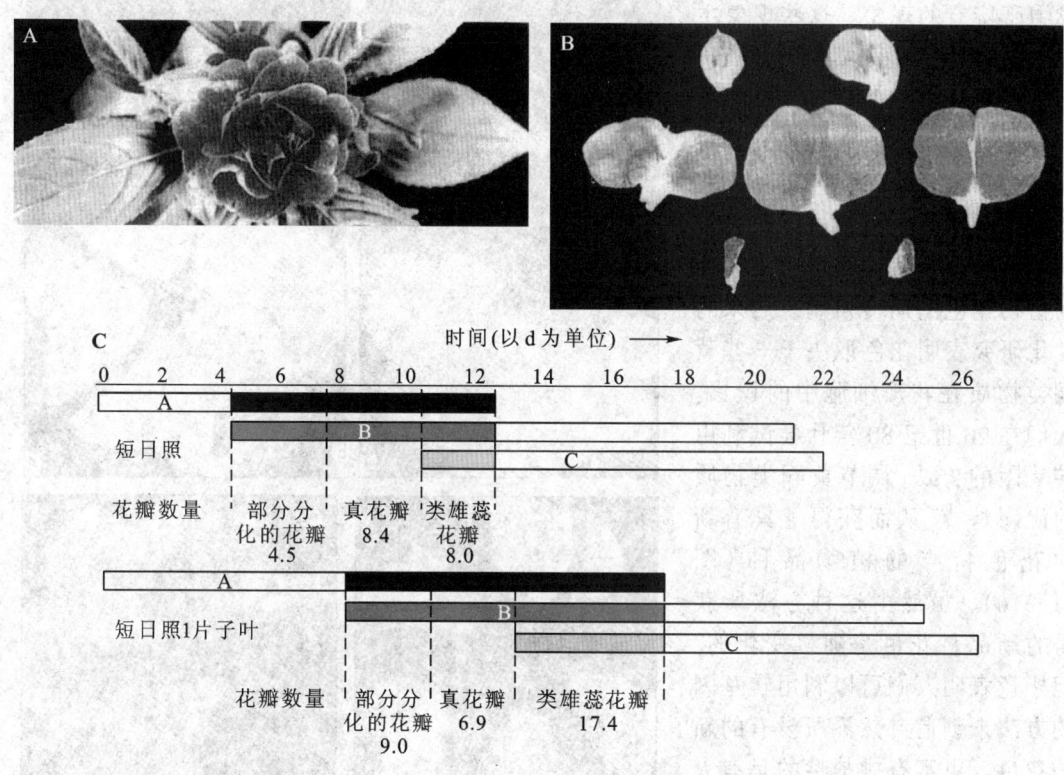

图 11.3.5　凤仙花花器官的形态建成受环境条件的影响
A.凤仙花的外部形态。B.凤仙花花瓣形态由外向内有规律的变化。C.关于凤仙花花瓣形态建成受环境条件影响机制的一种假说。在正常的短日条件下,ABC 基因表达开始和持续的时间是一定的,因此,各种不同类型的花瓣的数目也基本相同。但在短日加去叶(仅留 1 片子叶)的条件下,各种中间类型的花瓣数量都有增加。这可能是由于 B、C 两类基因的表达时间因处理而被推迟,同时 ABC 三类基因的表达持续时间都有增加所导致。(Tooke & Battey)

4. 花器官的器官形成

前面两节我们讨论了花器官的特征是如何被确定的。但正如我们在前面所介绍的,在叶原基发生后,叶的形态建成过程中还有一系列复杂的调控机制一样,花器官原基的特征被确定之后,每一种花器官的形态与功能的建成同样也还需要复杂的调控机制。例如,为什么花萼在有的植物中很容易脱落而在有的植物中则直到果实成熟仍然保留? 又如为什么植物的花瓣有的大,有的小,而且会有那么多绚丽多彩的颜色? 再如,为什么有的果实多汁而有的果实坚硬,有的果实大到达几十千克而有的果实则小到仅几克? 等等,这些发生在花器官原基被决定之后的发育过程和事件,现在对其中的调控机制实在是知之甚少。由于各种花器官均可看作是变态的叶,在它们的形态建成中的一些基本事件或过程,如腹背性的建立、器官的延展、组织的分化等等,应该与叶的形态建成中相应的事件或者过程有相似的规律。实验证据表明,影响到

叶的腹背性建立的突变体,其花
器官的腹背性建立也受到相应的
影响。所以,对上述这些事件或
过程,我们在此就不加以重复。
在此仅介绍一些在花器官形态建
成中所特有的现象。这些现象主
要包括花色、花型、雄蕊的发育、
心皮和果实的发育等。

关于花瓣颜色的研究最早可
以追溯到孟德尔时代。当时人们
就对不同花色的植物进行杂交以
获得新的园艺品种并希望了解控
制植物花色的遗传机制。后来的
生化研究表明花色取决于一些黄
酮类物质在花瓣细胞中的积累。
人们在 20 世纪 80 年代尝试利用
转基因的方法,调节黄酮类物质
的代谢特点,从而获得了具有新
的花色特点的植物品种(图
11.3.6)。虽然由这种方法所获
得的新品种花色是随机变化的,
但毕竟表明人们可以利用转基因
的方法来创造自然界所没有的新
的花色。更富有挑战性的是有人
希望通过突变体遗传学的方法研
究花瓣不同部位颜色变化模式的
调控机制。在我们的周围,许多
花的花瓣都有特别的颜色斑纹。

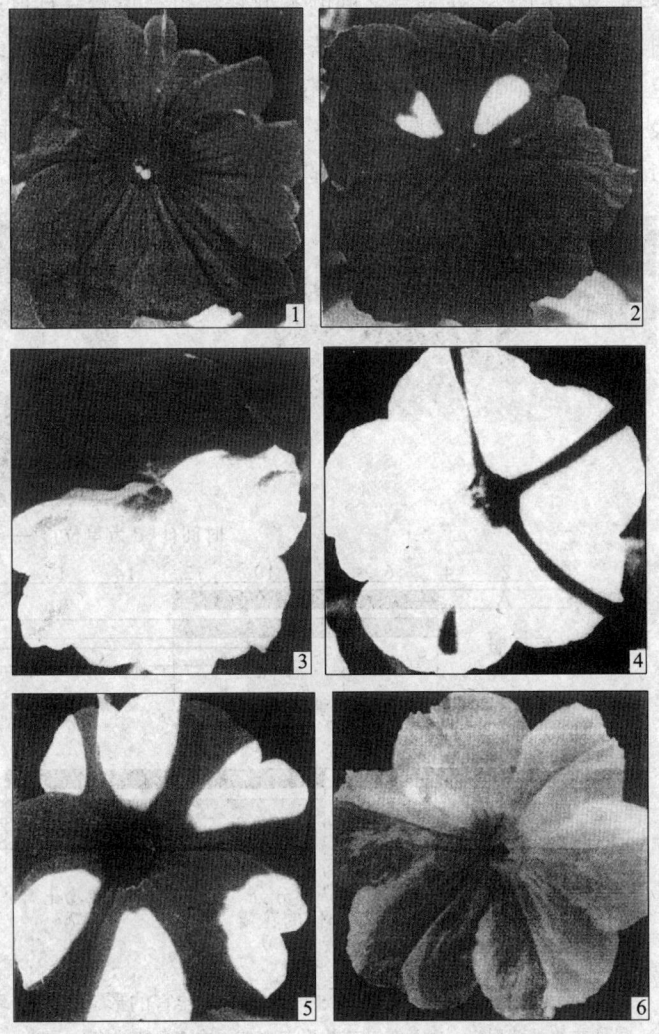

图 11.3.6 矮牵牛转查儿酮合酶后花色出现不规则的变化
(郝福英等)

通过对 pal 和 del 两个金鱼草花色模式突变体(图 11.3.7)的研究,目前了解到花色模式的决
定起码存在两种途径:一种是参与花色色素物质代谢的基因调控区的改变(如 pal 突变体所导
致的花色模式的变化),另一种是决定花瓣不同区域(如金鱼草花瓣中花冠筒区域和花瓣片区
域)分化的某些转录因子的改变(如 del 突变体所导致的花色模式的变化)。

所谓花型,通常指不同的花瓣之间由于形态差异而出现的不同的对称性。如拟南芥的花
为辐射对称而金鱼草的花为两侧对称。利用 19 世纪中期就已经发现的金鱼草花腹背对称性
变化的一系列突变体(图 11.3.8),Coen 的实验室证明,CYCLOIDEA(CYC)基因和
DICHOTOMA(DICH)基因参与了金鱼草花腹背对称性的建立。RNA 原位杂交结果表明,在
花分生组织形成的早期,CYC 基因仅在靠近花序轴的腹面区域表达,而在远轴的背面区域不
表达(图 11.3.9)。据此他们认为,金鱼草花的腹背对称性的建立,是因为 CYC 基因早期在腹
面区域的表达抑制了该区域原基的形成及生长。

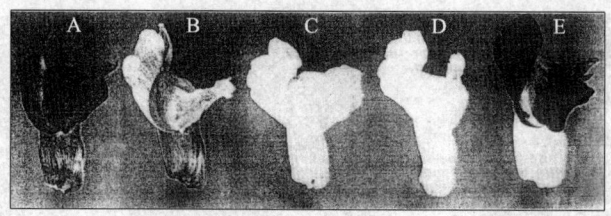

图 11.3.7 影响花色出现模式的金鱼草突变体
A.野生型花瓣和花被筒均有明显颜色。B. *pal* 突变体中花被筒着色重于花瓣的表型。C. *pal* 突变体中仅在花被筒稍有着色的表型。D. *pal* 突变体中仅在花被筒基部尚有着色的表型。E. *del* 突变体中仅在花瓣有着色。(Coen)

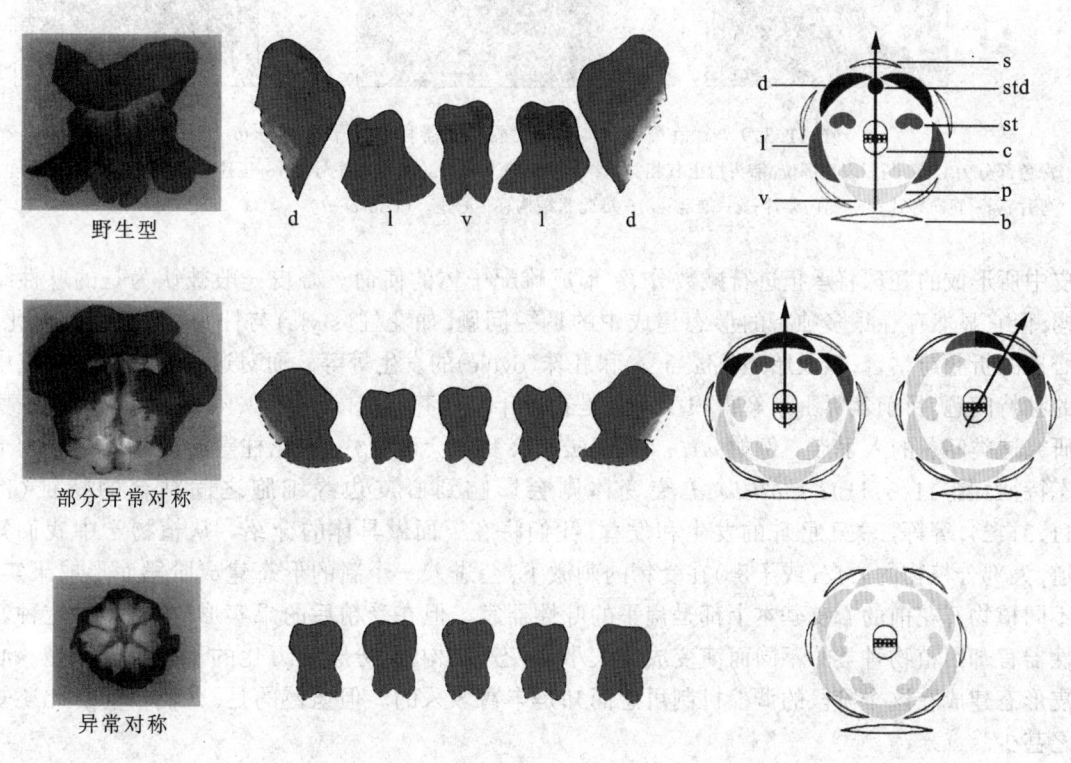

图 11.3.8 金鱼草两种花对称性变化的突变体表型
d-腹瓣;l-侧瓣;v-背瓣;s-萼片;st-雄蕊;std-退化雄蕊;c-心皮;p-花瓣;b-苞片。(Lou, *et al*)

雄蕊原基的发育将形成花药和花丝。由于在它的花药中将发生减数分裂而形成单倍的花粉,花粉中的精细胞将参加有性生殖,因此它是茎端分生组织所形成的各种侧生器官中的第一种生殖器官。由于雄蕊承担了形成花粉的功能,因此它的形态建成过程显然具有与营养性叶所不同的新的调控机制。近年,人们希望了解控制这一形态建成过程的分子机制,将拟南芥的雄蕊发育过程划分为 14 个时期(图 11.3.10),并大规模地进行关于雄蕊发育的突变体筛选,希望能够对雄蕊发育过程进行遗传学解析。

心皮是茎端分生组织(在该阶段一般被称为花分生组织)所形成的最后一类侧生器官,心

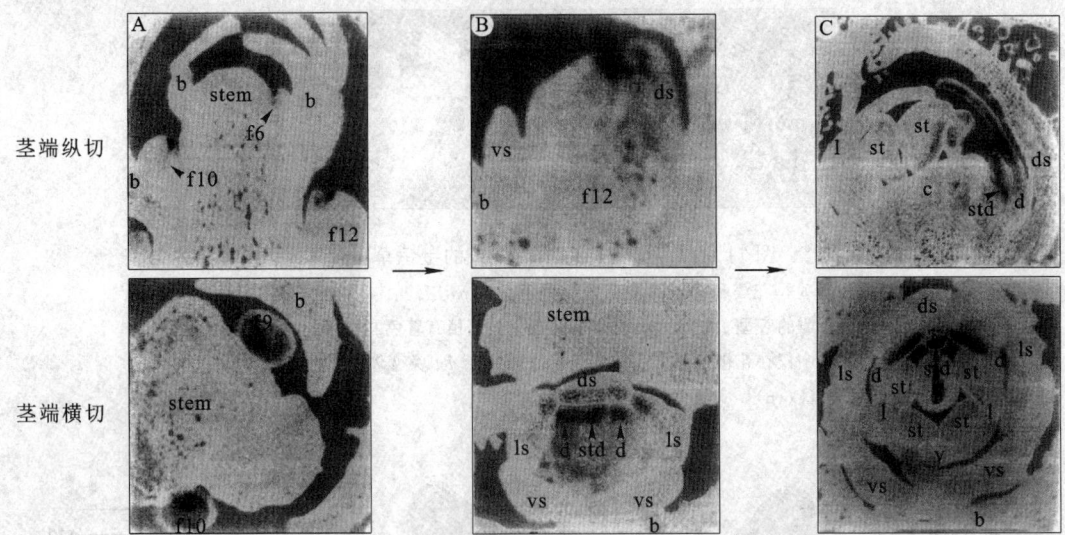

图 11.3.9　金鱼草 *CYC* 基因在不同花器官中的不对称分布

深色部分为 *CYC* 基因表达部位,箭头指出其相关的结构;f6、f9、f10、f12,为花芽序号。b-苞片;stem-茎轴;ds-背向萼片;vs-腹向萼片;ls-侧向萼片;st-雄蕊;std-雄蕊状结构;c-心皮。(Lou, *et al*)

皮中所形成的胚珠将承担进行减数分裂、形成雌配子体的使命。心皮一般被认为是的叶性结构,但它显然存在很多独特的形态建成中的调控问题,如花柱(style)与柱头(stigma)的分化、心皮的折叠与粘合,以及胎座(placenta)和胚珠(ovule)的发生等等。而对这些心皮形态建成中的独特问题,目前实际上了解得很少。只是在近年拟南芥突变体研究中,人们才开始发现一些研究这类问题的入手点。例如 *ettin* 和 *tousled* 突变体会改变柱头、花柱等心皮不同部分的形态特征(图 11.3.11);*fiddlehead* 突变体则会影响到心皮边缘细胞之间粘合的特征(图 11.3.12),等等。关于胚珠的发生和发育,我们将在下面做具体的介绍。从植物学中我们知道,大部分植物的心皮(或子房)在受精的刺激下,会进入一个新的形态建成阶段而形成果实。不同植物开花前的心皮基本上都是扁平的叶性器官。但在受精后的果实形成过程中,这种叶性器官却因植物种类的不同而演变成为大小、形态、结构、组分千变万化的不同果实类型。心皮形态建成在这个阶段的调控机制可想而知是丰富多采的。但遗憾的是,人们目前对此还知之甚少。

5. 雌雄蕊的器官形成与植物的性别分化

在被子植物中,大部分植物的花是两性花,即在一朵花中同时发生雄蕊和雌蕊。但也有部分植物形成单性花。从目前所得到的研究结果,人们一般认为,所有的单性花,在其花芽发育的早期都有两性期的存在,即每朵花芽均同时具有雄蕊和雌蕊原基。但在后来的器官形成过程中,雄蕊原基或雌蕊原基会停滞在某一个发育阶段,从而导致单性花的发生。人们将这一过程称为性别分化或性别表达。20世纪五六十年代大量的实验结果表明,通过施用外源激素可以人为地改变植株上单性花的发生特点。图 11.3.13 对目前所了解的单性花发生类型做了一个比较全面的概括。

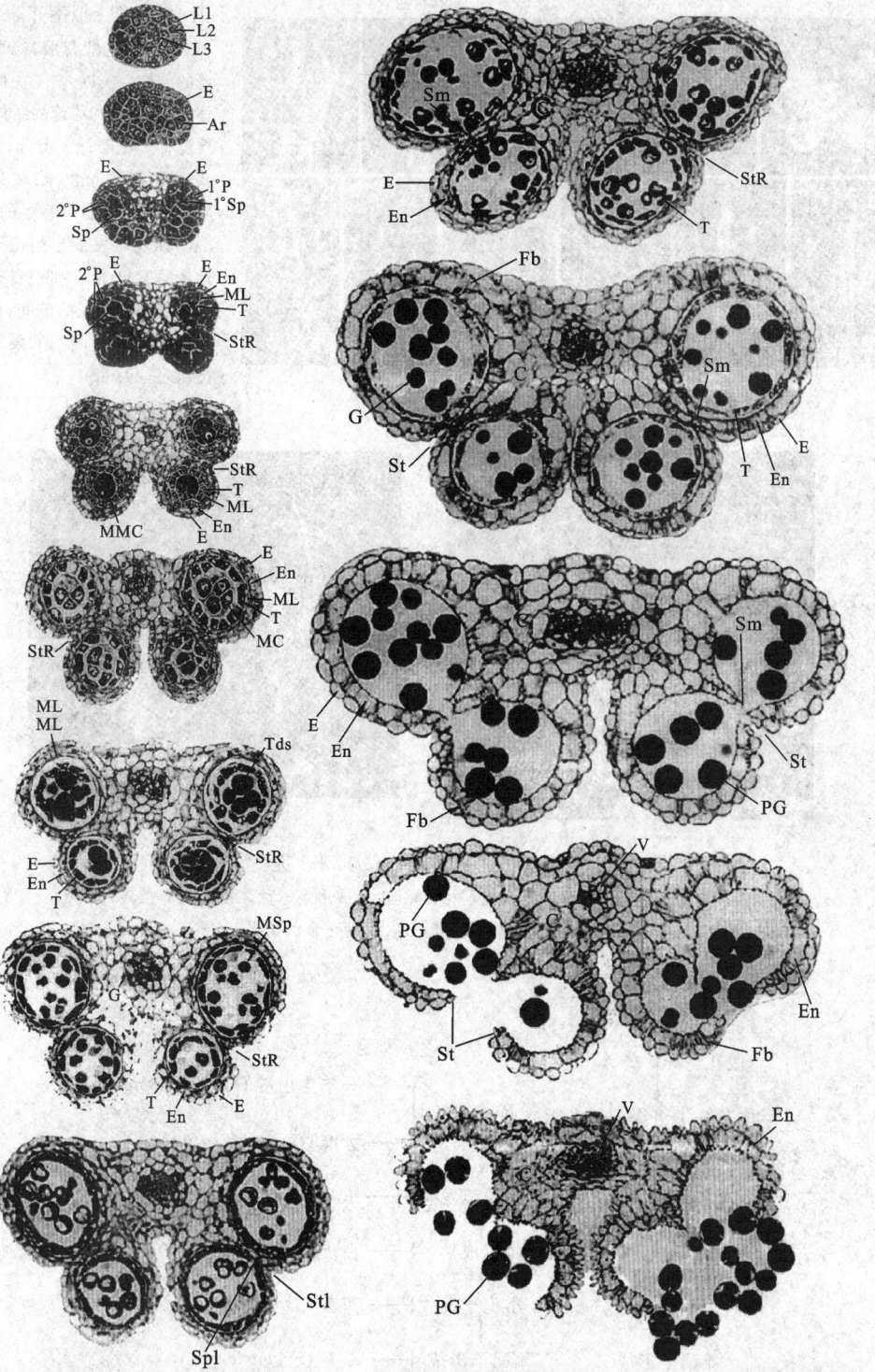

图 11.3.10 拟南芥雄蕊发育的 14 期

图左侧从上到下依次为 1～9 期，右侧从上到下依次为 10～14 期。Ar-孢原细胞；C-连接细胞；E-表皮；En-内皮层；L1、L2、L3-雄蕊原基的三层细胞；MC-减数分裂细胞；ML-中层；MMC-小孢子母细胞；MSp-小孢子；1P-初生周缘细胞层；2P-次生周缘细胞层；1Sp-初级造孢细胞；Sp-造孢细胞；StR-花药开裂区；T-绒毡层；Tds-四分体；V-维管区；Fb-纤维带；PG-花粉粒；Sm-隔片；St-花药裂口。(Souders, *et al*)

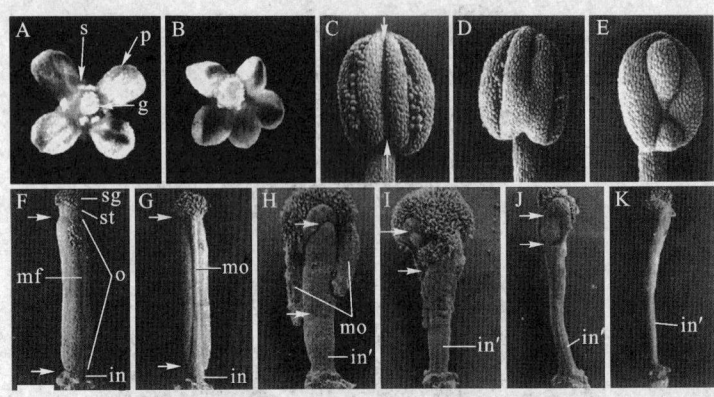

图 11.3.11　拟南芥 *ett* 突变
A,C,F. 野生型花瓣、雄蕊和雌蕊的结构。B,D~E,G~K. 突变体花瓣、雄蕊和雌蕊的结构。s - 雄蕊；p - 花瓣；g - 雌蕊；sg - 柱头；st - 花柱；mf - 心皮边缘内陷；o - 子房；in - 缩短的节间；mo - 从花柱发展出的位于心皮边缘的突起；in' - 带有部分花柱远轴区细胞特征的节间；箭头之间表示短角果的果荚区。(Sessions, *et al*)

 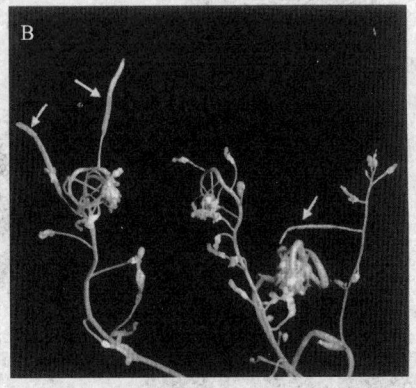

图 11.3.12　拟南芥 *fiddlehead* 突变
A. 突变体心皮等不同结构之间无规则相互粘合，造成形态紊乱。B. 突变体被转入 *FIDDLEHEAD* 基因后形态建成基本恢复正常，出现正常的角果。(Yephremov, *et al*)

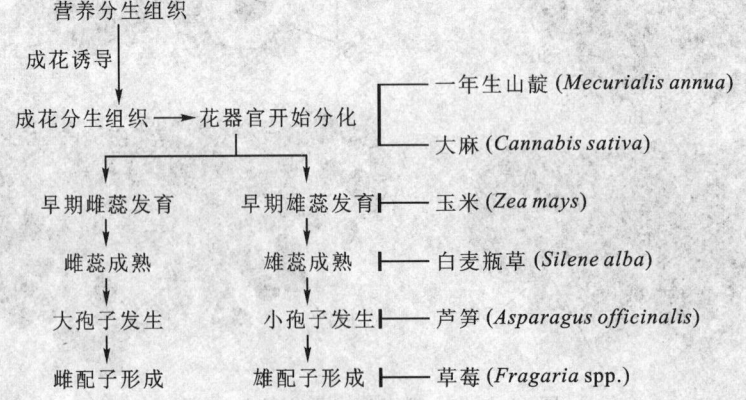

图 11.3.13　几种典型的雌雄同株和雌雄异株植物花生殖器官发育的停滞时期 (Dellaporta)

近年对玉米和黄瓜单性花发生过程的分子生物学分析明确地表明,单性花发育调控的关键实际上是单类器官形态建成的调控,即雄蕊或雌蕊在其原基形成之后,它们从原基到器官的形态建成过程的调控,但其调控机制的本质目前还不太清楚。在玉米花的性别可能与编码一种与赤霉素代谢有关的醇脱氢酶基因 *TS2* 有关,而在酸模等植物中,人们普遍认为其单性花的形成受到位于类似动物中性染色体的特殊染色体中的基因控制。

11.4 胚珠的形成

胚珠(ovule)是着生于心皮内胎座上的一种复杂的结构,它由 3 个基本部分构成:珠柄(funiculus)、珠被(integument)和珠心(nucellus)。雌配子体就是由珠心细胞中的某一个经减数分裂的细胞(相当于孢子)发育而成的。因此,胚珠成为高等植物进行有性生殖的重要结构。近年拟南芥突变体的研究同样也大大推进了人们对胚珠形成机制的了解。

在植物学中,胚珠基本上被看作是心皮的一个附属结构。从系统发育的角度看,它实际相当于是特殊的具有复合结构的大孢子囊。有人根据其形态发生特点,将胚珠的形成与茎端分生组织的活动做类比:即胚珠原基类似茎端分生组织,而珠被则类似侧生器官。这一解释得到一些分子生物学证据的支持:一些茎端分生组织特异表达的基因在胚珠中也有表达(如 *STM* 和 *ATML1*);另外,矮牵牛中分离得到的 *FBP11* 基因在表达被抑制时,心皮内原应形成胚珠的部分出现了类似心皮结构(图 11.4.1)。一种可能的解释是,在心皮形成时,心皮中部分区域的细胞(一般是在心皮的边缘)保持着茎端分生组织的特征,或者说在心皮形成时,茎端分生组织发生了"化整为零"的结构重组,由原来一直保持的中心结构,转变为分散的结构。从这个

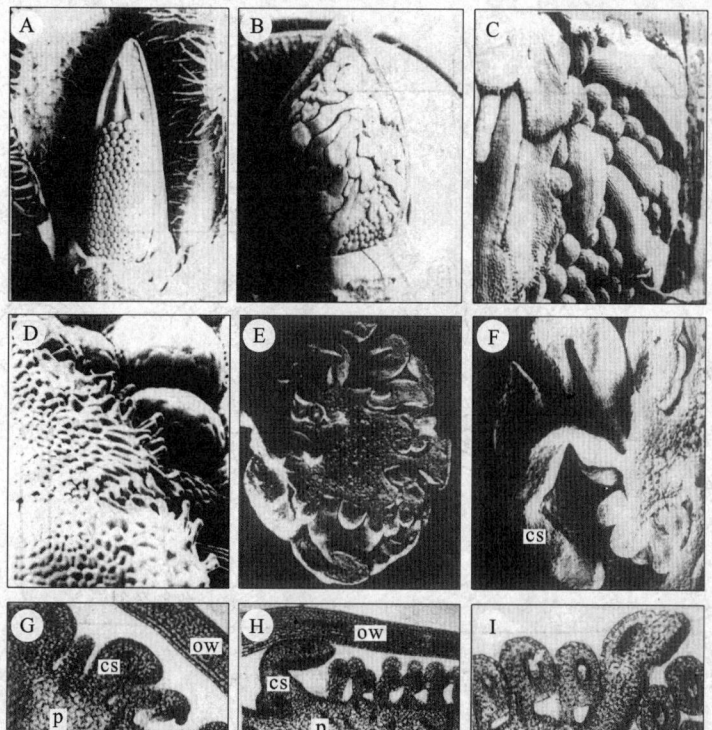

图11.4.1 矮牵牛 *FBP11* 基因表达被抑制后的表型
A.野生型植株心皮内的胚珠群。B~I.表示不同转基因植株中本来应该着生胚珠的部位发生了类似心皮的结构。图中 cs-类似心皮的结构;ow-子房壁;p-胎座。(Angenent, *et al*)

角度看,胚珠原基的形成部位在本质上是一个小的茎端分生组织,它将作为完成孢子体世代最后阶段的载体。这种解释一方面解决了在"顶端生长+侧生器官"模式下完成多细胞器官中出现少细胞化过程,使生活周期的运行回到单细胞状态的途径问题,另一方面也反映了从蕨类植物中孢子叶面上分化出简单结构的孢子囊到被子植物中胚珠执行类似的功能但出现比较复杂的形态建成过程的演化特点。

和前面谈到的各种侧生器官发生的调控机制类似,拟南芥突变体研究表明,胚珠的形态建成也需要特殊基因调控。自20世纪90年代初以来,人们已经从拟南芥突变体中发现了7种直接与胚珠形态建成有关的基因。它们大致地分为两种类型:一种是影响珠被形成的突变体,如 *short integument1*(*sin1*)、*bell1*(*bel1*)、*ovule mutant3*(*ovm3*)和 *anintegument1*(*ant1*);另一种是影响配子体早期发育的突变体:*ovule mutant2*(*ovm2*)、47H4 和 54D12。在这些突变体中,*ovm3* 和 *ant1* 会导致内外两层珠被同时缺失;*bel1* 导致内珠被缺失和外珠被发育的异常,同时在不同的生态型背景或培养条件下,*bel1* 突变体在胚珠着生部位会出现心皮状结构;*sin1* 虽然不会导致珠被的缺失,但却使它们不能正常地伸长(图 11.4.2)。目前还没有报道称在拟南芥中发现了控制胚珠发生的基因。可是从矮牵牛中分离到的基因 *FBP7* 和 *FBP11* 却被认为是参与到胚珠发生的早期决定机制之中。当通过共抑制方法抑制 *FBP7* 和 *FBP11* 基因的表达,转基因植株出现明显的胚珠发生的异常:即在本应发生胚珠的部位,形成了具有心皮特征的长扁形结构,被称为 *spaghetti* 突变体(图 11.4.1)。而当使 *FBP11* 过量表达时,转基因植株则出现明显的胚珠异位形成,即在萼片、花瓣中均能够形成胚珠(图 11.4.3)。正反两个方面的证据表明,*FBP11* 基因是一个胚珠特征决定基因。此外,对该基因的研究也表明,胚珠的形成与心皮的形成是可以彼此独立的。

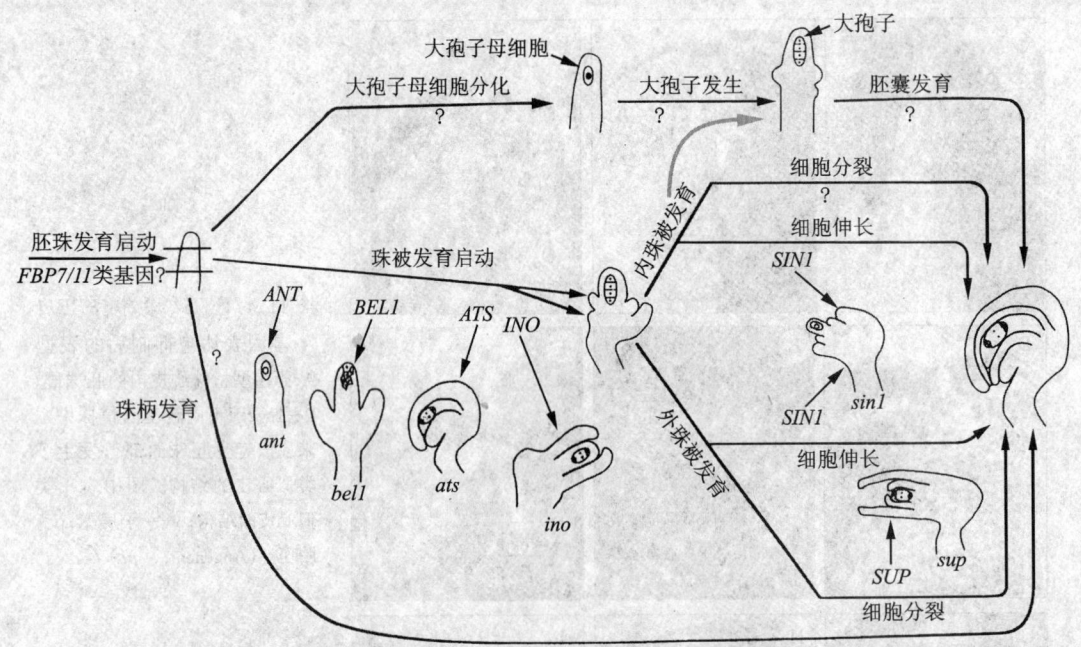

图 11.4.2　影响拟南芥胚珠发育的主要突变体及其调控位点(Baker, *et al*)

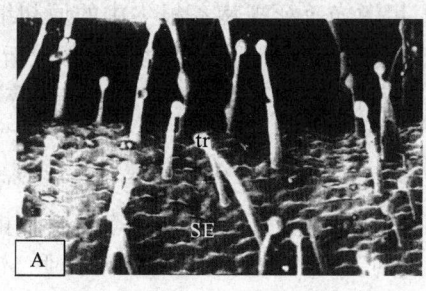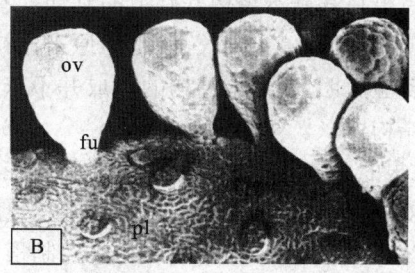

图 11.4.3　矮牵牛 *FBP11* 基因过量表达造成胚珠的异位发生
SE-萼版,tr-表皮毛;ov-胚珠;fu-珠柄,pl-花瓣。(Colombo, *et al*)

11.5　非侧生器官的形态建成:根与茎及其在植物发育中的地位

1. 根的形态建成

根的根尖部分都可以被分为根冠、分生区、伸长区和成熟区等几个区域。根据细胞谱系的观察,根的形成可以追溯到胚胎发生的球形胚阶段。因为在这个阶段,在原胚和胚柄相接的部位,有一个像眼睛一样的细胞,被称为胚根原。人们认为正是该细胞和其基部的胚柄细胞合作,决定了胚根的形成。图 11.5.1 表示了根据细胞谱系分析结果而推论的拟南芥根的发生过程。根据这种看法,在胚根形成之后,其基部中心的几个细胞构成了根的原初细胞。在种子萌发之后,这些细胞分裂形成的子细胞向远基端分化出根冠,向近基端分化出根的各种组织。

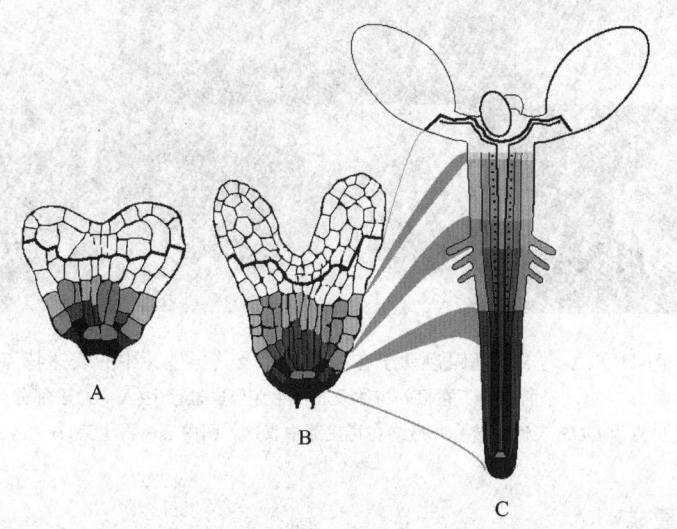

图 11.5.1　拟南芥根形态建成的细胞谱系分析(Jurgeus)

植物根的形态建成具有以下特点:
第一,根的形成是根的基本结构形成在先,而根的分生组织形成在后;根分生组织的功能主要是维持根在其基本结构基础上的延伸。有人用激光杀死拟南芥根尖中的原初细胞，在这种情况下，根并没有停止伸长，而是由原来原初细胞相邻的细胞取代其功能而形成新的原初细胞。这一实验表明，根基本结构的形成并不依赖于原初细胞，反而，是原初细胞的存在依赖于根的基本结构。

第二，根的基本结构的形成与激素的调控有密切的关系。在拟南芥突变体研究中，有人曾试图通过对拟南芥突变体进行饱和筛选来分离控制根、茎等不同部位形态建成的相关基因。在这种尝试中，*MP* 在一开始被认为是控制根形成的基因。虽然后面的研究表明 *MP* 基因是一个与生长素活性有关的基因，但该基因突变后所产生的表型说明，根的基本结构的形成依赖于生长素的正常分布。

第三，根细胞的命运具有很大的可塑性。有很多证据表明，根细胞与茎叶细胞之间有很大的分化。但这种分化是很不稳定的。在很多情况下，在茎叶组织中，均可形成不定根。反之，根的细胞也很容易表现出茎叶细胞的特性。我们的研究表明，将拟南芥的根切下培养两天后，其中柱鞘细胞分裂形成的部分子细胞中即可表达茎端分生组织和幼叶原基特异的 *LFY* 基因（图 11.5.2）。实际上，从 *ATML1* 的表达方式可以看出，根细胞与茎端分生组织表皮细胞之间的分化时间，比人们推断的根形态建成的起始时间要晚。

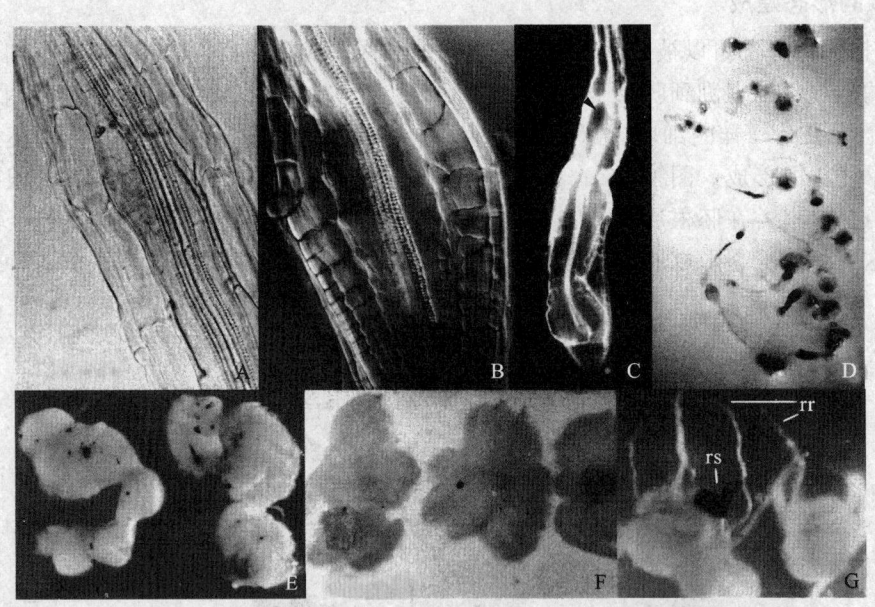

图 11.5.2 *LFY* 基因启动子在根外植体及其再生芽中的表达特点
GUS 基因在 LFY 启动子的驱动下在根外植体及其再生芽形成过程中(A→G)于部分分裂细胞中表达（深色斑点为 GUS 表达区域），并最终在再生芽中表达。图中 rs－再生芽；rr－再生根。

2. 茎的形态建成

在现有的有关植物发育的文献中，可能资料最少的要算是关于茎发育的研究了。人们现在已经拥有大量的关于茎主干结构方面的形态解剖描述。而对于其发生，现在只知道，茎干的形成是茎端分生组织活动的结果，还没有任何关于茎形态建成基因调控方面的报道。在茎端分生组织的活动中，其外部几层细胞参与侧生器官原基及侧芽分生组织的形成，而内部的细胞群的细胞分裂与分化的产物就形成了茎(图 11.5.3)。

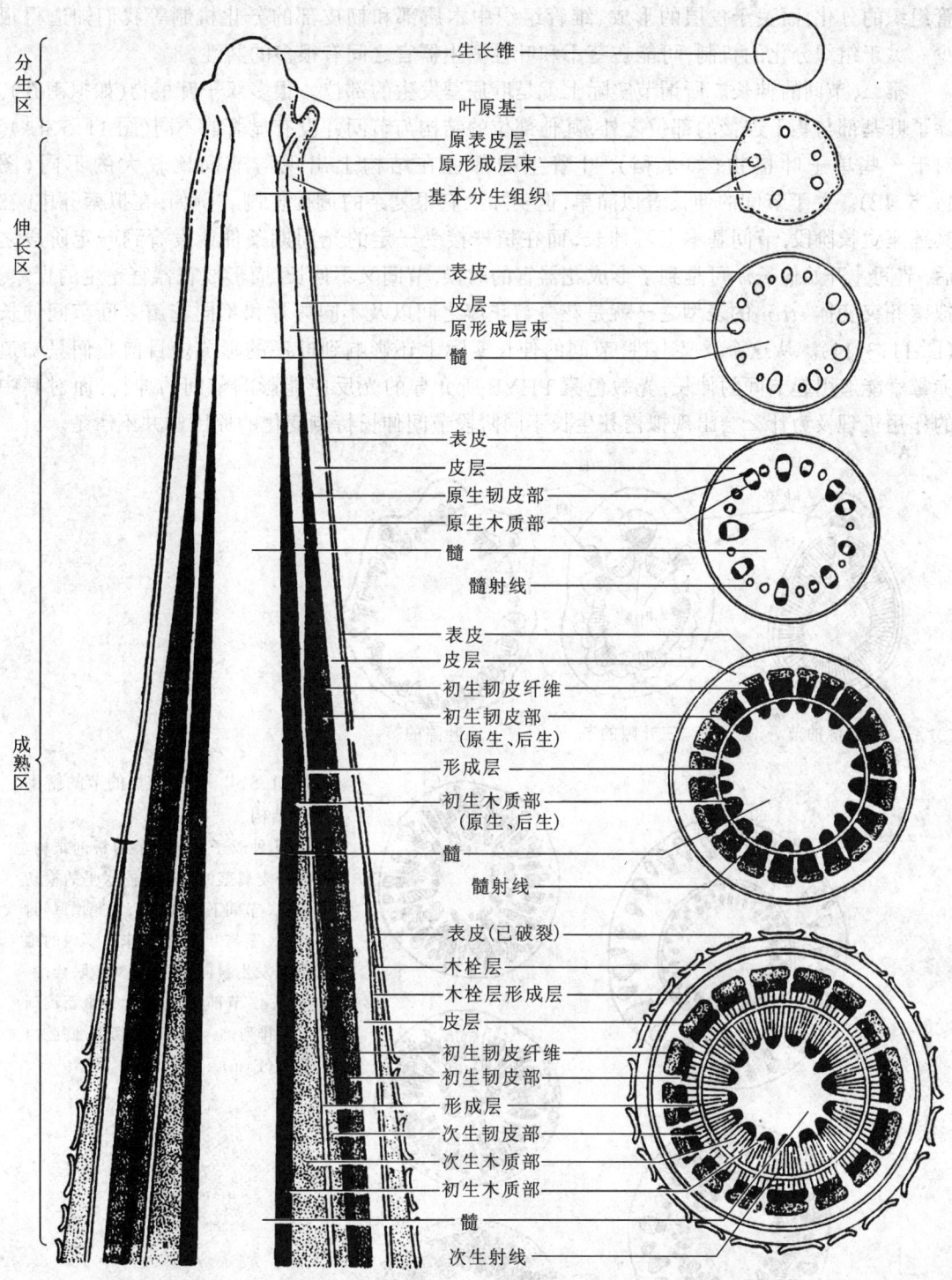

图 11.5.3 茎初生结构至次生结构的发育过程图解(李扬汉等)

对于茎的形成,大致可以提出如下几个问题:

第一，茎的组织分化。关于这个问题，我们目前所知道的有生长素所极性运输能够影响维管组织的分化，而关于皮层的形成、维管组织中木质部和韧皮部的分化机制等我们知道得很少。关于组织分化的机制，可能在茎干和叶性侧生器官之间有很多的共性。

第二，节间的伸长。所谓节实际上就是叶原基发生的部位。很多双子叶植物(如拟南芥)，除了叶基部与茎干连接的部位之外，其他部位的结构与节间并没有显著的不同(图11.5.4A)。对于一些单子叶植物(如水稻)，叶着生的部位在结构上出现与节间比较大的不同(图11.5.4B)。关于节间的伸长看似简单，但实际上有很复杂的调控机制。例如，在拟南芥中，在其莲座生长阶段，节间基本上不伸长，而在植株接受一定的光周期条件或发育到一定阶段之后，节间才开始伸长。可是到了形成花器官的时候，节间又不伸长，而形成花器官轮生的现象。拟南芥突变体 *ettin* 的表型之一就是花萼与花瓣之间以及不同萼片和不同花瓣之间节间伸长(图11.3.11)。从这个意义上讲，节间的伸长实际上还影响到叶序的形成。目前我们只知道赤霉素能够引起节间的伸长，光敏色素 PHYB 所介导的光反应能影响节间的伸长，而对其中的作用机理及为什么会出现拟南芥生长不同阶段节间伸长特点变化的原因则并不清楚。

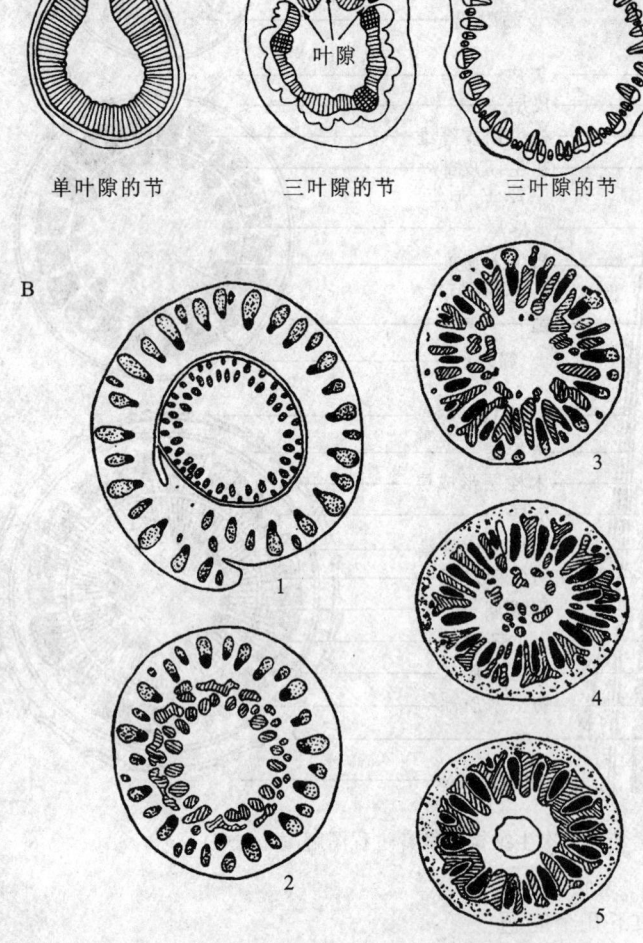

图11.5.4　不同类型的节的解剖结构

A. 几种双子叶植物节的解剖结构。B. 小麦属茎的节部不同水平的横切面:1.节间下部横切面,叶鞘增厚、封闭;2.茎与叶鞘融合,来自茎内的维管束发生斜向、横向分支和联合;3.同2;4.节部解剖,维管束重新逐渐开始排列;5.节下部横切面,髓腔出现。(Esau)

第三，茎的横向生长。不同植物的茎干都有一定的直径及径向发育。这一问题可以进一步分为两个方面。一方面是茎的最初直径的决定。根据目前有限的资料，我们知道最初的直径与茎端分生组织的直径有关。在前面介绍过的拟南芥 *clavata1* 突变体中，茎端分生组织的体积比野生型要大，该突变体的茎的直径也比野生型要大。另一方面，茎的直径随茎端分生组织活动所造成的"堆砌生长"而增加，涉及茎中不同组织的分化和侧生分生组织不同程度的活动。关于由侧生分生组织所导致的次生生长，我们在此不再予以介绍。

思 考 题

1. 什么叫植物的侧生器官，被子植物的侧生器官分为哪几种类型？
2. 调控子叶形成的关键基因有哪些？子叶的形成与种子形成有什么关系？
3. 什么叫叶序？叶序与叶原基的发生之间有什么关系？
4. 叶性器官形成的基本过程是什么，其形态建成中出现的基本模式是什么？目前已知的叶性器官形成的调控基因有哪些，其功能如何？
5. 什么是花和花序？试从花的结构和花器官形成特点方面阐述为什么说花是变态的枝条？
6. 植物器官从营养性叶向花器官的转换存在有一个复杂的调控环节。试举5个参与调控这一转换的基因，并介绍其特点与功能。
7. 什么是花器官特征决定的"ABC"模型？该模型在解释花器官特征决定的遗传机制方面的成功与不足分别是什么？
8. 什么叫"植物的器官形成"？简述花器官形成的基本过程。
9. 根的形态建成有什么特点？对根的形态建成研究对认识植物发育的调控机制有什么特殊的意义？

12 减数分裂、孢子与配子的形成和受精

在上一章中，我们介绍了由茎端分生组织产生侧生器官的过程，其中只有雄蕊和心皮将特化出能够进行减数分裂的细胞，这些细胞减数分裂后形成孢子，经过配子体形成配子，最后完成受精，开始合子的发育。

12.1 大、小孢子母细胞的分化、减数分裂与大、小孢子形成

1. 大、小孢子母细胞的分化

孢子的存在是植物有别于动物的一个重要的特征，它是高等植物中特定细胞减数分裂的产物。在被子植物的雄蕊中，小孢子母细胞的特化发生于花药囊内的部分细胞。这些细胞与周围其他细胞的差别最初表现为细胞体积增加，细胞核变得比周围细胞明显，被称为孢原细胞(archesporial cells)。孢原细胞通过有丝分裂依次分化产生造孢细胞(sporogenous cells)和小孢子母细胞(microsporophyte mother cell, MMC)，小孢子母细胞又称为花粉母细胞。最近，有人从拟南芥中发现一个突变体，其表型为花药和胚珠中都没有孢子母细胞的形成(图 12.1.1)。该突变体及其相应的基因被命名为 *SPOROCYTELESS*(*SPL*)，这是到目前为止第一个被分离到的与大、小孢子母细胞形成有关的基因。

大孢子母细胞的发生过程与小孢子母细胞的发生相似，都存在位置决定和启动因素的问题。与小孢子母细胞在花药原基中直接分化出现不同，大孢子母细胞并不直接从心皮原基中分化出现，而是在胚珠的形成过程中出现。这表明在大孢子母细胞的形成过程中多出了一个细胞分化调控的环节。另外一个不同的地方是，在小孢子母细胞的分化过程中，通过孢原细胞的分裂，最后将形成许多小孢子母细胞，它们基本同步地进入减数分裂；而在大孢子母细胞的分化过程中，每个胚珠中通常只分化出一个孢原细胞，并进一步分化形成大孢子母细胞，即在孢原细胞和大孢子母细胞之间再没有细胞分裂过程(图 12.1.2)。目前还不知道是什么因素使一个珠心细胞向孢原细胞的方向分化，也不知道将要分化成为孢原细胞的那个珠心细胞的分化决定出现在什么时间。

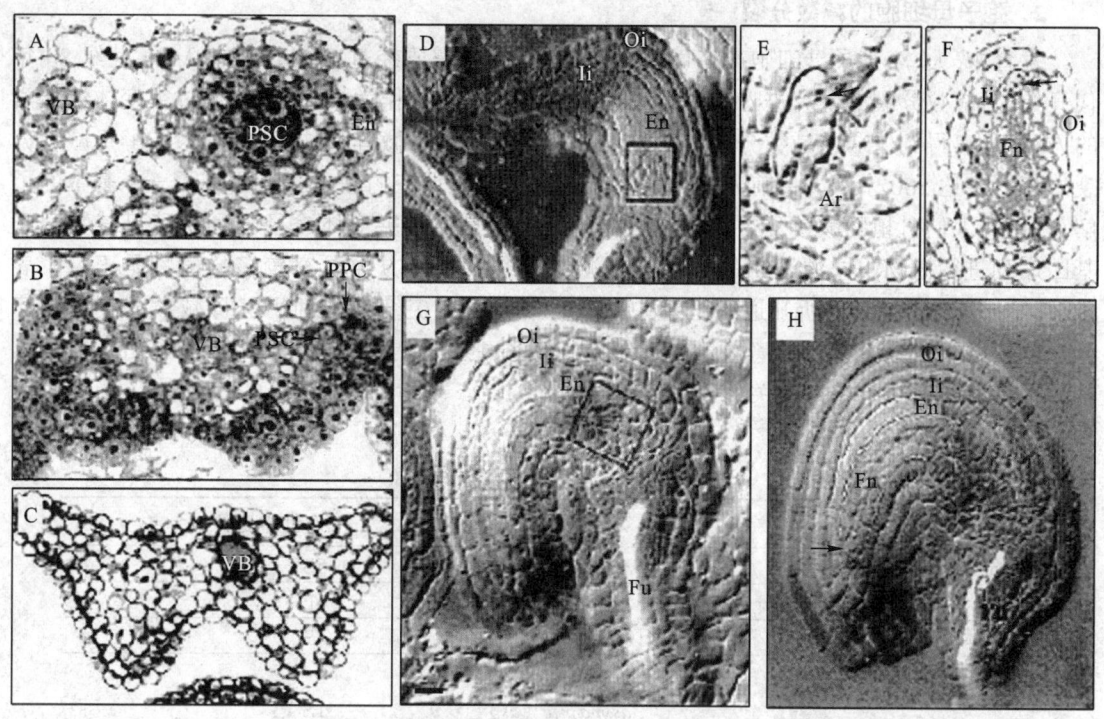

图 12.1.1 拟南芥 *spl* 突变体

A. 野生型第 5 期花药,可见初生造孢细胞。B. 突变体 2~3 期花药,可见分化早期的初生造孢细胞。C. 突变体成熟花药,细胞没有进一步分化,所有细胞均明显液泡化。D. 突变体胚珠,注意内外珠被均已形成,但没有胚囊发生。E. 图 4 中方框的放大,注意珠心细胞的分裂(箭头所指处)和孢原细胞体积明显减小。F. 处于同一时期的胚珠切片,注意有指状珠心发生。G,H. 显示较晚期的胚珠中都有指状珠心的发生,其中 G 图方框内显示指状珠心启动。图中 Ii - 内珠被,Oi - 外珠被,En - 内皮层,Ar - 孢原细胞,Fn - 指状珠心,Fu - 珠柄,VB - 维管束,PSC - 初生适孢细胞,PPC - 初生营养细胞。(Yang, *et al*)

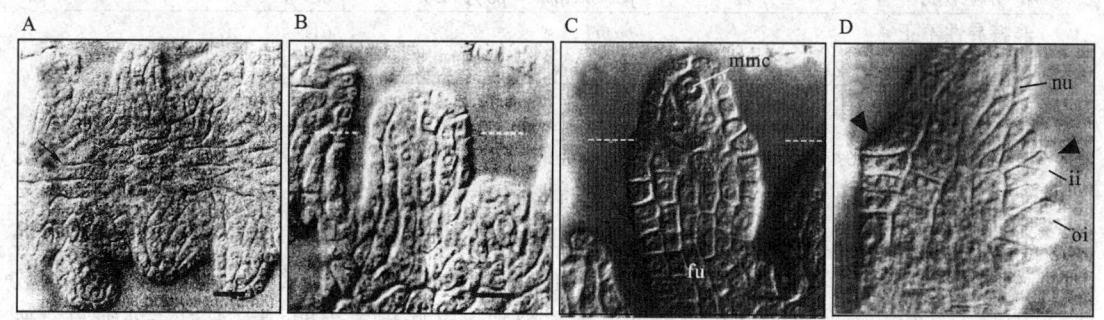

图 12.1.2 拟南芥大孢子母细胞分化

图示拟南芥大孢子母细胞早期分化过程(A~D)。虚线指出珠被将分化的部位,箭头指刚开始出现的珠被。图中 mmc - 大孢子母细胞;nu - 珠心细胞;ii - 内珠被;oi - 外珠被;ch - 合点;fu - 珠柄。(Schenitz, *et al*)

2. 孢子母细胞的减数分裂

发育中,大、小孢子母细胞产生以后,孢子的形成还需要经过减数分裂。从 20 世纪 80 年代开始,对减数分裂的研究进入到分子水平。人们利用酵母作为模式生物,通过突变体遗传学的方法,分离得到 153 与减数分裂有关的基因。近年又利用微阵列技术,发现参与酵母减数分裂的基因多达 500 余个。目前人们对酵母减数分裂过程调控的基本特点已有了一个基本的了解。目前,人们对植物减数分裂相关基因的研究主要是通过突变体途径和利用酵母减数分裂基因序列进行植物中同源基因的分离。在减数分裂突变体方面研究较多的植物是玉米。表 12.1.1 所列出的是目前所知道的玉米中减数分裂相关的突变体。利用酵母减数分裂基因序列进行植物减数分裂基因分离的工作近年在拟南芥中进行得较多。表 12.1.2 列出了目前已知的拟南芥中与减数分裂有关的基因。

表 12.1.1 玉米减数分裂突变体

细胞学特征	突变体	染色体定位
减数分裂变为有丝分裂	ameiotic (am)	5S
第一次减数分裂变为有丝分裂	afd W23	6L
染色体粘连	stixky (st), mei025	4S
染色体联会消失	desynapitc (dy)	
	asynapitc (as)	1S
	dsy1	
	dsy2	1L, 6L
	dsy3, dsy4	
染色体分离不正常	divergent (dv)	5S, 5L, 6L, 7L, 9S
	ms43, A344	8L
	ms28	1S
第二次减数分裂不正常	elongate (el)	8L
胞质分裂不正常	variable (va)	7L
花粉粒形成中有额外有丝分裂	polymitotic (po), ms6	6S
非特异性不正常	pam1	6L
	A344, pam2, W64A	

目前对植物减数分裂了解最少而可能又是最具有植物特点的问题应该是减数分裂启动机制的问题。目前一般认为,大、小孢子母细胞的形成就意味着它们将自动进入减数分裂。但在玉米 ameiotic1 (am1) 突变体中,大、小孢子母细胞均不进行减数分裂,而是进行有丝分裂,最后导致细胞的降解。而在拟南芥 switch1 (swi1) 突变体中,大孢子母细胞并不直接进入减数分裂,而是先进行若干次有丝分裂后再进入减数分裂。这些现象表明,大、小孢子母细胞的形成可能并不意味着减数分裂的启动。在酵母中目前已经比较明确地了解到,减数分裂的启动是受以 IME1 为中心的一系列信号转导系统所调控。而在植物中,对大小孢子母细胞如何进入减数分裂的问题目前还不清楚。

表 12.1.2 拟南芥中与减数分裂相关的基因

基因名称	功能	是否有突变体
AtSPO11-1	酵母 SPO11 转酯酶同功序列,在酵母中启动减数分裂的重组与配对	有
AtSPO11-2, AtSPO11-3	其他未知功能的 SPO11 同源序列	尚未发现
AtMRE11	可能与重组有关的核酸酶	尚未发现
AtRAD50	可能为减数分裂前期的联会所需	尚未发现
AtRAD54	与 DNA 解旋所需的 RAD54 的同源序列	尚未发现
AtDMC1	RecA 的同源序列,为减数分裂中保持二价体的稳定和染色体的分离所必需	有
AtRAD51	RecA 的同源序列,可能参与配对与重组	尚未发现
RecA homologues, AtRAD51B, AtRAD51C-like	功能未知的 RecA 其他同源序列	尚未发现
ASY1	HOP1 同源序列,参与同源染色体联会	有
ASY2	ASY1 的同源序列,功能未知	尚未发现
DSY1	导致去联会表型	有
DIF1/SYN1	为联会必需的 REC8/RAD21 凝聚蛋白同源序列	有
AtRAD21-1, AtRAD21-2, AtRAD21-3	REC8/RAD21 凝聚蛋白同源序列,可能与染色体分离有关	尚未发现
MEI1/MCD1	可能是蛋白酶抑制蛋白,双线期和减数分裂早中期 I 有活性	有
ASK1	与小孢子母细胞减数分裂中同源染色体分离有关	有
MS5/TMD/POLLENLESS3	与细胞周期调控蛋白和联会复合体蛋白有弱同源性	有
AtMSH2, AtMSH3, AtMSH6-1, AtMSH6-2	MutS 基因同源序列,在基因修复中导致错配	尚未发现
AtMLH1, AtMLHx, AtPMS1	MutL 基因同源序列,在基因修复中导致错配	尚未发现
AtXRCC4	At 连接酶 4 的结合蛋白,与人 XRCC4 基因同源	尚未发现
AtLigase4	可能是非同源末端结合途径中的组分	尚未发现
AtATM	可能在 DNA 损伤检测途径中起作用	尚未发现
AtRuvB	大肠杆菌 ruvB 同源序列	尚未发现
AtREC-G	大肠杆菌 ruvG 同源序列	尚未发现

3. 大、小孢子的形成

形态观察,大、小孢子母细胞减数分裂之后,其减数分裂产物——四分体有不同的命运。其中,小孢子母细胞经过减数分裂所产生的四分体将基本同步地进入雄配子体的发育;而大孢子母细胞经过减数分裂所产生的四分体中将只有一个细胞进入雌配子体的发育。显然,从四分体细胞到大孢子之间存在一个分化的过程。目前,人们已经发现有一个基因 AKV (ANTIKEVORKIAN)在这一分化过程中起着重要的作用。因为在 akv 突变体中,本来应该死亡的另 3 个细胞全部或者部分地像正常的大孢子那样进入雌配子体发育而形成正常的胚囊甚至多胚。

在非种子植物中,孢子具有物种传播功能。在种子植物中,孢子已丧失了物种传播的功能,这使种子植物四分体无需进一步分化出适应于传播功能的结构,同时使配子体的发育得到简化。

12.2 配子的形成

大、小孢子分别发育为雌雄配子体。在被子植物中,整个雄配子体形成过程只有两次细胞分裂,最终只有3个细胞,其中两个是雄配子。整个雌配子体形成过程也只有3次细胞分裂,最终是7个细胞,其中包括一个雌配子。

1. 雄配子体及雄配子的形成

图 12.2.1 表示拟南芥中雄配子体形成的基本过程。花粉母细胞(小孢子母细胞)完成减

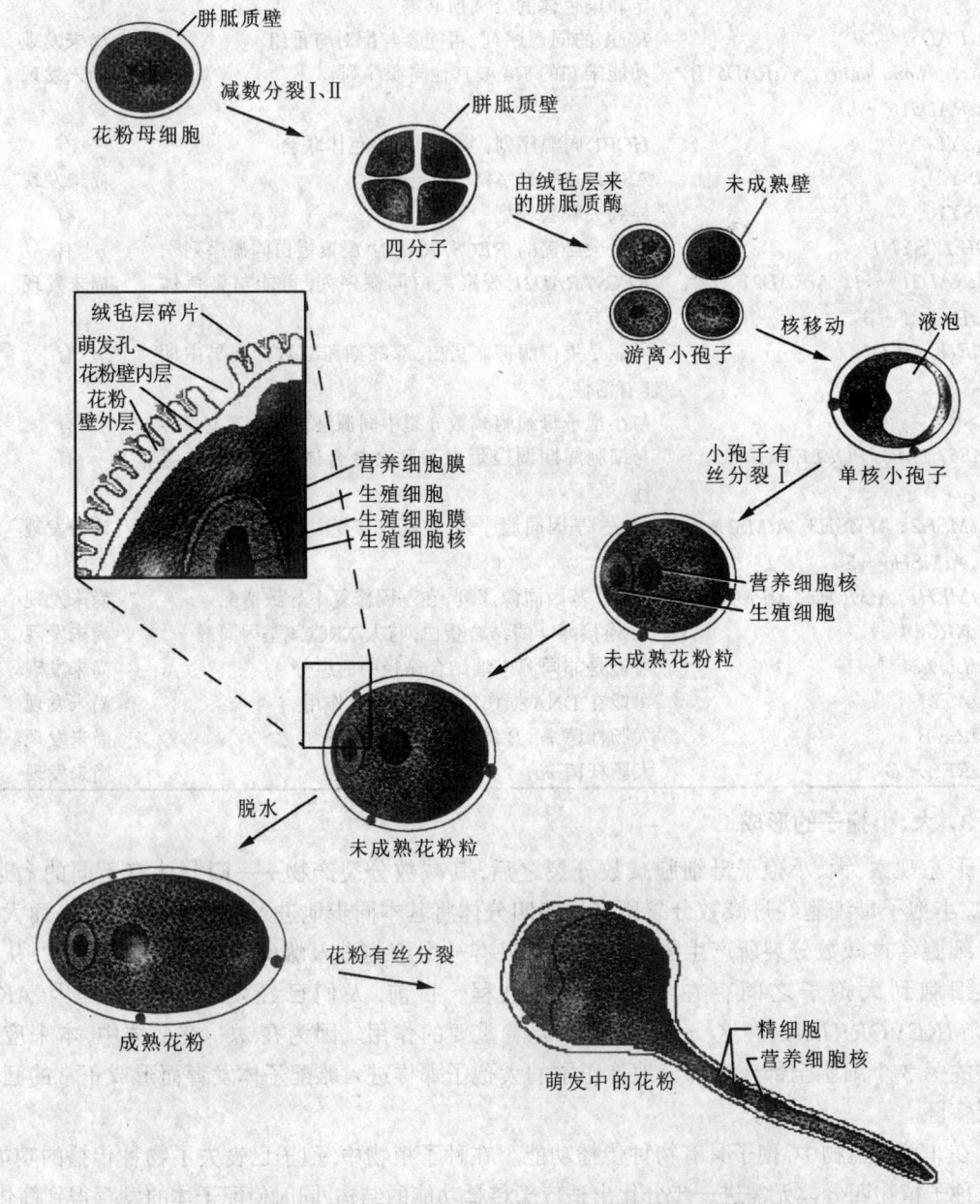

图 12.2.1 被子植物小孢子发育图解(McComick)

数分裂之后,四分体细胞具有细胞质浓密、细胞核居中的特点。当连接四分体的胼胝质被降解,4个子细胞彼此分离之后,它们首先进入一个单核靠边期,即细胞内形成一个明显的中央大液泡,而细胞核被排挤到细胞的边缘。此后,细胞进入第一次分裂,形成一个营养细胞(vegetative cell)和一个生殖细胞(generative cell),而生殖细胞还能够再做一次分裂,最终形成由两个精细胞和一个营养细胞所构成的雄配子体——花粉或花粉粒。而在大约70%的植物(如茄科 Solanaceae 和百合科 Liliaceae 的植物)中,成熟的花粉仅包含两个细胞——营养细胞和生殖细胞,生殖细胞的进一步分裂要到花粉萌发、形成花粉管之后才进行第二次分裂,形成两个精细胞。

通过遗传学方法,获得了一系列影响配子体发育的突变体。例如,在拟南芥 sidecap(scp) 突变体中,小孢子第一次细胞分裂所形成的两个子细胞并不直接分化成营养细胞和生殖细胞,而是先形成两个两个营养细胞,然后在其中的一个进入雄配子体发育途径。在 solo 突变体中,小孢子不能进入第一次分裂,直到花粉粒成熟时仍保持单核状态。在 gemini pollen1 (gem1)突变体中,小孢子的第一次分裂为对称分裂(图12.2.2)。在两个大小相当的子细胞中,有可能一个细胞会分化成生殖细胞,但也可能两个细胞直到花粉粒成熟都保持在营养细胞的状态。

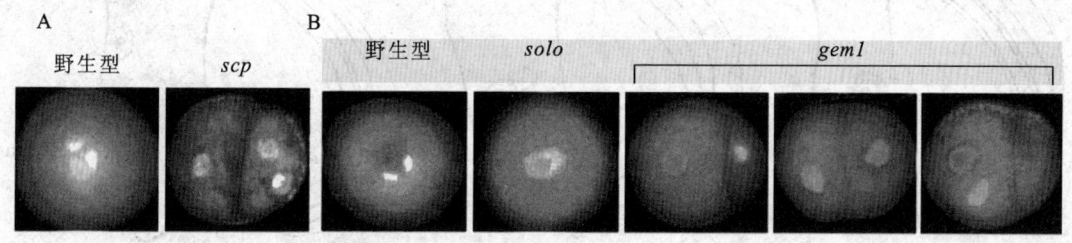

图 12.2.2　拟南芥雄配子体突变体及其表型

A. scp 突变体中营养细胞出现一次额外分裂,结果在花粉粒中出现一个额外的营养细胞。B. solo 突变体中小孢子不进行进一步的细胞分裂,导致花粉粒到成熟时仍然保持单核小孢子状态,gem1 突变体则出现不规则的细胞分裂。(Twell)

在雄配子体的形成过程中,一个十分重要的方面是花粉壁的形成。被子植物的花粉壁分为内外两层:外壁(exine)和内壁(intine)。外壁主要由孢粉素(sporopollenin)构成。孢粉素是类胡萝卜素和类胡萝卜素酯的氧化多聚化的衍生物,具抗酸和抗生物分解的特性。孢粉素早期由小孢子本身合成,后期由绒毡层提供。内壁主要由果胶和纤维素构成,通常在外壁形成后发育。不同植物类群的花粉外壁具有非常稳定的特征,因此花粉外壁的特征已成为重要的植物分类标准。同时,由于孢粉素不易被降解,花粉外壁的特征还成为古植物分类鉴定的重要依据。

2. 雌配子体及雌配子的形成

被子植物的雌配子体(female gametophyte)又称为胚囊(embryo sac)。图12.2.3简单地概括了小麦雌配子体的形成过程。由图可见,雌配子体的形成经过3个阶段。第一个阶段是3次核分裂,使得所形成的8个细胞核在狭长的大孢子细胞分布在两个区域:合点端4个、珠孔端4个,中间有一个大液泡相隔。第二个阶段是多核胚囊的多细胞化,即细胞壁出现,其中两端的4个细胞中各有一个在此过程中向胚囊的中央移动,最后形成有两个核的中央细胞,而在胚囊的两端各形成3个细胞,成为7细胞胚囊。第三个阶段主要是细胞的分化,在珠孔端的

3个细胞分化成一个卵细胞和两个助细胞(synergid)，合称卵器(egg apparatus)，而合点端的3个细胞分化成3个反足细胞(antipodal)。在细胞的分化过程中，各细胞的体积都有一定程度的增加并形成独特的形态和结构。

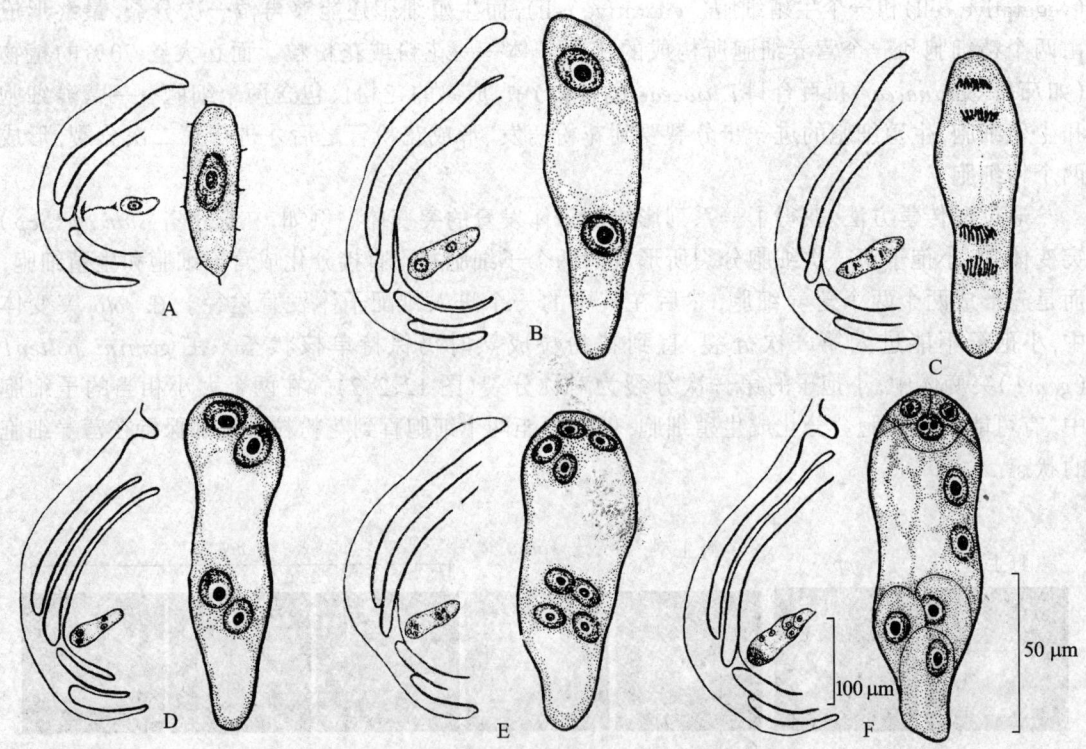

图 12.2.3　小麦胚囊的发育

A.发育的合点端的大孢子(其余3个退化)。左边是胚珠的一部分，示胚囊的位置，右边是相应时期的胚囊放大。B.2-核胚囊。C.2-核胚囊在分裂后期。D.4-核胚囊。E.8-核胚囊。F.组成卵器、反足细胞和中央细胞的幼囊胚。(胡适宜)

与雄配子体的形成过程不同，雌配子体由于始终生活在胚珠中，因此没有必要形成为适应外界环境条件而演化出来的复杂的细胞壁。雌配子体形成时所需的营养与雄配子体类似，都是由孢子体的组织和细胞所提供。目前认为珠心细胞向胚囊提供营养有两条途径，一是通过合点端的维管束，二是胚囊表面对周围珠心细胞进行营养的吸收。

目前，对雌配子体形成过程的基因调控的认识主要来自于突变体遗传学的研究。表12.2.1列举了目前所知道的影响雌配子体发育的突变体。图12.2.4是拟南芥雌配子体发育的基本过程。人们根据细胞分裂和分化的形态学特点将其分为7个阶段以便对突变体表型及相应基因的功能进行有效的分析。结合表12.2.1和图12.2.4，我们可以看出，现有的影响雌配子体发育的突变体大致可以分为3类：第一类影响核分裂，如 *fem2*、*fem3*、*gf*、*gfa4*、*gfa5*、*hdd*、*prl* 等，其雌配子体的发育在第一阶段的不同时期出现异常，雌配子体发育停滞在单核、二核、四核等不同的状态(图12.2.5)。第二类影响细胞分化，如 *gfa2*、*gfa3*、*gfa7* 等两个中央核不能正常地融合；在 *gfa3* 和 *gfa7* 中，位于珠孔端的3个核不能正常分化为两个助细胞和一个卵细胞。第三类是分化了的雌配子体中的细胞不能正常降解(*fem4*)或整个胚囊被异常降解(*fem1*)。目前对第二和第三类突变体的作用机制尚无从了解，但对第一类突变体，一般认为相应基因可能参与配子体阶段细胞分裂周期的调节,其中相当一部分基因对雄配子体发育中的细胞分裂有相似的影响。

表 12.2.1 目前已发现的雌配子体突变体

突变体名称	突变体类型	表型	植物种类
constitutive triple response1（*cir1*）	FGS	雌配子发生未受影响	拟南芥
emb173	ND	雌配子发生未受影响	拟南芥
female gametophyte1（*fem1*）	FGS	雌配子体细胞化后解体	拟南芥
female gametophyte2（*fem2*）	FGS	单核胚囊期停止发育	拟南芥
female gametophyte3（*fem3*）	GG	单核胚囊期停止发育	拟南芥
female gametophyte4（*fem4*）	GG	细胞形态异常	拟南芥
fertilization-independent endosperm	FGS	雌配子发生正常,未受精胚乳发育	拟南芥
fertilization-independent seed1（*fis1*）	FGS	雌配子发生正常,未受精胚乳发育	拟南芥
fertilization-independent seed2（*fis2*）	FGS	雌配子发生正常,未受精胚乳发育	拟南芥
fertilization-independent seed3（*fis3*）	FGS	雌配子发生正常,未受精胚乳发育	拟南芥
Gametophytic factor（*Gf*）	GG	胚囊发育停止于单核期	拟南芥
gametophytic factor1（*gfa1*）	GG	ND	拟南芥
gametophytic factor2（*gfa2*）	GG	极核不融合	拟南芥
gametophytic factor3（*gfa3*）	GG	极核不融合	拟南芥
gametophytic factor4（*gfa4*）	GG	胚囊发育停止于单核期	拟南芥
gametophytic factor5（*gfa5*）	GG	胚囊发育停止于单核期	拟南芥
gametophytic factor6（*gfa6*）	GG	ND	拟南芥
gametophytic factor7（*gfa7*）	GG	极核不融合	拟南芥
hadad（*hdd*）	GG	胚囊发育停止于2~8核期	拟南芥
prolifera（*prl*）	FGS	胚囊发育停止于4核期	拟南芥
trp1, *trp4*	FGS	ND	拟南芥
indeterminate gametophyte1（*ig*）	FGS	多种缺陷中首要的为核分裂异常	玉米
lethal ovule1（*lo1*）	FGS	ND	玉米
lethal ovule2（*lo2*）	GG	多种缺陷中首要的为核分裂异常	玉米
small pollen1（*sp1*）	GG	ND	玉米
small pollen2（*sp2*）	GG	ND	玉米

注:FGS-雌配子体特异性突变;ND-未鉴定;GG-普通型配子体突变。

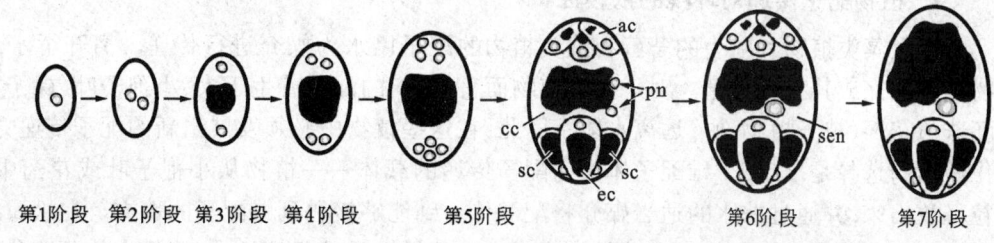

图 12.2.4 拟南芥胚囊发育的 7 个阶段

ac-反足细胞;pn-极核;cc-中央细胞;sc-助细胞;ec-卵细胞;sen-次生胚乳核。(Dews, *et al*)

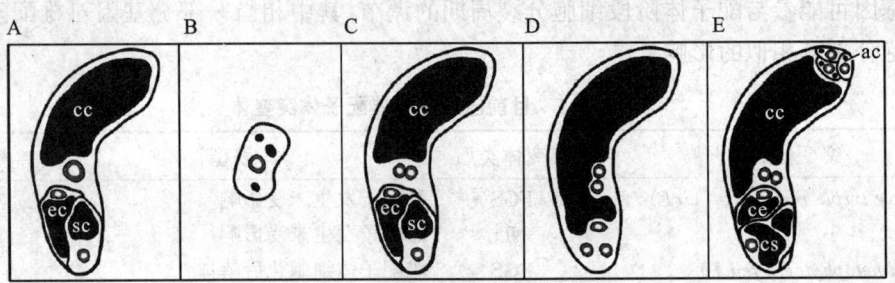

图 12.2.5 拟南芥雌配子体发育异常突变体表型

A.野生型。B. *fem2*、*fem3*、*gfa4*、*gfa5* 突变体的雌配子体。C. *gfa2*、*gfa3*、*gfa7* 突变体的雌配子体（注意其两个极核不能融合）。D~E. *fa3*、*gfa7* 突变体中央细胞和卵器发育异常；*em4* 突变体的雌配子体。图中 cc-中央细胞；ec-卵细胞；sc-助细胞；ac-反足细胞；ce-位于卵细胞位置上的异常细胞；cs-位于助细胞位置上的异常细胞。(Dews, et al)

3. 雌、雄配子发育异常在植物生产中的应用

雌、雄配子发育异常通常导致不育。在作物生产中，这一现象得到重视，主要是因为人们希望有效地利用杂种优势。所谓杂种优势，就是生物不同品种或不同种甚至不同属、科的单株之间相互杂交后，其杂种一代植株所表现出的性状总体上超出亲本的现象。自美国 20 世纪 20 年代成功地大规模利用玉米杂种优势之后，目前在各大类作物中(谷类、蔬菜、果树等)都已在生产中利用了杂种优势。以袁隆平为代表的我国农业工作者在水稻中杂种优势利用的成功，使我国水稻产量增加 20%，为我国解决粮食自给作出了不可磨灭的贡献。但是，这些性状只在杂种一代表现而到杂种二代就会明显地消失或者减弱。目前在作物生产中利用杂种优势主要有两个思路：第一，找到稳定的雄性不育材料以进行大规模的杂交，得到杂种一代种子；第二，设法利用雌性不育，使植物绕开能够导致基因重组的减数分裂，从杂种一代的体细胞中形成种子，这样就可以使得杂种优势"固定"下来。从而能够长期有效地利用杂种优势。

12.3 配子的传递

雌、雄配子体及配子形成，表明从合子开始的植物生活周期过程已经完成。但是，对于植物来说，要完成有性生殖，还必须解决位于不同空间位置的配子传递与相遇的问题。

1. 植物配子传递对环境的依赖性

水生藻类植物和陆生的苔藓和蕨类植物的配子以水为媒介进行传递。离开了水，这些植物就无法完成其有性生殖。对于种子植物而言，它们的配子着生于大、小孢子叶(裸子植物)或胚珠与花药(被子植物)中，远离水体。因此，在这些植物中必须发展出新的配子传递方式。进化做出的选择是，以整个雄配子体作为配子传递的载体——植物从小孢子叶或花药中将花粉粒释放出来，并通过非水的适当媒介将配子传递到能够接触到雌配子的地方。在松属植物中，花粉粒中分化出气囊结构以便花粉在空气中的传播。在被子植物中，花粉大致可以分为两种：风媒花粉和虫媒花粉。前者依赖于风传播，其花粉粒比较干燥轻盈；而后者依赖于昆虫传播，其花粉粒外壁上通常有粘性的多糖类物质。实际上不仅雄配子体本身演化出一些适应其传播的特点，而且雄配子体所着生的小孢子叶及花药甚至整个花的结构都会发生相应的分化以适

应雄配子体的传播(图 12.3.1)。

图 12.3.1　风媒、虫媒等不同植物中花形态与传粉媒介之间的相互适应(Moore, et al)

2. 花粉的传播及花粉管生长

从植物发育的角度看,无论花粉传递的媒介是什么,花粉粒必须首先从花药中释放出来,否则无论什么媒介也无法将其转移到另一个空间。目前人们已知道,在花药发育中,随花粉囊内小孢子的发育,花药壁也会进一步分化。图 11.3.10 表明,早在拟南芥花药发育的第三期,孢原细胞的分裂将在表皮细胞内产生药室内壁(endothecium)、中层(middle layer)和绒毡层(tapetum)。过去一般认为,药室内壁在花药发育后期出现的细胞壁次生加厚是导致花药散出的主要原因。近年对烟草和拟南芥花药发育的详细研究表明,花药的散出主要由于在相邻两个药室之间的环形细胞团(circular cell cluster,烟草花药)或隔片(septum,拟南芥花药)的分化及降解导致裂缝形成(图 11.3.10 第 10 期到第 14 期)。目前对拟南芥突变体 non-dehiscence 1 的分析表明,从花药发育的第 11 期开始,花粉壁出现异常的细胞死亡,导致花药裂缝无法形成,花粉无法散出(图 12.3.2)。

花粉粒从花药中被释放出来之后,被不同的媒介随机地带到雌配子所着生的雌蕊的柱头。在柱头上花粉粒吸水并从萌发孔处伸出花粉管,这一过程称之为花粉管萌发,这是一个需要大量物质合成和具有特殊结构形成的顶端生长过程。图 12.3.3 是一个花粉管结构的模式图。

花粉管的生长速度非常惊人。例如,玉米花粉粒在落到柱头上之后 5 min 内即可萌发,而在 24 h 内可以长到大约 50 cm 长。即每小时可以生长约 2 cm。花粉管通过花柱进到子房之后,通常沿子房的内壁或胎座继续生长至胚珠,经珠孔直接进入位于胚珠珠孔端的胚囊中。也有的花粉管是通过合点端进入胚珠,然后沿胚囊表面继续生长至珠孔端进入胚囊。还有的植物,其花粉管经由珠柄或珠被进入胚珠。无论花粉管通过什么途径进入胚珠,它们都会很快进入胚囊。花粉管进入胚囊就不再是穿行于细胞间隙之中,而是直接进入两个助细胞中的一个,并在其中释放出其内含物(图 12.3.4)。目前人们观察到在一些植物中,花粉管所进入的那个助细胞在花粉管到来之前就已经开始退化。但目前还不知道该细胞的退化和花粉管的进入与

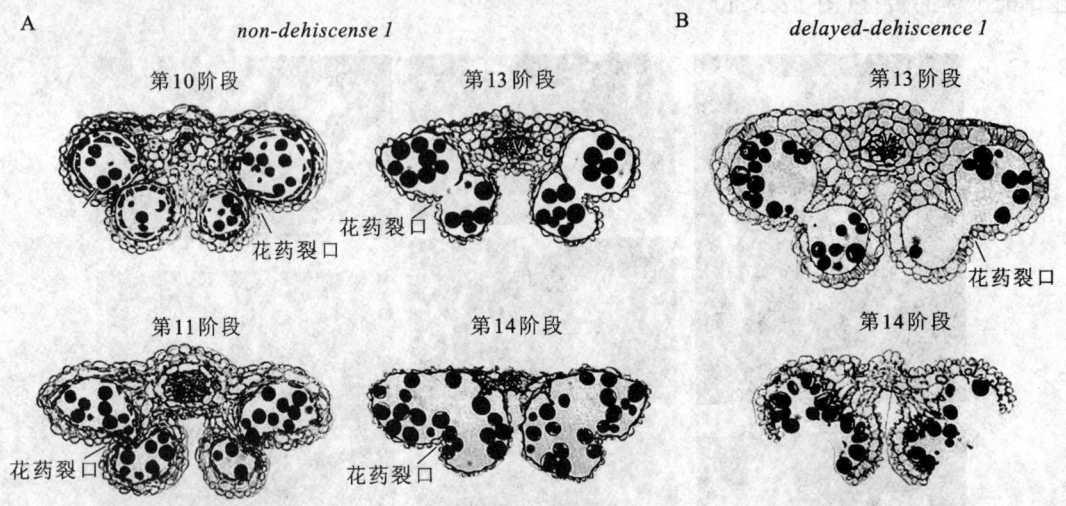

图 12.3.2 拟南芥花药开裂突变体

non-dehescince 1（A）和 *delayed-dehescience 1*（B）突变体花药开裂的特点。（Sanders, *et al*）

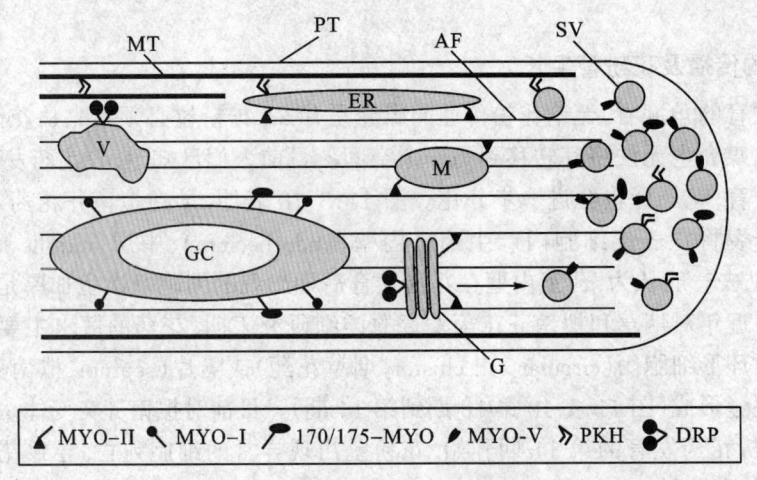

图 12.3.3 被子植物花粉管结构模式图

图示被子植物花粉管结构。其中 MT-微管；PT-花粉管；AF-肌动纤维系统；SV-分泌囊泡；ER-内质网；V-液泡；M-线粒体；GC-生殖细胞；G-高尔基体；MYO-Ⅱ-肌球蛋白Ⅱ；MYO-Ⅰ-肌球蛋白Ⅰ；MYO-肌球蛋白；MYO-V-肌球蛋白V；PKH-花粉类驱动蛋白；DRP-动素相关多肽。（Li, *et al*）

花粉管内容物释放之间是否存在什么必然的联系。在将内容物释放入助细胞后，花粉管传递配子的任务完成。

3. 花粉与花柱的识别与自交不亲和性

在生物的有性生殖过程中，配子的结合必须是有选择的，否则无法确保物种的延续。从我们上面对雄配子传递过程的介绍来看，花粉借助不同媒介传播到雌蕊的柱头上，这一过程完全是随机的，没有选择性。但到了柱头之后，则出现了花粉粒与雌蕊之间的相互选择。目前已经

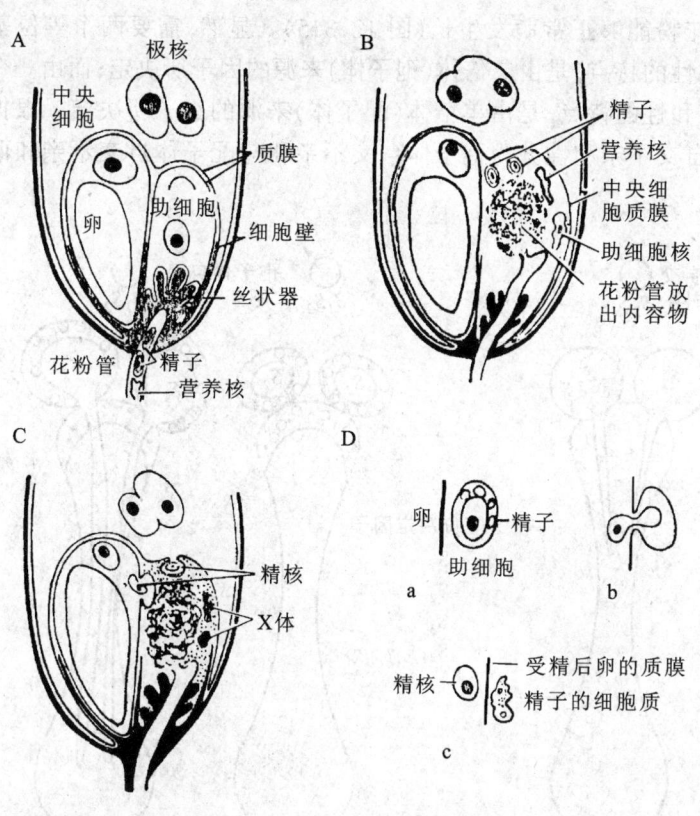

图 12.3.4 被子植物的受精
A.花粉管进入胚囊。B.花粉管释放内含物。C.两个精子分别转移至卵和中央细胞。D.精子核转移的细节示意图：a 精子与卵接近；b 精核在转移中；c 精核转移到卵细胞中。(胡适宜)

知道,花粉与柱头的识别主要取决于花粉壁上的蛋白与柱头或花柱内细胞表面蛋白的相互识别。

对于具有完全花的被子植物,花药距本朵花的柱头很近,造成极利于自花授粉的条件。但从达尔文的年代开始,人们就发现,植物发展出一些十分复杂的"舍近求远"机制来避免自花授粉,如雌雄蕊异熟、雌雄蕊异长、单性花等,特别是自交不亲和性的发现,更证明异花受精对物种生存的重要性。实际上,同种植物内,异花授粉通常有利于植物后代的生长,表现出异花授粉后代植株长势比较旺。

自交不亲和性(self incompatibility)特指雌雄蕊均可育的种子植物在自花授粉后不能产生合子的现象。一般认为,在大约一半的被子植物中都存在自交不亲和现象。早在 1921 年,Prell 就证明自交不亲和性受遗传控制。后来人们通过经典遗传学研究发现在大多数自交不亲和性植物中,该性状受由复等位基因构成的单一位点控制,并将控制自交不亲和性的基因位点称为 S 位点(S locus),而该位点上的各等位基因分别称作 S_1, S_2, ……S_n 等。只有花粉和柱头或花柱所携带的 S 基因不同时,才能够正常授粉,如果二者所携带的 S 基因相同,则不能正常授粉。由于 S 位点在绝大多数植物中是由复等位基因构成的单一位点,因此就有可能出现一个植物中 S 位点的两个等位基因不同的情况。来自于同一植株的雌雄蕊中,所携带的等位基因组成相同。而不同植株 S 位点彼此之间可能两个等位基因完全不同,也可能有其中之一相同而另一个不相同。如株系 A 携带 S_1、S_2,而株系 B 可能携带 S_3、S_4,也可能携带 S_1、S_3。如果株系 B 所携带的 S 基因是 S_3、S_4,则其花粉在株系 A 的柱头上一定能够正常萌发生长。但如果株系 B 所携带的 S 基因是 S_1、S_3,将可能出现两种情况:一种是所有的花粉均不能萌发生长，另一种是有一半的花粉能够正常萌发生长(图 12.3.5)。显然，需要两个等位基因同时出现差异才能表现出亲和性的特点，是由二倍体(孢子体)来源的因子所决定；而由一个等位基因出现差异即能表现出亲和性的特点，是由单倍体(配子体)来源的因子所决定。根据这种遗传学分析结果，人们又将自交不亲和性分为孢子体自交不亲和与配子体自交不亲和两种类型。

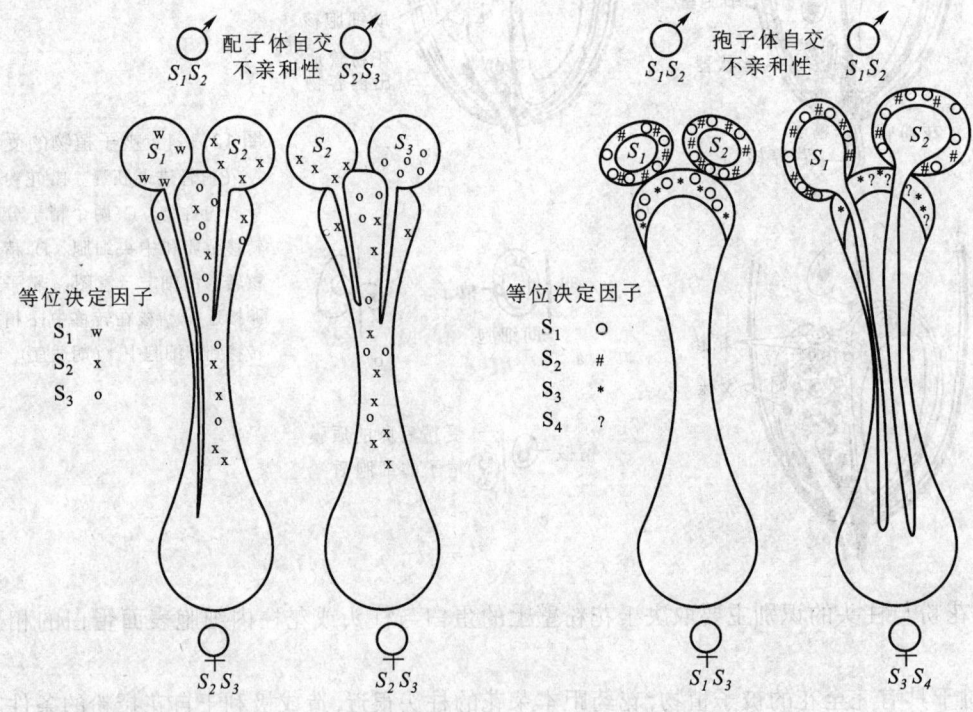

图 12.3.5　植物自交不亲和现象遗传机制图示
图中♂ S1S2 及♀ S1S3 等分别代表花粉和雌蕊在 S 位点上的基因型。(Preuss)

12.4　受精、幼胚与胚乳的形成

1. 受精

目前在许多教科书中，植物受精的概念比较宽。通常从花粉粒在柱头萌发就开始算起。但是，真正的受精过程应该从花粉管进入助细胞，将精子及其他内容物释放之后才开始算起。而花粉粒从花药中的释放、它们借助不同媒介在空间的传播以及花粉管的生长本质上都是配子的传递方法。

被子植物因为有胚囊的结构，受精过程不仅涉及精卵细胞的相互作用，还同时涉及到与卵细胞周围的几个细胞(特别是助细胞)的作用。根据超微结构及细胞化学方面的研究，人们发现助细胞主要有以下几个特点：第一，其位于合点端的细胞壁有内向生长，并且在此部位分化有丝状器(图 12.4.1)。这表明助细胞具有吸收功能；第二，助细胞内线粒体特别丰富，表明其具有活跃的代谢活性；第三，其液泡内含有大量的钙。根据 X 射线能谱分析，助细胞中的钙可占其干物质含量的50%。目前一般认为,助细胞中异常高的钙含量有两个作用:第一,有助于引导花粉管生长;第二,有助于精细胞与卵细胞的结合。在体外细胞融合或转基因实验中,人们发现钙是一个非常有效的细胞融合促进剂。但在精细胞从花粉管中被释放出来之后如何移动到卵细胞旁,精卵细胞是否需要经过进一步的识别,以及精卵细胞的融合机制等方面目前还没有确切的结论。

2. 幼胚的形成

合子形成标志着植物新一轮生活周期的开始。所有陆生植物合子的早期发育都是在有包被的条件下进行的,在包被中的合子分裂和分化的产物被称为胚,合子发育在包被中进行的阶段被称为胚胎发生。从发育生物学的角度看,植物与动物的胚胎概念是有区别的。我们这里所介绍的植物幼胚的形成,实际上应属于由合子开始的孢子体形态建成的早期事件,而不像动物那样包括有未来成体结构的全方位构建的内容。

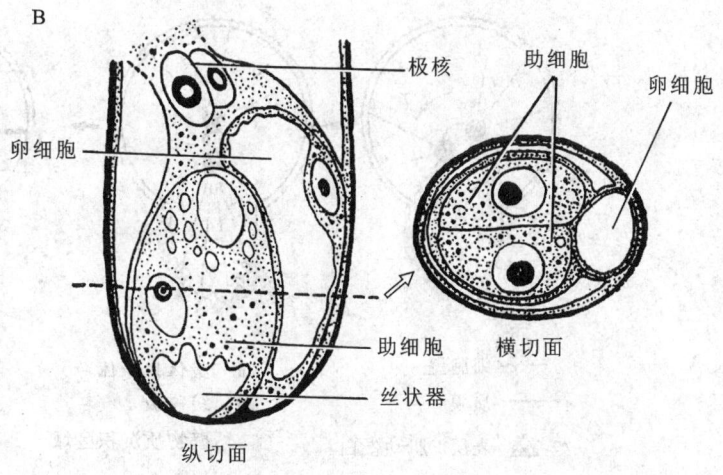

图 12.4.1 不同植物丝状器形态(A)及棉花胚囊珠孔端结构(B)图解 (胡适宜)

植物孢子体发育早期事件应包括以下几点:第一,合子极性的建立;第二,合子分裂的启动及早期细胞分化的调控;第三,茎端分生组织(或非种子植物中顶端细胞)的形成及早期侧生器官的分化和未来茎端分生组织发育条件的奠定。这些在不同植物类群中基本上是共同的,对于种子植物,则出现了种子形成的事件。

人们目前对植物受精完成之后合子内所发生变化尚知之甚少。这主要是因为到目前为止,人们还没有十分有效的方法大量地得到植物的合子。近年体外受精的成功很可能在将来会帮助人们突破技术上的限制。

目前关于合子极性建立的认识主要来源于对墨角藻(*Fucus*)的研究。图12.4.2表示墨角藻合子形成到第一次细胞分裂与假根(rihzoid)伸出(萌发)之间与细胞极性建立有关的一些形态、生理和生化方面的顺序变化。从这个图中可以看出,精细胞的进入、光照方向、F肌动蛋白(F-actin)、微管分布方向、细胞离子流方向、细胞壁形成模式、胶质物(jelly)沉积模式等都先后在这一阶段发生可观察到的变化。高等植物合子的极性建立情况与墨角藻可能会有不同。因为高等植物的卵细胞在体内就生活在一个极性明显的胚囊之中,受精卵在一开始其细胞结构就是非对称的(图12.4.3)。但这种结构上的非对称性对之后分化将产生什么样的影响目前基本上一无所知。

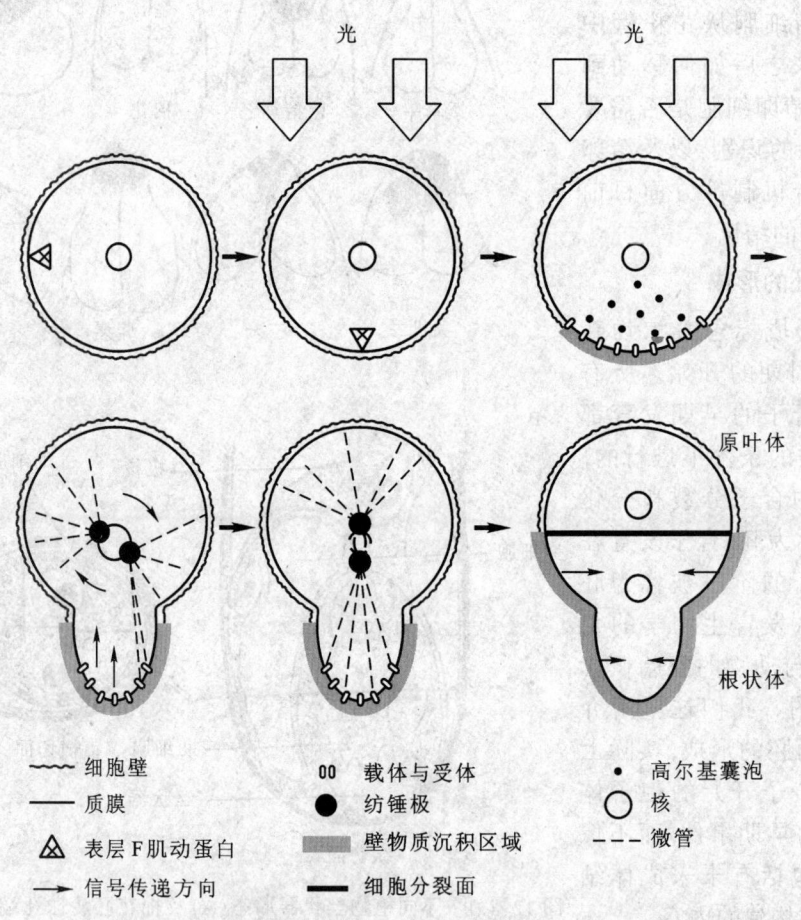

图12.4.2 墨角藻极性建立过程图解(Belanger & Quatrano)

根据大量的观察,人们发现通常合子的第一次分裂及其产物是非对称性的。多数植物中合子的第一次分裂是横向分裂,两个子细胞靠合点端的称为顶细胞(apical cell),靠珠孔端的称为基细胞(basal cell)(图11.1.3)。由顶细胞分裂形成的4个细胞被称为胚体(embryo proper),而由基细胞分裂形成的3个细胞被称为胚柄(suspensor)。在拟南芥中,胚体将行使茎端分生组织的功能,胚柄则主要用于从周围组织吸取营养。但在与胚体结合的部位的那个最上部的胚柄细胞却被认为参与胚根的形成。目前对这种分化特点是如何受到调控的尚不知道。但对拟南芥 *twn2* 突变体的研究发现,由于该突变体中缬氨酸-tRNA缺失,导致顶细胞

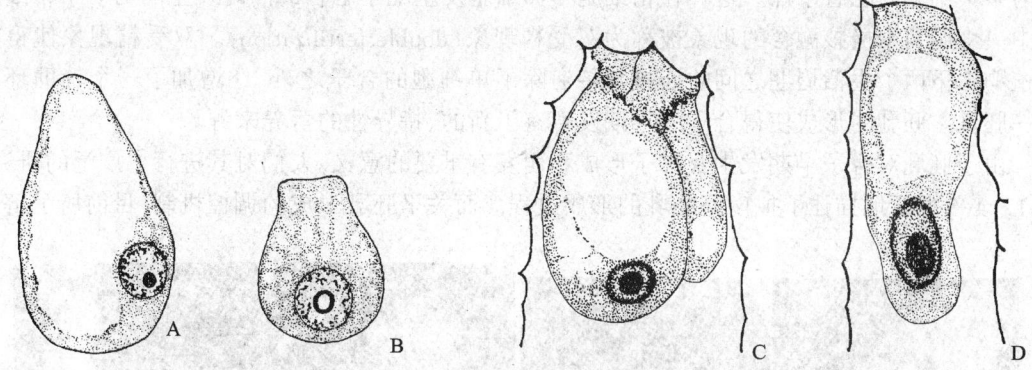

图 12.4.3 卵细胞与合子的极性
A. 棉花卵细胞。B. 棉花合子。C. 荠菜卵细胞。D. 荠菜合子。(胡适宜)

在第一次纵向分裂之后的进一步分化受到抑制。这使得胚柄得以向胚体的方向分化从而出现双胚的表型(图 12.4.4)。这表明在顶细胞出现第一次纵向分裂之时,虽然胚柄和胚体已出现了明显的形态分化,但它们的发育命运并没有得到最后的确定。

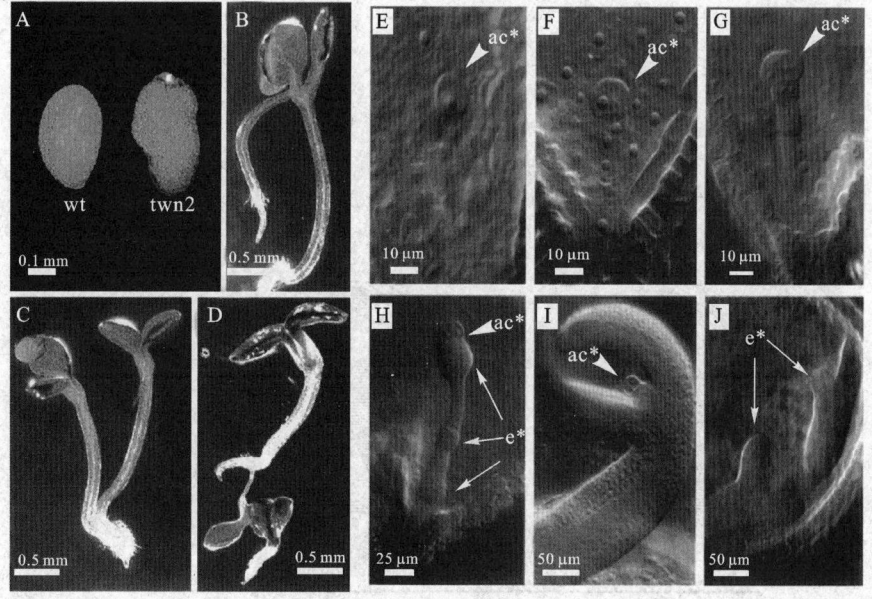

图 12.4.4 拟南芥 twin 突变体中的多胚现象
A. 野生型与 twin 突变体种子的比较。B~D. twin 突变体幼苗的不同表型。E~J. twin 突变体胚胎发生早期从胚柄等不同部位的细胞中形成额外的幼胚。其中 ac* - 额外的顶细胞;e* - 额外的幼胚。(Zhang, et al)

3. 被子植物的双受精与胚乳的形成

从绿藻到裸子植物等各种类群中,受精过程主要是精细胞与卵细胞之间一对一的细胞融合。可是到了被子植物,受精过程中除了有精卵细胞之间细胞融合之外,同时还出现一个精细胞与中央细胞的融合事件。这种在精细胞与卵细胞发生配子融合的同时发生的另一个精细胞与中央细胞两个极核融合的现象被称为双受精现象（double fertilization）。双受精现象使得被子植物上下两个生活周期之间的连接与传递除了单细胞的合子之外，还增加了一个辅助环节——胚乳。胚乳的形成使得合子的早期发育有了新的、特异性的营养来源。

由于胚乳对合子早期发生及种子形成和萌发有重要的意义，人们对其进行了广泛的研究。图12.4.5概要地描述了拟南芥胚乳的形成过程。而关于胚乳形成的调控机制，目前所了解的

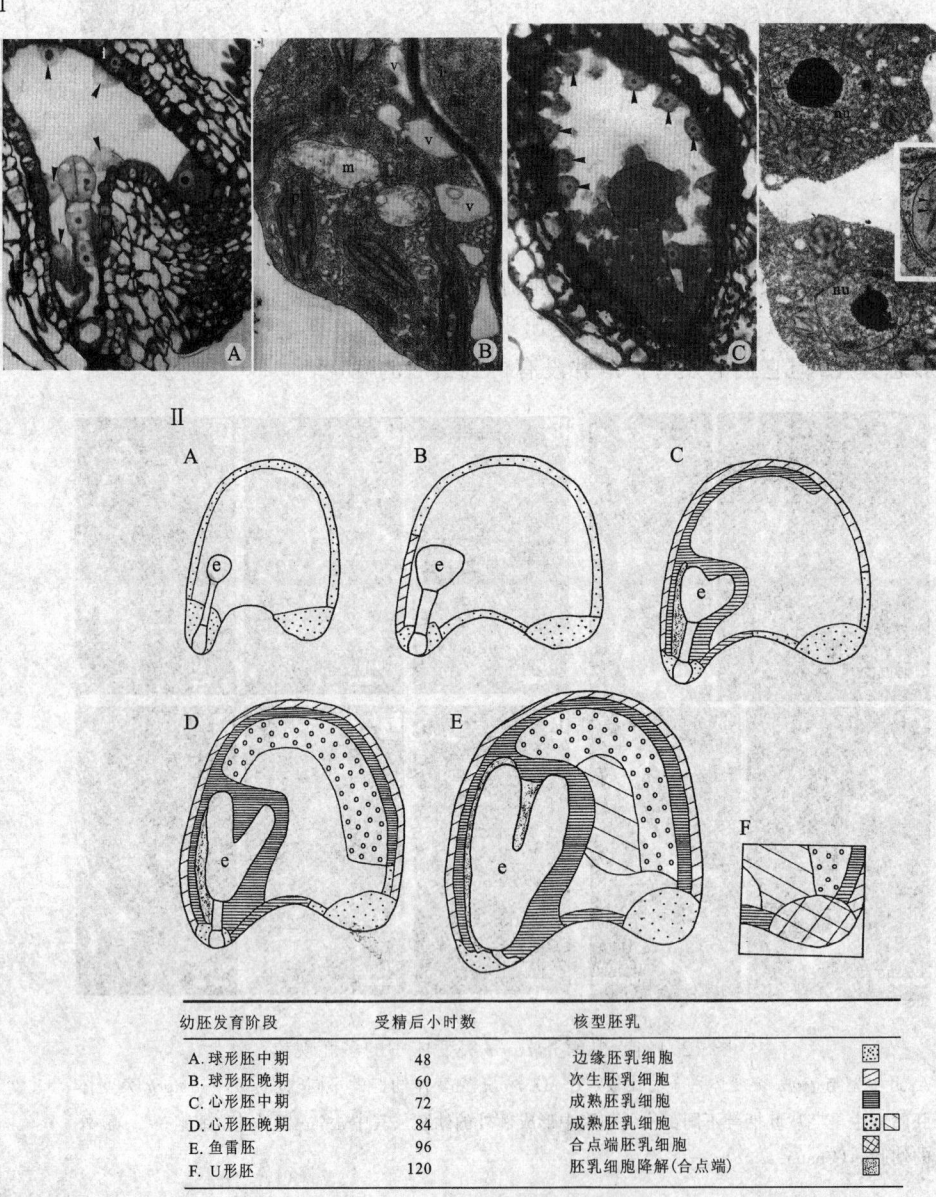

幼胚发育阶段	受精后小时数	核型胚乳
A.球形胚中期	48	边缘胚乳细胞
B.球形胚晚期	60	次生胚乳细胞
C.心形胚中期	72	成熟胚乳细胞
D.心形胚晚期	84	成熟胚乳细胞
E.鱼雷胚	96	合点端胚乳细胞
F.U形胚	120	胚乳细胞降解（合点端）

图12.4.5 拟南芥胚乳发育的基本过程

I.胚乳形成早期过程：A.4细胞胚时（受精后24 h），胚乳核开始出现（箭头所示）。B.单个胚乳"细胞"的放大。C.心形胚晚期（受精后60 h）的胚乳，可见胚乳核已遍布整个胚囊的边缘，幼胚已被胚乳包围。D.心形胚晚期胚乳"细胞"的放大。E.显示此时质体中出现了嗜锇颗粒（4细胞时胚乳"细胞"中的质体不含嗜锇颗粒）。II.胚乳细胞化及后期发育过程。（Bowman）

主要可以归为以下几个方面：第一，胚乳发育的决定和启动很可能主要由中央细胞控制。其主要证据，是有人利用体外受精技术，发现精细胞在体外与中央细胞融合后所分化的产物是胚乳而不是胚(图 12.4.6)。第二，胚乳的细胞扩增过程受到不同层面基因的调控。同样通过突变体分析，目前发现 PcG 基因除了控制胚乳发育的启动之外，还影响到胚乳细胞的扩增。第三，虽然胚乳的功能就是为胚的发育提供营养，但在不同植物中它们有不同形式的分化。其中最为典型的是禾本科植物胚乳发育中糊粉层(aleurone layer)的形成。糊粉层由三倍体胚乳细胞中最外层的细胞，也是唯一的一层活细胞组成。其他的胚乳细胞在发育到一定阶段之后都成

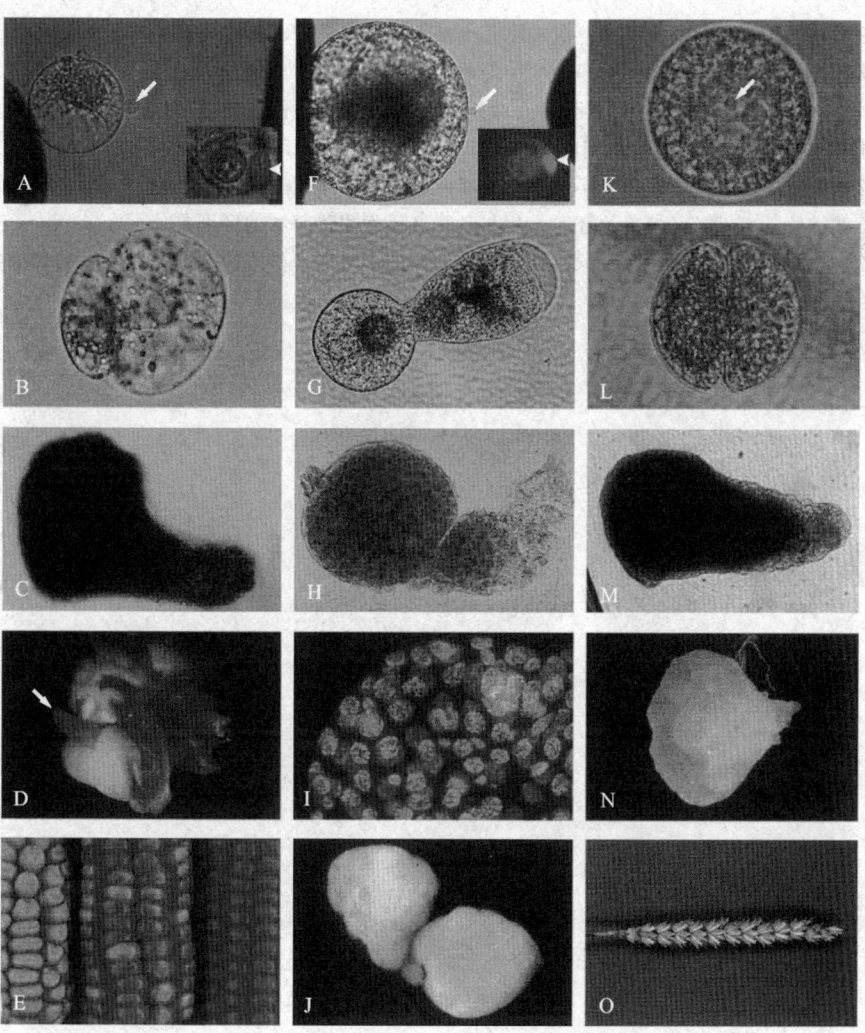

图 12.4.6　玉米与小麦体外受精及其培养结果

A~E.玉米卵细胞的体外受精，结果形成能够正常结实的人工合子胚，其中，A.精卵细胞的体外受精;B.体外合子开始分裂;C.人工合子胚发育的早期阶段;D.人工合子胚形成的幼苗;E.人工合子形成植株所结的果穗。F~J.玉米中央细胞的体外受精，结果形成一团类似胚乳的细胞，其中，F.精细胞与中央细胞体外受精;G.融合细胞开始分裂;H.融合细胞形成的细胞团;I.同步分裂后第4天的胚乳细胞;J.与正常胚乳十分相似的细胞。K~O.小麦卵细胞的体外受精，结果形成能够正常结实的人工合子胚。(Krauz, et al)

为储藏淀粉和蛋白等营养物质的死细胞。有趣的是,虽然糊粉层位于胚囊的内壁,但人们发现在影响表皮分化的玉米突变体 *crinkly4* 中,糊粉层的分化也不正常。类似的情况在拟南芥中也被观察到:在拟南芥的外层胚乳细胞中能够表达一个在表皮细胞专一性表达的基因 *ATML1*。这些现象暗示,除了保证胚胎发育的营养供应和胚后早期发育的营养储备以外,糊粉层可能还有其他的功能。

思 考 题

1. 什么是植物孢子?植物孢子的形成有哪几个基本环节?它们在植物发育中有什么意义?
2. 什么叫配子体?试简单描述被子植物中雌雄配子体各自的形成过程。
3. 为什么在植物发育中存在一个配子传递的问题?被子植物中配子传递可以大致分为几个环节?举例说明动植物的"共进化"与配子传递之间的关系。
4. 什么叫"自交不亲和性"?自交不亲和性有哪两种主要类型,其遗传学意义是什么?
5. 什么是植物的"胚胎"?植物的胚胎发生与动物胚胎发生最基本的区别是什么?
6. 什么叫被子植物的"双受精"现象?目前所了解到的胚乳发育的调控环节及调控机制有哪些?

13 植物适应固着生长方式的一些特殊发育现象

植物一个最重要的特点是其形态建成是在一个相对固定的空间中逐步完成的。因此在植物中出现了一些适应这种固着生长特点的,成为植物所特有的发育现象。在此我们介绍其中最主要的几点:光对生活周期完成的调控、植物激素对发育的影响、分枝与营养繁殖以及为种子植物所特有的种子的形成。

13.1 光对生活周期完成的调控

植物与动物最根本的区别就是:植物能进行光合作用,即在营养方式上是自养的;而动物需要获取食物,即在营养方式上是异养的。植物对光合作用的依赖,使得光成为其最重要的环境因子之一,它对植物的形态建成和生活周期的完成具有无处不在的影响。

1. 光形态建成和光周期现象

在各种光形态建成现象中,最为人们所熟悉的就是种子萌发过程中的黄化现象(etiolation)。双子叶植物在有光的条件下,萌发种子的子叶呈绿色,并很快展开,而在黑暗条件下,则下胚轴会剧烈伸长,子叶不转绿,而呈钩状(图 13.1.1)。

另一种光形态建成现象是植物的向光性。最为常见的是向日葵花盘随太阳的移动而旋转的现象。早在 19 世纪后期,人们就发现植物的茎端或器官(如胚芽鞘)能够向有光的方向偏转。并把这种现象称为植物的向光性(phototrophism)。

在植物光形态建成中,研究得最多的是光周期现象。一年之中夏天冬天昼夜长

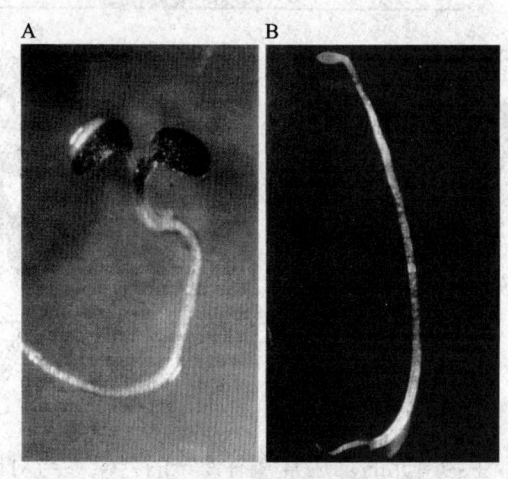

图 13.1.1　植物的黄化现象
A.拟南芥种子在光下萌发,下胚轴较短。B.拟南芥种子在完全黑暗的条件下萌发,下胚轴细长,子叶不能张开。(Deng, et al)

短不同,它的规律变化称为光周期(photoperiod)现象。光周期对植物形态建成的影响最明显的是植物的开花决定(图 13.1.2)。有的植物只在长日照条件下开花(通常是春夏季),被称为长日植物;而有的植物只在短日照条件下开花(通常是秋季),被称为短日植物。此外光周期对不同器官(从营养性的器官到生殖器官)的形态发生均产生程度不同的影响,例如对营养性叶片伸长的影响、花序阶段发生的器官形态的影响(如水稻的颖片)(图 13.1.3),等等。除了光的有无、方向和光/暗周期之外,光强和光质对植物的形态建成也有一些影响。如有些植物的叶片在强光下会长得比较厚,而在弱光下则长得比较薄(图 13.1.4),它们在植物学上分别被称为阳生叶和荫生叶。

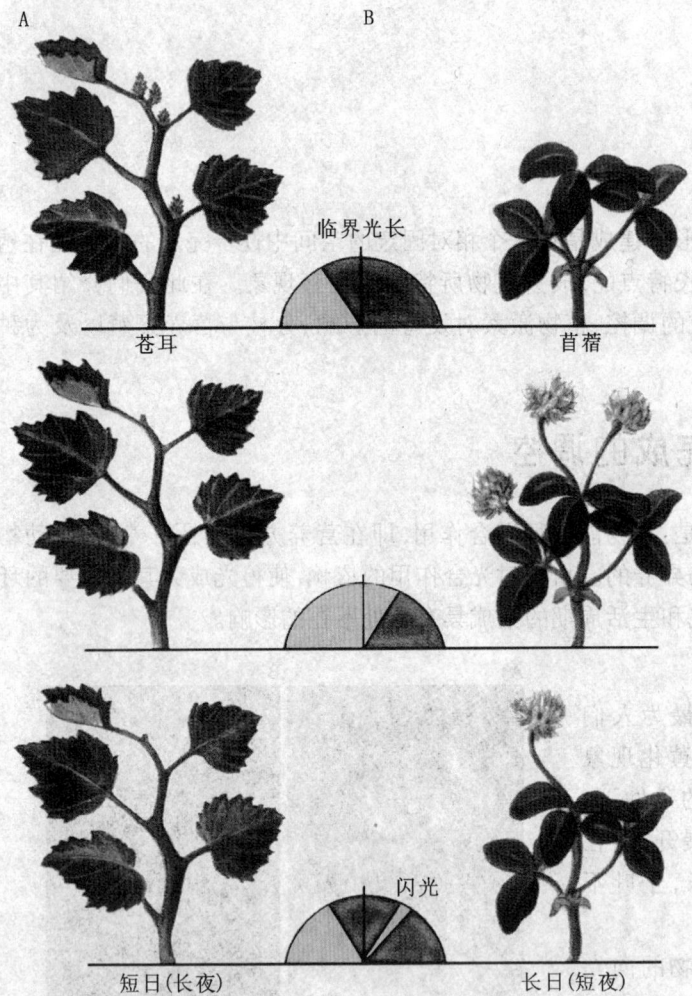

图13.1.2　植物开花的光周期现象图解

A.短日植物(如苍耳)在短于其临界光长的条件下能够开花,对这些植物而言,暗期的闪光也能够如长日条件一样抑制其开花。B.长日植物(如苜蓿)在日照长于其临界光长的条件下开花,对这些植物,暗期的闪光将不会抑制其开花。(Moore, et al)

2. 植物中的光受体

生物对光的反应常常有专一的色素参与对光的吸收,如叶绿素参与光合作用中对光的吸收。植物表现的生活周期的光形态建成和光周期现象中同样有特殊的感光的色素参与,它们与特殊的蛋白结合,被称为光受体。目前已经分离得到两大类光受体及其基因:一类是光敏色素(phytochrome),另一类是隐花色素(cryptochrome)。

图13.1.3 植物光周期对水稻穗和颖花形态建成的影响

在短日照条件下,粳稻农垦 58 品种稻穗分枝紧凑,枝梗节间短,颖花具有很短的芒(A);在幼穗开始分化后所给予的长日照条件下,同样的品种稻穗分枝松散,枝梗节间长,颖花出现很长的芒(B)。

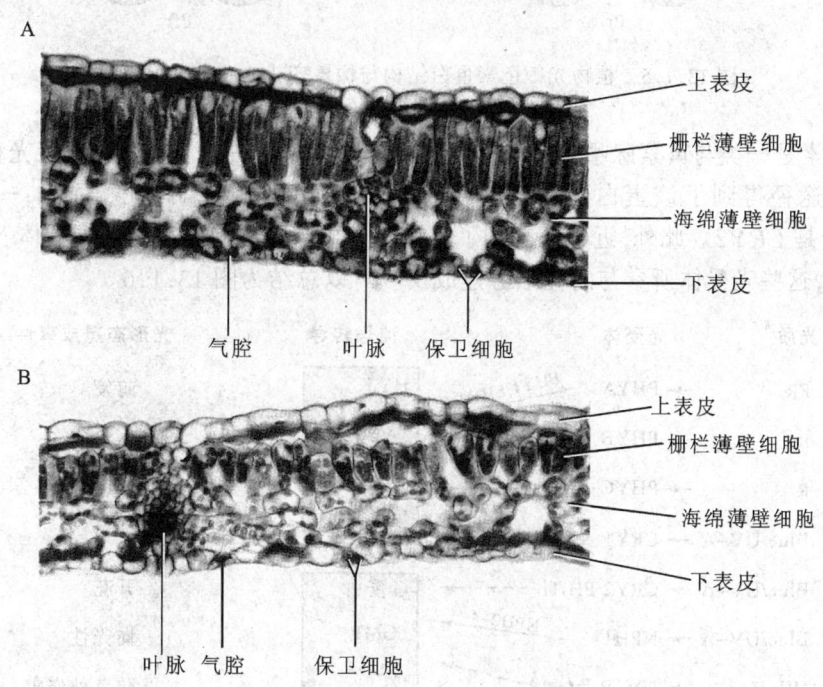

图 13.1.4 阳生叶与阴生叶在形态建成上的区别

A.阳生叶具有较小的表皮细胞和紧密排列的栅栏薄壁细胞。B.阴生叶则具有较大的表皮细胞,栅栏薄壁细胞较小,排列较为松散。(Moore, et al)

光敏色素是一种含发色团的蛋白,其相对分子质量约为 $120×10^3$。光敏色素以两种形式出现,一种可以吸收红光(表示为 Pr),并在吸收红光后转变成可以吸收远红光的另一种形式(表示为 Pfr)(图 13.1.5)。可以吸收远红光的形式具有生理活性,当它吸收远红光后又可以转回到吸收红光的形式而失去其生理活性。根据对拟南芥突变体的研究发现,编码光敏色素蛋白的基因有 5 种($PHYA \sim E$),现已知其中 $PHYA$ 主要参与种子萌发和开花中的光周期反应,而 PHYB 主要参与与遮荫有关的形态建成反应。

光敏色素蛋白结构域的线形排列特点

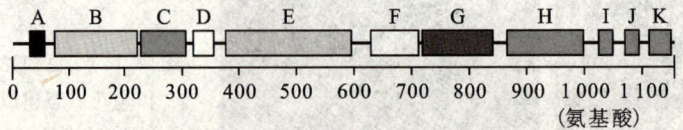

光敏色素在红光和远红光条件下蛋白折叠的模型

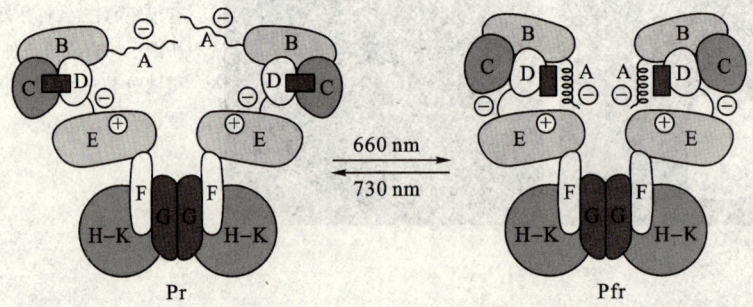

图 13.1.5　植物光敏色素蛋白结构与构象变化(Westhoff, et al)

　　隐花色素是一类与黄素腺嘌呤二核苷酸非共价结合的蛋白质。主要吸收蓝光和 UV-A。通过突变体途径得到了该蛋白的基因。目前已知有两个基因编码此类蛋白,一个基因是 *CRY1*,一个是 *CRY2*。此外,近年还得到了另一类介导蓝光向光性反应的光受体 NPH。根据现有的证据,这些光受体所参与的光形态建成反应可以总结为图 13.1.6。

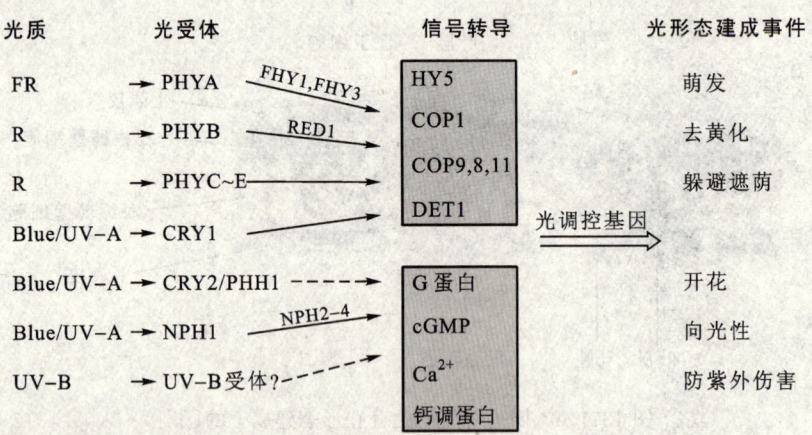

图 13.1.6　目前关于植物光形态建成机制的概念框架(Batschauer)

3. 光形态建成中的信号转导系统

　　目前对光形态建成中信号转导系统的认识,主要来自两个方面,第一是对拟南芥光形态建成突变体的研究;第二是分离与光敏素直接作用的蛋白及其基因。

　　关于拟南芥光形态建成突变体的研究,目前已分离出一批有关的突变体。其中比较有代

表性的是对 *det* 和 *cop* 两类突变体的研究。*det*（*de-etiolated*）和 *cop*（*constitutive photomorphogenesis*）突变体的基本表型是一样的,它们都是当种子在完全黑暗的条件下萌发时,仍表现出在光下萌发的形态特点(图 13.1.7)。但遗传互补实验表明,这两个基因是不同的。在这一系列的突变体中,对 *cop1* 的研究最为深入:该基因编码一个具有特殊调节功能的蛋白,这种蛋白因为其活性需有锌离子的参加和其多肽链的二级结构特征而被称为锌指蛋白。它是由两个单体构成的聚合蛋白,可以在光的作用下在细胞核与细胞质之间移动。*det1* 基因编码的蛋白特性目前还不清楚,但已知它定位于细胞核并推测它可能通过蛋白-蛋白间的互作而起调节作用。目前基本认为,这一类基因在从光敏素到被光调控的基因或形态建成事件之间的信号转导系统中扮演着不可缺少的重要角色(图 13.1.8)。

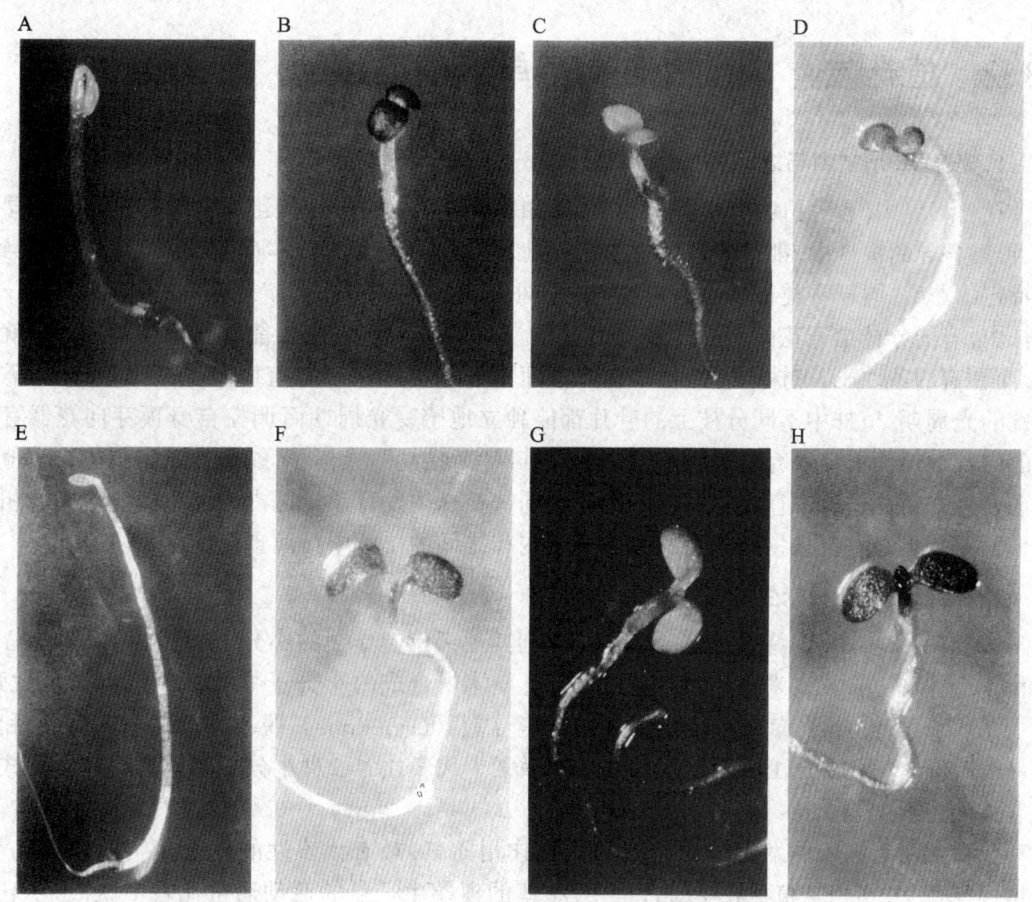

图 13.1.7 拟南芥 *cop1* 突变体表型
A~D.萌发后 3 d 的幼苗。E~H.萌发后 6 天的幼苗。A,E.暗中萌发的野生型幼苗。B,F.光中萌发的野生型幼苗。C,G.暗中萌发的突变体幼苗。D~H.光中萌发的突变体幼苗。(Deng, et al)

另一方面的工作是分离与光敏素直接互作的蛋白及其基因。最近的两个例子是 SPA1 和 PIF3 的分离成功。SPA1(suppressor of PHYA-105)是一种核蛋白,含有 WD 重复序列、螺旋区域和蛋白激酶的功能区。该蛋白是 PHYA 的负调控因子。PIF3(phytochrome-interacting factor)是利用酵母"双杂交"系统分离出来的一种碱性蛋白,它的多肽链具有螺旋-环-螺旋的空间结构,并能够与PHYA与PHYB的C-末端相结合。PIF3是光敏素的正调控因子。转基因实验表明,该基因的过量表达或者抑制,均会影响到拟南芥形态建成时对光的正常反应。

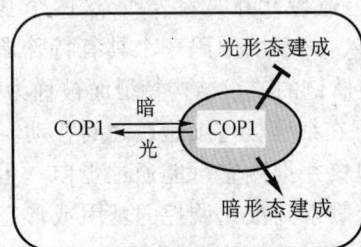

图 13.1.8　*COP1* 基因作用机制图解
COP1 基因产物在黑暗条件下移动到细胞核中,在抑制光形态建成的同时,抑制暗形态建成;而在光照的条件下,则移动到细胞质中,对光/暗形态建成都不发生影响

13.2　植株发育单元内与发育单元间的协调

1. 发育单元之内与之间的协调问题

在自然界中,各种植物有其特有的外形,如高耸入云的巨衫和风影婆娑的竹丛。在不同种类、形态各异的植株中,都包含有大量的我们前面提到的发育的基本单元。我们都曾注意到,在特定的季节,同一种类植物的不同植株将在很短的时间内几乎同步地开花;但有时在同一株植株中,有的分枝会开花而有的分枝则不开花。在有的条件下,植株能够长很少几片叶子就开花,而在有的条件下,植株则可能长很多叶子而不开花。对于有的植物而言,它们的开花需要特殊的光周期,植株中不同分枝上的叶片都能独立地感受光周期而调控自身顶芽向花器官转变的时间。但是很多研究也表明,一个分枝的叶片所接受的光信号,能够被转运到植株其他部分而发挥作用。这之中存在的调控问题就是同一植株中发育单元之内和发育单元之间的相互协调问题。已经发现植物激素在发育单元之内和之间的协调中扮演重要的角色。

2. 植物激素在植株生长发育中的作用

植物激素是在体内特殊部位合成而传递到其他部位起作用的小分子物质。从20世纪20年代首先发现生长素以来,目前已有5大类植物体内合成的小分子物质被公认为植物激素。它们是生长素(auxin)、赤霉素(giberrilin)、细胞分裂素(cytokinin)、脱落酸(absciside acid)和乙烯(ethylene)。图13.2.1表示这5大类植物激素中代表性的5种小分子物质的化学结构式以及它们的主要功能。

就植物激素在不同发育单元之间的协调作用而言,最有代表性的就是植物的顶端优势。所谓顶端优势,指一株植株在生长过程中,主茎的顶端生长点的活动通常比较活跃,由于它的活动,能够形成明显的主茎,而叶片中腋芽的生长则受到抑制。如果由于自然或人为的原因将主茎的顶端生长点去除,则对腋芽生长的抑制就会被解除,从而植株中将形成更多分枝。目前已经知道,生长素在顶端优势的形成中扮演主要的角色。相对应地,研究发现,细胞分裂素参与腋芽的生长。如果植株中细胞分裂素含量增加或外施细胞分裂素,腋芽的生长就会受到促进。另外,果实和叶片的季节性脱落对植物不同发育单元之间的协调也起着重要的作用。

除了上述这5大类植物激素外,近年另外两种体内的小分子物质也被认为属于植物激素(图13.2.1)。一种是油菜素内酯(brassinosteriod),一种是茉莉酸(jasmonic asid)。油菜素内酯在20世纪70年代从油菜花粉中被分离得到,人们发现外施该物质对植物细胞的分裂和伸长

植物激素	化学结构	部分效应
生长素(吲哚乙酸)	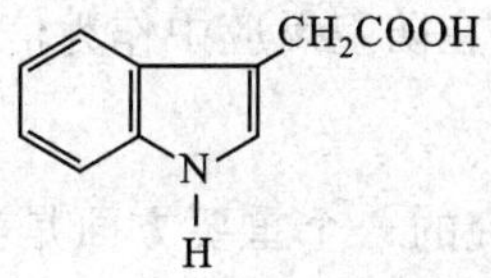	通过刺激细胞伸长而促进生长 促进侧根和不定根生长 保持顶端优势 抑制叶片脱落 促进单性结实
细胞分裂素(玉米素)	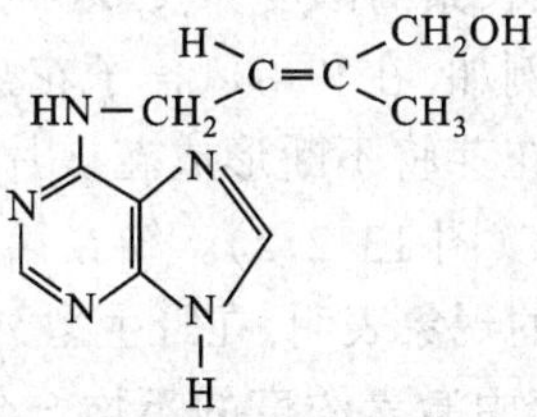	刺激细胞分裂 诱导侧芽生长 延缓衰老
赤霉素(GA_3)	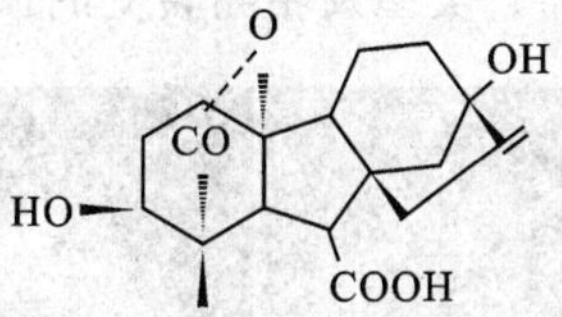	促进茎生长 诱导莲座植物开花 打破种子休眠
脱落酸	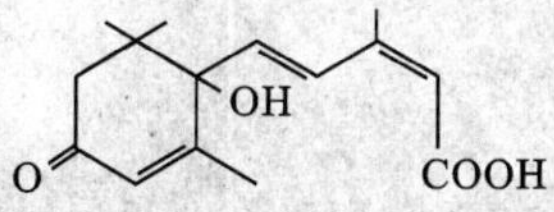	促进果实和叶片脱落 抑制种子萌发 参与水分胁迫和气孔关闭
乙烯	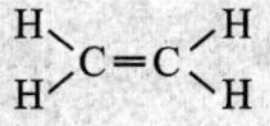	促进果实成熟 促进果实和叶片脱落
茉莉酸	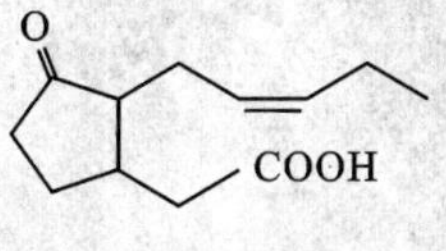	诱导伤害防御基因表达 诱导卷须生长 在马铃薯重诱导块茎形成 细胞培养中刺激次生代谢
寡糖	GalA —α-1,4— GalA —α-1,4— GalA ---	介导病菌入侵引起的防御反应 拮抗生长素效应 烟草原生质体培养中诱导细胞分裂
油菜素内酯	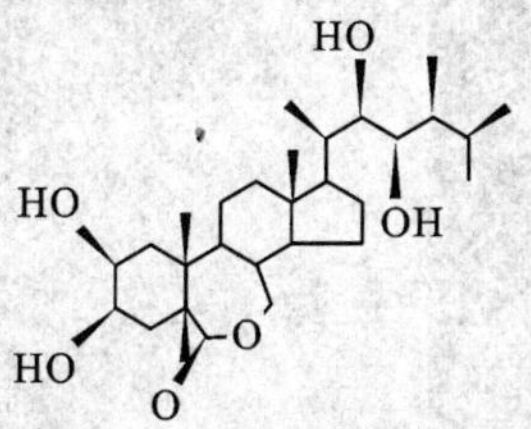	促进细胞生长和分裂

肽类激素
  系统素(来自番茄)
  ENOD40(来自大豆)
	
	AVQSKPPSKRDPPKMQTD
	MELCWLTTIHGS
		
		系统抗性反应的作用信号
		诱导根瘤形成过程中皮层细胞的脱分化过程
		烟草原生质体培养中耐生长素因子

图 13.2.1　植物激素的基本类型及其功能

具有促进作用。近年通过突变体途径分离得到其代谢途径方面的基因,由此油菜素内酯被确定为植物体内合成的物质,同时确认它属于体内激素类物质。茉莉酸也是一种在不同植物类群中广泛存在的物质,目前一般被认为它主要在防卫反应中作为信号载体发挥作用。

3. 植物激素的其他作用

在 20 世纪四五十年代,关于植物激素研究的一个重要方面是激素在组织培养中的作用。当时人们从经验中得到一个规律,即在组织培养中,生长素和细胞分裂素的比例能够决定再生植株首先是长根还是长芽。近年有人发现,生长素的浓度不仅影响再生植株中根或芽的生长,而且还影响再生芽中不同器官类型的比例。例如,在利用风信子花被片做外植体所得到的再生花芽中,如果培养基中的激素浓度高,则该花芽将不断形成花被片;如果将培养基中的生长素浓度降低,则再生花芽中将形成花药或心皮(图 13.2.2)。结合第 11 章中所介绍的花器官特征受 ABC 基因决定的特点,风信子研究中的现象表明,在野生型 *ABC* 基因的植物中所出现的不同特征花器官的依次出现,很可能与花芽中激素浓度的不均一分布有关。如果这一假说得到证明,将能够进一步揭示发育单元内不同器官类型发生与转变的调控机制。

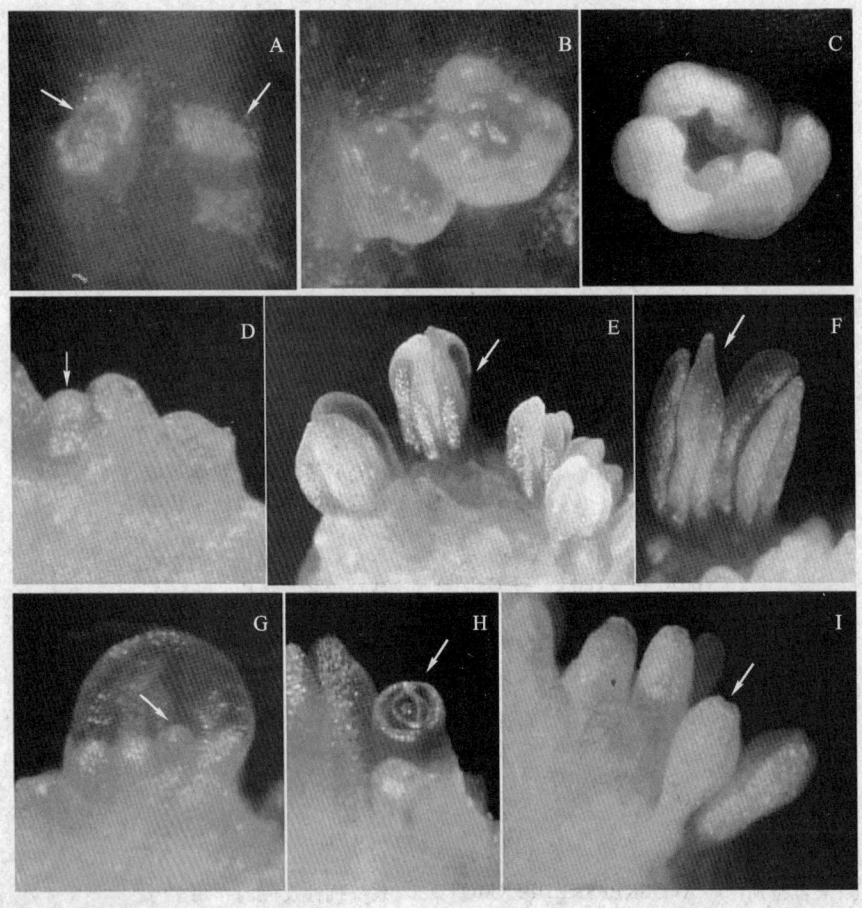

图 13.2.2 在不同的培养条件下由花被片外植体直接再生出不同的花器官
A~C.发育到不同阶段的花被片。D~F.发育到不同阶段的雄蕊。G~I.发育到不同阶段的胚珠。(Li, *et al*)

13.3 分枝与营养繁殖

1. 分枝对植物发育单元的部分重复及植物细胞分化的位置特征

前面章节指出,一株植物在很大程度上表现出的是众多发育单元的聚合体结构,即大量分枝存在。由于植物的固着生长,分枝是一个植株尽可能地自我扩张,并产生尽可能多后代的最有效方式。值得注意的是,在一株植株的形态建成过程中,并不是所有的分枝都会形成所有的侧生器官类型。如拟南芥抽薹后所出现的分枝一般就不会形成莲座叶。这表明通常分枝对发育单元的重复通常是部分重复。值得注意的是,通常分枝中茎端分生组织所形成的侧生器官类型受该分枝发生部位的影响。这就形成了一个植物发育中的重要问题,即植株不同部位的细胞如何了解自己在生活周期完成过程中所处的分化位置,并如何将这种位置信息通过细胞分裂传递到新发生的分枝的发育程序之中。关于植株不同部位细胞组织携带有位置信息的现象,早在 20 世纪 70 年代就被人们用实验的方法得到证明。人们将烟草不同部位的茎切下作为外植体培养。实验发现较低部位的茎外植体所形成的再生芽会出现较多的叶片然后形成花器官,而较高部位的茎外植体则可能直接形成花器官而不形成叶片(图 13.3.1)。

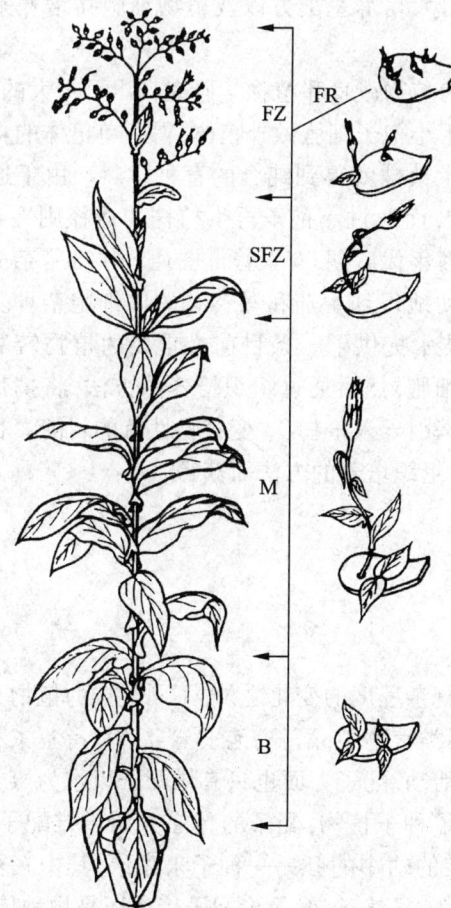

图13.3.1 植株不同部位的组织对直接形成的再生芽形态建成的影响
由 B 区组织培养形成的再生芽表现出幼苗的特点;由 M 区组织培养形成的再生芽必须出成苗的特点,即长出少量营养性叶片之后,能够出现花芽;由 SFZ 区组织培养形成的再生芽表现出花序特点;由 FZ 区组织培养形成的再生芽则表现出花芽特点。
(Tran Thanh Van)

2. 植物的营养繁殖及其细胞组织培养特征

植物在固着生长方式下自我扩张的方式除了分枝之外，还有营养繁殖。所谓营养繁殖指植物营养性叶或茎的部分从植株上分离（或不分离）而形成新的植株的自我扩张方式。除了分枝从原植株上分离后独立生长外，许多植物的块根、块茎、鳞茎、球茎，以及根状茎都有很强的形成独立植株的能力，它们能够在原植株的周围形成大群的新植株，使得原植株能够在很短的时间内实现自我扩张，得到更多的生长资源和生殖机会。值得注意的是，在很多被用于营养繁殖的结构（如块根、块茎、鳞茎、球茎及根状茎等）中，通常除了具有分枝的基本结构（块根除外）之外，还有储藏结构，这样就使得在不利的环境条件下，能够在获得生长条件以前更好地保存自己。植物的营养繁殖为其本身在生存和发展创造了良好的条件。人类很早就知道利用植物的这一性质，例如，在发酵生产中菌种的保存与扩增、植物生产中的插条、优良块茎或块根的切块扩繁等。

早在 20 世纪初，Haberlandt 就提出，植物细胞具有全能性，即一个细胞能够通过分裂、分化而形成一个完整的植株。到了 20 世纪 50 年代，这一假说得到了更精细的实验证实。Steward 利用胡萝卜根的韧皮部细胞作为外植体，通过组织培养得到胚状体并得到完整且可育的胡萝卜植株。从那以后，植物组织培养成为植物科学中一个重要的研究领域。人们主要探讨诱导不同外植体形成再生植株的最有效的程序、培养基配方以及植物细胞在培养条件下分裂和分化的规律。

过去几十年的实践表明，植物组织培养技术为植物改良和植物学研究作出了重大的贡献。首先，植物组织培养被用于单倍体育种。人们利用小孢子细胞做外植体，得到单倍体的再生植株，然后通过人工染色体加倍的方法在当代的再生植株就得到纯合的育种材料。由于通常杂交育种中，要使杂交后代纯合需要 5~8 代的自交，而通过小孢子再生植株的途径则在杂种 2 代就可进行有效的株系培育。其次，在 20 世纪 70 年代后期，有人曾试图通过体细胞杂交的方法为植物改良增加一条新的途径，如曾经有人成功地得到番茄和马铃薯的体细胞杂种。但目前植物组织培养对植物改良最重要的贡献是该技术提供了一条目前最重要的植物转基因途径。人们通过不同的方法，将外源基因导入植物细胞，然后通过组织培养的方法，将携带外源基因的细胞培养成可育的植株，从而实现将外源基因导入植物、改变植物性状的目的。目前应用于植物生产的转基因植物基本上都是通过植物组织培养的方法而获得。

13.4 物种的传播

1. 物种传播载体从单细胞到种子的演化

在植物的进化中，除了侧生器官类型或者其复杂程度的变化之外，不同类群的植物在配子传递和物种传播方式上也出现明显的改变。在藻类植物中，配子、孢子与合子具有基本相同的传播功能。在苔藓和蕨类中，合子已不参加传播活动，配子方面也只有雄配子以水为媒介进行配子传递，物种传播的功能完全落到孢子上。到了种子植物，配子的传递开始由雄配子体（花粉粒）承担，而在物种传播方面则由经过精致包装的幼小的胚——种子来完成，其中在被子植物的种子中更有为胚的生长而"定身打造"的胚乳。显然，这时无论配子传递还是物种传播，它们都以多细胞的形式取代了单细胞的形式。

从不同植物的生活周期比较来看,在种子的演化过程中,有几个环节是值得关注的:第一,**胚珠的分化**。胚珠不仅需要起到保护卵细胞和幼胚的作用,还要能够从其发生的植株上分离开来,而颈卵器就没有从原叶体上脱离的机制。第二,**种子程序的形成**。从对体细胞胚胎发生的研究中,人们发现尽管直接从体细胞来源的愈伤中分化出来,而且没有胚珠包被,体细胞胚仍然会表达一些种子特异基因。这表明种子程序已经编码到基因组中,只要细胞能够回到合子状态,种子程序就能够在其胚胎发生的过程中得到一定程度的表达。第三,**种子程序运行过程中相关结构之间的协调**。我们前面提过,种子的形成需要胚体、胚乳和珠被的共同参与,它们各自的分化过程有相当的独立性,但它们在正常种子形成过程中彼此之间必须协调才能最终形成有功能的种子。

2. "种子程序"及其对种子形成的调控

我们在第 11 章中曾经介绍过,由于 LEC1 基因的突变,拟南芥的子叶出现了一些真叶的特征。有人认为该基因所控制的是"种子形成程序"的启动。什么是"种子形成程序"呢? 目前的证据表明,它是在幼胚或胚乳中开始储藏物质积累,然后脱水、休眠以保持幼胚的活力和储藏物质的有效性的过程。这一程序或借子叶和胚轴之身、或借胚乳之地而运行。在这一程序的运行将中断由合子分裂所启动的幼胚发育过程,它是种子植物生活周期中为更好地完成物种的传播而在发育程序中插入的一个对环境适应的环节(图 13.4.1)。从这个意义上,种子与马铃薯的块茎、荸荠的球茎以及百合科植物的鳞茎在本质上是一样的。所不同的是,在这些变态茎中储藏物质的积累和保存所借用的载体不是幼胚或胚乳,而是不同部位的茎(球茎、鳞茎或块茎)。

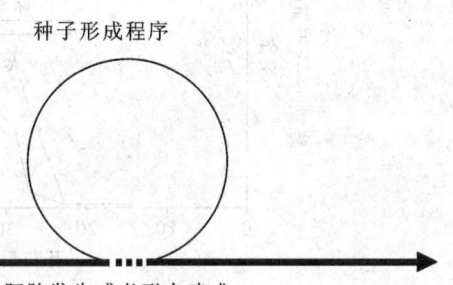

图 13.4.1 关于胚胎发生和种子形成过程彼此独立假说的图解

胚胎发生和形态建成过程被表示为图中带箭头的直线;种子形成过程则被表示为图中的环。环被直线切断部分(虚线)表示种子形成程序在早期的胚胎中运转时形态建成过程被抑制,该过程在种子萌发之后被恢复。

从上面的分析我们可以看出,所谓种子形成过程的核心是适应胚胎暂停生长发育而出现的物质代谢水平上的变化及其相应的保护机制。由于这种物质代谢方面的变化是借原有的形态结构(胚及胚乳)而发生,并同时赋予原有的形态结构以新的功能,因此也迫使原有的形态结构,特别是胚和珠被发生了与之相适应的形态变化。因此对种子形成过程的调控机制的研究,包括了物质代谢和形态建成两个基本方面。

就目前所知,LEC 基因是启动种子形成程序的最早因子之一。由于这中间涉及的物质变化十分复杂,在此仅以图 13.4.2 概括地介绍各阶段所涉及的相关物质变化类别。目前,种子程序调控机制方面的知识可以归纳为以下几点:第一,在种子中特异表达的基因在 DNA 序列上有一些共同的特点。如很多储藏蛋白基因的启动子具有双重调控的位点,即在紧靠转录启始位点的近端有一个几十到三百个碱基左右的启动子,而在较远端还有一个调控位点。又如,很多 LEA 基因的启动子中都有一个 ABA 反应特异的 ACGT 序列。第二,ABA 对许多种子特异表达基因具有调控作用,同时对幼胚的发育起抑制作用。第三,以玉米中 VP (VIVIPAROUS,种子在植株上萌发)和拟南芥中 ABI(ABA INSENSITIVE,ABA 不敏感)两个基因为代表的一些转录因子对种子形成过程具有广泛的影响,尤其是对脱水过程、幼胚生长的抑制以及很多种子蛋白的基因表达方面。第四,我们上面提到的 *LEC* 基因对种子形成程序起着关键的作用。但是,目前人们还不太清楚究竟 *LEC* 基因与 *VP/ABI* 基因之间存在什么样的关系。

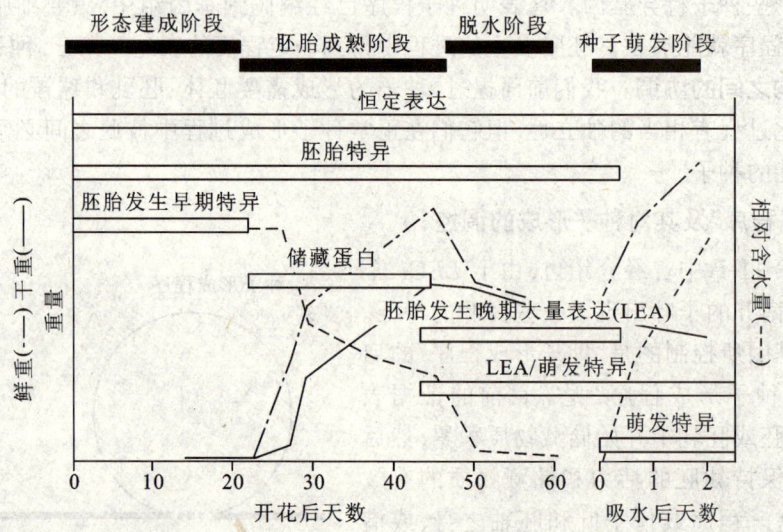

图 13.4.2　种子形成和萌发过程不同阶段相关物质变化的特点(Harada)

目前人们将种子的萌发也包括在种子形成程序之内。其最主要的依据是,第一、人们认识到种子形成过程实际上中断了幼胚的正常发育,而种子萌发则是对幼胚发育过程的恢复。第二,很多种子特异表达的基因在种子吸水恢复代谢活动后,一直到幼苗萌发早期仍然能够表达,甚至如同在种子形成过程中一样受 ABA 调控,这些基因在幼苗长到一定阶段后就不再表达。

此外,珠被在种子形成过程中也起着重要的作用。有研究发现,影响到花器官特征决定的 *AP2* 基因其实还影响到种皮(胚珠)的结构(图 13.4.3)。而更直接的研究来自于利用拟南芥 *pgm1* 突变体所进行的种皮外胶状物(mucilage)形成机制的分析。在这一研究中,人们第一次发现拟南芥种皮上突起的小颗粒(columella)形成的过程及其与胶状物形成的关系。图 13.4.4 概要地描述了胚珠的表皮细胞分化为种皮的表皮细胞的过程。*pgm1* 突变体的表型是不能产生种皮外的胶状物。虽然目前对胚珠表皮分化过程的调控机制的了解才刚刚开始,但这一研究在了解种子的形成机制上是十分重要的。因为具有正常发育的种皮,种子才能顺利地完成

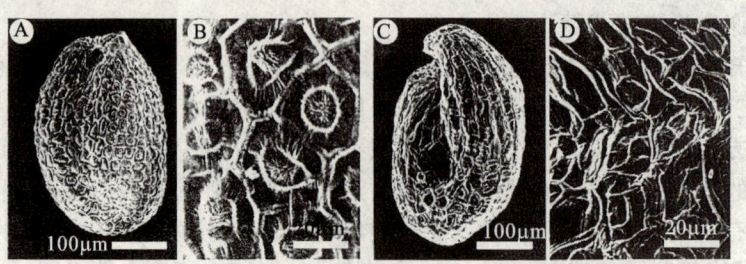

图 13.4.3　影响拟南芥种皮发育的突变体及其表型
A,B. 野生型。C,D. ap2 突变体。

其物种传播的使命。

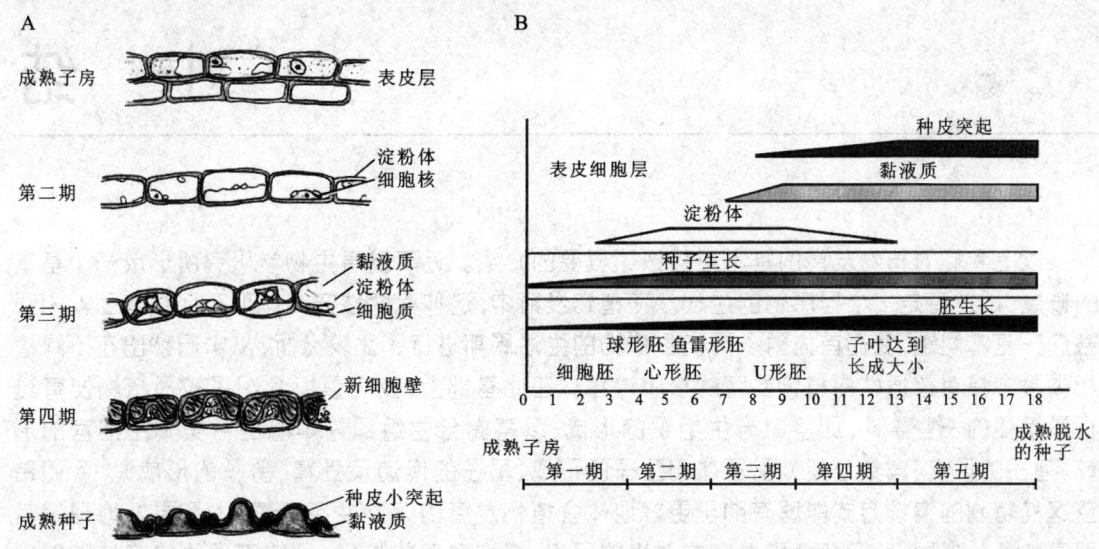

图 13.4.4 种子形成过程中胚珠珠被向种皮的变化
A.珠被向种皮转变中表皮细胞的变化。B.珠被/种皮细胞的变化与幼胚/种子生长之间在时间上的相关性。
(Westerm, *et al*)

思 考 题

1. 植物的光形态建成现象分为几类？请举例说明。
2. 与光形态建成现象有关的光受体有哪几种？请简述其分子特点及功能。
3. 举例说明近年对光形态建成中信号转导研究方面的进展。
4. 什么是植物激素？植物激素分为哪几类，它们各自的基本功能是什么？
5. 请你从发育的角度谈谈对植物分枝现象的看法。
6. 种子的出现是植物进化上的巨大进步，也使植物的发育程序出现巨大的调整。请你谈一下种子在植物发育和生长周期中的地位和作用。

小 结

　　以上我们对植物发育的基本过程做了概要的介绍。近年发育生物学研究所形成一个基本的概念,即发育是一个程序化的过程。在植物发育中,这种程序性究竟体现在什么方面? 为回答这一基本问题,我们首先对不同类群植物的生活周期进行了比较分析,从中归纳出在不同植物类群中具有普适性的植物发育的核心过程。在此基础上,我们重点介绍了被子植物发育过程最重要的一些事件,即茎端分生组织的形成、以茎端分生组织为中心的各类侧生器官的形成、孢子的形成(减数分裂)、配子体和配子的形成、配子的传递及受精(合子的形成)。我们希望这种特别的编排方式能够有助于更好地体会植物发育的完整性与连续性,及更好地理解其程序特征。最后,我们把植物发育中对光的反应、植物激素的作用、分枝等现象放在植物对固着生长方式适应的特殊机制这一章节中加以介绍,这是为了强调植物自养的特点和其对发育程序建立的深刻影响。

第三部分

发育机制和原理的讨论

发育生物学、细胞学、分子生物学的研究,已经向人们展示了多细胞生物发育的复杂性和把握并认识多细胞生物发育机制对于了解生物的发育现象的重要性。在分别介绍了动物和植物的发育以后,本书分析和综合了有关方面的专著,以及当前发育生物学的研究成果,将生物发育机制和原理归纳为7个方面,它们分别是:细胞分化是发育建立的基础;自组织在发育中的重要作用;集约化是发育建立的重要手段;发育程序的构建和基本特征;多细胞生物对内外环境的探察性发育;多细胞生物的整体维持和重建能力;发育程序的稳定性与发育失控。

严格地说,细胞分化以及发育现象并不是多细胞生物所独有,单细胞生物不仅存在细胞分化现象,也可能表达出复杂的发育图案。许多单细胞生物(包括原核生物),在环境、营养条件改变时,会出现一系列形态、结构以及生理状态上的适应性变化,例如恶劣环境下单细胞生物由营养体转变成为孢子体,这种变化实质上是细胞分化的过程。更有一种地中海伞藻(*Acetabularia acetabulum*),尽管它是一种单细胞生物,在它的生活周期中却表现出明确的发育过程,其结构的复杂性决不低于某些低等植物。细胞分化和个体的发育现象均在单细胞生物中存在,自然向人们提出了一些值得考虑的问题:单细胞生物存在细胞分化和发育现象,这表明细胞分化并非一定导致生物的发育,而发育也并非一定要求多细胞的条件。那么,多细胞生物表现出细胞分化与发育的结合,并以多细胞个体的形式表达出来,这种结合因何得以发生?就是说,同是真核生物,单细胞的原生生物与多细胞生物,它们之间是否存在某些实质性的区别,即暗示从单细胞生物到多细胞生物产生过某些关键性的进化?显然,这些问题不仅对我们研究多细胞生物的发育是必需的,对于我们认识多细胞生物的出现和生物的进化也是重要的。本书将力图在对发育机制和原理的讨论中,同时表达对上述问题的理解。

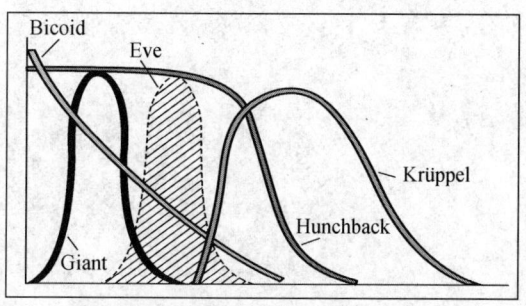

14 细胞分化是发育建立的基础

在生命过程中表现出细胞在形态结构和功能上的异化,这一现象被称之为细胞分化(cell differentiation)。多细胞生物是由多种类型的分化细胞组成的,发育的过程同时也是不断进行细胞分化的过程。生物结构越复杂,它的分化细胞的种类就越多。基因组测序表明人类共有3~4万个蛋白编码基因,组成人体的细胞类型为200余种。细胞学对细胞分化有专题的研究和详尽的介绍,但是细胞分化现象最主要的是发生在发育过程之中,细胞分化是发育实现的基础,发育也为细胞分化研究提供了最广泛和最生动的素材。

14.1 多细胞生物细胞分化建立的条件

总体而言,多细胞生物细胞分化的实现有3个重要的条件:① 携带有丰富的遗传信息以及它们具有复杂的表达调控机制是细胞分化建立的前题;② 细胞间的复杂信号系统的存在及由此引导的细胞间的相互作用是多细胞生物细胞分化得以实施的重要条件;③ 细胞间质是细胞分化的依托并为之提供了必要的微环境。

14.1.1 细胞分化的遗传信息以及它们的表达

细胞中含有大量的细胞分化的遗传信息,这是真核生物细胞分化建立的前提。

1. 基因组是细胞分化遗传信息最重要的载体

分子生物学研究表明细胞的分化是通过严格、精密调控遗传信息的表达来实现的,而基因组是这一信息的最重要的载体。基因组中的基因可以分为3大类:一类是维持细胞生存所必需的、在各类分化细胞中普遍处于活动状态的基因,称为管家基因(house-keeping gene),如编码核糖体蛋白、线粒体蛋白、糖酵解酶等的基因。另一类是调节基因,它们的产物(RNA 或者蛋白质)具有调节其他基因表达的功能。在不同分化的细胞中,调节基因的表达和组合不同。第三类是直接对应于专一分化的细胞结构、功能表达的基因,称为组织专一性基因(tissue-specific gene),如红细胞的血红蛋白基因、皮肤的角质蛋白基因,等等。

在细胞的分化过程中,基因的差别表达可以在多层次水平上受到调控,它包括染色体活化、DNA 序列重组、基因的转录、mRNA 的加工、翻译,以及肽链的修饰、加工等环节。对此,分子遗传学和细胞学均有详尽的论述,现结合发育现象举例作以简要的说明。

染色体活化或者基因 DNA 序列重组影响细胞分化:决定小鼠毛色的基因位于 X 染色体上,发育中不同体细胞两条 X 染色体之一的随机活化是造成黑白两色小鼠交配、雌性后代出现毛色黑白斑块样相嵌表型的原因;有一种生活在黍类植物上的昆虫 P. citri,由于所有雄性个体中来自父亲的全套基因组都没有转录的活性,个体发育中细胞分化自然决定于母亲的基因组型;在淋巴细胞的分化中,不同类别抗体(如 IgG、IgM)生成细胞的分化是通过前体细胞免疫球蛋白基因的差异重组实现的。

基因转录水平的调节　组成脊椎动物血红蛋白的肽链共有 6 种,分别由 α、β、γ、δ、ε 和 ζ 基因编码,在不同的发育阶段,这些基因的转录选择不同。人类胚胎发育早期,ε 和 ζ 基因首先表达,造成血红蛋白的组成为 ε_2/ζ_2。自第二月开始 ε 和 ζ 基因关闭,α 和 γ 基因启动,从而出现了 α_2/γ_2 组成的胎儿血红蛋白。到妊娠 3 个月时,β 和 δ 基因开放,γ 珠蛋白的表达逐渐下降,出生后这一转变加快,胎儿血红蛋白被成体血红蛋白 α_2/β_2 所代替。成体血红蛋白中 α_2/β_2 型占 97%,α_2/δ_2 占 2%~3%,α_2/γ_2 为 1%(图 14.1.1)。

mRNA 的加工　B 淋巴细胞在不同发育阶段,其表面免疫球蛋白的类型不同。开始时是 IgM,在第一次抗原刺激后,IgM 和 IgD 同时产生,后来则只有 IgD 存在于细胞表面。细胞表面的免疫球蛋白由 IgM 转变为 IgD 并不是转录不同所致,而是由同样的前体 RNA 分子差异加工造成。在转录初始,RNA 分子均含有恒定区 μ(IgM) 和 δ(IgD) 的编码序列。进入细胞质后究竟转译为 IgD 还是 IgM,依赖于成熟过程中对 RNA 分子的剪接方式,如果切去 δ 外显子,就变为 IgM mRNA,如果切去的是 μ 外显子,则成为 IgD mRNA。在分化的过渡时期,两种剪接方式都有,因而两种免疫球蛋白都被合成。另一个典型的例子是,如前面章节中提到的,在性别决定过程中,mRNA 的不同剪接有重要的作用。

翻译水平的调节　在细胞质中成熟 mRNA 的翻译活动受到多重因子的调节,成为对细胞分化调控的又一重要环节。虽然成体血红蛋白是由 4 条肽链(α_2/β_2)组成,可是在一个二倍体细胞中含有 4 个 α 珠蛋白基因和 2 个 β 珠蛋白基因。如果这些基因都以相同的速率进行转录和翻译,α 珠蛋白分子的数量应为 β 珠蛋白的 2 倍,而实际上,在正常红细胞中 α 与 β 珠蛋白的比例为 1:1。这种平衡调节机制是:在 mRNA 与转译起始因子结合时,β 珠蛋白 mRNA 具有更强的竞争性,从而弥补了两种 mRNA 因含量差异造成对正常红细胞分化的影响。体外实验表明,当两种 mRNA 以等量存在时,如果严格限制起始因子的供应,α 珠蛋白只占 3%。如果有多余起始因子存在,则 α 与 β 珠蛋白的比例可达 1.4:1。

转译后肽链的加工与修饰　许多蛋白质的活性表达必须经过肽链的加工与修饰,因此转译后肽链的加工与修饰对一些细胞的分化有着重要的作用。胰岛素的前体肽链必须经过两次切割,分别删除 23 和 35 个氨基酸残基序列,形成由三个二硫键连接在一起的两条肽链构成的三级结构才有活性功能。脑下垂体前叶分泌促肾上腺皮质激素(ACTH),而中叶却对同样产生的 ACTH 再进一步加工切割产生另外一种激素——促黑激素(MSH)。同样的肽链由于加工的不同,可产生不同的产物,使各自细胞有不同的生物学功能。

2. 细胞质中含有影响分化的遗传因子

基因组是发育信息的最重要的载体,但是细胞质中也同样含有这样的信息。经典的实验证据是,不论父亲、母亲遗传背景如何,子代的某些性状总是由母亲来决定,表明这一性状的出现是决定于卵细胞细胞质成分的差异,而不是受精卵的基因组。其中的一个例子是:软体动物

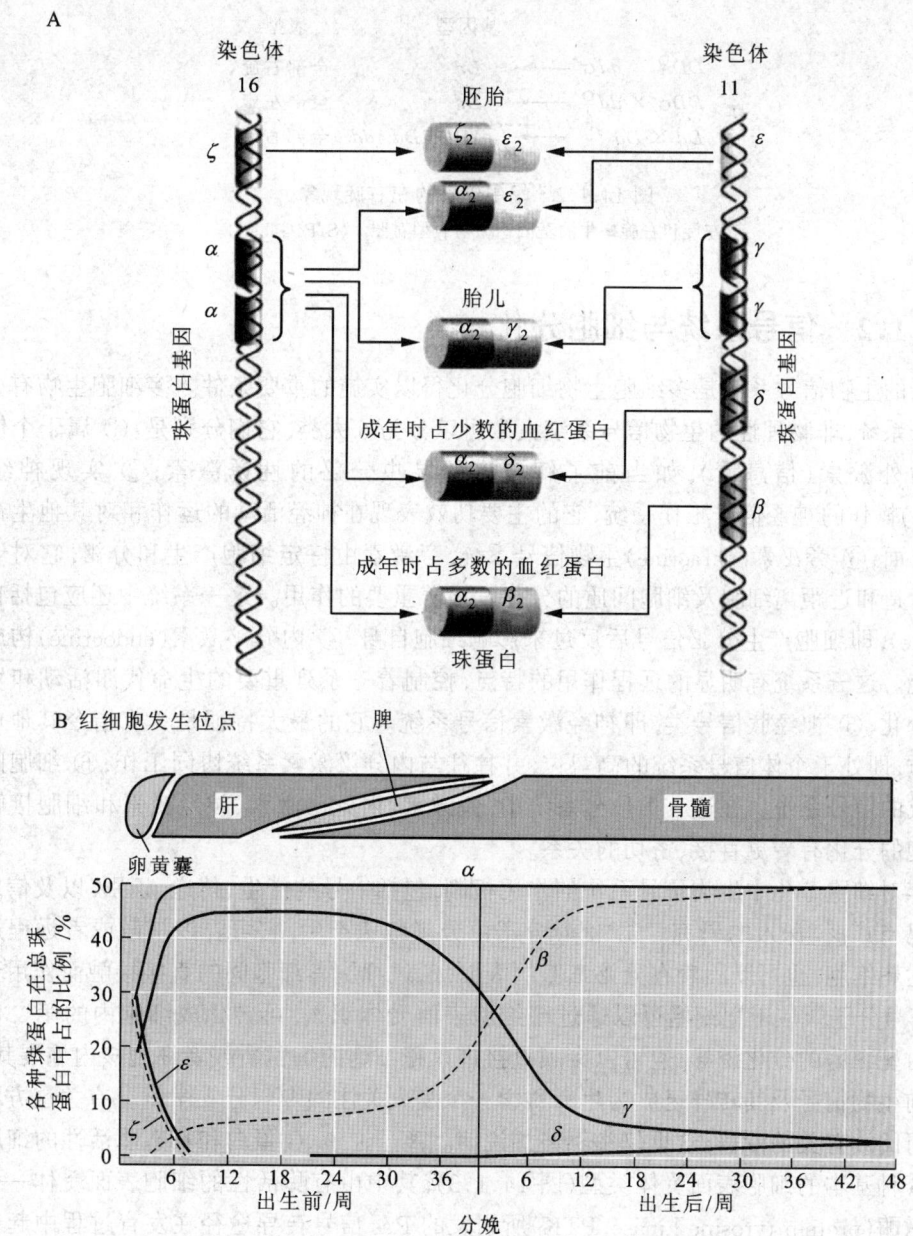

图 14.1.1 哺乳动物发育过程中的血红蛋白表达
A.不同发育阶段中各种血红蛋白的表达顺序。B.各种血红蛋白表达在
不同发育阶段中的比例变化及红细胞的发生器官。(S.F.Gilbert)

蜗牛($L. peregra$)的身体旋转方式(左旋或者右旋)总是和雌性亲本相一致。研究发现,在蜗牛基因组中存在决定右旋的 D 基因,而突变获得其等位基因 d,DD 和 Dd 为右旋,dd 为左旋。但是交配实验表明,子代个体的旋转方向不是由其自身的基因组决定的,而是由雌性亲本的基因组决定的。显然在雌性亲本卵细胞的细胞质中存在有决定细胞分化和子代表型的决定因子(图 14.1.2)。

	基因型	表型
$DD♀ \times dd♂ \longrightarrow$	Dd	全部右旋
$DD♂ \times dd♀ \longrightarrow$	Dd	全部左旋
$Dd \times Dd \longrightarrow$	$1DD:2Dd:1dd$	全部右旋

图 14.1.2 蜗牛体轴的左右旋现象
左旋和右旋蜗牛的基因组型与表型对照。(S.F.Gilbert)

14.1.2 信号系统与细胞分化

复杂的生物信号系统是多细胞生物细胞分化得以实施的重要条件。多细胞生物有一套复杂的信号系统,非物理性的生物信号系统大致可以分为6大类,它们分别是:① 属于个体间信息传递的外激素(信息素),如当前了解较多的昆虫分泌的性诱激素;② 实现神经递质(synaptic)操作的神经信号工作系统,它的主要功效表现在神经活动的运作和对其他生命活动的调节方面;③ 旁泌素(paracrine)生物信号系统,旁激素由特定细胞产生和分泌,它对于区域环境的营造和近距离细胞及细胞间质的分化发挥着重要的作用。这一系统中还应包括自泌素(autocrine),即细胞产生分泌信号后反过来影响细胞自身;④ 内分泌激素(endocrine)构成另一信号系统。这一系统有明显的远程作用的特点,控制着一系列重要的生命代谢活动和发育中的细胞分化;⑤ 神经肽信号类,即神经激素信号系统。它的最大特征是具有指令其他信号系统的性质,即处于个体信号系统的高势位,并往往与内分泌激素系统协同工作;⑥ 细胞间直接接触构成的信号系统。在这6类信号系统中,旁激素、内分泌激素、神经激素和细胞接触型信号与细胞的分化有着更直接、密切的关系。

近年对细胞分化中生物信号系统的作用机制,包括信号的产生、传递、识别,以及信号的效应机理已有广泛、深入的研究。① 信号分子由分泌细胞产生,它可以以扩散或者远程运输的方式到达靶细胞,也可以固着在分泌细胞的表面,通过细胞-细胞间的直接接触而作用于靶细胞;② 信号分子效应于靶细胞可以通过靶细胞表面受体识别,再转化成细胞内的第二信号系统实现对靶细胞的分化诱导,也可以穿膜直接进入靶细胞的细胞质或者细胞核内施展其功效。

目前生物信号及其转导已成为生命科学一个受人关注的专门分支学科。有关这方面的详细内容可阅读有关的专著,这里仅举例略加说明。离子通道、G蛋白和具有酶活性的细胞表面受体是3种基本的细胞表面受体类型(图14.1.3),其中由有酶活性的细胞表面受体——酪氨酸蛋白激酶(protein tyrosine kinase,PTK)所引发的Ras信号转导途径在发育过程中起着重要的作用,许多生长因子正是通过这一方式实现对靶细胞的分化调控。甾类激素是了解得比较清楚的进入细胞内的分化诱导信号物质,它在穿膜进入细胞以后,它与细胞质或细胞核内的受体结合形成甾类激素-受体复合体,成为转录调节因子,再与特定DNA序列结合诱发特定基因转录和细胞分化(图14.1.4)。

应该特别指出的是,对于复杂的细胞分化过程和数量巨大的分化细胞类型,它们与信号因子并不是一一对应。近年的研究表明,细胞分化是信号分子通过组合调控(combination control)的方式来实现的,即细胞的分化往往由多因子调控完成,而调控因子的不同配伍和工作顺序的改变会产生完全不同的细胞分化效果。显然,组合调控机制对细胞的分化有重要的意义:① 组合调控使有限因子控制的分化细胞的种类数大大地增加了;② 细胞可能因为简单

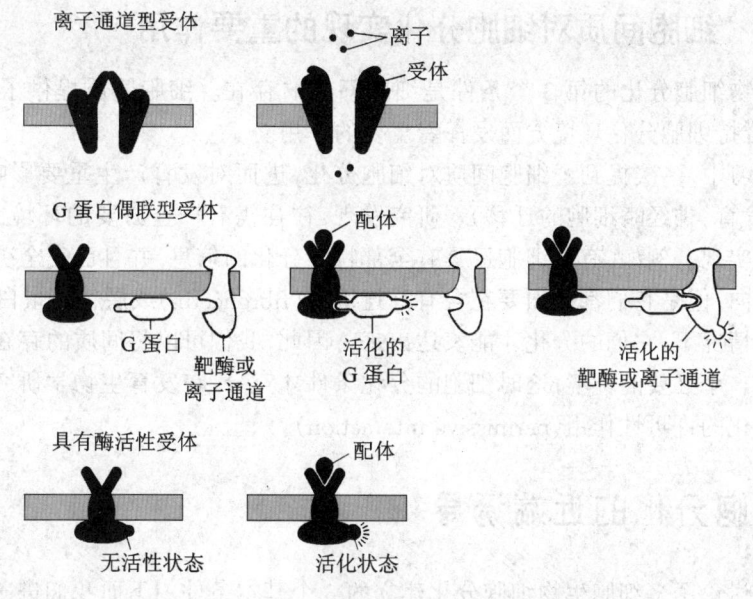

图 14.1.3　细胞表面受体的 3 种类型

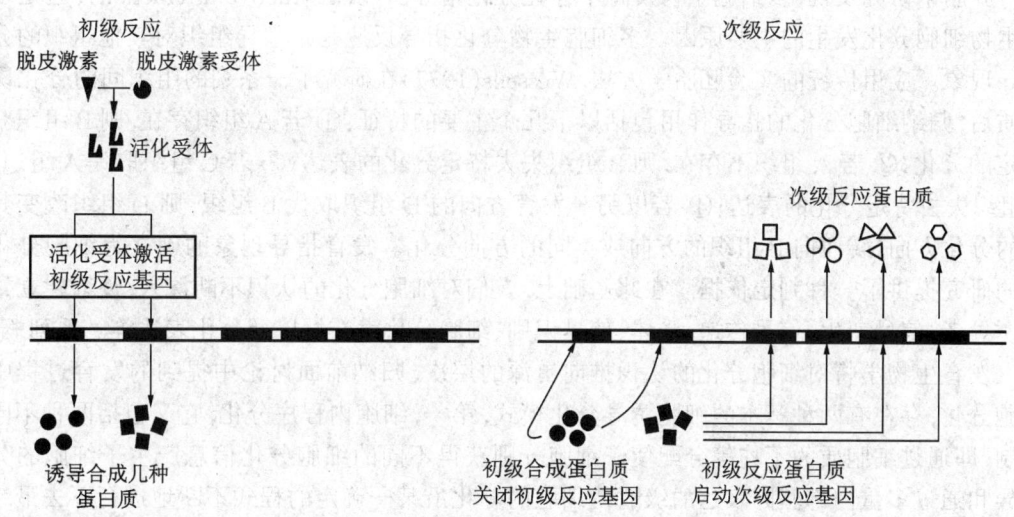

图 14.1.4　果蝇细胞中蜕皮激素诱导基因活化的初级与次级反应模型

的调控因子的更改而发生分化方向的转变,从而大大地提高了细胞分化的灵活性。控制和影响细胞分化的信号系统有着极为复杂的结构,加之细胞内部基因表达又受到多层次的调控,使多细胞生物的细胞分化内容和表达极为丰富多彩。

总之,多细胞生物存在有复杂的细胞间信号系统,这一系统对生命的重要性是不言而喻的。生物信号系统的存在是多细胞生物细胞分化实现的一个重要条件,它的结构、层次、属性决定了发育过程中细胞分化的趋向、方式、种类。从一定的意义上讲生物的发育过程可以看成是生物信号系统的发育过程。实际上,生物的进化在很大程度上也可以看作是生物信号系统的进化(本书将于后面讨论这个问题)。

14.1.3 细胞间质对细胞分化实现的重要作用

多细胞生物细胞分化的第3个条件是细胞间质的存在。细胞间质提供了细胞分化的依托,它同时在维持细胞分化环境方面发挥着重要的作用。

前面的学习中,多次提到了细胞间质对细胞分化,进而对发育产生重要影响的例子(如唾液腺、肾脏的发育、神经嵴细胞的迁移)。研究发现,往往需有一些必要的环境因子的介入,细胞分化才可能实现。例如,有些细胞已具有全部特异分化的信息,并且已完全决定了它们各自不同的分化方向,但是它们都必须要在含有纤连蛋白(fibronectin)或层粘连蛋白(laminin)的细胞间质存在的情况下,它们的分化才能表达出来。因此,我们可以将间质的存在理解为为细胞的分化提供了一个必要的环境,这时细胞的分化条件才充分,在发育生物学研究中将这一现象称为对细胞分化的许可性作用(permissive interaction)。

14.2 细胞分化的近端诱导

以上我们讨论了多细胞生物细胞分化建立的3个基本条件。下面我们进一步分析发育中细胞分化采取的方式,即细胞分化的模式。

胚胎学研究发现,多细胞生物发育中存在分化指导反应(instructive interaction),这是多细胞生物细胞分化发生的主要原因。多细胞生物分化指导反应是指主导组织对其他组织的分化诱导现象。应用传统的实验胚胎学方法,Wessells(1977)在研究了一系列的组织间的分化诱导性质后,归纳细胞分化的指导作用包括以下几个主要的特征:① 若A组织存在,则B组织获得特定的分化;② 若A组织不存在,则B组织失去特定分化的表达;③ 若C组织取代A组织,则B组织失去特定分化的表达;④ 若以另一发育方向的D组织取代B组织,则D组织改变其常规的分化方向,转而向B组织的方向或类同的方向分化。发育指导现象的确立为细胞分化机制的研究提供了一种判定依据。在此基础上,人们对细胞分化的认识不断深入,逐渐建立了分化诱导者、信号产生、信号传递、受体、信号识别、细胞分化潜在性以及分化表达等一系列概念。

发育生物学将对细胞分化的认识推向更深的层次,归纳前面讨论中提到的发育过程中的细胞分化,存在有两种基本的细胞诱导分化模式,第一,细胞内程序分化,它又包括两种不同的机制,即通过细胞质的不均等分配使子细胞分别获得不同的细胞分化信息产生子细胞的分化差异和通过多重内部基因表达的级联使细胞的分化沿某一确定的程式不断地进行下去最终实现特定的细胞分化。第二,细胞间的分化诱导,它又包括有细胞分化的近端诱导和细胞分化的远程控制两种不同的分化方式。

胚胎早期发育中,初始卵裂的不同发育命运的决定现象是典型的通过细胞质的不均等分配产生的子细胞的分化,而在胚胎后期各种细胞系的发育过程中广泛存在内部基因表达级联的细胞分化方式,例如它们存在于神经、血液、肌肉的分化过程之中。这两种细胞分化类型在前面的章节中已多次提到,在此不作更多介绍。在以下的两节中,我们将分别对细胞间分化诱导的近端诱导现象和细胞间分化诱导的远程控制现象作进一步的讨论。

近端诱导现象是细胞分化模式之一。近端诱导的基本方式是:诱导细胞产生的诱导因子不是经过血液循环而是通过扩散的方式到达靶细胞,或者采用细胞间的直接接触来传达对靶细胞的分化信息。因此在近端诱导过程中,被诱导者都是诱导者的邻近细胞。诱导细胞产生的诱导因子统称为旁泌素。近端诱导模式广泛地存在于发育的各个阶段。

下面介绍旁泌素的分族和近端诱导的主要特征。

14.2.1 旁泌素

旁泌素(paracrine)又称为生长分化因子(growth and differentiation factor, GDF)，它们通常是蛋白质成分。旁泌素由诱导细胞产生，并通过扩散的方式到达邻近的靶细胞。近年的研究表明，对应于近端诱导指导的细胞分化类型，旁泌素的种类数要少得多，而且不少诱导因子在不同物种间有着高度的同源性，例如诱导果蝇眼或心脏发生的诱导因子与哺乳动物对应器官的诱导因子极为相似。旁泌素可以归为4个大的家族。

1. 纤维母细胞生长因子家族

纤维母细胞生长因子(fibroblast growth factor, FGF)包括9个结构密切相关的成员，它们分别对应于9个不同的基因，而每一个基因在不同的组织中因其表达过程中采用的起始密码或者 mRNA 成熟发育中剪切方式不同，又可以产生不同的产物，使纤维母细胞生长因子成为一个有众多成员的大家族。

纤维母细胞生长因子家族成员在发育中有着重要和广泛的功能。例如，FGF2 与循环系统的发生有密切的关系；$fgf3$ 基因的失效会导致小鼠体节形成的混乱和不正常的椎骨发育；$fgf4$ 基因的缺损会使小鼠因早期胚胎内层细胞停止生长而终止发育；FGF8 在中脑的发育中发挥着重要的作用。纤维母细胞生长因子的靶细胞受体是酪氨酸激酶(tyrosine kinase)，纤维母细胞生长因子受体突变同样严重地干扰细胞的分化，例如 FGF3 的受体突变使软骨细胞分裂受阻，造成人类骨骼发育的异常(图 14.2.1)。

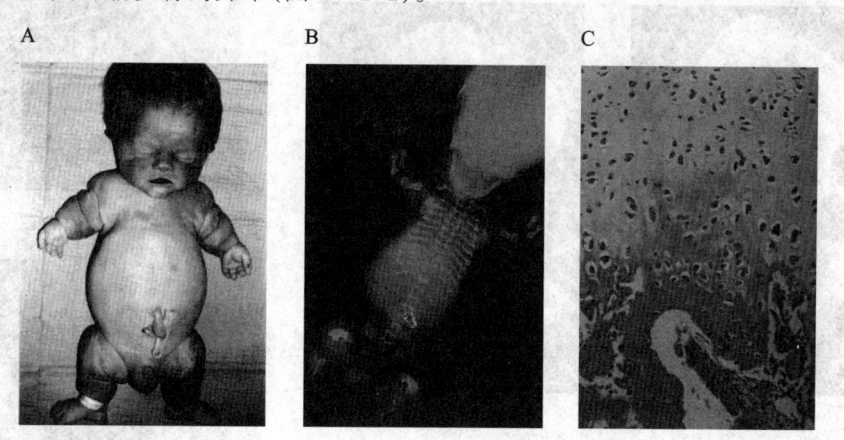

图 14.2.1 FGF3 受体突变引起胎儿骨骼发育障碍
A.致死性侏儒症，由于骨骺被骨组织覆盖，导致严重的肋骨和四肢缩短，患儿因窒息而死亡。B.患致死性侏儒症婴儿的 X 光照片。C.显微切片显示致死性侏儒症患儿骺部组织解体，并缺少分裂相的软骨细胞。(S.F.Gilbert)

2. Hedgehog 家族

$hedgehog(hh)$ 基因最早发现在果蝇中，它的产物 Hedgehog 蛋白质在多方面表现出对果蝇的正常发育起着关键性的作用。例如在胚胎的早期，它以浓度依赖的控制方式决定着胚胎副节(parasegment)的形成。在后期的发育中，它与肢体成虫盘和翅成虫盘轴的确定有密切的关系。

在脊椎动物中起码发现有3个与果蝇 *hedgehog* 同源的基因,它们分别是:*sonic hedgehog*（*shh*）基因、*desert hedgehog*（*dhh*）基因和 *indian hedgehog*（*ihh*）基因。研究发现,在脊索中产生的 Sonic hedgehog 蛋白负责诱导神经管底板细胞(floor plate cells)、运动神经细胞的分化,以及体节中骨骼肌节(Sclerotome)的发生;Sonic hedgehog 还介导了胚胎左右体轴的形成,启动了肢体前后轴的分化,以及肠道极性结构的出现;在牙齿的发育过程中,Sonic hedgehog 在发生部位的细胞中也有高浓度的表达。在发育过程中,*desert hedgeg*（*dhh*）基因表达在施万细胞和精巢中的支持细胞中,通过实验手段对此基因失活可造成精子发生的障碍。*indian hedgehog* 基因在胚胎的发育中特定地表达在肠和软骨组织之中,但对它的作用和机制目前还不甚清楚。

3. Wnt 家族

属于旁激素类群的第三个成员是 Wnt 家族。Wnt 家族的命名是来自果蝇 *wingless* 基因和脊椎动物中与之同源的 *integrated* 基因名称的组合。脊椎动物中,Wnt 家族起码包括 15 个成员,它们都是富含半胱氨酸的糖蛋白。

Wnt 家族在动物发育中的功效是多方面的:Wnt1 对脊椎动物肌节和中脑的发育形成有重要的作用;小鼠实验表明,在原肠期的胚胎中,Wnt3a、Wnt5a、Wnt5b 以部分重叠的方式表达在原条特定的不同区域,其中 Wnt3a 仅表达在其尾部,而此基因表达的实验性封闭可造成包括后肢在内的无尾部的畸形胚胎出现(图 14.2.2);此外对果蝇和脊椎动物的研究发现,*wingless* 或 *integrated* 基因产物均在肢体发育的轴性决定中发挥重要的作用。

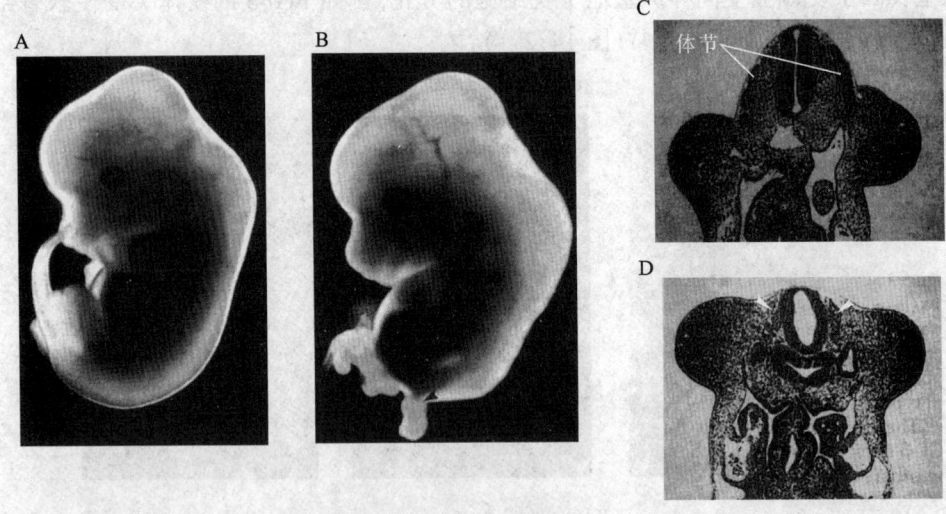

图 14.2.2 在纯合 *Wnt3a* 基因缺失的小鼠胚胎中尾节发育受阻

A.12.5 d 野生型小鼠胚胎。B.12.5 d *Wnt3a* 基因突变的小鼠胚胎,无尾芽出现,并且体轴尾部缺失。C.9.5 d 野生型小鼠胚胎通过前肢部位的横切面。D.9.5 d *Wnt3a* 基因突变小鼠胚胎通过前肢部位的横切面,看不到体节组织,而图中靠近脊索的细胞团(箭头所指)很像来自神经嵴。(S.F.Gilbert)

4. TGF-β 超家族

TGF-β 是一个包括 TGF-β、BMP(bone morphogenesis protein)、活化素(activin)等家族的一个超家族,它大约包括有 30 多个成员(图 14.2.3)。TGF-β 基因的产物与同源分子或异源分子(来自不同的基因)组成二聚体后分泌出胞外。TGF-β 超家族的信号受体是相对分子

质量为 50×10^3 的 smad 蛋白。smad 蛋白存在于靶细胞的胞质中,当它与进入靶细胞中的 TGF-β 超家族信号分子结合后,被激活(可能是磷酸化)转化为转录调节因子,进入细胞核内激活特定的基因。

TGF-β 超家族同样在动物的发育中发挥着重要和广泛的作用。已知 TGF-β 家族与某些器官(如肾、乳腺)发育过程中分支结构的形成有着密切的关系,但是目前对它的分子机制还不清楚,它可能是通过影响细胞间质(如胶原、纤粘连蛋白)的分泌引导对细胞分裂的控制而实现的。对这一家族研究的困难在于它的不同成员之间的功能极为相似,并可以相互补偿,而且在哺乳动物中,它们的表达被抑制后还可以通过母体的渠道获取(请注意这一现象,它说明母体对子代的发育不是绝对不可能直接干预的)。

BMP 家族的最早确定是由于发现它对骨生长的重要作用。在分子构成上 BMP 家族与 TGF-β 家族的不同在于,在它的分子中含有 7 个而不是 9 个保守的半胱氨酸残基。已知在这个家族中:Nodal 在爪蟾和小鼠中对体轴的形成发挥功效;BMP4 对中胚层的特化、神经管的极化、体节的形态构建有重要的作用;decapentaplegic(ppt)对果蝇背腹轴的形成有重要的作用;BMP5 基因的突变可以造成个体小骨骼、小耳朵性状出现,等等。有意思的是,人类的 BMP4 基因产物可以校正由于 ppt 基因失效造成的果蝇胚胎的不正常发育。

5. Juxtacrine 信号

Juxtacrine 信号是细胞间以直接接触的方式传递信号的工作系统,严格说它不属于旁泌素。但是,由于它是触发近端诱导分化的方式之一,故在此一并作以介绍。

果蝇发育中有 Delta-Notch 信号-受体系统,图 14.2.4 是这一系统的工作模式。在这个模式中,Notch 蛋白膜外部分与邻近细胞膜上 Delta 或 Serrate 蛋白膜外部分相结合,导致 Notch 蛋白构象改变,使其与胞内部分相结合的 Deltex 脱离,后者转换为 Hairless 的抑制物,进入细胞核取代 Hairless 成为基因转录的调节因子。

实际上,一些旁泌素分子(如 Wnt,Hedgehog)由于分泌型分子构建的更改,同样可能锚定在分泌细胞膜上,转而以直接接触的方式完成对邻近细胞的分化诱导。

总之,在胚胎发育中,上述不同家族旁泌素不仅普遍存在"广谱"功效的特征,而且它们之间常常表现出相互调节、协同工作的特点(它的意义我们在发育与进化部分要详细讨论)。例如,在牙的发育形成过程中,3 种不同的旁泌素同时表达,Sonic hedgehog 诱导间质细胞产生 FGF4,而 sonic hedgehog 基因的持续表达又需要有 FGF4 和 Wnt7a 的存在(图 14.2.5)。研

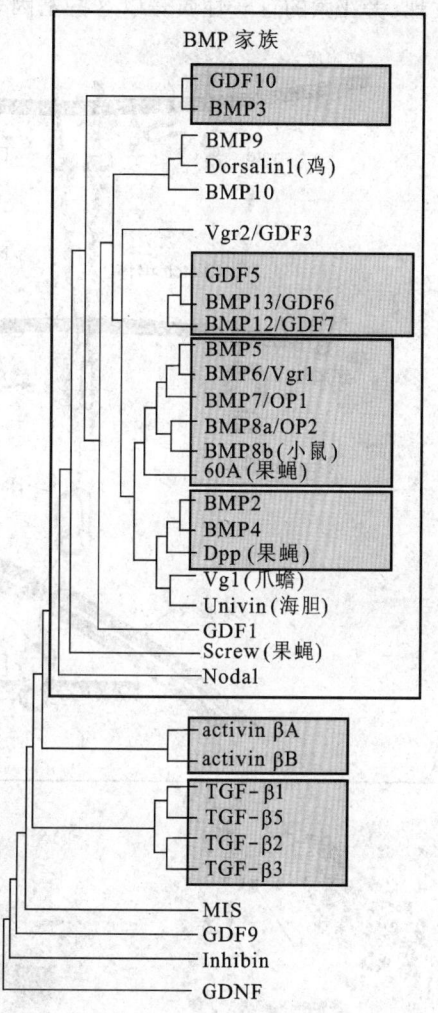

图 14.2.3　TGF-β 超家族成员的分类图
(不同实验室对图中一些成员的定名可能有所不同)(S.F.Gilbert)

发现,旁泌素的这一性质是以这些基因表达信号通路网络的存在为基础的(图 14.2.6)。

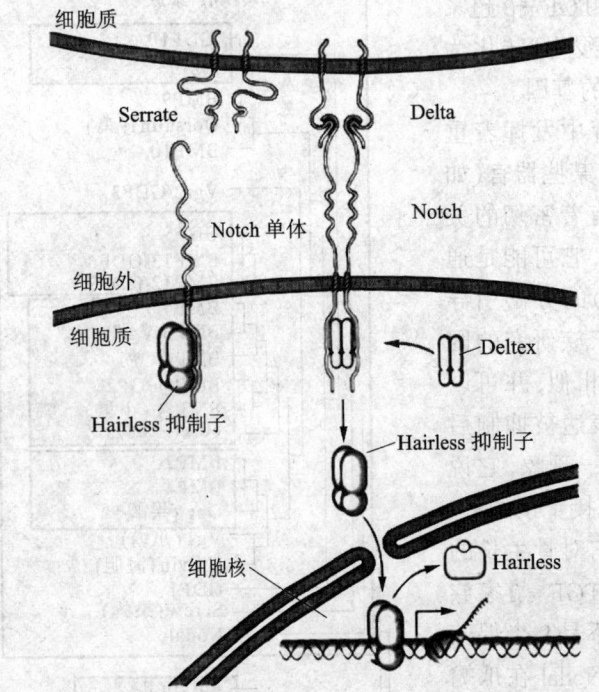

图14.2.4 细胞间的细胞-细胞信号途径模式图

本信号模型建立于果蝇的遗传学证据。Notch 受体蛋白用其胞外结构域与临近细胞上的 Serrate 或者 Delta 蛋白结合。Delta 蛋白起着配体作用与 Notch 蛋白二聚化,蛋白间的相互作用稳定了二聚化状态。这种二聚化使结合在 Notch 蛋白的胞质侧的 Hairless 抑制蛋白脱离。一旦 Hairless 抑制蛋白被释放,它就变成了转录调节因子,以控制细胞的分化和发育。(S.F.Gilbert)

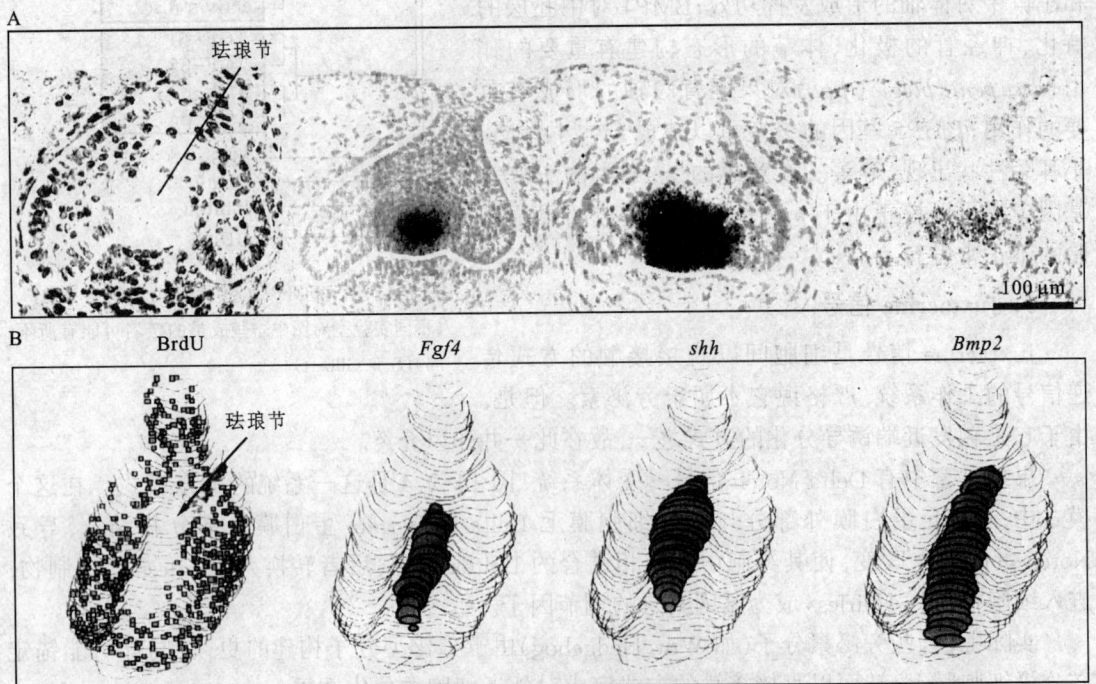

图 14.2.5 旁泌素在哺乳动物牙齿发育中的表达

A. 显示 14 d 小鼠胚胎下白齿分化中,不同旁泌素的表达分布。牙齿边界为白色,旁泌素由不分化的上皮细胞-珐琅节分泌,其中左图表示珐琅节细胞没有 DNA 复制,其他 3 图显示不同旁泌素的原位杂交。B. 对应 A 图的三维重建。(S.F.Gilbert)

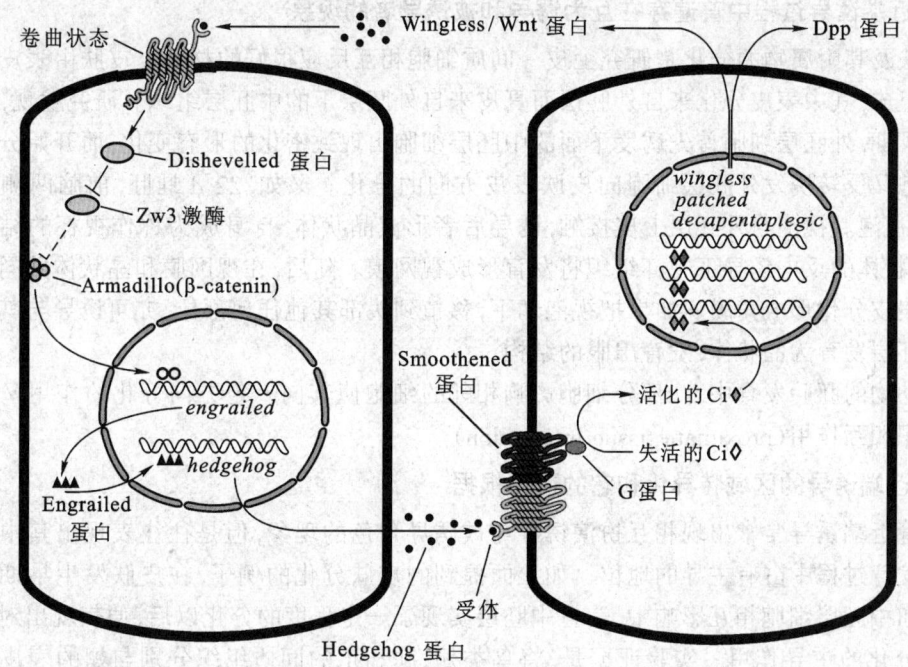

图 14.2.6 果蝇相邻细胞间 *wingless-hedgehog* 反馈调节途径的模式图

Wingless 蛋白从一个细胞(右图)分泌并短距离扩散,与其相邻细胞(左图)的 Wingless 蛋白受体结合,引起细胞内 Dishevelled 蛋白激活。Dishevelled 蛋白解除了 Zeste-white-3(Zw3)激酶对 Armadillo 蛋白的抑制作用,使之活化。被激活的 Armadillo 蛋白通过一系列的基因表达调控,最终导致细胞转录 *hedgehog*(*hh*)基因,hedgehog 蛋白分泌后与临近细胞受体结合,引发 *wingless* 基因持续转录。由此,构成一个相临细胞间的 *wingless-hedgehog* 正反馈调节回路。(S. F. Gilbert)

14.2.2 近端诱导细胞分化的主要特征

近端诱导是动物发育中广泛存在的一种细胞分化模式。在近端诱导中,诱导细胞产生和分泌旁泌素,并通过分子扩散的方式将信息传达给邻近的细胞并引发其分化。上皮 – 间质细胞反应(epithelial-mesenchymal)是近端诱导的典型代表,表 14.2.1 列出了这类分化的例证。此外,眼睛的发生也是研究近端诱导的经典材料。通过对发育中大量的近端诱导现象的研究,发现近端诱导有以下主要特征。

表 14.2.1 上皮和间充质的相互作用

器官	上皮组分	间充质组分
皮肤(毛发,羽毛,汗腺,乳腺)	表皮(外胚层)	真皮(中胚层)
肢体	表皮(外胚层)	间充质(中胚层)
消化器官(肝,胰,唾液腺)	表皮(内胚层)	间充质(中胚层)
呼吸系统和咽相关器官(肺,胸腺,甲状腺)	表皮(内胚层)	间充质(中胚层)
肾	输尿管芽(中胚层)	间充质(中胚层)
牙	颚上皮(中胚层)	间充质(中胚层)

1. 近端诱导过程中普遍存在互为诱导和被诱导者的现象

皮肤及其附属物的分化是研究上皮-间质细胞相互反应很好的材料。皮肤由表皮和真皮两部分组成,其中表皮分化来自外胚层而真皮来自外胚层下的中胚层组织。研究发现,在皮肤发生的早期,外胚层细胞首先诱发下面的中胚层细胞出现致密化的形态变化,而开始分化的中胚层细胞又反转诱发外胚层细胞向皮肤表皮方向的分化。又如,22 d 蛙胚,前脑两侧向外凸出,形成视泡。视泡与外胚层上皮接触,诱导后者形成晶状体,自身成为称作视杯的结构。同时,在晶状体的反向诱导下视杯组织将发育形成视网膜。随后,在视网膜和晶状体共同诱导下外面的表皮分化形成角膜。如果把视泡切下,移植到头部其他任何部位,亦可诱导与其接触的上方外胚层发育为晶状体,发育出眼的结构。

在动物的胚胎发育中,一部分细胞影响相邻的细胞使其向一定方向分化的作用又被称为近端组织相互作用(proximate tissue interaction)。

2. 近端诱导的区域特异化和它的遗传根据

尽管近端诱导常常出现相互扮演诱导与被诱导角色的现象,但是往往表现出其中一方在总体的发育过程中占有主导的地位。如上面提到的皮肤分化的例子,在皮肤发生早期的外胚层细胞和中胚层细胞相互影响中,一旦中胚层实现了一定程度的分化以后,便表现出对皮肤构建后继分化的主导作用。实验证据是,将鸟类翅、腿和爪的间质组织分别与翅的表皮组织配伍,表皮分别发育产生的是翅羽、腿羽和爪的表皮(图 14.2.7)。这表明在皮肤的分化中,间质组织最终起着主导的作用,即它可以不"介意"表皮的来源而决定其分化方向。发育生物学将这一现象称为区域特异诱导(regional specificity of induction)。区域特异诱导现象在近端诱导中普遍存在。例如,消化系统和呼吸系统上皮的区域分化(如食管、胃、小肠、大肠,或者气管、支气管、肺泡)决定于其邻接的间质组织的类型。把气管的间质组织更换为肺泡的间质组织,则气管部位的上皮组织分化方向将改变沿着肺泡上皮的方向分化(图 14.2.8)。

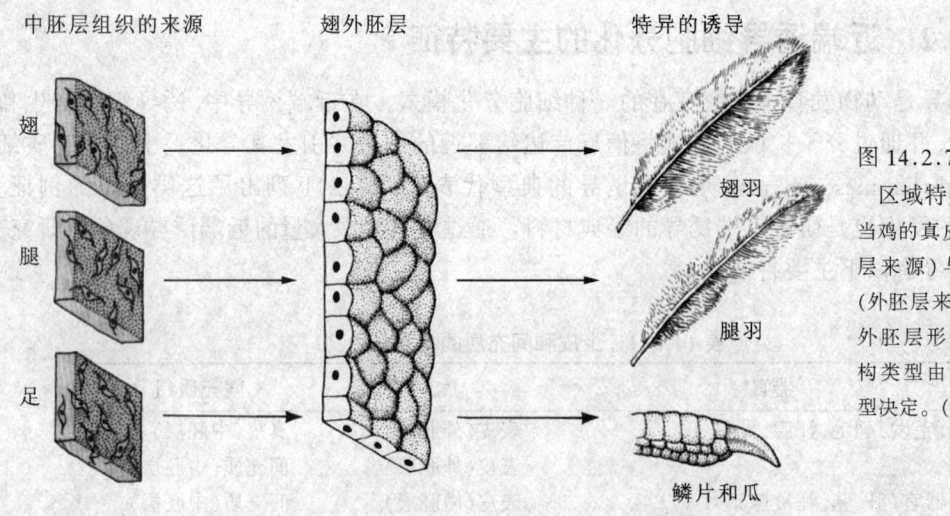

图 14.2.7 诱导的区域特异化现象
当鸡的真皮细胞(中胚层来源)与表皮细胞(外胚层来源)组合时,外胚层形成的表皮结构类型由中胚层的类型决定。(S.F.Gilbert)

目前,对诱导的区域特异诱导现象的分子机制还不清楚。近年的研究发现在不同区域的消化道间质组织中,旁泌素 Sonic hedgehog 的表达是不同的。此外,实验表明区域特异诱导现象中的主导者的能力并不是"法力无边"的,它不可能使被诱导者的分化超越其遗传背景的限定。将蛙的外胚层移植到蝾螈胚的对应部位,发育出的是蝌蚪的吸盘而不是蝾螈的平衡器。反之,将蝾螈的外胚层移植到蛙胚的对应部位,发育出的是蝾螈的平衡器而不是蝌蚪的吸盘(图14.2.9)。类同的实验结果在鼠和鸡之间也被观察到,即上皮只能按其遗传背景的规定分别发育为羽毛或者毛发。这一观察表明诱导的区域特异诱导现象反映的更像是诱导主从关系的确认,并非对被诱导者分化细节内容的限定,但值得注意的是,这种主从关系本身在不同的物种间又有着很大的通用性。

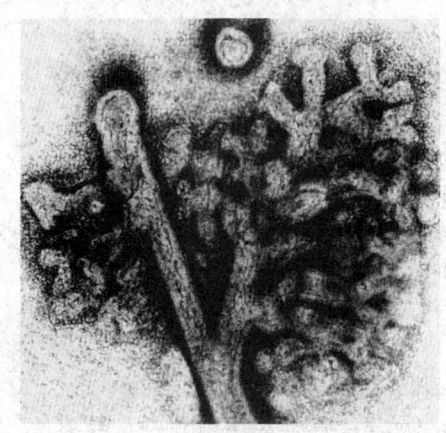

图 14.2.8 间充质细胞诱导小鼠肺原基组织发生分化

当小鼠胚胎肺分成两个支气管后,切开整个初级分化物并分别培养,并且右边的支气管前端用气管间充质细胞覆盖,而左边的支气管没有气管间充质细胞覆盖。结果可见右边的支气管前端形成了典型的肺泡分支结构,而左边的支气管前端没分支结构发生。(S.F.Gilbert)

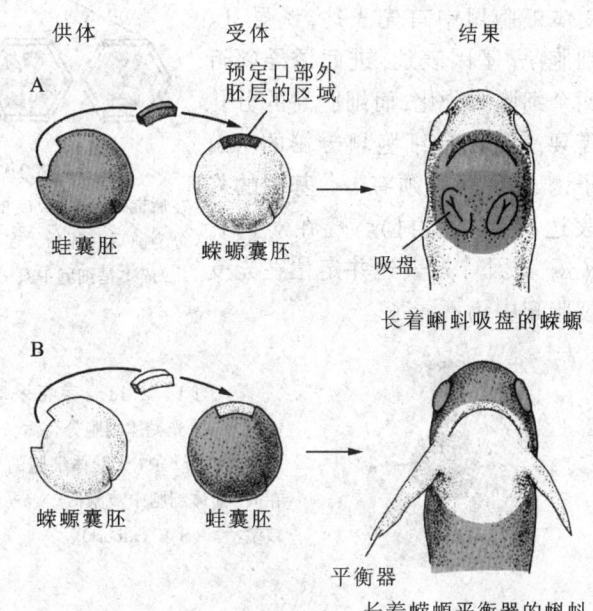

图 14.2.9 诱导的遗传特异决定现象

将蝾螈和蛙的囊胚口部外胚层区域交互移植,导致蝾螈幼体长出蝌蚪的吸盘(A),蝌蚪长出蝾螈的平衡器(B)。(S.F.Gilbert)

3. 近端诱导可以是群体细胞参与的行为也可以精确到单个细胞的水平

近端诱导是细胞间通过旁泌素或者直接接触诱导的细胞分化,这一操作的规模和精确度是研究分化和发育不能不注意到的问题。

近端诱导普遍表现出的是区域性细胞群体的分化行为,如上面提到的消化、呼吸系统中不同器官、区段的诱导分化。但是,近端诱导同样可能精确到单个细胞的水平。

在免疫系统中,特异性免疫的建立过程被详细研究,其中包含着大量的细胞分化的内容。B淋巴细胞由于受到异体抗原的作用而获得接受T帮助细胞旁泌素(或接触因子)诱导的能力,诱发一系列的免疫反映。B淋巴细胞与T帮助淋巴细胞间的这种"对话"便是精确的细胞对细胞的分化诱导现象。艾滋病也正是由于病毒的侵入造成了这一环节的破坏,导致免疫功能丧失。

果蝇眼的发育是近端诱导可以精确到单一细胞水平的又一例证。果蝇的复眼由近800个单眼组成。在变态期,眼成虫盘每个单眼中的8个光受体细胞(photoreceptor)的分化表现出精确的逐级细胞诱导的发育过程,即光受体细胞Ⅷ首先分化,之后是其相邻的Ⅱ、Ⅴ细胞的分化,再之依次为Ⅲ、Ⅳ细胞和Ⅰ、Ⅵ细胞的分化，最后是细胞Ⅶ的分化（图14.2.10）。从目前分子水平的研究发现，果蝇单眼光受体细胞的精确分化是与一组旁泌素逐级协同表达事件联系在一起的。已知 boss 基因在光受体细胞Ⅷ中首先表达，诱导Ⅱ、Ⅴ细胞 ro 基因表达，进而诱导邻近的四个细胞的分化，而细胞Ⅶ的分化除需要受到来自细胞Ⅷ分泌的 boss 因子诱导外，还必须有 sev 基因的先期表达（图14.2.11）。现在对为什么 boss 基因首先表达并定位在光受体细胞Ⅷ中仍不清楚。

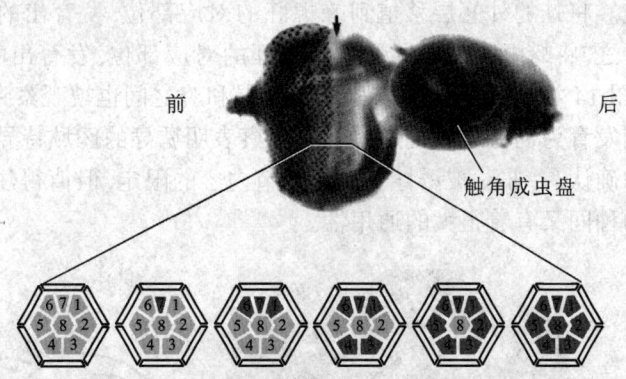

图 14.2.10 果蝇复眼成虫盘光受体细胞的分化
在后期幼虫中，眼成虫盘发育出现形态发生沟（箭头所指），将眼成虫盘分为前后两部分。在沟的附近从后向前，光受体细胞按照严格的顺序分化，依次是细胞 R8、R2 和 R5、R3 和 R4、R1 和 R6、R7。（S.F.Gilbert）

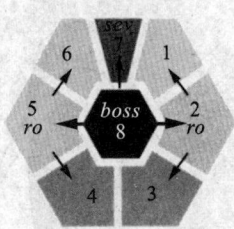

图 14.2.11 参与果蝇复眼光受体细胞诱导分化的基因
R8, R2, R5 光受体细胞分化后，rough (ro) 基因必须在 R2, R5 中都表达，继续发育才能进行。R7 光受体细胞的分化则要具备以下条件：1. sevenless (sev) 基因在 R7 前体细胞中被激活；2. bridge of sevenless (boss) 基因在 R8 光受体细胞中被激活。（S.F.Gilbert）

对细胞水平近端诱导的更详尽的了解来自对线虫发育的研究。成体线虫的泄殖孔有一解剖上称为产卵器的结构，它来自于幼虫发育过程中的 6 个产卵器前体细胞（vulval precursor cell, VPC）。在发育中，VPC 位于生殖腺中的一个称为锚细胞的下方，如果破坏锚细胞，则 VPC 不发育为产卵器而是发育为皮肤。研究表明，初始的 6 个 VPC 具有同等的分化为产卵器 3 种不同类型细胞的潜能，而它们最终的分化类型获自于各自与锚细胞的相对位置：锚细胞正下方的 VPC 细胞分化为中央 VPC，两个相邻的细胞分化为侧 VPC，其他 3 个 VPC 分化为皮下组织细胞（图14.2.12）。如果中央的 3 个 VPC 被破坏，则远端的 3 个细胞转而分化为中央和侧 VPC。进一步的研究发现，锚细胞分泌一种类上皮生长因子——LIN-3 蛋白，它被 VPC 上的 LET-

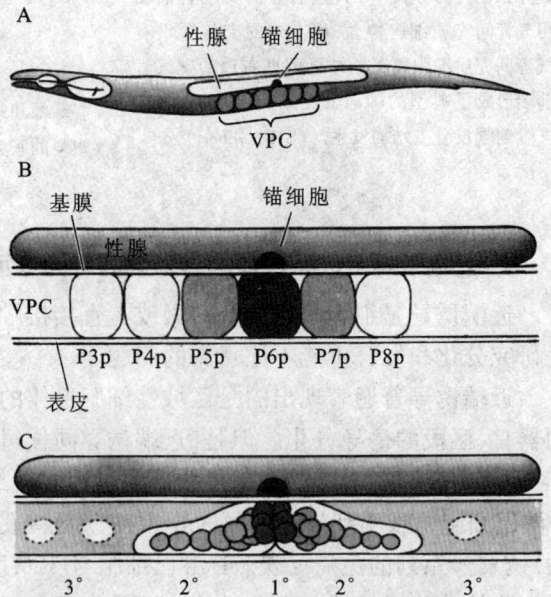

图 14.2.12 VPC 和它们的衍生细胞
A. 雌雄同体线虫二期幼虫体内生殖腺、锚细胞和 VPC 的位置。B~C. 锚细胞与 6 个 VPC 和它们的衍生细胞的关系：P6p 发育成产卵器中央细胞；P5p, P7p 组成产卵器侧细胞；另外 3 个发育成皮下组织细胞。（S.F.Gilbert）

23受体识别,并经过Ras-MAP激酶的途径将信号传入细胞核,进而调控细胞的分化。对VPC诱导分化的机制有3种假设:① VPC 3种细胞的分化来自LIN-3蛋白的浓度梯度;② LIN-3蛋白仅作用于直接下方的细胞,使之分化为中央VPC,而中央VPC再诱导两侧VPC的分化;③ 6个VPC接受的分化信号并不相同,但它们都有应答LIN-3蛋白的能力,而只有唯一接受LIN-3蛋白信号的细胞可分化为中央VPC(图14.2.13)。有趣的是,已有的实验数据表明这3种模式设定的细胞分化机制在发育中都部分存在。由此我们可以窥见在发育过程中,近端诱导细胞分化的复杂程度。

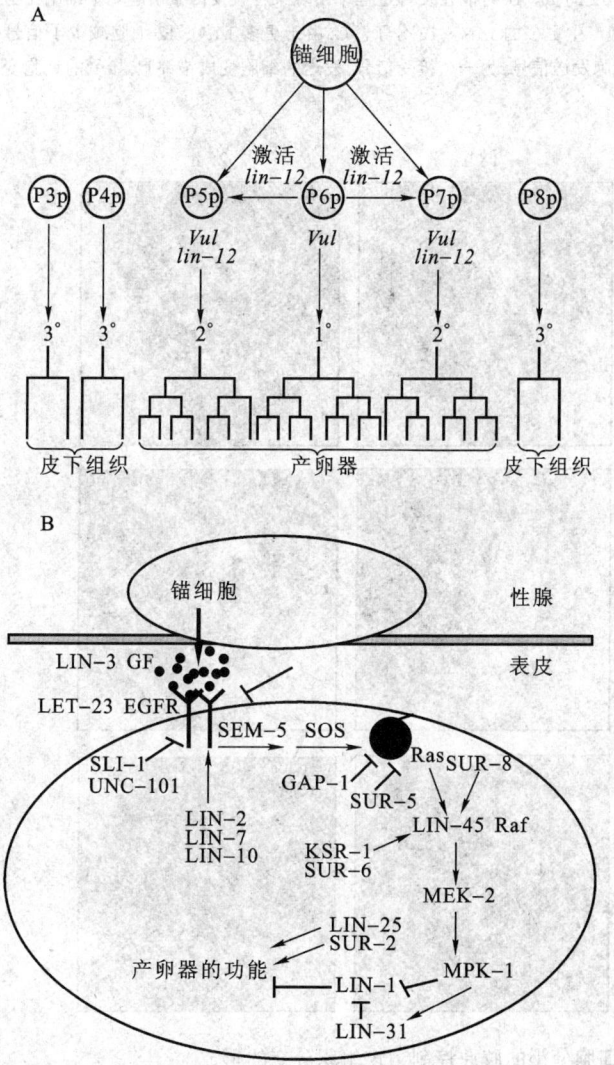

图14.2.13 线虫产卵器细胞系决定模型

A.来自锚细胞的LIN-3信号导致P6p的决定并发育成中央细胞系。低剂量的LIN-3导致P5p,P7p组成产卵器侧细胞系。P6p(中央细胞系)分泌一种短距信号,诱导临近细胞激活LIN-12蛋白,这也阻止了P5p,P7p发育成初级中央细胞系。B.产卵器分化诱导的Ras信号通道途径及一部分相关因子(GF-生长因子;EGFR-表皮生长因子受体)。(S.F.Gilbert)

目前,人们对近端诱导中同样的两个细胞如何相互诱导分化产生两种不同类型细胞的机制还不清楚,从提出的一些模型看,这一过程可能与信号和受体的浓度、数量有关,即由于它们浓度、数量的分歧导致它们分化方向的歧化(图14.2.14)。

4. 细胞间质对近端诱导的实现发挥重要的作用

近端诱导不是单纯的细胞与细胞之间的分化作用关系,细胞间质在近端诱导中也往往发

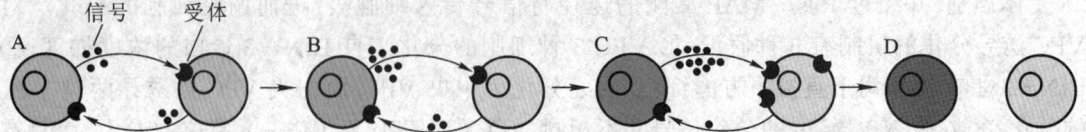

图 14.2.14　2 个相同的细胞通过相互诱导分化产生 2 种不同类型细胞的模型

以线虫产卵器发生为例,分析从相同的细胞分化成 2 种不同类型细胞的可能过程:A.开始时两细胞都一样,但是它们之间可能有信号和受体表达的微小差异,其中 *lag-2* 基因被认为编码信号,*lin-12* 基因被认为编码信号的受体,而接受信号的细胞降低 LAG-2 的分泌,升高 LIN-12 的量。B.可能在发育过程中出现某种触发因素引起一个细胞比另一个合成更多的信号物质,这些信号刺激邻近细胞产生更多的 LIN-12 分子。C.由于更多 LIN-12 细胞减少了信号合成,它们之间的差别被放大了。D.最终,一个细胞发送信号,另一个接受信号,发送的细胞变成锚细胞,接受的细胞变成产卵器前体细胞。(S.F.Gilbert)

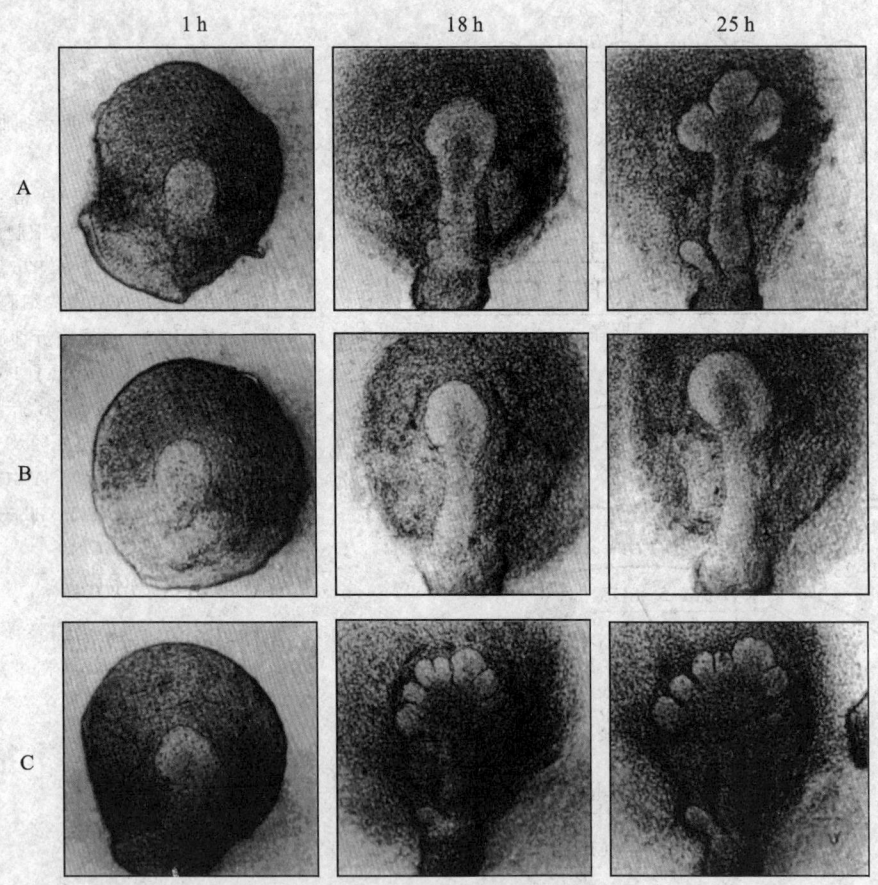

图 14.2.15　间质细胞分泌的胶原控制上皮组织分支的形成

培养 12 d 小鼠胚胎的唾液腺原基,并分别在 1 h、18 h、25 h 进行观察:A.正常发育,出现三个圆形突出。B.加入外源胶原酶(5 μg/ml),小叶生长但不分支。C.加入胶原酶抑制剂(5 μg/ml)抑制内源胶原酶活性,小叶分支数明显增加。(S.F.Gilbert)

挥着重要的作用,这一点在分支器官的形成中表现得很突出。例如前面提到的脊椎动物肾脏的发育,与肾管接触的间质组织不仅诱导肾管上皮细胞向肾组织的分化,同时引导肾管分支结构的持续形成,而在这一过程中细胞间质发挥着重要的作用。以唾液腺原基为模型的体外培养实验表明,加入胶原酶,即移去原基组织中的细胞间质成分——胶原Ⅲ型纤维(collagen Ⅲ fibrils),可造成无分支腺体结构出现;加入胶原酶抑制剂,即使原基组织间的胶原Ⅲ成分过量表达,则过度分支结构出现(图14.2.15)。研究发现,在分支管道器官的上皮组织发育过程中,胶原纤维仅出现和积聚在分支发生的部位。现在普遍认为间质组织细胞不仅产生和分泌胶原纤维,而且还通过酶的作用调节胶原纤维在细胞外的排列和分布,进而影响分支结构的走向和规模(图14.2.16)。因此,细胞间质不仅介入发育的近端诱导过程,而且在这一过程中扮演着重要的角色。

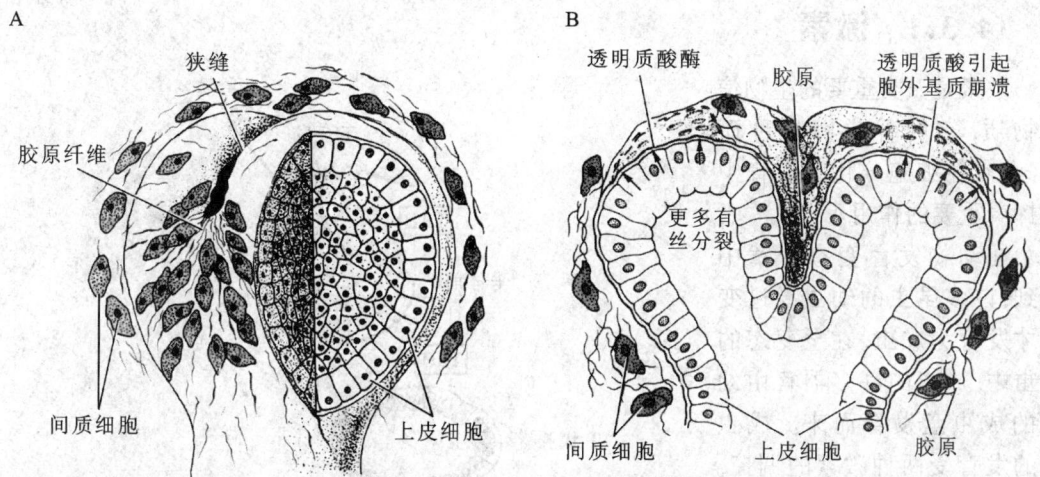

图14.2.16 小鼠唾液腺原基组织分岔形成的模型
A.在间质细胞的牵引下,一束胶原纤维(图中用缠绕的绳子样的结构表示)在小叶中央分出一条沟,并在两群间质细胞之间延伸生长。B.小叶顶端由于没有胶原纤维保护,对透明质酸酶更敏感些,有丝分裂加快,小叶顶部进一步伸长。小叶的颈部则对透明质酸酶比较稳定,间质细胞诱导小叶顶端分支越来越多。(S.F.Gilbert)

近年研究发现,对于细胞间质成分的构建,旁泌素同样发挥着重要的作用。例如,转化生长 $\beta1$ 因子(transforming growth factor $\beta1$)、活化素(activin)已被确定与细胞间质成分的构建有密切的关系,进而影响到发育形态构建。用实验方法将上述因子引入体外培养的乳腺、唾液腺、肺或者肾的原基中,则可出现分支发育被抑制的现象(图14.2.17)。目前,新的影响

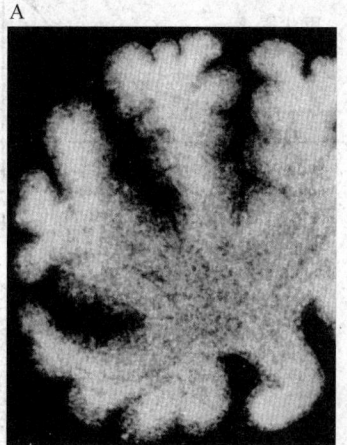 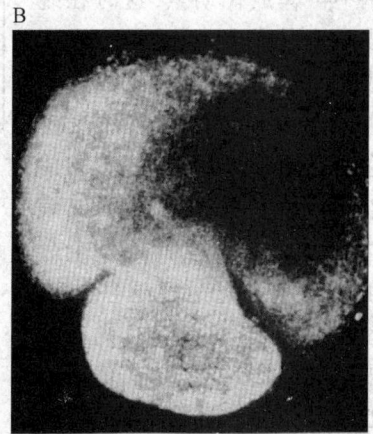

图14.2.17 activin对唾液腺上皮形态建成的作用
胚胎唾液腺原基分别在对照培养基(A)与含7.5 nmol/L activin 的培养基(B)中培养4 d后固定、染色。(S.F.Gilbert)

细胞间质成分构建并具有器官特异性的旁泌素被陆续发现，并正在深入研究之中。

14.3 细胞分化的远程控制

细胞分化的远程控制(cell interaction at a distance)是指内分泌细胞产生和释放激素，通过血液运输到达靶细胞，远距离诱导和控制细胞分化。远程控制细胞分化是发育中另一重要的细胞分化模式，它在动物变态、个体生长、成熟发育、以及生物对环境适应性调整(如冬眠、生殖周期变化)等方面起着重要的作用。

14.3.1 激素

激素是一类重要的生物信号物质，它的种类因物种而异，激素在细胞分化和发育中发挥着重要的作用。

在动物发育变态一章中提到，许多昆虫的幼虫经过变态才发育为成虫，在全变态的昆虫中，成虫的许多器官由幼虫的成虫盘发育而来。成虫盘的发育受两种激素的调控，即 20－羟基蜕皮激素和保幼激素(图 6.2.7)。前者促进幼虫变态，而后者抑制变态。在幼虫晚龄阶段，咽侧体保幼激素合成量减少，而到化蛹过程中不再释放保幼素，这时在蜕皮激素的作用下蛹变态成为成虫，之后便不再有蜕皮激素生成。如果把幼虫的成虫盘在变态前植入成虫体内，即使连续移植 9 年，由于成体不表达 20－羟蜕皮素而不发生分化和发育。可是把这些成虫盘再回植到幼虫体内，则在蜕皮激素的影响下，它们仍可以继续分化发育为成体器官。

脊椎动物产生多种激素，以分子类型它们可分为氨基酸衍生物、小肽、蛋白质、糖蛋

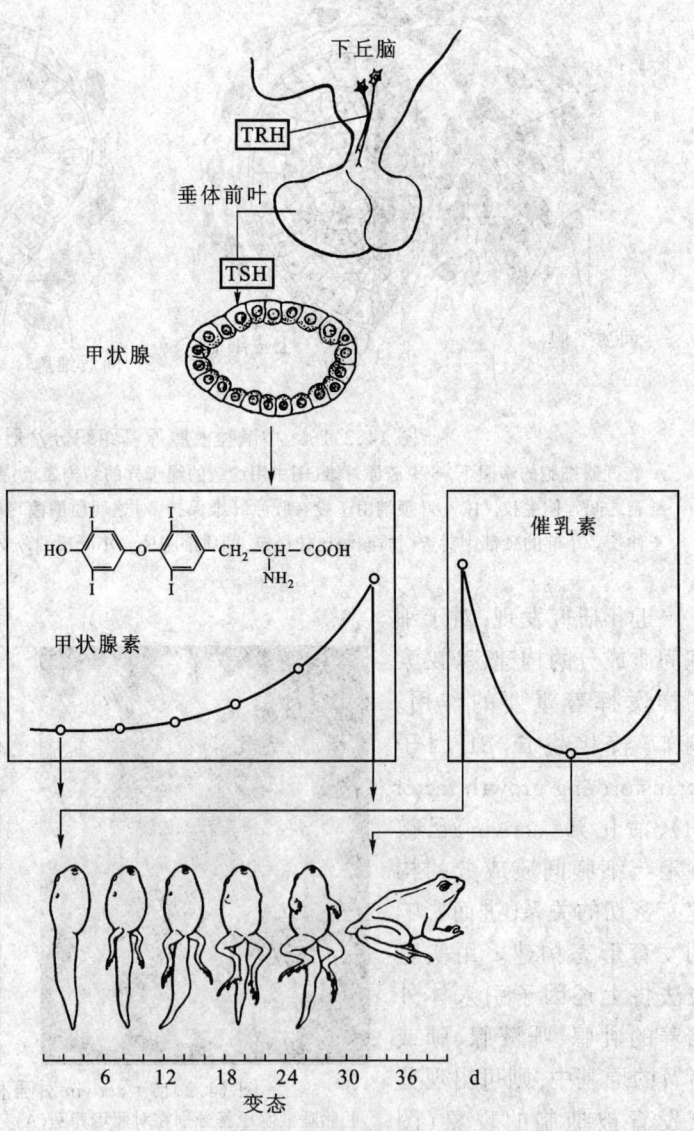

图 14.3.1　两栖动物中激素控制变态 (W.A.Muller)

白和甾醇5大类。我们从表14.3.1中可以清楚地看到,它们之中许多与细胞的分化和个体的发育有着密切的关系,例如甲状腺素在两栖动物的变态发育中起着重要的作用(图14.3.1),改变个体的甲状腺素水平可以影响它的发育进程和方向。

表14.3.1 脊椎动物的内分泌激素

类别	名称	分泌部位	组分	主要作用
氨基酸衍生物	肾上腺素	肾上腺髓质	儿茶酚胺(仲)	增加血压、心率、糖原分解
	去甲肾上腺素	肾上腺髓质	儿茶酚胺(伯)	
	甲状腺素	甲状腺	含碘酪氨酸衍生物	增加代谢(广谱)
小肽类	促甲状腺素释放因子	下丘脑	3肽	刺激垂体前叶分泌促甲状腺素
	促性腺素释放因子	下丘脑	10肽	刺激垂体前叶分泌促性腺素
	生长激素释放因子	下丘脑	14肽	抑制垂体前叶分泌生长激素
	加压素	下丘脑	9肽	增加血压
蛋白质类	促肾上腺皮质激素释放因子	下丘脑	41肽	刺激垂体前叶分泌促肾上腺素
	生长素	脑垂体前叶	191肽	刺激肝脏生成生长调节素,促骨骼生长
	胰岛素	胰岛β细胞	双链51肽	糖利用,刺激蛋白质、脂肪合成
	甲状旁腺激素	甲状旁腺	84肽	调节Ca、Mg、P吸收代谢
	表皮生长因子	小鼠颌下腺	53肽	刺激上皮等细胞分裂
糖蛋白	促卵泡激素	脑垂体前叶	双链210肽	刺激雌二醇分泌
	促黄体激素	脑垂体前叶	双链207肽	刺激卵母细胞成熟及分泌孕酮
	促甲状腺激素	脑垂体前叶	双链204肽	刺激甲状腺分泌
甾醇	雌二醇	卵巢	胆固醇衍生物	促雌性器官发育成熟
	黄体(孕)酮	卵巢黄体	17碳甾醇	增加子宫血液、减少子宫收缩
	睾酮	睾丸	同上	促雄性器官成熟
	皮质醇	肾上腺皮质	同上	影响蛋白质、糖、脂肪代谢,增加免疫力
	皮质酮	肾上腺皮质	同上	影响蛋白质、糖、脂肪代谢
	醛固酮	肾上腺皮质	同上	调节水分与离子平衡

14.3.2 远程控制细胞分化的主要特征

1. 激素在远程控制细胞分化中的多效能性

早在20世纪初,人们就发现给予超量的甲状腺的抽提物,可以促使蝌蚪提前变态,而切除甲状腺则阻止蝌蚪变态的发生。研究证明两栖动物变态诱导的关键成分是甲状腺素,它由甲状腺分泌,它的有活性功能的形式是三碘甲状腺素(图14.3.2)。两栖动物的变态是一个十分复杂的形态和生理改造和再建的过程,它不仅涉及多种不同类型细胞的分化(如肌肉、神经、皮肤),包括多种器官结构的发育(如肺、肢体)或退变(如尾),还发生着代谢类型的深刻改造(如血红蛋白与氧结合能力的提高,代谢废物由氨转为尿素)。引人注目的是,这一切都源于同一种物质成分——甲状腺素的起始作用。与此类同的是,昆虫的复杂变态起因于蜕皮素。在昆虫的的变态过程中,各成虫盘(imaginal disc)迅速发育形成成体的各种器官组织(如翅、平衡棒、肢体），而幼虫虫体的大部分结构则被消化吸收掉了。这表明，由激素诱导的远程控制细胞分化具有同一激素可作用于不同的靶细胞，并诱发不同的分化和发育，即激素具有多功效性。

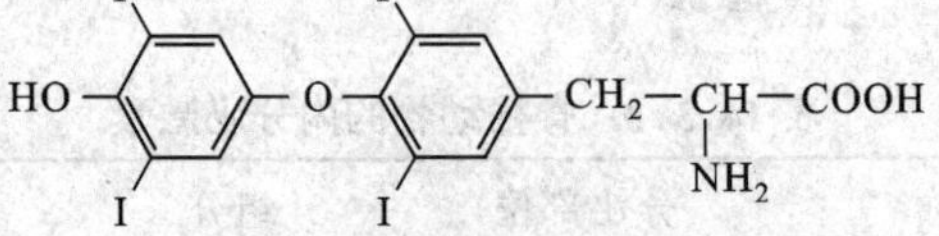

甲状腺素(T_4)

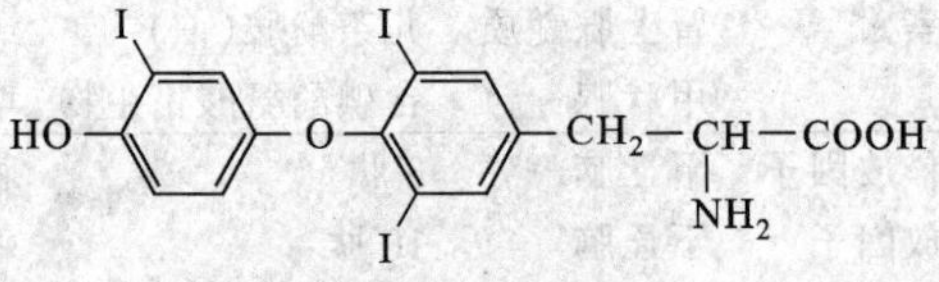

三碘甲腺原氨酸(T_3)

图 14.3.2　甲状腺素和三碘甲状腺原氨酸的分子结构(S.F.Gilbert)

远程控制中的一个重要问题是，同一或者有限种类的激素可以同时全方位地调节着不同的分化，生物是如何实现这些不同发育内容的区分和相互间的协调的呢？这些无疑对发育的正常进行是十分重要的。例如，在尾完全退化以前蝌蚪必须完成消化系统的改造和四肢的发育。对此，有人(Kollros,1961)提出阈值理论(threshold concept)，即不同靶器官组织细胞分化启动要求的激素水平不同，从而形成了它们之间的协调发育关系。以后一系列的实验支持了这一假定：人工方法控制给予蝌蚪甲状腺素的量，低量的时候出现的是消化道的改造，高量的时候出现的是早于四肢发生的尾的退化；低浓度的甲状腺素诱发的是正常变态中四肢早期发育出现的骨骼，高浓度的甲状腺素诱发的是正常变态中四肢晚期发育出现的骨骼。因此，我们可以说，不同的组织对同种激素的效应作用存在浓度依赖现象，从而使之定位在正确的发育部位和时间阶段。

2．对激素的特异应答决定于靶细胞

激素具有分化诱导的多效能性带来的另一个问题是，在发育中如何确定激素对靶细胞的选择呢？研究表明，对于激素的特异应答来自于靶细胞自身，而且这种特异性并不是通常意义的细胞类型的区分(如上皮细胞、肌肉细胞)，也不决定于它与激素分泌器官距离的远近。在蛙的变态过程中，蝌蚪头和躯干的上皮细胞出现向陆生动物皮肤的发育，这种变化表现的像是整体连续的发育过程，研究表明它与甲状腺素的分泌没有关系。但是蝌蚪尾部的上皮细胞则不然，甲状腺素可引发尾部上皮干细胞分裂的抑制和分化上皮细胞的急速角质化和凋亡。实验表明，将尾移植到蝌蚪的躯干部，移植的尾仍维持其正常的退化；将尾部皮下间质组织移植到躯体部位，其邻近的上皮组织出现退化；将躯体部位皮下间质组织移植到尾部，相邻的上皮的退化过程将被终止。与之相似，将眼杯组织(上皮来源)移植到尾部，并不出现退化现象(图14.3.3)。由此看来，对于远端诱导中激素的作用，靶细胞(组织)存在一种反应于诱导因子的识别机制，从而获得了对激素特异应答的能力。上述实验表明，蝌蚪躯干与尾部的间质组织对甲状腺的应答能力是不同的，并进而通过近端诱导的方式影响于周边组织(如上皮细胞)。这一发现无疑对认识分化的远程控制是重要的。在人胚胎发育中，指、趾的形成过程中出现特定部位的细胞凋亡,可能执行着同样的机制。

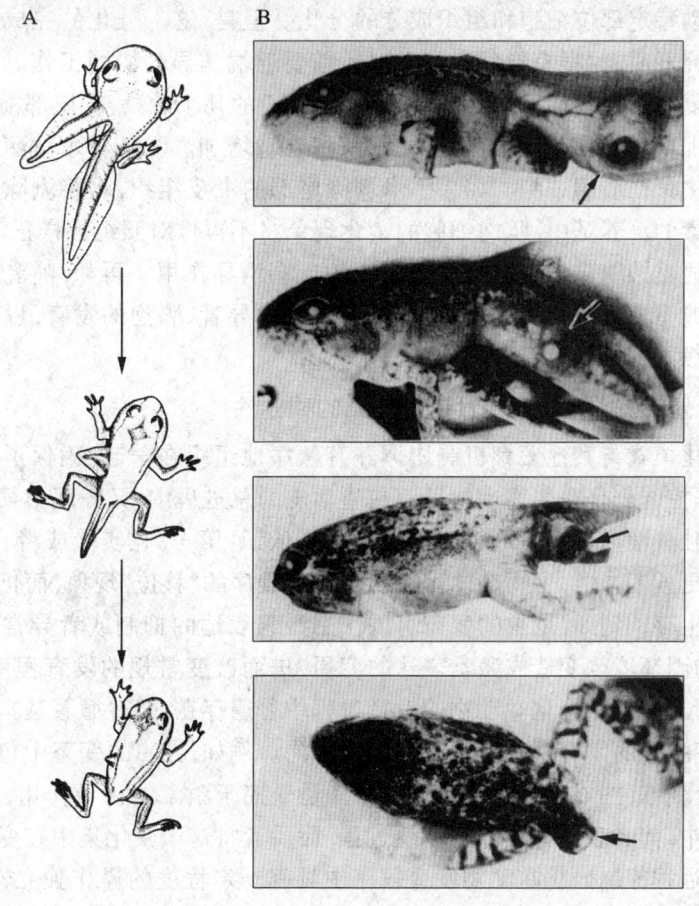

图 14.3.3 蛙变态过程中的器官特异性
A.尽管将蝌蚪尾移植到躯干部位,其退化过程照常发生。B.将眼杯移植到退化着的尾上却保持不变。(S.F.Gilbert)

3. 激素对细胞的分化诱导过程存在有靶组织细胞受体表达的反馈调节机制

激素对细胞分化的诱导过程表现出具有靶组织细胞受体表达反馈调节机制。在蛙的变态过程中,靶细胞对甲状腺素发生应答的最初成分是甲状腺素受体(thyroid hormone receptor, TR)。甲状腺素受体属于基因转录调节因子中的甾醇激素受体超家族成员,甲状腺素受体分有 TRα、TRβ 两种类型。当人们用实验的方法封闭或解除了 TR 的表达,同样抑制了甲状腺素的生物学功能。研究发现,TR 广泛地存在于体细胞中,并维持在一个低的表达水平。但是,一旦甲状腺素分泌,便诱发 TR 量在靶细胞中的急速提高。研究发现甲状腺素受体的表达存在有自身诱导的正反馈调节的机制,即甲状腺素浓度的提高引发靶细胞 TR 含量的增加及其他相关因子的表达和活化,并进一步促使 TR 表达的加强,提高靶细胞对 T_3 的应答灵敏度。在两者达到一定的水平时将引发靶细胞特定基因的表达,出现功效反应,并同时将这种功效限定在特定的组织之中(图 6.2.10)。生物体正是用这样的方式实现多方位快速改造和发育任务的。

4. 远程控制分化过程需与近端诱导协同工作

激素可以启动特定部位细胞和组织成分的分化。但是，这一分化的完成只靠远程诱导作用是不够的。研究表明，远程控制分化的实现还需要近端诱导的协同工作。两栖动物变态时尾的退化是一个复杂的变化过程，大致可以区分为以下的几个阶段：①尾部横纹肌细胞中蛋白质合成终止。②上皮、神经细胞中溶酶体的水解酶含量增加。③各种水解酶被释放。④巨噬细胞集聚清除消化死亡后的细胞。如果手术剥除尾部的上皮组织，再将剥除了上皮的尾部浸放在含有甲状腺素的培养基中，肌肉细胞的消化现象将不再像对照组那样正常发生，表明这一复杂的发育过程显然同时包括上皮与皮下组织的近端诱导作用。再如，哺乳动物乳腺的发育是受激素诱导的典型的远程控制分化现象。但是，乳腺导管、腺泡的发育，以及泌乳细胞的分化同样离不开组织间的细胞近端诱导分化作用。

5. 远程控制分化在发育程序中具有运作上的独立性

远程控制分化模式与其他发育机制协调并有秩序地组织在一起，确保了生物个体的正常发育。但是，远程控制分化在生物个体发育或生活史的总进程中，又表现出某种相对于主体发育程序运作上的独立性。对此我们可以从两方面来认识：第一，在实验或者自然的条件下，由于激素表达的变更或者异常，生物个体可能出现发育程序的"移位"现象，而仍维持发育的进行和生物体的正常生存。例如，昆虫的变态可因作用激素表达的抑制或者异常出现超龄幼虫现象；性别转换动物因环境改变造成激素表达的变更，进而改变常规的发育程序，形成对环境的适应。第二，尽管远程控制分化在动物的发育过程中普遍存在，并遵循着基本共同的分化诱导机制，但是由它们指导的发育表现形式又可能很不同。例如，昆虫的变态中包括有两种不同的模式：渐变态和全变态（图6.1.1）。虽然，它们都是受控于激素的诱导作用，但是在从幼虫向成虫的发育过程中，前者表现为逐渐的演变过程，而后者将这一变化集中在变态期完成。这一现象的存在表明远程控制分化在动物发育程序中具有一定程度的操作独立性，即它们在发育级联编程上的自主性，并由此带来了发育程序的可变性，从而也提供了生物多样性表达的可能性。当然，在漫长的进化历程中，这种多态表达在不同的物种中各自通过遗传的形式被固定了下来。

总之，激素在远程控制分化中的多效能性提供了有限激素对大面积复杂发育行为实施的可能性；靶细胞对激素的应答来自本身的潜能性保证了分化应答的专一性；激素受体对细胞的分化调控有反馈性调节的能力为复杂发育的协调进行创造了条件；远程控制分化与近端诱导的协同工作最终落实了由激素启动的发育程式，以实现复杂的细胞分化和组织器官的构建。此外，远程控制分化在发育程序中表现出的运作上的独立性无疑对生物与环境的适应和生物多样性的建立有着重要的意义。因此，正如前面提到的，细胞分化的远程控制对多细胞生物复杂发育程序的总体协调和生物对环境因素的应答和适应有重要意义。从进化的角度看，发育远程控制的建立和演变无疑是十分重要的，目前对这一过程仍然不清楚。

14.4 发育过程中细胞分化的类型

J. Gerhart 和 M. Kirschner（1997）将发育过程中的细胞分化分为4种不同的基本类型，它们分别是：空间区域性分化（spatial differentiation）、细胞性分化（cytodifferentiation）、时向性分化(temporal differentiation)和细胞水平的性别分化(sexual dimorphisms at the individual cell level)。对细胞分化的这一区分反映着对发育过程中细胞分化现象的总体认识,也提供了对细胞分化进行系统发育比较的依据。

1. 细胞的空间区域性分化

细胞的空间区域性分化指在发育的早期,细胞出现群体区域化的分化现象。虽然同区域内的不同细胞在后继的发育中可能有完全不同的分化命运(如肌肉、骨骼、神经),而不同区域中可出现同类的细胞分化(如都是肌肉细胞)。但是经过这一分化过程后,它们被限定在胚胎发育的特定的"模块"之中,组成了一个密切关联的发育分化的细胞群体和形成了一个相对独立的发育分化的区域环境,在随后的发育分化中它们以群体协同的方式实现特定图案的最终建立(如头、胸、腹)。显然,对每个细胞而言,空间区域性分化的决定与它在胚胎中所处的位置有密切的关系,即这种分化有强烈的"空间效应"。发育过程中细胞群体的区域化现象往往具有多级展开的特征,即伴随发育的进展,前期的区域可以再进一步划分出若干小的区域,形成逐级分支的格局(图 14.4.1)。

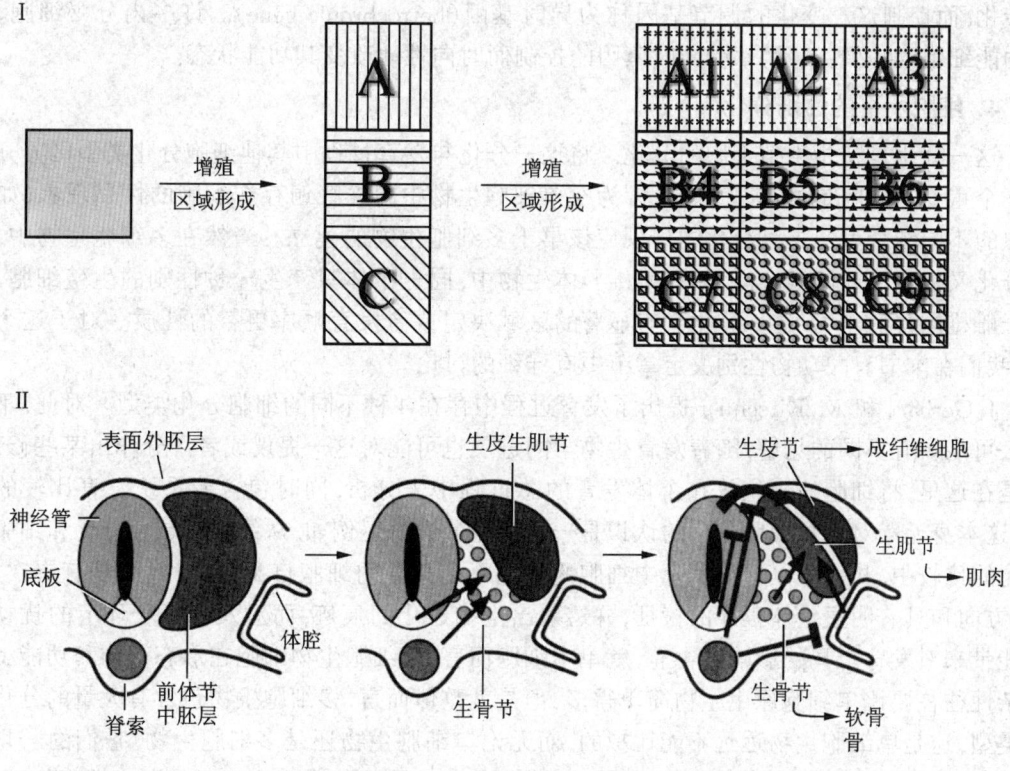

图 14.4.1　发育的区域/模块化现象

Ⅰ.发育的区域化模型。位于同一区域的一群细胞增殖到原来的 3 倍后,细胞群分化成位于相邻的 3 个区域的不同的细胞群 A、B、C,细胞群 A、B、C 分别表达不同的基因表达。这些细胞群增殖三倍后再分化亚群,例如 A1、A2、A3。Ⅱ.体节的分化。前体节细胞群定位在体内的一个不均一的环境之中。脊索和神经管底板分泌的 Shh 蛋白到达附近的体节细胞,这些细胞应答 Shh 蛋白,分化成生骨节细胞,形成第一个区域。靠近背神经管和表皮的细胞暴露于 BMP-4 蛋白(图中未标出)而非 Shh 蛋白的环境之中,分化成真皮细胞,形成第二个区域。其他细胞接受了其他的信号或者根本没收到信号,则形成第三个区域。(J. Gerhart & M. Kirschner)

分子生物学的研究表明,空间区域性分化往往联系于相同基因的区域性表达,发育生物学将这一类基因称为选择基因(selector gene)。这时,细胞间往往并不表达出形态结构的差异。选择基因的产物都是基因表达的调控因子。选择基因的发现是近十几年来发育生物学的重要成果,也是当前发育生物学研究的热点之一。

2. 细胞性分化

细胞性分化指在发育过程中产生功能、结构上的专一化细胞,例如神经、肌肉、上皮、感觉等细胞。细胞性分化有两个重要的特点:① 这一分化往往出现在发育的后期并有明显的终末性,即细胞不再继续分化。与其他的细胞分化不同,影响这一分化过程的基因产物多是特异性很强的终末分化细胞的结构和功能成分。② 细胞性分化产生的细胞种类数很大,例如脊椎动物有大约100~300个不同的细胞类型,节肢动物有大约50~100个不同的细胞类型。

3. 细胞的时向性分化

在发育过程中,一些细胞的分化具有时向性,即细胞的分化可随时间或阶段改变而改变。细胞的时向性分化是同类型细胞在不同的阶段表达不同的基因,出现细胞结构和功能状态相互转化,而控制这一变化的调节基因称为异时基因(hetrochronic gene)。许多内分泌细胞、生殖功能细胞(如泌乳细胞)都受异时基因的控制而时向性地改变其功能状态。

4. 细胞水平的性别分化

这一分化是特指生殖细胞的分化。将这一分化与发育过程中其他细胞分化类型区分开来的一个重要的原因是:从进化上看,因为在单细胞生物中同样普遍存在细胞的性别现象(如纤毛虫的不同结合型),这种分化的出现应该早于多细胞生物的建立。当然在多细胞生物中,这种分化又加进了新的内容,例如在雌雄异体生物中,同一个体只产生一种性别的生殖细胞,而对于雌雄同体的生物,这一分化具有显著的区域决定或者发育顺序更替的性质。对于这个问题,我们在本书有关动物性别决定章节中有详细的讨论。

J. Gerhart 和 M. Kirschner 提出了发育过程中存在4种不同的细胞分化类型。对此,不同的人可能会有不同的见解,随着发育生物学的进展也可能对这一提议或者区分作出某些修改。但是在这里,将细胞的分化放在个体发育的总过程中来分析,同时包含着系统发育比较的考察,这本身无疑对深化细胞分化的认识是一种有益的尝试。例如,从细胞区域性分化和细胞性分化的比较中,我们可以看出发育中细胞的分化不是孤立的细胞自身的行为,而是有层次、位置、方向和具有明显整体程序的特征,并透射出生物进化的痕迹,而对发育某一环节的扰动便可能带来对发育全局的影响。再有,就单个细胞而言,多细胞生物细胞在形态结构和功能上的复杂性往往要比单细胞原生生物简单得多,但是就整体而言,多细胞生物包含有大量的分化细胞类型,这是单细胞生物远远不能比拟的,而无论单细胞生物还是多细胞生物,它们的一切分化行为又都是采用的同一基因组型的模式(多细胞生物个别细胞除外)。由此,我们可以洞察到多细胞生物的细胞分化和发育与单细胞生物的细胞分化和发育应有重要的区别。显然,探察它们的机制对于认识生命的有序结构和生物的进化有着重要的意义。

14.5 细胞系与干细胞

细胞分化的程序与方向性造成了在发育过程中的细胞系(cell line)现象。所谓细胞系即发育过程中存在的分化细胞间的谱系关系,它们以分化递进和分支的方式联系在一起,形成一个有方向、层次的分化路径结构。例如,在动物发育中谈到的脊椎动物神经嵴细胞,它们由于所处的位置、迁移的路径、到达的环境的区分,可能分化出多种不同的细胞类型,构成一个独特的细胞分化系。线虫 C. elegans 发育中全部细胞分化演变路径已经明了,构成了一个复杂的分化细胞谱系图(图14.5.1)。显然,在这个谱系中,位于前位的细胞具有分化为后继细胞的潜能性,称为前体细胞(precursor)。

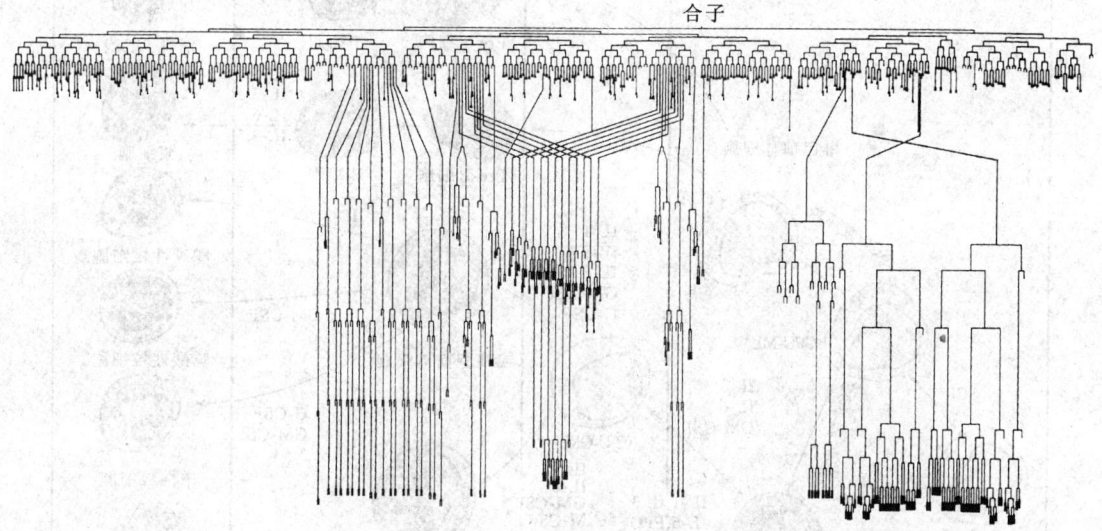

图 14.5.1　线虫发育的细胞系谱图
图中顶端为合子,横线代表一次细胞分裂,每个竖线代表一个细胞。(S. F. Gilbert)

发育生物学研究发现,在逐级分化的细胞系中,存在一些特殊类型的细胞,它们具有自我复制,并且有时总领一个大的后继分化细胞类群,这样的前体细胞被称为干细胞(stem cell)。发育中有多种不同层次的干细胞,即各种多能干细胞或者单能干细胞。例如,维系和繁衍生殖细胞(精子或卵细胞)的前体细胞称为生殖干细胞(GSC);将含有造血干细胞的骨髓注入到射线照射过的小鼠体内,产生各种血液成分(红细胞、粒/巨噬细胞、巨核细胞/血小板、NK 细胞、T/B 淋巴细胞)的前体细胞称为造血干细胞(hematopoietics stem cell, HSC),以及它下属的各种单能干细胞(图14.5.2,图 14.5.3);神经、皮肤的表皮等也都有各自的干细胞。一些干细胞只存在于一定的发育阶段中,如神经干细胞、雌性哺乳动物的生殖干细胞。而一些干细胞可以终生维持,如造血干细胞、消

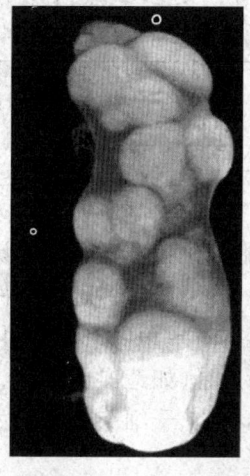

图 14.5.2　分离出的造血细胞克隆
在其脾脏表面可看到离散的血细胞克隆。
(S. F. Gilbert)

化道上皮干细胞。

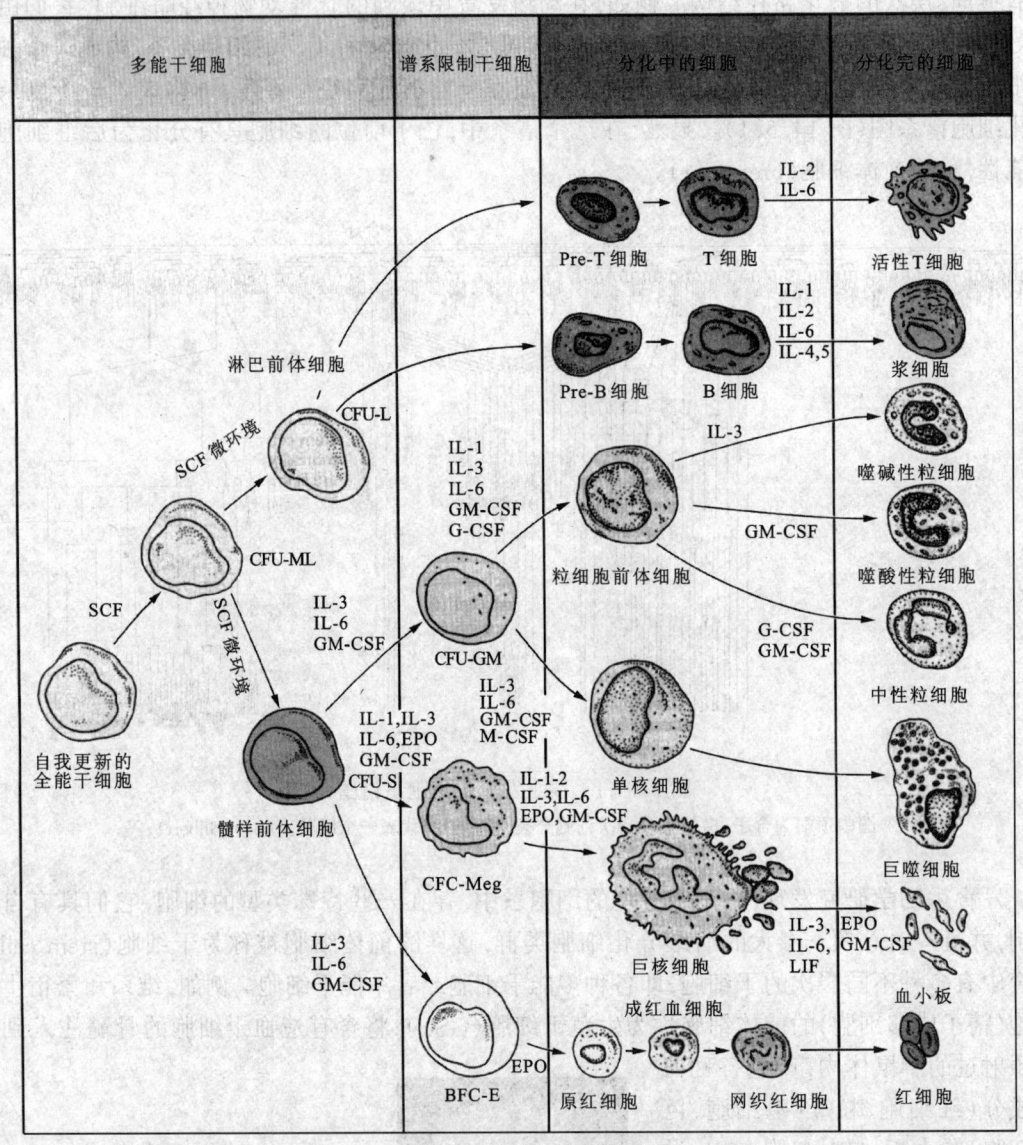

图 14.5.3 哺乳动物血细胞和淋巴细胞的发生

图中标明的影响细胞分化的因子为：EPO-促红细胞生成素；G-CSF-粒细胞刺激因子；GM-CSF-粒细胞巨噬细胞刺激因子；LIF-白血病抑制因子；M-CSF-巨噬细胞刺激因子；SCF-干细胞因子。(S.F.Gilbert)

  细胞系和干细胞的研究对于细胞分化和发育机制的认识是重要的。人们发现细胞分化程式很复杂，有些细胞的分化是终末性的，但是在特定的条件下，它们又可能出现反分化的现象。显然，从细胞系的研究中人们可以获得对生命现象多方面的认识，包括揭示发育的机制和规律（如胚胎干细胞）、开发临床治疗的新途径（如造血干细胞、组织器官工程）、获得可以遗传的新的表型改变的生物品系（如生殖干细胞）。干细胞是当前发育生物学的一个热点，并已进入了工程开发的研究阶段。

人们发现在不少的生物中,在胚胎发育的早期,受精卵经过了数次分裂以后,这些细胞仍具有独立发育为完整个体的能力,它们被称为胚胎干细胞(embryonic stem cell, ES)或多能干细胞(pluripotent stem cell, PSC)。应该注意到,这里提的干细胞与上面各种干细胞存在着一定的区别。由于受到母体基因(maternal gene)表达产物的限制,许多动物胚胎干细胞即便在一定的条件下也表现出某种可以自我复制的特性,但是它的"增殖"是十分有限制的。应该特别说明的是在哺乳动物中,人们从小鼠囊胚内细胞团中分离出了可以在体外培养,并在植回囊胚腔内后仍可以发育为一个健康的新个体的细胞,同样被称为 ES 细胞。但是,这时的小鼠的 ES 细胞已失去了发育出胚外器官的能力,在小鼠中它已经相当于发育进行了 3.5 d 的细胞,并且它只能在植入已发育的囊胚后才能实现个体的发育,而不可能像受精卵那样独立地完成发育任务,因此它决不是受精卵的复制,而只是有条件的胚体发育意义上的干细胞。

14.6 细胞凋亡与发育

研究发现,多细胞生物中存在有一种重要的细胞学过程——细胞凋亡(apoptosis)。与细胞坏死(necrosis)起因于不利的内外环境不同,细胞凋亡是发育过程中编程性的细胞死亡过程,从这一角度看细胞凋亡可以看作是一种特殊形式的细胞分化。目前,对细胞凋亡的研究正在深入,许多与凋亡有关的基因被陆续发现,它们的产物(如 p53、p16)涉及一个复杂的信号调控系统。

发育生物学研究表明,细胞凋亡现象不仅在发育过程中普遍存在,而且它严格地编程在个体的发育过程之中,并且在多细胞生物的组织和形体构建中发挥着重要的作用,下面我们举例说明。

在小鼠胚胎发育的早期,内部细胞构成一实心的细胞团块,很快地这一实心的细胞团块演变成一个中空的囊状结构,同时囊腔被组织液充满,胚体正是在这一结构基础上,通过一系列复杂的变化形成三胚层的结构而逐渐发育建立起来的。研究发现,内细胞团从实心的组织团块到中空的囊状结构是通过细胞凋亡的方式完成的。这一过程可能是包围在内细胞团外面的脏器内胚层(将发育为胚外器官)产生并输送信号,使除紧连基膜以外的内细胞团细胞发生凋亡,最终形成一个空腔结构。

前面提到,脊椎动物神经管的形成有两种基本的方式,一是片状神经板通过卷曲合拢的方式形成中空的管状结构,另一种是实体的条索状神经上皮组织通过髓部细胞的凋亡产生贯通前后的管腔。在低等的脊椎动物中(如鱼),后一方式为神经管形成的基本方式,在高等的脊椎动物中(如哺乳动物),前段神经管以卷曲合拢的方式形成,而后段神经管以细胞凋亡的方式完成。

在高等脊椎动物肢体的发生过程中,如指(趾)的形成,细胞凋亡发挥着重要的作用。图 14.6.1 显示了鸡趾发育不同阶段的比较,趾的出现伴随着趾间组织的细胞凋亡。组织移植实验进一步证明,细胞凋亡的图案是由间质组织决定的,如果将鸡和鸭的趾间间质组织进行互换,只有鸭的间质组织诱导蹼结构发生(图 14.6.2)。

显然,细胞凋亡的过程密切地关联着细胞分化的近端诱导作用,它们被精确地编程在一起的。在鸡的胚胎发育早期,对应于腿部体节范围中的脊索有大约 2 万个运动神经元形成,不久有半数左右的神经细胞便凋亡死去(图 14.6.3)。运动神经元的存留依赖于它在发育中神经

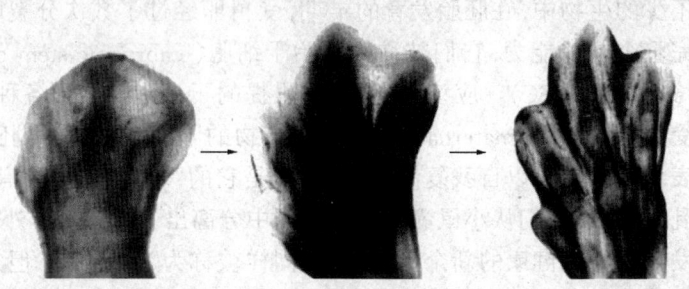

图 14.6.1　鸡趾发育中的细胞死亡

趾间组织的细胞凋亡造成趾的分开。(L.Wolpert)

轴突与肢体骨骼肌突触联络的建立。现在认为肌肉细胞在与神经细胞联络建立以前，可以分泌产生某种营养因子以维护神经细胞的存活。一旦肌肉细胞与神经细胞突触建立并使肌肉细胞活化，营养因子的分泌下降，已经与肌肉细胞建立联络关系的神经细胞存活下来，而尚未与肌肉细胞建立联络的神经细胞便走上凋亡的道路。进一步的观察表明，在开始的时候，一个肌肉细胞可以同时与多个神经细胞建立突触联络。随着发育的深入，在肌肉细胞的诱导下，已经与肌肉细胞建立突触的各神经细胞又相继凋亡，最后只留下一个运动神经元与肌肉细胞联合。

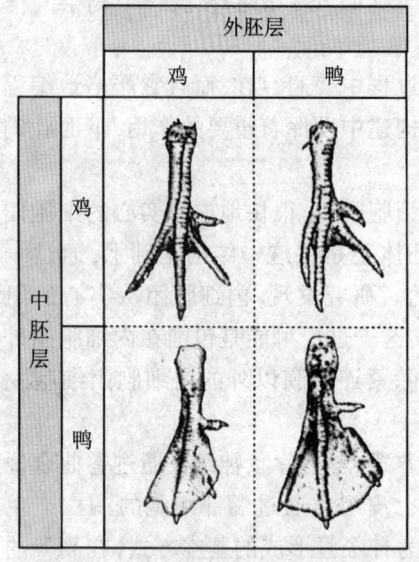

图 14.6.2　中胚层(趾间组织)决定细胞死亡的图案

与无蹼的鸡相比，鸭的趾间较少细胞死亡，所以形成蹼。当把胚胎期鸡和鸭的肢芽互换，只有鸭的趾间组织能诱导出蹼。(L.Wolpert)

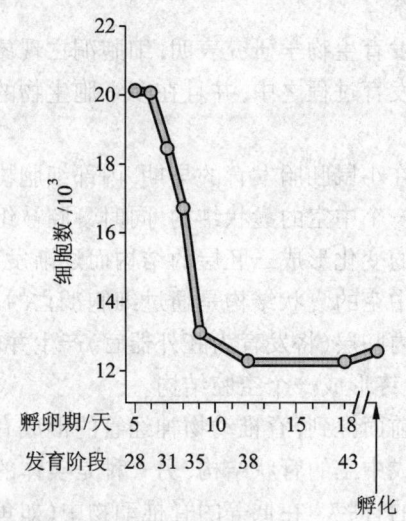

图 14.6.3　鸡脊索运动神经元的凋亡是正常发育过程的组成部分

在发育过程中，鸡胚肢体的运动神经元半数以上在孵化前凋亡消失。(L.Wolpert)

对神经嵴细胞的研究表明，它们的发育过程中同样存在细胞凋亡的现象，并且不同体节对应的神经嵴细胞的凋亡行为很不一样。与附近的其他体节不同，鸡胚早期菱脑区域的 3 和 5 节的神经嵴细胞在以后的发育中绝大多数凋亡消失了。现在看来，起码在脊椎动物的神经系统发育中,超量的神经元首先出现,然后通过一个选择的机制,多余的神经细胞因凋亡而被淘汰,使适当规模和结构的神经网络系统建立和确定。目前对于这一过程的分子生物学机制还很不清楚,这也是当前神经发育生物学研究领域所关注的问题。

14.7 发育中的细胞分化决定与细胞核在发育中的编程现象

上面提到,发育中细胞的分化可以启动于细胞分裂过程中胞质成分的不均等分配,也可以来自于细胞外因子的诱导和细胞间的相互作用,细胞分化的决定是发育生物学研究的重要内容之一。

研究发现,动物卵细胞中普遍存有对未来发育和细胞分化起着重要作用的母体基因产物的储备,其中有些成分可能由于受精卵细胞胞质的重组和早期卵裂细胞质的不均等分配,使不同的细胞出现不同的分化命运,这些成分常常被称为分化决定子(determinant)。与秀丽线虫相类似,海鞘动物由于其发育过程中细胞谱系确定,特别是早期阶段可以仔细追踪和分析胚胎每一个细胞的发育命运,成为研究细胞分化决定的很好的实验材料。例如,tunicates 不仅胚体透明,受精卵经过 20 h 便发育到有 2 000 左右细胞的幼虫阶段,而且其细胞分化谱系关系明显和异常稳定。追踪 tunicates 卵细胞质成分对发育的影响,发现细胞中黄色胞质的区域决定肌肉的发育,浅灰色的区域影响脊索形成,而未来包含有透明区域成分的细胞将发育为外胚层组织。将 8 细胞阶段的胚胎细胞(2 个 A4.1,2 个 A4.2,2 个 B4.1,2 个 B4.2)进行分离和体外培养,发现只有一对细胞(2 个 B4.1 细胞)分化形成肌肉细胞。但是,脊索的形成必须要有两对不同细胞的相互作用(A4.1 细胞和 B4.1 细胞)。研究证明,在 B4.1 细胞中存在有母体基因产物 macho-1,而这一成分在受精卵中便定位在黄色胞质的区域,成为肌肉分化的决定成分。如果将 macho-1 注射到 B4.2 细胞中,可以改变 B4.2 细胞的分化方向,形成肌肉细胞。深入的研究还表明,macho-1 mRNA 最初定位在卵细胞的皮质区域,受精过程诱发了卵细胞胞质的重组,定位在黄色胞质的区域,并且锚定在细胞骨架上。细胞分化的决定子决定现象在动物发育中十分普遍,例如,果蝇、线虫、爪蟾种质细胞的决定,果蝇的体轴决定,以及这种决定子的作用可能一直影响到线虫器官(咽)的发生,等等。由于发育过程中,细胞分化可以决定于决定子或者来自细胞间的相互作用,因此有人将它们概括为细胞分化的相嵌模型和相互作用模型。实际上,发育中这两种机制不仅同时存在,并且它们是相互协同工作的,例如 *glp-1* 是母体作用基因,它对线虫咽的形成有重要的作用,但是咽的发育还要其他组织的协同作用才能最后完成。

近年发育生物学研究发现另一个重要的与细胞分化有密切关系的现象是发育中细胞核全能性表达的程序性改变,即细胞核在发育中的编程现象。

长久以来,人们一直持这样一种认识,即除少数分化细胞外(如 B 淋巴细胞),多细胞生物所有的体细胞细胞核都具有全能性(topipotency),或者说它们在功能上是等效的。但是,近年的研究表明,事情并不是这样简单,其中大家最为熟悉的实例是体细胞克隆。理论上讲,如果所有体细胞细胞核在功能上都是等效的,用任何体细胞的细胞核替换受精卵的合子核都应该能正常地发育成一个健全的新生个体。但是,实验证明,动物的体细胞克隆普遍遇到了不少的困难。例如,小鼠体细胞细胞核移植后只有 0.5% 发育为成体,采用卵丘细胞为 1%~2%,而 ES 细胞成功率可高达 15%。这是什么原因呢?早在 20 世纪初,胚胎学家就开始进行动物的核移植及发育实验,例如将爪蟾囊胚期细胞的细胞核移植到去核的受精卵细胞中,60%的手术细胞发育为成体。J.Gurdon 用爪蟾做了一个很有意义的实验,他将蝌蚪肠上皮的细胞核移植到去核的受精卵中,核移植细胞卵裂不久后便终止发育,并且有相当的细胞细胞核出现了非整倍的染色体组型。J.Gurdon 又进一步选取其中有健康核型的细胞作为供体,将其细胞核再次移植到去核卵细胞中,这时 7% 的移核细胞发育为成体。不同来源的体细胞细胞核的克隆效果不一样,重复移植可以使克隆的成功率提高。这表明,虽然染色体 DNA 序列并没有改变,但是伴随发育的进行,细胞核的功能状态发生了某种变化,只有当它"恢复"到合适的状态以后,才能实现移植体细胞细胞核的卵细胞的正常发育。

因此,近年发育生物学研究提出,在发育中细胞核存在编程(program)的现象,而发育程序改变时,将会出现细胞核的重编程(reprogram)。显然,细胞核的编程和重编程在雌性个体一个 X 染色体失活、多细胞生物的再生、植物的侧芽生成等过程中都存在。实际上,研究发现,在动物卵细胞的发育中,其细胞核同样进行特殊的编程过程,而受精后,必须完成对细胞核的重编程,方才开始胚胎的发育。细胞核的编程和重编程是涉及细胞质和细胞核关系的重要的细胞学问题,也是当前发育生物学研究中的一个重要课题。目前,人们对多细胞生物发育中细胞核的编程和重编程的机制还了解得很少。其中,脊椎动物染色体 DNA 甲基化是参与细胞核编程的方式之一,已知哺乳动物雌、雄配子的甲基化图案并不一样,而卵细胞中有两个雌配子核或者两个雄配子核都不能正常发育。动物体细胞克隆的障碍也主要是来自细胞核重编程的困难。因此,目前涉及细胞核全能性的讨论,一些发育生物学家更偏向于采用多能(pluripotency)的提法。

自克隆羊 Dolly 出生,动物克隆受到人们的普遍关注。克隆一词源于希腊文 κλων,表示嫩枝、分枝的意思。动物克隆则表示通过核移植(NT)技术,以体细胞核替换受精卵或者 ES 细胞的细胞核,经发育产生与供体同样遗传背景的新生个体。目前,对动物克隆特别是人的克隆有许多的争论,除了来自社会伦理的原因以外,从生物学的角度也存在许多疑点。如上面讨论所谈,体细胞克隆必将存在和发生移植核的重新编程。因为细胞核的重编程在生物学上还是一个十分不清楚的问题,显然,对这种人为的核移植就提出了疑问,即它是否能够真正实现移植核在功能和结构上的转换,自然也就可能存在一种潜在的危险性,即在由此获得的新生个体中可能潜伏存在一些非正常的变化,而这种变化可能引发一系列难于预测的后果。例如,前面动物衰老问题中提到的,由于端粒的原因是否可造成新生个体寿命的障碍,这也是人们担心的一个问题。因此,对于动物体细胞克隆,生物学家普遍认为应该持极为慎重的态度。

以上我们从不同的方面讨论了多细胞生物在发育中的细胞分化现象。综合而言,细胞分化现象不仅是多细胞生物发育建立的基础,而且细胞分化的研究涉及到极其广泛的、基本的生物学问题,从细胞内部的结构组成到细胞间的相互作用,从分子遗传学的基因表达调控到生物的进化,都与细胞的分化密切地联系在一起。可以说,细胞分化是发育生物学最基础和核心的问题。从中我们还可以明确地认识到,没有细胞间的相互作用,没有这一作用过程必不可少的复杂的信号控制系统的存在,多细胞生物的发育是不可能实现的。从一定的意义上讲,这种调控系统的建立比之新的分化细胞类型的出现对于多细胞生物的发育更为重要,它的发展在生物进化上的重要性也是不言而喻的。

思 考 题

1. 多细胞生物细胞分化实现的 3 个重要条件是什么?
2. 发育过程中有两种细胞分化的模式,即细胞内程序分化和细胞间分化诱导,其中细胞内程序分化又分哪两种方式? 细胞间分化诱导又分哪两种方式?
3. 近端诱导细胞分化的主要特征有 4 个,它们分别是什么?
4. 远程控制细胞分化诱导的主要特征有 5 个,它们分别是什么?
5. 干细胞概念的基本要素是什么?
6. 举例说明细胞凋亡在动物发育中的重要作用。
7. 说明什么是发育中的细胞分化决定和细胞核在发育中的编程现象,以及细胞分化决定子与形态发生原的不同。

15 自组织在发育中的重要作用

多细胞生物的发育不仅包含复杂的细胞分化过程,分化细胞还必须有秩序地组织在一起,才能实现生物复杂形态结构的构建和发挥它们的正常功能。细胞和组织水平的自组织作用在发育的形态构建中占有着重要地位,成为发育的重要机制之一。

15.1 发育中的自组织现象

有一个经典的实验胚胎学的例子:从两栖类动物神经管形成期的胚胎中分别取出一部分神经板和将发育为表皮的细胞组织块,各自在碱性溶液中使团块中的细胞相互离散,然后将两种细胞均匀地混合在一起,并调节 pH 使之恢复正常。这时我们就会看到一个有趣的现象发生,被均混的细胞出现不同来源细胞的相互分离,而同来源细胞会自动地团聚起来,最后形成一种稳定的结构。实验表明,来自将发育为表皮的细胞总是封闭包围在外面,而来自神经板的细胞被包裹在里面并出现管状的结构(图 15.1.1)。显然,这样一种结构的出现和真实胚胎发

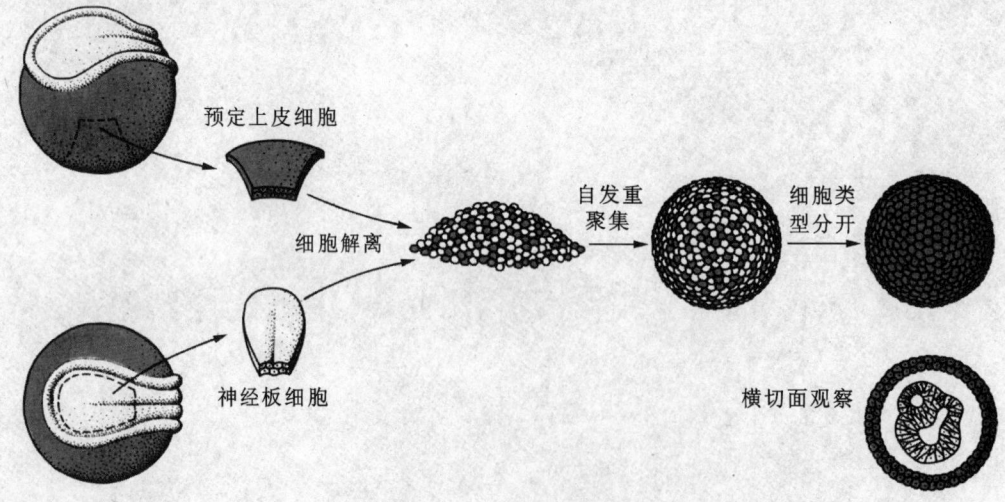

图 15.1.1 两栖类神经胚的细胞重组实验
从染色的胚胎中取出上皮细胞和从未染色的胚胎中取出神经板细胞,将两群细胞解离后混合到一起,令其自动组合。它们只重聚集成上皮细胞包被神经细胞一种类型的结构。(S.F.Gilbert)

育过程中两类细胞在形态构建中的结构取向是一致的。进一步用胚胎的外胚层、中胚层、内胚层细胞来实验,这一现象表达得更加明确和突出。混合后的细胞不仅自动地分类组合,而且它们施展的形态自建与它们在胚胎发育过程中各胚层的定位取向完全一致(图 15.1.2)。上述实验向我们清楚地证明不同分化细胞间存在一种自组织的能力,它影响和决定着生物发育中的形态构建。

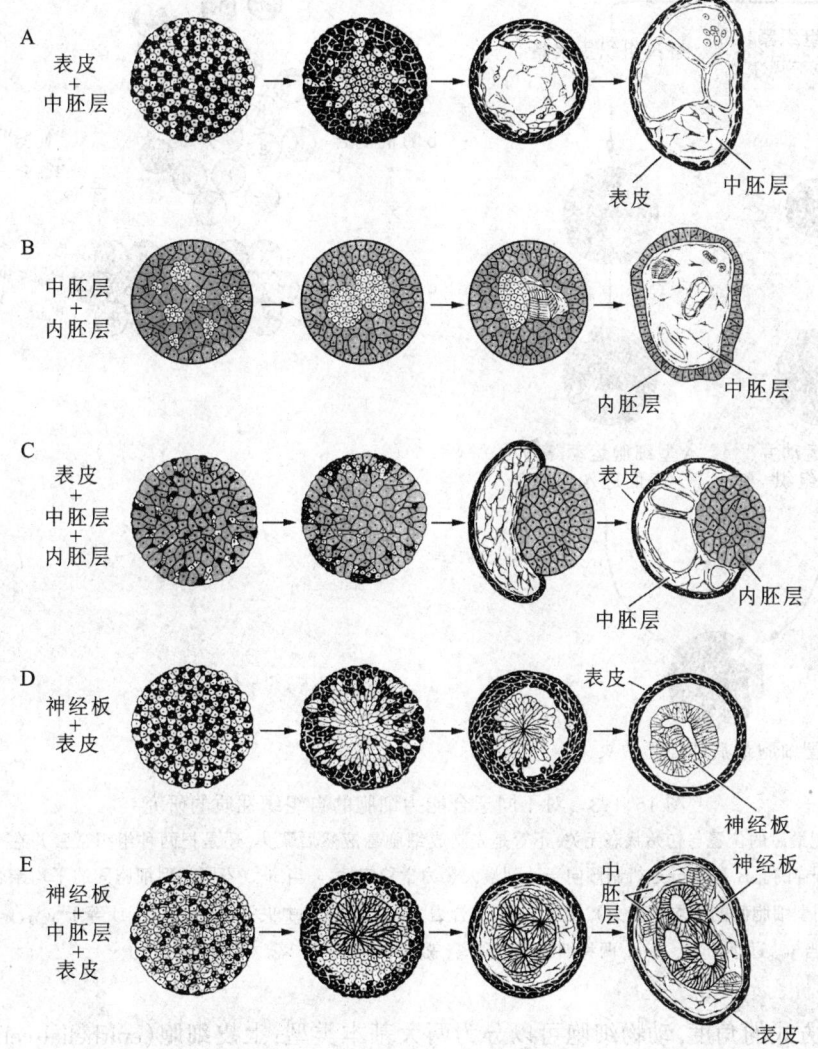

图 15.1.2　两栖动物胚胎不同类型细胞聚集时的自组织方式(S.F.Gilbert)

研究表明,发育中细胞－细胞、细胞－细胞间质间的亲和性的差异是造成上述自组织现象发生的主要原因。具体地说,多细胞生物细胞间或细胞与细胞间质间存在亲和度的差异,在它们相互接触时,不同亲和度的成分会发生亲和、粘着的竞争,亲和性高的成分之间不仅更易发生相互间的粘着,并且它们之间的维持能力也更高。Foty 和他的同事(1994)用张力计测量了胚胎不同组织每厘米张力值。他们发现各组织张力值的差异与它们在混合时将自动聚集在中央部位还是分布在外周的行为有一种规律性,即有较高张力的组织总是集聚在中央部位(图

15.1.3)。大量的实验证明细胞-细胞、细胞-细胞间质间的亲和作用有高度的特异性。

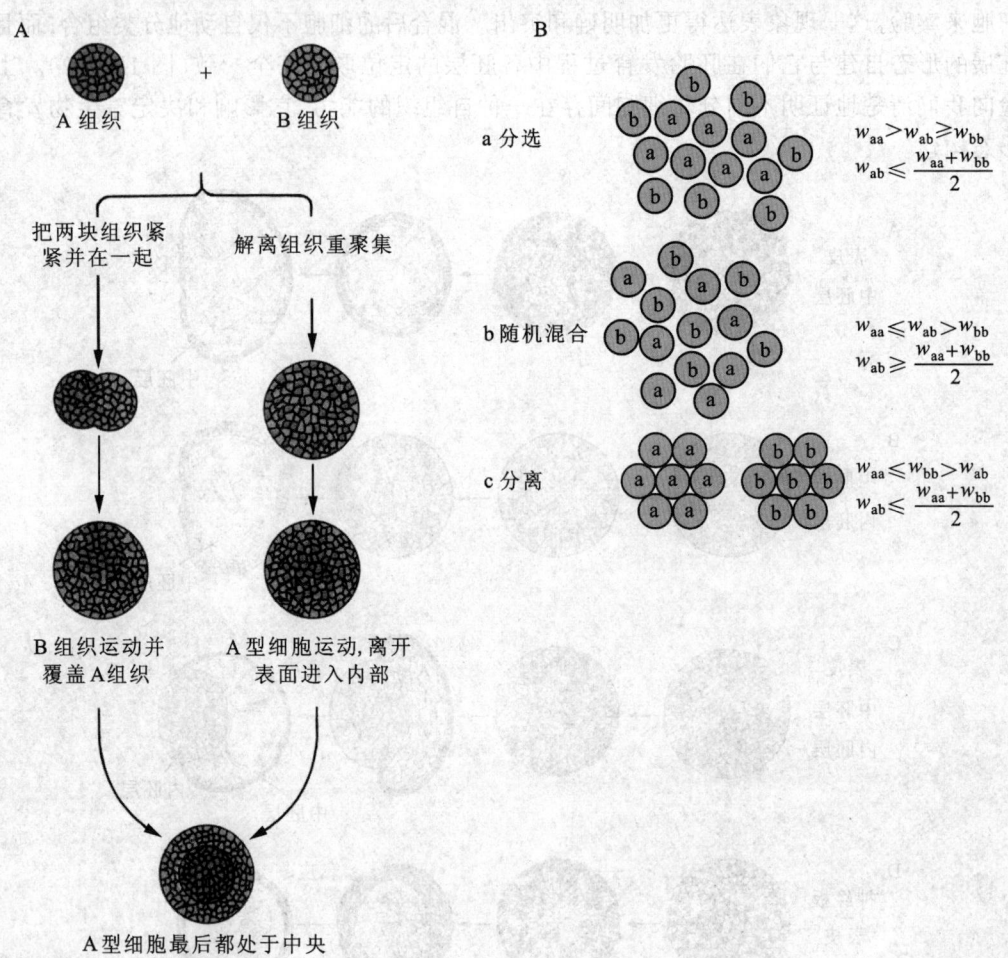

图 15.1.3 对不同亲合能力细胞的自组织性质的研究

A.两种细胞最后的位置与初始状态无关,不管是先制成细胞悬液然后聚集,还是把两种组织紧紧并在一起,最终的情况是一样的。B.细胞分选机制倾向于达到最大热力学稳定性:a.当 w_{ab}(不同类型细胞间的平均亲合力)小于 w_{aa}、w_{bb}(同型细胞间的平均亲合力),发生分选,亲合力大的细胞位于中央;b.当 w_{ab} 大于或等于 w_{aa}、w_{bb},细胞随机混合;c.当 w_{ab} 远小于 w_{aa}、w_{bb},两种细胞完全分离,就象油和水的分离。(S. F. Gilbert)

从组织方式的角度,动物细胞可以分为两大基本类型:上皮细胞(epithelial cell)与间充质细胞(mesenchymal cell)。一般意义上讲:上皮细胞常常相互紧密地结合在一起形成片状、条索状或者管状结构;而间质细胞之间缺乏直接的连接,主要是通过细胞间质把它们组合在一起。在发育过程中,细胞组织方式的演变也十分地丰富,并且与细胞的分化密切地联系在一起,可构成极为复杂的图案。概括地讲:①上皮细胞组织可发生片状、条索状、复层化、极化等形态变化。例如,胚胎学将动物发育中上皮组织的形态演变归为 5 种类型:外包(epiboly)、内陷(invagination)、内卷(involution)、内移(ingression)以及层裂(delamination)。外包指的是上皮细胞以整体层片的形式对深层组织进行封闭的运动;内陷是指胚胎表面某区域的细胞群向内叠入,出现有如一个橡胶球被从某处按捺向内陷入的形态变化;内卷描述的是局部上皮细胞组织回折,沿着它的内层逆向伸展的运动;内迁指细胞分散地脱离原有的组织,向其他部位迁移的运动;层裂是胚胎中一些片层的组织结构内部发生与层面平行的分裂,形成大致平行的两个独立的片层的结构。②间质类细胞表现为迁移、团聚、细胞间质更替等形态上的演变(图15.1.4)。发育中的形态构建往往是这些形态变化的综合。研究表明,上述形态变化的实施在很大程度上是细胞及细胞间质通过亲和性变化产生的自组织过程。

分化方式	分化行为	形态变化	举例
间质细胞			
聚集	间质变为上皮	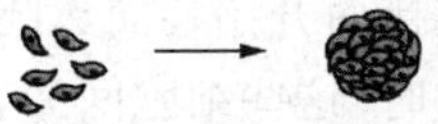	软骨间质
细胞分裂	有丝分裂产生更多细胞(数量性肥大)	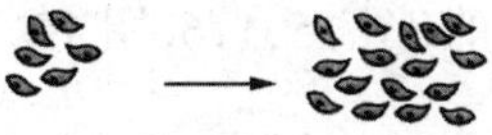	四肢间质
细胞死亡	细胞死亡		指间和趾间间质
迁移	细胞在特定的时刻和地点移动	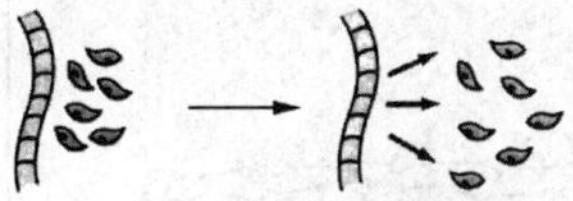	心脏间质
基质分泌和降解	合成或去除细胞外基质	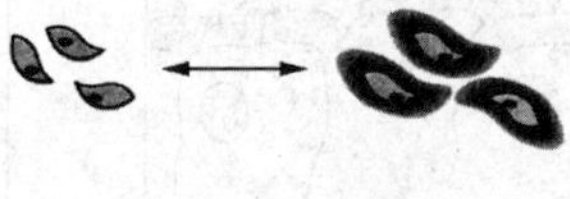	软骨
生长	细胞长大(体积性肥大)		脂肪细胞
表皮细胞			
解离	整块上皮一起变为间质	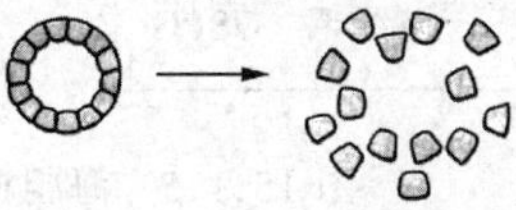	穆勒氏管退化
分层	部分上皮变为间质	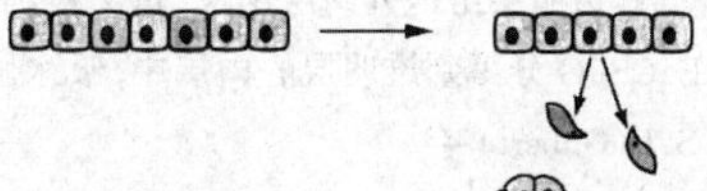	鸡下胚层
变形或生长	变形时细胞仍连在一起	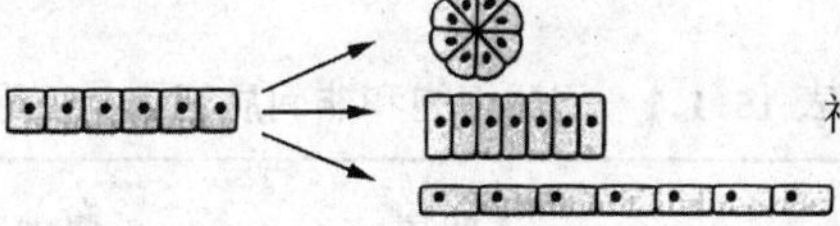	神经发生
细胞迁移(插入)	细胞层融合成更少的层	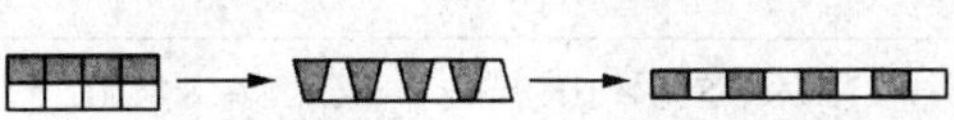	脊椎动物原肠发生
细胞分裂	在一层内分裂		脊椎动物原肠发生
基质分泌和降解	合成或者去除细胞外基质	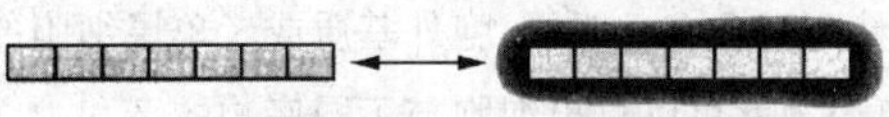	脊椎动物器官发生
迁移	形成自由边沿	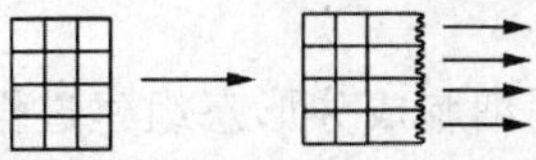	鸡外胚层

图 15.1.4 细胞组织方式的演变(S. F. Gilbert)

下面我们结合发育过程的实例对发育中的自组织现象作简要的介绍。

在海胆早期发育阶段,受精卵经细胞分裂、增殖形成中空的囊胚,之后囊胚的植物极一端内陷套叠形成原肠。研究证明,原肠形成的启动体现了细胞亲和性的改变对胚体形态构建的重要作用(图 15.1.5)。海胆囊胚期所有的细胞表现出同样的亲和性,并且都与胞外基质成分有高亲和性。但是,原肠形成时,植物极细胞分泌硫酸软骨素(CSPS),内层渗透压提高,吸水性增强,使外膜推动细胞层向内突入。同时,一些植物极的细胞失去了相互间和与胞外基质的亲和,转而表现出对囊胚腔内衬的纤维蛋白成分的亲和(表 15.1.1)。这种亲和性质的改变使这些细胞失去相邻细胞间的连接而开始移向囊胚腔内,成为初级间质细胞,并在那里进一步发育为幼虫的骨架。在骨架形成时,这些细胞间又表现出相互间亲和性的重建,这无疑对进一步幼虫骨架结构的建立是重要的(图 15.1.6,图 15.1.7)。

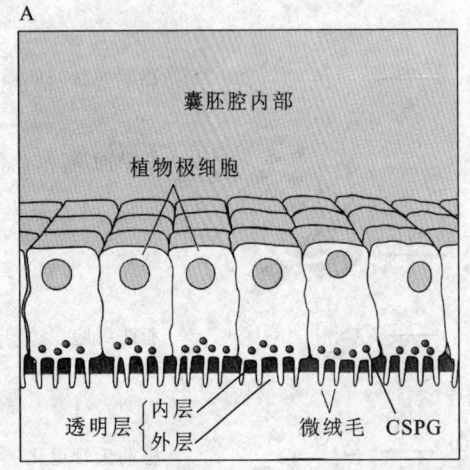 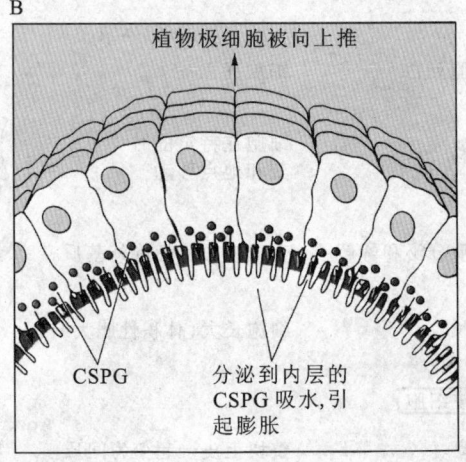

图 15.1.5 海胆植物极的内陷

A.囊胚细胞外周有一透明层覆盖,透明层由内外两层组成,植物极细胞的微绒毛伸入透明层,而细胞质中含有硫酸软骨素分泌小泡(CSPG)。B.CSPG 分泌到透明层的内层中,吸水膨胀,透明层的外层并不膨胀,所以引起透明层和植物极上皮向内弯曲。(S.F.Gilbert)

表 15.1.1 间质细胞和非间质细胞与细胞外基质和细胞间的亲和力

细胞类型	透明层	单层中胚层细胞	基膜
16 细胞期分裂球	5.8×10^{-10}	6.8×10^{-10}	4.8×10^{-12}
迁移期间质细胞	1.2×10^{-12}	1.2×10^{-12}	1.5×10^{-10}
囊胚外胚层和内胚层	5.0×10^{-10}	5.0×10^{-10}	5.0×10^{-12}

注:进行测试的细胞粘附到含有透明层,胞外基质或者单层细胞的平板上。然后倒转平板,在不同的速度下离心出细胞。从离心力就可以算出细胞与不同底物的亲和力,表中给出的是分离时的力值(N)。

为研究亲和性对不同细胞成分形态组建过程的影响,早在 20 世纪 50 年代,有人设计了一种"结构重建实验"。取 15 d 鼠胚皮肤,用消化的方法(如用 protease trypsin 处理)将表皮、真皮、毛发滤泡细胞离析分散,然后均匀混合静置,72 h 以后,不同来源的细胞又自动地按皮肤的结构组建起来(图15.1.8)。这一实验清楚地表明,在细胞的定位和组织、器官的构建方面,由细胞亲和性不同引发的自组织过程发挥着重要的作用。

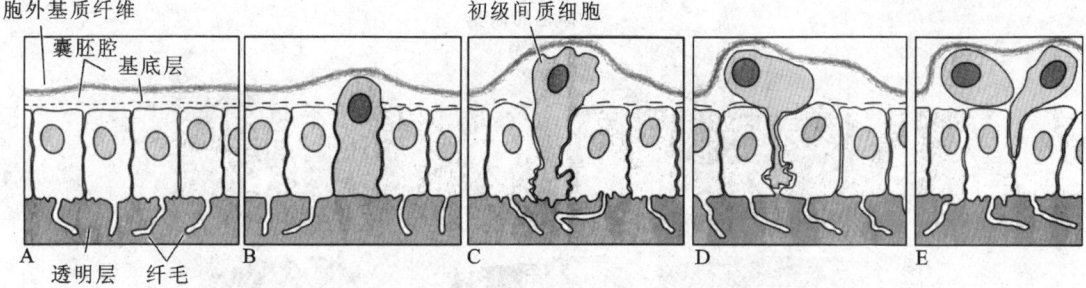

图15.1.6 海胆初级间质细胞的迁移

A～E.由于初级间质细胞亲和性发生变化,失去了细胞间及细胞与透明层间的亲和力,同时获得了与基底层的亲和力,而非间质细胞则保持不变。(S.F.Gilbert)

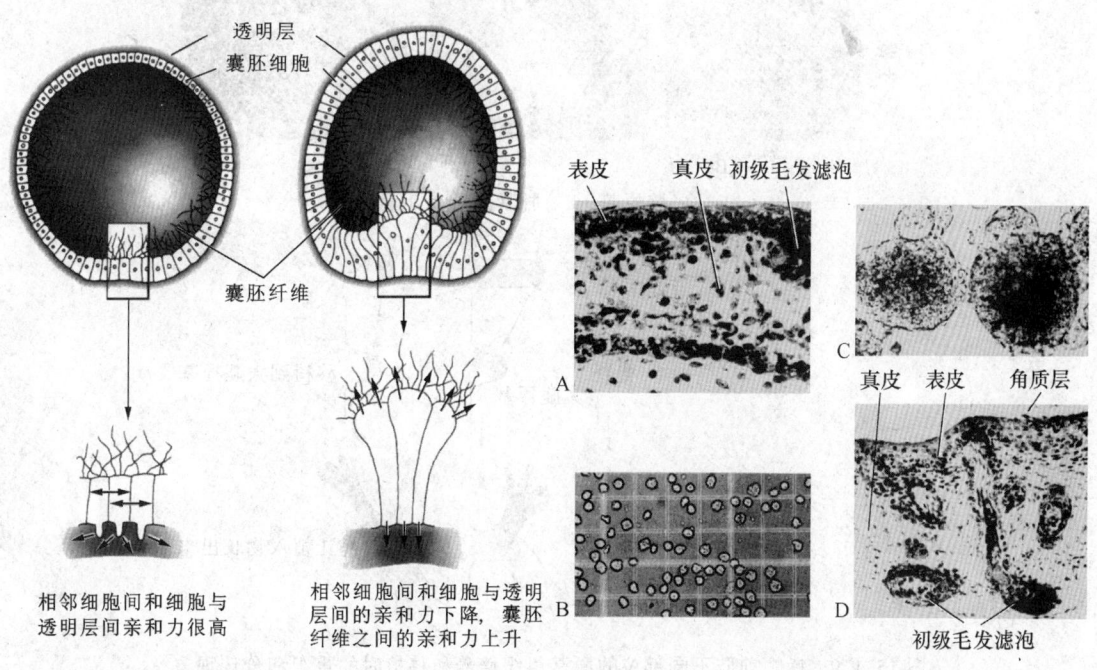

图15.1.7 海胆骨细胞前体细胞亲和力的变化

A.海胆囊胚相邻细胞间及细胞与透明层间的亲和力很高。B.当进一步发育时,植物极一些细胞表面发生变化,削弱了细胞间及细胞与透明层的亲和力,同时又增强了与囊胚腔内蛋白的亲和力,这些细胞迁移进入囊胚腔发育产生骨骼。(S.F.Gilbert)

图15.1.8 15 d小鼠胚胎皮肤细胞悬液的重建实验

A.胚胎皮肤切面,示表皮、真皮和初级毛发滤泡结构。B.制备表皮和真皮组织的细胞悬液。C.悬液细胞24 h后的聚合状况。D.72 h后,可见表皮和真皮重建,包括初级毛发滤泡和角质层形成。(S.F.Gilbert)

用蝾螈肢体作实验,分别取上臂、肘、腕部位的组织两两组合培养,发现存在肢体细胞从近体端向远端递增的张力梯度,总是出现近体组织包绕远端组织的趋势。这种来自亲和性不同的组织间的形态位置取向突出了肢体发育过程中依次发生的秩序(图15.1.9)。显然,亲和差异性的存在会引发分化细胞的自发形态构建,细胞表面属性的改变会造成发育中形态结构的更替和演变。

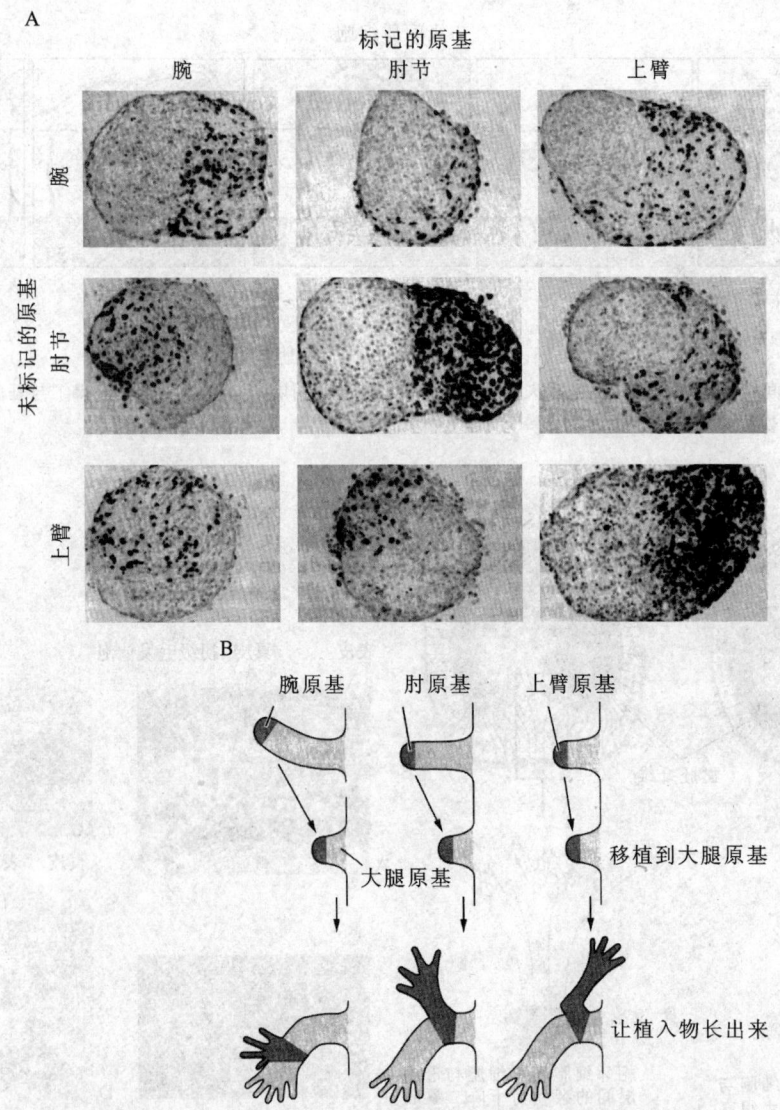

图 15.1.9 蝾螈前肢不同部位的原基组织培养和移植时的重组和分选现象
A.每对组合中的一个用 ^3H 标记以便于相互区分。培养 3 d 后,固定并切片。实验结果表明,来自同一位置的原基间有明确的界面,而取自不同位置的原基可观察到近端组织包围远端组织的重组现象。B.将不同发育阶段的肢体原基的前端移植到同期的另一个肢体原基前端,再生后可见移植物总在受体对应的部位发育出自身规定的肢体的后继结构(腕、肘、臂)。(S. F. Gilbert)

自组织对发育中的细胞迁移同样起着重要的作用,例如前面学习中提到的生殖干细胞的迁移和定植、神经嵴细胞的迁移,等等。实际上,发育中细胞的分化往往伴随有细胞表面抗原分子的改变和与其他细胞及细胞间质成分间亲合性的改变,例如脊椎动物体节的形成过程。

自组织对植物的发育过程中同样起着重要的作用。研究表明,各种植物的不同叶序、花序特征主要是来自生长发育中的自组织作用。

15.2 细胞粘着与亲和的分子基础

上面介绍了发育中细胞和组织水平的自组织现象,指出它的发生主要来自于细胞与细胞、细胞与细胞间质的亲和差异性。发育生物学的研究表明,这一性质是与细胞表面以及细胞间质分子的性质密切地联系在一起的,即细胞间和细胞与细胞间质间的亲和性决定于细胞表面存在的粘着分子的属性。细胞学研究证明,在真核细胞双层膜中镶嵌有大量蛋白质或糖蛋白分子,它们的部分分子片段暴露于细胞膜外,构成细胞表面的特征结构或称为细胞表面抗原,其中相当的表面抗原具有介导细胞间和细胞与细胞间质成分间相互粘着的功能。不同分化细胞有不同的表面抗原组合,由此产生了它们之间的亲和差异。

根据分子结构和功能特征,细胞亲和分子可以大致划分为3大类:细胞粘着分子、底物粘着分子、细胞连接分子。下面对此作简要的介绍,以加深对发育中自组织机制的分子基础的了解。

15.2.1 细胞粘着分子

发现和确认的细胞粘着分子(cell adhesion molecule, CAMs)又可分为2类:钙粘素(cadherins)和免疫球蛋白超家族粘着分子(immunoglobulin superfamily CAMs)(表15.2.1)。

表 15.2.1 细胞粘着分子分类表

分 类	细胞粘着分子	细胞类型
钙粘素	N-cadherin	神经,肾,晶状体,心脏
	P-cadherin	胎盘,上皮
	E-cadherin	上皮,小鼠囊胚
免疫球蛋白超家族粘着分子	N-CAM	肌肉,神经,肾
	Ng-CAM	神经胶质细胞
	Neurofascin	果蝇神经元
	Cell-CAM	肝细胞
	LFA-1	淋巴细胞
	CD4 glycoprotein	T细胞诱导者细胞

钙粘素是有复杂三级结构的多肽聚合分子,它可在钙离子的作用下产生同类分子间的结合,由此介导细胞间的粘着(图15.2.1)。脊椎动物发现存在有4种钙粘素:E-cadherin、P-cadherin、N-cadherin和EP-cadherin,它们分别主要存在于上皮组织、胎盘组织、神经组织以及爪蟾的囊胚细胞表面。研究表明只有同种钙粘素分子才能相互连接,例如:携有N-cadherin的细胞不会与携有其他种类钙粘素的细胞结合;如果使E-cadherin在纤维母细胞中获得表达,纤维母细胞将出现上皮样紧密连接的结构;发育中的神经嵴细胞表面有N-cadherin分子存在,当它们以独立细胞的形式离开神经管开始迁移时,N-cadherin分子消失了,而在它们到达迁移地重新积聚形成神经节时,N-cadherin分子在细胞表面又重新出现(图15.2.2);将钙粘素mRNA分子在错误的时间或错误的部位引入细胞使之获得表达,或抑制它们的正常表达,则出现胚胎发育异常现象(图15.2.3)。

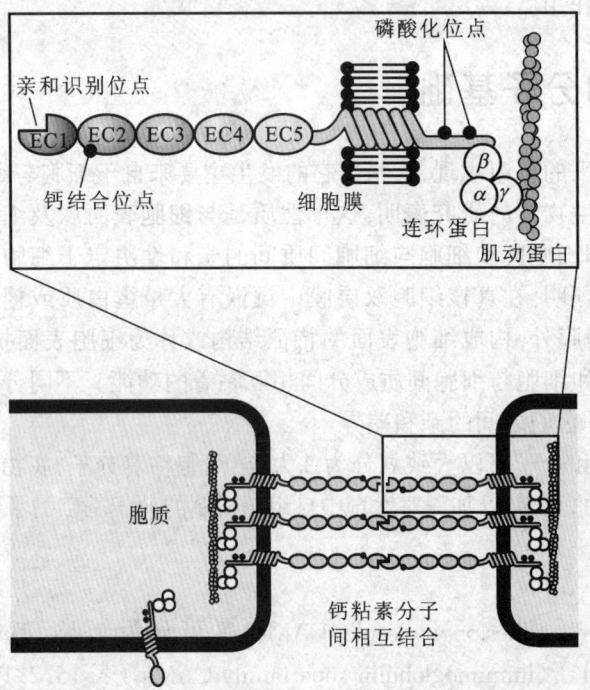

图 15.2.1 钙粘素介导的细胞亲和
在细胞内钙粘素与 3 种连环蛋白(catenin)α、β、γ 结合,而连环蛋白又与肌动蛋白结合。在细胞外,相邻细胞间的钙粘素通过端部的粘着识别位点结合在一起,由此组成一个完整的细胞间连接结构组织。缺少胞外结构域的钙粘素会扰乱发育。(S.F.Gilbert)

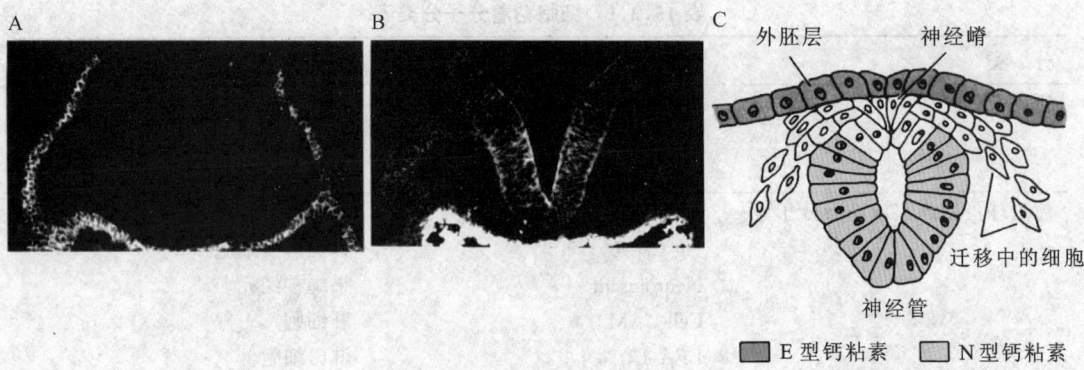

图 15.2.2 小鼠神经管形成过程中两种不同钙粘素的定位

图示 8.5 d 小鼠胚胎后脑横切,应用双荧光染色定位不同的钙粘素分布图案:E 型钙粘素(A);N 型钙粘素(B)。此为同一切片在不同波长下的照片。外胚层主要表达 E 型钙粘素,内折的神经板表达 N 型钙粘素。神经管形成后,神经管表达 N 型钙粘素,表皮表达 E 型钙粘素,位于它们中间的神经嵴两种钙粘素都不表达(C)。(S.F.Gilbert)

免疫球蛋白超家族粘着分子是非钙离子依赖型的细胞粘着分子,它是相对分子质量为 80×10^3 的糖蛋白,具有与免疫球蛋白类似的分子结构(Williams 和 Barclay 认为免疫球蛋白起源于此,1988)。其中神经细胞粘着分子(N-CAM)对神经系统的正常发育有重要的作用,例如:细胞表面 N-CAM 分子的存在对神经轴突和肌肉细胞关系的建立是必需的;破坏 N-CAM 分子的表达,成束协同发育的神经轴突出现游离、混乱的状态;人 *N-CAM* 基因的突变会造成肢体运动失控、脑水肿、精神迟钝等病症。

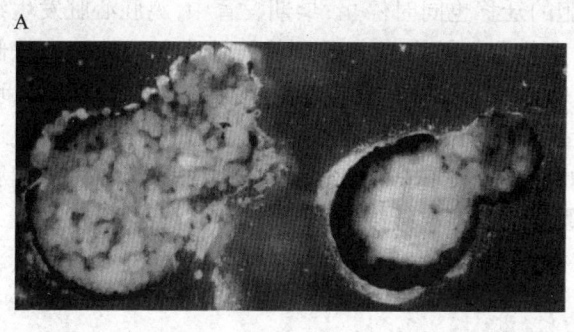
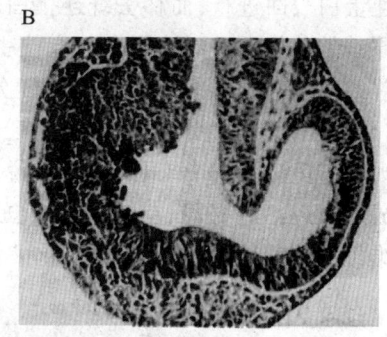

图 15.2.3 钙粘素对正常发育的重要性

A. 向卵细胞内注射钙粘素的反义寡核苷酸以抑制母源性钙粘素的表达,令其发育。之后移去动物极帽,则内部细胞离散,而对照组内部细胞保持不变。B. 在蛙胚 4 细胞期,向左侧的分裂球内注射缺少细胞外结构域的 N 型钙粘素的 mRNA,发育到神经胚期,含有这种突变蛋白一侧的细胞(左侧)不形成连贯的层状结构。(S.F.Gilbert)

15.2.2 底物粘着分子

如前面介绍,细胞间质是实现发育中细胞分化的重要条件,它也是实现生物形态自建的重要成分。在各种细胞间质成分中,纤连蛋白(fibronectin)和层粘连蛋白(laminin)对胞外基质的形态构建、分化细胞的形态组织和发育中细胞的迁移有着重要的意义,被称为底物粘着分子(substrate adhesion molecule)。

纤连蛋白由成纤维细胞等多种类型细胞产生,它的相对分子质量为 460×10^3,是一种二聚体糖蛋白分子。在纤连蛋白分子上存在有多种特异性的与其他细胞间质成分和细胞识别、粘接的区域位点。借助这一性质,纤连蛋白分子成为众多细胞间质成分秩序组成的组织者,也同时凭借它的联络将不同的细胞成分有规律地与相关的细胞间质成分组织在一起(图 15.2.4)。此外,在发育中,纤连蛋白对细胞的迁移也有着重要的作用,例如:研究发现在一些细胞迁移的路径上像地毯一样"铺设"有纤连蛋白,许多物种原肠形成时,集团细胞的迁移都在

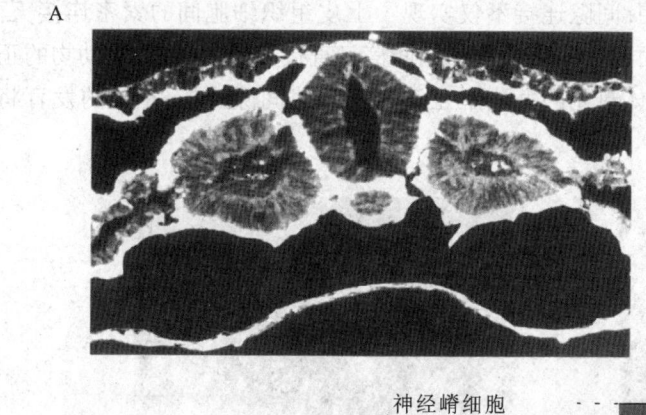

图 15.2.4 正在发育的鸡胚胎中的纤连蛋白

A. 荧光抗体染色显示在 24 h 鸡胚胎中纤连蛋白沉积在许多器官的基底膜上。B. 纤连蛋白的结构。纤连蛋白的成纤维细胞结合域由两个单位组成:RGDS 位点和高亲和力位点,这两个位点对细胞结合都很重要。此外,鸟类神经嵴细胞有另外一个位点 CSI,这个位点对其在纤连蛋白底物上运动是必要的。纤连蛋白分子上还有胶原结合结构域、肝素结合结构域,等等。(S.F.Gilbert)

纤连蛋白表面进行,而移去纤连蛋白,细胞的迁移也同时停止;早期发育中,鸡胚心脏发生细胞和原基的移位需有纤连蛋白的定位引导,免疫荧光技术显示了从前体细胞所处的胚胎的侧面位置到体轴中线有纤连蛋白的梯度分布,一旦纤连蛋白"通道"被破坏,心脏的发育将出现异位;两栖类胚胎早期生殖干细胞的迁移定位也表现出沿着纤连蛋白分泌细胞发生的路径运动的现象,等等。有一个很有趣和具说服力的实验,将 fibronectin 和对细胞没有亲和力的细胞间质成分 tenascin "书写"在培养皿上,放入组织培养的成纤维细胞,经过一段培养后,发现最终成纤维细胞清楚地勾勒出"fibronectin"的字样,而不是"tenascin"(图 15.2.5)。

图 15.2.5 细胞粘着实验
同时用"fibronectin"和"tenascin"为"墨"在组织培养皿上"写"字,然后加入成纤维细胞培养。结果显示,成纤维细胞结合在"fibronectin"上(黑色),而并不或者很少结合在"tenascin"上(浅色)。(S.F.Gilbert)

层粘连蛋白是动物上皮组织基底膜的主要成分,它由 3 条肽链组成。与纤连蛋白类似,层粘连蛋白同样有与其他成分结合的特异位点。研究证明,与纤连蛋白相比,层粘连蛋白对上皮细胞的亲和性远远高于间质细胞,它在上皮和神经组织的形态构建中发挥着重要的作用。

15.2.3 细胞连接分子

动物细胞组织中存在一种特殊的细胞间的粘着方式,称为间隙连接(gap junction)。间隙连接是通过上皮细胞膜上嵌合的连接子(connexons)蛋白构建的,它有着特定的结构。对此,细胞学有详尽的介绍,我们仅强调说明,间隙连接不仅实现了上皮组织细胞间的紧密连接,营造了胚胎发育中许多分隔的小环境,而且它还形成了细胞间信息直接交流的通道,对动物的正常发育发挥着重要的作用。如果用抗体封闭的办法阻止连接子构建间隙连接,正常的发育将被完全打乱(图 15.2.6)。

A   B

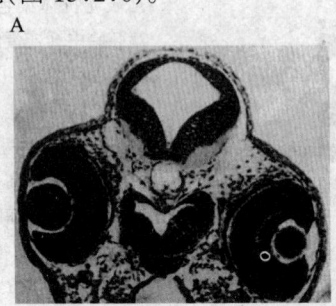 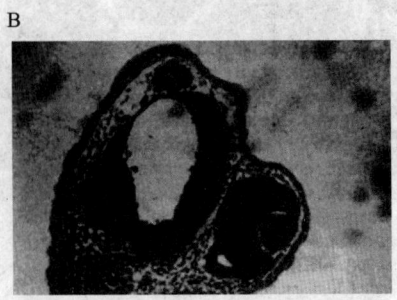

图 15.2.6 间隙连接在发育中的作用
A.正常爪蟾蝌蚪切片。B.当爪蟾受精卵发育到 8 细胞期时,向胚胎一侧(左)注射间隙连接蛋白抗体,另一侧(右)注射对照抗体。结果显示,注射了间隙连接蛋白抗体的一侧没有眼睛的发育,大脑形态也不正常。(S.F.Gilbert)

15.3 对生物自组织现象的进一步讨论

上面讨论了多细胞生物发育中的自组织现象。显然,细胞分化提供了细胞表面抗原的多样性,以及不同的细胞间质的形成,也就同时赋予了细胞按一定规律自组织的能力,而发育的自组织使细胞的秩序组合又反转创造了细胞进一步分化或者分化维持的条件。不难看出,细胞分化与分化细胞的自组织,两者相互作用,推动着发育的进行。实际从本质上讲,上述多细胞生物发育中的自组织现象只是生命系统自组织能力在细胞和组织水平上的表达,它实现了一种细胞组织的稳态结构。这种平衡不断地被细胞的分化所打破(如细胞表面抗原改变),又在新的基础上建立新的平衡,而这样一个过程在长期的生物进化中被以联锁的形式固定下来,建立了今天的生物发育程序。

在我们讨论上述发育过程中的自组织现象时,把细胞间以及细胞与细胞间质间的亲和性,或者更进一步分析为粘着分子的相互作用作为细胞和组织自组织现象发生的重要原因。但是,深入的思考我们不难发现,一个复杂系统存在有自组织现象,其本身具有更为重要的意义,而这里讨论的粘着分子、细胞和组织的自我构建只是复杂系统自组织能力在生命系统特定层次中的具体表达。实际上,自组织现象在生命过程的各个层次中都反应出来:生态系统中存在自组织现象(如生态群落、生态链的建立和漂移),种群内部存在自组织现象(如种群规模的确定,社会昆虫的分工协调),细胞、亚细胞层次中存在自组织现象(如纺锤丝的延伸,双层质膜的构建),生物分子水平中也同样存在自组织现象(如 DNA 双螺旋结构的稳定性、蛋白质三级结构的建立),而影响生命自组织发生的原因也是多方面的,例如,分子的带电性、亲水与疏水性、重力与密度,生物个体间的竞争、依存关系,以及多种环境因素的选择、分配作用,等等。显然,这些都或多或少地影响或关系着多细胞生物发育的进行。因此,应该说上述对发育中的自组织机制的讨论是十分局限的,对于更广泛意义的生命中的自组织现象,由于篇幅和本书宗旨的限制,在此不做进一步的讨论。

思 考 题

1. 多细胞生物发育过程中细胞和组织水平自组织发生的主要细胞学和分子学基础是什么?
2. 发育中的自组织有序构建过程实际上是复杂系统什么性质结构的建立,它在发育中的基本作用什么?

16 集约化是发育组织的重要手段

多细胞生物的发育构建并不像建筑那样,从基础向上按照蓝图依次推进建设,而是从受精卵开始,一边进行着细胞的分裂和增殖,一边发生着细胞的持续分化和分化细胞的形态组建,不断地向复杂的成体结构演变、推进。考察这一过程,人们不难发现:①多细胞生物的发育在空间上不断进行着区域的划分,即从粗到细、从少到多;②在时间上表现出明显的阶段划分的特征,即从一个阶段转入另一个阶段,一个大的阶段中又包容着若干个小的阶段。因此,生物的发育过程具有一种集约化的特征,即在空间和时间上由各种大大小小的模块组合、串联和套叠在一起,表现为严密的时间结构和空间结构。集约化是发育组织的重要手段,成为发育的重要机制之一。

16.1 发育在空间和时间上的集约化现象

发育在空间和时间上的集约化现象,表现为发育过程中生物有序结构的空间区域分化和时间阶段划分。

第一,发育中的空间区域化现象在多细胞生物的发育中广泛存在。从经典的胚胎学到当今的发育生物学的研究中,这一现象被反复提及并不断受到研究者的关注。在动物中由于研究内容或者研究物种的不同,它被或多或少地表达在命运图(fate map)、区域化(compartment)、体节(segment)、发生带(genesis band)、发生区(original region)、发育场(development field)、原基(blastema)、成虫盘(imaging disc)等概念之中(关于这些概念在胚胎学和本书的相关章节中已有讨论)。在植物中,如茎端分生组织、栅栏组织、海绵组织等反映着同样的概念。抛开上述各具体的发育内容,它们共同描述的是在发育过程之中,在整体结构中出现空间区域的划分,它规定了区域范围内细胞群体特定又密切关联在一起的综合发育方向,并由此限定了不同区域发育前途的区分。

第二,发育过程的另一种集约表现在时间结构方面。从时间上说,生物的发育表现出阶段划分的现象。纵观各种生物发育的全过程,如动物从胚外器官和胚体分化的设定、到门类体制建立、到器官系统发生的奠定、再到器官系统形成,以及变态、青春发育、衰老,等等,发育表现出明确的阶段区分。显然,由于物种不同,发育的阶段区分和发育内容不尽相同,例如同样是昆虫的变态,就有渐变态、全变态的差异。但是,分子生物学的研究表明,不同发育阶段使用的基因族群有明显的区分,而不同物种的对应阶段使用的基因族群常出现相当同源的现象。

总之,由于发育过程中集约现象的存在,发育过程表现出的是一个在空间和时间上不断建立新的集约模块的形式,由此形成一个精确设定和级联变化的发育上的空间和时间结构。

下面我们举例说明。

发育生物学研究表明,果蝇的胚胎发育,如前面讨论中提到的从卵裂到囊胚再到原肠胚的形态发生过程中,我们可以明确地看到其中包括的发育的空间和时间结构的演变。在果蝇胚胎发育的早期,受精卵细胞核在第9次分裂后(果蝇早期胚胎为合胞体),有大约5个细胞核移向胚胎后端形成极细胞,组成未来发育为生殖细胞的区域。同时,其他细胞核移向细胞周边,确定了它们未来发育为除生殖细胞以外其他结构的地位。接着,胚胎发育进入体轴确立和头胸腹分化的阶段,影响这一发育的主要是来自母体的形态发生原。胚体由于多种形态发生原的浓度梯度分布图案出现了头、胸、腹的区域划分。尽管在整体形态和细胞分化上它们与未来对应的器官在细胞类型和组织结构上还相去甚远,以至于外表上完全不能将它们区分开来,但是由于区域的划分,它们各自已被确定了今后的发育走向。随后,发育转入体节形成的阶段,三组基因依次成为主要的发育调控基因,它们分别是间隙基因、成对规则基因和体节极化基因,即在头、胸、腹的区域中又发生体节的分化。继之,同源异型选择者基因和执行基因介入,出现不同体节发育的分化,奠定了触角、口器、翅、平衡棒、附肢等未来成体器官发生与分布的基础,并到变态期获得展现。

当然,多细胞生物千奇百态,它们的发育途径也千差万别,果蝇的发育图案在动物界并没有普适性,动物与植物的发育更是不一样。但是,在发育的空间区域化和时间阶段化方面,或者说在发育的集约属性上,多细胞生物是一致的。

区域和阶段分化现象在发育中普遍存在,它对形态的构建发挥着重要的作用。但是,因生物门类和物种不同,它们的集约分化的程式"设计"并不相同。例如,与上面介绍的果蝇发育不同,脊椎动物两栖类的早期体轴建立是来自卵受精以后,出现卵质内外层成分有特色的反向旋动,形成了称为灰新月区的结构,从而确定了胚孔出现的位置。研究发现,灰新月区的定位受卵细胞动物极和植物极的分化和精子进入卵的位置的控制,它同样反应了卵细胞相关成分的不均一分布和特定诱发中心的存在对确定体轴区域划分的重要作用。

与低等脊椎动物和无脊椎动物不同,鸟类和哺乳动物受精卵早期的发育并不是直接进入胚体建设的阶段,而是首先出现未来发育为胚外器官和胚体的区域划分。继之,两者平行地进行着各自的发育。对鸟类的研究表明,与胚外组织相邻的胚胎发生的边缘区域对未来胚胎体轴的确定有重要的决定作用,实验证明它存在有对胚体诱导发生头尾分化能力的梯度差异性,由此定位了原条的发生部位,并成为体轴建立的最早的诱发和组织中心(图3.3.20)。从进化的角度看,胚外器官是伴随生殖方式的进步而后出现的。但是,在高等脊椎动物中,胚外器官与胚体的区分在发育中首先建立,这进一步表明,发育中的集约化是一种发育机制,它的表达和组合方式可因生物的进化而发生改变和调整。再有,已知 HOX 基因在动物门类大分化以前就进化出现了。尽管当今,无论是门类特征还是低级分类特征,不同动物之间已相差很远,但是,从发育来看,它们的门类体制特征的建立被集中在胚胎发育的早期完成,而 HOX 基因指导的低级分类特征的发育过程被集约在器官系统的奠定阶段完成,这更明确地显示了发育过程中不同时间顺序模块的存在,以及它们各自在发育上的内在整体性。

不难看出,正是由于集约化现象存在,造成了发育中普遍存在的一种现象——位置效应,它包括细胞的分化方向强烈地受其所处的位置的影响和不同区域之间的相关作用两方面的内容。位置信息对多细胞生物的细胞分化有明显的影响。哺乳动物早期胚胎在囊胚阶段产生了外周滋养层和内细胞团,它们将分别发育为胚外器官(胎盘、脐带)和胚体。如果用免疫手术法去掉外围细胞,培养剩余的内部细胞,结果手术后的内细胞团块将再次发育成为包括有滋养层的小胚泡。反之,如果用几个桑椹胚将另一个桑椹胚包围起来使后者处在内部,构成嵌合体胚胎,结果被包围的原应分化为滋养层的细胞变成了内细胞团。这一实验表明,发育中对集约分化重要的是诱导成分分布的相关关系,而具体细胞的"本征值"有时并不那么重要,因为对于生命来说,在它的系统中存在有大量的反馈调节环节,它可以很容易地进行自身的代偿调节,一卵双生就是显著的例子。发育的位置效应在植物的发育中显得尤为突出。

实际上发育中的位置效应现象是多层次、多方面的。例如,鸟类肢体是由胚胎躯体两侧发生的肢芽分化发育而来,前肢芽分化为翅,后肢芽分化为腿,二者的结构有明显的差异。研究发现在肢芽形成后,肢芽间质组织对肢体的发育起着重要的作用,如果将鸡的后肢芽(腿)的间质组织转移到前肢芽(翅)的顶端外胚层嵴的下方时,那么将使分化为翅的部位长成腿,而且长出鳞片和爪。反过来的移植也得到相应的互换结构,在应长腿的部位长出带羽毛的翅。这时位置效应表现的是肢体上皮细胞相对于间质细胞的更换,产生了分化方向的改变或调整。植物比动物表现出更强烈的位置效应。当然,所谓的发育中位置效应是有限度的,即区域环境因素的诱导作用不可能超出细胞的分化潜能性,它依集约发育的深度、被诱导细胞的分化程度,以至生物的种类不同而有差异。

16.2 发育中区域和阶段分化的建立

发育集约分化现象是当今发育生物学研究的重要内容之一,并已从形态深入到分子水平。尽管由于物种不同、区域或者阶段的不同,在集约形成时,它们的基因利用、分子生物学过程、范围划定方式和细胞分化、组织程式上也各不相同。但是就已有的研究成果看,以下3个方面在多数的发育集约分化和建立过程中起着重要的作用:① 核心细胞或者组织成分构成集约化的启动者或者组织者;② 特异诱导因子(包括形态发生原)产生以及它们的作用范围或者浓度梯度在空间和时间上的分布,初步确定了集约的规模;③ 进一步开启诱导分化程序,引导集约结构向纵深和与相邻结构间的差异发展。

在前面的章节中,我们已遇到许多组织成分或者核心细胞构成集约化的启动者或者组织者的例子。例如,Nieuwkoop 中心对两栖动物体轴的决定起着关键的作用、鸟类胚盘后缘带带动原条的发生、脊椎动物中脑-后脑结合带对于脑的分化发育有重要的作用、将脊椎动物肢芽后侧的极性活化区(ZPA)移植到前侧可发育出呈镜像对称的肢体、输尿管芽是脊椎动物后肾间质组织发育的诱导者,等等。

形态发生原对果蝇的头、胸、腹区域分化起着重要的作用。这是一个非常复杂的过程,它涉及的形态发生原也不像上面提到的那样简单,对这些形态发生原的利用和变迁同时也是实现发育控制从母体信息转向胚胎自身遗传信息表达的重要过程(图 16.2.1),现在知道与此有关的成分有十几种之多(表 16.2.1)。对于由形态发生原的浓度梯度分布和它们的复杂表达图案来决定发育区域的划分,以及推想到它们最终应落实到细胞的分化上,有人提出了分化诱导因子阈值模型:认为在形态发生原连续的梯度分布中存在某些临界点,它可以划出作用的靶基因表达与否的界限，进而造就了群体细胞区域分化的界定。当多个基因介入时，由于不同基因对诱导因子阈值要求的不同(敏感性不同)，可能形成十分复杂的被诱导基因在胚胎中的表达图案，大大增加了形态分化多态取向的可能性(图16.2.2)。这一模型不仅较好地解释了上述发育中区域分化的现象，也成功地说明了发育后期诸如蝴蝶翅膀多样图案发生的原因。

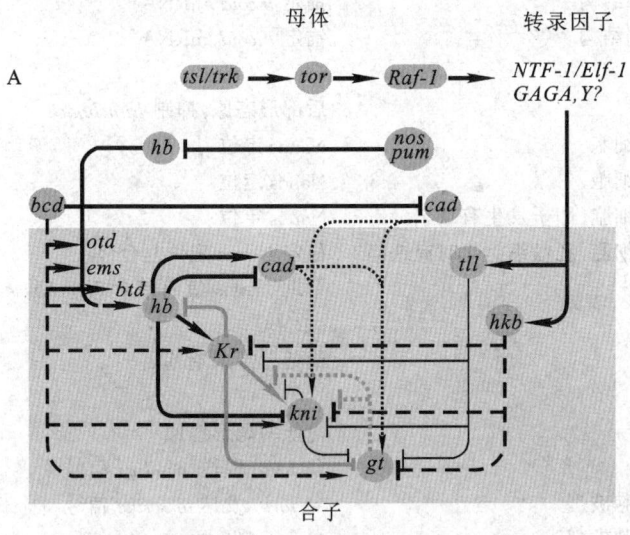

图16.2.1 果蝇早期发育中从母体形态发生原的浓度梯度分布到合子间隙基因表达的转变

A. 母体转录因子 Bicoid (Bcd)，Caudal (Cad)和Hunchback(Hb)的梯度分布可调节不同间隙基因的表达，而 Caudal 和 hunchback 可从母体 mRNA 和新转录的合子 mRNA 翻译而来。B. 在确定间隙基因转录位置的机制中，Bicoid，Caudal 和 Hunchback 蛋白浓度梯度分布中存在临界点。这些蛋白的扩散和蛋白间的相互作用也存在临界点。在两端，Torso 和 Torsolike 的相互作用激活了 *tailless* (*tll*) 和 *huckebein* (*hkb*) 间隙基因，A、B 两图中的 4 种线型相互对应。(S.F.Gilbert)

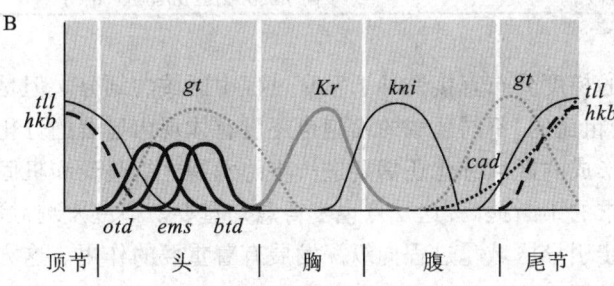

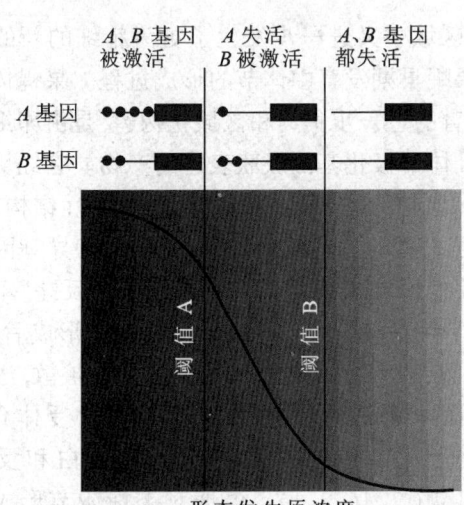

图16.2.2 形态发生原浓度梯度分布如何建立位置信息的假说模型

形态发生原的浓度从源头开始逐渐呈逐渐降低的趋势，在图中显示了两个形态发生原受体基因的增强子区域(这两个受体既可以是细胞内受体，也可以是膜受体)，它们的表达将影响细胞分化的命运。基因 A 需要高浓度形态发生原才能被激活，而基因 B 不需要高浓度形态发生原便被激活。在高浓度形态发生原下，基因 A 和基因 B 都被激活；在中等浓度形态发生原下，只有基因 B 被激活；当形态发生原浓度降到最低时值，基因 A 和基因 B 都不被激活。(S.F.Gilbert)

表 16.2.1　果蝇胚胎发育中影响体轴的母体因子

基　因	表　型	可能的功能和结构
前部		
bicoid(*bcd*)	头和胸被尾节代替	分级的前部形态原
exuperantia(*exu*)	无头部前端结构	锚定 *bicoid* mRNA
swallow(*swa*)	无头部前端结构	锚定 *bicoid* mRNA
后部		
nanos(*nos*)	无腹	后部形态原, 抑制 *hunchback*
tudor(*tud*)	无腹, 无极细胞	Nanos 定位
oskar(*osk*)	无腹, 无极细胞	Nanos 定位
vasa(*vas*)	无腹, 无极细胞, 卵子发生有缺陷	Nanos 定位
valois(*val*)	无腹, 无极细胞, 胚盘细胞化时有缺陷	稳定 Nanos 定位复合体
pumilio(*pum*)	无腹	帮助 Nanos 蛋白结合 *hunchback* mRNA
caudal(*cad*)	无腹	激活后部末端基因
端部		
torso(*tor*)	无尾	可能的尾形态原
trunk(*trk*)	无尾	向 *torso* 发送 *torsolike* 信号
fs(*1*)*Nasraf*[*fs*(*1*)*N*]	无尾, 卵细胞破裂	向 *torso* 发送 *torsolike* 信号
fs(*1*)*polehole*[*fs*(*1*)*ph*]	无尾, 卵细胞破裂	向 *torso* 发送 *torsolike* 信号

　　形态发生中心的存在和诱导因子的梯度分布直接诱导了发育过程中区域的划分。但是在开始，这种区域的分化和划定往往是较粗糙的，不同区域的细胞也还没有体现出显著的分化差异，或者仅仅是非常初步的差异分化，形成的区域分化还需要进一步的发展才能显现和巩固下来。伴随发育的深入和对分化精细要求的不断提高，这一点也变得愈加重要。研究发现，区域内分化诱导反馈机制对于强化和进一步引导区域化过程向纵深发展有着重要的作用。这方面研究较清楚和典型的例子是果蝇体节的形成。

　　在果蝇发育出现头胸腹划定以后，在各自的区域中又进一步发生了更为精细的新的区域分化—体节出现。在前面的章节中已经介绍了果蝇早期发育中体节的形成过程。果蝇体节的形成是早期发育继前后轴建立以后，果蝇胚胎发育的进一步集约和区域化构建，是由卵细胞形态发生原参与和触发的间隙基因、成对规则基因、体节极化基因级联表达的产物。它经历了从副节出现，compartment 形成和体节构成等阶段。原初的体节是果蝇发育的过渡性结构，它为器官系统的发生和它们在身体中的排列和组织方式奠定了基础。研究表明，从特异基因表达条带出现到体节形成，经历一个发育成熟的过程，使区域内细胞分化不断精细，"反差"不断加大(图 16.2.3)，这一过程和区域内部分化反馈机制联系在一起。在 Eve 和 Ftz 带形成后，基因表达调控出现了 *wingless* 和 *engrailed* 在特定位置细胞中的表达，Wingless 蛋白扩散，激活相邻细胞中 Engrailed 蛋白进而导致 Hedgehog 蛋白的持续表达和扩散，通过 patched 受体介导又回馈邻近细胞 Wingless 蛋白的持续表达，如此形成沿体轴前后 Hedgehog 蛋白和反向的 Wingless 蛋白浓度梯度的周期分布，体节由此建立(图 16.2.4)。根据对果蝇体节形成的研究，人们将发育集约过程分为两个阶段：特异化(specification)和决定(determination)。大致上讲，前者表现的是集约的初步划定，后者是细胞分化和组织结构的落实，而它们之间经历了一个成熟发育的过程。发育中的集约成熟过程实际上是一个集约内部微环境形成、细胞定向分化和特异结构组建的过程。

应该特别说明，对于在发育过程中空间和时间上集约化，以上的例子似乎突出了集约内部的作用。实际上，随着发育的深入，不同集团成分之间的影响对新的集约建立，也同样起着重要的作用。例如，脊椎动物体节的分化，周围组织结构脊索、神经管、附近的胚体表皮不仅通过各自的诱导因子的产生和释放，而且通过它们之间的协同作用，启动了体节向生骨节、生肌节和生皮节方向上的分化。我们在本书的相关章节中看到大量的、特别是在胚胎发育的后期、包括器官的形成过程中，普遍存在各模块成分之间相互作用诱导新的集约分化的现象。

发育在空间和时间上的区域分化和阶段划分，即发育的时间和空间结构具有以下基本特征。它们是：第一，在发育中，空间和时间上的区域和阶段划分是相关协调展开的。第二，发育的集约化是一个细胞群体的行为，并且它的决定往往早于细胞形态和结构的分化，而这一分化往往经过后继的发育才能表达出来(如头胸腹的分化)，并且明确地受着发育阶段的制约，有的以至要经过长时间的"潜伏"，在特定的发育阶段到来时才表达出来(如昆虫的成虫盘即使将其在幼虫中移植传递几十"代"，只

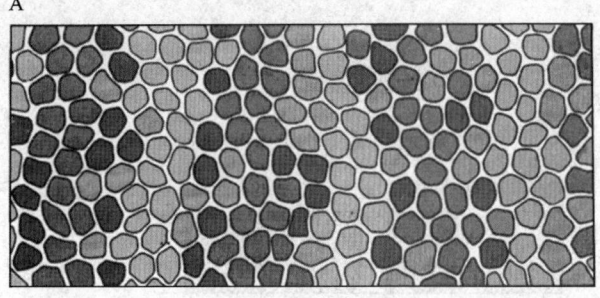

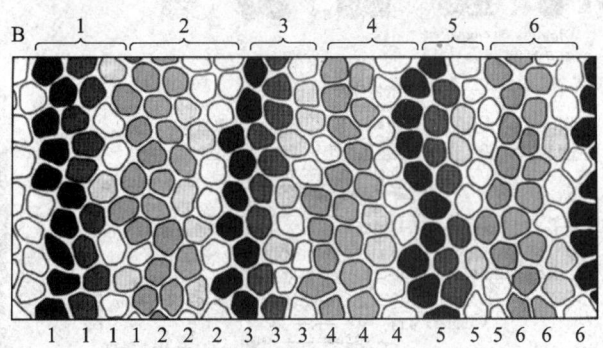

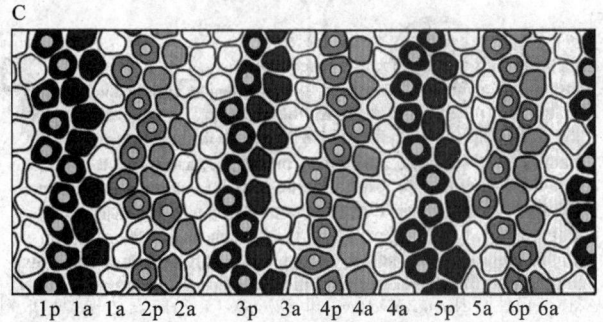

图 16.2.3　果蝇 *ftz* 基因和 *eve* 基因条带的成熟过程及间隔的分配

副节(图中以数字和字母显示)由 *ftz* (灰色)和 *eve* (黑色)基因表达条带划分(A)并不断强化(B)，然后各条带最前端的细胞开始表达 *engrailed* 基因(中央有白点的细胞)(图中 a、p 分别表示未来体节的前端和后端)(C)。(P. A. Lawrence)

有在变态期才能发育为成体器官)。第三，无论是发育中的区域划定还是阶段划分，它们往往呈现出相互套叠的现象，即大的区域中又发育出若干小的区域，大的阶段中又包含若干小的阶段。因此，这里说的生物发育的集约属性又有别于一般工程、地质上说的模块、板块的概念，它在发育的过程之中的展现，明显地具有层次递进的特征，这也正反映出生命现象的复杂性。

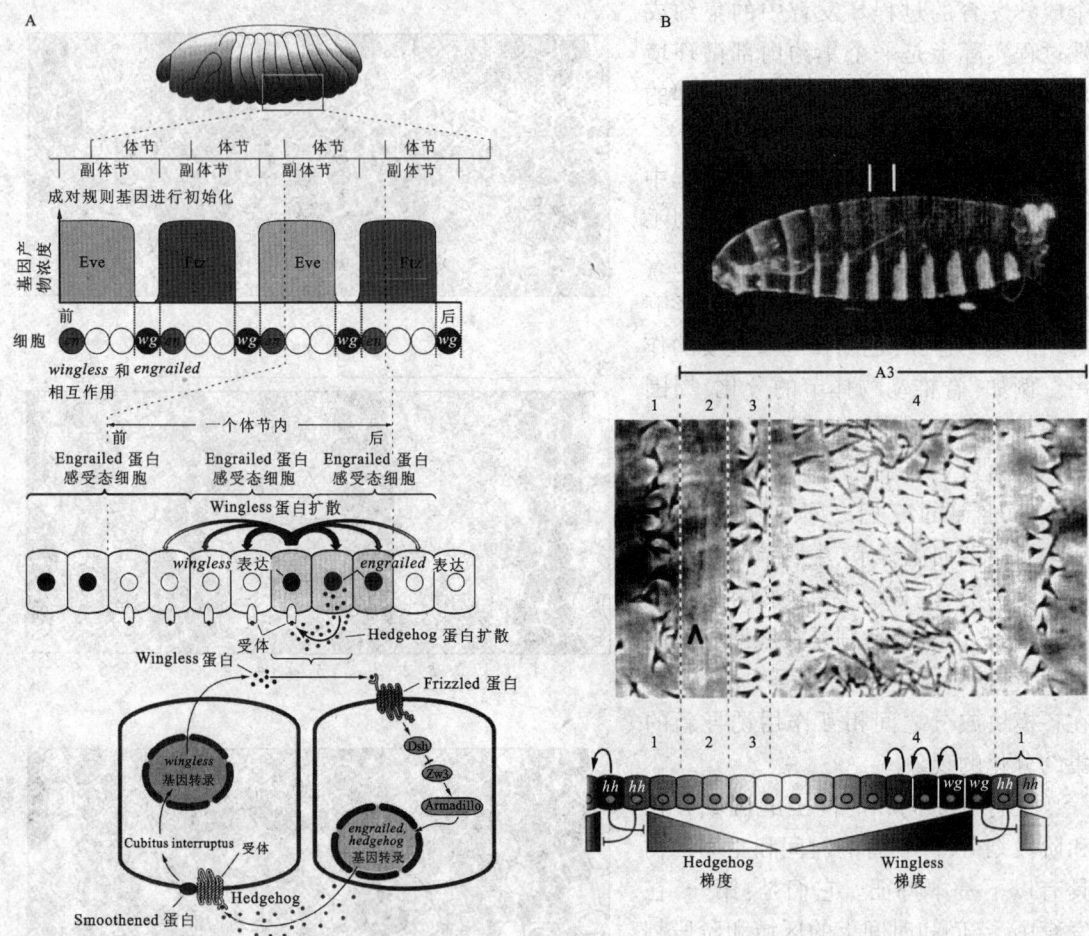

图 16.2.4 果蝇体节形成与确立

A. 体节极性基因 engrailed (en) 和 wingless (wg) 的表达模型。成对规则基因启动 en 和 wg 的表达。en 在高浓度的 Even-skipped 或者 Fushi tarazu 蛋白处表达；wg 在 eve 和 ftz 都不活跃，但在表达第三种基因（可能是 odd-paired）的区域转录。通过 en 和 wg 表达细胞间的相互作用使 Wingless 蛋白持续表达，并分泌扩散到附近的细胞，在表达 en 基因的细胞中，frizzled 受体结合、激活 en 基因，进而使 hedgehog 基因转录。Hedgehog 蛋白从细胞中扩散出来，结合到 patched 蛋白上，阻止 Smoothened 蛋白的结合，转而使 wingless 基因转录和 Wingless 蛋白分泌。B. Wingless/Hedgehog 信号中心系统控制细胞特化 果蝇胚胎摄影，示第三腹节的位置（上图）；第三腹节背部放大，示由 1, 2, 3, 4 组细胞组成的分化结构（中图）；Wingless 和 Hedgehog 在体节形成中表达，它们各自大约对半个体节的形成负责，呈浓度梯度分布（三角形所示），它们可能来自于相邻细胞的级联诱导（下图）。(S. F. Gilbert)

16.3 发育模块的自主性和可塑性

多细胞生物发育过程中集约化现象产生的是严格编程的特定的时空结构。但是，深入研究发现，发育模块同时表现出具有一定的自主和可塑的特征。这一结论主要来自实验胚胎学、分子生物学的研究和对不同物种发育的比较。

脊椎动物肢体发育来自于早期胚胎体节两侧特定部位由间质组织和相邻表皮组织形成的

肢芽(limb bud),它构成了一个特定的肢体发育区域—肢体场(图5.3.2)。手术移植肢芽,可以使肢体异位表达。这表明肢体器官的发生中心和相关成分一旦形成,便具有独立表达自己发育图案的能力,而周边环境的影响变得不那么重要了。近年发育生物学已将肢体发生的研究深入到分子的水平,发现视黄酸(retinoic acid)是脊椎动物肢体场形成的重要的形态发生原之一,它生成于亨氏节并在头尾轴方向上形成浓度梯度分布。在胚体的一定部位,由于视黄酸的特定浓度激活相关 *Hox* 基因的表达,进而诱导肢体发生中心形成。因此,视黄酸浓度的分布决定着肢体发生的部位。实验证明,用药物抑制视黄酸的表达可抑制肢芽的形成,而人为诱导的视黄酸浓度的错误分布可诱导肢体的错位表达(图16.3.1)。另一个重要的肢体形态发生原是纤维母细胞生长因子(fibroblast growth fact 8, FGF8)(图16.3.2),它在肢体场的形成过程中后继于视黄酸的作用而出现。将吸吮了 FGF8 的珠子埋在皮下可以在异位诱发额外肢体的形成。这些研究不仅揭示了肢体发育启动的分子机制,也进一步从分子水平证明生发中心对肢体的发育是至关重要的。在胚胎的任何部位,只要存在它的发生条件,肢体便定位发育形成,并表现出对自身规定的发育内容的自主性和对周边环境因素的相对独立性。由此,我们可以更好地理解早期实验胚胎学的观察:如果外因地将早期肢芽机械地纵向分开,可以得到多肢体的动物(图16.3.3)。前面提到的节肢动物成虫盘在多次"传代"以后移植回幼虫体内,仍能发育为附肢器官也是一个表明发育模块自主性存在的生动例子。

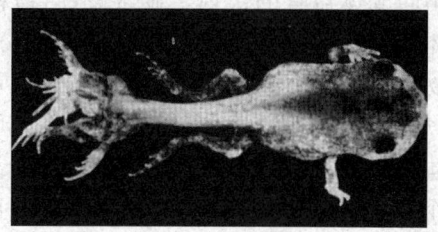

图16.3.1 切断蝌蚪的尾原基,再用视黄酸处理,在尾原基处生出额外的肢体 (S.F.Gilbert)

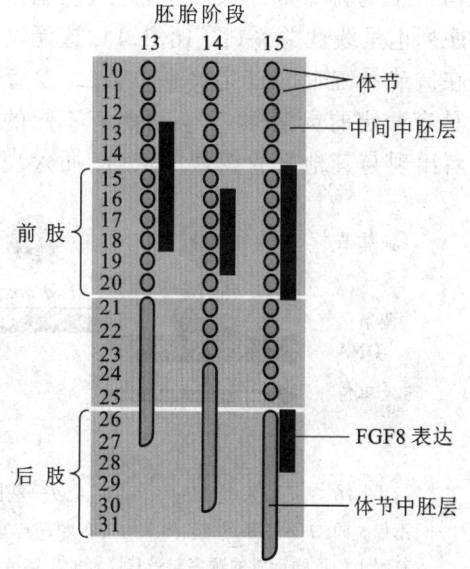

图16.3.2 鸡胚胎从第13期到第15期,中间中胚层 FGF8 表达图案

图示胚胎一个侧面的 FGF8 表达动态变化过程,左边的数字表示体节,黑色表示 FGF8 表达区域。(S.F. Gilbert)

集约分化在发育过程中表现出对自身规范的发育内容的自主性。但是,发育模块的自主性又不是一成不变的,它又同时表现出一种可塑性。这一认识主要来自对不同物种的比较和从对它们发育研究中引导出的对生物进化的思考。发育模块的可塑性大致集中表现在两个方面:第一,同源的发育模块在进化中可能出现类似物种歧化或平行进化的现象,即出现发育内容的歧化。近年研究发现,尽管物种不同,它们的形态结构、发育程式有很大的不同,但是就类同的发育区域看,它们在分子生物学的水平上表现出很大的相通性,典型的例子是 *Hox* 基因组的发现以及对它们功能的研究。已经证明 *Hox* 基因在广泛的物种中不仅存在,而且它们之间表现出高度的同源性(图21.3.2),并且执行着类同的发育功能——指导对应于胚胎各体节

中不同成体器官的出现。显然,不同物种的类同的成体器官有巨大的差异(如鸟翅与兽肢),就是同一生物对应于胚胎不同体节的同源器官也可能极不相同(如鸟的翅与足),而它们之间的差异形成了生物个体对环境的适应和结构与功能的和谐统一。这样一个基本的事实表明,每个发育模块的自主性只是相对的,它仍受着周边环境因素的影响和生物整体发育的制约。实际上近年发育生物学的研究已经发现,Hox 基因在基因组中呈现多拷贝重复,并且各器官发育的主导基因拷贝在染色体上的排布与各器官在体节上的排布顺序大致平行,这些基因的表达调控序列也呈线性关系(图 16.3.4),这无疑反映了它们在调节系统上的进化关系。第二,发育模块的表达具有一定的灵活性,它有可能有不同的表达方式或者出现与其他发育模块的嵌合、插入现象。在昆

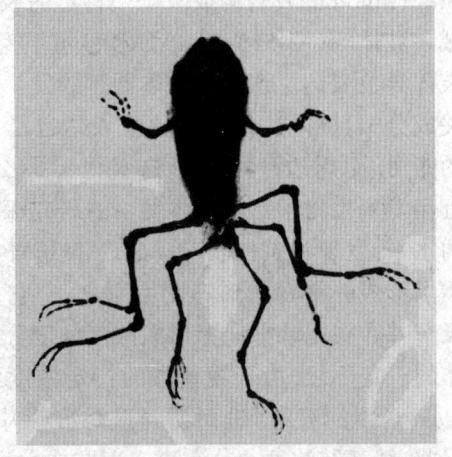

图 16.3.3 蝌蚪早期后肢发生区域被吸虫卵寄生分割后长出了多条腿 (S.F. Gilbert)

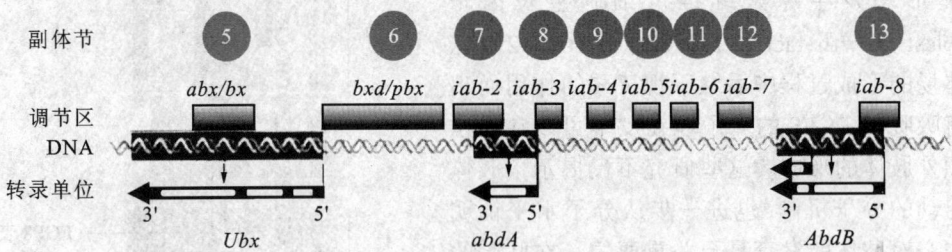

图 16.3.4 果蝇 Ubx、$abdA$、$AbdB$ 基因顺式调节区里表达调节增强元素的共线性排列
不仅不同 Hox 基因在染色体上的排布顺序与其在体节中表达的前后顺序有平行对应的关系,而且 Hox 基因上的增强元素的顺序与受其控制的副体节的顺序也相一致。注意 Hox 基因顺式调节区很大,伸展大约 100 kb,但是它最终的 mRNA 分子却很小(箭头上的黑色区域)。(S.F. Gilbert)

虫和脊椎动物胚胎发育的早期,头胸腹区域的划分首先出现,但这时并没有出表现任何实质性的头胸腹的结构。继之是体节的划分和成体器官系统的孕育,这时在功能基因的采用和形态结构上,它们与先期头胸腹区域的建立已很不一样,而头、胸、腹不同部位的体节之间的发育倒有很大的相通性。但是,显然这时发育过程早期形成的头胸腹的约定并没有消失,而是要经过了一系列的后继发育阶段后才能完成它们的最终表达,尽管我们可以完全有理由认为,这时的头尾结构与体节进化出现以前已经很不一样了。这里强烈地暗示了进化中不仅出现了新的发育模块(体节),并嵌合于原有的模块之中,使体节进化前动物的头尾分化被新的头、胸、腹结构所取代。又例如,昆虫中普遍存在变态的现象,其中存在渐变态与全变态两种有着明显差异的变态方式。但是从发育集约化的角度看,它们只是不同模块间的联络方式不同,而集约划分和模块规范本身并没有本质的不同。由此我们对某些昆虫中存在的伴随发育过程体节不断增加的现象也更易于理解了。而不变态的昆虫必然推想为变态模块没有出现(或又复丢失),这些为我们对生物进化的研究提供了新的认识线索。实际上,我们从对前面提到的动物胚胎早期发育门类体制特征建立和随后的器官系统发生奠定这两个区分的时间模块的分析中也可以得

到同样的启示。在植物中我们也看到类似的情况,种子的出现是植物进化史中的重大事件。从发育的角度看,种子程序的建立是对合子启动的植物孢子体早期发育程式的插入,即适应陆生植物物种传播,出现了双受精现象和胚乳的结构,实现了植株早期发育(包括以后的种子萌发)的营养供应系统的建设(这与高等动物胚外器官的出现有异曲同工之妙),又将早期发生的叶性侧生器官改造为有营养储备功能的子叶,并利用前代孢子植物的心皮发育为果实。种子程序的建立表明植物进化上新的发育模块出现,而它显然不是孢子体整体发育程序的末端添加。

根据以上的分析和讨论,如果说近年的研究提示人们生物的发育具有集约并形成模块的性质,应该看到发育模块同时表现出相当大的可塑性。总之可以说,进化建立起来的各种发育模块应该是一种开放的并非严格规定其内容的软性元件,它不仅可以进一步歧化和多重化,它的真实表达还有赖于它们之间联络程式的确定。

16.4 对发育集约化现象的进一步讨论

发育集约化现象的存在对我们的启示是多方面的。

从前面的学习中,我们看到生物个体发育中存在大量的激发与应答和产生不对称结构的现象,显然这是发育过程集约发生的先决条件。在果蝇卵细胞发育的过程中,利用微管形成和降解的方向性,母体基因产物在细胞质中产生了极性分布,奠定了未来体轴的基础;鸟类胚胎发育的早期阶段,利用卵黄与其他胞质成分的密度差异,建立了决定未来体轴形成的形态发生原的浓度梯度结构;在脊椎动物体节的发育过程中,不同方向的周围组织的差异诱导体节的不同部位向不同的方向分化。研究发现,在秀丽线虫的发育中,背腹轴的决定发生在胚胎的2细胞分裂形成4细胞的阶段。在这一过程中,带动后面细胞分裂的中心粒的位置出现了旋转,而这一现象的发生又密切联系着母体基因 *skn-1*、*pie-1*、*par* 产物在胞质中的不均等分布,人为地改变细胞的相对位置可以使未来个体的背腹轴的确定发生转换。有意思的是,研究发现,影响秀丽线虫早期发育极性建立的 *par-3* 基因与果蝇刚毛早期发育极性分化的 *bazooker* 基因是同源基因。

总之,极性的建立对多细胞生物的发育起着重要的作用,它可以来自细胞内部存在的不对称性(如胞质成分差异分布、细胞核的偏离、中心粒的旋转、微管微丝的方向区分、皮质效应,等等),可以来自细胞组织间的相互作用(如信号物质扩散的方向性、形态发生原的浓度梯度、脊椎动物肢体发生中 AER 的极性,等等),也可以利用环境的极性因素(如重力、渗透压力、光照,等等)。实际上,生物的极性现象在单细胞生物中就普遍。在饥饿的情况下,细菌可以发生不对称分裂产生更具耐受力的孢子;出芽的酵母只有母细胞才可能出现性别类型的转换,其机制是在出芽的过程中,Ashi 蛋白被特异地分配在子细胞中,从而抑制了影响结合型转换的 *HO* 基因的表达。而多细胞生物在这一方面获得了巨大的发展,并在其个体发育的过程中起着重要的作用。正是这种现象存在,引导多细胞生物出现了在发育过程中的集约化和空间、时间结构程序的建立。它表明多细胞生物的发育过程是其一个对称和平衡不断打破的过程,研究其机制对于我们认识复杂的生命现象有重要的意义。

分形几何学的研究向人们揭示了一个自然界普遍存在的现象——分形,如海岸线具有分形的性质,对不同的观察尺度,它永远有更为细微的结构和图案,其长度也随着观察的精度而变化成为一个无法确定的量,使它突破了一维属性的约束。应该说,发育中表现的集约属性体现出了生物发育,并进而推论到进化过程中有序构建上的分形特征,深刻地反映出生物中存在的分形演进现象。应该特别注意的是生命运动的分形属性是在时间坐标中获得表达,即伴随发育的推移,生物组织结构上的分形性不断地表达出来,这一点倒有些像分形几何研究中的注油入水模型(图 16.3.5),即它执行的不是简单的即时、即地的因果法则,而是以分形的方式在时间过程中表达出来。就像雪花形成那样,在其发育的过程中,水气的凝结除了受凝聚面即刻的物化条件影响外,还无时不受到前期已建立的雪花图案的影响。生物的进化和发育过程当然比注油入水形成的图案和雪花的形成不知道要复杂多少倍,因为生物

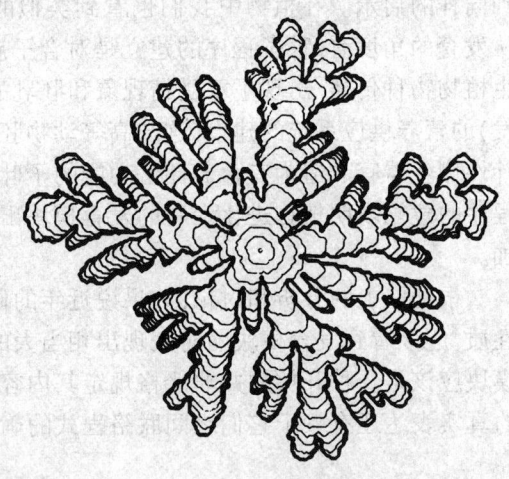

图 16.3.5 将油脂从中央小孔注入充满水的双层玻璃板之间形成的有明确分形特征的粘指图形

个体的分形发育过程又归纳在生物存在的历史分形演化之中,它带来的生物的复杂和多样性也是不言而喻的。大量的证椐表明,不能将现今生物的发育过程与生物的进化历程机械地对应起来(如生物重演律,这一点本书在后面还要进一步讨论)。但是毫无疑问,发育中蕴涵着丰富的生物进化的信息,而重要的是如何来解读这一信息,这正是当前发育生物学研究应该密切关注的问题。

思 考 题

1. 什么是发育过程中的集约现象?发育的空间结构和发育的时间结构可以体现在哪些常见的发育生物学的概念之中?

2. 为什么说发育的集约化概念具有层次递进的含义?

3. 从目前发育生物学研究中人们获得了如下的认识:发育中区域和阶段分化的建立一般包括 3 个主要的机制过程,它们分别是什么?请举例说明。

4. 什么是形态发生原?为什么说形态发生原的浓度梯度分布和它们在胚体中表现出的复杂图案对于发育有重要的意义?应答于形态发生原浓度梯度的发育分化的基本机制是什么?

5. 发育集约过程大致可以分为哪两个阶段,它们各自概括了什么样的发育内容?

6. 如何从发育集约化的角度来认识发育中存在的"位置效应"现象?一般体现位置效应的细胞分化属于哪一类型?

7. 除了基因的级联表达外,分子、亚细胞、细胞水平的自组织同样可能参与发育的集约化的发生过程,请举例说明。

8. 书中提出的发育模块的自主性和可塑性具有一定的推理和分析的成分,请说明它所试图解释的发育现象是什么?

9. 在对多细胞生物发育现象的学习中引入分形的概念显然包含了对个体发育程序进化历史的一种分析,请由此谈谈你对生物重演律的认识。

17 发育程序的构建及其主要特征

当前,人们普遍地接受这样一种观点,即多细胞生物的发育过程是一个严格、精密的编程过程。既然多细胞生物的发育过程是一个编程的过程,就应该对这一程序的结构特点、编辑方式进行深入的研究,这一任务义不容辞地落在发育生物学的肩上。前面我们分别讨论了细胞分化、发育中的自组织作用和发育的集约化现象。本章将进一步探讨发育程序的构建和它的基本特征,它同样是认识发育原理的重要内容。

17.1 多细胞生物发育程序的构建

程序的概念源于计算机,它是对大量元素进行连续运算的设定。科学技术发展,程序的概念现已超越了计算机工程的限定,并且不再是人类智能行为的专利,人们把许多自然现象也纳入程序的框架来加以认识或者它们的运动过程被直接赋予了程序的属性,如宇宙的演变、天体的兴衰、火山的发育、矿物的形成等等。生命更因为基因的发现被认为是大自然存在的无论从复杂性、精巧性、高效性方面,都是迄今人类智能还远远不能比及的自然编程现象。这方面人们正在虔诚地向生命学习。

17.1.1 基因组是发育程序建立的最主要的信息储备库

自 DNA 的基因载体功能被发现,并证实生命的遗传包括发育的信息被储存于染色体之中,渐渐流行着这样一种观念,基因组序列即代表着生命的程序,而我们的任务就是通过对染色体 DNA 序列的分析和对它们的功能的研究,解读生命的程序。人类基因组全序列被测定后,这样的看法更推广到社会。其实,问题并不是这样的简单。

每一个有现代生物学知识的人都知道下面这样一些事实:① 基因组与细胞质有严格的对应关系,不是任何核质组合的核移植都能展开正常的生命活动或者生物的个体发育(如将细胞核移植到成纤维细胞中或者异种间的核移植)。因此,细胞质中必然包含有生命程序展开的重要信息,就是说染色体并不包含"软件"的全部,它也不总能够排除细胞质对它的发育程序设定的干扰。② 基因中包含了生命活动中各种调节和其他功能蛋白的序列信息。但是,对生命活动和生物发育有重要作用的自组织现象,例如肽链三级结构的形成和细胞、组织自组织的信息、信号系统的相互识别等,并不是直接来自于染色体的 DNA 序列。这就是说生命程序中的许多重要"运算指令"并非来自于 DNA 序列,而是来自其他法规。③ 越来越多的分子生物学研究表明,基因组序列的表达和运用本身就是一个严格的编程过程,而这一程序并不都"书写"在基因组的序列之中。④ 进化是重要的生命现象,如果基因组序列能代表全部的生命程序,它就应该同时表现出对这一过程的编程作用。但是事实并不是这样,研究表明基因组的进化并不属于基因组自身的编程内容(当然只有实现了基因组的进化,生物的进化才有真正的意义,但这与编程本身是两回事)。因此,虽然基因组对生命是重要的,但它与生命本身有着重要的区别,必须给它以正确的定位。

现代生命科学研究证实,染色体 DNA 序列中包含着极其丰富的生物发育的信息。但是,以上的分析表明它起的更像是信息储备库的作用,仍有大量的、重要的生命程序信息和指令独立于 DNA 序列以外。从一个计算机的程序中我们可以明确地解读它的全部运算过程,以至从理论上讲只要有足够的时间就可以不用计算机算出它的结果。但是,对生命来说,只有 DNA 序列,这一点是绝对办不到的。酶的结构与功能、调节因子的选择与竞争、细胞间的亲和与交谈,这些 DNA 序列并不能实质性地告诉我们什么,对它们运作规律和法则的了解只能获自于 DNA 序列分析以外的生物学实验。

当然,测定和分析 DNA 的全序列对认识生命程序是十分重要的。明显的有以下几点:① 借鉴已知其生物学功效的某些序列(如调节因子 HLH 结构的编码序列),对类同的未知基因进行功能的预测和验证。② 通过表达封闭、敲除或者序列变更检查特定基因或者序列对生命过程的影响。③ 通过序列比较,引起对仍未知其功能意义的序列的注意,目的性地探察它们的生物学意义。④ 进行物种间的序列比较来探寻生物进化可能的途径和方式,例如我国学者近年研究发现高等脊椎动物基因 5′端普遍出现的 GC 含量增高现象和基因内含子、外显子的扩展和重组趋势。可以预见,伴随人类和其他物种 DNA 全序测定工作的相继完成,在这一领域的研究将出现一个轰轰烈烈的发展局面。

17.1.2 程式级联是发育程序组建的基本方式

研究多细胞生物的发育程序发现,程式级联是发育程序组建的基本方式。发育程式级联主要表现在 3 个不同的层次上:细胞分化诱导过程间的级联;细胞分化与细胞和组织自组织过程之间的级联;集约化的发育模块间的级联。通过程式级联,生物构建了完整、精密的发育程序。

1. 细胞分化诱导过程间的级联

从细胞系的角度看,细胞分化是一个连续变化的过程,表现的是细胞分化诱导的级联程式。但是,仔细分析发现,几乎所有细胞系的分化都不是孤立进行的,这一过程都存在与其他细胞和环境之间的相互作用,形成一个复杂的细胞分化程式的级联体系。无论是细胞内程序分化还是细胞间的诱导分化,无论是细胞分化的近端诱导还是激素指导的远程控制细胞分化,细胞分化的复杂级联现象普遍存在,并有机地组织在发育的整体程序之中。

近年对近端诱导分化的研究,特别是系统探察它在发育过程中的作用,人们发现在发育图案建立时各近端诱导并不是孤立进行的,而是若干组近端诱导往往以级联的方式串联在一起,逐级展开(如脊椎动物肾脏的发育)。近端诱导的级联结构十分复杂:一种细胞可以是某细胞分化诱导的靶细胞,但是它可能同时或者继之又是其他细胞分化的诱导者;某种细胞的定向分化需要的往往不是一种诱导者,而是需要经过一系列不同诱导者的程序性的作用才能最终完成;仔细区分近端诱导的级联又包含空间和时间双重的因素,即空间上近端诱导的级联可产生分化方向上的差异,时间上近端诱导的级联产生发育图案的程式变更,而两者又是密切关联、协同表达的。近端诱导级联表现的是一种区域性发育分化的网络结构,其中包含有丰富的反馈路径,相互诱导和拮抗,形成了一种相互制约的有条件的自稳系统。

与近端诱导不同,由于激素具有浓度阈值调控分化、远距离作用、长效和多功能效应等特点,它建立的分化级联在发育中具有更广泛的覆盖面。因为激素浓度不同、靶细胞对信息的接受和转化系统不同,同样的激素可能产生不同的细胞分化效能和前景。在激素建立的分化程序系统中,同样存在复杂的反馈路径,同样执行着自稳的机制,但是就整体而言它表现出显著的控制与被控制、主动与被动的区分,并且远程控制必然与近端诱导作用相互级联,才能完成必要的发育程式的构建。如前面讨论中提到,远程控制对于发育的快速推进和远距离分化组织的相互协调,以及发育对环境因素的容纳有着重要的意义。

2. 细胞分化与形态构建自组织过程的级联

理论上说,自组织过程是系统实现热力学平衡和有序构建的过程,而细胞的分化却又往往打破这种平衡,推动新的自组织过程的发生,而新平衡的实现又可能创造了细胞分化的新的环境条件。发育中几乎时时处处可以找到这种细胞分化和分化细胞有序自组织过程相互级联的现象,例如,细胞表面抗原性的改变引发原肠和脊椎动物体节的形成,等等。因此,细胞分化与形态构建自组织过程的级联是发育程序建立的重要手段之一。

有意思的是,基于同样的自组织原理,有人根据对单细胞伞藻发育中钙离子浓度变化和形态构建过程的了解,已开始探索设计某种程序模型,通过给定适当指令的方式在计算机上模拟生物发育的过程(图 17.1.1)。

应该指出,细胞分化与形态构建自组织过程的级联并不永远推动发育过程一直进行下去,它的另一个重要的功能是,自组织创造了分化细胞维持的环境,使发育到达一个相对稳定的状态,并较长时间地持续下去。因此,自组织创造的实际上是一个复杂的生物体中的微环境体系,它在发育中的作用是推动分化和发育的进行还是维持发育图案的稳定,依其在发育程序中的地位而定。在这里我们不难想到,在细胞分化和自组织过程之间应该存在一种相互制约的反馈机制。就是说,在这种级联关系中应包含着一种信息操作系统,使延续的生命过程能维持其相对稳定性,并且当这种稳定被破坏时,如果没有超出它的"权限",这一信息操作系统具有使之获得重建的能力(如反分化与再生)。显然,发育生物学对这方面的研究(包括器官的再造)还相差得很远。

3. 发育模块间的级联

前面讨论了由集约化产生了发育模块。发育模块间的级联是发育程序构建的另一重要方式。从大的方面看:在动物的发育过程中,生殖细胞的发育分化以及具有胚外器官的高等脊椎动物的早期胚胎发育奠定了子代胚体的发育基础,而随后门类体制特征的建立推出了以 HOX 基因为中心的器官系统发生的前期准备发育阶段,器官系统的发生完成了动物胚期的终末建设并使之获得了独立生活的能力。动物的胚后发育程序因物种的不同而变化,但是它们都是围绕成体结构和功能展现和成熟而进行的,最后又都来到个体的衰老和死亡。在植物的发育过程中,茎端分生组织程序性地依次展现着不同侧生器官的分化和形成,并通过孢子或

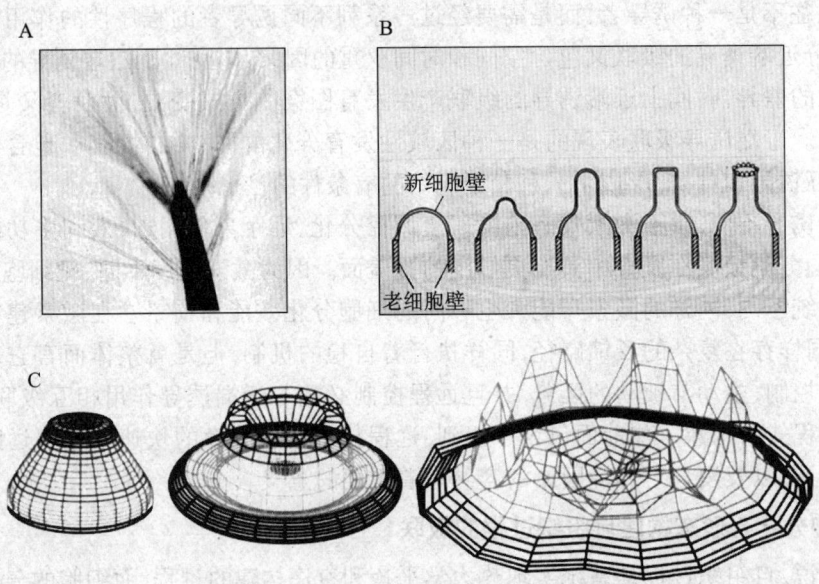

图 17.1.1 伞藻发育过程的计算机模拟
A.发育中的伞藻,示细胞顶端侧生轮状体形成。B.顶端从轮状体中央继续生长,每隔几天长出新的轮状体。C.由左向右依次为模型中的生长过程:形成钙浓度分布及由此诱发的张力环面,钙浓度和张力的变化导致顶端变平,受到扰动时,钙环面由于自发趋向热力学稳态的自组织作用而转变为峰环,并进而引发轮状体发生。

配子的结合将两个不同的世代联系在一起和实现着物种的传播。从细微的发育过程上看,动物和植物同样表现出不同模块间的级联现象:在昆虫的幼虫阶段,当其表面结构限制了它的生长发育,诱发激素分泌产生蜕皮,此时幼虫不仅发生形态结构的改变,其代谢和生理活动也进行着相应的调整。经过数次蜕皮,最后又诱发变态过程的发生,直至成虫孵化;脊椎动物早期发育,体轴、脊索和神经管建立,诱发体节和内脏器官系统的发育,以及四肢原基形成、肢体发育;许多生物都有着严格的性成熟的发育阶段的限定。植物中,伴随茎端分生组织生长发育的推进,营养叶原基出现后进一步引发叶整体形态结构和内部组织的分化,茎干本身也开始了不同组织的分化(如韧皮部和木质部)。显然,以上所列举的发育模块间的级联表现出的是严格的程序化的结构。

区别于细胞分化的级联或者细胞分化与分化细胞自组织过程的级联,发育模块间的级联具有以下的特点:① 模块级联建立表现出强烈的对综合条件具备的要求,如分化细胞的类型和数量、前期或邻近区域的环境条件等等。② 模块级联带来的后继发育往往是规模性的发育方向的改变,它具有相当的影响和"管辖"范围或者在时间上持续一个较长阶段的特征。③ 不同的级联模块之间往往表现出各自在发育控制上的独立性。

上述 3 种发育程序的构建手段和方式具有层次的含义,即后者是建立在前者基础上的,并且它们之间又存在复杂的相互影响和作用的关系,这显然是一个有着大量协同关系的超循环结构。在这一系统中,前者的变更会引发后者的改变,这种改变有时会是十分巨大的(果蝇 *bicoid* 基因的改变将引起头的形成的改变,以至丢失),后者对前者的影响也同样存在(体节发育的变更可能使头、胸、腹的建立最终流产,或者程式改变,如昆虫中存在的体节增加与变态并行的现象),而一个新的分化区域建立可以完全改变它所属细胞群体的分化方向和组织方式(形态发生原表达的更改可引起某些器官的易位或者额外发生,如视黄酸诱导的多肢体蛙的出现)。我们注意和强调这些性质,还因为它们有可能给我们认识生物的快速进化(这一现象已被广泛的化石材料所证实)提供思考的线索。因为一种新模块建立条件的获得似乎并不总是特别艰难的事(如它可能只是起因于某种或者有限的新的调节因子或信号调控机制的出现),而它的影响将是十分巨大和深远的。

17.1.3 复杂的基因表达和细胞间信号调控系统是发育程序运行的执行者

在前面的章节中我们提到,基因表达和细胞间的信号调控是多细胞生物细胞分化建立的重要条件,实际上它们构成了一个复杂的信号操作系统,成为发育程序运行的执行者。目前对这个系统的结构了解得还很不够,但是从已有的发育生物学的知识看,这个系统十分复杂。这里我们举例加以说明。

基因的表达受多重因子的控制。图 17.1.2 是这一过程启动调节的模式图解。而大家熟知的免疫球蛋白重链的转录更包括了大量的增强子调节因子的调控。再如,果蝇的 *eve* 基因,其上游 DNA 非转录区存在着若干个基因转录的调控区,使它在复杂的诱导因子浓度图案环境中,得到 Eve 蛋白在胚胎的不同体位中(条带)获得同一表达(图 17.1.3)。从中我们可以很容易地理解这一过程的极端复杂性。有人通过对不同基因表达调控的研究,归纳出不同种调控因子(p、x、q)对转录基因(z)表达 yes 或者 no 的逻辑结构类型(图 17.1.4)。显然,它们直接影响和操纵着多细胞生物发育程序的表达。

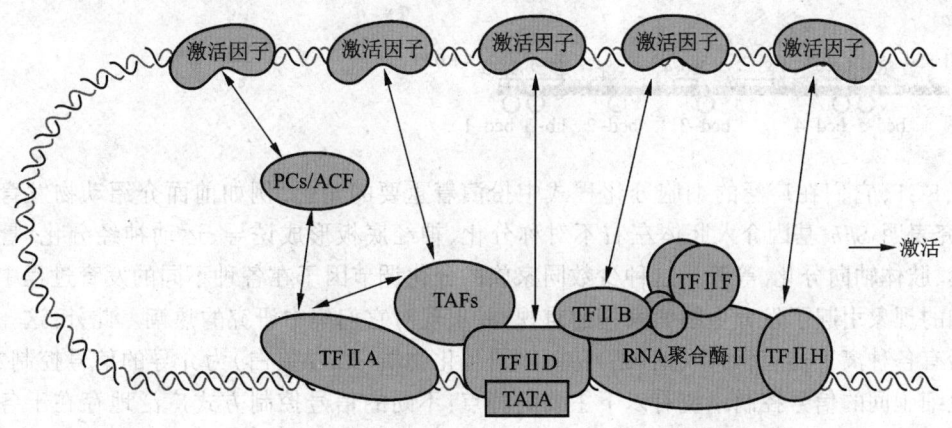

图 17.1.2 远端转录调节因子对核心转录复合体的调控作用
核心复合体被辅助转录调节因子和结合到增强子上的远端转录调节因子包围,由于这些远端转录调节因子的作用使转录复合体更容易形成,因此提高了基因的转录活性。(J. Gerhart & M. Kirschner)

除了细胞内基因表达调控系统外,多细胞生物还存在有复杂的细胞间的信号控制系统,并成为当前发育生物学研究的热点之一。图 17.1.5 列举了已知的主要的细胞间信号控制系统的类型。各种细胞间分化诱导因子(如前面介绍的旁泌素和激素)是细胞间信号控制系统的重要组成成分。应该特别指出的是,近年发育生物学研究发现,一些旁泌素,如 Wnt、Hedgehog

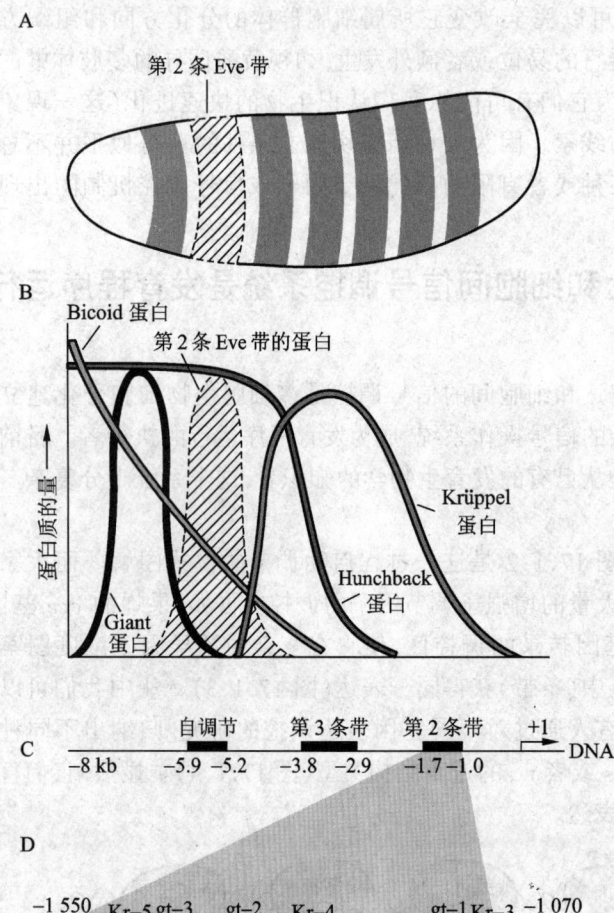

图17.1.3 果蝇第二条 *Eve* 带表达的空间调节

A. *eve* 基因沿胚胎表达 7 条横向的带。B. 第二条带的位置由两个正转录调节因子(Bicoid、Hunchback)和两个负转录调节因子(Giant、Krüppel)来确定。带的前边界由 Bicoid 的开启和 Giant 的关闭联合决定。带的后边界由 Hunchback 的开启和 Krüppel 的关闭联合决定。C. *eve* 基因启动子上调节区域的空间排布。D. *eve* 基因在胚胎第二表达条带中表达的调节区放大,示 Krüppel(Kr),Giant(gt),Bicoid(bcd),Hunchback(hb)的结合位点。(J. Gerhart & M. Kirschner)

(Shh)、FGF,它们在广泛的细胞分化程式中扮演着重要的角色,例如前面介绍动物发育时提到,研究表明 Shh 基因介入胚体左右不对称分化、神经底板形成诱导、运动神经分化、骨骼肌节发生、肢体轴向分化,等等。这种少数同家族的分化调节因子在各种不同的发育过程中被广泛采纳的现象引起了发育生物学家们的重视,并出现对它们集中研究的热潮。此外,这一系统还包括有各种离子通道(如钾、钠、钙)和以不同生化物质(如 G 蛋白)为介导的信号控制方式。可以说细胞间的信号控制系统有以下主要的特点:不同的信号控制方式广泛地存在于各种的多细胞生物中;各信号控制方式之间可建立复杂的组合连锁结构;细胞间的信号控制系统与细胞内基因的表达调控紧密地联系在一起;这些信号控制方式对细胞分化,发育程式的实现发挥着指导作用。

实际上,可以说多细胞生物的进化在一定的意义上强烈地表现在信号控制系统进化上,对此我们在后面的章节中还要进一步讨论。

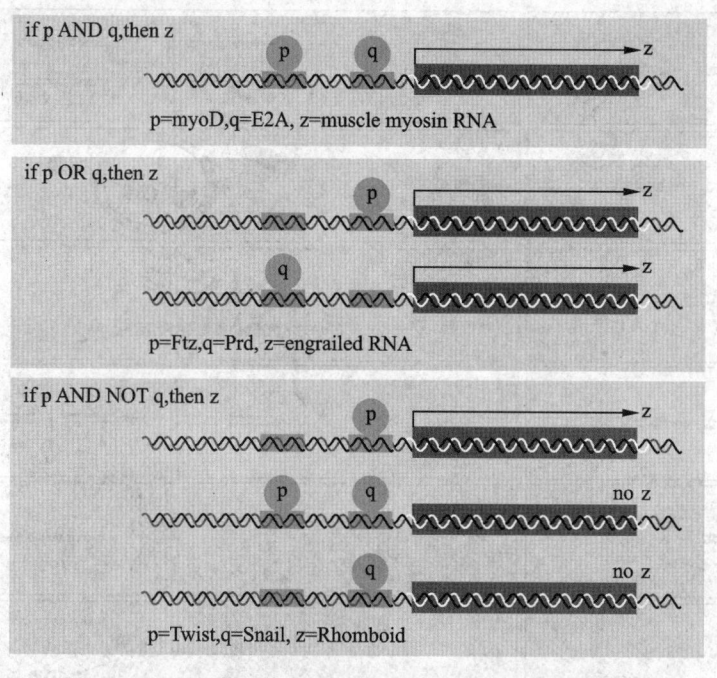
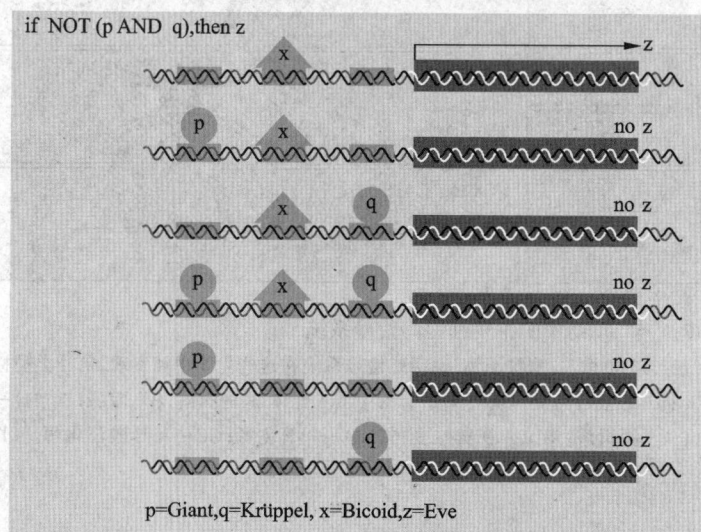
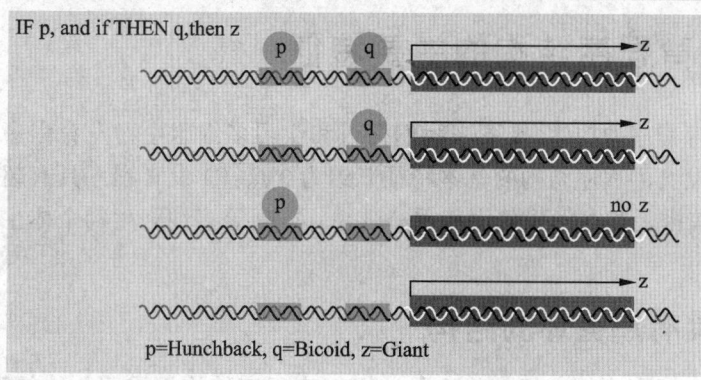

图 17.1.4 转录调节逻辑图
图示 5 个转录调节的逻辑结构，各图中左上角示逻辑结构，下方为转录调节因子与控制基因的举例。（J. Gerhart & M. Kirschner）

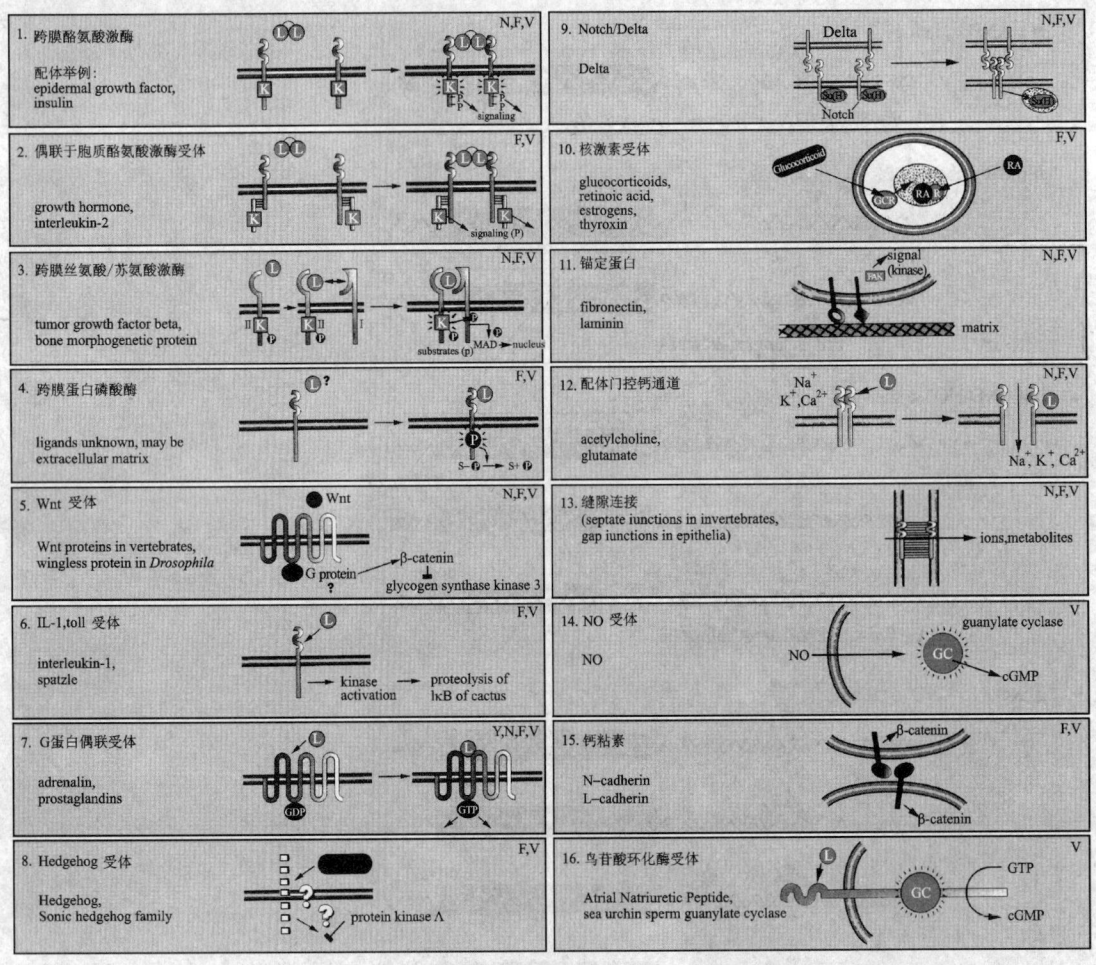

图 17.1.5 动物中的主要细胞间信号系统

每张小图右上角的 N, F, Y, V 分别代表线虫, 果蝇, 酵母, 脊椎动物, 说明此信号系统在这些生物中被发现, 信号类型标题下方为受体配体举例, 其中图 8 中 Hedgehog 蛋白的受体尚不知道。图中 L – 配体; K – 激酶; P – 磷酸; Su(H) – hairless 抑制子; GCR – 糖皮质激素受体; RA – 视黄酸; RAR – 视黄酸受体; NO – 一氧化氮; GC – 鸟苷酸环化酶。(J. Gerhart & M. Kirschner)

17.2 多细胞生物发育程序结构的主要特征

上面讨论了多细胞生物发育程序的构建，接下来我们探讨和学习多细胞生物发育程序的结构特征。本书将多细胞生物发育的程序结构的基本特征归纳为 3 点：① 发育程序具有超循环的结构；② 个体发育在程序编排上存在世代移位和重叠现象；③ 高等多细胞生物个体生存的不持续性。

17.2.1 发育程序具有超循环的结构

生物的发育过程是一个高度程序化的过程。什么是这个发育程序结构最重要的特征呢？

作者认为首要的和最基本的是生物的发育程序具有高度复杂的超循环(hypercycles)结构。

我们知道,生物的代谢程式具有复杂的超循环结构(图 17.2.1)。生物代谢程式既有自己的基本方向,在它的程式中又包含着许许多多、大大小小的循环路线,即在生物物质和能量代谢的路径中有许多反馈控制的环路和旁径。

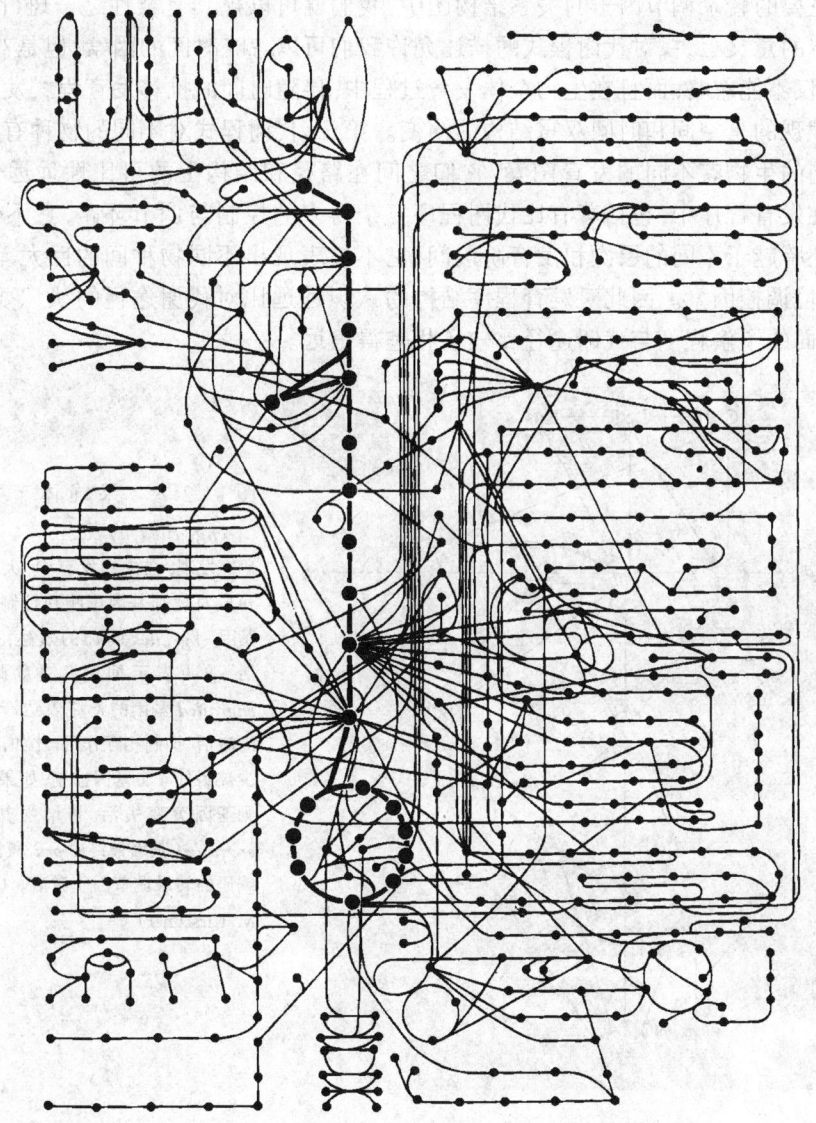

图 17.2.1 代谢路径图

图中各点表示不同的代谢反应,它们之间的连线表示各代谢物的生化路径,
中央的环形结构为三羧酸循环。(S.K.Kauffman)

从已有的生物发育的知识看,如果发育程序有可能用代谢程式类似的线路图的方式描绘出来,它的复杂程度必定远远超过代谢的程式。这主要来自 3 个方面的原因。第一,代谢基本是细胞内部,或者可以说是细胞质中发生的生命物质和能量的转换过程,它包含的程式内容相对要简单得多。相比之下,发育的程式同时包含着许多不同的层次:它有细胞内部发生的基因

的表达调控和相互作用,并由此带来细胞的分化过程;有细胞间和细胞与细胞间质之间相互的诱导和作用,包括由此带来的复杂的自组织行为;有发育模块的建立和它们之间的协调发育(如胚胎头尾、背腹、左右体轴的建立和各组织、器官、系统的定位及发育);还有在发育中与环境的适应和相互作用(这一点后面将给予讨论)。例如,仅从果蝇早期发育(体轴建立和体节形成)过程中主要的转录调节因子的关系结构图中,我们就可以窥其复杂性之一斑(图17.2.2)。第二,从一定的意义上讲,对代谢程式的描述允许我们可以忽略时间的因素,但是对发育来说,时间因素不仅不能忽略,而且在生物个体发育过程中,伴随时间的推移发育程式发生着巨大的变化,即它表现的是空间和时间双重结构的演变。第三,代谢程式对不同的物种有极高的通用性,但是不同的生物有不同的发育图案,它们之间在路径和结构上的可比性远远低于代谢程式。总之,在发育程序中,包括着有比代谢程序复杂得多的控制与调节环路,它不仅存在于各层次之中,还跨越于不同的层次和发育阶段间,它不仅表现出不同物种间的巨大差异,还容纳着许多的环境调控因素。因此对发育程序结构的认识远远比对代谢途径的认识要困难得多,人们在这方面的了解程度与代谢途径比较还相差得很远。

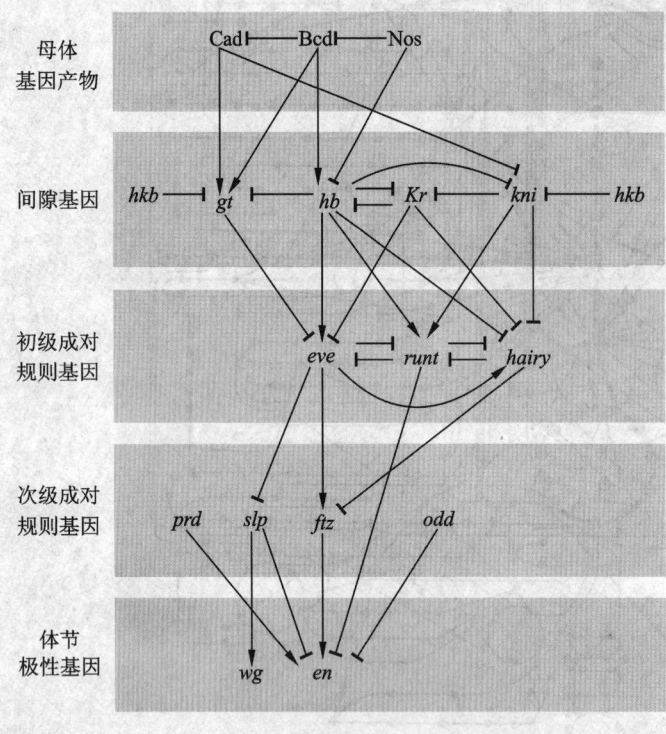

图17.2.2 果蝇体节极化基因 *engrailed* 的表达

研究发现,在果蝇发育中,大量间隙基因和成对规则基因影响和控制着体节极化基因 *engrailed*(*en*)的表达,箭头表示激活,平头表示抑制。注意此图显示了 *engrailed* 基因的最终表达涉及到有大量的激活、抑制相互作用,比如,hairy 基因至少被另外 4 个基因抑制,如果其他成对规则基因突变失活,将增强其表达活性,*engrailed* 基因最终由 *prd* 和 *ftz* 基因分别编码的转录调节因子激活。(J. Gerhart & M. Kirschner)

生命系统包括多细胞生物发育程序具有超循环的结构,这具有重要的意义。系统论研究表明,超循环结构赋予复杂系统许多重要的动力学性质,它包括系统的自我调节和稳定性,系统的自组织能力和分形特征,以及混沌和吸引子的存在,等等。显然,多细胞生物在发育上的许多重要现象都与发育程序的超循环结构联系在一起。

17.2.2 发育控制在程序编排上的世代移位和重叠现象

长期以来,受精被看作是多细胞生物发育的起始点,多细胞生物从受精卵开始到死亡构成了一个个体的完整世代(植物因单倍与双倍世代交替现象存在,情况有所不同),发育在世代间被认为是相互独立的事件。即使在胎生动物中,由于遗传上与母体的分离,子代的发育与亲本实质上也被认为是相互独立的。但是,近年发育生物学的研究提示我们:多细胞生物,特别是在动物中显然存在发育控制在程序编排上的世代移位和重叠现象。这一概念归纳起来包括两方面的内容:第一,从个体发育的全过程看,动物普遍运用的是两个世代的基因组的信息。在胚胎的早期阶段,尽管细胞因为受精作用其染色体承载的是子代的基因组型,而个体的发育实际上执行的仍是母体基因组的程序指令,随后才转入利用子代自身的遗传信息,并且它们之间存在一个两套信息交混使用的阶段。第二,发育生物学的研究表明,动物的个体发育实际上从生殖细胞的发育过程中就开始了对未来体制建设的设计工作,而这一过程往往要跨越亲本个体发育过程中的一个很长的阶段,并且亲本是直接参与这一发育设计工作的。高等植物,由于其单倍体与双倍体的世代交替以及配子体的完全寄生,这一特点不仅同样存在,而且新的孢子体的发育(种子的发育)还受着隔代孢子体的影响。

分子生物学的研究表明,卵细胞提供的决不是单纯的发育所需的物质成分和遗传信息,多细胞生物早期发育程序的许多重要信息是由母体设定的,就是说个体的早期发育母体实质是参与的。例如,前面提到的决定果蝇前-后轴的形态发生原的产生和在卵细胞中位置的设定工作是在滋养细胞的参与下完成的。果蝇的背-腹轴的决定也成因于滋养细胞和卵巢滤泡细胞的协同作用(图 2.2.14)。显然,在这一过程中,母体卵泡的发育和分化与卵细胞的发育是协同进行的,并且它已实质进行着子代的发育构建和体轴确定的工作。近年的研究表明,在秀丽线虫的发育中,卵细胞携带的母体基因产物一直可影响到子代器官(如 pharynx)的发育决定。

不管它的表观形式和程度如何,一个发育过程的设定如果是决定于母体基因组的表达,它实际上是由母体控制的,只有子代基因组真实地完全操纵了自己的发育才是自身发育的开始。从这一观点出发,我们可以很容易地发现,绝大多数多细胞生物的早期发育实质上执行的是母体设定的发育程序。研究表明,母体在子代发育程序建立中的作用在果蝇中表达得非常直接和显著,而在脊椎动物中采取的是某种间接的方式。同样地,子代基因组的表达并不是在受精卵分裂一开始就启动的,而是往往要延后一段时间。在这一段时间里,包括未来个体体轴的初步确定以至于门类基本特征一些重要的发育信息,运用的都是母体基因表达设定的发育程序,例如前面提到的,在两栖类动物体轴决定中,卵细胞胞质成分在受精后的重组,这些与受精前卵细胞的发育分化和母体特定基因的表达与定位有密切的关系。区别的是,果蝇发育的母体控制方式表现得更为直接,而在脊椎动物中,这一过程更多的是通过母体基因组设定后的发育自组织过程来完成的。

从上面的讨论中我们可以看出,多细胞生物的个体发育并不是真正的世代间相互"独立"的事件,不是双亲各给子代提供一套基因组和发育必须的物质与能量的储备就万事大吉了。我们可以清楚地看到,多细胞生物,特别是高等的多细胞生物个体的早期发育,不论是卵生还是胎生,它执行的实际上是母体设定的发育程序。

在此我们愿意将这一问题再做一些推衍。人们知道羊膜卵,以至于胎生动物的出现是动物生殖方式的重要进化,长期以来人们对脊椎动物从鱼类、两栖类的无羊膜到爬行动物的羊膜的进化是如何出现的一直不清楚。实际上,如果我们有了个体发育世代重叠的概念,这个问题就变得不那么费解了,或者说给我们提供了一种思考的线索。前面在讨论果蝇发育的时候我们提到，在果蝇卵巢中，卵母细胞的发育经过4次分裂，形成一个由15个滋养细胞和一个卵细胞通过连桥联系在一起的细胞群体。在果蝇卵细胞未来个体发育信息的设定中，滋养细胞起着重要的作用。如果把这一现象和脊椎动物的羊膜卵，以至于和哺乳动物的胎生方式进行比较，我们可以发现它们之间存在有某种可比性。发育生物学研究表明羊膜卵动物包括胎生动物个体早期胚胎发育的一些重要信息是来自于胚外组织器官(见前面有关的章节)。进一步设想羊膜卵的进化出现是通过某种类似果蝇的方式，即早期的受精卵细胞分裂首先产生一个"滋养"细胞群体，再由它们诱导胚体发育的早期决定，而这些"滋养"细胞转而发育为包括羊膜在内的胚外器官，导致生殖方式的重新设定。如果这个胚胎发育留存在母体体内，并且胚外器官进一步建立了与母体的直接联系，以获得胎儿发育的能量与物质成分的供应和交换，则将出现胎生的生殖方式(实际上假胎生现象在动物中并不罕见)。这些从现在的发育生物学知识来看应该是一件并不十分困难的事，特别是从发育模块的角度考虑，因为许多迹象表明动物胚前发育的准备与胚体的发育是相互间有一定独立性的不同发育模块，也正因为此，在进化上才会出现鸟类和哺乳动物胚体与胚外器官的优先分化决定现象。实际上，从胚体外基因对胚体早期发育程序设定的角度来看，果蝇的滋养细胞与羊膜动物的胚外器官发生细胞之间并没有实质性的区别，至于雄配子核获得的早晚，或者说遗传信息利用的基因组转换在此倒变得不那么重要。近年发育生物学研究发现，在动物早期发育过程中，对细胞核发育信息的重编程在鱼类和哺乳动物中可能并不一样，似乎在哺乳动物早期发育的重编程中与鱼类不同的是有相当的与发育无关的基因表达，深入的研究可能给我们对羊膜和胎生出现这一重要的进化现象提供新的认识线索。无论如何，发育控制在程序编排上的世代移位和重叠现象的存在很可能给发育的世代间的沟通留下了发展的空间，这样的考虑应该是有道理的。

我们不妨把对上述问题的讨论走得更远一点。我们知道，节肢动物对环境的适应和进化，在许多方面并不逊色于脊椎动物，但是为什么节肢动物没有进化出现羊膜卵以至于胎生的物种呢？其实我们已经从许多方面感到节肢动物与脊椎动物在发育机制的利用上有所区别，例如节肢动物副性特征的发育不是通过生殖腺释放激素进行远程控制，而是由特定部位体细胞自身的基因性别决定作用来控制的，节肢动物神经系统的发育和构建也更强地表现为独立的细胞决定和分化的特点(其实从行为上与脊椎动物比较，我们也可以感觉到类似的现象)。节肢动物较强地表现为基因组独立地控制各细胞分化的特点，而脊椎动物更加突出的是细胞间相互作用的发育模式，这无疑给脊椎动物的进化创造了更大的发展空间，越是专一的发育调控方式其进化的潜能性就越小(本书第四部分将进一步讨论这个问题)，这恐怕是一个重要的原因。基因组测序发现，线虫有大约2万个基因，而果蝇的基因数是1.3万个左右，这说明生物结构的复杂程度并不完全和它们的基因数成正比的关系。

下面，我们进一步将对发育控制的世代移位和重叠现象的讨论深入到配子的形成和分化方面。

近年对果蝇生殖干细胞(GSC)的研究表明，GSC分为两种不同的类型：群体GSC和定型GSC。前者行对称分裂，显然具有干细胞的性质，它或可以对应于传统概念的种质细胞(关于种质细胞的概念后面还要讨论)，而定型GSC执行的是不对称分裂。显然，从定型GSC开始，生殖细胞的分化已离开维持性增殖的轨道，向成熟配子的方向发展，并深刻地影响着今后的个体发育。严格地说，果蝇的个体发育从定型GSC的分化，即在亲代卵巢发育时期就开始了。现在知道群体GSC和定型GSC的分化过程十分复杂，涉及许多胞内外的因子，并且它们的决定和分化与亲本体细胞的分化和作用有着密切的关系(图17.2.3)。因此,应该说真正的发育的起始要比传统的观念早得多,即亲本对子代发育的影响决不是给一套基因组和供给一些原料的事,它直接或间接地参与着对未来个体发育的程序设定。

对动物的发育研究发现,生殖细胞系的一系列发育现象十分引人注目,例如:① 在生殖细胞系确定的过程中,发现有特定的来自母体基因表达的前体成分被限定于生殖干细胞发生的区域。② 在许多动物胚体的发育中,生殖细胞系都是早期特异地确定和分化出来,但是这些细胞却又很快停顿在一个特定的发育阶段,直到个体性成熟才开始它们的终末分化(图17.2.4)。③ 在生殖细胞的发育过程中,其周围往往存在有特异分化细胞的严密包被,如在脊椎动物雄性生殖腺体中存在有血睾屏障的结构(胸腺因保证淋巴细胞的专一分化和脑为了神经信号不受干扰都存在有类似的屏障结构,如果没有外界的影响或者控制的需求,精巢何以发展出这种屏障结构?)。④ 雄性和雌性生殖细胞的发育行为可能不一样,在精巢中生精干细胞细胞几乎终身维

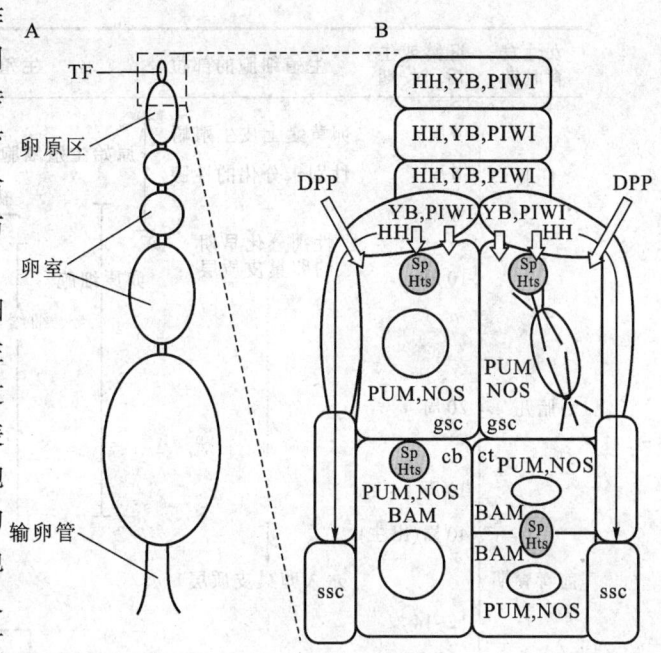

图 17.2.3 果蝇卵巢生殖干细胞(GSC)的不对称分裂
A.由一串正在发育的卵室(egg chamber)组成的卵巢,上端为卵原区(germarium),下端为成熟区和输卵管(oviduct)。B.卵原区顶部放大示意图。卵原区通常有两个 GSC,与表达 YB、PIWI 和 HH 的顶端体细胞(TF)相接触。GSC 的维持必需 YB 和 PIWI 介导的信号;HH 调节距离 TF 2~5 个细胞之外的体细胞干细胞(ssc)的分裂。在 GSC 里,血影体包含血影蛋白(Sp)和 Hts 蛋白,在有丝分裂的间期和中期都位于细胞质的顶区,与体细胞系的信号细胞相连。有丝分裂期间,血影体锚定纺锤体的一极,保证了分裂方向垂直于卵原区的顶-基轴。这种分裂的结果造成 GSC 仍然与 TF 相接触,而胞囊母细胞(cb)则离开 TF 一个细胞的距离。PUM 蛋白在 GSC 中水平高,而在胞囊母细胞和包囊中水平低,NOS 蛋白则恰恰与之相反,BAM 只在胞囊母细胞和包囊中表达,DPP 的来源尚不清楚。

持,并不断分化产生精子,而许多动物卵巢中的生殖干细胞在胚胎发育阶段就全部进入终末生殖细胞的分化路径,然后停留在一个特定的阶段,待个体性成熟以后,再分批地陆续发育成熟。图 17.2.5 表明了不同动物卵细胞在亲本发育过程中所滞留的阶段。有意思的是,最近有人通过对人类基因组序列的初步分析提出雄性与雌性对子代遗传变异的贡献是有区别的看法。

总体而观,对高等动物生殖细胞的发育的研究,勾勒出这样一幅图案:在第一代发育的过程中,由于生殖干细胞的早期决定,第二代生殖细胞不仅几乎重叠于第一代全部胚胎发育过程,而且第二代的发育准备实际上也已经启动了。对于胎生动物,这一过程更为复杂:在第一代母体怀孕时期,即第二代个体发育的早期,第三代的生殖细胞就已经决定了,这表明第三代生殖细胞的发育分化在时间上将重叠经历第二代几乎全部的发育过程,并且将来发育为第三代个体的卵母细胞同时从第二代那里获得自身发育程序的原始设定,直到第二代性成熟受孕才开始自己独立的发育过程。人们已知胎生动物怀孕期间,第一代对第二代的发育很可能有

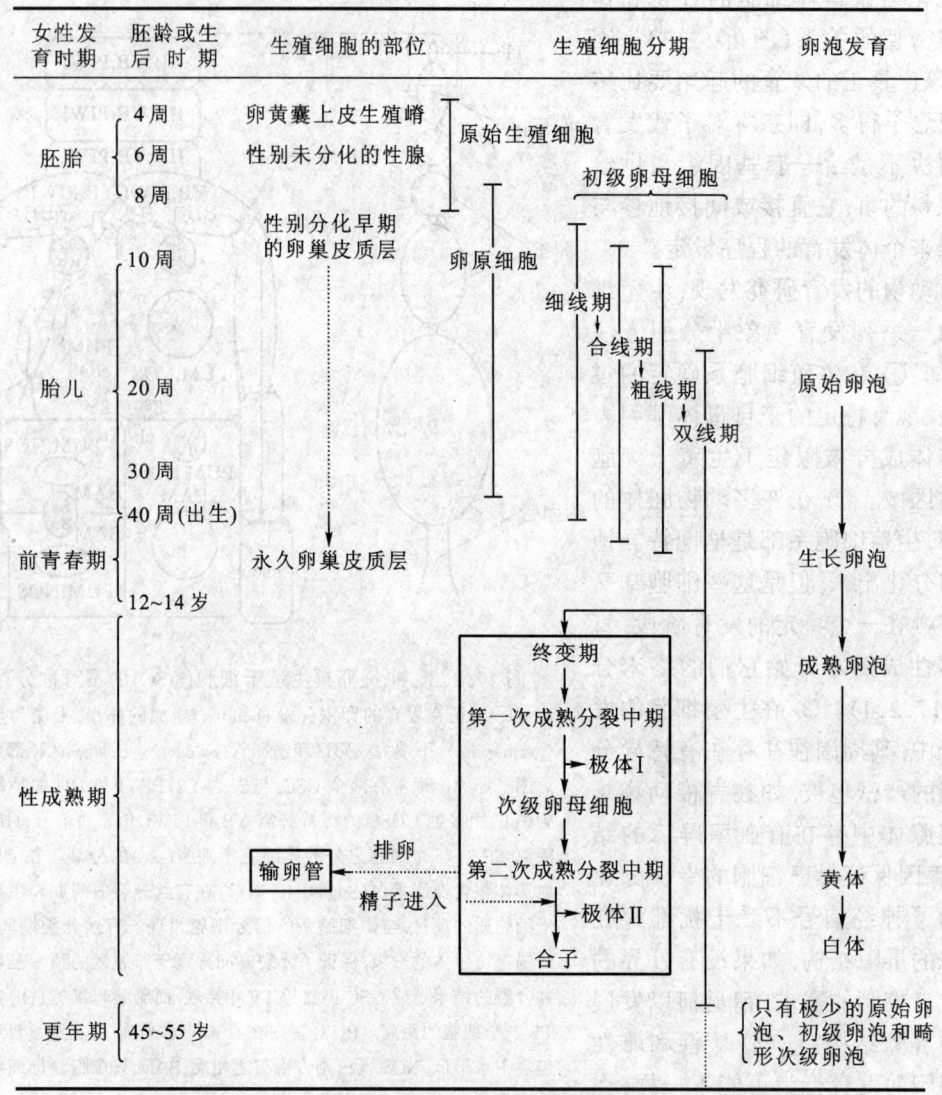

图 17.2.4　人卵细胞与卵泡发育的时间关系

着深刻的影响,从理论上讲它应属于探察性发育机制的范围,并不造成第二代遗传性的改变(关于探察性发育的讨论见后),但是这时是否可能造成对第三代生殖细胞发育程序的扰动而诱发其改变呢?这确实是一个值得深入探讨的问题。

从有性生殖进化发生的角度看,亲本对子代发育程序建立的直接干预似乎并不是原初和必须的。但是,对于复杂生命系统的进化,特别是高等生物的出现,长久以来人们就猜度亲本的发育程序的改变有可能以某种方式通过生殖细胞传给子代,即获得性遗传。遗憾的是至今人们并没有找到直接的实验证据。但是按照这一猜度,无论是新的遗传信息直接或者间接的远距离传递,还是亲本对生殖细胞发育信息系统的导向性诱变,它们都要求生殖细胞与亲本个体间有一种发育过程的相互感应期的存在。个体发育控制编程的世代移位和重叠现象为此提供了探察这一问题的线索和可能性。

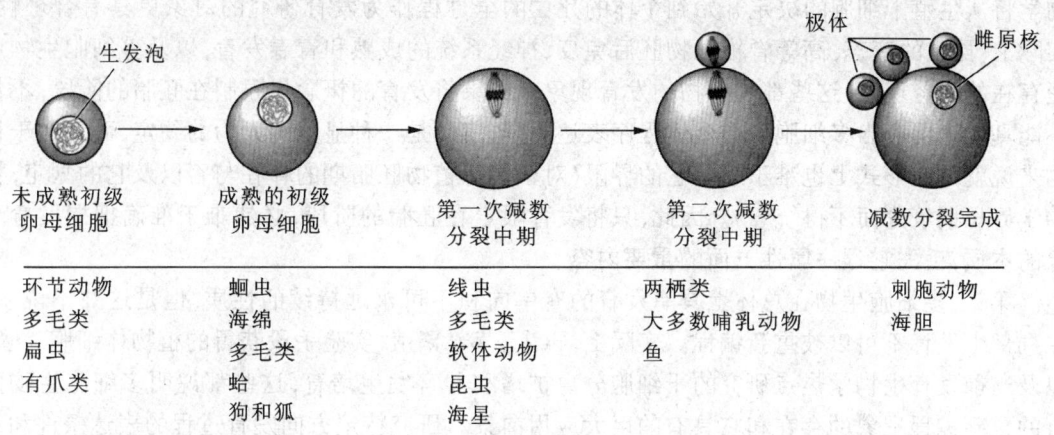

图 17.2.5　不同动物卵细胞受精时所处的发育阶段(S.F.Gilbert)

17.2.3　多细胞生物个体生存的不可持续性

单细胞生物可以通过细胞分裂不断地繁衍下去,在细胞分裂的过程中,亲代细胞的成分不仅传递到了子细胞之中,而且子细胞同时得到更新而恢复了与亲代细胞同样的生存能力。在漫长的历史中,单细胞生物的形态结构、生理属性在变化着,衍生出众多的单细胞生物类群,这也可以看作是一种特殊意义上的细胞分化现象。显然,对于一个生存选择保留下来的单细胞生物种群来说,尽管个体死亡的现象会经常发生,但是它既然是单细胞生物,从物种的角度看,必有相当的个体表现出"永生"的品格。多细胞生物在生物进化中创立和发展了新的生命程序,那么单细胞生物的这一性质是否被多细胞生物传承下来了呢？对这一性质的揭示自然反应了多细胞生物生命程序的重要特征。

某些低等动物似乎保留了单细胞生物的这种永生的性质,例如成体水螅可以通过细胞分裂和更替的方式,在正常的生活条件下长期维持地着个体的生存能力,因此有人认为水螅可以看作是一种"永生"的多细胞生物。但是,对绝大多数多细胞生物来说,特别是高等的多细胞生物,从它们一诞生就无一例外地决定了它们不可逃脱的个体终将死亡的命运。理论上说,这是一种源于生物多细胞化的代价,并且这种代价必然在发育程序上有所确定,就是说绝大多数多细胞生物的发育实质上包含了根本意义上的不可持续自我更新的限制,即生命的程序中必有不可逆因素的存在。从多细胞生物寿命在各自物种中的高度一致现象看,这一程序特性具有遗传的稳定性。绝大多数多细胞生物个体失去了"永生"的品格,但是它们建立的个体世代更替的繁殖方式使物种得到延续。这里,要特别说明一点,许多可以行营养繁殖的高等植物(如竹、马铃薯)似乎表现出某种"永生"的特点,但是显然这与上面讨论的问题并不一样。植物的营养繁殖来自于它的某些细胞、组织成分具有可以重新编程(或者说去分化)的能力,从而实际上又开始了新一轮的个体发育程序,而绝不是原有的个体发育程序的无限进行。从具体给定的发育程序来说,高等植物也同样表现出必要走向终止的道路。

总之,我们说多细胞生物的发育编程总体上具有单向和不可永远持续的性质。下面是与此有关的一些问题。

第一,我们更清楚地看到,如前所述多细胞生物的发育不应只限定在胚胎的阶段,发育生物学将从生殖干细胞的决定开始到个体的死亡的全过程作为发育研究的对象更具有合理性。实际上,昆虫的变态,高等脊椎动物胚后免疫、神经系统的成熟和青春发育,以及多细胞生物广泛存在的衰老现象,这些都是生物的发育现象。如果将发育的概念仅限制在胚胎的阶段,不仅不能真实地反应出多细胞生物个体程序表达的全过程,是一种显然的人为的约定,而且对于植物来说就是在形式上也难于划定它的界限(对于高等植物胚胎期的存在与否以及它的划定,植物学界长期争论而不得统一)。因此,只将发育限定在胚胎的阶段,必然难于准确把握发育现象的本质,丢失它程序属性方面的重要内容。

第二,多细胞生物在总体上具有发育的有单向和不可永远持续的性质,但是这并不说明,在局部上发育不可以被重新编程。实际上,再生、营养繁殖、实验手段获得的植物体细胞克隆,以及当前发育生物学热点研究的干细胞分离扩增和器官发生培育,这些都说明多细胞生物发育的重新编程现象的存在和它具有的巨大应用前景。研究特定方向发育过程的表达条件和在一定的条件下克服发育的单向限定性而获得发育程序的局部重新编程,这些都是当今发育生物学中亟待解决的重要的理论问题。

第三,衰老是当今生命科学中的一个活跃的研究领域,也自然应该是发育生物学研究的重要内容。但是,目前对多细胞生物在发育程序上的不可延续性了解得还很不够。理论上讲,生命是否存在进化出高等的永生多细胞生物个体的可能性(外星?),还是死亡对于多细胞生物是必然的,或者智能生物可以人为地调整和改变生命的程序克服这一障碍使之获得永生?这些我们还不得而知。但是,通过局部调整延长个体的寿命或者减少因年老机体衰退而出现的各种疾病已是当今人们实际追求的目标。

17.3 植物与动物发育程序的比较

植物与动物是两个最重要的多细胞生物类群。它们在许多生物学性质方面有着显著的区别,在发育上的不同更是一目了然。在讨论多细胞生物发育程序性质的时候,我们不能不对植物和动物的发育程序进行分析和比较,这对于全面认识多细胞生物发育现象有着重要的意义。

17.3.1 问题的提出

人类对生物的发育现象引起注意和提出明确的发育概念并加以科学的研究,可能是从动物首先开始的。因为动物在雌雄交配之后,无论是产卵孵化还是胎生,都显著地存在一个胚胎发育的时期,到破壳或者降生,展现出的是一个与成体极为相似的幼小个体,它们有头有脚,会吃会动。可以说几乎成体有的一切器官结构,幼体都有,只是规模不同或者有的并未成熟而已。随着生物学的发展和人们研究的深入,动物从受精卵到幼体的整个生命变化过程被定为胚胎期,这一演变过程也曾长期地被称为动物的发育过程。

但是植物与动物大不一样。人们观察到花粉的传授与种子的形成,但是种子与植物成体的形态结构却很不相同。就是种子萌发生长的初期阶段,它们与成体也很不一样,子叶的形态结构与成体营养叶有很大的区别,幼体植株中也没有任何花的结构。还有,不仅绝大多数植物在它们的生活期都在不停地生长,它们还常常分支,陆续发育出类同的枝叶与花的结构,这在动物中是极为罕见的。因此长期以来对植物胚胎发育的界定始终是一个有争议的问题。随着分子生物学和发育生物学的建立和发展,人们对动物胚胎发育的认识有了重大的突破,例如体轴的建立、器官的设定和形成,等等。而在分子水平上,植物中也同样没有发现在早期有一个与动物对应的负责成体全部器官结构发育的程序存在。

通过对植物和动物发育现象的深入研究,人们还发现两者的区别还不止于以上的方面。自从魏斯曼提出种质学说,在动物中确实发现极为接近的世代间生殖细胞相传的现象。但是在植物中,至今并没有找到生殖干细胞的早期决定现象,而相反看到的是直到发育很晚期才从顶端分生组织分化出性别器官和生殖细胞。此外,植物还存在有明显的单倍(配子体)与双倍(孢子体)世代交替的现象,并且在有的植物中,两个世代都有明显的和相当规模的发育过程(如多细胞藻类石莼,图9.1.2)。这一现象不仅更带来了植物与动物发育过程直接对应比较的困难,就连传统的动物中明确的发育起始点的确定和生活周期的划分,在植物中都出现了争议,例如高等植物的发育应该从由孢子开始的花粉和胚珠的配子体发育算起,还是应从受精到种子形成算起,这仍是一个有待讨论的问题。

长久以来,不断有人力图对植物的发育和动物的发育现象进行机制以至于阶段划分的比较和统一(如胚胎期与胚后期的划分)。分子生物学和发育生物学的发展又召唤人们在更深的层次上探察它们之间的内在同一性。但是至今几乎在所有的发育生物学专著或教科书中,两者仍基本是维持着各自表述的状态。那么,是植物和动物在进化中发展出了两套不同的发育机制呢?还是它们由于某些内在的差异性出现了发育程序构建的不同?显然这是生物学,特别是发育生物学中的一个重要和基本的问题。

17.3.2　从植物与动物最重要的不同——自养与异养谈起

自养与异养是生物两种不同的基本营养类型,也是植物和动物的最主要的区别。植物和动物在形态结构、生理生化、行为生态许多方面的不同都是与它们营养类型的不同联系在一起的。现在普遍认为,动物和植物在进化上是各自独立发生的,并且随着生物的进化,在发育程序上,植物和动物各自深刻地留下因营养类型的差异而带来的印记,失之毫厘,差之千里。

动物是异养的生物,它的基本有机营养成分的获取不是自身合成而是来自于外界。适应于这一营养特点,动物必须发展出复杂的运动、感觉、保护机能,身体内部出现消化、循环、神经等系统的分工,而且这些功能必须在个体出生时就已建立,以保证它的生存,并且随着动物的进化,对这一要求会越来越高。显然,这一性质带来的必然是动物成体基本结构在早期高度集中发育的特点,而后才是它们的生长和成熟。相比之下,植物由于它们自养的营养特征,除了对简单的无机物供应的要求外,每一个细胞都有相当的独立生存的能力。这一特征给了植物在发育上相当大的宽容度,即可以将成体结构的发育程序拉长,表现为早期的发育、种子的萌发和幼体的生长、花的形成和繁殖,这一个体发育过程具有明显的伴随着个体的生长逐一地表达的特征,前面在植物发育部分讲述的高等植物发育过程中7种侧生器官的顺序发生正生动地表达了这一点。

与植物的异养生活方式密切联系在一起的是,植物的固定生长方式以及由此带来了植物结构和繁衍方式的一系列特点。植物细胞有细胞壁,高等植物发展出了维管系统以及根、茎、侧生器官的结构,侧生器官以及它们的排布表现出便于光吸收的形态结构;克服固着生长,特别是由于陆生无水条件下带来的物种传播的困难,有花植物发展出了花粉发育、传播、以及种子形成等特征。

下面我们就与植物和动物发育相关的一些问题进一步分析它们之间的异同之处。

1. 多细胞生物的世代交替现象带来了对生物发育过程界定的复杂性。对于动物来说，因为单倍细胞的状态并不构成一个独立的生物个体，也就不存在单倍体的个体发育现象，问题自然要简单得多。如果从个体生活周期看，人们很容易从受精卵，或者如上面提到的从生殖干细胞发生开始到自身个体可以产生新的生殖细胞系为止，构成一个完整的生活周期。但是，在植物界，普遍同时存在单倍性配子体和双倍性孢子体的发育过程，即植物有明显的世代交替现象，自然带来了植物发育的复杂性。从生活周期看，它自然应该同时容纳两种世代的发育演变过程。其实，发育主要关心和要回答的问题是生物如何从一个单细胞发育成为一个多细胞的个体。发育过程与多细胞生物的生活周期是两个不同的概念，它们并没有必须对应的关系。因此，从理论上讲，对植物的配子体和孢子体的发育过程可以进行各自独立的研究和描述，各自构成一个完整的发育周期，两者联系在一起构成一个完整的生活周期。而对于动物来说，发育周期与生活周期基本是统一的。因此，作者认为从生殖细胞(也包括植物的孢子)的发生到由它们产生的多细胞生物个体的死亡作为一个完整的发育过程更为合理，这点动物和植物之间并没有区别，而目前植物界普遍采用的办法实质上是将两个世代统一为一个连续的发育过程来考虑。

2. 历史上魏斯曼曾提出发育的种质学说，即如经典的模式图画的那样，种质细胞构成一个连续的传代系，而生物体只是各代种质细胞分支进入发育的结果，即发育的个体从本质上讲并不参与和影响种质细胞的世代延续，它们起的只是种质细胞载体的作用(图17.3.1)。显然对于植物来说，魏斯曼的种质学说并不适用。但是在动物中，由于上面提到的来自其异养生活的特点，早期胚胎发育表现出急剧快速的发育分化的特征，在许多动物发育中出现了生殖细胞的早期决定与分化，似乎确实存在世代种质传递的现象。应如何来分析这一问题呢？

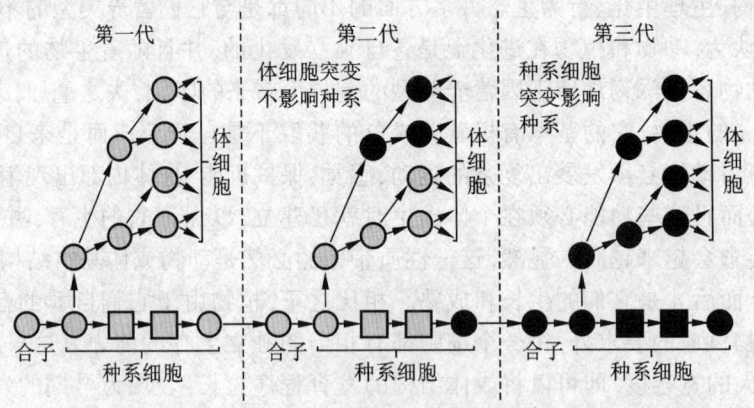

图17.3.1 动物发育种质学说模式图
种质细胞产生体细胞和种质细胞，种质细胞间进行世代传递，发生在体细胞中的突变会传递给其子细胞，但不会影响种质细胞和下一个世代。(L. Wolpert)

近年发育生物学的研究表明，动物生殖干细胞的决定过程直接、间接地来自于卵细胞携带的母体转录或转译成分的影响，并且在胚胎早期发育过程中，这些成分是通过在细胞质中的定位造成在特定的分裂细胞中的分配来决定的。这表明，母体不仅如前面谈到的，它通过一系列基因的表达直接指导着动物早期的胚胎发育，包括体轴确定这一重要的发育内容，而且也通过类同的方式决定着未来个体中生殖干细胞的决定，并且不同的动物它们的生殖干细胞决定的早晚也不一样。线虫在受精卵第一次分裂的时候,这种决定就开始了,而在第四次分裂以后包含有 P 颗粒的 P4 细胞便最终限定在生殖细胞系的方向上,而其前期已经有些细胞开始胚体体细胞的发育分化。果蝇的生殖干细胞的决定同样是通过母体表达的称为 P 颗粒的分配来实现的,它们的决定相对于线虫要晚,即受精卵完成 9 次分裂后,早期胚胎处在合胞的状态,只有迁移到后端的 P 颗粒成分与此位置上的细胞核联合组建成为生殖干细胞。而其他细胞已经进入了体细胞系列的发育。近年研究发现,在斑马鱼中,母体表达的 $vasa$ 基因与生殖干细胞的分化形成有密切的关系,而直到 32 细胞的阶段,$vasa$ 基因 mRNA 还存在于所有的分裂细胞之中,以后才出现这些成分在某些细胞中集中和进一步表达的现象,并由此决定了未来生殖干细胞的定位。目前对于哺乳动物生殖干细胞的决定还不清楚。但是,它们起码在 16 细胞阶段,即早期胚胎实现了囊胚细胞内外层的分化构建以后,生殖干细胞的决定才开始。由此,我们可以清楚地看出,动物生殖干细胞的决定与早期胚胎其他细胞的分化决定并没有什么特别之处,它们利用的都不是自身的基因表达,它们分享着完全一样的基因组背景,它们的命运决定于母体对子代发育的设计。

进一步说,按照现代发育生物学的认识看,魏斯曼种质细胞学说的核心问题是,种质细胞应该相当于生殖干细胞,及它们在个体的世代交替过程中应该始终保持其干细胞的属性,起码在它向配子细胞的分化中不应该有其他体细胞影响的介入,这样才可能保证其种质的"纯洁性"。现代发育生物学的研究对此提出了严重的挑战。首先,有不少动物,如腔肠动物、扁虫、被囊动物,它们的体细胞与生殖细胞的分化并不确定,在一定的条件下体细胞能够转化为生殖细胞。就是在发育中生殖细胞早期决定的物种中,生殖细胞的分化过程与体细胞间仍存在着密切的相互诱导作用关系。哺乳动物发育的实际情况是:受精卵早期分裂产生的细胞,当它们出现在囊胚外层时发育为胚外器官,当它们出现在内细胞团中时成为胚胎干细胞,而生殖干细胞是来自随后发育的尿囊区域的组织之中。在以后发育的雌性卵巢中,不要说群体 GSC,就是行不对称分裂的定型 GSC 也不再存在,它们全部进入雌性配子细胞的终末分化阶段。对果蝇的 GSC 发育研究表明,在其向配子细胞分化的过程中,原卵区顶端细胞和构成卵小管壁的 HH、SSC 细胞与 GSC 之间有密切的信号交流,它们对于 GSC 的不对称分裂和未来配子细胞的分化有重要的作用。

由此看来,多细胞生物物种的延续并不要求魏斯曼假设的条件,发育中生殖干细胞也并不真正存在世代间的连续传递。这就是说对于生殖细胞的发育,动物和植物并没有本质的差异,只是由于动物的营养类型和由之引发的一系列发育程序的不同,造成了在发育过程中动物生殖干细胞的早期决定,而在植物中,生殖细胞的决定来得晚得多。动物和植物在世代的生殖干细胞之间同样都隔着"体细胞",起码存在有体细胞的作用阶段。所不同的是,在动物中,这一过程没有也不可能像植物那样充分地展开。其实,在动物的发育中,除了生殖细胞以外,还有其他一些体细胞类型,其分化决定也同样很早就决定下来了(如血细胞)。根本上讲,作者认为这些是和动物的营养类型并由此决定的它们发育程序的编排特点密切地联系在一起的。

3. 动物表现出的一些细胞族群分化早期决定的现象根本是来自于动物的异养特点,而植物的自养类型还同时决定了细胞普遍的浅分化性质和更易于反分化的特征。与此性质密切相关的是植物和动物体细胞克隆性质上的巨大不同。植物中多种分化的体细胞具有独立发育为新的个体的潜能性,除了细胞分化程度的因素外,这也与自养使之获得了更大的对细胞分化转型的耐受能力有关,这也正是我们在本书第四部分将要讨论的生物生理耐受性的一种表现。

而高度分化的动物体细胞则几乎不可能直接再发育为一个独立的个体。实际上被长期认为是全能和等效的细胞核,从近年来动物体细胞克隆实验看,就是同样用卵细胞的细胞质作为受体来进行克隆发育,它对细胞核的来源也是十分地挑剔的。许多实验暗示,功能上不活跃的体细胞的细胞核往往具有更强的实现体细胞克隆的能力。这一观察进一步表明发育中细胞的分化,包括生理状态的改变,动物要比植物复杂深刻得多,并且它已深深地介入到细胞核与染色体领域之中了(动物的克隆要比植物困难得多,多莉羊的出现因此而引起轰动)。

4. 植物由于自养带来的发育中细胞分化较动物简单,从植物中普遍存在的世代交替现象中也反映出来。所有有性生殖的多细胞生物都存在有单倍体与双倍体细胞的阶段和它们在生活周期中的两者交替现象。精子和成熟卵细胞是生物的单倍体生存形式,单倍阶段的动物的精细胞和卵细胞也存在一个分化的过程。但是,与之不同的是,在植物中普遍存在单倍细胞同样可以发育形成一个复杂的多细胞生物个体(配子体)的现象,称为世代交替现象。这就是说,对于自养的植物,单倍染色体细胞所携带的信息同样可以承担多细胞生物发育的任务,以至于在低等植物中单倍体个体与双倍体个体之间在形态结构上并没有多大的区别(如前面提到的多细胞藻类植物石莼)。但是植物中的世代交替现象并不都是如此,高等植物的世代交替的配子体和孢子体的差异是显著的(图17.3.2)。而更高等的种子植物,不仅它们的配子体不再具有自养的能力,它们在发育周期中的地位也与动物的配子细胞极为近似了("寄生"在孢子体中)。由此引申,我们强烈地感到,细胞中单倍体与双倍体不是简单的遗传信息的加倍的问题,两者具有的发育潜能性是不同的,就是说染色体从单倍到双倍不仅是量的变化,同时也发生了信息系统质的改变。动物的个体发育只发生在双倍体的阶段,这也从另一个侧面反映出总体而言动物的发育复杂于植物的发育。

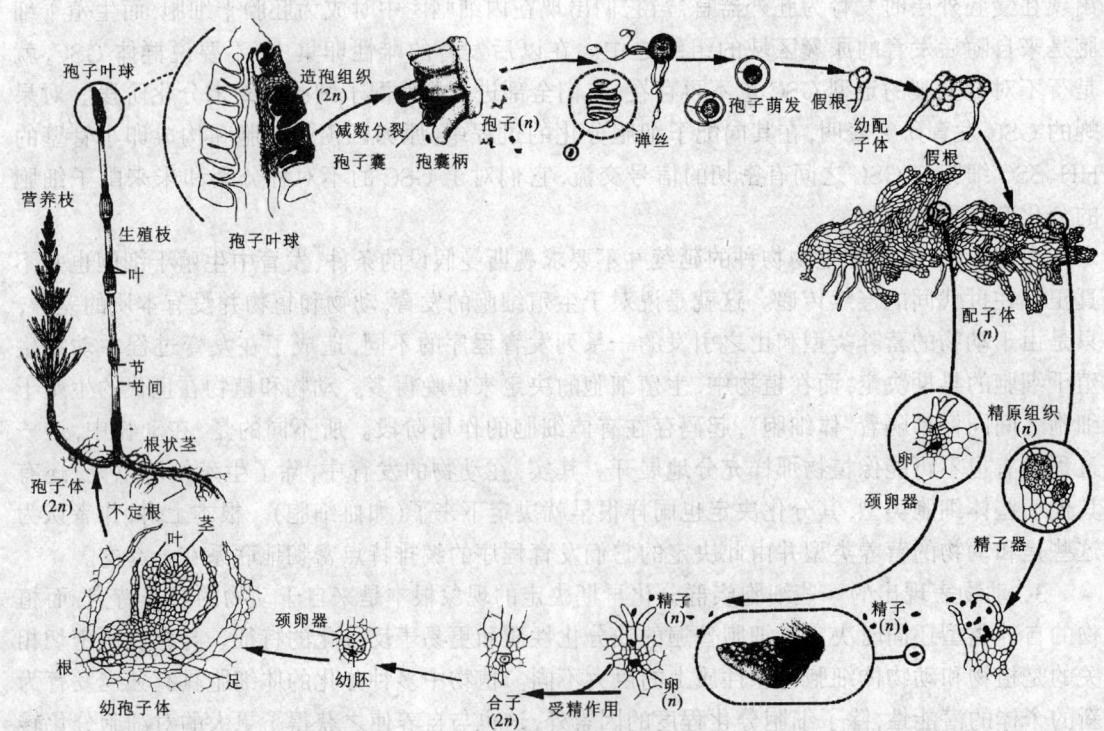

图 17.3.2　木贼的生活史

17.3.3 对动物和植物的发育程序结构的分析

在以上讨论的基础上,我们进一步从程序上比较动物和植物发育的特点。

在分析这个问题时,我们首先想到的是这样一个基本的事实,即不论是植物还是动物,对任何一个多细胞生物个体来说,组成它们的大量细胞不是杂乱无章地堆积在一起,它们也不是一个在形体、结构、分化细胞上对称分布的实体。不管是植物还是动物,绝大多数多细胞生物都体现出起码在一个轴向上的不对称性,并且这一特征在发育的早期,即在受精卵细胞(或孢子)开始分裂不久后就在形态上显露出来了(图17.3.3)。这种轴向分化的确定无疑是所有多细胞生物发育程序要完成的首要的任务。

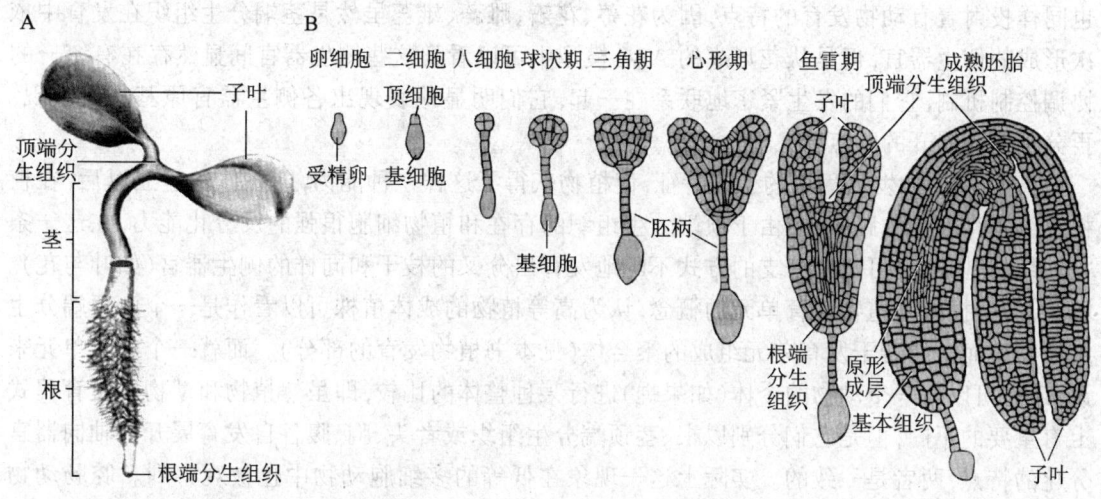

图 17.3.3 双子叶植物的胚胎发生
A.幼体双子叶植物。B.双子叶植物种子的早期阶段发育,可见体轴的建立与发展过程。(L.Wolpert)

之后,在体轴建立的基础上,动物和植物表现出了发育程序构建方式的分化:

在体轴确立以后,动物立即进入了快速的成体各器官结构的构建,即便在短期可能这些结构还远没有达到发育成熟的水平(如生殖系统),或者在以后还要经过重大的改造(如变态器官),但是这些结构的雏形或者原基已经确定下来,形成了一个显著的胚胎发育阶段。继之是动物的孵化或出生,并获得了独立生活能力,由此开始了它的胚后发育和生长,逐渐完成成体的构建和功能的全面表达。

植物表现出的是另一种编程方式,即在其轴向确立的过程中建立了特殊的植株生长发育的分生组织区域(如蕨类中的顶端细胞,裸子、被子植物中的茎端生长组织),并由此陆续地引导个体形态结构的展现,表现出的是一生中生长和发育过程相伴进行的势态。例如,在苔藓类植物中采用的是无生长点的有限生长方式,而在蕨类、裸子和被子植物中表现出的是顶端生长的方式,并由此各种侧生器官(如子叶、营养叶、花)陆续发生。

下面我们围绕动物和植物的发育程序的问题对两类重要的多细胞生物的发育性质给出进一步的讨论。

1. 植物和动物在发育程序的编排上有着明显的区别:植物体现的是生长和发育相伴逐级展开的特征,而动物表现的是早期成体雏形结构迅速构建及后期的生长、成熟。但是,它们反映的应该是由于营养类型不同带来的对于基本的发育机制的利用不同,而不是动物和植物在进化上各自建立起一套不同的发育原理。前面我们已经讨论了细胞分化是多细胞发育建立的基础、在发育过程中由集约和模块化表现出严格的空间和时间结构、发育过程的程序级联属性,以及后面我们将要讨论的多细胞生物对内外环境的探察性发育、多细胞生物个体的整体维持和重建能力、发育稳定性的存在和可变性,这些在植物和动物之间并没有区别。实际上,上面归纳的植物体现的是生长和发育相伴逐级展开的特征,而动物表现的是早期成体雏形结构迅速构建及后期的生长、成熟的发育程序,这种区别是一种总体的概括,就具体的发育过程而言,两种编程方式常常是难于严格区分的。例如,在动物中,肢体的发育、骨骼的形成,以及节肢动物的短胚基发育模式,它们都投射着明显的植物发育方式的影子,而在植物中,花的发育也同样投射着有动物发育的特点,因为花萼、花瓣、雌蕊、雄蕊虽然是茎端分生组织在发育中依次形成的侧生器官,但是从花形成的 ABC 模型中可以看到这些侧生器官间显然存在有统一的协调控制机制,它们的发生紧密地联系在一起,它们明显地表现出各侧生器官原基首先出现,再分别发育展开的特点。

2. 由于植物发育程序的上述特征,使植物获得了这样一种能力,即在体轴建立以后,在植株逐级发育表达的路程中,由于顶端分生组织的存在和植物细胞很强的反分化能力,在这一条主轴线的基础上,可以以分支的方式不断地发育出分叉的枝干和同样的侧生器官(如叶与花)。因此,本书提出了植物发育单元的概念,认为高等植物的成体植株可以看作是一个由顶端分生组织发育而来的若干发育单元组成的聚合体(见本书植物发育的部分)。而就一个发育单元来说,还是可以与一个动物的个体(如果蝇)进行某种整体的比较,即虽然植物和动物在发育程式上有重要的不同,但是它们分别以根、茎顶端分生组织或者头、胸、腹各自发育展开的轴向器官分化的特点,两者是一致的。实际上这一现象在低等的多细胞动物中也被观察到。腔肠动物不仅存在个体分支的现象,并且成为它主要的繁殖的方式。这是因为水螅、海笔虽然是异养的生物,但是它的水生环境、简单的结构以及营养摄取方式实质上与自养生物有极大的相通性。

3. 我们认为对植物和动物发育的比较不仅对我们更好地认识和理解多细胞发育机制是有益的,它还包含着相当积极的意义。现在让我们沿着这条思路挖掘它可能带来的启示:由于营养类型的制约,动物在体轴建立后的发育表现出全方位急剧地向成体结构发育的路线。显然,从程序建立的角度看,它比植物要困难得多,从发掘的化石年代分析,动物的出现确实比植物要晚得多。但是有意思的是,无论是从化石还是从当今存在的生物看,动物的物种数比植物要多得多(现今动物大约有 34 个门类 150 万种,植物有 50 万种)。人们可能将此归因于生态环境和生物行为复杂性的不同。但是仔细想来,它似乎并不是一条靠得住的理由,或者说还应该有更基本的原因。另一条分析路线是动物的发育程序的建立虽然有更大的难度,它的出现也比植物要晚。但是,动物高度集中发育构建的特点,特别是从发育调控机制上考虑(参本书第四部分),很可能同时造就了更多的生物进化机遇,从而使动物在生物多样性方面表现得更为丰富多彩。如果这样的分析有道理,我们就不能不把目光集中到程序构建时带来的程序突变的可能性和它对子代生殖细胞系基因组的突变诱导作用。

思 考 题

1. 本书尝试从哪 3 个方面来归纳和探讨多细胞生物发育程序的构建规律?

2. 书中将基因组与发育程序加以区分,并尝试性地将其定位在发育程序信息储备库的概念之中,这是一个有待商讨的问题,请谈谈你的看法。

3. 本书通过细胞分化或分化诱导的级联、细胞分化和自组织过程的级联、发育模块的级联3个命题,将多细胞生物发育程序的基本组建方式具体化,对这样的概括你有什么评论?

4. 如何理解:(1)多细胞生物发育程序的3种级联具有层次的含义?(2)它们之间又存在复杂的相互影响和作用的关系?

5. 书中从哪3个方面来把握多细胞生物发育程序的主要特征?请谈谈你的看法。

6. 发育程序结构的复杂程度要远远高于代谢程式,它的原因是什么?

7. 书中把营养方式的区别看作是造成动物和植物发育程序结构区别的核心原因,请分析由此造成的植物与动物发育程序设计的不同之处。

18 多细胞生物对内外环境的探察性发育

多细胞生物的发育是一个高度程序化的过程,并具有遗传的稳定性。但是,这并不是说发育的程式一成不变,没有任何的灵活性。相反,漫长的历史进化也同时使多细胞生物在发育方面获得了对于环境的应变能力,即个体发育可随内外环境的变化而出现差异,这一现象可称之为探察性发育(exploratory development)。探察性发育现象的存在表明发育程序中同时包含着对环境影响的可塑和被选择的因素。

18.1 环境对发育的影响

环境的改变引起发育途径改变的现象在生物界普遍存在。影响发育的环境因素是多方面的,它包括季节、营养的原因,以及生态环境的影响等等。环境影响发育的表现形式也异常地丰富多彩。下面举例说明。

粘菌在分类上属于植物界的一个门,但其变形体又具有明显的动物的特性。盘形网柄粘菌(*Dictyostelium discoideum*)生活在森林潮湿阴暗处,以吞噬细菌、孢子和腐殖质为生,其生活周期可分为单细胞和多细胞两个阶段。在食物丰富时,它们以单细胞变形体(myxamoebae)的形式生存,并通过有丝分裂增殖。当食物匮乏时,一些变形体开始分泌 cAMP。cAMP 起化学信号的作用,吸引更多的变形体向分泌中心迁移,汇集成了一个包含数百万个细胞的蛞蝓形假原质团(pseudoplasmodium)的结构。假原质团向明亮处迁移,当迁移停止时,前端细胞分化为柄,后面的细胞移向上方分化为孢子(图 18.1.1)。受营养条件的诱导,粘菌以 cAMP 为分化的通讯信息,细胞质膜上有 cAMP 受体以及腺苷环化酶和磷酸二酯酶,这些酶被 cAMP 信号所激活,从而引导粘菌向中心汇集,并粘附在一起发生细胞分化。显然,粘菌 cAMP 的产生并进而改变它的生存状态与环境的影响有密切的关系。

海洋中生活的一些动物幼虫的发育对环境往往有严格的选择,许多软体动物的生态定位对环境条件的要求很高(表 18.1.1)。例如,许多蛞蝓变态的启动受到本物种成体产物的控制,牡蛎幼虫的定殖受着成体贝壳中可溶成分的诱导,而红鲍鱼只有在接触到珊瑚红藻时才变态定植。

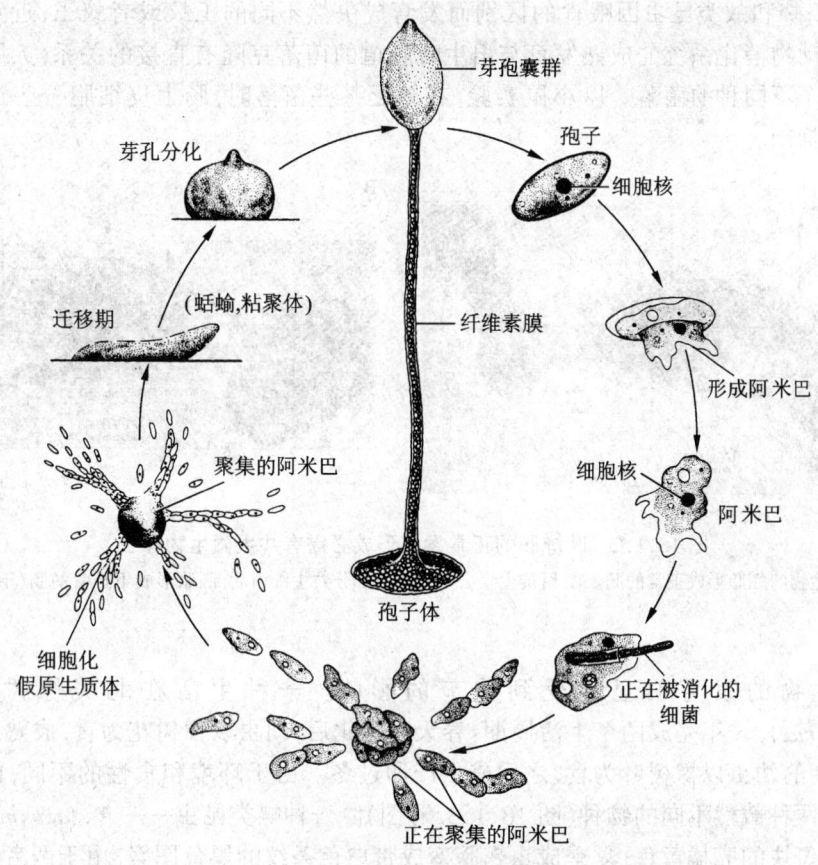

图 18.1.1 粘菌生活史

表 18.1.1 软体动物幼虫对附着物的选择

软体动物	附着物
Nassarius obsoletus	成体栖息处的泥
Philippia radiata	刺胞动物
Adalaria proxima	苔藓动物
Rostanga pulchra	海绵动物
Elysia chlorotica	成体栖息处的微生物层
Aplysia juliana	绿藻
Stylocheilus longicauda	蓝细菌
Onchidoris bilamellata	活的藤壶
Tonicella lineata	红藻
Bankia gouldi	木材
Placopecten magellanicus	成体的壳,沙子等
Mytilus edulis	丝状藻,其他非生物丝状材料

雌蚊需在吮血以后才能产卵,这是因为血液中的某些成分被消化后可诱导脑产生分泌卵发育神经激素(EDNH);叶蝉(*E. incisus*)只有在与某种微生物共生的情况下才能正常发育

(图18.1.2);蜂和蚁类昆虫因喂食的区别而发育成决然不同的工蚁或者蚁王;近年(1996)研究发现哺乳动物消化系统的成熟发育与出生时肠道的菌落克隆有直接的关系,人肠道中存在有多于400个不同种的菌落。以小鼠实验,在缺乏某些菌落时,肠上皮细胞一些正常 mRNA 的表达受到抑制。

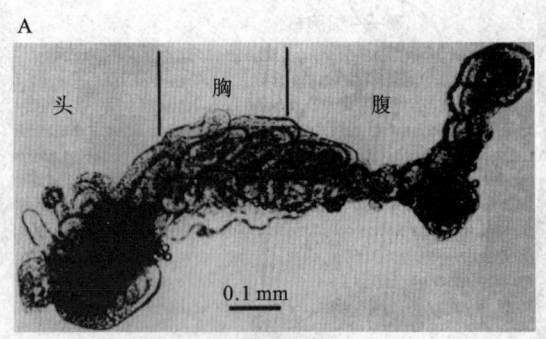
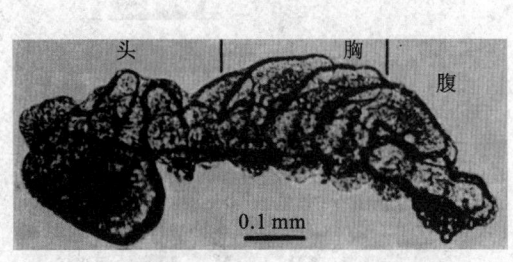

图18.1.2 叶蝉肠的正常发育形成必需有共生微生物存在
A.有共生微生物的胚胎形成正常的肠。B.用抗生素去除卵中大部分共生细菌后,胚胎形成不正常的肠(下图)。(S.F. Gilbert)

许多生物的发育明显地受到季节的影响。一种生活在北美橡树上的蛾类(*N. arizonaria*),一年完成两个生活周期:春天卵孵化后,幼虫以橡树花为食,成熟产卵再孵化后,夏天生活的幼虫以橡树叶为食,之后成虫产卵过冬。由于环境和食性的不同,两代幼虫在外型上判若两种截然不同的物种(图18.1.3,彩图)。一种蝶类昆虫——*A. laevana*,春季成虫翅膀具有黑斑块的亮橘黄色,夏季成虫翅膀变成带白色条纹的黑色图案,由于两者形态上的明显不同,林奈曾经把它们划分为两个不同的物种。昆虫中常会见到一种称为滞育(diapause)的生物学现象,即由于环境的原因出现某些发育阶段的延迟。因物种的不同,滞育可能发生在胚胎、幼虫、蛹和成虫的不同阶段。对有的昆虫讲,滞育只是因环境改变而发生的一种随机现象,而对有的昆虫讲,滞育已纳入生命周期之中成为正常的发育现象。常见的发育滞育现象是一些温度敏感昆虫,即滞育的诱导受到日照长度的控制。生物学中将50%的个体出现滞育的日照条件称为临界日长,其中日照时间小于阈值出现滞育的昆虫称为长日照昆虫,日照时间长于阈值出现滞育的昆虫称为短日照昆虫,图18.1.4列出了4种长日照昆虫的临界日照时间长度和日照长度对滞育发生的影响。研究表明昆虫的发育滞育是和激素(如 PITH)表达调控联系在一起的,如在有些丝蚕(*Bombyx*)中发现了滞育荷尔蒙。

在美国 Arizona 州的 Sonoran 沙漠中生活着一种铲足蟾蜍(*S. couchii*)。适应于干旱的生活环境,春季的雷声召唤冬眠的成体出来产卵,并在积聚的小水坑中迅速完成发育变态,当水坑中的水干涸时已完成成体的发育,又回到沙漠深处。有趣的是铲足蟾蜍的蝌蚪会因为水体的大小而变换两种不同的发育模式。在水源较丰富时,虾、藻滋生,胚胎发育为狭口、有长螺旋肠道的杂食型蝌蚪。在水短缺时,胚胎发育成为一种肉食型的蝌蚪,不仅它的肠道要比杂食性蝌蚪短得多,并具有开阔的口和发达的颚肌。这时的蝌蚪将以其他蝌蚪为食,并很快变态成为一种较小的成体,钻入沙中等待下次降雨的来临(图18.1.5)。

在生物中普遍存在一种称为表型可塑性现象(phenotypic plasticity),它又可以分为非遗传多型性(polyphenism)和反应规范型(reaction norms)两种类型。①非遗传多型性是一种受环

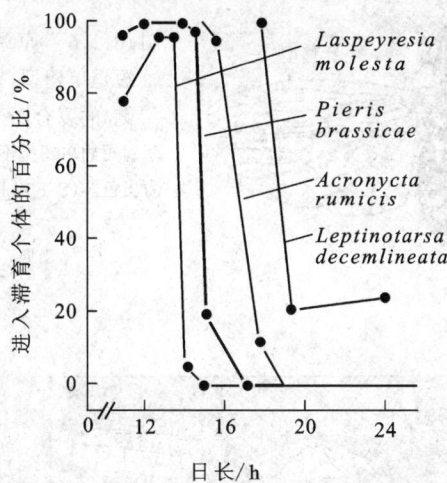

图 18.1.4　长日照昆虫的光周期反应
当日照小时数低于某一水平时,长日照昆虫进入滞育。当日照时间为 14～17 h,4 种昆虫都脱离滞育。(S.F.Gilbert)

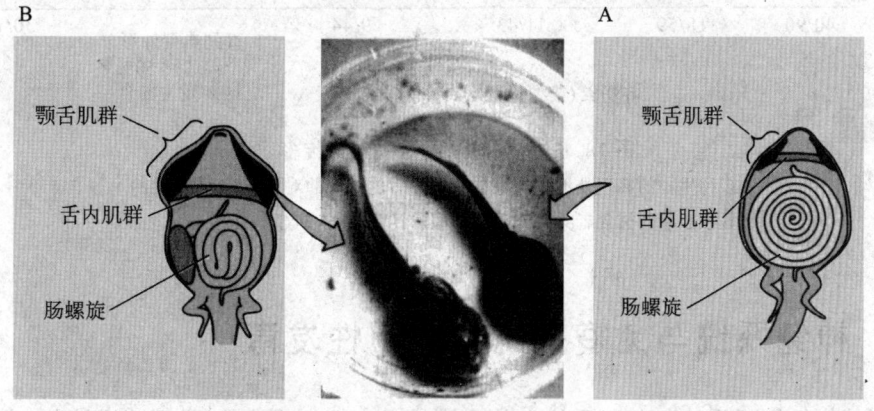

图 18.1.5　铲足蟾蜍(*Scaphiopus couchii*)蝌蚪的非遗传多型性
铲足蟾蜍典型的蝌蚪是杂食型(A),通常以昆虫和藻类为食,当池塘缺水时,发育成肉食型蝌蚪(B),有宽阔的嘴,发达的颚肌,肠也改变以适应肉食。(S.F.Gilbert)

境影响的非连续性的表型表达。典型的例子是一些昆虫密度对发育途径的更替现象:低密度生态环境中发育为短翅的成虫,并且它的第二翅发育为平衡棒;在高密度时,它发育为长翅成虫,且第二翅得到发育(图 18.1.6)。此外,由于捕食者存在的状况不同,许多物种表现出发育类型的更替,这一现象在轮虫、藤壶、苔藓虫、软体动物、鲤鱼中都被观察到(图 18.1.7)。②反应规范现象指的是生物本身存在表达差异表型的能力,即基因组规范了一个可塑的表型表达范围,而个体表型的真实表达受着环境的影响,例如,环境可引起年幼蝾螈肤色的改变。实际上,劳动使肌肉更强壮也属于反应规范现象。

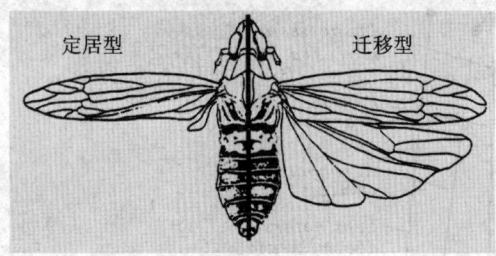

图 18.1.6 草蜢(*Prokelisia marginata*)短翅单翅型(左侧)和长翅双翅型(右侧)的复合图

草蜢短翅单翅型不能飞,而长翅双翅型飞行能力出色。(S.F.Gilbert)

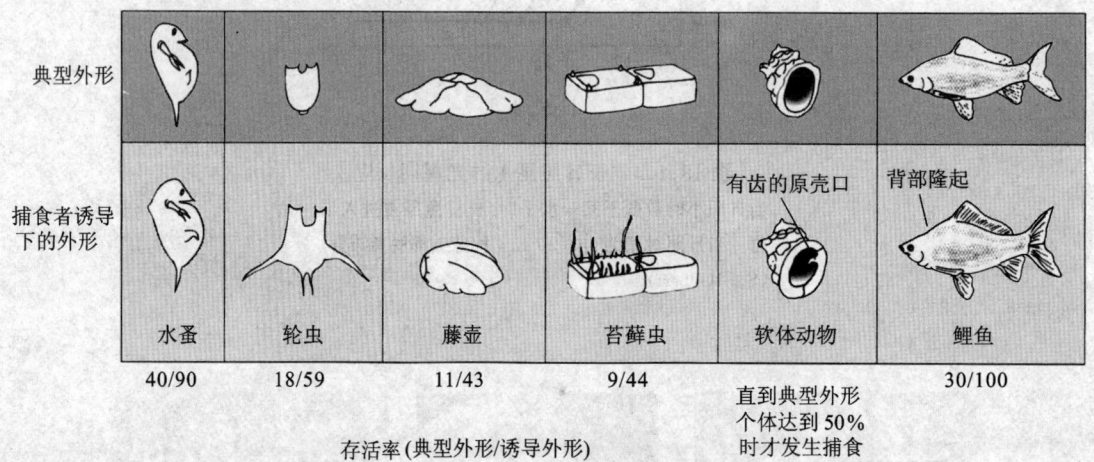

图 18.1.7 捕食者诱导的非遗传多型性

多种生物的典型外形和经捕食者诱导后的外形的对照,每一列下面的数字表示与捕食者共存时两种类型的比率。(S.F.Gilbert)

18.2 神经系统与免疫系统的学习性发育

高等动物的神经系统与免疫系统在其功能建立中都有明显的"学习"的性质。实际上这种学习在它们的胚胎发育过程中就开始了,它不仅带来个体形态与解剖结构的不同,而且这种差异是终身性的。发育中的"学习"现象是和发育过程的环境因素密切地联系在一起的。

生物广泛存在有保护自己,防御微生物和有害物质侵袭、排除异己的能力。在高等动物中,它包括天然免疫和获得性免疫两类免疫机制。天然免疫主要通过物理屏障、血液和组织中的吞噬细胞、自然杀伤(NK)细胞以及各种细胞因子来实现。获得性免疫又称为特异性免疫,它是在抗原性的外源物质进入生物机体内部后,激发淋巴细胞产生对外源物质成分(抗原)高度特异的生物活性分子(抗体),进而引发一系列复杂的免疫反应,以排除外源成分对个体的伤害。特异性免疫功能执行的一个最基本的条件是,它只对外源异己性的抗原分子产生免疫反应,而对自身众多的形形色色的同样有抗原性的生物分子并不发生作用。免疫学研究告诉我们,特异性免疫表现的自我识别能力是在发育中通过一种克隆选择过程学习获得的。在发育的早期,在免疫系统建立时,初始分化的淋巴细胞由于接触个体自身的组织相容性抗原,而使识别自身抗原系列的淋巴细胞获得了耐受性,进而阻止了这一类群细胞向抗体生成细胞的分化(图 18.2.1)。因此,即便是同种,以至于有直接亲缘关系的个体之间,由于胚胎发育的学习差异,建立的自我识别的规范也不一样,从而导致特异性极高的组织器官移植异体排斥现象出现。

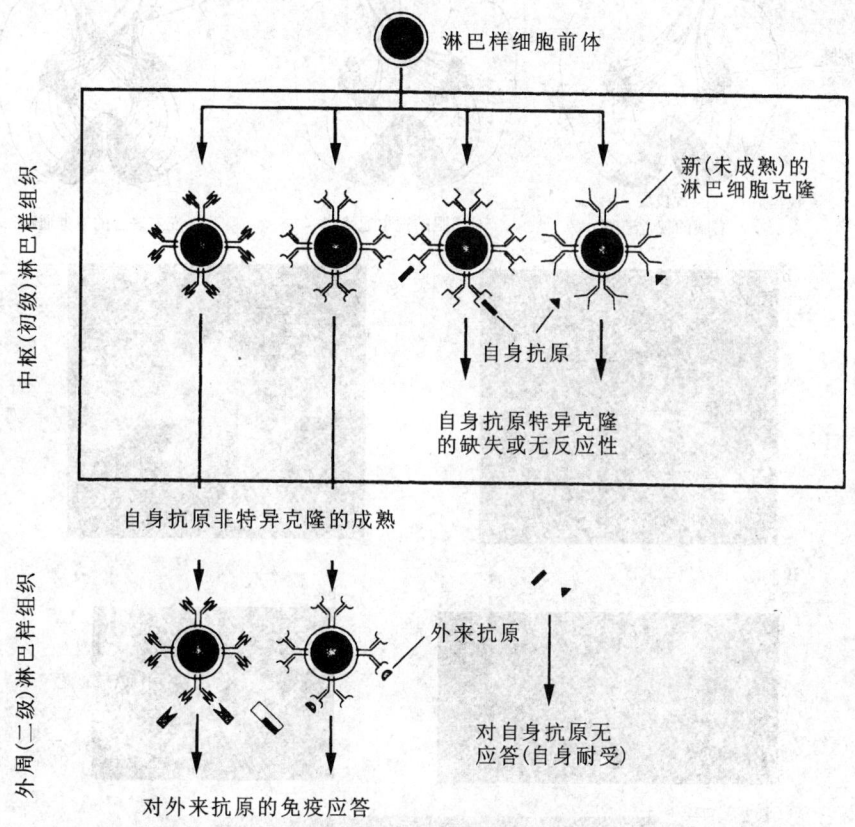

图 18.2.1 对自身抗原免疫耐受性的获得

对自身抗原特异的未成熟的淋巴细胞在中枢淋巴器官遇到自身抗原后即被删除或者被灭活,对自身抗原无特异性的克隆成熟发育并进入外周淋巴组织。

发育的学习现象在神经系统的发育过程中也同样存在。例如,将新出生哺乳动物的一只眼睛遮盖上,一段时间以后,发现获得光感受和没有光感受的两眼对视觉中枢神经网络的发育产生明显差异(图 18.2.2)。这表明神经系统的发育除了受自身遗传背景的控制外,还接受着环境因素的作用,即它的发育具有对环境的学习和探察能力。我们说神经系统发育中存在学习和探察的机制,还因为大量的研究表明,这种由于环境造成的发育的差异有如下特征,即早期阶段环境带来的对发育的影响往往是终身性的。实际上,在我们的生活中,有许多这样的体会,如胎教现象的存在、青少年学习过程的高度接受能力、婴幼儿期的教育环境对性格类型的形成的重要影响等等,尽管对这些现象机制的认识还不清楚,并有待于今后的研究。

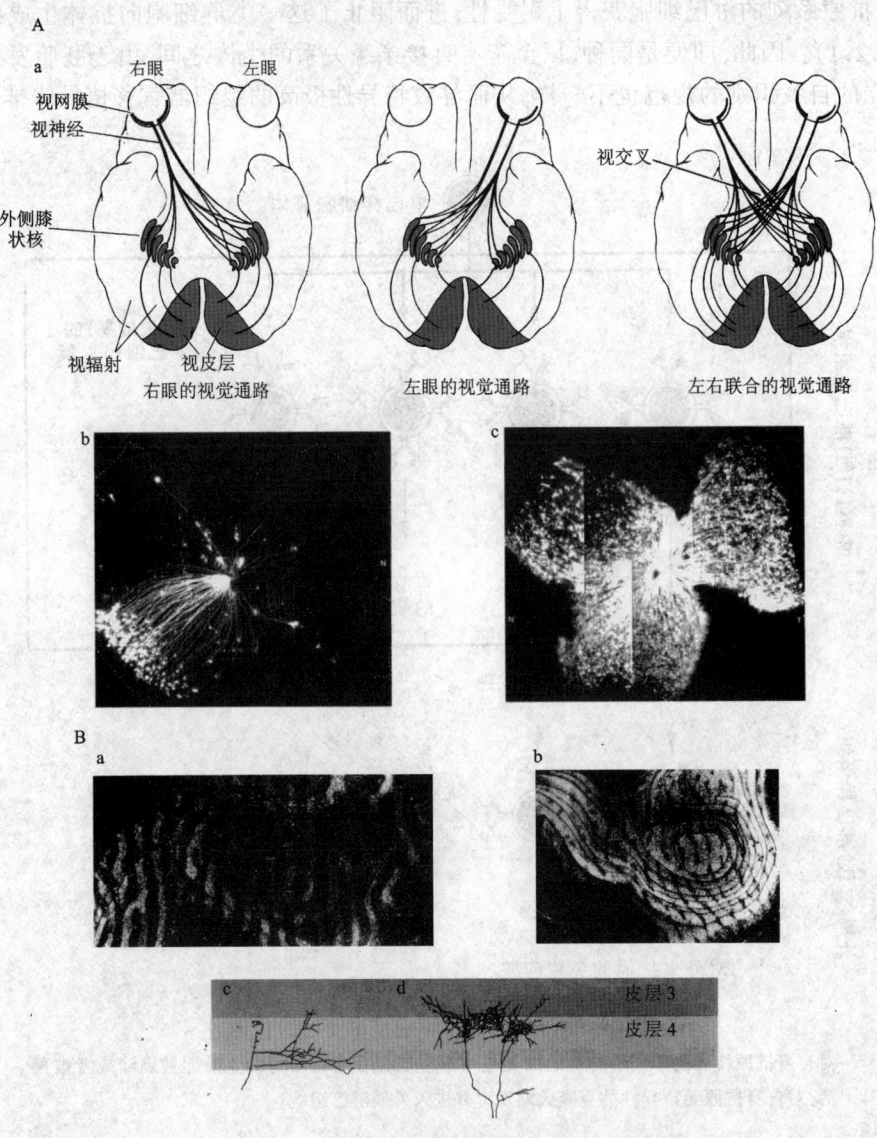

图 18.2.2 光刺激对视觉中枢发育的影响

A.哺乳动物的视觉信号通道。a.哺乳动物中,两只眼睛的视神经向大脑两侧的膝状核发出神经纤维,侧膝状核接受同侧视网膜传来的部分神经和异侧视网膜的全部神经,侧膝状核的神经元再将神经兴奋传达到视觉皮层;b~c.小鼠16 d胚胎视网膜神经在中枢神经中的投射,荧光染料DiI注射到视交叉后面,DiI能进入轴突,因此标记了它们的投射路径:同侧(b),异侧(c)。B.注射 ^3H-脯氨酸到猴一只眼睛的玻璃样液中,两星期后的视中枢皮层暗场放射自显影,每个视网膜神经元都摄取放射性标记物并运输到与之形成突触的中枢细胞中 a.正常标记图案。白色条带表明大约一半的区域摄取了标记物,而另一半没有。此图案反映了一半的细胞受标记眼睛的神经支配,另一半受不标记眼睛的神经支配;b.在眼睛缝合18个月后的图案,来自标记眼睛的轴突占据了正常情况下本应属于未标记眼睛来传送信号的区域;c~d.一只眼睛封闭了33 d后的小猫的膝状核中的神经轴突,封闭眼睛(c)轴突末端分支远不如未封闭眼睛(d)的伸展。(S.F.Gilbert)

18.3 生物个体性别发育中的环境决定现象

多细胞生物的性别决定是一个复杂的问题。就表型而言,存在两性异体、同体,以及个体性别转化等不同的类型,并由此带来了副性征及生殖方式的多样性。分子生物学的研究表明,性别的决定(表达)受到遗传和环境双重因素的影响,而不同生物性别决定的方式可能很不一样。

18.3.1 多细胞生物性别表达的多态性

性别现象在多细胞生物中的表达形式是多种多样的。一般而言,低等多细胞动物,雌雄同体(hermaphroditic)现象十分普遍(如水螅、蚯蚓),但是它们的生殖方式又有同体受精和异体受精的区别,后者从遗传效应来说它与雌雄异体并没有本质的区别。昆虫蚜虫中普遍存在3种不同的个体性别表达类型:正常的雌性、雄性个体和不需交配即可以以孤雌生殖方式繁殖后代的雌性个体。秀丽线虫存在有两种类型的性别表达个体:雌雄同体与雄性个体。秀丽线虫在自体受精的情况下,绝大多数受精卵发育为两性个体,只有大约 0.2% 的后代是雄性个体。雄性个体不仅有正常的繁殖能力,而且雄性个体与两性个体交配产生的后代将出现 50% 的两性个体,50% 的雄性个体。脊椎动物绝大多数是雌雄异体,但是在鱼中也发现有两性同体的现象。有一种鱼(S. scriba),它的卵巢、精巢同时发育,在交配时两个体以更替脚色的方式完成相互的受精。另一种鱼(S. auratus),它表现出程序性的性别转化现象,即胚胎期,它同时发育出两种性腺,孵出后精巢首先达到功能的成熟,经过一个阶段以后开始出现性别的转化,精巢组织逐渐消退,卵巢发育成熟(图 18.3.1)。在植物中,个体的性别表达方式更为多种多样,植物雌雄异株现象相对要少得多,但是在雌雄同株类型中又有同花、异化的区分,并且仍然可因为花期不同、花粉特异识别的区分,造成异体受精。

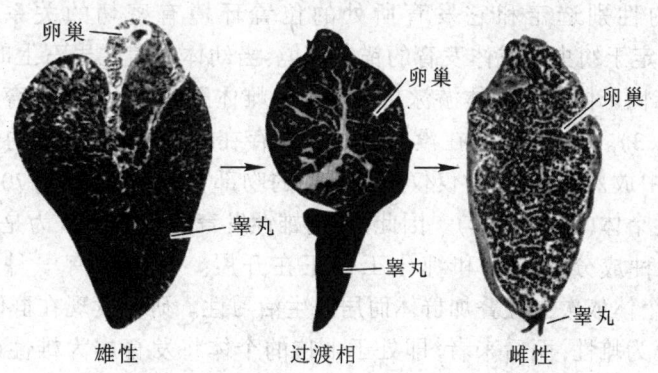

图 18.3.1 雌雄同体鱼 *Sparus auratus* 的性腺转变
性腺横切面,显示雄性、过渡相、雌性的发育更替。(S.F.Gilbert)

18.3.2 生物界广泛存在环境影响性别发育的现象

生物界广泛存在环境影响性别决定的现象,而影响性别的环境因素是多方面的。

许多爬行动物存在孵化温度对个体性别的决定现象。例如有一些蜥蜴和海龟,在一个很窄的温度范围内,同窝卵可能孵化出两种不同性别的个体,但是在温度高于这一范围时,则只孵化出一种性别的个体,而低于这一温度,则孵化出相反性别的个体(图18.3.2)。人们对一种欧洲塘龟(*E. obicularis*)的温度性别决定进行了细致的研究,发现它的性别转换的临界温度是28.5℃。如果在发育的过程中,先以某性别的孵化温度处理,一段时间以后,再转换为另一种性别的孵化温度,研究发现发育的后三分之一阶段的孵化条件对性别决定至关重要。对温度性别决定机制的深入研究表明,*E. obicularis*可产生一种芳香族酶(aromatase),它具有将睾酮转化为雌激素的功能,在25℃时,aromatase的活性极低,而在30℃时,aromatase的活性变得异常高。实际上,上面提到的*S. auratus*鱼成熟年青个体为雄性,后期转换为雌性也是性腺发育的转换,只不过它的转换不是对外界环境的直接应答,而是决定于自身的发育程序。

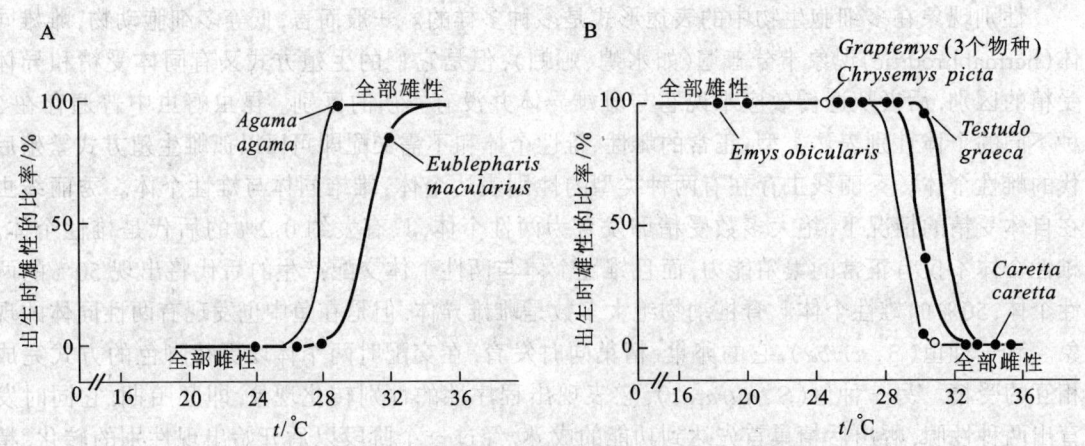

图18.3.2 爬行动物孵化温度和性别决定的关系
A.2种蜥蜴,高温导致雄性比率骤增。B.7种乌龟,高温导致雌性比率骤增。(S.F.Gilbert)

还有的动物的性别选定和它发育所处的位置环境有密切的关系。例如,螠虫动物*Bonellia*的性别决定于幼虫向成体发育的锚定环境:当幼体定植在岩石上时,它发育为体长大约10 cm左右的雌性个体。当幼体游泳从吻部进入雌体子宫后,它将发育为只有数毫米长的雄性个体(图18.3.3)。实验证明,在没有雌性个体存在的环境中,80%的幼虫发育为雌性个体,而在孵化环境中放入雌虫,或者仅仅是将雌虫的吻部切割下来放入,70%的幼虫将粘附在吻上并发育为雄性个体(图18.3.4)。因此,影响雄性发育的物质被认为是来自雌虫吻部的某些成分,目前对这种成分的分析和纯化工作正在开展。另外还有一种软体动物蜗牛*C. fornicata*,它们有个体依次上位叠加群体而居的生活习性。研究发现在群体中,凡首先占据下位的个体总是发育为雌性,而后来者,即处于上位的个体将发育成为雄性(图18.3.5)。在动物中,还存在外界条件对性别协同其他性状决定、调整的现象,并由此产生了复杂的生物对环境适应的生活周期。根瘤蚜虫(*Phylloxeran aphid*)有12条染色体,在春夏季,全部为雌性个体,行孤雌生殖,并产下维持全套染色体的卵。但是到了秋季,雌性个体可以生产两种卵,一种含有全套12条染色体,而另一种则只含有10条染色体。前者将发育为雌性个体,而后者发育为雄性个体。然后各自经过减数分裂(对雄性个体来说,是不均等分裂)均产生有6条染色体的配子(卵和精子),受精、产卵过冬(图18.3.6)。显然,就发育而讲,根瘤蚜虫的性别是由染色体决定的事件,但是又表现出了季节对染色体分配的控制能力,进而影响个体的性别决定。另一种蚜虫(*M. viciae*),在它的生活周期中,表现出更为复杂的受环境控制的包括性别决定

18 多细胞生物对内外环境的探察性发育 · 341 ·

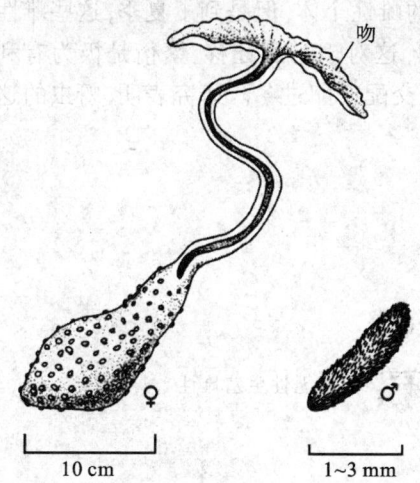

图18.3.3 *Bonellia viridis* 的雌性与雄性个体

雌性个体大约 10 cm 长，吻伸展后能超过 1 米。共生在雌性体内的雄性个体仅有 1~3 mm 长。(S.F.Gilbert)

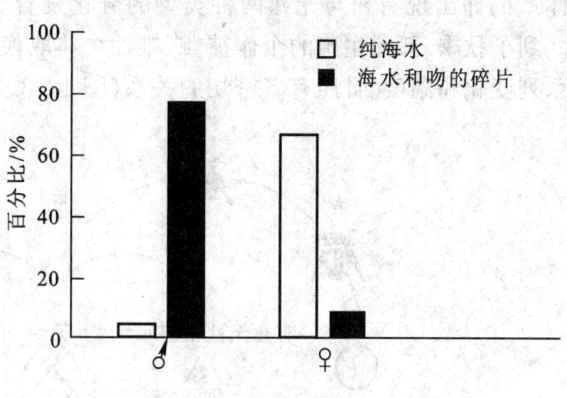

图18.3.4 *Bonellia* 分化的体外分析

把 *Bonellia* 幼虫分别置于普通海水和含有雌性 *Bonellia* 吻碎片的海水中。置于普通海水中时，大部分幼虫发育成雌性；置于含有雌性 *Bonellia* 吻碎片的海水中时，则大部分发育成雄性。(S.F.Gilbert)

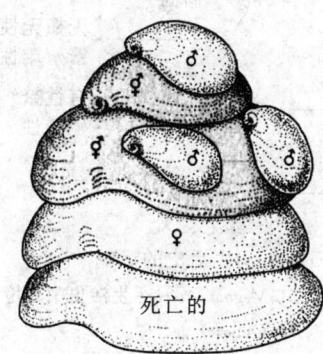

图18.3.5 一簇 *Crepidula* 蜗牛

两个个体正在从雄性转变为雌性，转变完成后，它们将由上面的雄性蜗牛受精。(S.F.Gilbert)

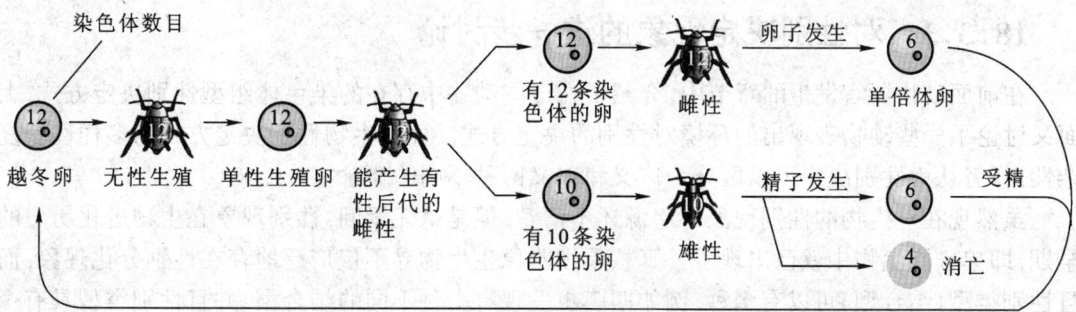

图18.3.6 根瘤蚜虫生活史中染色体数目的变化

春季，卵孵化为行孤雌生殖的雌性个体，秋季诱导蚜虫繁殖出雄性和雌性个体，两者交配产下越冬卵，图中数字表明了这一过程中个体染色体数量的变化。(S.F.Gilbert)

的发育现象。在春季,过冬卵发育为无翅、可行孤雌生殖的雌性个体,但是到了夏季,这些雌性个体产的卵出现有翅与无翅两种类型的分化发育。显然,这对于蚜虫迁移、繁衍是极为有利的。到了秋季,孤雌生殖的个体被雌、雄性个体取代,进而交配产卵过冬。研究表明,蚜虫的这一系列变化和温度、日照有着密切的关系(图18.3.7)。

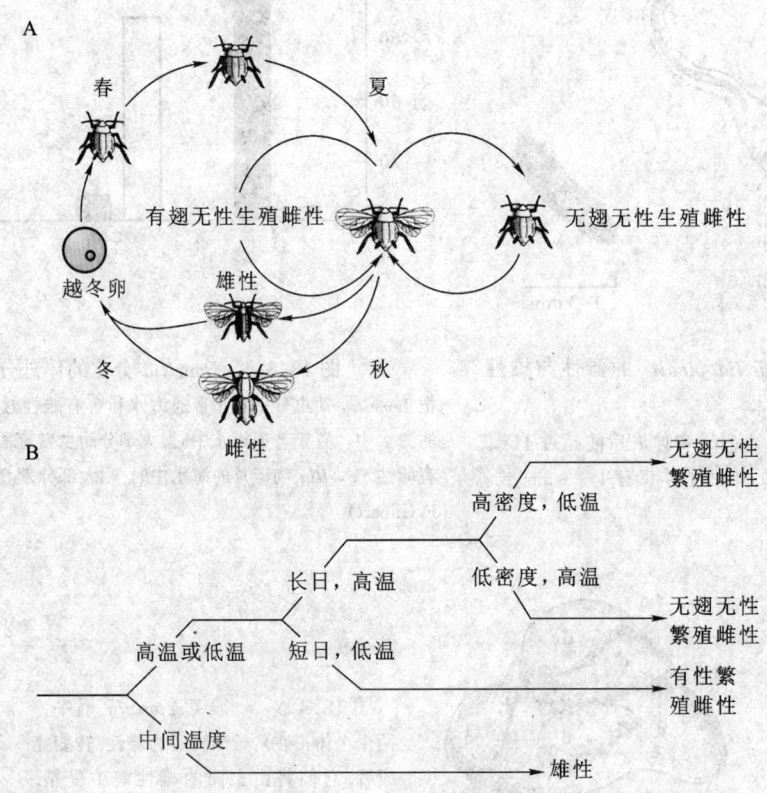

图18.3.7　环境对蚜虫(*Megoura viciae*)生活史的影响
A. *Megoura viciae* 的有性世代和无性世代交替。B. *Megoura viciae* 生活史中环境因子对个体性别决定和其他表型发育的影响。(S.F.Gilbert)

18.3.3　对性别决定现象的进一步讨论

在前面动物器官发生的章节中,介绍了在一些动物中存在的染色体组型性别决定方式,上面又讨论了一些动物表现出的环境对性别的决定方式。面对生物性别决定方式的多样性和复杂性,作者认为性别决定可以区分为广义和狭义两种不同的概念。

虽然现在对生物的性别现象的起源还不清楚,但是毫无疑问,性别现象在生物进化历史的早期,即单细胞生物中就已出现了。真核单细胞原生生物界不仅广泛地存在性别分化现象,而且性别类型(结合型)可以有多种,例如四膜虫发现有七种不同的结合型,并且性别类型具有个体无性传代的稳定性。这表明,在生物进化的很早期就建立了性别选择的遗传根据,即与遗传因子联系在一起的性别择一确定。生物进化,多细胞生物表达的是两性性别模式。有意思的是,近年分子生物学的研究表明,即使由染色体组型决定的高等动物中,性别的决定在分子水平上表现的仍是不同性别决定基因的表达与竞争。哺乳动物的性别决定由染色体XX或者

XY 组型决定。在 Y 染色体上有 *SRY*(*sex-determining region of the Y*)基因,它编码一种可能是具有转录调节功能的含有 223 个氨基酸的肽链分子(图 18.3.8),并通过复杂的基因的级联表达最终决定着睾丸的发生。而对应于此的,导致卵巢发生的是定位在 X 染色体上 *DAX1* 基因,它同样是转录调节因子,属于核激素受体家族。在正常 XY 组型中,由于 *SRY* 对 *DAX1* 具有表达的竞争优势,个体将发育为雄性。而在 XX 组型个体中(实际上只有一条 X 染色体上的 *DAX1* 基因被活化),由于缺少 Y 染色体即缺少 *SRY* 基因,个体发育为雌性。但是在 XY 组型的哺乳动物个体中,如果 X 染色体发生突变,出现双拷贝的 *DAX1* 基因,这时出现 *DAX1* 基因对 Y 染色体上的 *SRY* 基因表达的竞争优势,个体将发育为雌性个体,而不再是雄性个体。这样的现象已在实验动物中证实(图 18.3.9),并在人群中真实发现(图 18.3.10)。因此从严格的意义上讲,哺乳动物的性别决定不是来自染色体的组型,而是 *SRY* 与 *DAX1* 基因的表达竞争。这暗示性别分化在进化上是一种"对等"的双(多)向歧化过程,而发育中的性别决定实质上是对这一歧化的择一选择。这一点在其他动物中(如果蝇)也同样表现出来。

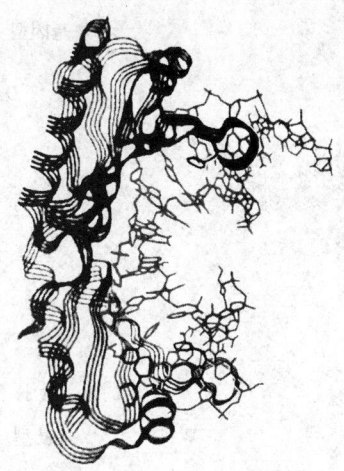

图 18.3.8 SRY 蛋白
SRY 蛋白与 DNA 的结合能引起 DNA 弯曲 70°~80°。图中深色表示 SRY 蛋白的部分结构,浅色表示与 SRY 蛋白特异性结合的 DNA,在本例中,这段 DNA 是 anti-Mullerian 激素基因的启动子。(S.F.Gilbert)

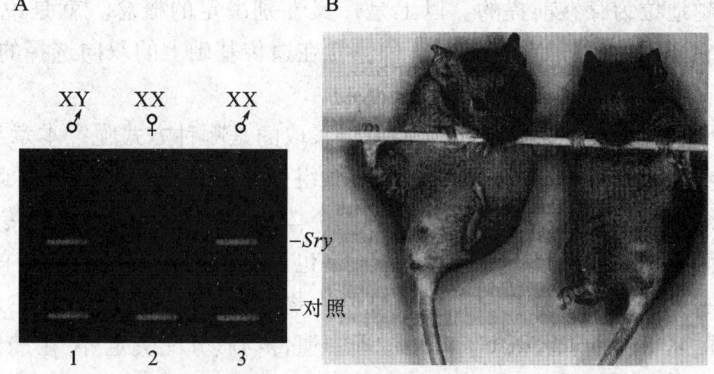

图 18.3.9 转 *Sry* 基因的 XX 小鼠
A.PCR 反应后,电泳示正常 XY 雄小鼠(1)和转基因 XX *Sry* 小鼠(3)都有 *Sry* 基因,而同窝出生的正常 XX 雌性小鼠(2)则没有。B.转基因 XX 小鼠(右)的外生殖器是雄性,与 XY 雄性小鼠(左)非常像。(S.F.Gilbert)

根据以上的分析我们获得了这样一种认识,在生物性别出现的一开始就存在性别的选择的问题,并且从理论上讲,这种选择在不同的性别之间有均等的机遇。至于这种选择通过什么方式,是通过基因组在有性过程中的分配,还是更多地由环境决定,这将是不同生物进化的具体内容。因为在性别决定基因的表达和性腺的最后建立之间存在有相当多的中间阶段的发育内容,也自然提供了进化选择的充分空间。由此,出现生物性别决定方式的多样性,以及两性异体、同体、性别转化等现象,也就可以理解了。当然,这一切都以不同物种选择的性别决定方

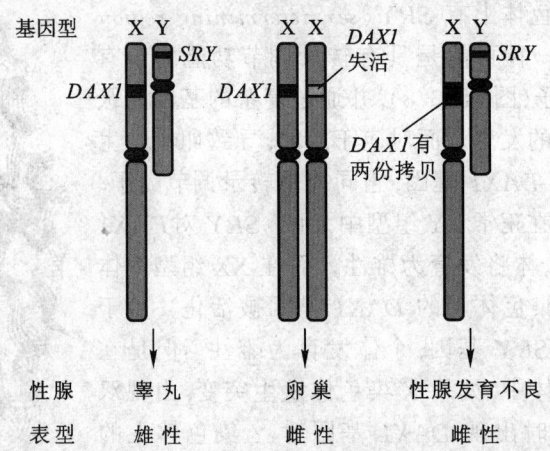

图 18.3.10 人类双 *DAX1* 基因拷贝引起性别表型转换
雄性：X 染色体上的 *DAX1* 加上 Y 染色体上的 *SRY* 组型决定
了睾丸发育。雌性：只有一条 X 染色体上的 *DAX1* 具有功能
（因为另一个拷贝在不活跃的 X 染色体上）。突变个体：X 染色
体上的双 *DAX1* 拷贝加上 Y 染色体上的 *SRY* 产生发育不良的
雄性性腺，由于它既不分泌 AMH 也不分泌睾丸酮，所以个体表
型为雌性。(S. F. Gilbert)

式在进化上的优越地位为存在前提的。以上是广义性别决定的概念。就是说，从根本上讲生物的性别现象从它出现的一开始，便具有一种建立在遗传基础上的双向选择的属性，这是性别选择现象出现的根本原因。

那么，对一个具体的物种来说，它的性别决定采取的是哪种方式呢？本章我们讨论的是环境因素决定性别类型，而有的物种采取的是染色体组型分配决定的方式。因此我们获得了狭义性别决定的概念：即在生物的有性过程中，后代个体的性别决定是通过遗传物质的分配，还是在同样的遗传背景下通过环境的干预而决定，这也正是通常说的性别决定的概念。不难看出，狭义的性别决定概念，或者说它讨论的多细胞生物的性别决定差异方式在是建立在广义性别决定现象存在的基础上的，因为除了有性过程中遗传物质分配决定外，在进化中确实有相当的生物采纳和发展了以对环境应答的方式来决定个体的性别，而且即使前者也还存在环境因素直接影响遗传物质的分配导致性别决定的现象（如上面提到的根瘤蚜虫的例子）。这些也自然成为生物发育探察机制存在的例证之一。

思 考 题

1. 请举例说明环境对发育影响的现象。
2. 什么是学习性发育？它对于多细胞生物与环境的适应的意义是什么？
3. 从书中提出的"广义性别决定"和"狭义性别决定"的认识出发，分析多细胞生物性别多态表达现象的原因。

19 多细胞生物个体的整体维持和修复与重建能力

发育与建筑的另一个重要的不同点是,建筑物构建的完成表明建筑程序的结束。从此,这个建筑物本身进入相对静止和逐渐消耗的阶段,对它的维修将是另一项工程任务。而生命不是这样,发育建立起来的生命是一个开放的动力学系统,由于新陈代谢和与环境的相互作用,它必须存在一种可以自身维持,并且在一定限度内可以对其损坏部分进行修复或重新构建的机制,借此维持个体发育图案的完整性,生命才可能真实地存在下去。因为这一性质获自于多细胞生物的发育过程,这一现象同样应该归属于一种发育的机制。

19.1 从多细胞生物的再生现象说起

广义而言,多细胞生物的再生(regeneration)现象可以分为生理再生、修复再生、繁殖再生3大类型。

19.1.1 生理再生

生理再生是指生物体中广泛存在的,对变性和衰老的生物分子和细胞组织的清除与更新的现象。例如,变性蛋白的新合成与更替、衰老细胞的清除与更新,都属于生物不断进行的生理再生现象。在进化中,多细胞生物更是发展出了一系列程序化的生理再生机制,例如,造血干细胞的终身存在以保证各种血液细胞的不断更新,皮肤表皮基底生发细胞层不断分裂、分化、向表层推移和脱落,以及毛发、指甲的生长等等,生物的生理再生能力终生维持。

显然,多细胞生物的生理再生能力是通过发育过程获得和建立的。不同生物,它们的生理再生的范畴和内容也不同。在水螅上皮细胞的间质中,存在一种间质干细胞(Ⅰ型细胞),它可以不断分化产生出成体的多种类型的细胞(如神经细胞、刺细胞、腺细胞和配子细胞),以替换对应的衰老细胞,加之其他分化细胞可以自身不断分裂产生(如内、外胚层上皮细胞),因此有人认为水螅可以说是一种长生的多细胞生物。但是,对绝大多数多细胞生物来说,生理再生没有这样大的威力,它们的许多结构和细胞成分并不具有更新和再生的能力。这些结构和细胞成分,或者因为它们在生命活动中发挥着必不可少的重要作用(如神经细胞),它们的衰老解体构成了个体死亡不可避免的原因之一;或者由于它们的持续积累严重地干扰了个体的正常生命活动(如植物木质部的生长),也将最终导致个体死亡的到来。

19.1.2 修复再生

修复再生是指多细胞生物在意外的情况下,当失去某些器官或者身体的某个部分时,可以自动地对失去的结构进行重新的构建和恢复。海绵、腔肠、棘皮、涡虫、环节动物的修复再生能力极强,它们几乎都可以在身体失去相当大的部分以后,仍实现完整的个体重建(图 19.1.1)。高等动物的修复再生能力相对要低得多,但是它仍然表现出一定的对其损伤、丢失结构的再生能力。脊椎动物眼睛的晶状体在移去以后可由虹膜组织再生(图 19.1.2),爬行、两栖动物的不少器官可以在失去以后再生(图 19.1.3),人类的肝脏在部分切除以后可以再生性地复原。但是不能简单地说,低等多细胞生物一定比高等多细胞生物修复再生能力强。秀丽线虫是进化地位较低的多细胞生物,近年研究发现它的修复再生能力很低。而植物,无论是低等还是高等类群,它们的修复再生能力都普遍较动物为高。当然,如前面已经讨论的动物和植物发育策略有不同,植物的修复再生的机制与动物自然有所不同。

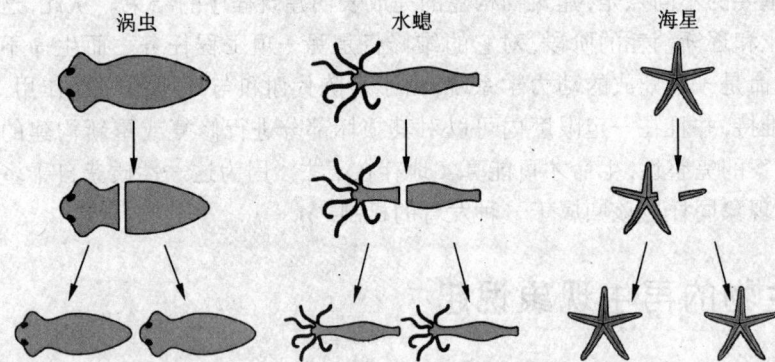

图19.1.1 几种无脊椎动物的再生
涡虫、水螅、海星都表现出明显的再生能力,手术切除身体的某些部分后,余下的身体和切下的小片断都能再生成完整的个体。(L. Wolpert)

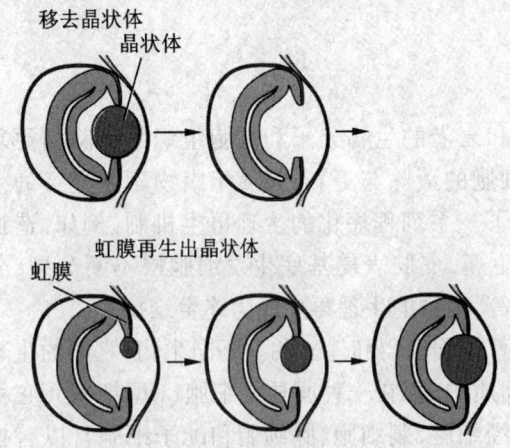

图 19.1.2 晶状体再生
移去蝾螈的晶状体可以诱导虹膜色素上皮再生出一个新的晶状体。(L. Wolpert)

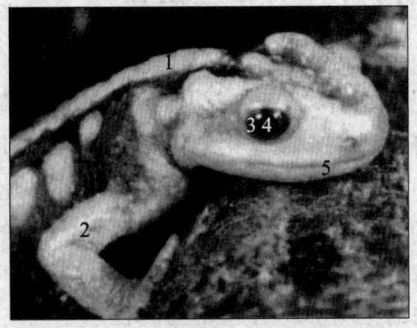

图 19.1.3 帝王蝾螈能再生其背甲(1)、肢体(2)、视网膜(3)、晶状体(4)、颚(5)和尾(图中未显示)(L. Wolpert)

19.1.3 繁殖再生

多细胞生物还存在一种可称为繁殖再生的现象。典型的动物的繁殖再生是水螅的出芽生殖。而繁殖再生现象在植物界中极为普遍，例如竹子的出芽繁殖、马铃薯的块根繁殖、秋海棠的营养叶繁殖、柳树的插枝繁殖，等等。不难看出，修复性再生与繁殖再生尽管不完全一样，但是从机制的角度上看，两者有很大的相通性。其实，有时很难将它们区分开来，例如柳树的插条繁殖可以说体现了一种通过断枝进行繁殖的方式，也可以说是断枝部分在进行修复性再生。

19.2 对修复再生现象的进一步研究

修复再生现象的存在向人们提出了一个很有意义和值得思考的问题，就是为什么在多细胞生物发育完成后，当它们再次失去一部分结构，仍然可以自发地对丢失的部分进行重新的构建和恢复呢？这表明多细胞生物体内一定存在一种相应的机制，它具有维持生物个体完整的能力，当这一完整性受到破坏时，便担负起使之恢复的职能。

让我们再回到前面提到的修复再生现象的例子，进行更深入的讨论。

研究修复再生现象发现，在个体部分结构丢失以后，从整体修复的过程看，修复再生又可以分为两种不同的类型，它们分别是形变性修复再生(morphallaxis)和生长性修复再生(epimorphosis)(epimorphosis 在字典中翻译为微变态，作者从词义和生物学含义综合考虑，建议翻译为生长再生为好)。形变性再生和生长性再生的概念可以用分割三色旗，使之再恢复的两种方式来比喻(图 19.2.1)：形变性再生是留下的一半旗帜(白色一半与黑色全部)出现颜色的重新调整，白色的部分转为灰色，黑色的后半部分仍保黑色，而前半部分转换为白色；生长性再生是留下的一半旗帜(白色一半与黑色全部)不变，而在白色部分的前端再重新长出另一半的白色和全部的灰色部分来。发育生物学的研究发现，形变性再生只有低程度的新的生长过程，再生的完成主要是靠存留组织的重新构建和组织结构的重新界定。而生长性再生主要是通过新生的方式长出丢失的部分，受伤个体其他部分的细胞组织并不直接介入再生过程(再生部位附近的组织除外)。

下面我们具体介绍多细胞生物的形变性修复再生与生长性修复再生现象。

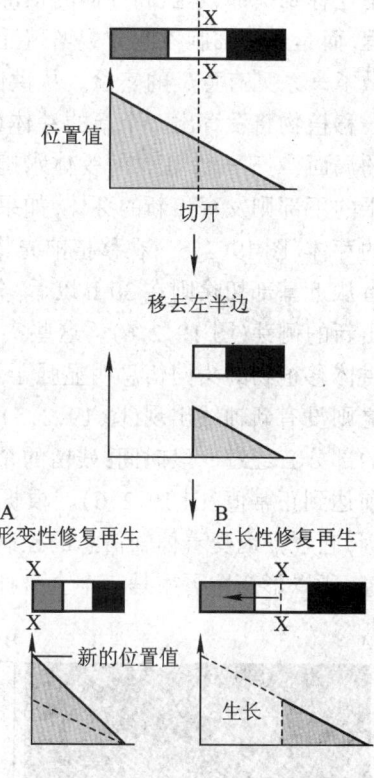

图 19.2.1 形变性修复再生和生长性修复再生

三色旗图案的形式在生物中可以由位置梯度和阈值特异性来决定。如果此系统被切为两半并能再生的话，形变性修复再生表明的是，在切点处建立新边界，位置值全部改变(A)。生长性修复再生表明的是，新的位置值从切面与生长相衔接(B)。(L. Wolpert)

19.2.1 形变性修复再生

水螅的再生是研究形变性修复再生的典型例子。当一个水螅被从躯干的中部切开,各自将分别再生出现头或者基盘的结构。但是,这时两个再生后的水螅个体明显地小于再生前个体的大小。只有在良好的营养条件下,经过一段时间以后,它们经过生长才能达到切割前的水平。这一现象强烈地暗示断开后的水螅的再生不是通过缺失部分重新生长的方式完成的,而是残留部分的重新组建。为了深入研究这一问题,可将一个水螅分成如下几个部分:头(包括口和触手)、躯干、出芽区、基盘,而躯干部又以从头向基盘的方向依次人为地划分为 6 个区带(图 19.2.2)。取一幼小的水螅,将其躯干靠头的部分(1 区)做颜色标记,在营养良好的环境中让其生长,2 天以后观察标记细胞在长大水螅中的分布。人们发现,原来分布在躯干顶部的细胞迁移到头部、基盘和芽体的顶部(图 19.2.3)。这表明水螅的生长不是各部分独立发展的过程,而是躯干细胞不断分裂增殖迁到两端,使其整体规模加大。在这一基础上,人们又进一步做了一系列有意义的实验。从供体水螅的头部取一小块组织移植到另一水螅的躯干部,则这一移植物将发育出一个新的芽体(图 19.2.4);如果移植物取自躯干的顶部,将出现一种复杂的局面:对于一个正常的受体水螅,如果移植到其躯干的上部则不出现新芽,如果移植到其躯干的下部则发育出新的芽体,如果事先将受体头部割去,则移植到其躯干上部的组织发育成新的芽体(图 19.2.5);在移植前先将供体水螅上部切除,如果是从近头部切除,则在 6 h 以后,或者从近基部切除则在 30 h 以后,分别取其顶部的组织块移植到正常受体的躯干部,都将发育出新的侧芽(图 19.2.6)。这些实验说明,在水螅个体中存在一种头-基盘的极性信息,如果供体移植物的头向信息明显强于移植部位原有的信息量,则发育出新的轴线(图 19.2.4),反之则没有新轴线出现(图 19.2.5),而切除水螅原有的头侧部分以后(尽管只留下近基部很小的部分),经过一段时间,残留的个体仍会发生头-基盘极性信息的重新建立,并在再生发生以前达到正常值(图 19.2.6)。根据这样一种模型,我们就可以容易地理解水螅形变再生的原因,它强烈地受着体轴信息的控制,再生的过程实际上是这一信息系统受到破坏或干扰后的再建,所以形变性再生是一个全身性的重新调整的行为。

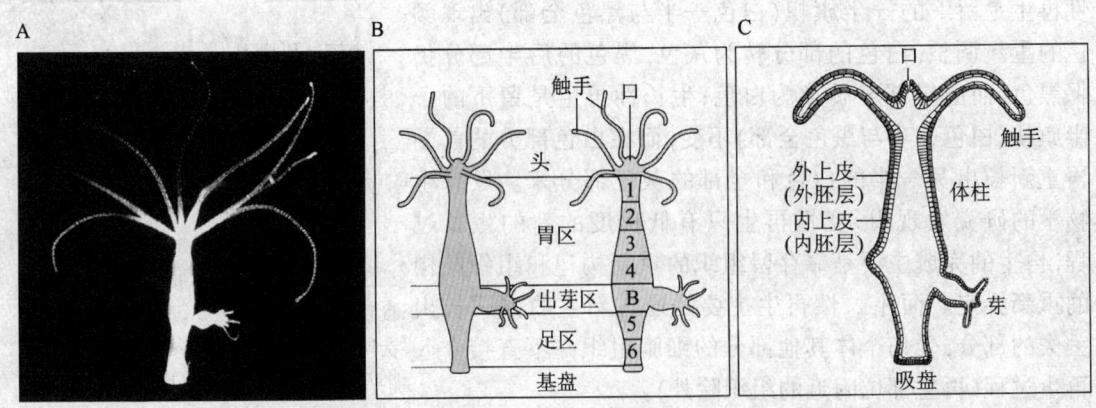

图 19.2.2　水螅

水螅一端是头部,有口和触手,另一端是粘附足(A)。为了做移植实验,躯干被人为分成一系列的区(B)。水螅体壁由两层上皮组成,即对应于其他生物的内胚层和外胚层(C)。(L. Wolpert)

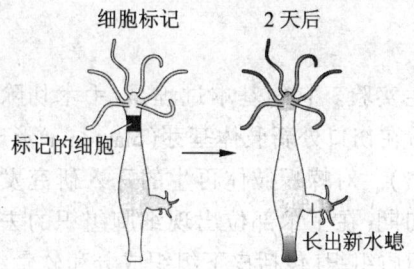
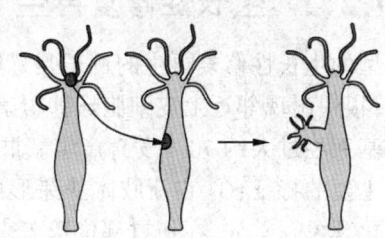

图 19.2.3 水螅的生长
水螅躯干部的细胞连续分裂并补充两端的细胞。如果细胞被标记,2 天后被标记的细胞迁移到触手和基盘,在出芽区这些细胞形成新的水螅枝芽。(L.Wolpert)

图 19.2.4 水螅唇瓣能诱导新的体轴发生
切下头区的一部分,移植到另一完整水螅的胃区,能诱导形成有头和触手的新的完整的二级体轴。(L.Wolpert)

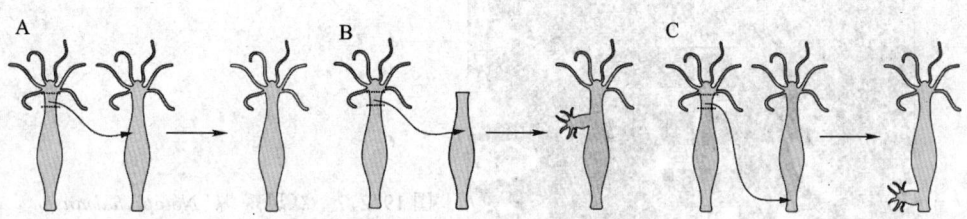

图 19.2.5 水螅头部产生一种随距离递减的抑制新体轴发生的信号
A.1 区组织(参见图 19.2.2)移植到完整水螅的胃区,不能诱导出二级体轴,暗示受体中存在抑制信号。B.如果移去受体的头部,则 1 区组织诱导出二级体轴,暗示头部是抑制信号的发送部位。C.1 区组织移植到完整水螅的足区,能诱导出二级体轴,因为足区远离头部,抑制信号已变得很弱。(L.Wolpert)

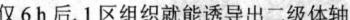
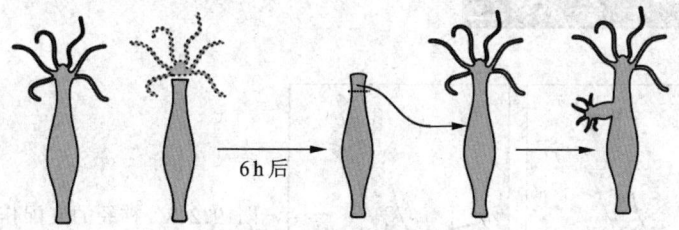
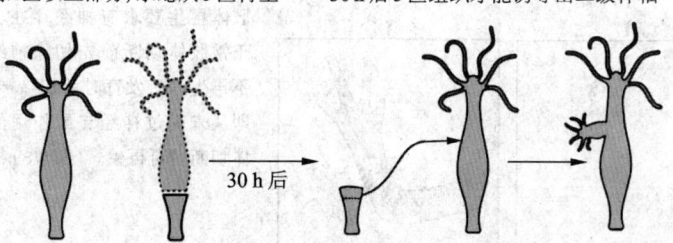

图 19.2.6 切除手术后移植物获得诱导新体轴发生能力所需的时间随距原头部的距离而增加
A.供体水螅头部切除 6 h 后,1 区组织在受体胃区能诱导出完整的水螅二级体轴。B.如果在更靠下部处切除供体的上部区域,则此区细胞要经过 30 h 才能获得新体轴诱导发生属性。(L.Wolpert)

19.2.2 生长性修复再生

典型的生长性修复再生的例子是蝾螈肢体的再生实验。它的基本过程是:手术切除蝾螈的肢体,很快出现邻近上皮细胞迁移覆盖伤口,几天后在伤口处新肢体基芽(blastema)形成,之后肢体基芽经过大约 70 d 发育产生新肢体(图 19.2.7)。对蝾螈肢体再生的深入研究发现它有两个主要的特征:① 在新肢体基芽形成和发育的初期,在手术部位出现细胞组织的去分化或反分化现象。首先,在伤口部位覆盖表皮的下方,间质组织(包括皮下组织成分和软骨组织)出现去分化和分裂增殖现象,构成发育为新肢体基芽的原始细胞团块。进而,新肢体基芽分化产生肌肉、软骨和其他结缔组织。这一现象表明脊椎动物肢体的再生与前面提到的眼晶状体的再生十分相似,即它来自其他组织的转分化。研究还发现,伤口处神经组织的存在状态与再

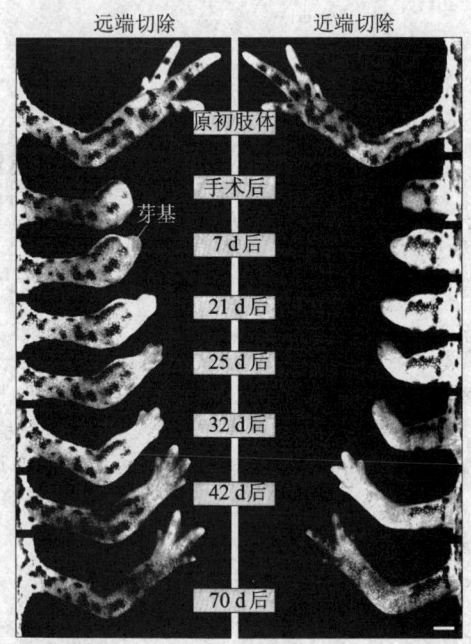

图 19.2.7 红斑蝾螈(*Notophthalmus viridescens*)的前肢再生

新基芽在靠近切点处发生,图示远端肢体(尺骨中点)切除和近端肢体(肱骨中点)切除手术后的前肢再生。(L.Wolpert)

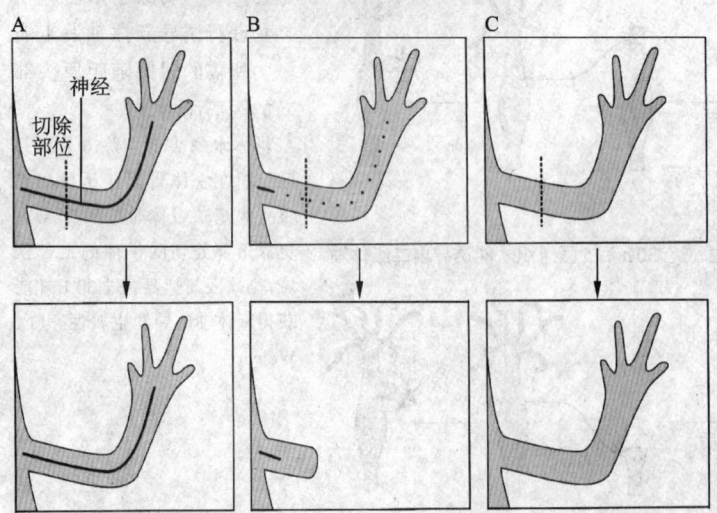

图 19.2.8 神经的支配作用与肢体再生

肢体切除再生实验显示:A.正常肢体再生要求有神经存在。B.正常肢体切断前先切除神经则不再生。C.发育时就切除神经,即从未受过神经支配作用的肢体切断后可再生。(L.Wolpert)

生的实现有着密切的关系(图19.2.8)。② 在以后基芽向新肢体发生的过程中,表现出与胚胎肢体器官形成十分相似的发育过程,包括视黄酸对肢体发生的指导作用(图19.2.9)、细胞组织分化中的近端-远端位置效应(图19.2.10)等。显然,与水螅的再生不同,脊椎动物肢体的再生是一个局部重新发育生长的过程。除脊椎动物的肢体外,昆虫肢体的再生同样体现出生长性再生的特点。一个属于对再生也是对肢体发育现象研究的实验,进一步证实了昆虫再生过程中位置信息的存在:为了利用变态时对个体结构发生重建的机会,渐变态昆虫蟑螂被用来进行肢体的再生实验。人们发现对于分节的蟑螂肢体,如果用手术的方法除去中间的区段,经过渐变态以后,失去的部分会逐渐地补上;而进行序列重复移植时,则出现相同的分节序列相互连接的平衡性再生(图19.2.11)。个体内部的极性信息指导再生的现象在植物中更是普遍存在,截断的茎枝两端再生的决定与其原有的位置有密切的关系:总是顶端长出芽体,下端长出根系(图19.2.12)。

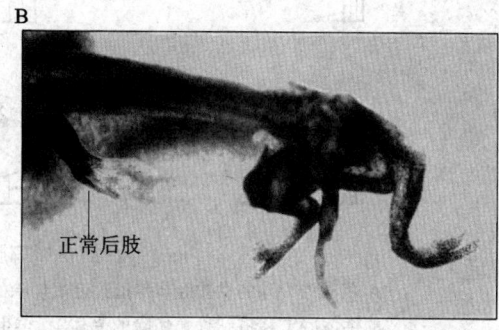

图 19.2.9 视黄酸对再生的影响

A. 切除蝾螈前肢的掌部,虚线示切除位置,用视黄酸处理后,再生出从肱远端开始的结构。B. 用视黄酸处理蛙(*Rana temporaria*)再生中的尾,导致尾部长出额外的后肢。(L. Wolpert)

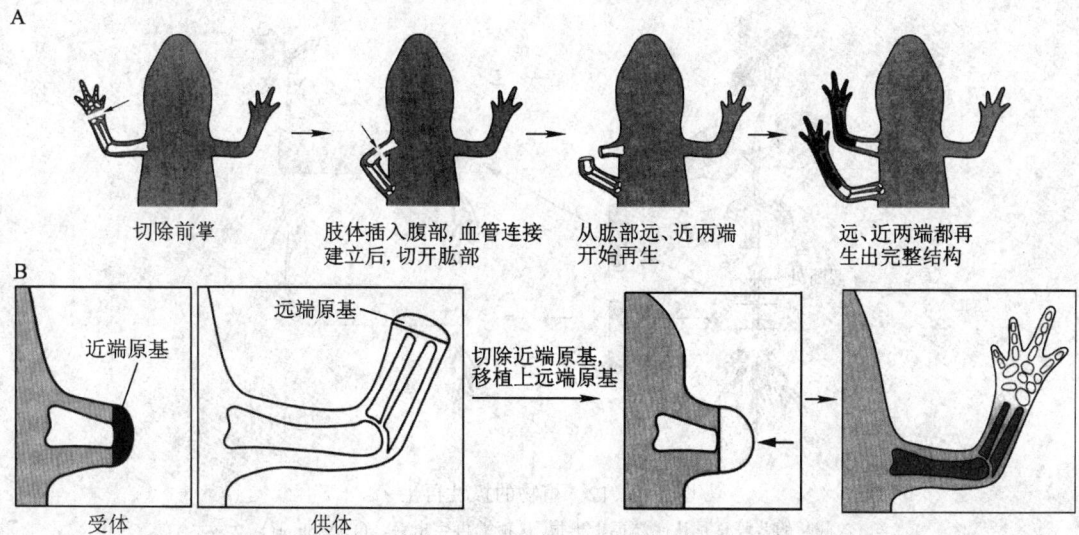

图 19.2.10 脊椎动物肢体再生中的位置效应

A.肢体总是在远端再生:前肢切去远端,插入腹部。一旦建立了血管连结,从肱部切开。两个切面都再生出一样的远端结构。B.肢体从不同部位(近端与远端)切除后,在顶端各自形成再生原基。移去近端切除形成的再生原基(黑色),再将远端切除形成的再生原基(白色)移来,移植后再生表现出远端组织结构的特点,即缺少近端、远端间的连续过渡。

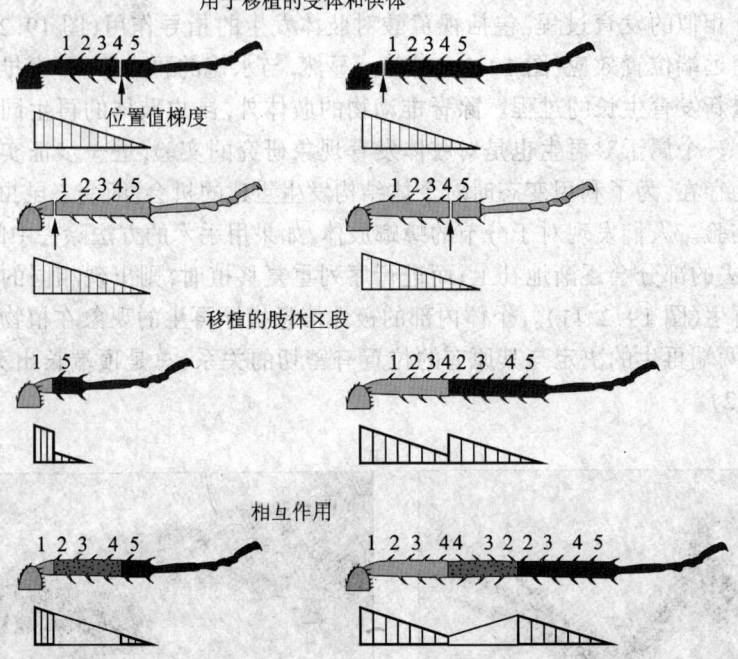

图 19.2.11 蟑螂腿再生中的位置效应

A.将远端切除的供体胫节移植到近端切除的受体上,再生出正常的胫节。B.将近端切除的供体胫节移植到远端切除的受体上,再生的胫节比正常的胫节长,而且再生部分的方向与正常相反,这一点可以从表面刚毛的指向看出。反向再生是因为相反的位置值梯度作用的结果。每图下方为其位置值梯度模型。(L. Wolpert)

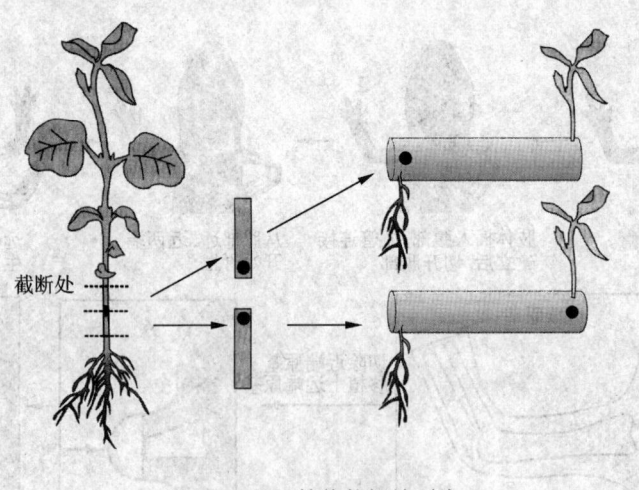

图 19.2.12 植物的极性再生

截断的茎段总是从底端再生出根,从顶端再生出芽。(L. Wolpert)

19.3 多细胞生物的全息属性

全息的概念最早来自物理学,如全息摄影。生物中存在大量的极为类似的全息现象;尽管每一个细胞在特定的时间中只能表达局限的基因和一种分化细胞类型,但是它们的细胞核中却包含着各种细胞分化类型所需有的遗传信息。体细胞克隆是这种全息属性的实验表达,这也是当前克隆研究的核心问题。

在上面我们讨论多细胞生物再生现象时,又遇到了十分类似的问题。尽管发育已经完成,但是发育过程并没有因为它的推进而依次完全卸掉它的"责任"。在许多方面它在发育个体中留下了在一定条件下可实际操作的信息系统,在生物个体受到局部损伤或破坏时,它可以被重新调动起来使损伤或破坏的部分得到再建,使之恢复原样,有如损伤部位的发育又重新进行一次一样。显然这表明多细胞生物个体存在一种全息的性质,它"潜藏"在个体之中,一旦局部受到损伤,它将依全局和损伤部位的条件,实现个体完整性的再建。

当然,我们在这里讨论的是多细胞生物存在一种与发育现象密切联系在一起的或可称为全息性的机制。发育现象是如此的复杂,发育过程是多机制共同作用的结果,这也是多细胞生物多样性产生的重要原因之一。每一种机制都有其运用的条件和局限性,多细胞生物表现出的在其整体维持与重建能力上的全息性也不例外,即再生的发生是有条件、规模、物种限制的。这一点,从前面的实例讨论中已经表达得很清楚了。当前,发育生物学正在努力探察开发对生物体这一机制人工控制的可能性,例如在体内或者体外发展对损伤或者病理器官系统的修补、重建、替换。显然,这方面工作的开展有赖于发育生物学对其机制及表达条件的深入了解。

思 考 题

1. 多细胞生物的再生可以分为哪3种基本类型?请各举一例。

2. 经典的形变性再生研究来自于水螅的切割移植实验,请说明它如何证明了在水螅体内,体轴信息的存在和由此决定再生过程的机制。

3. 蝾螈和昆虫肢体再生的实验表明,在高等动物中,体轴信息在再生过程中同样起着重要的作用,但是它们的再生方式与水螅有明显的不同,请对此加以说明。

4. 无论采用哪种方式和它的规模如何,再生现象说明多细胞生物普遍表现出机体中全息属性的存在,并且显然这一性质获自于它们的发育过程。请针对这一生物学现象谈谈你的看法。

20 发育程序的稳定性与发育的失控

无疑,多细胞生物的个体发育程序有着高度的稳定性,如一些物种已经维持了数亿年的世代传递,而其发育程序基本没有改变(如腕足动物海豆芽,Lingula)。实际上,从更根本的意义上讲,如果多细胞生物个体发育程序不具有稳定性,物种的划分也就没有任何意义了。

但是,多细胞生物个体发育程序也显然同时包含着可变性和不稳定性,它集中表现在以下几个方面:①不仅在各物种中,个体发育差异现象普遍存在,而且个体发育还表现出对环境因素的容纳性。这表明,严格地说在进化中确立的各物种的发育程序,在时间结构和空间结构上所给定的不是绝对的同一,而是一个可变的区间范围。②因为多细胞生物个体的死亡是必然的。因此,根本上说多细胞生物发育程序建立的耗散结构不是一个绝对的稳态系统,而是规范性地终要走向解体的系统。③多细胞生物经常发生畸变现象(它们并不总是遗传的),而癌变的发生同样是对正常发育程序的否定。④从历史上看,没有多细胞生物发育程序的可变性也就从根本上否定了生物的进化。

多细胞生物发育程序兼有稳定性和不稳定性。但是,对发育过程表现出的这种双重品格,从它们的形成依据方面,给出全面的科学解释并不是一件容易的事。这种解释必然在更深的层次上关系着对发育机制的理解和认识。在完成了前面各发育机制的讨论后,本章试图对这一问题进行探讨。

20.1 对发育程序稳定性的探讨

对发育程序稳定性的探讨可以认为是从动力学和系统论的角度对多细胞生物发育现象进行重新认识的一种尝试。

自20世纪中期以来,系统论和混沌学创立,并获得了快速的发展。借用不同的数学模型,人们对复杂系统的结构和动力学性质,特别是对其混沌和吸引子现象进行了深入的研究。从中人们发现,随机性的深层可能包含着秩序,混沌可能引导系统走向新的有序。越来越多的科学家们发现,系统论和混沌学揭示的规律对于认识生命现象有着重要的意义。尽管,目前建立的各种数学动力学模型对于复杂的生命现象还只能给出十分有限或者局部的描述。但是,由它带来的对生命现象的全新的认识和解析方法,却有着重要的意义。

以牛顿力学为核心的经典理论,不仅以其完整的理论体系奠定了近代科学的基础,而且其科学观和方法论影响了学术界整整几个世纪。经典理论构成了确定论的描述框架,即世界的本质是有序的(世界如一个大钟表)。有序等于规律,无序就是无规律,系统的有序有律和无序无律是截然对立的。然而,混沌现象的发现和混沌学的创立彻底动摇了几个世纪以来的传统的科学观。自然界虽然存在一类确定性动力学系统,它们只有周期运动,但它们只是混沌测度为零的罕见情形,绝大多数非线性动力学系统,既有周期运动,又有混沌运动,就是说混沌现象在非线性动力学系统中非常普遍。混沌既包含无序又包含有序,这一现象的广泛存在表明客观世界应是有序与无序的统一。从哲学的观点看,世界是确定性和随机性、必然性和偶然性、有序性和无序性的统一。而更为重要的是,混沌理论将人们对世界存在形式的认识摆在了发展、演化的轨道上,250年前达尔文创立的生物进化理论被混沌学推广到了整个世界。混沌现象的发现和研究也同时带来了传统方法论的重大变革。经典理论认为整体的或高层次的性质可以还原为部分的或低层次的性质,认识了部分或低层次,通过加和即可以认识整体或高层次,这是从伽利略、牛顿以来300多年间学术界的主体方法。混沌学改变了这一观点,提出混沌是系统的一种整体行为,研究整体的性质必须用系统论的方法。科学方法论实现了由还原论向系统论的转化(参阅《混沌学导论》,吴祥兴,陈忠等著,1996)。

为讨论发育程序的稳定属性,我们需要首先对多细胞生物的动力学属性作一基本的分析,对生命中存在的混沌现象有一个大致的了解。

20.1.1 生命的基本动力学属性

从系统论和动力学的观点考察,任何生命体包括多细胞生物,都是一个开放、耗散、远离平衡态和有着高度自组织能力的动力学系统。就多细胞生物的个体发育而言,正如前面讨论的,它是一个严格编程的过程,它在时间结构和空间结构方面表现出高度的稳定性。根据混沌学的一般原理,这样一个系统应该是处在吸引子的状态之中,即属于普里高津(I. Prigigine)定义的耗散结构(dissipative structure),它是稳定态的非热力学分支,来自于先期系统趋向于吸引子的混沌运动(参阅《热学》,赵凯华,罗蔚茵编著)。我们从这里出发进行下面的分析。

如果我们说多细胞生物个体的发育程序代表着生命系统的吸引子结构,那么多细胞生物演变的历史就表明这种吸引子结构在不断地变化着。自然,我们来到这样一种认识,即多细胞生物的进化过程应该是生命复杂系统从一种吸引子结构向另一种吸引子结构不断变更的过程。这就表明,处在吸引子状态中的多细胞生命个体系统中一定还同时存在有混沌运动,并引导生物个体的发育程序不断地向新的结构发展。更进一步,纵观生物发展史和当今生物结构的全貌,我们可以很容易地发现,在个体发育程序不断更替的过程中,整体生命又不是杂乱无章的,它始终维持着一种相互依赖和制约的稳态结构,并又明确地表现出一种总体的发展趋向性:分形和层次的提高。显然,这说明生命中一定有一种涵盖世代更替过程的更深层次的混沌和吸引子结构存在。

实际上,耗散结构中存在混沌和吸引子的现象已被认识和研究。混沌学指出:"耗散系统中Liouville定理失效,系统相空间收缩,最终趋向维数比原来相空间低的极限集合。这种运动可以看作是一个吸引过程。它意味着随着系统的演化,系统中各子系统的自由行动将越来越少,而相互间的联系和整体约束将越来越强。然而,这一过程并不是单纯使有序度不断地提高,系统往往会在高级的有序基础上发展出新的混沌。耗散结构的这种既吸引、又混沌的特征集中地由混沌吸引子体现出来。"由此,我们进一步分析多细胞生物的发育现象,可以发现和提出一系列值得深入研究和探讨的问题。

生命复杂系统表现出的吸引子结构有什么特征和性质呢?

第一,任何生命都是以生物个体的形式存在。单细胞生物必须通过细胞分裂才能实现它的延续。多细胞生物个体都有寿命的限制,并且个体寿命现象的存在从本质上讲不是来自环境的干扰和破坏,是自身生命属性的表现。这就告诉我们,任何以单细胞或者多细胞形式存在的生物个体都不是一个持续稳定的动力学系统,这与一般意义的吸引子的动力学属性有着明显的不同。有趣的是,无论是单细胞生物的细胞分裂传代还是多细胞生物的世代更替,它们极像是数学动力学系统模型中的迭代运算。显然,这种迭代的不断进行不仅克服了生物个体表现的非持续稳定有序结构给生命存在带来的致命威胁,使生命的延续有了保证,更重要的是它使生命在时间向量上新的混沌不断建立和吸引子结构不断更替发生的过程成为可能。追溯生命系统这一性质发生的原因,人们不难发现这是和生命过程的"延展性"密切地联系在一起的。与许多有混沌和吸引子属性的复杂系统不同,生命从它诞生开始就表现出它的动力学过程同时是一个不断自我发生和扩展的过程,即通常说的不断生长和造就自身的过程。显然,这样一个动力学的过程不可能以一个独立系统的形式永远地进行下去,它必须实现某种周期秩序的建立,才能使生命过程延续存在。对于单细胞生物来说,细胞分裂实际上是一种生命运动周期过程的建立,舍此,细胞形态的生命无法得以延续存在。而对于多细胞生物来说,世代更替同样体现了生命周期过程的建立,由此,生命才可能以多细胞生物的方式立住脚,使物种的延续不成问题。显然,无论是细胞的周期分裂,还是多细胞生物的世代更替,都来自于历史上细胞形成和多细胞生物出现过程中有周期更替特征的生命系统吸引子结构的建立。与一般动力学系统吸引子不同的是,它本身并不是一个持续稳定的结构,而它的不稳定性在细胞分裂和世代更替的过程中获得了"补偿"。

第二,更为重要的是,也正是由于生命的上述动力学性质使之获得了一种更深层次的表现在历史过程中的混沌属性,使生物个体体现的动力学吸引子结构可以不断地进行变革,即从历史上看,生命过程是一个吸引子不断更替的过程。显然,地球生命的演进历史告诉我们,除了个体生命过程体现出吸引子属性以外,在生命的历史过程中一定还存在更深层次生命吸引子结构。化石证据表明,当今地球上存在的上百万种形形色色多细胞生物物种起源于少数的原始多细胞生物。这一现象表明,生物进化过程中发育程序的建立具有多态发生的属性,即生命实现其吸引子不断更替的混沌过程具有分形的性质。实际上生命的历史过程具有经典的复杂动力学系统奇怪吸引子结构的基本属性,即:①奇怪吸引子的运动对初始条件高度敏感,在系统的相空间中整体稳定而局部不稳定;②奇怪吸引子具有分维的性质;③奇怪吸引子的空间是非连续地随参数变化的。可以说,这些在理论上很好地指出了生物进化表现出的物种的不连续发生、物种大爆炸现象存在、以及早期物种有序结构的分歧对以后进化的巨大影响的动力学原因。但是,它与一般的特别是数学法则规范的保守系统中的混沌 – 吸引子模型又不同。就整体而言,通过不断的混沌 – 吸引子运动,生命历史向我们展现的是在生物与生物、生物与环境不断实现生态平衡的前提下,地球生命体系的结构表现出不断地分形和向更高层次演变的趋势(如生物多样性的建立以及智能生物的出现)。显然,这一过程展示的生命更深层次吸引子的结构有着明显的不断扩展的特征,起码今天人们还没有办法确定和预测它们的边界。总体而言,生命系统的吸引子比已知的其他吸引子更加复杂,它不仅包括有多层次的结构,在物种和生物个体上表现出明确的区域规范和最终的不稳定性,而在生命的全体上又表现出扩展和总体的稳定特征。当然毫无疑问,在宇宙演变的长河中,现今地球的生命不是从来就有,也不会无限地存在下去。生命的演变也同样必定要归纳在宇宙层次递进和分形发展的总体规范之中(自宇宙大爆炸理论创立以来,物理学建立了新的物质存在和运动观)。如宇宙演变过程中早期阶段物质存在形态的湮灭一样,DNA - RNA - 蛋白质系统是地球生命的基础,一旦这一系统的存在条件不可能再继续,也就到了地球生命终结的时候。

第三,混沌学研究告诉我们,在耗散系统中,趋向于吸引子的过程是相空间减少的过程。但是,总观生物的进化,特别是高等生物从低等生物中的演变发生,表明生物的总体演变过程可以是一个相空间不断增加的过程,舍此,生命有序的不断提高是不可能发生的。对此合理的解释应该是:虽然,在具体的混沌向吸引子的运动过程中,生命通过自组织获得了新的有序结构,其相空间被压缩。但是,来到吸引子状态的新的生命动力学系统在继之的混沌运动中,其相空间却完全可能急剧地膨胀。显然,基因或者分化细胞种类数的扩增与基因或者分化细胞间相互作用组合类型数的扩增远不在同一个变化数量级的水平上,而智能生物的出现更使生物行为表达的复杂性和对环境及自身的影响力急剧地增加。由此,持续的混沌向吸引子运动的连锁使生命系统的结构(包括生态和高等生物的社会结构)不断复杂化在理论上并没有任何的障碍。

由此我们可以清楚地看到,多细胞生物发育程序体现的仅仅是生命存在形式和历史过程的一个层次和侧面,它表现出的稳定性和不稳定性只能来自并且服从于整体生命过程的混沌和吸引子的动力学属性。下面,我们将进一步考察生命过程中存在的混沌现象。

20.1.2　生命过程中包含着丰富的混沌

上面的分析说明了对生命过程的混沌表达和对其属性认识的重要性,只有这样我们才可能更全面和深刻地认识生命,更好地从现今真实的生命过程中挖掘生命进化的机制,并由此类推而进一步追溯对它历史发展轨迹的认识。目前,人们对生命中的混沌现象的研究还仅仅是开始,还处在探索的阶段。

混沌学研究指出,混沌不等于完全的随机,在它的背后隐藏着深层的秩序性,高度有序的耗散结构的动力学系统中同样可以存在混沌。观察和分析发现,混沌现象在生命系统的多层面上表达出来,例如生态、生理、代谢、生物大分子序列和构象、发育调控,以及疾病发生,等等。其实,这一领域的研究不是一个单纯的生物学理论问题,它还有着重要的现实意义,例如,对生命中的混沌现象的认识密切地关系着人类医疗水平的提高,环境生态的监控、新生物产品的开发、新技术的创立,等等。它对其他学科的发展也有重要的借鉴价值(实际上计算机技术的发展趋势越来越体现出某种生命运动的特点)。

为了更好地理解生命中存在的混沌现象,参照张建树在《混沌生物学》一书中的论述,先对动力学系统中的混沌、吸引子现象和相关的概念作以概括的介绍。

系统的状态变量是指能描述系统任一瞬时状态的为数最少(即线形独立)的系统变量集合中的各个变量。在任一瞬时 t,系统的各状态变量的函数值可以用多维空间中一个点来表示,这样的空间就是相空间。当时间变量由 t 向无穷大增大时,表示系统瞬时状态的点在相空间中描绘的曲线就是相轨道。相轨道经过长时间后所采取的终极形态称为吸引子。吸引子可以是稳定的平衡点(不动点),或周期性的轨道,也可以是不断变化的、没有明显规则或秩序的许多回转曲线,这样的吸引子就是奇异吸引子,奇异吸引子是混沌系统动力学性质的几何描述。显然,混沌系统同时具有稳定与不稳定的双重动力学特征,它的稳定因素使其相轨道的运动限制在一定的空间内,而不稳定因素又驱使相轨道在这一空间范围中做着没有周期(永不重复)的无限延伸运动。奇异吸引子的这一结构必然在限定的空间中留下了不被填充的空隙,因此奇异吸引子的体积只能用分维来描述,即奇异吸引子具有分形的结构。

下面对有关生物中混沌现象的研究作以简单的介绍。

生物的生态过程中存在有大量的混沌现象。捕食者-猎物关系是生态构成的重要内容之一,很早人们就发现,从动物个体的数量看,捕食者与猎物常常并不是维持在一个恒定的比例关系上,而显现出的是无规则的波动曲线。对描述3种以上种群共存的吉尔宾(Gilpin)微分方程模型的研究发现,在一定的初始条件下,尽管物种间始终维持着总的生态平衡状态,但是各种群动物的数量变化将必然由倍周期分岔进入混沌(图20.1.1)。

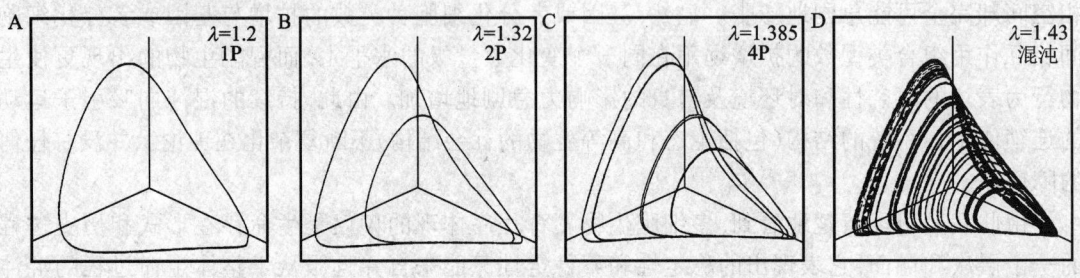

图20.1.1 吉尔宾模型的倍周期分岔到混沌

心脏是一个有着自主节律的器官,人的心电图显示了规则的电势变化,反映了心脏搏动的规律性,因此长期以来,异常的心脏搏动一直被认为是病理状态的表现。但是,采用延迟法重构心脏系统运动相空间(即分别以两个相邻的心博周期序列为参量构建一个二维的相空间),发现健康的心脏的动力学是一个包含有混沌运动的过程,并具有奇异吸引子的结构。有意思的是,研究发现吸引子结构过于集中,即心脏搏动过于规律反而是病态出现或者个体衰老的表现。当然,其吸引子结构在相空间中的过度占据也同样是病理的表现。图20.1.2和图20.1.3分别显示的是健康人与病人和年轻人与老年人心博吸引子的相空间图。从中我们可以看出,健康青年的心博的吸引子不仅占据相当的相空间范围,而且其结构很复杂。相比较,病人心博的吸引子或者明显地减小,或者更像一个一维的结构。而与青年人比较,老年人的心博相空间图要简单得多。临床研究发现,许多心脏病变显示出的是日益增强的周期行为,即其变化程度越来越下降,例如一些严重心脏病患者的心博规律在猝死之前数分钟到数月常常变得比正常人有更小的变化。健康人的心率即使在静息的状态下也非恒定,而有涨落现象(健康青年成人心率平均为60次/min,但在一天中心率变化可能从40次/min到180次/min)。心率变异过小反而是生理病态的表现,这是对长期公认的规律心博是健康的标志这一医学原理的挑战。事实上心率受体内多重因素的影响和控制,它包含了大量神经(如交感神经、副交感神经)、体液系统作用的信息,它的运动具有混沌属性是自然的,而脱离这些调节因子的控制无论如何都是对生命不利的。其实,这个问题不仅仅是对传统的医学观念的挑战,也同时引发起我们对生命现象的深入思考。

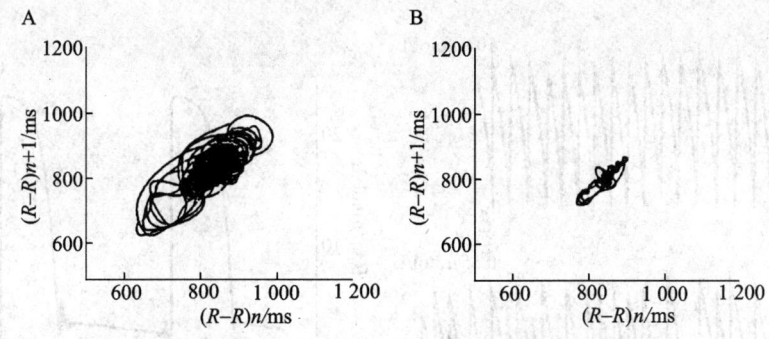

图 20.1.2　健康人与 HRV 心脏病患者的心搏吸引子图
A.受测的健康人的心脏吸引子图。B.受测的 HRV 心脏病患者的心脏吸引子图。

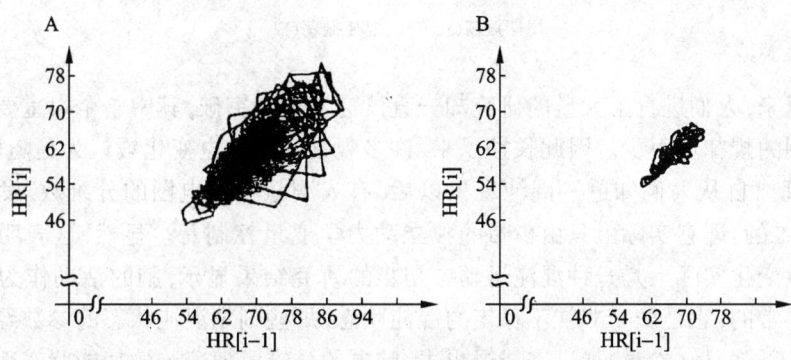

图 20.1.3　青年与老年人心律的吸引子相空间图
A.青年人的心律相空间图。B.老年人的心律相空间图。

为了研究复杂的化学和生物化学反应的动力学属性,以包含有 3 分子 3 次项或者更高阶的反应系统为对象,普利高津等人建立了布鲁塞尔震子模型。研究发现,在一定的参数条件下,这一系统可以形成周期振荡,出现空间有序结构。进一步,如果对这一模型通过输入项加入周期外力的作用,系统将转入混沌运动状态。实际上在生命的物质和能量代谢的生化过程中,包含有大量的多分子复杂反应系统,并且它们之间往往表现出相互协同的关系,即提供了广泛的外加周期作用的机会。显然,它赋予了生化过程混沌发生的良好条件。糖酵解过程是代谢循环中由葡萄糖转化为乳酸的过程,它对于维持生命起着极其重要的作用。实验发现,在一定的条件下,这一过程中所有的中间产物的浓度会随时间而振荡。1984 年,人们在实验室中通过周期性葡萄糖供应的方式获得了糖酵解过程的混沌运动,证实了糖酵解振荡里存在混沌。糖酵解振荡里存在混沌的发现有重要的意义,因为糖酵解在生物界无处不在,其混沌运动提供了生物代谢调控过程适应环境的能力。此外,在过氧化物酶-氧化酶反应系统中,因条件的变化同样可能出现混沌现象(图 20.1.4)。

神经活动特别是脑功能是生命科学研究中一个重要而又困难的领域。目前,这方面的研究主要集中为两条不同的路线:第一是微电极和分子生物学技术结合,力图把各种神经通路和机理搞清楚,以求得到一幅脑功能的全图;第二是用神经网络理论指导,通过模型的方式研究脑功能状态的动力学性质,探索神经系统的动力学结构和工作原理。自从 20 世纪 20 年代发

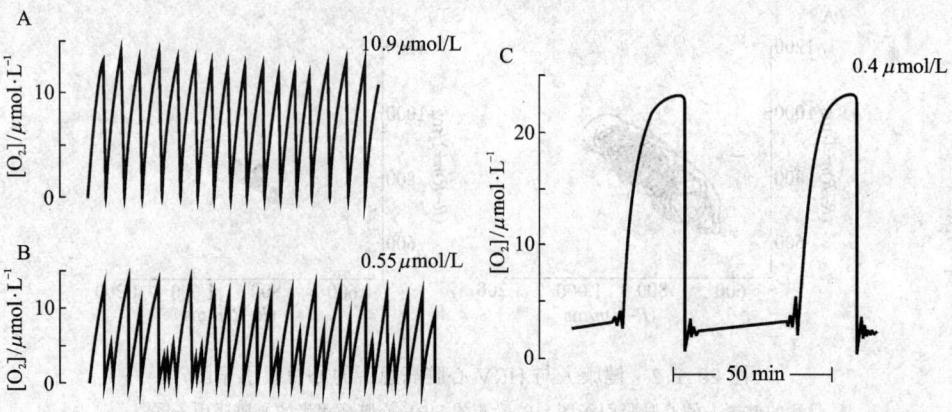

图 20.1.4　过氧化物酶-氧化酶反应系统在开放条件下[O_2]的振荡

周期振荡(A、C)与混沌振荡(B.)

现脑电现象以来,人们进行了大量的研究却一直没有重大的突破,其中一个很重要的原因是从脑电图上找到的规律性很少。因此长期以来,许多观察到的脑电变化被认为是随机的,甚至当作噪声来处理。自从人们知道了混沌现象以后,有人测量了脑电图的分维数,发现它不仅分维,而且是低维的,即它实际上只由少量的独立动力学变量控制着。显然,这表明表面看来高度随机的脑电变化实际上是一种混沌运动。初步的研究结果显示,脑的活动作为一个吸引子来说是很不寻常的,它是一个非常不稳定的混沌状态,那些刻划混沌状态的参数经常在变动之中,随时会有不同的模(参量)加进来或退出去,脑电的分维可随着脑的功能状态而变化。从报道的实验结果来看:正常人思维时维数增高,深睡时维数降低;精神迟滞或者老年痴呆患者维数低,而优秀运动员的维数则明显高于正常人;文化水平高、大脑生理功能良好的人在外界刺激下高维混沌状态的延时出现和持续时间都较文化水平低、大脑生理功能不甚好的人为长。虽然,这些研究还很初步,也很表观。但是,它已经向人们提供了这样一个重要的信息,即人脑获得的知识是以结构信息的方式储存在大脑之中,当人接受外界信息刺激,神经网络对新的信息进行解析和组织,并将其纳入已有的结构信息之中,形成新的信息结构。因此,人类学习和思维的过程是一个从一种有序结构向另一种有序结构转换的过程,而这一过程中脑电信号将出现混沌状态,这也正是脑神经网络有序结构极不稳定的原因。有人更进一步将人类的逻辑思维和形象思维解析为大脑神经元自组织活动的吸引子序列和奇异吸引子序列。

DNA 以 4 种碱基配对双链互补的方式存在,成为科学上知道的最大的分子。在复制、转录、重组的过程中,DNA 分子会出现区域性构象的改变和激发。对 DNA 分子动力学性质的研究表明,这种区域性的激发沿 DNA 分子链的传播是有序状态的各种不同类型的孤波,从而保证了 DNA 分子的稳定性。但是,研究发现在相当广泛波长激光照射下,DNA 局部区域的激发沿 DNA 分子的传播可出现混沌,从而诱发 DNA 序列发生突变。文献报道在生物学实验中,对各种动物、植物,用 632.8 nm、510.6 nm、578.2 nm、337 nm、1.06 μm 波长的激光处理,可广泛地诱变新品种出现,而突变的不可预测特征正是混沌属性的表现。

当然,目前对生命混沌现象的认识还是很初步的,更远远没有达到对生命中的混沌现象进行全局性和深入到对其历史演变过程分析的阶段,而这一点对把握生命运动的总体规律又是极其重要的。但是,从中我们仍可以得到不少的启发。上面的例子告诉我们:复杂的协同系统中有着丰富的混沌发生的土壤;许多生物学过程就是混沌与有序交替发生的过程;生物系统中混沌的波及和影响是很广泛和深远的;环境的影响可激发生命系统混沌出现;混沌在生物个体与环境的适应中有着相当积极的作用。显然,建立在一系列细胞、生理、生化程式基础上的多细胞生物的发育过程中必然存在着丰富的混沌运动,它可能表现在复杂信号系统的工作程式中,也可能产生于由细胞分化引发的有序自组织的过程中,可能激发自创伤、再生的特定环境中,也可能诱导于癌变形成的转化中,可能以某种方式联系于雌雄性别细胞的结合程序中,也可能发生在个体世代交替的衔接中,等等。我们可以进一步猜想,不同的多细胞生物物种,它们发育程序中包含的混沌程度和属性是有区别的,由此造成了不同物种在进化上变异、分化潜能或者对环境适应能力的差异,而这种差异将会深刻地影响着物种的命运,包括其生存、绝灭、分化等重要的进化行为。

随机不等于混沌,不能将生命中的所有随机现象都说成是混沌。但是,今天我们已不能不看到,过去许多认为是随机的生物学过程实际上反映的是生命深层的混沌运动。长期以来,无论是认识上还是研究方法上,人们已经习惯于孤立地去分析或人为地创造生命的随机变化(例如有目的的诱导和筛选突变),以达到认识生命的目的,例如发现和研究各种基因的功能,并取得了辉煌的成就。但是,当我们拿到一张人类基因组全貌图时,当我们知道人类大约只有 3 万~4 万个编码蛋白基因(Nature,2001,Vol 409),而 DNA 长度仅占人类基因组 1/30、为酵母 8 倍的秀丽线虫所编码的蛋白基因数近 2 万个(Science,1998,Vol 282),联系前面讨论的内容,我们不能不强烈地感到仅仅一张详细的 DNA 序列图谱离我们全面认识生命仍还相差很远。这张复杂的绘图背后应包含着更深刻的自然现象和规律,一个有着如此高度复杂结构和自组织能力的耗散系统的存在和演化怎么可能没有混沌的介入?

混沌控制是近年由混沌学引申出的一个新的课题,旨在研究动力学系统混沌性态的转化规律,以期实现混沌的人为控制,例如将系统的混沌运动转化为平衡状态、周期性态、非周期性态或者新的混沌性态。目前已经发展出了若干不同的理论和技术方法,包括利用混沌对初始条件敏感的性质,通过对系统参数施加微小影响使混沌吸引子的不稳定周期轨道变得稳定(OGY 法);利用混沌系统输出信号之间的自反馈耦合实现对混沌系统中的周期信号的连续控制(外力-反馈控制法);利用反馈输入的方法把混沌系统当前非周期行为与被它记录在记忆中的过去非周期信号实现同步,以达到任何时刻都可以对系统的混沌行为进行跟踪控制的目的(非周期轨道控制法),等等。目前,混沌控制不仅运用于信息工程科学领域,而且已开始引入医学、生物学,如开发对心搏混沌(纤维性颤动)、脑电混沌(癫痫病)、排卵周期紊乱,以及生态失调的控制等。其实,混沌控制的思想对生命科学的意义还远不止于此。我们可以清楚地意识到,混沌控制给了人们一种对混沌现象可能实际操作的研究方法,伴随生物信息学的发展,很可能会带来生命科学研究方法的一场革命,人们将不再是一个基因一个基因地就事论事的研究,而是将影响特定生命过程的多重作用因子归纳为一个复杂的系统,研究它的动力学结构、混沌属性和吸引子特征,这一开创性的工作任重而道远。

20.1.3 用混沌和吸引子的思想来解析多细胞生物的个体发育和系统发育

在对生命基本动力学属性和生命过程中存在混沌现象分析之后,我们来讨论多细胞生物发育程序的稳定性问题。实际上,这一问题就是尝试以混沌和吸引子的思想和系统论的方法来解析多细胞生物的个体发育和系统发育。

在前面的章节中,我们讨论了多细胞生物发育程序的特征和性质,它表现的是一个在时间结构和空间结构上精密连锁的自组织过程,而对生命复杂系统混沌吸引子的分析给多细胞生物的发育现象一种新的认识模式。

第一,多细胞生物发育程序是人们对生命复杂系统历史发展过程特定阶段(多细胞生物出现)、特定对象(物种)、以及特定层次(个体)表现出的生命系统所处的吸引子结构的认识和描述。这一吸引子的结构表现为在时间结构和空间结构上生命自组织过程的程序连锁,并且这种固定下来的连锁关系通过世代更替,即周期性建立的方式得以保留和延续。一方面,在进化中多细胞生物广泛地建立了复杂的有自稳和自我修补能力的超循环发育程序结构。另一方面,任何生物个体的生命过程中都包含着自身的混沌属性,因此其发育程序又不是固定不变的。但是,只有这种改变获得了世代周期的延续性,发育程序才会出现真正的更换。

第二,分析多细胞生物发育程序周期建立的依据,我们发现它来自两方面的基本原因,它们是生命系统的 DNA-RNA-蛋白质结构和生命细胞周期过程的建立。

首先,多细胞生物发育程序的建立得益于生命系统具有 DNA-RNA-蛋白质的基本结构,它包括:DNA-RNA-蛋白质结构本身具有自我制约的能力,它是建立稳定的发育程序的必要条件;DNA 分子具有发育程序信息载体的能力,即在 DNA-RNA-蛋白质结构中,只要有初始的条件(全套的生命活动系统)、有基本的外界物质和能量的供应,以及有生命物质物理化学属性"正常"表达的环境(如温度、压力),发育程序的信息可以直接或者间接地(如蛋白质的三级结构和物化性质)储存在 DNA 分子中,并使之获得"自发"表达;DNA-RNA-蛋白质结构是一个具有极大相空间扩展潜力的结构,一定程度上可以说它是一个对各种生命活动有着充分容纳能力的开放式的结构;本质上讲,DNA-RNA-蛋白质结构具有动力学运动的单向性,即它不会自身形成热力学意义上的动态平衡结构。DNA-RNA-蛋白质体统具有自我扩展的性质,即在它的动力学过程中同时不断地创造新自我,使之可以不断地扩大。

其次,多细胞生物发育程序的建立还得益于生命早期发展建立起来的细胞系统,它包括:可以想见,细胞的形成和细胞分裂周期的建立是生命系统早期发生必然来到的混沌运动的吸引子状态,生命只有建立了这种可以周期传递的动力学结构,具有上述属性的 DNA-RNA-蛋白质系统才可能存在下去,并在细胞的水平上获得新的表达。实际上,正是完整细胞系统的先决存在确保了多细胞发育初始条件的获得,它具体表现为普遍存在的胚胎发育的起始形式——受精卵、孢子,或者人工创造的用于克隆的体细胞;细胞的出现为细胞在形态结构、功能上的分化和细胞间的相互作用的建立奠定了基础,而多细胞生物的发育正是建立在这一基础上的。如果说单细胞生物同样可以表现出发育的特征,体现了生命系统在与环境相互作用时的一种发展趋势,那么细胞间的相互作用和它们之间形成的复杂的信号系统则是多细胞生物发育建立的重要条件。显然,这一条件的建立是生命进化史中的重要事件,是生命动力学系统有序结构进步的一个重要里程碑。比之单细胞,多细胞生物的发育有了大得多的操作和发展空间。因此,从单细胞生物到多细胞生物的进化使生命跃迁到一个新的有序结构层次。

第三,发育程序的演进来自生命系统存在和不断更新的混沌运动,以及它向新的吸引子状态的趋进。生命系统每次向吸引子的跃迁都是一次对发育程序的创新和调整,使生命在时间、空间结构上的自组织程序获得新的连锁结构(当然也包括生命系统的解体)。在生物的进化历史中,由于生命系统中混沌的存在和在自然选择的作用下,生命过程不断地发生着吸引子状态更替的现象,就是说不断地发生着发育程序的更改。可以想见,这种程序的改变可能表现为终端发育程序的延伸,也可以是对发育中间环节的改造和调整,以至发生重大的改变(例如腔肠动物水螅纲中同时存在有水螅、水母、水螅-水母3种不同的发育模式)。在这个过程中,发育程式的改变具有随机性,并且必有一些旧的连锁关系以集约的方式参与发育程序重新装配的过程。因此,发育程序的进化只能以分形的形式出现,而不会是遵循必然的末端叠加的原则,即发育程序的个体表达顺序与进化中有序构建顺序并没有必然的对应的关系。所以,个体发育对进化的重演没有理论上的必然性,重演现象可能在形态(如脊椎动物腮裂和肾脏的发育过程)或者其他方面(如不同免疫球蛋白分子的发育表达顺序)明显地存在于一些物种之中,有的也只能以粗略轮廓的方式表现出来,而有的发育程序显著地不符合重演的规律(如昆虫的变态,哺乳动物的胚外器官发生,高等植物的种子程序出现)。

第四,毫无疑问,在多细胞生物发育程序的分形演进中,已有的发育程序对程序的变更有着重大的影响。毫厘之失,千里之差,生命的进化不断地受着它当前和来自远古遗留下来的初始条件的影响,并且这种影响会有一种积累效应。这点从对现存各种多细胞生物的比较中,例如生殖方式进化的生物门类差异,器官系统多样性分化的物种类群制约方面都可以察觉到。但是,我们也应该同时看到,由于任何生物的进化都离不开环境的影响和选择,使类同的生物功能结构可能发生于不尽相同的初始系统,因此平行进化现象的出现也是存在的(如眼器官在进化上的多次独立发生、有袋与无袋类的平行进化现象)。

第五,从上面的分析中,我们可以更加清楚地意识到,多细胞生物染色体DNA是其发育程序信息的载体,或者说DNA序列占据着指导发育编程的重要地位。但是,指导生物个体发育的编程绝不等于生命过程的编程,DNA序列中负载的程序信息不能涵盖全部复杂生命系统的属性。对多细胞生物来说,它基本表达的是依赖于初始条件的个体发育程序,而并没有将生物的进化运动编程进去,而后者是由生命复杂系统混沌运动和它的吸引子属性决定的。由此,我们可以看出把生命过程看成是与计算机同样的编程过程是不全面的:①多细胞生物的发育编程不等于全部生命活动的编程,它仅限定在多细胞生物的个体发育过程中,而计算机至今也还没有把混沌编进自身的运算程序之中,并使这一运动产生改变自身程序的效果;②就是对个体发育过程而言,在DNA序列信息的指导过程中有许多信息是源于初始条件的细胞质成分,并且随时还要有许多来自其他法则赋予的自组织信息的辅助和介入,整个发育过程才能进行下去,这一点也与当今计算机编程有所区别(有意思的是,在计算机技术广泛应用和飞速发展的今天,人们感到计算机编程越来越向生命的特征接近,例如一些计算机运算程序已经允许适当的"环境"反馈和自组织作用加入)。

第六,在前面的讨论中我们提到,自组织在发育的实现中发挥着重要的作用。可以看出,发育程序中的自组织与进化上新的有序构建过程中的自组织不同,前者是一个来到吸引子状态的复杂系统中的时间和空间结构连锁的程序化过程,后者是复杂系统通过混沌建立新秩序的过程。虽然两者按动力学的观点都同归属在自组织的概念之中,但是它们的规模和对生命过程的影响有着明显的区别。前者因为是规范在发育的整体程序之中,它们往往是一种局部和可以预测、控制的过程,这正是前面提到的计算机模拟发育过程的依据,因此发育的过程有时也被看作是一个自组织—紊乱交替的过程。后者游离于即定的发育程序规定的范围之外,并有着明显的随机和难于预料其后果的特征,在有的文章中又将其称为生物的自我工程(selfengineering)效应。探寻这种混沌发生的规律和隐藏在它背后的秩序性、趋向性,以及它以哪种方式、多大规模切入多细胞生物的世代周期过程之中是发育生物学研究的一场攻坚战,利用体外控制的具有复杂动力学过程的生命系统进行生物进化的实验和研究将会是这方面的大胆尝试。

因此,我们应该说,多细胞生物发育程序的稳定与不稳定性的同时存在是生命动力学属性的表现,也是生命得以存在和发展的必然。

20.2 发育的失控

发育失控指的是超出正常发育程序的生命过程和现象,它可能发生在个体生活史的任何阶段。在胚胎期,发育程序的偏离可能造成发育终止或者畸胎出现。在成体,发育程序的失控可能造成严重的病理状态(如变态反应和自身免疫疾病)以致于威胁到个体的生存(如癌症)。在前面的讨论中,我们多次提到基因突变带来对发育程序的干扰和出现个体的畸形发育。实际上,由于遗传背景中的潜在变异性、生命过程本身具有的混沌属性、环境对生命过程无时无地不有影响的存在,发育失控应该被看作是一种正常发生的生命现象,而且从历史的角度来看,它还包含着相当积极的意义。下面我们举一些疾病方面的例子来说明发育程序失控现象广泛存在。

癌症是威胁人类健康的严重疾病之一,医学投入了很大的力量来研究它的发病机制、预防和治疗。从发育生物学的角度看,如果说发育畸变是发育中集约程序发生紊乱,走了一条形体构建的歧路,畸变对个体来说并不一定是致死的,并且多数是不遗传的。那么,癌变则显示出的是某些细胞脱离整体发育程序对它的安排和约定,利用个体提供的环境走上了一条癌细胞无限制分裂增生的道路,它对生物的致死来自于它对个体有序结构的严重破坏作用。

如上面谈到的,分裂周期的建立是细胞生存延续的必要条件。显然,在细胞形成时也必然同时建立了细胞分裂的基因控制程序。对单细胞生物说,一个细胞就是一个生物个体,它不会因为细胞的分裂而威胁自身的生存。对于多细胞生物来说,细胞的这一属性仍是使其得以生存和延续的基本条件。在胚胎、变态、青春期发育过程中,存在大量的细胞分裂增殖现象,就是在成体中,也有一定数量的细胞(如造血干细胞、多种上皮组织生发细胞)始终维持着不断分裂增生的能力。但是,所有这些细胞的分裂增殖都是在受控的情况下进行的,表现在它们有严格的细胞类型、时间阶段、空间区域的限制,这是多细胞生物进化出现必须首先要建立的有序结构,并将这种控制精确地编排在发育的程序之中。

上面我们讨论了发育程序的不稳定属性。我们可以很容易地想到,在发育的许多环节上可能存在细胞分裂失控即癌变发生的机遇,它同样属于发育程序的异变。总体而言,多细胞生物的细胞分裂增生受到几方面的制约:①它们的分裂增生状态是与一定的环境相匹配的,如果这些细胞与环境条件发生错位,即失去了对细胞分裂的控制因素,则可能造成分裂细胞的失控(如将胚胎干细胞注入正常小鼠皮下组织可诱导癌变发生,图20.2.1);②一些细胞在分裂增殖后将被发育程序引导进入下一步分化的方向,如果这些细胞分化的条件被破坏,则可能使之出现滞留在不断分裂增殖的状态中(如皮肤癌、乳腺癌)。③在发育中,一些细胞程序性地走上凋亡的道路,如果这一过程被阻断则可能使这些细胞出现不受限制性的不断分裂增殖(如近年对细胞凋亡控制因子p53的失效引发癌变的研究很活跃)。因此,我们可以说,癌变的发生或此或彼地都与发育程序中的细胞增殖、分化、凋亡、迁移过程有关。研究发现，85%以上的癌变发生在上皮组织中（如肺癌、食道癌、胃癌、膀胱癌、乳腺癌），这一点并不奇怪，因为许多上皮组织都有可以不断更新的特征（图7.2.9），而癌变的易发生部位也正是有着活跃的组织增生、分化和细胞迁移的部位，有着旺盛的更新特征的血细胞也是癌变易发的场所（如白血病）。

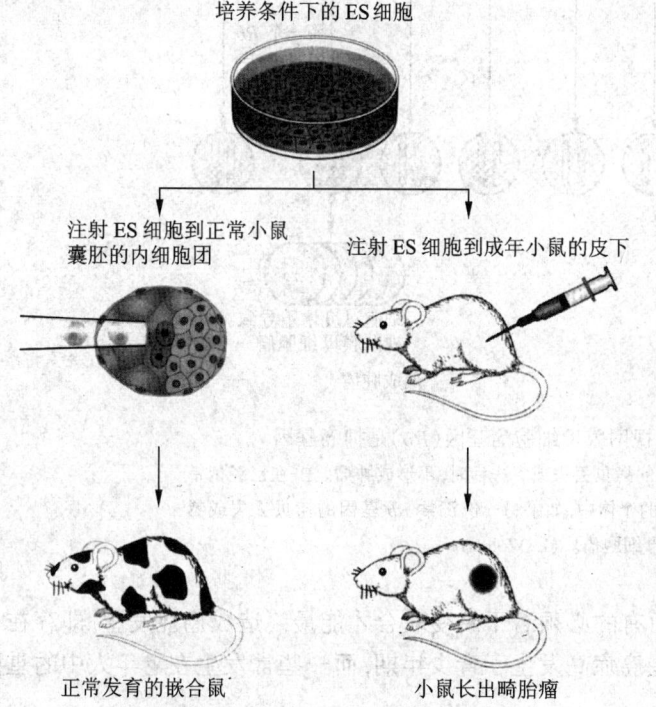

图20.2.1 在不同的环境下，胚胎干细胞可以正常发育，也可以转化为肿瘤

取自小鼠内细胞团的胚胎干细胞体外培养后，注射到小鼠囊胚中，可以发育成嵌合鼠；注射到成年小鼠皮下，则发育成畸胎瘤。(L. Wolpert)

基因或者基因表达控制的变异是造成癌变发生的重要原因。现在知道在生物体中，可能使癌症发生的基因有两大类：第一种称为原癌基因（proto-oncogene），当它们突变以后成为癌基因（oncogene），可诱发癌症发生。在哺乳动物中起码有70个不同的原癌基因已经被发现和鉴定。在正常的生命过程中，原癌基因都是与细胞增殖、分化、迁移活动相关的基因，它们编码生长因子、控制细胞增殖分化的信号分子、细胞表面信号受体、细胞内接受信号作用成分等。原癌基因的最主要的特征是，它们的突变体即癌基因的表达将严重地干扰了正常的细胞增殖、分化程序，主动性地诱发癌变出现。因此，对原癌基因来说，在双倍体的基因组中只要有一个基因出现了突变，对生物体便产生了癌变的威胁。第二类称为抑癌基因（tumor suppressor gene）。这一类基因的致病机制是，当这些基因的活性被抑制或者基因本身被删除后，则生物体进入高癌变发生的危险状态之中。显然，对抑癌基因来说，只有等位的两个基因拷贝都出现了"故障"，才会对个体造成癌变的威胁。典型的抑癌基因是位于人类13号染色体上的 Rb 基因，它是一个编码与细胞分裂周期活动有关的蛋白的基因（图20.2.2）。如果一个个体中遗传携带了一个 Rb 基因的突变，而自身又发生了另一个拷贝的突变，则将发生视网膜瘤，因此这是一个很少见到的疾病。

我们应该注意到，生物的生命过程极其复杂，癌症的治疗不是简单的发现癌基因就可以解决的问题。如上面提到的现在已经发现70个原癌基因，它们的表达编程在细胞分裂、分化信号网络系统之中，因此细胞增殖脱离控制是一个综合的效应。研究已经发现，有的原癌基因，

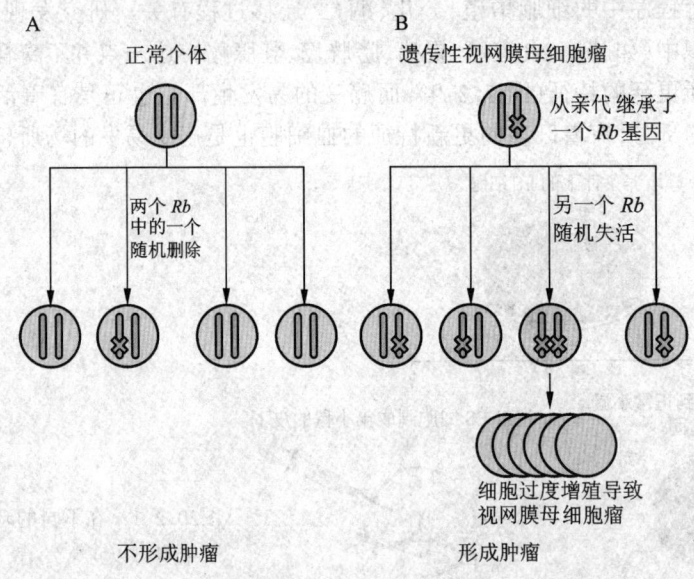

图 20.2.2　视网膜母细胞瘤基因(Rb)是抑癌基因
A.当只有一个 Rb 基因的拷贝丢失或者失活时,不形成肿瘤。B.在已经携带一份突变 Rb 基因拷贝的个体中,如果另一份正常 Rb 基因的拷贝丢失或者失活,则会形成视网膜母细胞瘤。(L. Wolpert)

一个基因的突变即可能引发癌症,而有的必须若干突变联合才能最终造成癌症发生,即存在一个突变积累的问题,这也是造成一些癌症高发生于青少年期,而一些常发生在老年人中的重要原因。

另一类典型的发育失控疾病是自身免疫病(如红斑狼疮)和变态反应(如风湿病),它们是令医生们十分头疼的疾病。对自身抗原产生免疫效应是违反原本免疫系统的发育设定,而对外界抗原反应反而造成自身免疫系统的混乱和自伤害说明外界环境对发育程序设定的干扰作用。目前,医学对自身免疫和变态反应的发病机制还了解得很少,普遍的看法是基因和环境的双重原因。如果说,癌症的治疗集中在杀伤癌变细胞和同时尽可能地保全正常的组织,那么对自身免疫和变态反应疾病的治疗采取压抑免疫系统功能的方法并不是上策。长期的临床经验逐渐形成了这样一个概念:自身免疫病和变态反应疾病都是一种系统病,它有着综合的症状和不同的发展程度。这实际上告诉我们,一个复杂的生命系统可以因为多方面的原因在仍维持其生存的前提下进入一种偏离正常轨道的运作状态。显然,对这种状态的纠正要比处理急性感染困难得多,而且一旦发生,它决不会是修补若干基因就可以立即奏效的(如果这是可能的话)。实际上许多慢性疾病,包括一些感染性的疾病也存在这种现象,因为这时外侵的微生物已经与宿主之间形成一种相当稳定的系统结构,使正常的生命程序发生了偏离,这时实施"调理"策略反而可能是更为有效的办法。

总之,从上面的讨论中我们清楚地看到,生命过程是一个极其复杂的过程。尽管在漫长的进化历史中,各种生物建立了一套完美、精巧的程序运作控制系统,其中基因的运用发挥着重要的作用,并具有相当的抗失控或者对失稳的代偿能力。但是,生命程序的"失控"仍然不可避免地从多方面表现出来,有时一个小小的来自内部或者外部的扰动就可能使整个改变它的方向。实际上,发育程序的失控现象是生命系统与生俱来的不稳定属性的必然表现。

思 考 题

1. 多细胞生物个体发育程序应是稳定性与不稳定性的同一,其中它的不稳定属性从 4 方面体现出来,它们分别是什么?

2. 与单纯的随机突变的思维模式比较,从动力学和系统论的角度探讨多细胞生物发育程序表现出的稳定与不稳定同一存在的合理性。

3. 请说明无论是细胞的分裂传代还是个体发育的世代交替,周期秩序的建立是生命延续存在的必要条件。

4. 从动力学的观点看,相空间的持续增加是生命有序度提高的先决条件。请从生命有序构成的角度讨论生命复杂系统中这一现象发生的基础是什么,并说明为什么 DNA-RNA-蛋白质是具有极大相空间扩展潜力的动力学系统。

5. 生物多样性无疑是生物进化的结果,系统论的研究指出了由混沌所引导的奇怪吸引子的 3 个重要性质,从多样的生物发育程序中我们强烈地感到生命有序发展过程中奇怪吸引子结构的存在。请谈一下你对书中阐述的这一观点的看法。

6. 一个物种的发育程序可以看作是生命复杂系统历史发展过程中,特定阶段、对象、层次的吸引子结构,它表现为在时间结构和空间结构上的生命自组织过程的程式连锁。请你谈一下对书中阐明的这一观点的看法。实际上多细胞生物发育程序并不是至今生命发展历史已经展现的最高有序结构,请你谈一下自己的认识。

7. 从动力学的角度看,受精卵在个体发育程序表达过程中占的地位是什么?

8. 请你谈一下对"发育程序的进化只能以分形的形式出现,而不会是遵循必然的末端叠加的原则"一句话的看法。

9. 自组织在发育程序的展开和发育程序的进化演变过程中都发挥着重要的作用,它们之间是否有区别?

小 结

以上，我们集中讨论了多细胞生物发育机制和原理的问题，将其归纳为 7 个方面，它们分别是：细胞分化是发育建立的基础；自组织对多细胞生物的发育有着重要的作用；集约化是发育组织的重要手段；发育是一个有严密组织的程序过程；发育程序中包含着对环境进行适应调整的探察性发育机制；多细胞生物个体具有整体维持和重建的能力；发育程序的稳定性与发育的失控。

多细胞生物有千千万万种，它们的发育自然也是各不相同、千差万别。但是我们相信，多细胞生物中存在有基本的发育的规律，在形形色色的个体形态构建的过程中，在发育机制上它们有着内在的同一性。从整体上对发育机制和原理进行认识和探讨无疑是十分重要的，它不仅对深入了解生物的发育现象，而且由此推广到对广泛的生命现象，包括生物进化这样一个生命科学最基本的课题，都有着重要的意义。在研究生物发育现象的早期胚胎学阶段，由于条件的限制，人们还只能基本停留在形态描述和对发育过程追踪的阶段，对发育机制方面的认识更多地还是局限在推理或者假设的水平上。遗传学、细胞学、分子生物学的发展给人们对生物发育现象的认识创造了有利的条件。在此基础上，近几十年发育生物学获得了迅猛的发展，许多过去难于认识的发育现象（如动物体轴的建立）得到了从分子到细胞、组织水平全方位的研究，许多过去提出但一直存在争论的问题（如种质学说、生物重演律）获得了新的分析视角。更重要的是，许多过去不得不各自独立研究的问题，今天看来它们之间在发育原理、分子机制，以至于基因的利用上都有着高度的一致性或同源性（如果蝇和脊椎动物发育中 Hox 基因的功能）。这些进展表明，人们全面探察生物发育的规律和理解多细胞生物多态现象发生的条件已经大大地改善了。

在以上对发育机制的讨论中，列举了大量的动物发育的例证来加以说明。但是上面归纳的 7 条生物发育的机制对于植物来说应该同样是适用的。虽然如前面讨论中提到的，动物和植物在发育程序的设定上，由于它们营养类型的不同，它们在进化历史上采取了不同的发育策略。但是，这只是因起始条件不同，对各种发育机制采取不同的应用的结果，而它们所遵循和表达的生命的基本原理是一致的。

在本部分的开头，我们提到发育现象并不是多细胞生物所独有的，单细胞伞藻同样表现出复杂的发育现象（图 1）。人们自然会想到，单细胞生物的发育与多细胞生物的发育有什么关系呢？人们关心这一问题显然潜藏着对多细胞生物进化发生现象更深入的思考。单细胞生物与多细胞生物的发育确实表现出不少相似或者一致的地方：例如，它们都表现出细胞核在发育信息储备上的重要作用；都存在分化与自组织过程交替进行的现象（单细胞生物体现在亚细胞结构和分子水平上）；都表现出个体的全息性质。但是，两者在机制上的不同也是显然的。由前面的讨论我们可以看出，多细胞生物的发育是建立在一套复杂的细胞与细胞间的信号和发育调控机制系统的基础上的,并且这种细胞间的作用又和细胞内的信号系统及生命活动和谐地统一在一起,其中包括对于细胞核负载的同一基因组在发育过程中信息在不同细胞间的分配使用。面对这样一个基本的事实,我们虽然可以说不论单细胞生物还是多细胞生物,发育现象的存在体现着生命对环境适应的一种发展趋势(尽管伞藻与多细胞植物在发育机制上很不相同,它们在外观结构和功能布局上却是如此地相似)。但是,从单细胞生物的发育到多细胞生物的发育决不是一个简单的细胞数量增加的问题,它包括生命系统进化上的深刻改造。总之,对发育现象的研究不是简单的回答多细胞生物个体是如何发育形成的问题,它还直接指向探察生物进化,包括多细胞生物的发生和物种演变这些生命科学中十分基本的问题。

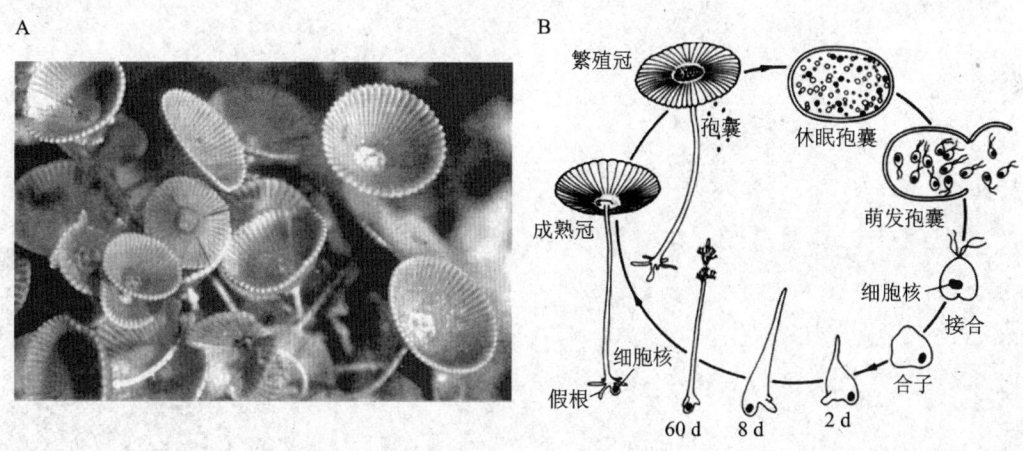

图1 伞藻及其生活史

A.地中海自然栖息地环境下,附着于水下岩石上的一簇伞藻(*Acetabularia acetabulum*)。B.伞藻的生活史。

当前,发育生物学是生命科学的一个热门学科,它自身也正经历着从传统的以形态研究为主的胚胎学向全面认识生物发育现象的发育生物学的转化。但是,这一工作还仅仅是开始,关于发育机制和原理的提法还很不一致,也很不系统。目前这一领域的专著或者教科书在迅速地增加,但是它们采用的体系却很不一样。这也造成了对发育生物学的学习格外地费力的局面。如前面所说,本书对发育机制的讨论的设置也正是在这方面的一种学习和探索。随着发育生物学的发展,对多细胞生物发育机制和原理的认识必将会有大的进步,对本书归纳的7方面的所谓发育机制的内容会有修正、发展或者其他的分析。但是,这正是推动学术发展的正常途径。

第四部分

发育与进化

生物进化是生命科学最基本的问题。从拉马克的获得性遗传到达尔文的自然选择，从赫胥黎的综合进化论到木村等人的分子中性进化学说，二百年来，围绕生物进化现象，各种学派不断地争论和发展。尽管今天，绝大多数人相信生命不是上帝或者什么超智能力量的创造，而是宇宙演变的产物，即它只能在自然规律的作用下，来自于非生命物质，并且生物的历史是一部不断进化的发展史。但是直至今日，生命起源和生物进化仍然像一个千古难解之迷一样，可以说还没有给出一个综合性的可以覆盖各种进化现象的令人信服的总体说明和解释，从理论上认识和解释生命的起源和生物进化现象仍还任重而道远。

在对生物发育现象研究的早期，即19世纪，人们就注意到胚胎发育与生物进化现象有着密切的关系，其中最著名的有赫克尔的生物重演律和魏斯曼的种质学说。但是，由于对生物发育现象的早期研究，即胚胎学的阶段，还基本上是处在形态发生的追踪和描述的水平，这在很大程度上不仅限制了人们对生物发育现象的认识，也难于从中发掘出更多的生物进化、特别是进化机制方面的信息。尽管生物重演律对于脊椎动物的进化历程，从大的轮廓上获得较好的印证，但是它对于生物进化的原因和机制并没有实质性的

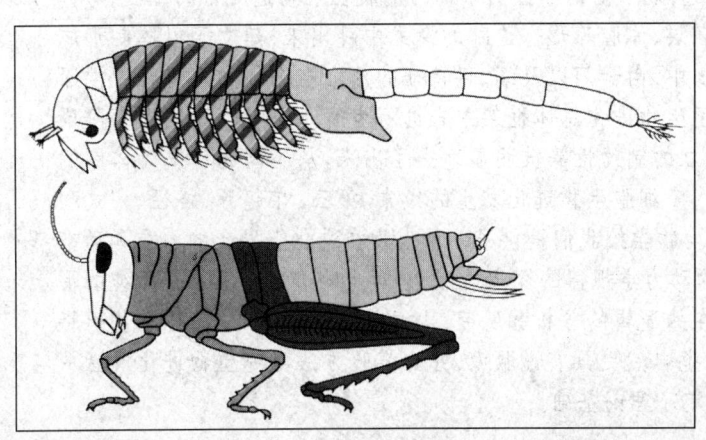

贡献,并且这一现象在其他门类生物中明显地存在偏离(如昆虫的发育)。魏斯曼的种质学说突出了生物遗传信息世代保留和传递的重要性,并将生物的进化规范在种质细胞自身变异的行为中。魏斯曼的学说推动了遗传学的建立和发展,但是研究表明他对种质细胞连续存在的设定不仅在许多生物中并不存在(如植物),它对进化发生场所和机制的限定也很难说明许多重要的生物进化现象(如寒武纪大爆发)。

在细胞学、遗传学、分子生物学建立和发展的基础上,近半个世纪以来,人们对生物发育现象的研究正在经历着从基本属于形态研究的胚胎学向探察发育的分子生物学过程的发育生物学的过渡,人们对生物发育机制的认识正在迅速地深化。现在看来,发育生物学的建立和发展不仅是对生物发育现象研究的一次大的飞跃,也越来越显示出它对于人们探察生物进化现象的巨大推动作用。本书的第四部分将围绕当今发育生物学中涉及的"发育与进化"问题的进展进行介绍和讨论。

当前,从发育的角度研究生物的进化十分地活跃。概括地说,大致可以归纳为3个方面:第一,随着发育生物学的进展,人们越来越发现,透过表观十分不同的发育现象,在细胞和分子水平上,许多直接操纵和影响发育的模式和程序结构,它们之间有很大的相通性和保守性。许多高等多细胞生物采纳的核心的细胞和发育控制程式在低等的单细胞生物中就存在,并且在这一基础上,发育过程提供了生物进化发生的广泛机遇,显示出信号控制系统的发展在生物进化中的重要作用。第二,发育生物学从传统的如动物的胚层、体腔等形态追踪的模式中跳出来,建立了以体制形成为中心的分析和认识路线。在这个系统中,由于门以及纲、目特征的建立在个体发育过程中被深入研究,生物的发育被更明确地放在了生物进化总体框架中来进行考察。就是说,不同发育阶段的稳定性、可塑性、对后继发育模式建立的制约性等被明显地提了出来。从不同物种发育体制的分析和比较中,人们获得了许多重要的多细胞生物进化发生的线索。第三,在起源、路径、方式和差异物种间的相互联系等方面,发育生物学给我们提供了一种生物在进化上发生的内在和动态演变的信息,推动着对生物进化现象的动力学规律的探索。由于它对生物进化现象不是单纯的形态上的比较和猜度,而是进行一种内在的逻辑的分析和研究,比之单纯的形态比较,这一认识将更本质、更接近于对进化机制的考察,也自然更具有说服力,并为实验方法研究生物进化或者从现存的物种中检测生物进化的依据奠定了理论基础。

21 生物发育研究对生物进化现象提出新的思考和探察方法

生物发育的研究对生物进化的认识提供了新的线索和探察方法。从目前的研究看,它大致可以归纳在以下 3 个方面,即从分子和细胞水平探察不同物种间的同源性、相关性;通过对多细胞生物体制建立过程的物种间的比较,分析生物进化可能走过的路径和进化可能发生的机制;对生物进化的动力学过程的综合性研究。

21.1 对多细胞生物进化历史的回顾

在我们讨论发育与生物进化现象前,需要先对多细胞生物的进化做以简单的回顾。基于分子生物学的研究,近年逐渐形成了将所有生物划分为 3 大界的认识,即真细菌(eubacteria)、古细菌(archaebacteria)、真核生物(eukaryotes)。图 21.1.1 勾画了它们以及各自分支间的进化演进关系,其中虚线表示线粒体来源即冠族真核生物和质粒出现即绿色单细胞原生生物起源的可能途径。具有发育现象的多细胞生物(真菌、植物、动物),特别是具有胚胎发育阶段的后生生物(高等的植物和动物),在生物的进化历史中很晚才出现。

一般认为植物与动物在进化上独立发生。目前,明确的多细胞群集植物化石发现在大约 6 亿年前元古宙晚期的震旦纪。最早的多细胞动物化石发现于 5.7 亿~5.5 亿年前晚前寒武纪(Precambrian)澳大利亚南部伊迪卡拉(Ediacara)地区的庞德石英砂岩中(图 21.1.2)。而在 5.3 亿~5 亿年前寒武纪年代的地层中,在加拿大西部的布尔吉斯页岩(Burgess shale)和在世界其他地区(如中国的云南澄江),又发现了另一批多细胞动物化石(图 21.1.3)。分析这两组化石,给人们留下了深刻的印象:① 从化石印痕复原的形态比较分析看,伊迪卡拉动物和布尔吉斯页岩动物的出现是没有连续关系的两组完全独立的多细胞动物的发生过程,并且上述两次多细胞动物的发生都可以说是形态结构不同的各种动物在很短的时间里(约 0.1 亿年)"突然"地产生出来。② 伊迪卡拉动物和现存所有动物都显著地不同,不能纳入现代动物分类系统之中,它们在出现以后不久就相继全部绝灭了。③ 对照化石和今天动物的结构,寒武纪的动物不仅包括了现今存在的所有的大约近 20~30 个动物门类和其中的大约 50 个左右的目类的动物,而且也涵盖了寒武纪以后历史上陆续绝灭的其他大量的动物门类,共计可达 50 个左

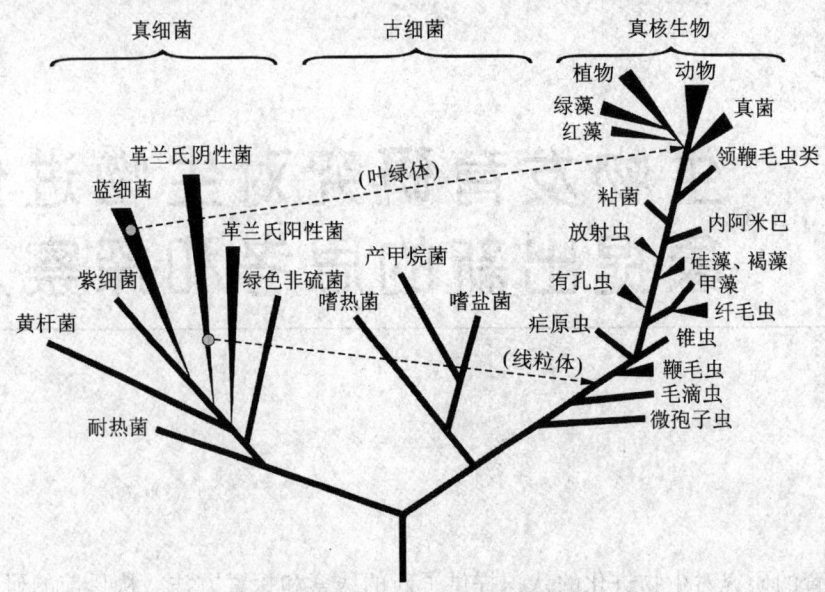

图21.1.1 现生的3个主要生物类别及其各自的分支之间可能的演化关系
图中虚线箭头表示真核生物细胞中线粒体和叶绿体的可能起源途径。(J. Gerhart & M. Kirschner)

右(有人说100多个)。这表明在随后的5亿多年的动物演化中,再没有新的门级分类单元出现(有人认为苔藓动物可能是一个例外)。对于动物门类的体制建立,人们提出了不同的假设:一种看法认为门类体制的分化出现在寒武纪大爆发阶段;另一种看法认为主要的门类体制分化在寒武纪之前已经建立了,而寒武纪阶段则是各种体制的完善和动物个体规模的急速增加(图21.1.4)。因此,从发育生物学的角度,应该说经过寒武纪大爆发,所有动物的门类体制和一些次级分类特征已经分化完成(图21.1.5)。寒武纪以后,生物的进化限定在门以下,包括纲、目、科、属特征的进一步分化。

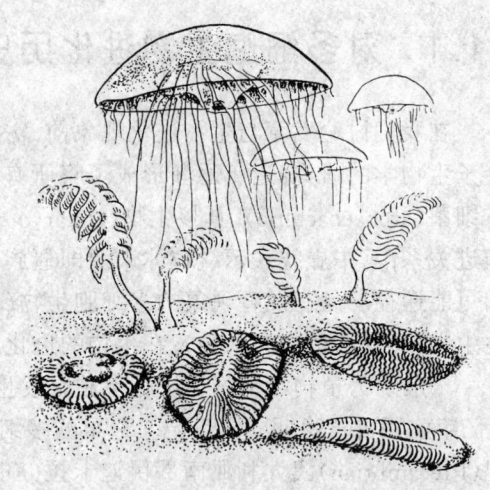

图21.1.2 伊迪卡拉动物印痕化石的复原图

多细胞生物的进化图案,特别是早期动物的门类爆发性发生现象,是对传统的达尔文自然选择理论,和由此推导出的由于突变和选择的积累,生物物种逐渐分化、相互间差异不断扩大模式的挑战。面对上述生物进化现象,发育生物学从生物形态结构和功能构建的角度,正在探索和思考多细胞生物体制建立和进化的可能方式和它们的机制。

图 21.1.3　布尔吉斯页岩动物的复原图

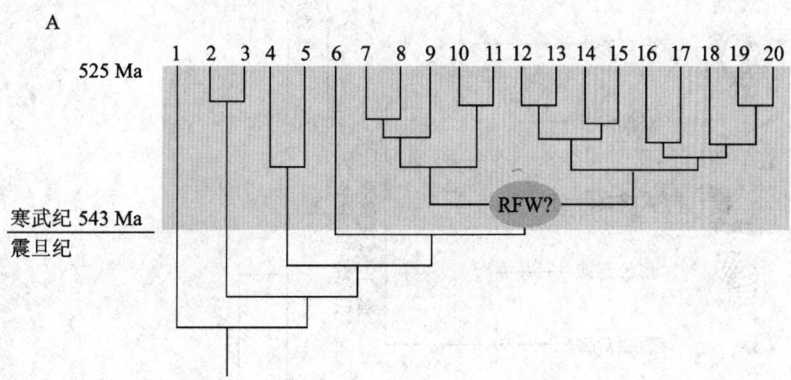

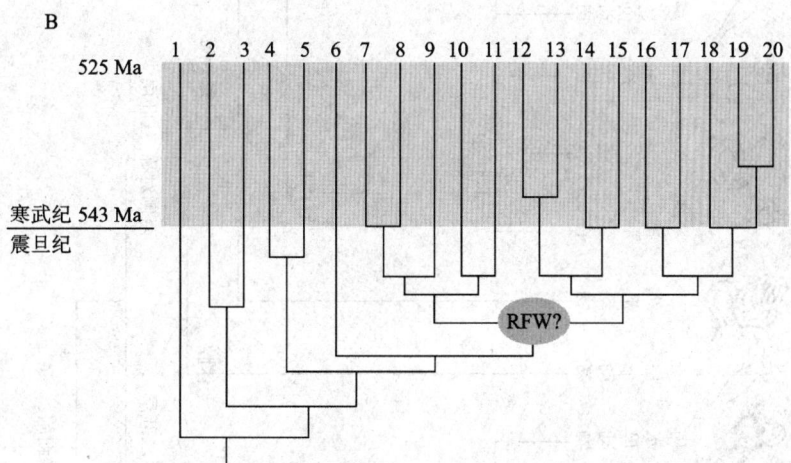

图 21.1.4　对寒武纪动物种群大爆发的两种分析

A.第一种认为门类体制多样性变化发生在前寒武,称为体制大爆发。B.第二种认为寒武纪主要进行大小的增长、硬组织发生、附肢分化,最近有人从分子系统发生研究中把已有明显体制分化的圆形扁虫(RFM)置于寒武纪前至少1亿年,这样在震旦纪就可以进行广泛的分化,称为体制类型扩增。(J. Gerhart & M. Kirschner)

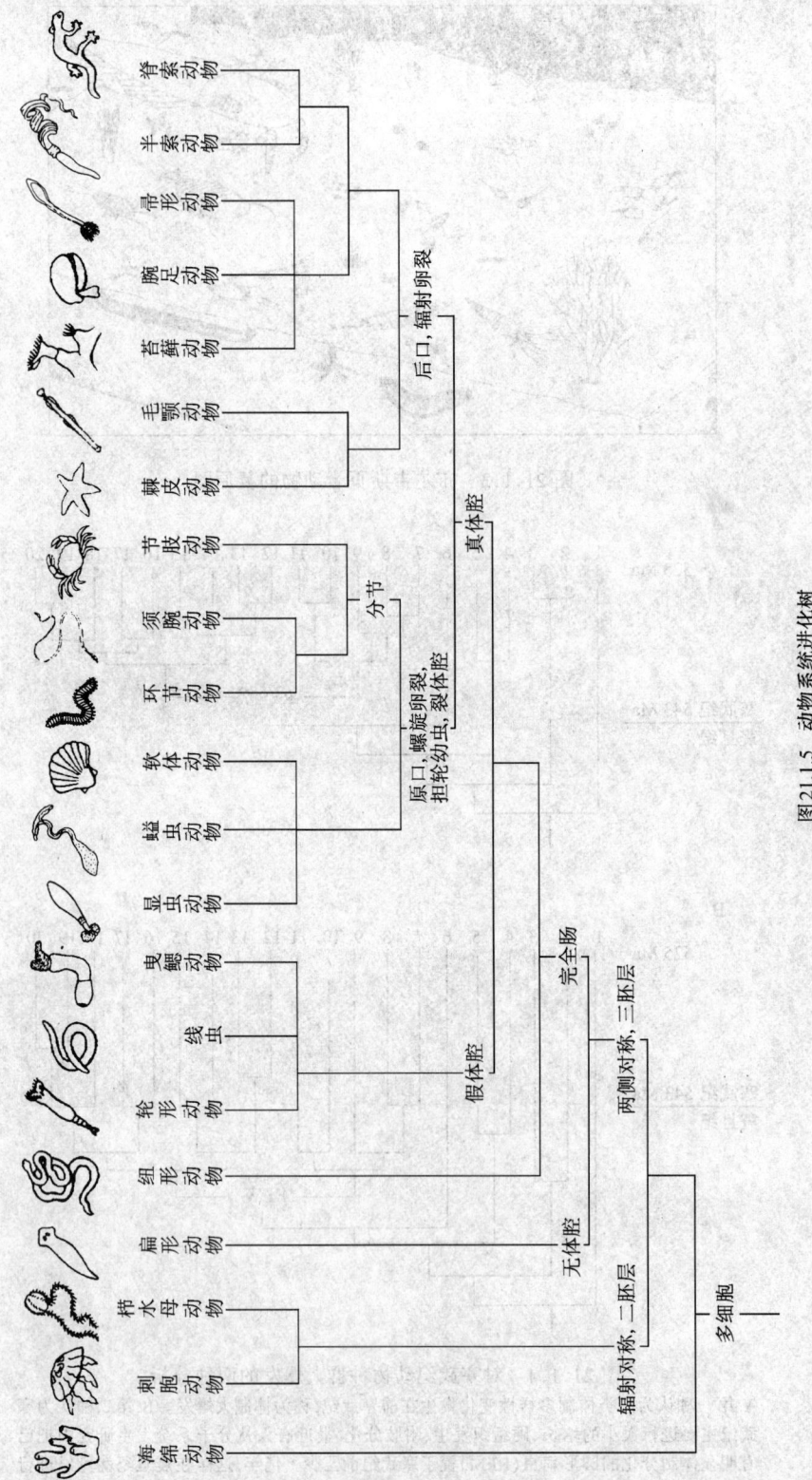

图 21.1.5 动物系统进化树

21.2 发育控制系统的演进在生物进化中发挥着重要的作用

21.2.1 在进化上细胞学的核心程式表现出高度的同一性和保守性

细胞学、分子生物学和发育生物学的研究表明,在物种的进化过程中,细胞的核心程式(processes)表现出高度的同一性和保守性。细胞核心程式的保守性不仅体现在代谢和基因表达模式上,在形态构建、功能发挥,以及细胞活动调控方式等许多方面也同样表现出来,而这些正与生物的进化有着密切的关系。

多细胞生物由众多分化细胞组成,它们在形态结构上是如此地不同(图 21.2.1),就是一些同功能的特化细胞也常常很不一样。细胞学研究表明,执行其形态构建任务主要的是细胞骨架成分。因此人们猜测,伴随物种和细胞分化的进化,骨架蛋白会发生显著的变化,但是事实并不是这样。许多分化细胞的特异结构,例如感觉器官的触毛、马蹄蟹精子的顶体、小肠上皮细胞的纹状缘(微绒毛)、迁移细胞的丝足(filopodia),尽管它们的形态结构可能很不一样,但是它们都是采用同样的线形多聚肌动蛋白(actin)作为其基本的骨架成分,差别的是它们通过不同的铰链蛋白的作用形成不同的骨架纤维,而这些特异的铰链蛋白在不同的物种间同样极为近似。可以说在进化上细胞形态结构的差异和多样性的发生主要是来自骨架成分聚合或铰链方式的不同,而它们的核心分子和构建机制有着高度的稳定和保守性。类似的还有与细胞及细胞成分极化现象有密切关系的微管。微管具有高度组装和去组装的动力学活性,许多细

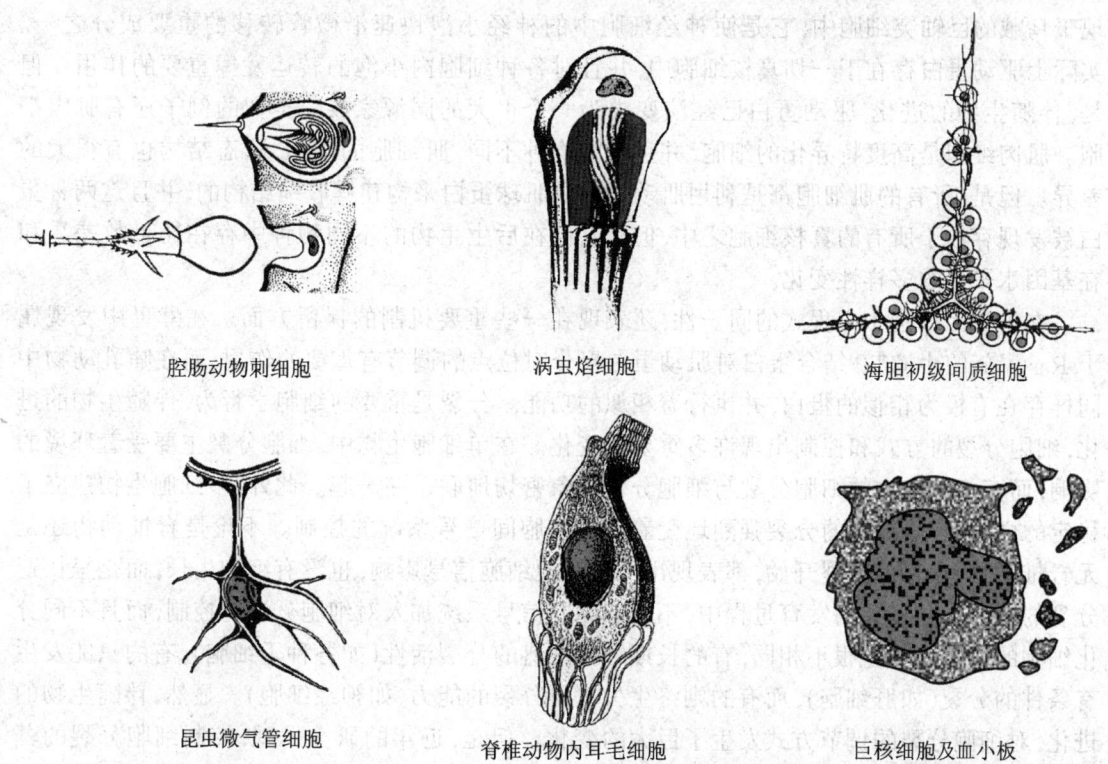

腔肠动物刺细胞　　　涡虫焰细胞　　　海胆初级间质细胞

昆虫微气管细胞　　　脊椎动物内耳毛细胞　　　巨核细胞及血小板

图 21.2.1　各种不同的细胞的形态与结构

胞学现象,例如有丝分裂纺锤体的形成、核融合过程中核的转移、神经细胞递质小泡从胞体向轴突末端的传输,还有真核细胞纤毛、鞭毛、神经细胞突出的形成、一些视听感觉细胞的特化结构,细胞分化决定子的定位,等等,都与微管和它的动力学性质有关。研究表明,虽然在进化历史上,细胞对微管的利用出现很大的分化,并且它们在细胞形态构建和功能发挥中起着重要的作用,但是从早期的后生动物出现以来,微管不仅就存在并被延续应用,而且它们的基本构成和性质几乎没有更改。

上皮细胞对于多细胞生物的形态构建有着重要的意义。上皮细胞之间常有一些特殊的连接,将上皮细胞联系组成层片或者条索状的组织结构,它在成体器官系统的界面划定、微环境的维持、功能层面(如小肠绒毛)的建立上发挥着重要的作用。无脊椎动物和脊椎动物上皮细胞间的连接结构很不一样。无脊椎动物上皮细胞间的连接称分隔连接(septate junction),它是一种栓塞样的结构,将两个上皮细胞的细胞膜挂连在一起。脊椎动物则通过紧密连接、桥粒等将不同上皮细胞细胞膜十分紧密地粘结在一起。尽管两者上皮细胞的连接方式很不同,但是构成它们连接结构的分子成分有着高度的同源性,编码这一成分的基因在果蝇中称为 *disc large* 基因,在脊椎动物中称为 $ZO-1$ 基因,而一些与它们同源的蛋白质成分在无脊椎动物和脊椎动物中,都在神经组织与周围基质的粘着中发挥重要的作用。由此,有人认为,这些现象反映了在进化上,细胞粘着成分和机制的同源和一致性。

在进化过程中不断出现新的分化细胞类型。但是,近年发育生物学的研究发现存在于这些细胞中的特异蛋白质成分并不是完全新的创造,而常常是来自对一些包括单细胞真核生物中就存在的成分的改造。一个突出的例子来自对驱动蛋白(kinesin)的研究。驱动蛋白最早发现于乌贼的巨轴突细胞中,它是使神经细胞中的神经小泡快速沿微管转移的重要成分之一。实际上驱动蛋白存在于一切真核细胞中,并且对各种细胞内小泡的转运发挥重要的作用。但是,伴随生物的进化,驱动蛋白已经演变成为一个很大的同源家族。类似的例子还有肌肉细胞。肌肉细胞是高度特异化的细胞,并且生物物种不同,肌细胞的类型、形态结构也有很大的差异。但是,所有的肌细胞都是利用肌动蛋白和肌球蛋白来构建其收缩结构的,并且这两种蛋白被发现存在于所有的真核细胞之中,但是它们在后生生物的不同物种中存在拷贝数差异和在基因水平上的多样性变化。

在进化上细胞中心程式的同一性,还表现在一些重要机制的保留方面。在酵母中发现属于 Ras 家族的小 GTP 结合蛋白对肌动蛋白聚合时位点的调节有重要的作用,而在哺乳动物中同样存在有极为相似的蛋白,并执行着相似的功能。分裂是重要的细胞学行为,伴随生物的进化,细胞分裂的方式和控制出现许多重要的变化。在单细胞生物中,细胞分裂主要受着环境的影响,而多细胞生物的细胞分裂与细胞分化现象密切地联系在一起。此外,多细胞生物建立了稳定的内环境,体细胞的分裂强烈地受着体内细胞间信号系统的控制。不论是脊椎动物还是无脊椎动物,在它们卵裂开始,都表现出不受其他细胞信号影响,也没有细胞生长,而是呈快速分裂的特点。在以后的发育过程中,不仅细胞间信号系统加入对细胞分裂的控制,而且不同分化细胞的分裂行为也很不相同,有的长期维持旺盛的分裂活性(如各种干细胞),有的只能发生有条件的分裂(如肝细胞),而有的则终生失去再分裂的能力(如神经细胞)。显然,伴随生物的进化,对细胞分裂的调节方式发生了巨大的变化。但是,近年的研究发现,控制细胞分裂的基础机制在各种生物及各种细胞中不仅没有变,它的核心成分仍维持着它的通用性。实验证明,人的同源成分可以完全取代酵母的 Cdc2,实现酵母细胞的正常分裂,以及完成各项生理功能。

因此，我们获得一种概念，虽然多细胞生物的出现和物种的进化带来了细胞分裂调控方式的变化，但它不是改变原来的基础，而是对原有基础上的添加，它的核心机制没有改变。

核心机制的高度保守性的另一个典型例子是光感受机制。尽管在解剖、形态发生和光接受通道上，昆虫和脊椎动物的眼有很大的区别，但是，Pax-6 是两者共同的与特异细胞分化和眼的发育有密切关系的基因转录调节因子。在脊椎动物眼的发育过程中，*Pax-6* 表达于视杯、晶状体和角膜组织中，含有 *pax-6* 基因突变的杂核小鼠的眼明显地小，并且虹膜发育受阻，而纯合的突变个体将没有眼发育，并且是致死性的。在果蝇中，*eyeless*（*pax-6* 的同源基因）表达在眼原基和随后发育的眼组织中，*eyeless* 基因突变可造成果蝇眼部分或全部的缺失。进一步的研究表明，*eyeless* 基因的异位表达可以使果蝇在肢、翅、胸、触角的部位长出眼来（图 21.2.2），而脊椎动物的 *pax-6* 基因同样

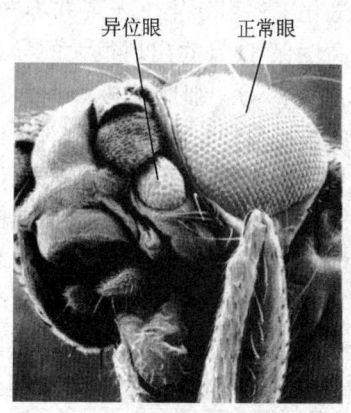

图 21.2.2　果蝇的眼睛异位表达

可以诱导果蝇眼的发育。现在知道 *pax-6* 基因不仅广泛存在，而且序列分析表明它们有着极高的同源性（图 21.2.3）。历史上曾有这样一个故事，在达尔文创立进化论以后，他力图用自然选择学说来解释生物多样性发生的原因，但是他却无论如何也想不明白精巧的眼睛是怎样通过自然选择一步步进化出现的。他说，每当他在镜子前看着自己的眼睛的时候，就感到心跳不止。今天知道，*pax-6* 基因在像海胆这样低等的生物中就已存在，并且在高等动物中，*pax-6* 基因突变的纯合个体带来的不仅是眼发育的缺失，并且是致死性的，这就表明 *pax-6* 基因在多细胞生物发育中还有其他重要的功能。这无疑强烈地暗示了眼的出现来自一种对旧有"元件"的改造和利用的可能性，但是它并不是当年拉马克所说的原始器官，而是在分子和细胞水平上的事件。显然这样的猜度，对眼的进化发生和物种间的歧化的认识提供了重要的探察线索。近年对线虫研究发现，*pax-6* 的同源基因 *VAB3* 在头和感觉器官的形成过程中发挥重要作用。因此，这可能是 *pax-6* 基因更基础和原始的机能，只是在高等动物的进化中它被利用发展出专一应答光刺激的眼。乌贼与脊椎动物在进化上独立地发展出相似的眼器官

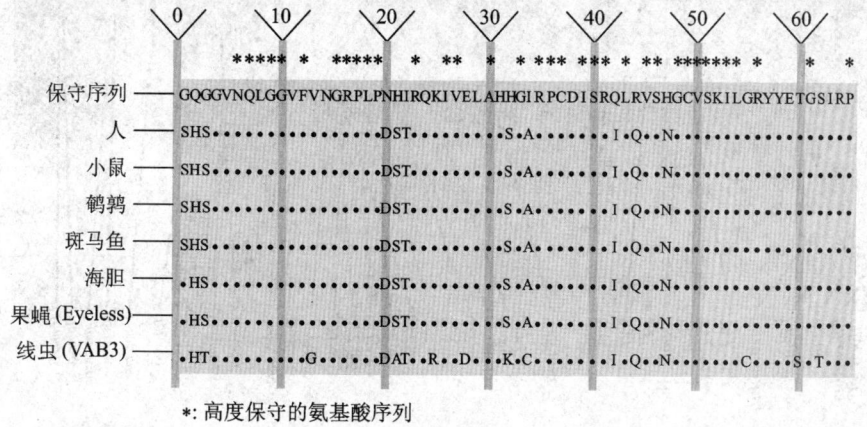

图 21.2.3　脊椎动物和无脊椎动物

不同物种的 *pax-6* 同源基因产物的氨基酸序列高度保守。(J.Gerhart & M.Kirschner)

广泛的分析表明,各种蛋白质成分在进化上序列分化上表现并不一样,有的高度保守,有的出现很大的异化现象(图21.2.4)。细胞的核心程式在进化上的高度保守性暗示我们,对蛋白质的进化选择主要是来自功能方面,即蛋白质的保守性与其说是表现在蛋白质氨基酸序列方面不如说更重要的是表现在其功能方面。珠蛋白具有结合血红素和氧的能力。在进化中,珠蛋白序列出现广泛的变化(图21.2.5),但是分析显示蛤珠蛋白与鲸肌红蛋白的三级结构却惊人地相似(图21.2.6)。因此,蛋白质的三级结构可能提供了一种平台,在保证其功能的基础上,给其序列的分化提供了广泛的空间。

也是对这一认识的有力支持。

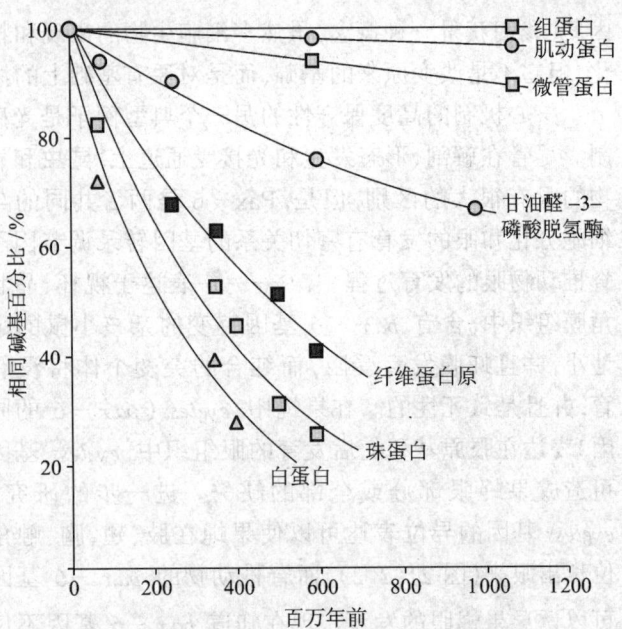

图 21.2.4　不同蛋白质序列的保守性比较

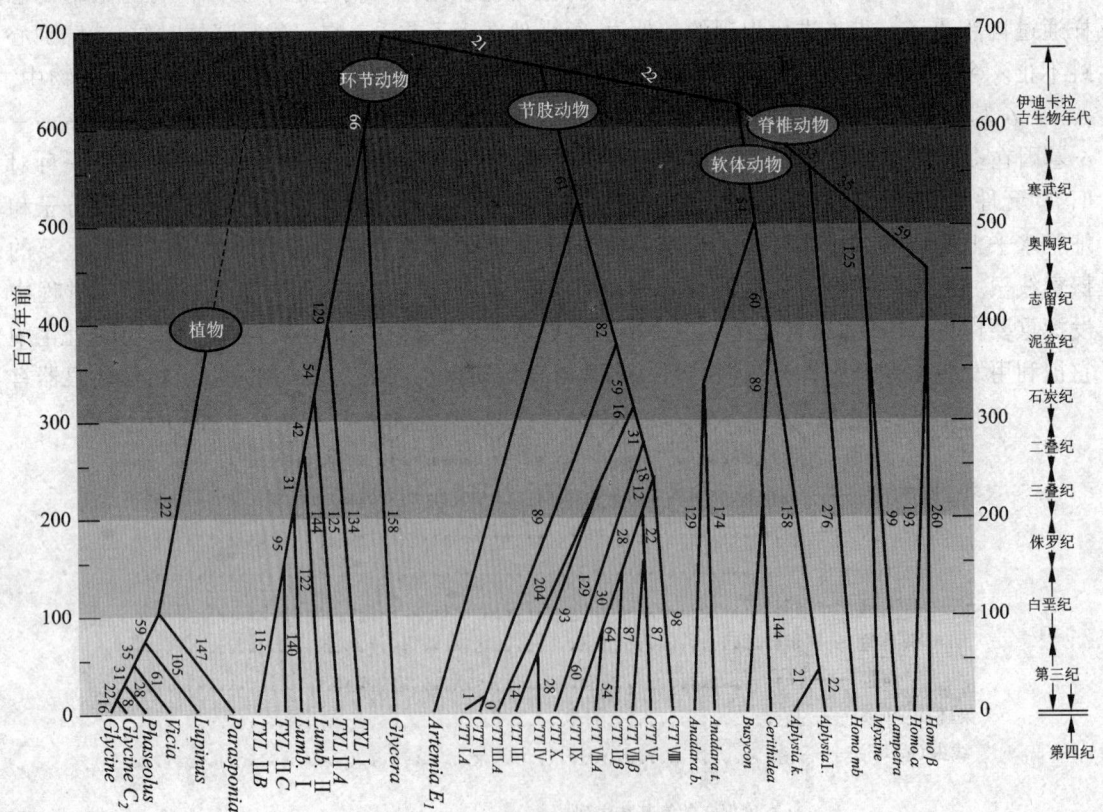

图 21.2.5　珠蛋白链的进化谱系

植物、环节动物、节肢动物、软体动物和脊椎动物的珠蛋白序列的进化树。纵轴是地质年代,图中竖线旁的数字表示与祖先蛋白基因相比较的核苷酸替换数。(J. Gerhart & M. Kirschner)

图21.2.6 序列不同的珠蛋白的三维结构的比较

虽然氨基酸序列相差很大,但是蛤珠蛋白(黑线)与鲸肌红蛋白(灰线)的三维结构几乎能完全重叠。

21.2.2 建立对核心程序网络的特异控制是多细胞生物进化的重要手段

对于单细胞生物来说,由于突变带来的细胞表型的改变只能面临着外界的环境的选择。而在多细胞生物发育过程中如果出现两种以上的细胞类型,则会在它们之间建立起复杂的细胞间的相互作用关系(图 21.2.7),从而为多细胞生物的有序建立带来一种生理选择的可能性,即多细胞生物获得了一种与发育有密切关系的程序选择的机遇性(contingency)。显然,伴随着多细胞生物复杂性不断地提高,这种选择的机遇性和规模会急剧地增加。研究发现,多细胞生物的发育在很大程度上表现为对多通道的核心有序程序网络不断建立新的特异控制,使这一过程专一化,由此引导细胞在形态和功能上的分化,带动了生物的进化。在多细胞生物中,这种专一控制的确定并不是直接来源于外界,而在很大程度上是决定于使生物体内部环境稳定的选择。

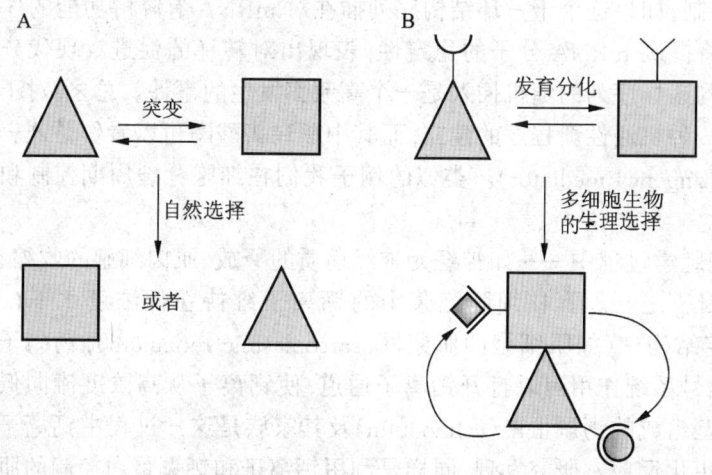

图21.2.7 自然选择和生理选择

单细胞生物只能通过突变进行单一的变化;多细胞生物通过细胞分化可建立复杂的秩序关系。A. 单细胞生物中,突变产生新的细胞类型,导致多样化和选择,在两种表型间转换。B. 多细胞生物中,还可以不涉及遗传变化,通过生理稳定性的建立实现新的秩序关系,即多细胞生物具有遗传选择和生理选择的双重可能性。(J. Gerhart & M. Kirschner)

对共享的核心程序网络,通过专一控制和特异通道的建立,实献细胞形态、功能分化的例子在多细胞生物的发育过程中比比皆是,在此我们举例加以说明。

我们知道,铁元素在机体中保持稳态平衡是非常重要的。因为,低浓度铁离子对正常生命活动是必须的,而高浓度铁离子会对机体产生毒害作用。铁从小肠吸收,通过血液中的转铁蛋白(transferrin)运输到其他组织中,又通过细胞表面转铁蛋白受体(TfR)进入细胞内部,这时铁离子或者结合到一种细胞内部的铁蛋白(ferritin)上,或者被用来制备血红素或其他含铁辅基。在这条通道上起码有 3 种成分,它们的基因的表达受到与铁离子浓度有关的反馈调节:① 肝细胞中铁蛋白的生成;② 所有细胞中转铁蛋白受体 TfR 的生成;③ 红细胞中合成血红素过程的第一个特异性酶——5-氨基乙酰丙酸合成酶的生成。铁离子对上述 3 种成分的转译调节都依赖在各自的 mRNA 中存在有一种特定的序列,它们形成一种干-环(stem-loop)结构,而这种干-环结构可与在胞浆中存在的铁结合蛋白(iron-response element binding protein, IRE-BP)相结合。铁结合蛋白构像变化和与铁的结合对铁离子的浓度十分敏感。在低浓度的铁离子环境中,IRE-BP 不与铁结合而是特异地结合在铁蛋白等的 mRNA 分子的干-环结构上,并且对它们的转译产生不同的作用效果:对铁蛋白来说,这种结合抑制了铁蛋白的合成,使肝细胞中铁蛋白的合成和对铁储备的停止;对转运蛋白受体来说,这种结合增加了其 mRNA 的稳定性,从而促进了转铁蛋白受体的合成;对 5-氨基乙酰丙酸合成酶来说,这种结合可以抑制其 mRNA 的转译,降低血红素的合成。而当铁离子浓度升高时,IRE-BP 与铁离子发生结合,同时解除了它与上述 3 种成分的 mRNA 中干-环结构的结合,造成铁蛋白和血红素合成的和转铁蛋白受体含量的下降(图 21.2.8)。显然,在多细胞生物的进化中,对于铁离子的摄入和在其内环境中的维持上,利用细胞间存在的相互作用关系,建立了一种特异控制的方式,从而实现了个体的复杂有序分化,奠定了多细胞生物对氧运输和利用的基本条件。进一步的研究发现,上述复杂控制机制的建立并不是没有基础的。作为主要的铁离子调节蛋白——铁类元素结合蛋白,它并不是一种完全新造的成分,是脱胎于三羧酸循环中的一种含有铁离子的酶——顺乌头酸酶(aconitase),而铁离子存储蛋白实际上在细胞中含量不同地广泛存在。就是说,这里进化采取的是利用预先存在的生物分子,把它们转变成为特异的、新的功能信号成分。至于问到 mRNA 中干-环结构对调节因子差异应答的建立,实际上可以想见这也不是一件十分困难的事:如果一个干-环结构序列插在 mRNA 转译的功能序列部位,则它与调节因子的结合将表现出对转译的抑制;如果这个干-环结构序列插在对 mRNA 有降解功能的序列部位,则它与调节因子的结合将提高 mRNA 分子的稳定性,表现出对转译的促进。现代分子生物学研究表明,像干-环结构这样序列的随机插入是一个高频率发生的事件。总之,对于铁离子调节的进化,可以看成是一种机遇性新程序的建立,而其中顺乌头酸酶可以看作是这一机遇捕获的最主要的作佣者(contingency mediator)。类似的例子我们在细胞分裂周期控制和性别决定中也同样可以看到。

钙离子是真核生物许多细胞学过程中——如神经元神经递质的释放、肌肉细胞的收缩、细胞分泌等——最重要的调节因子之一。真核细胞胞浆中的钙离子维持在低浓度水平($0.1\ \mu mol/L$),而在胞外和胞内特定结构中(如肌细胞的肌浆网, sarcoplasmic reticulum),钙离子浓度可高出一万倍。有多种的信号系统作用可以打开钙离子通道,使钙离子从高浓度流向低浓度区域,而由 150 个氨基酸残基组成的钙调蛋白(calmodulin)及其家族是这一过程中钙离子的传递者,并同时介导着多种的生化反应。研究发现,同样是利用钙离子和钙调蛋白控制的肌肉的收缩过程,对于脊椎动物平滑肌、骨骼肌(或心肌)、软体动物肌肉,它们的机制并不相同。① 在平滑肌中,因肌球蛋白头部有一小多肽轻链(LC)结合而处在非活化的状态。钙离子、钙调蛋白作用首先活化肌球蛋白轻链激酶,使肌球蛋白轻链磷酸化,促使肌球蛋白顶端构象改变,发生与肌动蛋白的结合,引发肌肉收缩。② 在骨骼肌和心肌中,肌球蛋白总是处在活化的状

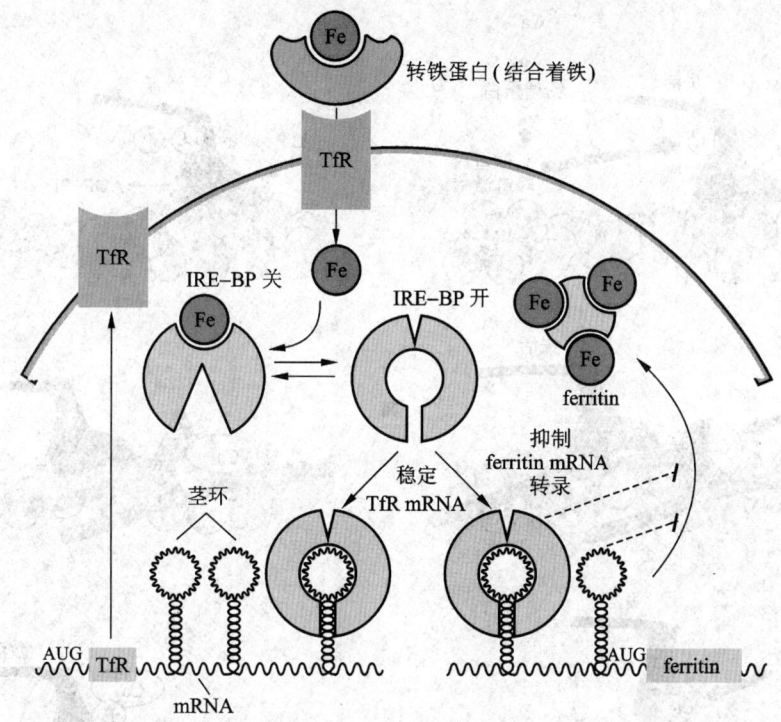

图 21.2.8 铁的利用

血清中的转铁蛋白运输铁离子,转铁蛋白与细胞膜上的转铁蛋白受体(TfR)结合,进入细胞后,转铁蛋白释放铁,然后回到血清中。这时,进入细胞的铁离子或者结合到铁离子存储蛋白上,或者被用来作为酶促反应的辅助因子与胞浆中的铁结合蛋白(IRE-BP)结合。IRE-BP 有两种构象:开时不结合铁离子;关时结合着铁离子。当铁离子浓度高时,IRE-BP 与铁结合,无调节活性;当铁离子浓度低时,IRE-BP 与铁脱离后便获得有调节活性,即结合到转铁蛋白和 TfR mRNA 的茎环结构上。对于 TfR mRNA,由于结合位点在 3′端,因抗降解而增加了其稳定性,所以 TfR 合成量升高。对于铁蛋白 mRNA,结合位点在 5′端,可抑制其翻译,即抑制了铁蛋白的合成。可见,铁离子通过 IRE-BP 对铁蛋白和 TfR 进行不同的调节。(J. Gerhart & M. Kirschner)

态,但是由于长长的原肌球蛋白(tropomyosin)纤维的阻挡,不能与肌动蛋白结合。钙离子可以与一种钙调蛋白同族的肌钙蛋白(troponin)结合,使原肌球蛋白纤维发生构象改变,引发肌球蛋白与肌动蛋白的结合和肌肉的收缩。③ 在软体动物肌肉中,钙离子直接结合到肌球蛋白中与钙调蛋白成分同族的轻链上,使肌球蛋白活化,结合肌动蛋白,引发肌肉收缩(图 21.2.9)。显然,同样的是由钙离子引导的肌球蛋白与肌动蛋白结合的肌肉收缩过程,进化出了不同的控制机制和途径,出现了不同肌肉类型的分化。其实,肌肉收缩控制机制在进化历史上的分化现象还不止以上 3 种:海鞘动物平滑肌的收缩是通过对肌钙蛋白而不是肌球蛋白轻链激活完成的(类似于脊椎动物的骨骼肌);钙离子对合胞粘菌(Physarum)肌球蛋白执行的是通过一种抑制蛋白介导的负调节;近年发现的几种非肌肉肌球蛋白(如肌球蛋白 V),对它们执行调节的是一种称为 bona fide 的钙调蛋白。肌肉细胞在进化上表现出的分化现象,再次向人们显示了调节机制对进化的重要作用。从上述例子中我们可以清楚地察觉到,不同肌肉的收缩调节有两个重要的差异:一是与软体动物肌肉收缩控制比较,在脊椎动物平滑肌肌细胞中,在钙调蛋白

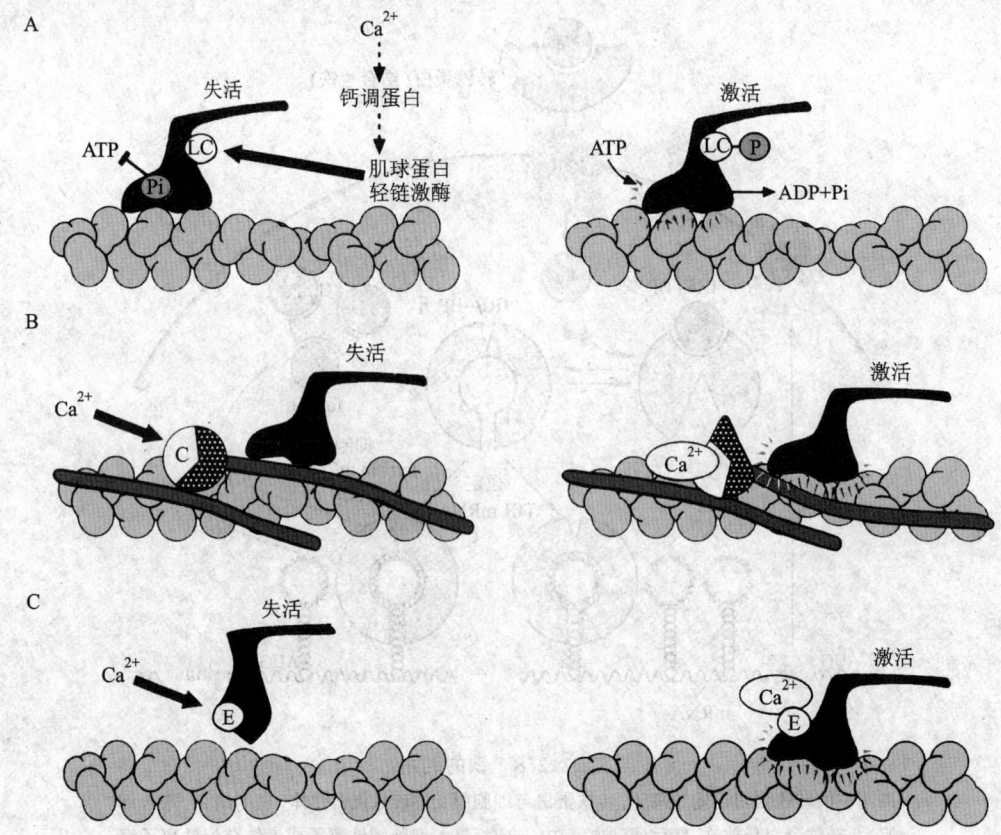

图 21.2.9 肌肉钙调节的不同类型

钙是所有肌肉收缩的信号分子。A. 平滑肌中,肌球蛋白(黑色)无催化活性。要激活它,必须由肌球蛋白轻链激酶来磷酸化小多肽轻链(LC)中的一个。结合了钙离子的钙调蛋白能激活肌球蛋白轻链激酶,同时也是肌球蛋白轻链激酶的亚基。磷酸化的 LC 改变了肌球蛋白头部的构象,使其与肌动蛋白结合。B. 骨骼肌中,肌球蛋白始终有活性,但是由于长长的原肌球蛋白的阻挡,不能与肌动蛋白结合。肌钙蛋白能使原肌球蛋白移位。肌钙蛋白的一个亚基 C 与钙调蛋白同源,也能与钙离子结合。钙离子结合肌钙蛋白后,原肌球蛋白移位,肌球蛋白与肌动蛋白结合,肌肉收缩。C. 软体动物肌肉中,钙离子结合到轻链 E 上,直接激活肌球蛋白,轻链 E 与钙调蛋白同源。(J. Gerhart & M. Kirschner)

控制环节后面插进了 LC 的磷酸化控制机制;二是在脊椎动物骨骼肌肌细胞中,对肌球蛋白的控制转换为对肌动蛋白成分的调节。人们正在思考和探察这一调节分化的机制。可以想见,在进化上肌肉的出现一定很早,并且在开始,对肌肉的收缩控制是与原始的钙结合蛋白密切联系在一起的。近年对钙调蛋白三级结构的研究表明,它具有相当的加入调控环节的潜在能力(对这一问题的讨论已超出本书的范围,可参阅 J. Gerhard, M. Kirschner 编著的《Cell, Embryos, and Evolution》一书)。

在真核生物中,最广泛采用的对发育信息网络的特异控制的策略是蛋白激酶的利用,这一现象是和蛋白激酶对于靶蛋白可产生多种不同的效应的性质密切地联系在一起的,图 21.2.10 归纳了它们的主要类型。

总之,上述的分析给我们对生物的进化带来一种新的思考路线。按照传统的观念,无论在结构或者功能上,所有的进化在都属于一种相对孤立的直接对应于表型的突发性事件。现在

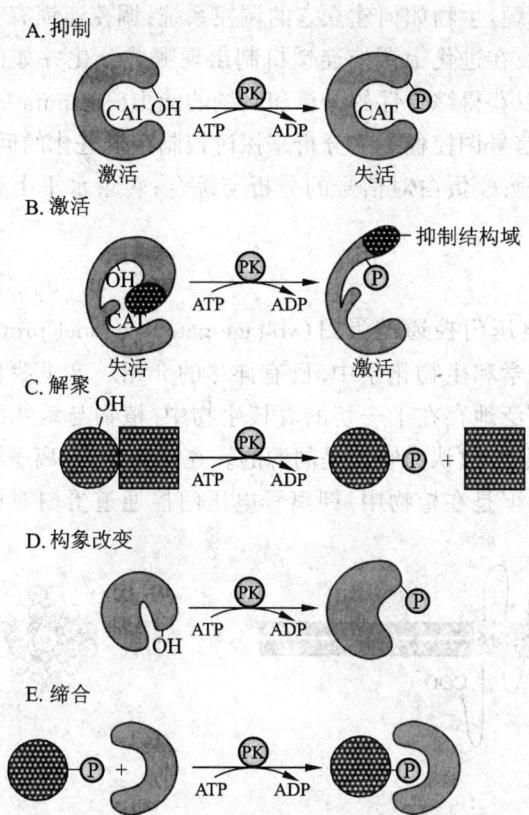

图21.2.10 靶蛋白质磷酸化后会产生截然不同的作用

A.抑制。磷酸化发生在催化位点上或者其附近的氨基酸残基,比如对MPF活性的抑制。B.激活。磷酸化可解除内部自抑制结构域的作用,使之活化,比如CAM激酶II的激活。C.解聚。通过干预蛋白-蛋白间相互作用的结构域,解离蛋白复合体,比如有丝分裂时核纤层的解离。D.构象改变。稳定一种构象,干预其他构象,比如果糖-2,6-二磷酸化酶作为双功能酶活性的激活。E.缔合。提供了蛋白-蛋白相互作用的新位点,比如磷酸化的酪氨酸激酶跨膜受体与下游信号分子的结合。(J. Gerhart & M. Kirschner)

看来,这一认识并不完全正确。对核心网络程序的专一控制可以带动进化的发展暗示了这样一个现象的存在,即许多进化发生的基本条件可能在生物的有序结构中早已潜伏存在,它的进化表达在相当程度上是获自于新的调节机制的建立。正如前一节讨论中提到的,越来越多的研究表明许多高等生物特有的复杂结构,其核心程式可以追溯到远古以至单细胞生物的阶段。显然,调节机制的变动比之一种全新程序的建立要容易得多,并且对表型影响是综合的,有时会是巨大的。这样一来,生物进化现象被放在了生命自身复杂系统的背景中来考察。在这个动态演进的系统中,它不仅不断发生着有序结构的改变和进化,而且同时在潜移默化地积累着新的进化因素,创造着未来进化实现的条件。显然,伴随着生物复杂性的提高,新的进化因素的积累会急剧地增加。由此,突发性的大规模生物进化现象获得了它在逻辑上的存在合理性而变得可以理解了。尽管任何生物永远逃不脱外界环境,即自然对它的选择,但是在同样和近似的外界环境中,一些微小的突变可能引发生物的巨大进步,这表明生物确实存在自身进化的能动性。

21.2.3 多细胞生物有序过程控制系统的进化

在前面的章节中,我们讨论了信号系统是细胞分化的重要条件之一,以及由此建立起来的生物调控系统是发育程序运行的执行者。上面我们又简要地分析了多细胞生物在进化上核心程式的上的高度保守性和对基础程序网络的特异控制是多细胞生物进化的重要手段。现在我们具体考察常见的多细胞生物控制系统的进化。

生物的调控系统是以大量的信号调控连锁(regulatory linkage)构建而成的。考察生物调控系统的进化将涉及以下几个方面的问题:生物如何建立它的调控系统;调控连锁有哪些基本的性质并表现出它们在进化上的保守性;在进化上调控连锁机制出现哪些分化并如何由此带来生物的多样性发展;生物调控系统何以获得综合性的分析和归纳的能力(computation),并推动生物的进化。下面,通过对3类重要信号调控程式的分析来探讨控制系统进化的问题,它们分别是:离子通道和膜电位方式信息处理;G蛋白对信号的分析与综合;转录水平上基因的表达调节。

1. 离子通道与膜电位

图21.2.11显示了钾、钙、钠3种电压门控通道蛋白(voltage-gated channel protein)的结构,对于它们的结构和工作原理,在细胞学和生物化学中,已有详尽的介绍。这里我们侧重分析它们之间的进化关系。钾离子通道广泛地存在于一切的真核生物中,植物与动物的钾离子电压门控通道蛋白表现出序列上的相似性,故认为它们是同源的。在动物中,钾离子通道功能发挥需要膜内外电势差的形成和维持。但是在植物中,钾离子电压门控通道蛋白对电压并不

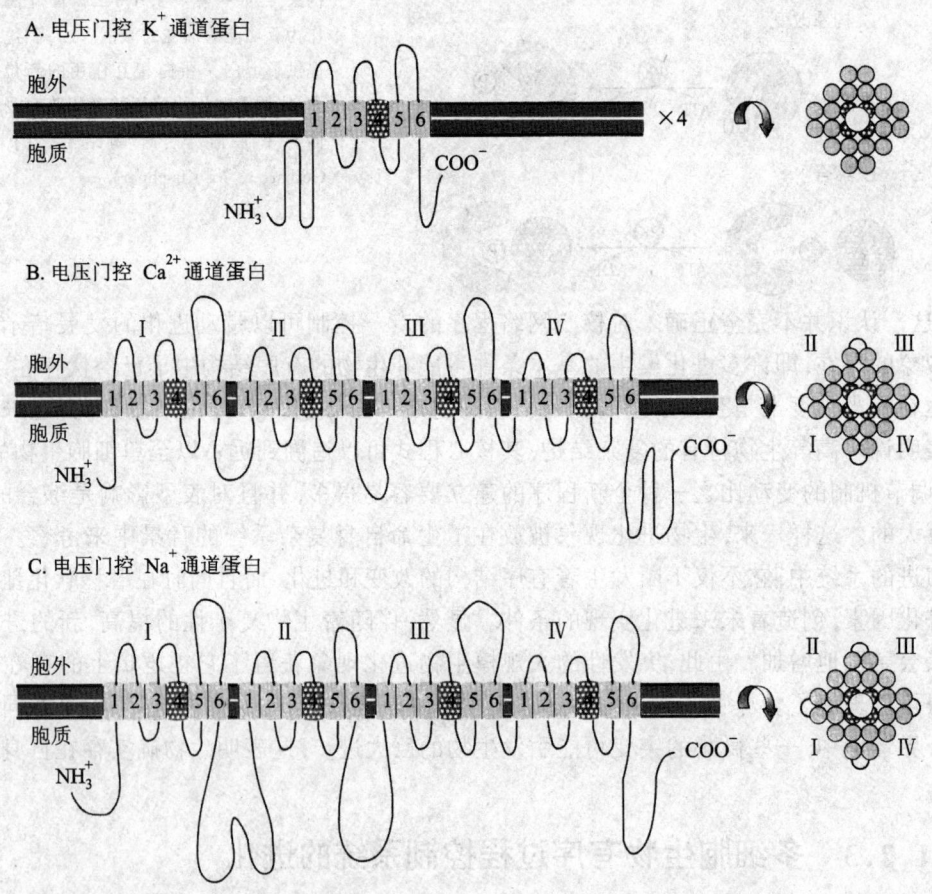

图 21.2.11 3个电压门控通道蛋白的结构

A.电压门控钾离子通道蛋白,亚单位由一条有6个跨膜序列的多肽构成,在膜上4个亚单位聚集形成一个钾离子通道。B.电压门控钙离子通道蛋白,亚单位由一条有24个跨膜序列的多肽构成,每6个跨膜序列组成的结构与钾离子通道蛋白相似。C.电压门控钠离子通道蛋白,与钙离子通道蛋白具有拓扑和衍生属性相似与同源性。(J. Gerhart & M. Kirschner)

敏感,而更像是利用渗透压来实现其调控功能,例如由叶保卫细胞控制的气孔的开启和关闭。钾离子通道可能是真核生物进化中最早出现的离子通道,并且它的初始功能可能也不是用来处理信号,而是维持细胞的渗透压和形体。但是正是在实现这一调节功能中,使它获得了构象改变和对胞内外离子出入的控制能力。

钙离子通道蛋白可能源于钾离子通道蛋白,因为它们之间有明显的同源序列存在。今天多细胞生物的钙离子通道蛋白与细胞的分泌和收缩功能联系在一起,并且它们都不是通过胞外配体的方式来进行控制。对此有人推测,由于临近的钾离子通道控制过程中的膜电位变化,偶联引发钙离子通道打开,发生功能效应。实际上,这一情况在脊椎动物β细胞的胰岛素分泌调节中可以看到。在血糖水平过高时,将依次出现 ATP 浓度提高、钾离子通道关闭、细胞膜极化、钙离子通道打开、胰岛素分泌。这一例子提示了通过膜电位介导,将两个不同的生物过程——代谢和分泌——联系在一起,建立了新的对生物有序过程的调节路径。

新的离子通道的建立和不同通道的交互作用为生物调节系统在生命有序构建中开拓了新的途径。已知在神经细胞网络中,一个神经元的突触通过离子通道获得差异信号和不同离子通道的协同作用可以形成对某程序开通或不开通的控制(如神经递质的释放),离子通道信号的发生频率可能成为逻辑控制的阈值裁定依据(如对外界刺激的应答与不应答),大量的神经元综合在一起又可以进一步形成更为复杂的控制回路(如复杂的神经反射活动)。实际上在生物体中,不同控制机制的协同工作远比这要复杂得多,也决不只限于神经系统。现在知道许多信号和控制机制都影响着质膜的电位状态,自然为新的调节方式的建立和生物调节系统的发展,也为生物的进化创造了有利的条件(图 21.2.12)。

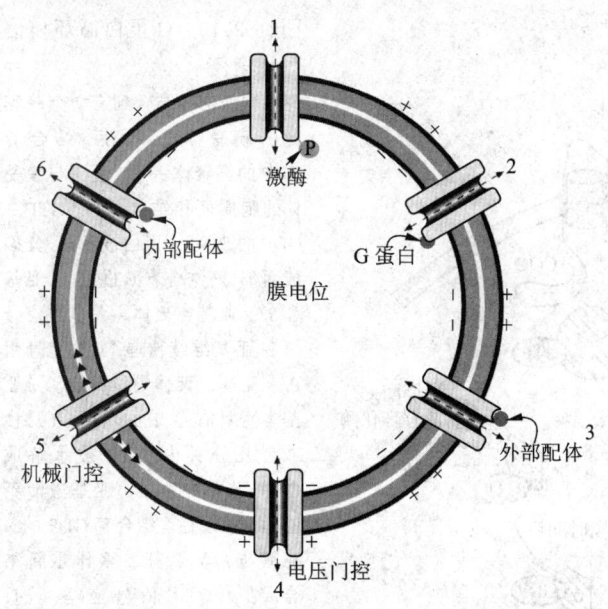

图 21.2.12 膜电位调节的通用模式
离子通道的开关可调节膜电位的变化:1. 几种已知的离子通道是通过对通道蛋白的胞质面的磷酸化来调节的。比如,蛋白激酶 C 调节多种钾离子和氯离子通道。2.G 蛋白对电压门控钙离子通道蛋白有调节作用,进而调节膜电位。3. 胞外配体控制门控通道,比如,肌肉细胞的乙酰胆碱受体和大脑的谷氨酸受体是通过对外部配体做出应答,打开通道的。4. 膜电位改变控制的电压门控通道,例如,电压门控钾离子通道和电压门控钠离子通道的启闭就与动作电位的产生和恢复有关。5. 机械性门控通道,比如原核生物中的受体伸展作用和内耳毛细胞中分子构象改变机械性地控制通道的启闭。6. 胞内配体门控通道,比如,脊椎动物光感受细胞的环 GMP 门控通道。(J. Gerhart & M. Kirschner)

看来,一个大致的与膜电位有关的细胞间信号系统的进化关系是,从钾离子通道首先演变出现了钙离子通道和与钙离子通道极为相似的钠离子通道,它们进一步与第二信号系统,如 G 蛋白联系在一起,最后又建立了与钙依赖蛋白激酶和钙调蛋白的联络,逐渐形成一个复杂的信号控制网络。在利用离子通道和膜电位提供的信号和控制系统中,建立新的细胞学程式和细胞间的信号联络有两个特征十分突出,它们是:第一,离子通道信号控制作用在细胞中可以表现出区域的划分,而重复的信号输入又可以使作用范围扩大和发生变化,产生一种空间效应。第二,离子通道调节系统有较好的可叠加的性质,即加入新的控制程式一般不影响旧有系统的工作,例如,将一个新的离子通道人为地加在蛙卵细胞上,细胞仍表现出正常的功能。显然,上述细胞间信号控制系统的进化对多细胞生物的进化是十分重要的,它使生物对环境应答的精度、细胞组织的分化和生物有序自组织程度不断提高,成为推进生物进化的强大动力。

2. G 蛋白可能是另一大类生物信号系统建立的发起者

除利用膜电位控制的离子通道类外,在前面章节中介绍过,多细胞生物还存在另一大类利用各种不同生化物质介导的信号调控系统,并且它们在多细胞生物中表现出很大的分化,即有的方式存在于一些门类物种里,而有的存在于另一些门类物种里,但是在所有已知的这类信号调控系统的 16 种调节方式中,只有 G 蛋白信号方式出现在植物、动物、真菌、粘菌,以及包括单细胞酵母在内的所有真核生物之中(图 17.1.5),这表明 G 蛋白信号方式很可能是这一大类生物信号控制系统进化建立的发起和组织者(integrator)。

G 蛋白信号通道是重要的真核生物信号转化传导方式,它由跨膜受体和 α、β、γ 组成的三聚体——G 蛋白构成,并在其功能过程中需有 GTP 的介入(图 21.2.13)。在接受胞外信号以后,结合于 G 蛋白的 GDP 转化为 GTP,之后三聚体 G 蛋白分解为 α 和 β/γ 两部分,带有 GTP 的 α 亚基是一个活跃的可以进一步激活多种其他反应的信号分子,而 β/γ 二聚体也有一定的信号功能。在完成它们的功能以后,α 亚基与 $\beta\gamma$ 二聚体可自动再次聚合,恢复功能执行前的状态。

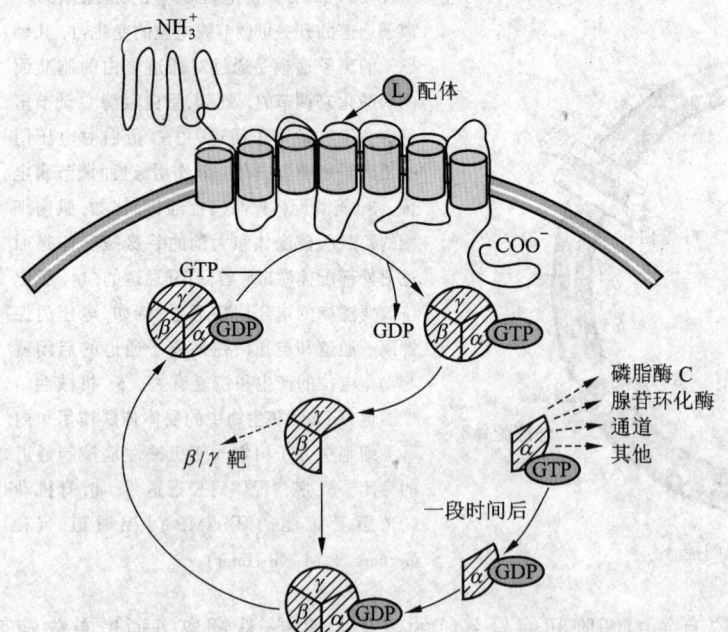

图21.2.13 G 蛋白循环和信号途径

许多胞外信号结合到有 7 个跨膜区的膜受体上。然后,结合着 GDP 的三聚体——G 蛋白与膜受体的胞质面相结合,进行 GTP-GDP 的改换,G 蛋白被激活,分裂成两部分:结合着 GTP 的 α 亚基和 β/γ 亚基二聚体。大多数信号由 α 亚基继续传递,少数信号由 β/γ 亚基二聚体继续传递。α 亚基本身具有 GTP 酶活性,在几秒或者几分钟内,GTP 被水解成 GDP,不同类型的 α 亚基激活不同的信号途径。结合着 GDP 的 α 亚基与 β/γ 亚基二聚体重新结合,结束一次信号应答。(J. Gerhart & M. Kirschner)

现在发现在哺乳动物中,G 蛋白信号通道跨膜受体多达 100 种以上,它们都有同样的 7 次穿膜的结构,表明它们之间存在同源性。此外,G 蛋白起码有 3 个高分化的 α 亚基群,分别为 $G\alpha_s$、$G\alpha_i$ 和 $G\alpha_q$,它们之间在氨基酸序列上的差异可以高达 60% 以上,但是同亚基群内部表现出高度的保守性,在鼠中它们对应于 15 个同源的基因。与此类似的,已有 4 种不同的 γ 亚基类型被鉴定。显然,G 蛋白介导的信号控制系统在进化中表现得异常活跃。发育生物学研究表明,G 蛋白信号系统的进化可以发生在通道的不同水平,使之由一个简单的调控方式变成为一个复杂的调控网络(图 21.2.14)。例如,G 蛋白通道可以表现出高度的专一性,像视网膜中的视杆、视锥细胞,鼻上皮组织中的嗅神经元细胞,味蕾中的味觉细胞,它们有各自特异的 G_α 的表达,并存在复杂的综合调控的现象;同一受体可以偶联不同的 G 蛋白,像降钙素(calcitonin)受体可以同时激活 G_{α_s} 和 G_{α_q};不同的受体可以激活同样的 G 蛋白,像促甲状腺激素(thyroid-stimulating hormone)受体和腺苷受体可以同时活化 G_{α_s} 并诱发甲状腺细胞的增殖;同一 G 蛋白可以偶联不同的下游信号因子,像在心脏中 G_{α_i} 可以同时激活腺苷酸环化酶和钾离子通道;不同的 G 蛋白可以同时作用激活同一种下游信号因子,像 G_{α_s} 和 β/γ 二聚体都可以激活腺苷酸环化酶,等等。G 蛋白调控网络的建立不仅极大地提高了对细胞分化和发育过程的控制能力,也为 G 蛋白通道和其他信号通道间"对话"(cross-talk)的实现,从而建立更广泛、复杂的信号调控网络奠定了基础。显然,它为生物复杂有序结构的建立创造了条件,为多细胞生物的进化提供了更多的机遇。

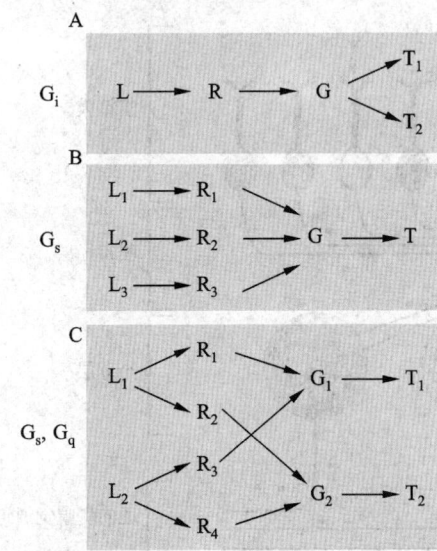

图 21.2.14　G 蛋白信号途径中的集中、分散和对话

图中显示了 3 种不同类型的 G 蛋白 α 亚基信号传递方式。A.一种配体激活一种受体,然后 G 蛋白激活一种以上的靶蛋白。B.几种不同的配体激活各自不同的受体,这些受体把信号传递到同一种 G 蛋白上,G 蛋白再激活靶蛋白。C.不同配体与受体、不同受体与 G 蛋白交叉对话,出现信号传递过程中的综合分析,之后 G 蛋白再激活各自的靶蛋白。图中 L－配体;G－G 蛋白;R－受体;T－靶蛋白。(J.Gerhart & M.Kirschner)

G 蛋白和离子通道对于生物进化具有重要意义还在于它们在多细胞生物整体复杂信号控制系统中表现出的一系列性质上。在多数的情况下,多细胞生物中的 G 蛋白或离子通道对于每一个细胞的生存有时并不那么重要,而对于整个机体的正常生存的作用却十分突出。在细胞内,G 蛋白信号的作用常被稳定机体的机制所弱化或者被迅速地转化(例如磷酸化酶可转化 G 蛋白激酶),多种方式可以使 G 蛋白通道受体钝化。显然,对于多细胞生物整体稳定性更为敏感的信号网络系统,更容易带来体系全局稳定的突变或失控,自然也就造就了更多的影响全局的进化机遇。分子生物学研究表明,G 蛋白介导的这一古老的细胞信号通道,今天已经已通过增加基因拷贝、插入外显子等方式,它的受体分子发生了极大的分化。与其他信号系统比较,G 蛋白受体识别的胞外配体基本都是小信号分子,并且它们在机体中具有循环和全身流通的特征,而不是只局限于临近细胞间的相互作用。膜电位仅有两种调节功能——分泌和收缩,它们只占细胞核心过程很小的部分,而 G 蛋白通道调节着许多核心的细胞学过程。应该看到,尽管在进化上,G 蛋白通道在受体、G 蛋白类型、下游控制途径等方面,已出现了很大的分

化,但是比之它所承担的各种调控任务还是十分有限的。对于这个问题,我们可能从发育中出现的区域化现象中得到理解,就是伴随细胞的分化和区域环境的建立,它们之间相互分隔,创造了在一个细胞中只动用可以操作数量的信号通道和控制着有限的下游程序的条件,这也从另一个方面暗示了G蛋白系统在多细胞生物进化过程中可能起着的发起者和组织者的重要作用,即通过生理性的分化带动发育区域或者模块的建立。一个很好的例子来自对嗅器官的研究:大鼠有大约1 000个嗅神经受体,每一个嗅神经受体只表达一个或者少数几种的G蛋白,但是它却可以区分多于1 000种不同的气味,这无论如何也建立不起来每一个嗅神经受体特异识别一种气味的模式,而有限的嗅神经受体对有限的初始嗅信号(odorant)的再加工模型普遍为人们所接受(图21.2.15)。显然,在每个嗅神经受体中,尽管G蛋白系统转换的嗅信号是有限的,但是,它下游信号传导过程的区域和组织化可使这一信号"立体化",进而加进神经系统对信号的综合作用,使大鼠对气味的分辨能力极大地提高了。

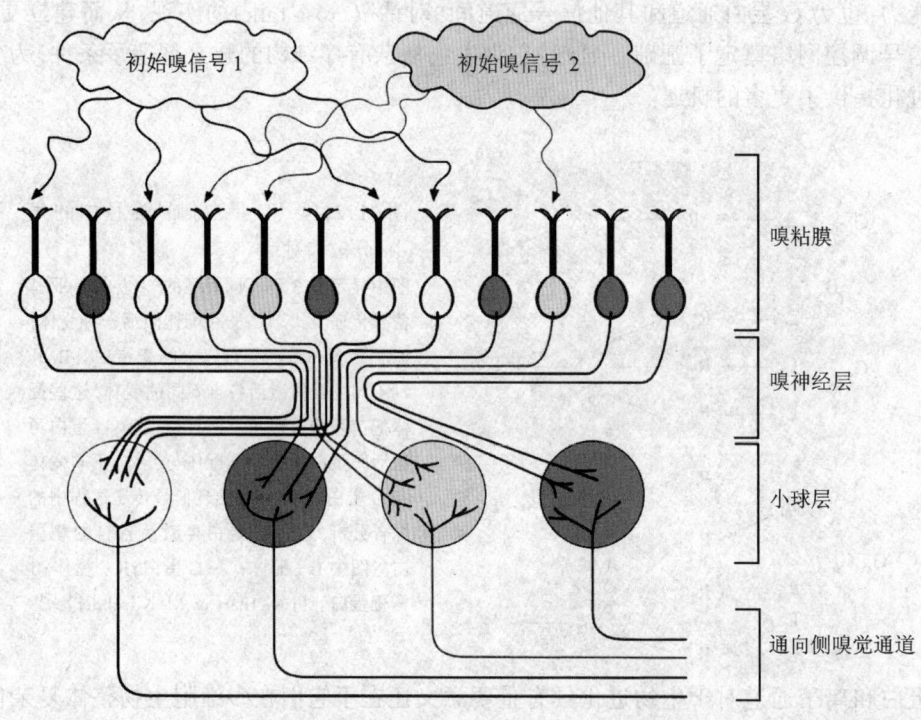

图 21.2.15　嗅球的细胞信号网络图

两种初始嗅信号分子激活了随机排列在嗅粘膜上的不同的嗅神经元。被初始嗅信号所激活的神经元的信号在下游神经细胞中进行分类综合,提供了对嗅觉刺激的"立体化"分析的可能性。(J. Gerhart & M. Kirschner)

以G蛋白和离子通道为基础,发展不同的信号控制程式推动着生物进化的一个生动例子来自对动物眼睛进化的分析。研究表明,眼睛的结构在多数门类动物中都存在,它的演化形成在历史上起码独立地出现过20次(Evolution Bilogy,1977,10:207~263)。比较不同动物的眼睛,它们在发育和解剖上有着很大的差异。脊椎动物的眼睛发育来自脑泡的外突,而头足动物和昆虫的眼睛发育来自外胚层形成的结构,而后再与大脑通联。它们的神经和光受体细胞的空间定位也是相反的。在脊椎动物的眼睛中,光线先穿过神经,再到达感光细胞层,而在节肢动物中，光线直接射入受体细胞。此外，节肢动物采用的是大量复眼分别获取全视野的部分信息，在脑中进行图像综合的方式。从进化发生上看，光信号的接受、转化和转导在眼睛的功能建立过程中无疑是十分重要的，面对不同动物眼睛在发育和解剖上的如此巨大差异，人们自然在探察眼睛进化时，把注意力转向了对它们的信息通道的考察。前面已经提到 $pax-6/eyeless$ 基因对视觉产生的重要性和在进化上的高度保守性，它们编码一种转录调节因子，诱发了光敏感成分的最初形成。深入的研究表明，生物对光子接受的关键事件是在光受体细胞中，视黄醛的光异构化。在原核生物中，它是光能驱动质子泵产生 ATP 环节的一个部分，在真核生物中，它被用来实现对光信号的接受。在所有系统中，生物化学上完全一致的视黄醛结合在膜中的视蛋白上，形成视紫红质。图 21.2.16 对照地将脊椎动物和无脊椎动物眼睛中存在的从光子射入到离子通道开启引发神经冲动的过程进行了比较。从中我们可以发现，它们的从光子激活视紫红质到开启 G 蛋白通道的过程十分相似，但是在其后的信息通道方式上发生了明显的分化，而最终又都回到了同一的离子通道方式上。对视觉功能过程的信息通道分析中，我们得到的启示是，保守的核心细胞过程在进化上独立地导致了同功器官的发生，但由于进化发生和发育设计的不同，它们的信号路径不尽相同，而其中另人注目的是在 G 蛋白与离子通道之间插入了不同的信号传导、控制方式。

在分析了相关的信号控制系统后，对于 G 蛋白信号通道在多细胞生物进化中的作用，人们获得了如下的印象：① 在保守的细胞程序中，G 蛋白系统中受体与靶信号可相互独立发展给调节系统的进化带来了极大的方便；② 对于每一个受体通道，G 蛋白赋予它后继靶通道一个灵活的设置范围，而没有限死它的内容；③ G 蛋白系统将受体的活化，设定成一个可以被不同信号利用的通用反应，由此大大提高了细胞应答的复杂性。

3. 基因转录调节层次的进化

虽然，从单细胞生物到多细胞生物，核心细胞学过程，包括许多蛋白质的序列表现出高度的保守性，但是在细胞分化和发育过程中，它们的表达图案却发生了巨大的改变。从酵母到人，基因组规模增加了大约 200 倍，而它们的转录单位仅仅增加了约 7 倍（表 21.2.1）。研究表明，它们之间基因调控环节的增加速率远远地超过了结构基因和分化细胞类型数目的增加。在前面的章节中，我们已经介绍了高等多细胞生物基因转录调控过程的复杂性（图 17.1.2）。显然，基因转录调节系统的快速发展在生物的进化中起着重要的作用。

表 21.2.1 基因组大小

物种	基因组大小	估计的基因数	每百万碱基的基因数
大肠杆菌	4.2×10^6	4000	950
芽殖酵母	1.5×10^7	6000	400
拟南芥	1.0×10^8	25 000	250
线虫	1.0×10^8	20 000	250
果蝇	1.2×10^8	10 000	83
小鼠	3.0×10^9	40 000*	14
人	3.0×10^9	40 000*	14

* 目前尚为一个争论的问题。

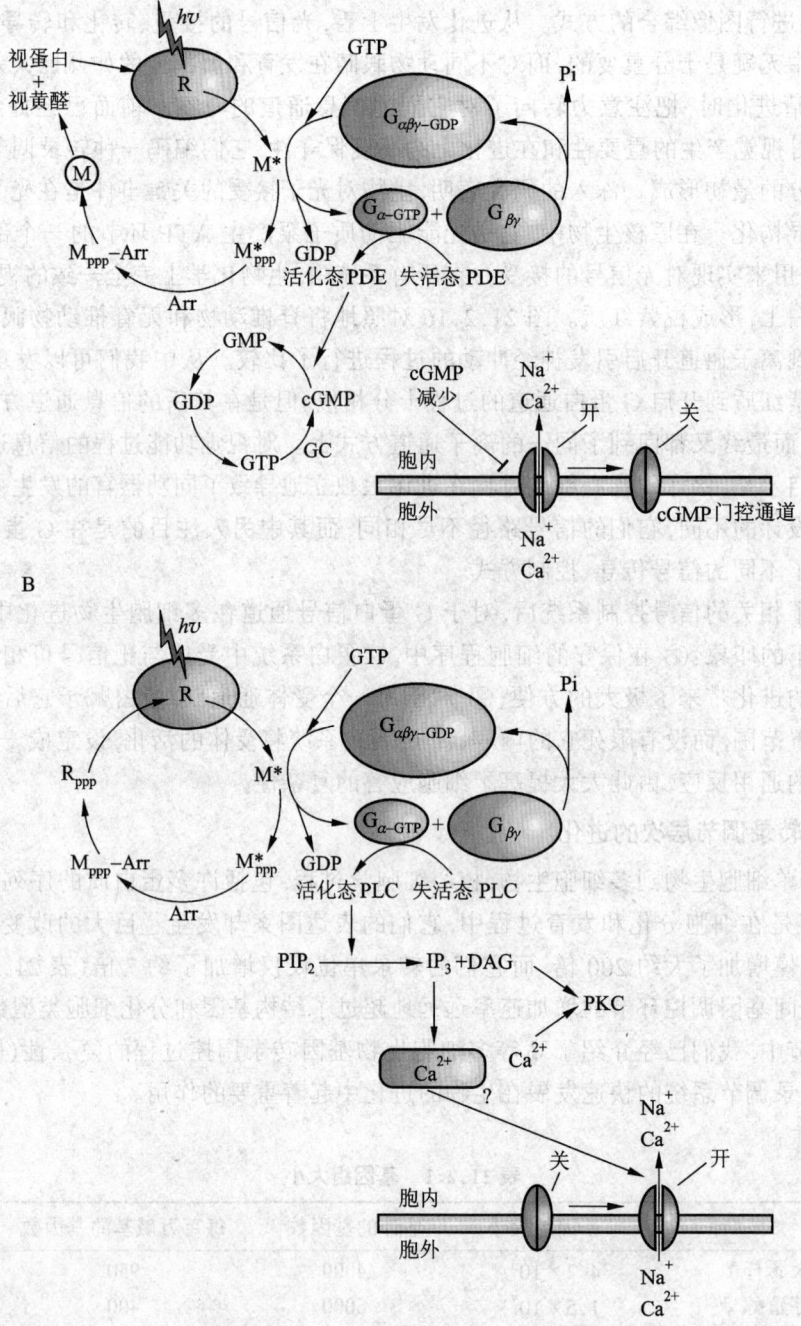

图 21.2.16　脊椎动物(A)和无脊椎动物(B)的视觉光感受信号通道
(J. Gerhart & M. Kirschner)

比较原核生物与真核生物，发现它们在基因转录调节方面存在许多重要的区别，它们是：原核生物的启动子只利用很局限部位的 DNA 结构序列调节和控制基因的转录，而真核生物的启动子广泛地吸收包括长距离的增强子加入对基因转录的调节；原核生物的启动子一般要小得多，并且只作用在转录起始有限的区域，而真核生物的启动子常涉及大量的因子，这些因子可能覆盖达 50kb DNA 序列的范围；原核生物转录因子一般不需要额外信号加入就可以很好地表达出它在控制上的特异性，而真核生物转录因子对 DNA 的亲和性和序列特异性往往很低，需要其他辅助因子来增加这一过程的专一性，因此它是一个多因子协同反应的过程；原核生物的转录过程的空间有序组织性很低，而真核生物的转录过程表现出明显的空间（如染色体的结构、DNA 链的折叠）和时间（如细胞不同的分化、生理状态，基因转录活性不同）方面的特异性。显然，真核生物的这些性质，为其基因转录调控系统的发展创造了极为有利的条件，即为新的基因表达调节程式的建立提供了极为广泛的机遇，有限的调节因子通过不同的"交谈"方式，可以产生出数量巨大的不同的基因转录调控途径（图 17.1.4）。

根据近年的研究，有人推测在基因转录调控系统进化的过程中，真核生物转录调节因子对 DNA 的亲和性和序列特异性要求较低这一性质可能十分重要。

为了说明这一问题，我们回到前面已经介绍和讨论过的同源异型框基因。同源异型框基因在发育中对于胚胎空间构建分化起着重要作用：一些同源异型框基因区域性地表达于不同的细胞群体之中，表明这些基因与肌肉、血细胞分化发生时某些特异基因的表达不同，它的功能是负责一个发育区域的划定；另一些同源异型框基因，虽然它们并不明显地出现区域表达的特征，仍表现为对细胞分化给出一种空间定位的指令属性，即一系列不同类型细胞在实现其分化时必须要接受同源异型框基因的调节。

研究表明，从酵母到果蝇，同源异型框基因产物中含有保守的同源异型框氨基酸序列，并且其肽链三级结构有高度的一致性，有三个螺旋，在它们结合到 DNA 分子上时，有两个处在 DNA 分子上方，第三个顺伏在 DNA 的主槽之中（图 21.2.17）。而与同源异型框在结构上的高度保守性不同的是它们在氨基酸序列方面可能表现出很大的分化（图 21.2.18）。这就提出了一个进化上的疑点，就是尽管在序列上，各种同源异型框基因存在明显的分化，但是它们对 DNA 序列识别结合的同源异型结构域的空间结构几乎没有变化，这如何能适应不同细胞类型

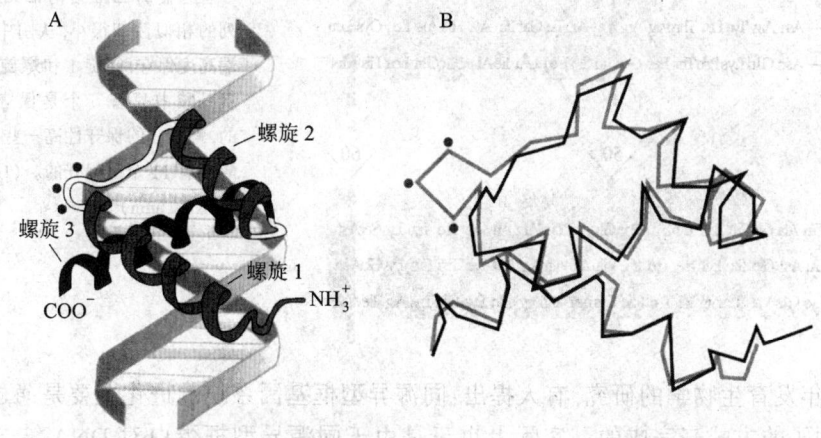

图 21.2.17　酵母和果蝇的一种 DNA 结合蛋白的同源异形域的结构非常相似
A. 典型的同源异形结构域的三维结构。B. 果蝇 Engrailed 蛋白的同源异形结构域（黑色）和酵母交配型因子 MATα2 的同源异形结构域（浅色）的多肽主链几乎能完全重合，说明尽管两者分化已经超过了 10 亿年，同源异形结构域的三维结构仍然高度保守，只是酵母的同源异形结构域插入了 3 个氨基酸（3 个圆点处），形成了一个额外环。(J. Gerhart & M. Kirschner)

中对不同基因表达调节任务的需要呢？发育生物学研究还发现，即使是在进化上距离很远的物种，它们的同源异型框基因产物在功能上仍表现出很大的通用性。将果蝇的同源异型框基因 *Antennapaedia* 引入封闭了其自身对应的同源异型框基因表达的线虫体内，可以完全替代宿主的同源异型框基因使之正常发育。这表明，尽管节肢动物与线虫在进化上的分离起码超过了 5.5 亿年，并且两种动物的发育程序也很不一样，但是同源异型框基因在异种体制框架的基因调节系统中完全可以正常工作。深入研究发现同源异型结构域对 DNA 结合的特异性并不高，不同的同源异型框蛋白可以结合到同样的 DNA 序列上，其亲和性没有明显区别，而同一种同源异型框蛋白也可以结合到不同的 DNA 序列上。与增强子调控因子比较，两者对各自 DNA 序列的亲和度测定显示，它们之间可以相差达 10^3 数量级，即同源异型框蛋白与 DNA 的结合力远远低于增强子与其结合蛋白间的结合（如 lac 抑制因子）。此外，实验表明，同源异型框蛋白对 DNA 点突变的耐受性也远远高于增强子结合蛋白。大量的研究告诉我们，同源异型框蛋白在基因转录调节中不仅被广泛地应用，并且对多细胞生物细胞分化、体制建立、器官形成有着极其重要的作用，在前面的章节中，我们已经看到，同源异型框基因的剔除可以造成发育终止、器官易位等严重的后果。这表明同源异型框基因介导的基因转录调节在进化上一定存在显著的分化。那么这一进化是通过什么方式进行的呢？

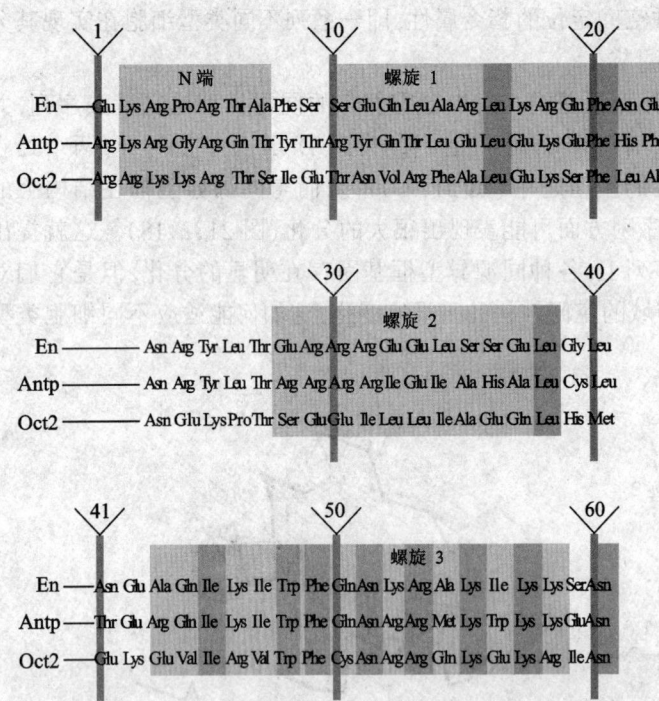

图 21.2.18 两种果蝇蛋白 Engrailed（En）和 Antennapedia（Antp）与一种哺乳动物蛋白 Oct2 的同源异形结构域的序列比较

尽管它们的三维结构很相似，但是序列的相似性却很小，从图中可见 N 末端高度保守，螺旋 1 和螺旋 2 的 24 个氨基酸中只有 6 个是保守或者相似的，螺旋 3 的保守性高一些，17 个氨基酸中有 11 个是保守的。（J. Gerhart & M. Kirschner）

根据近年发育生物学的研究，有人提出：同源异型框基因系统的进化主要是通过发展多种协同、辅助因子的方式来完成的。实际上也正是由于同源异型框蛋白对 DNA 结合力弱的性质，给这种发展带来了巨大的便利和机遇，而对应于广泛的协同、辅助因子的建立，同源异型框基因在非编码的区域出现了广泛的分化现象。

对于基因转录的调节，多细胞生物同源异型框基因利用辅助因子建立起了一套复杂的调节系统。其实这一现象在单细胞真核生物——酵母中就已经存在。酵母细胞有 3 种不同的性别类型:有两种分别是 a 和 α,两种性别酵母的基因组都是单倍体,代表两种不同的结合型,即可以相互识别结合,产生双倍体细胞。另一种则是没有性别区别的双倍体细胞,当它经过减数分裂,又产生出两种不同结合型的单倍体细胞。研究表明,两种结合型细胞产生各自不同的信息素(pheromon),并且识别对方的细胞表面受体是受一对性别特异的基因控制的,在 a 细胞中,这一控制基因的产物是 a1 蛋白,在 α 细胞中,它的产物是 α2 蛋白,它们都是含有同源异型结构域的基因转录调节因子。在 α 细胞中,α2 蛋白抑制所有 a 型特异基因的表达,在 a 细胞中,a1 蛋白抑制所有 α 型特异基因的表达。但是在双倍体中,α2 蛋白与 a1 蛋白之间会产生一种结合,抑制 a 型特异基因和 α 型特异基因的表达,转而激活双倍体状态的相关基因的表达(图 21.2.19)。研究表明,这种在外加因子存在时功能的转换是和同源异型结构域对于 DNA 的弱亲和性质联系在一起的。更有意思的是,用突变的方法将果蝇 ftz 中的同源异型结构域删

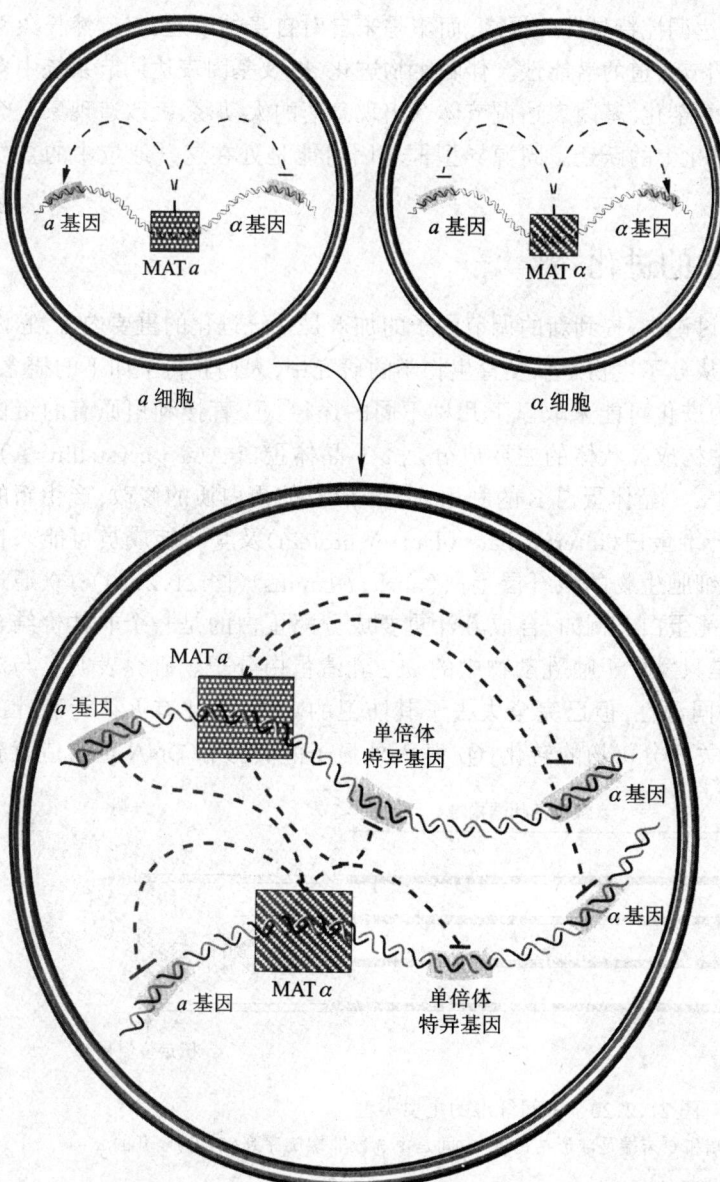

图 21.2.19 芽殖酵母单倍体和二倍体的基因调节

芽殖酵母(Saccharomyces cerevisiae)有两种单倍体组型的交配型:a 和 α。遗传上,它们只是在交配型 MAT 位点上的基因不同,其中:a 型在此位点上为 MATa 基因,激活 a 型特异基因的表达,并抑制 α 型特异基因的表达;α 型在此位点上为 MATα 基因,激活 α 型特异基因的表达,并抑制 a 型特异基因的表达。在二倍体细胞中,MATa 基因和 MATα 基因都有活性,但是 a 型特异基因和 α 型特异基因都被抑制,因此不表现任何结合行为和性别分化。(J. Gerhart & M. Kirschner)

除,它仍然可以正常发挥 ftz 因子的功能,表明其他因子对于 DNA 的结合可以弥补由于同源异型框基因产物完全丧失与 DNA 结合能力所造成的影响,这就说明在大量辅助因子存在的情况下,同源异型框基因产物对 DNA 的直接识别和结合就变得不那么重要了。

现在看来,真核生物在不断建立和开发新的转录调节机制方面,转录因子间的相互合作起着重要的作用。可以想见:通过增加因子并开发新的 DNA 结合区域,可能选择性地获得高强度和高特异性的调节区分;调节因子的增加也可能因为新因子的加进,使它们与 DNA 间的结合产生新的不稳定因素;伴随调节因子的增加,同时提供了更多的调节因子与 DNA 序列发生亲和作用的机会。因此,这是一个不断增强稳定性又不断创造新的不稳定因素的过程。总之,在蛋白质-蛋白质、蛋白质-DNA 相互作用方面,这一复杂体系将朝着特异化提高和建立复杂信号网络的方向前进,同时又不封闭它不断拓展的可能性。由于原初的调节因子是从新的附加因子上获得其对某基因表达调控特异性的提高,而不是来自对自身的改造,它自然长久地保持了被重复利用,建立新的调节通道的潜能性。伴随生物进化,以及基因表达调节系统中多种因子出现和系统结构的不断复杂化,基因表达调节体系出现急速的大动荡、大改造现象是完全可能的,它带来的将是生物进化上的跃迁。同源异型框基因可能是处在这一地位中的重要的调节基因之一。

21.2.4 蛋白质分子的进化

在以上对信号调节系统的讨论中,提到新的调节因子的加入是系统进化的重要内容,它涉及到蛋白质分子进化的问题。从分子生物学和发育生物学的研究中,人们获得了如下的概念:蛋白质在序列,结构和功能上的进化可能采取以下几种不同的途径:① 直接利用原有的蛋白质开发新的功能。例如,眼睛中构成晶状体的主要成分是 α-晶体蛋白 A(α-crystallins A),它显然是对细胞中普遍存在的 α-晶体蛋白 B 的利用;② 对旧有的蛋白质的修改,产生新的结构。例如,多细胞生物中间纤维蛋白(intermediate filament protein)及其同族成员可能来自于广泛分布于除真菌以外的多细胞生物的核纤层蛋白(nuclear lamins)(图 21.2.20);③ 通过不同亚单位的联合构建新的功能蛋白。例如,合成乳汁重要成分酪蛋白的是一个非共价结合的双亚基复合体,其中之一的是只发现于哺乳动物中的 α-乳清蛋白分子。研究表明它与鸡卵清 C 型溶菌酶蛋白有很高的同源性,但已完全失去了其防卫的功能,因此有人认为乳汁的起源可能来自于与免疫功能有关的分泌物的转化;④ 基因外显子的转移和 DNA 重组造就新

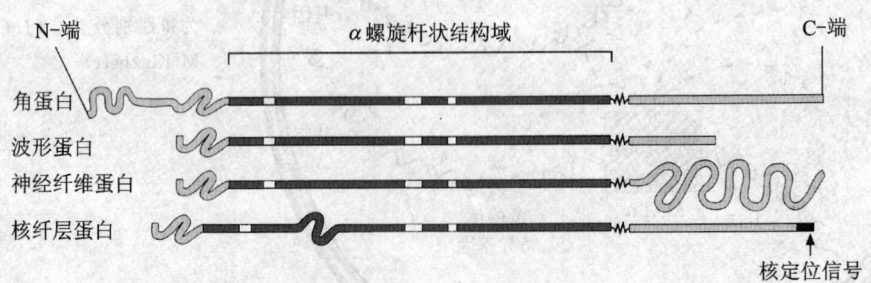

图 21.2.20 中间纤维的主要类型

中间纤维蛋白单体的 N 末端和 C 末端是球形结构域,中间是由 3 段非螺旋序列(白色)隔开的 α 螺旋。(J. Gerhart & M. Kirschner)

的蛋白质分子。这样的例子很多,因为有大量的蛋白质表现出不同基因序列摸块嵌合的特性,而基因的多拷贝化为此创造了进化发生的条件。这些方面在分子生物学中已有大量的研究。

21.3 从发育体制的比较和分析中探察生物进化的线索

发育生物学的研究提出了多细胞生物体制的概念。由此发现,在动物发育的图案构建中,首先确立了门类的区分,而后进一步出现纲、目等下属分类特征的分化,直到最后完成不同物种的建设。对动物发育的这种分析,不是一种单纯的形态结构上的比较,而是与发育机制,包括发育调节、基因利用、模块构建、阶段划分等现象联系在一起的。这样就提供了一种分析上的可能性,即从对多细胞生物体制构建的研究中探察其进化发生的可能途径和方式。可以说,这是发育生物学对生物进化研究的一大贡献。

21.3.1 多细胞生物体制构建和器官发育编程中的同源基因现象

脊椎动物与节肢动物在体制、形态结构、发育图案上存在着显著的区别,是两个在进化上很早就分开的两类不同的动物。尽管在以后的进化上,它们独立地发展了一系列在功能上十分相似的器官结构,例如肢体、翅膀等,但是这些同功的器官的组建又很不一样。因此,长期以来,它们只能被认为是一种相似的生存适应的进化产物。人们对不同门类动物同功器官发生的内在联系和这些器官在进化上的分化机制,难于获得真正有价值的理解。

发育生物学的研究给了人们一个惊人的发现,即在进化上相差很远的脊椎动物与昆虫,竟然它们的许多器官在发育调节和基因利用上有着高度的同源性。我们知道,鸟的翅和昆虫的翅在解剖和组织结构上很不一样:鸟的翅由骨骼、肌肉、皮肤和由表皮分化形成的羽毛组成;昆虫的翅是一种双层上皮的膜状结构。人们比较了脊椎动物翅原基和果蝇幼虫翅成虫盘早期发育的基因表达和它们的分布,发现在它们的发生过程中,不仅共用着许多同源基因,而且它们的表达部位也有很大的可比性(图21.3.1)。例如,在它们的图案构建中,前-后轴的确立都是用 $hedgehog/sonic\ hedgehog$ 基因和 $TG-\beta$ 基因家族(如昆虫中为 $decapentaplegic$ 基因,脊椎动物为 $BMP-2$ 基因)产物为调节信号;昆虫翅的背面特征受 $apterous$ 基因的控制,而在脊椎动物翅背面间质组织中表达的是与之类同的 $Lmx-1$ 基因;果蝇和鸟翅划分和确定背腹边界的都是 $fringe$ 族基因。这一现象表明,在进化中,不同门类动物附肢图案建立和轴向确立的基因,在脊椎动物和节肢动物分化以前就存在于它们共同的祖先之中,并且在进化上它们被采用建立了类同的发育程序。

前面已经详细讨论了,无论在脊椎动物还是无脊椎动物的发育过程中,对于体制的形成和图案构建,Hox 基因起着重要的作用。发育生物学研究发现,Hox 基因的多拷贝化和相伴随的 Hox 基因表达调节系统的发展是多细胞生物种群分化的重要原因。当人们发现 Hox 基因在真核生物中广泛存在以后,对不同门类动物 Hox 基因在染色体组中的分布和结构进行了详细的比较。图21.3.2显示了果蝇、文昌鱼和小鼠的 Hox 基因的数目和在染色体上的组织方式,并根据同源差异性推测了它们共同祖先 Hox 基因的数目(6)和排布情况,将它们对应地纵列在一起。前面的章节已经介绍,Hox 基因以其特有的 180 个碱基序列组成的同源异型框(对应于 60 个氨基酸的 homeodomain)划为一个大的家族,它们的产物都是基因转录调节因子,并且它们的排布有明确的矢量性,即染色体上各 Hox 基因和它们的调节元素(regulator

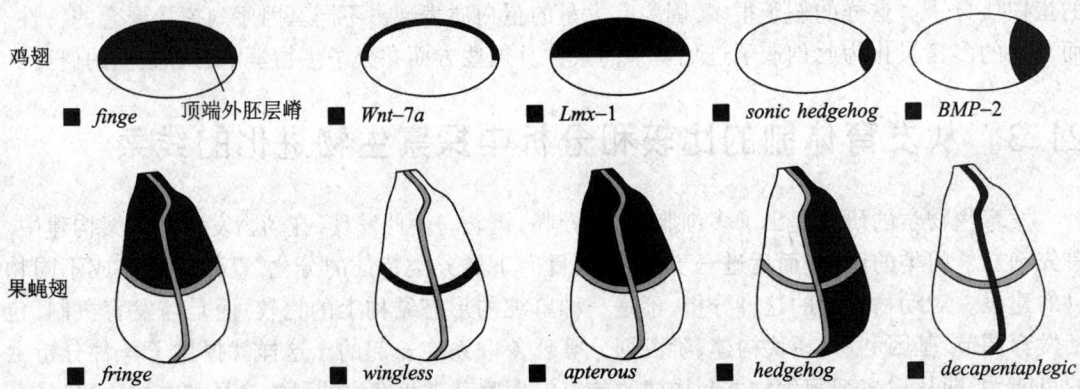

图 21.3.1 果蝇翅成虫盘和鸡胚胎翅芽发育信号的比较

A. 鸡翅芽远端面朝读者，中间的双线表示顶端外胚层嵴，顶端外胚层嵴是背部细胞（表达 *fringe* 基因）和腹部细胞（不表达 *fringe* 基因）的分界线。果蝇翅成虫盘的背腹分界线也是在表达 *fringe* 基因的细胞和不表达 *fringe* 基因的细胞之间（水平线），竖直的双线表示前后的分界线。B. 鸡翅芽背区外胚层特异表达 *Wnt-7a* 基因，果蝇翅成虫盘背腹分界线区特异表达 *wingless* 基因。C. 鸡翅芽背区中胚层表达 *Lmx-1* 基因，果蝇翅成虫盘背区表达同源的 *apterous* 基因。D~E. *sonic hedgehog / hedgehog* 基因在鸡胚胎翅芽和果蝇翅成虫盘的后端区域表达，分别诱导 TGF-β 家族的 BMP-2/*decapentaplegic* 基因表达。(L. Wolpert)

element）的排列顺序与它们各自在胚胎中表达的首尾排布顺序相一致。从图中我们可以清楚地看到，这样的性质存在于不同的生物物种之中。但是，物种不同，Hox 基因拷贝数扩增情况不同。例如，与推测的共同祖先比较，果蝇可能发生了第四个 Hox 基因的倍增，出现了 Antp、

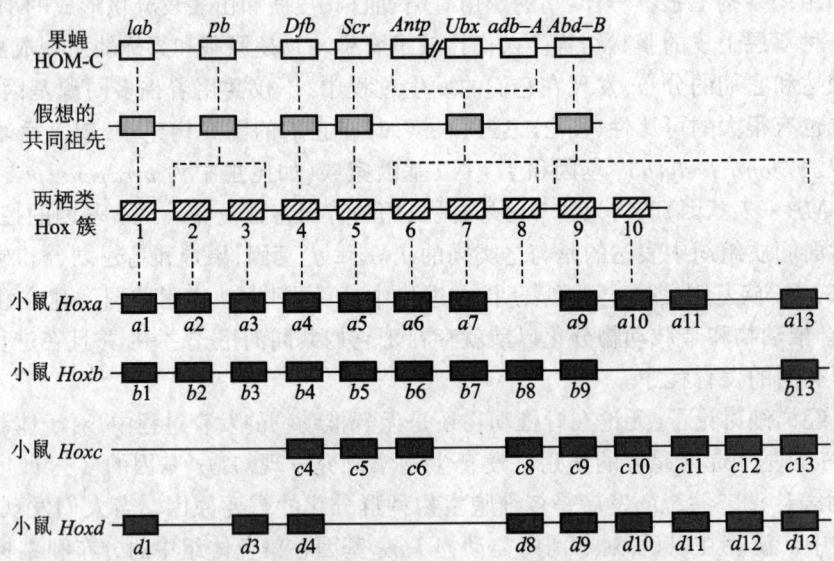

图 21.3.2 基因倍增和 Hox 基因的进化

果蝇（节肢动物）、文昌鱼（头索动物）、小鼠（脊椎动物）和它们假想的共同祖先的 Hox 基因的进化关系。共同祖先单个 Hox 基因的倍增为果蝇和文昌鱼增加了发育调控的新基因。脊椎动物的头索动物祖先整个 Hox 基因簇的两次倍增使脊椎动物有了 4 套分离的 Hox 基因复合体。同时，脊椎动物也丢失了部分扩增过的 Hox 基因。(L. Wolpert)

Ubx 和 $adb-A$，文昌鱼第二、第五、第六个 Hox 基因出现倍增，而小鼠发展出 4 套 Hox 基因组合，并分布在不同的染色体上。前面曾经提到，Hox 基因有着极为复杂的表达调控系统，可以想见 Hox 基因拷贝数的增加意味着对发育图案构建"设计"和控制能力的急速提高，而不同的 Hox 基因形成的复杂表达图案，更提供了建立多样的下游基因控制选择的可能性，这一情况和前面提到的多种形态发生原浓度梯度图案对体轴确立的效果是一致的。我们可以设想，Hox 基因的上述变化，可造成多细胞生物在发育体制方面多样化发展的广阔空间。相比之下，由于存在体内和环境选择的淘汰作用，现今和历史上真实存在过的生物物种不是太多了，与生命复杂系统可能出现的发育体制的变化相比较，反而应该是很有限的，这样的猜测恐怕并不过分。

发育生物学的研究支持和强化着上述分析。

昆虫和甲壳动物是节肢动物两个不同的纲，它们的形态结构有明显的区别，反应了节肢动物早期进化上的体制分化。检查卤虫（$Artemia$）和蝗虫的 Hox 基因表达图案发现：蝗虫的 Hox 基因表达与果蝇相似，即 $Antennapedia$ 和 $Ultrabithorax$ 区分地表达于胸部，$Ultrabithorax$ 和 $abdominal-A$ 联合地表达于腹部，$abdominal-B$ 表达于近末端；在 $Artemia$ 中 $Antennapedia$、$Ultrabithorax$、$abdominal-A$ 联合地表达于胸部，出现类同的体节结构，而 $Abdominal-B$ 表达于生殖节（图 21.3.3，彩图）。可以说，从进化的角度看，$Artemia$ 的胸实质上是同源于昆虫的胸和绝大部分的腹，差异来自于 $Artemia$ 和蝗虫共同祖先 Hox 基因的利用方式的分化。显然，Hox 基因表达图案的变异造成了动物体制的差别，出现了动物进化上的歧化现象。

化石显示了进化上昆虫附肢器官在位置和数目上的变化：一些昆虫在每一个体节上都发育有足，而有些昆虫的足只限定于胸的部位；昆虫腹部的肢体的数目、形状、大小出现各种变异；翅在进化上出现得较晚，有的昆虫胸节都长有翅，而有的昆虫的翅只限定在部分胸节上。为探察这一现象发生的原因，我们可以分析一下现存的两种昆虫，蝶蛾类和蝇类的发育过程。鳞翅目昆虫（$Lepidoptera$）幼虫的胸腹都发育有足，而成虫有两对翅；双翅目进化上发生较晚，它的幼虫和成虫腹部都没有足，并成虫只有一对翅，另一对发育为平衡棒。果蝇（双翅目）的研究表明，是双胸复合体的产物抑制了 $Distal-less$ 基因的表达，使其腹部没有肢体的发育。这说明在双翅目昆虫中，每一个体节存在有发育足的潜能性，而是 Hox 基因表达调控系统的进化改变了它的表达。在鳞翅目昆虫发育过程中，双胸复合体的 $Ultrabithorax$ 和 $abdominal-B$ 基因在腹部腹面处在关闭状态，由此 $Distal-less$ 基因获得表达，出现幼虫腹部肢体的发育。对于翅的发生，长期以来人们持有这样的观点，即翅是起源于第一个足节组织向外生长而致。但是研究发现，Hox 基因似乎并不介入这一过程，表达于发育翅的果蝇第二胸节的 $Antennapedia$ 基因对于翅的发育并不影响。似乎是，翅最初发生时出现在所有的胸节之中，而 Hox 基因的作用是限定和修改它们的发育表达，例如鳞翅目前后两对翅的差异是受 $Ultrabithorax$ 基因调节的，因此翅的发生仍然是一个不清楚的问题。

不同纲的脊椎动物，颈、胸、腰、荐、尾的椎骨数目不同，例如哺乳动物颈椎骨数为 7，而鸟类 13~15。研究表明，这一显著的解剖上的差异是和两者 Hox 基因差异表达密切联系在一起的，对于同样的 40 个体节，鸡和小鼠不同区段的分界与 Hox 基因的差异表达是一致的（图 21.3.4）。例如，Hox 基因 c6 的表达决定着颈与胸的分界，由于它在不同物种中表达部位不同，出现了鹅比鸡多了 3 块颈椎骨，而蛙仅有 3~4 块颈椎骨。

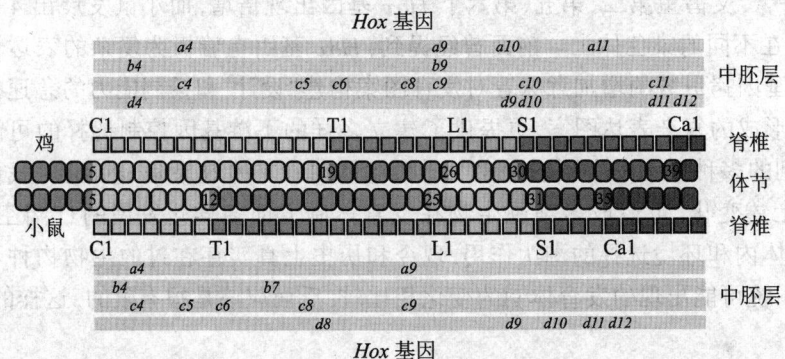

图 21.3.4 鸡和小鼠胚胎中胚层 Hox 基因的表达图案以及它们与发育区域化的关系

在鸡和小鼠中,脊椎都衍生于体节,它们按形态特征分为:颈椎(C)、胸椎(T)、腰椎(L)、骶椎(S)、尾椎(Ca)。形成某一特定脊椎的体节在鸡和小鼠胚胎中是不一样的,比如,鸡胸椎始于第20体节,小鼠胸椎始于第12体节。但是,在鸡和小鼠中,脊椎类型的转换都是伴随着同样的 Hox 基因表达图案转换的。在鸡和小鼠胚胎中,Hoxc5,Hoxc6 基因分别在颈椎和胸椎交界处的两边表达,Hoxc9,Hoxc10 基因分别在腰椎和骶椎交界处的两边表达。(L. Wolpert)

很早,人们就猜测,脊椎动物的鳍和肢体在进化上是同源器官。化石发掘表明,从鳍向四足的进化大约发生在 4~3.6 亿年前的泥盆纪。比较泥盆纪 *Panderichthys* 鱼叶状鳍和四足动物 *Tulerpeton* 的肢体的化石,发现它们的主要区别在于 *Tulerpeton* 的肢体出现了远端指部的骨骼,而它们在 *Panderichthys* 鱼的叶状鳍中并不存在(图 21.3.5)。如果指掌部发育的建立在从鳍向四足进化的过程中起着重要的作用,那么这一发育体制和图案上的变化是如何发生的呢?近年发育生物学的研究表明,鳍和肢体的形态发生都与 Hox 基因有着密切的关系。在斑马鱼胚胎鳍发育的早期,即在它处在芽体的阶段,它们与四足动物极为相似,在它的近端形成了 4 块骨骼,它们与四足动物肢体的近端骨骼是同源的。这时,像四肢动物一样,在斑马鱼中,*sonic hedgehog* 是发育决定的关键基因。随后,由外胚层发育的鳍褶出现在鱼鳍的远端,其内部形成多条骨质辐肋(图 21.3.6)。但是,这一结构不存在于任何的四足动物之中,而在其

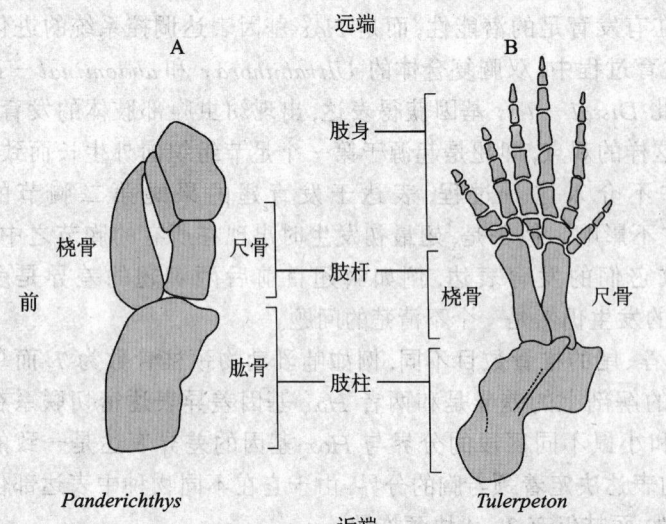

图 21.3.5 从鳍到肢体的过渡
泥盆纪的鱼 *Panderichthys* 的叶状鳍已经有了与肱骨,尺骨,桡骨对应的肢体近端结构,但没有远端结构(A)。泥盆纪的四足动物 *Tulerpeton* 则已经有了肢体远端的指骨结构(B)。(L. Wolpert)

肢体发育的远端又出现了一次 Hox 基因的额外表达峰,并在此基础上进一步发育出指端的骨骼和相关的结构(图 21.3.7)。这一过程就好象是肢体近端的发育程序被再次重复利用,由此肢芽延伸并诱导新的远端结构建立。

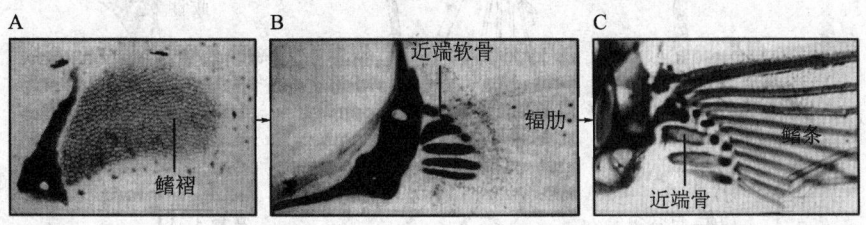

图 21.3.6 斑马鱼胸鳍的发育

A.早期发育的胸带和鳍褶。B.4 个近端软骨和远端辐肋形成。C.成鱼中 4 个近端骨支持着远端辐肋。(L.Wolpert)

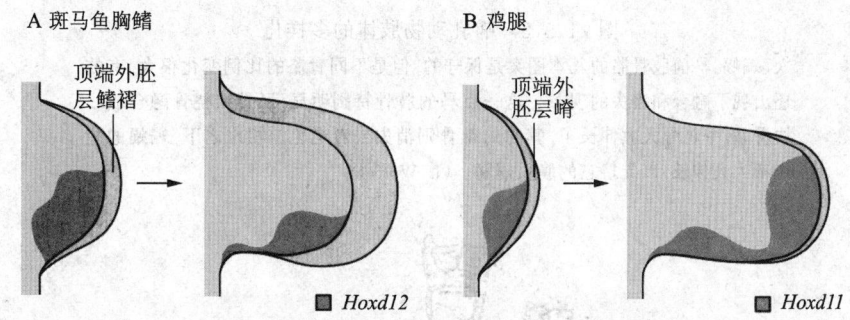

图 21.3.7 鸡后肢和斑马鱼胸鳍的 Hox 基因表达区域

A.斑马鱼胸鳍芽的顶端外胚层褶从中胚层向外伸出,中胚层表达 $Hoxd12$ 基因,产生近端软骨。
B.鸡胚胎腿芽中胚层早期表达 $Hoxd11$ 基因,晚期 $Hoxd11$ 基因在远端又出现一次额外的表达。
(L.Wolpert)

21.3.2 发育过程中生长速率的调整和异时作用可产生生物多样性和进化

　　许多相近的物种,它们的发育体制和图案极为相似,但是从整体和解剖上看,它们之间又有着显著的差异。例如同为哺乳动物的人、蝙蝠和马,它们的肢体在外观上存在着很大的差异,但是它们的基本结构却极为一致(图 21.3.8)。根据现有的发育生物学的知识,我们可以想见到,这种进化上的分化现象与上面提到的从鳍到足的进化不同,即在基本发育体制方面,它们的变化并不大,而突出的是对发育图案各部位生长速率的差异调整或者表达抑制。再如,在人工培养和选择下,同种狗出现许多不同的品种,其中不同狗的颜面可能差异很大。在狗出生时,脸是圆形的。以后,有的保持这一形状,有的在生长时鼻和颌的部位长度比例增加。经典的生长速率调整的例子是马腿在进化上的变化,化石比较显示了中趾骨的延伸和强化,而其他趾骨最终退化或只留下遗迹(图 21.3.9)。

　　从发育信号调控系统的角度来说,这一进化的发生相对于体制上大的变革可能要容易。研究表明,在发育过程中,个体不同部分生长速率有着明显的相关性,对它的数学分析称为比

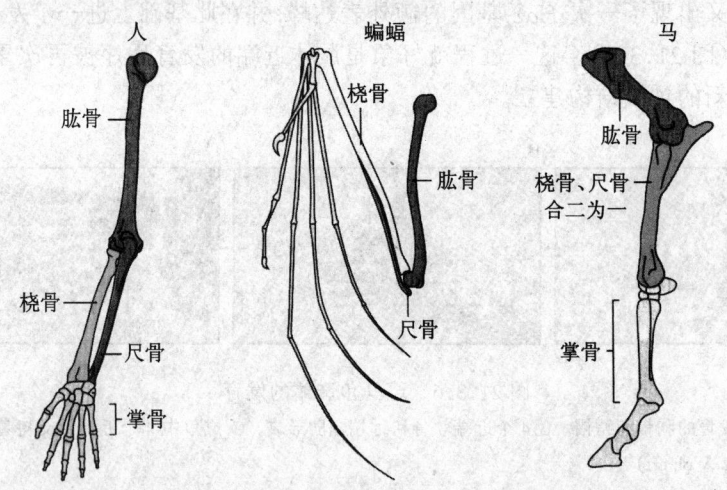

图 21.3.8 哺乳动物肢体的多样化

人、蝙蝠、马前肢骨骼的基本图案是保守的,但是不同骨骼的比例变化很大,有的还出现了融合和丢失的现象。这一点马的肢骨特别明显,尺骨和桡骨融合成一块骨骼,中趾骨大大伸长了,其它的趾骨则消失或者退化。相比之下,蝙蝠的指骨都大大伸长,以支持它的膜质翅膀。(L. Wolpert)

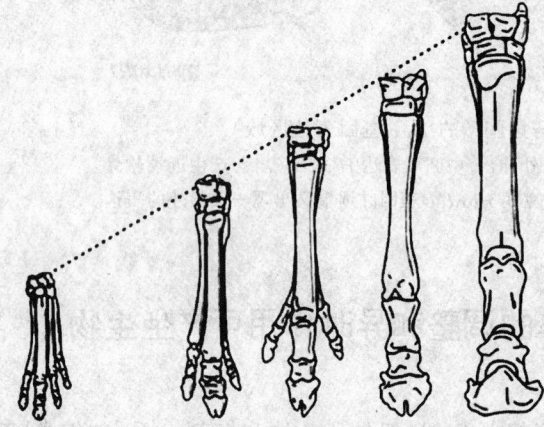

图 21.3.9 马前肢的进化

5 500 万年前的 *Hyracotherium* 是化石发现的第一种真正的马科动物(左),它的大小和一只大狗差不多,它的前肢有 4 趾,所有 4 趾都着地,第 3 趾仅稍长于其他趾。在马科动物体型增大的进化过程中,第 3 趾变长,侧趾不再着地。再后来,侧趾更短,直至现代马(右)在发育中消失了。(L. Wolpert)

速分析(allometry)。经典胚胎学曾获得一个经验公式,即同一个体的两个不同部位在生长中长度的变化符合这样一个公式:$y = bx^a$,其中 a、b 为常数,y、x 分别代表被检测部分长度的变化。例如蚂蚁在生长中,用其头和腹部的长度值的对数分别作横坐标和纵坐标作图,不同生长期的点构成了一条直线(图 21.3.10)。人的个体发育生长也符合这一规律(图 7.2.2)。今天,人们对于发育过程中个体发育表现出的上述相关性的机制还不清楚。但是起码这一现象告诉我们,身体各部分的生长不是可以任意独立改变的,就是说它们之间存在一个相互平衡的机制,即它改变的不是单纯的某一器官的生长速度,而是关系到整体的 a、b 值的改变。显然,a、b 值反映的是一种整体发育调节的相关性,从发育生物学的角度探察 a、b 值的存在机制不仅对更好认识多细胞生物的发育现象有重要的意义,而且从中我们还可能获得对生物进化机制的深入了解。

在任何发育图案构建的过程中,都包含着时间的因素,即发育程序有着严格、精确的时间

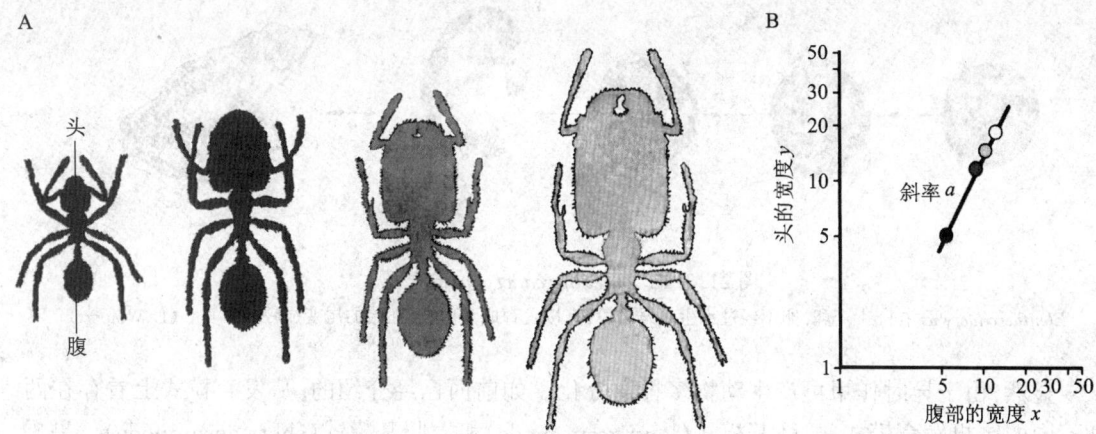

图 21.3.10 蚂蚁身体不同部分的生长率不同
A.蚂蚁身体的头部宽度比腹部宽度增加快很多,所以成体头部相对变大了。B.头与腹宽度的生长变化关系符合方程 $y = bx^a$,用双对数作图时得到的是一条直线。(L. Wolpert)

秩序。一个物种,如果它的某些发育内容出现时序性变更,将可能造成原有生物形态结构、生理习性的显著改变,这一过程在发育生物学中称为发育的异时现象(heterochrony)。异时现象同样可造成物种的多样性分化,推动生物的进化。有性过程的建立常常被认为是多细胞生物个体发育成熟的重要标志。在各种多细胞生物的个体发育过程中,性器官成熟的设定是严格程序化的,例如,昆虫在幼虫蛹化以后性功能成熟,无尾两栖类动物的性成熟发育在变态以后才开始。但是,在动物中常常可以发现一些物种,它们的性成熟设定与近缘物种出现明显的不同。例如,墨西哥钝口螈,在它性成熟时仍保留着幼虫的特征,还具有鳃的结构和维持其水生习性。如果用其他两栖动物产生而它自己并不产生的甲状腺素来处理,则不仅鳃退化了,成体的生活环境也由水生转为陆生(图 21.3.11)。这种现象称为发育的幼态成熟或幼态持续(neoteny)。在蛙类动物中,有一个属称为 Eleutherodactylus,与其他绝大多数蛙不同,在它的发育中失去了蝌蚪的幼虫阶段,直接发育成为成蛙。这种蛙的卵产在陆地上,不出现鳃的发育,在神经管形成以后很快出现肢芽结构,并且它的尾在胚胎发育中成为呼吸器官,并且为保证胚胎直接向成体"繁重"的发育任务的完成,在卵细胞中有超常量的卵黄

图 21.3.11 蝾螈的幼态成熟现象
性成熟的墨西哥钝口螈保持着幼体的特征,例如,鳃存在并仍然为水生(左图)。如果用它本身并不产生的甲状腺素处理,墨西哥钝口螈将变态成典型的陆生成体(右图)。(L. Wolpert)

物质的积累(图 21.3.12)。这种不是两栖的两栖类动物的出现,进化上包含着很多复杂的变化,但是显然其中存在有发育异时和幼态成熟的因素,并包括有卵细胞发育时期卵黄物质的超量和快速合成。类似的现象在其他动物中也同样存在,例如,多数海胆的发育存在有一个幼虫阶段,但是有一些种不出现独立生活的幼虫阶段,而直接发育为幼年期的成体海胆,这种海胆的卵也大于一般的海胆卵细胞。此外,因为猿胚胎与人有很多相似的地方(例如面骨较为平坦,手掌拇指与其他四指对立程度低),有人提出人类可能起源于猿类动物的幼态成熟。

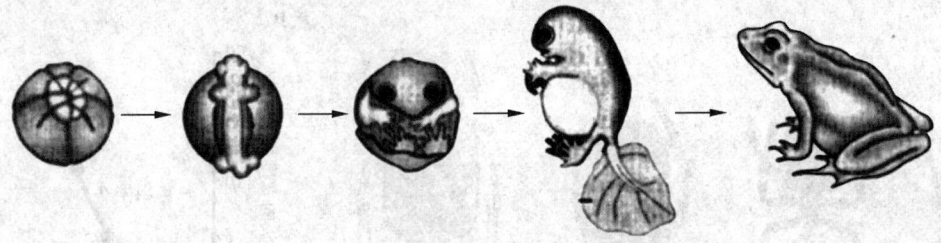

图 21.3.12 *Eleutherodactylus* 的发育

Eleutherodactylus 在陆上产卵,卵不经过水生蝌蚪阶段,直接发育成为成蛙,胚胎的尾变成呼吸器官。(L. Wolpert)

显然,由于异时作用可产生动物多样性分化。如前面已经介绍的,从发育模式上看存在两种不同的昆虫发育模式:长胚基模式(long germ mode)和短胚基模式(short germ mode)。果蝇的早期体制建立表现为从头至尾全长同时性的发育,属于长胚基发育模式,显然长胚基发育模式动物的这一过程构成了一个独立的发育阶段。与之不同,一些昆虫(如蚱蜢、缨尾目 *Petrobius*),在它的胚胎中首先出现一个发育带,然后向后推进,从头向尾依次完成整体的体制建设(图 4.3.13),属于短胚基模式。显然,长胚基发育模式动物与短胚基模式动物之间,在体制构建过程中存在一种复杂的发育异时现象。前者表现为各体节同时建立,然后不同体节协同地进入器官、系统(如附肢)的发育阶段,后者表现为体节与其后继器官发生紧密连锁在一起,而不同体节从前向后依次进行发育展开。

对于动物发育异时现象发生的机制,目前还不清楚。发育生物学的研究已经了解,在昆虫的体制建立过程中,体节的形成主要受一组体节极化基因调控,而后继的各体节的分化受 *Hox* 基因的控制。因此不难推断,异时现象与它们的表达方式,与这一系统的调控程式设定有密切的关系。随着发育生物学的进展,人们对发育异时现象将会有新的了解,这无疑对于生物进化机制的认识也是重要的。

21.3.3 对多细胞生物进化现象的进一步思考

发育生物学的研究,推动了人们对于生物进化现象的认识。上面我们讨论了,信号控制系统的演进在生物进化中发挥着重要的作用,以及发育体制的研究为探察生物进化过程提供了大量的线索。尽管由于分子生物学技术的发展,人们已经获得了肢体长在触须上和有 4 只翅膀的果蝇,并且可以设想,通过诱发异时作用,如使果蝇像蚱蜢一样发育,由此得到人造新"物种"可能为时并不遥远了。但是,在认识多细胞生物进化方面,生命科学仍面临着十分艰巨的任务。应该说有 3 个大的问题等待着人们去探索,它们是:① 多细胞生物的起源;② 动物门类分化,特别是后生动物多样性的建立;③ 生殖干细胞如何获得生物进化的信息。

目前,有人认为多细胞生物大约起源于 15 亿年前,而确定的化石发现在 6 亿年前左右。地球上现存有 35 个不同的动物门类,所有这些区别的动物体制起码在 5 亿年前的寒武纪时代就已进化建立了,并且从那以后就再没有(或者极少)新的门类区别的动物发生。普遍接受的假说是,多细胞后生动物的共同祖先是一种圆形扁虫(roundish flatworm)。这种圆形扁虫应该已经有三胚层的分化、有数种分化细胞类型、有 *Hox* 基因对不同类型细胞进行空间定位和图案构建的控制系统、有神经系统和运动能力,因此被认为是各种后生动物的干族动物(stem metazoan)。如果这一假设是正确或者基本正确的,回答圆形扁虫干族动物是怎样分化出各种门类动物,即各种不同门类体制建立的问题,就成为当前多细胞生物进化研究中的一个重要课题。很早以前,人们就发现节肢动物与脊椎动物的基本结构,在背-腹轴设定上好象是相互颠倒了一下一样,近年发育生物学对其发育过程的研究更强地暗示了这一猜想在发育程序上的合理性(图21.3.13,彩图)。

从前面的讨论我们可以看出,虽然有许多问题仍有待研究,但是,对于门类体制建立以后,后生动物进一步出现的纲、目、科、属、种的分化,发育生物学已经提供了一些重要的认识线索,也大致有了一个探察的思路。相比之下,人们对发生在5亿年前的寒武纪动物大爆发,即从干族后生动物向多门类后生动物的进化路径仍基本处在茫然不解的状态中。但是,发育生物学研究给了我们一系列重要的启示:在进化中生物的核心细胞学过程有着高度的保守性;发育的信号控制系统可以以添加的方式在基础程式上不断发展其复杂性;多细胞动物中存在一些关键作用的调节基因,其改变可能造成发育调节系统的变化,进而使生物体制出现大的变革;即便是一些复杂的器官系统在生物进化史上也可能多次独立地重复发生;同样的功能适应结构可以采取不同的体制和发育策略来完成,等等。这些无疑对于我们认识多细胞动物门类大分化是重要的,并且为探察生殖细胞水平的进化研究提出了新的希望,因为无论是受生物内环境压力而发生自身的诱变还是直接接受来自体细胞因子的"改造",信号调节系统改变显然要比对每个细节都要照顾到的形态和功能构建进行全新设计的进化方式要容易得多。

21.4 发育生物学推动了对生物进化现象的动力学研究

发育生物学对生物进化问题研究的影响是深远的。它不仅使人们越来越感到传统的生物进化思维模式——即生物进行着孤立的、小规模的遗传性表型突变,又通过环境的选择对其实现渐进积累,由此引导生物的进化——的狭隘和局限性,认识到生物是一个复杂的动力学系统,它具有不断地发展和提高自身的进化能力。应该说,发育生物学感性地加深了人们对生物动力学属性的认识,有力地推动了理论生物学的发展。这不仅仅是一个研究生物进化的问题,也是一个从更高的角度回答什么是生命的问题。下面,我们来到对这样一个主题的讨论,即发育生物学推动了生物进化现象的动力学研究。

从发育生物学的角度探察生物的进化,引导人们形成了这样一种新的概念,即生物自身表达着一种进化能力(evolvability)。对各种生物进化能力进行评价和研究历史中生物进化能力的表达,已经成为生物进化研究的一个重要课题和理论生物学的核心内容。

为研究生物有序的起源和进化,当代美国著名理论生物学家S.A.Kauffman在前人工作的基础上发展了描述生命演进过程的NK数学模型。在这一动力学系统中,有 N 个元素(代表基因组中基因数或者蛋白质中氨基酸数等),每一个元素分别以与系统中 K 个元素相关的方式,对系统对于环境的总体适应性作出贡献,每一个元素设定了开启和关闭两种动力学状态,而 K 则反映了系统动力学过程中各元素相互交叉-偶联的规模。由于 N 值不同,各系统对于环境的适应性不同,而同一系统 K 值不同,对于环境的适应性也不同,图21.4.1是这一模型的三维结构图。图中显示的是一个有许多峰值的突凹不平的曲面,纵轴即峰的高度代表系统对环境的适应程度,峰值越高适应性越强。从原点出发到任何一个峰值,在 X、Y 轴构成的坐标系中可以有多种不同的通道选择。这一结构图对生物进化的分析是:从一个峰值到另一个峰值,中间的道路越不平坦,这种跨越就越困难;越是平缓的过渡,发生的机遇就越高;两个峰值相距越远,跨越的动力学状态和各元素相互交叉-偶联建立的步骤就越多。显然,N 和 K 值越大,对应的 NK 三维结构图的不平坦度就越高,即峰值越密集,系统对于环境适应的进化能力就越高。Kauffman 在他著名的"秩序的起源——进化中的自组织和选择"(1993)一书中,以 NK 模型为基础讨论了生命起源、代谢网络建立、基因调节系统发生、个体形态构建等重要的生物进化的问题。实际上,Kauffman 的工作已经不是简单的数学模式的分析和研究,他已将超循环结构理论、混沌和分形的思想和方法引进对生命现象的研究中,把生命看作是一个有着自组织能力的复杂动力学系统。应该特别提出的是,Kauffman 在他的分析中大量列举和采用了发育生物学的例子和成果。

图21.4.1 生物复杂系统的环境适应度模型

在这个三维适应度曲面上,平面上的点表示某一种基因型,高度表示这种基因型的适应度。通过改变基因型状态间的联系,就得到不同凸凹的曲面。两个高适应度的基因型间有相当多的峰和嵴,如果它们之间的过渡较为平缓,从一个峰到另一个峰将需要较少的突变,它们之间的进化传递将更容易发生。

计算机不仅实现了人用手工不可能承担的计算速度和计算量,使因此而限制的研究和工程操作变为可能,并且由于它可以以图形的方式直观地将各种结果综合和比较性地表达出来,有力地推动着人们对研究对象的理解和认识的深化。对昆虫的研究表明,基因调节系统的改变对其发育图案的建立发生重要的影响,并可能出现极为多样的形态分化。受此启发,英国著名生物学家 R. Dawkins 用计算机模拟,即在计算机上进行形态结构构建工作(computer-generated morphologies)。对于设定的图案编制程序,在给予随机的简单"突变"指令以后,可以获得极为丰富多样的人造"昆虫"的图案,它几乎可与雄性的鼋蝽(*Rheumatobates*)的肢体相媲美(图 20.4.2)。

实际上,对于生物进化的动力学机制的揭示,来自发育生物学的信息要比现今理论生物学的研究框架要宏大、复杂得多,也就自然成为推动理论生物学发展的强大动力。

显然,Kauffman 的 NK 模型基本是对单一层次因素分析,而实际上发育生物学的研究提示我们,影响多细胞生物的进化,即便设定它们最终应该落实到基因或基因组上,必是多层次作用的结果。那么 Kauffman 对于从一个峰值向另一个峰值的过渡难易程度的分析就显得过于简单了,因为由于生物体内部存在的复杂关系,并不见得形式上简单的 DNA 序列差异变化就一定比复杂的 DNA 序列差异变化来得容易。另外,现今理论生物学对复杂结构的稳定性分析强调的是遗传学的意义,而发育生物学的研究告诉我们,遗传学的不稳定性并不一定和进化直接联系在一起,因为生物具有生理性稳定适应的能力,只有超出了生物体生理稳定适应的限度,这种遗传学的不稳定因素才直接关系到生物进化的可能性。下面我们对此作简单的

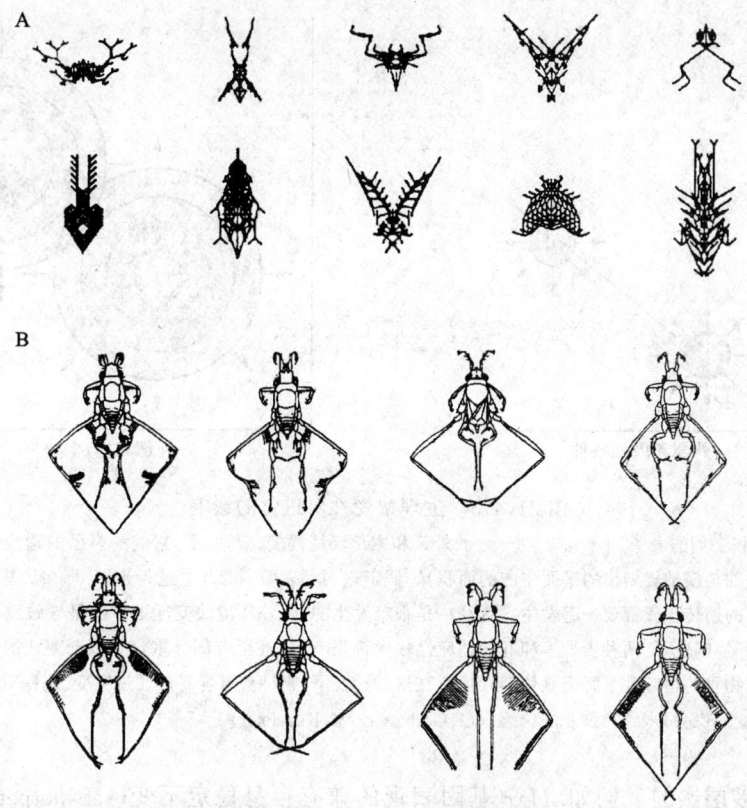

图 21.4.2 计算的机形态构建和龟蝽的形态结构的比较
A.根据 R.Dawkins 编写的一个程序,只需对初始条件进行某种重复性的修改,便产生了多种多样的"生物形态"。B.龟蝽不同种腿的多样性举例,这是雄性龟蝽的交配器官,而不同种龟蝽雌性个体的触角和腿变化则很小。(J.Gerhart & M.Kirschner)

介绍。

从理论上说,对生物的保守和进化这一对矛盾的分析,应该考虑到生理稳定与遗传稳定间的相互关系。因为,生理的不稳定性和它的改变可能发生在遗传稳定的系统中。相反地,在遗传改变的情况下仍可能不表现出任何的表型变化,即它具有生理的稳定性。从进化的角度,具有广泛生理适应性的生物,它们接受的进化压力常常较小,显示出它对于生物进化本身的不利。但是,当生物处在其生理耐受边缘时,它对于遗传改变变得非常敏感。例如,环境发生了大的变化或者生物进入了一个新的小生态环境之中时,由于高生理耐受生物对于环境变化的强缓冲性,构成了对生物进化事件发生的极为有利的条件(图 21.4.3)。显然,来自多细胞生物复杂的发育机制和程序结构,而不是直接针对于细胞学的基础程式,给生物生理耐受性的提高创造了相当大的发展空间,也就为生物的进化提供了更多的机遇。

M.Conrad 基于发育生物学的研究,分析了多细胞生物具有推动进化发生的若干有利条件。它们使生物有可能以小的遗传改变付出,并且不影响其基本的生存适应性,而获得显著的表型改变和进化。

第一,发育过程中存在区域化现象(compartmentalization),它允许机体中一些部分开发新的结构而并不破坏其他部分的稳定性(有如童话中木偶人皮诺曹可以拉长的鼻子),并且这种

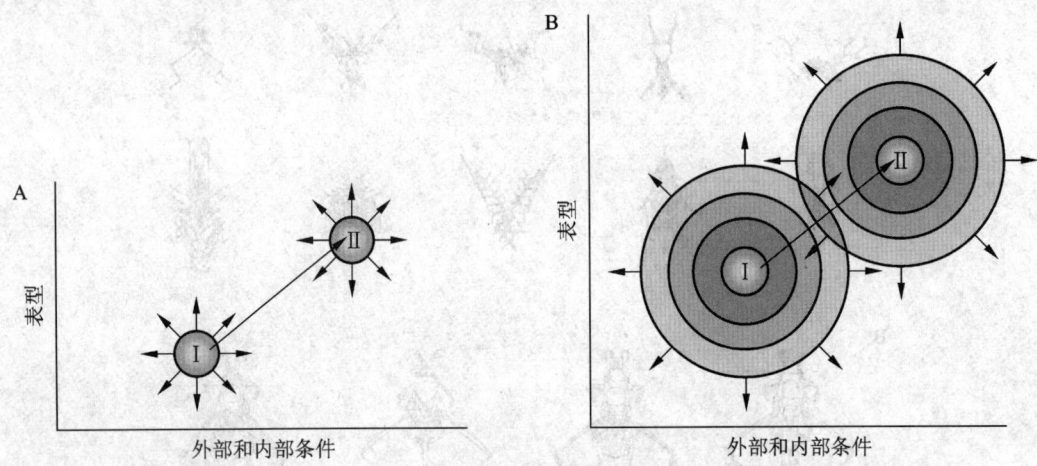

图 21.4.3　生理耐受性对进化的影响

A．两种基因型和它们的表型，Ⅰ和Ⅱ。在一定的外部和内部环境幅度（横轴）下，它们的表型的适应性幅度（纵轴）都很有限（在纵轴与横轴规划出的平面中占的面积）。假定这两种表型隔着几个遗传步骤，那么从基因型Ⅰ移动到基因型Ⅱ，所有的遗传步骤都要一起发生。这往往是很难发生的，内外环境的变迁更多的是导致致死。B．在一定的外部和内部环境幅度下，两种表型Ⅰ和Ⅱ的适应性幅度都很大，甚至有部分重合。逐渐变浅的同心圆表示当远离中心时，此物种的适应度下降但是依然存活。在这种情况下，物种会更容易地通过突变（起码有更多的存活时间使其获得突变的机会）来到物种Ⅱ的位置。（J.Gerhart & M.Kirschner）

便利是多方位多层次的。例如，Hox 基因表现的兼有自身稳定不变（self-perpetuation）和与基因组其他成分介导获得多样特异联络的性质；基因增强子和多拷贝化在不同区域的不同利用和信使 RNA 的不同拼接方式；免疫系统在发育中限制性地对基因组的修改；神经嵴细胞、肢体细胞、成虫盘细胞，它们在各自的范围内执行着不同的发育和组织原则，而并不影响整体的发育体制图案，等等。

第二，多余成分和程式的积累是便利于进化发生的又一条件。发育生物学研究显示，这种积累同样是多层次性的。例如，因基因拷贝数增加，同源的不同 actin 基因特异地表达于骨骼肌、平滑肌、纤维母细胞中，使它们有可能在不同的区域环境中发展各自的信号调控系统和程序结构，包括对基因自身调控因子（如增强子）的改造；基因拷贝数的增加不仅在体内形成一种容纳基因序列更改的缓冲系统，抑制了基因突变造成的致死效应，而且大大地增加了新的功能基因获得的潜能性，从早期的脊索动物到有颌脊椎动物以至四肢动物的进化出现，Hox 基因组和相关发育程式的倍增很可能起着关键的作用；多细胞生物体内潜在有大量的同功成分，从大量的发育生物学实验中也得到间接的证实，当人们用实验的方法封闭了某些重要基因表达时，出人意料的是，实验动物仍能进行正常或基本正常的发育，研究发现这是因为许多同源的基因表现出强烈的替代效应。例如，在脊椎动物中，myoD 基因对于肌肉的正常分化是至关重要的，同源的 myf-5 基因表达的抑制仅造成对肋骨发育的轻微影响，而不表现出与骨骼肌的发育有关联。但是，myoD 基因表达的封闭却引起 Myf-5 蛋白在体内的含量提高了 3.5 倍，暗示两者之间存在一种补偿的关系。

第三，多细胞生物发育中存在的弱调节级联或者调节中的弱反应给生物进化发生创造了便利的条件。所谓弱调节级联或者调节中的弱反应是指一种间接或者部分性参与的调节机制。例如在钙离子释放而引发的细胞分泌现象中,可由于受到因配体与特异受体结合而发生的钠泵作用的影响而使钙离子释放加强,这是真核生物中普遍存在的弱调节级联现象。ras 基因产物在穿膜酪氨酸激酶和 MAP 激酶活化信号通道中,发挥重要的作用。对 ras 基因进行突变,发现在有的小鼠实验组中出现 ras 基因功能的差异,例如它可能明显地促使瘤细胞发生,而并不表现对其他发育功能的干扰。再如,另一个重要的信号传导因子 Fos,当这一基因被从小鼠基因组中删除以后,只表现出对发育一定程度的影响。深入的分析表明,并不是因为这些基因不重要,而是许多信号通道具有多控制方式,即它们同时联系着相当数量的弱反应控制系统,并由此获得补偿。发育的信号控制系统的这一性质,使它们很容易在环境变化时发生包括建立新的控制环节在内的信号通道结构的变化,而这正是生物进化的必要条件。

第四,Conrad 认为生物的进化与基因组的"健壮"(robustness)程度,即它对变化条件的耐受或者缓冲能力有密切的关系。Gerhart 和 Kirschner 认为实际上这种能力并不只限在基因组的水平上,例如,在发育过程中可能出现:偏离平衡状态的额外细胞群落、对某一发育程式出现弱的信息沟通、非严格程序化的自组织过程、调节通道上的动力学自我复原趋势、对发育缺失环节创立补偿程式的潜在性等等,这些都反映出生物对它变化条件的耐受或者缓冲能力。因此他们建议将这种生物体各层次中广泛存在的健壮程度定义为:生物对于有序改变的获取能力(capacity to absorb change),它可以表现在以下方面,如分化细胞组合方式的转换,细胞数目的变通,在不丧失功能前提下的某种成分的省略等。显然,当内外环境变化时,由于生物个体在许多层次上存在一定缓冲能力,自然构成了一种非致死性的压力,可使生命系统的有序结构发生定向性的改造。

可以看出 Conrad 在这里提出的实质上是生物进化机制的问题,而其中第四点,即关于生物系统对变化条件的耐受或者缓冲能力显得尤为重要。对此,当代美国著名发育生物学家 Gerhart 和 Kirschner 作了进一步的分析。大量的实验结果已经表明,许多蛋白质成分具有相当的突变耐受性,即在维持其基本功能不改变的情况下,蛋白质的序列可以在很大的范围内发生变异,而基因的多拷贝化现象更增加了对蛋白质改变的容纳性。显然,如前面提到的,这一过程实际上是在同时增加着生物进化发生的机遇,是一种进化潜能性的储备。Gerhart 和 Kirschner 认为,除了外界环境以外,生物体的内环境,特别是细胞间的相互作用对于生物的进化是非常重要的。发育生物学告诉我们,如果没有细胞间的相互作用,多细胞生物发育中的细胞分化,特别是特异形态结构的终末分化是不可能发生的。在经过了一系列先导的时间和空间规范以后,每个细胞来到它特定的微环境之中,终末分化才可能发生。显然由于多细胞生物高度复杂的信号调节系统,任何耐受性范围内的变动都可能造成个体保证其生存前提条件下的新的微环境的出现,细胞的分化也会由此出现新的变化,而这种变化又会因弱调节级联存在而诱发建立新的调节关系。

思 考 题

1. 比较昆虫和脊椎动物眼睛感光信号通道,谈一下你对"在进化上细胞学的核心程式表现出高度的同一性和保守性"这一观点的认识。
2. 不同物种间珠蛋白序列间的高度分化和它们三级结构的高度相似现象给我们的启示是什么?
3. 什么是建立对基础发育程序的特异控制?为什么这一手段对生物进化的发生可能起着重要的作用?

4. 在比较各种 G 蛋白信号通道的结构和工作原理以后,人们发现这一信号系统表现出哪些性质?它们可能给生物调控系统的进化带来哪些便利?

5. 在基因转录的调节方面,原核细胞与真核细胞有什么重要的区别?为什么说真核生物的基因表达调节方式给生物的进化带来了更多的机遇?

6. 在讨论多细胞生物基因表达调控系统进化的问题时,书中提到:这一体系朝着特异化提高和建立复杂信号网络的方向前进,同时又不封闭它不断拓展的可能性;这是一个不断增强稳定性又不断创造新的不稳定性因素的过程。请你谈一下对这个问题的理解。

7. 有人认为生物的进化,特别是多细胞生物的进化,在很大程度上反映的是生物信号和发育调控系统的进化,请对这一观点谈谈你的看法。

8. 发育程序调节基因在广泛物种中同源现象的发现对认识生物的进化有重要的意义,请你对此举例加以说明。

9. 为什么说发育过程中,生长速率的调整和异时作用同样可能是造就生物进化和多样性发生的机制之一?

10. 有人推测今天的高等动物的共同祖先是圆形扁虫,它应该已经有数种细胞分化类型,有 Hox 基因对不同类型细胞进行空间定位和图案构建的控制系统,有三胚层的分化,有神经系统和个体运动能力。请你从发育生物学的角度谈一下这一猜测的依据。

11. 简述 M. Conrad 提出的多细胞生物自身具有的推动生物进化的有利条件。

小 结

200多年前,布丰和老达尔文明确地提出了生物进化的思想,继之拉马克力图用有着强烈的哲学内涵的获得性遗传的理论来解释生物的进化现象。140多年前(1859)达尔文创立了以自然选择为中心的进化论,确立了对生物进化现象科学规范的基本模式,开启了人类对生物进化机制的研究。20世纪前叶,魏斯曼、赫胥黎等人对达尔文的自然选择学说进行了过滤和加工,建立了现代综合论,揭示了生物有性过程和以此建立的种群内基因交流、分配、竞争对生物进化的重要推动作用。20世纪中叶以后,木村等人发现了生物大分子具有一定独立于生物进化进程的序列自主变更现象,提出了生物大分子进化中性理论。

生物进化现象包括生命的起源是生命科学最基本和核心的问题,它与几乎所有生命科学分支学科都有着密切的联系,并深刻地影响着它们的发展。Mayr说"进化论是生物学最大的统一理论"(1977)。

在对多细胞生物个体发育的研究中,发育生物学对生物进化现象作出了许多引人注目的发现。尽管这方面的工作还只是开始,但是我们已经可以清楚地感到,对于生物进化现象的研究,发育生物学开启的是一扇崭新的大门,并由此展现出了一条有着无限生机的探察通道,它的意义是重大和深远的。在以往的对生物进化现象的研究中,除了承认生物进化这一基本事实外,对于生物进化机制,拉马克的理论有着明显的思辩和哲学的意味,而缺乏自然科学应该基本具有的研究的可操作性;达尔文的理论讲述的是在生物进化过程中,生物与环境间的作用关系。尽管今天看来这一点仍是很重要的,并且他提出的竞争与选择的思想具有其广泛的意义。但是就生物进化现象而言,他对于生物体内部存在的竞争与选择基本没有涉及;综合进化论从世代遗传现象入手,进入了对生物自身具有进化能力领域的研究,揭示了有性过程对于进化的干预和影响。但是,今天看来,它只是生物进化能力的一个非常有限的方面;生物大分子进化中性理论阐明的现象虽然强烈地暗示了生物体内部自身动力学随机和混沌过程的存在,但是以它揭示的规律运用于对生物进化现象的分析基本还是追踪进化的轨迹,而不是探察进化的机制,这一点它与化石分析的方法极为相似,只不过是从对形态的考察转向对分子序列的比较方面。

从前面的讨论中,我们可以发现,尽管在许多方面还很不成熟和很不系统,还有许多关键的问题还基本没有涉及(例如生殖干细胞进化信息获得的问题,后生多细胞动物门类大分化的问题),但是发育生物学提出的问题与以前对于生物进化现象的研究有着重要的区别。它们是:第一,生物自身不仅有着明确的自我完善和进化的能力,而且这种进化完全可能极为迅速。环境因素不容忽视,在一定的条件下,它可能发挥着关键的作用,但是真正实现进化的是复杂的生物内部过程的应答效应。第二,生物是一个有着复杂结构的动力学系统,它的有序的维持和变更是这一系统运动过程的属性,片面强调某一层次(如基因组)的作用是不对的,对于它的认识有赖于全局和综合性的把握，而单纯的细节过程的探察和描述显然是不够的。

发育生物学已经深刻地向人们展示出，生命是一个高度精巧又不断自主发展着的复杂系统。20世纪人类认识史上的一个伟大进步是系统论诞生，它揭示的一系列规律和建立的各种理论，例如，自组织原理、分形现象、混沌与吸引子等等，不仅越来越表现出对认识生命复杂系统的强大生命力，而且同时，生命现象也对系统论的发展提出了新的挑战。从生物发育现象出发，并逐渐深入到生物进化的课题，人们正在利用生命科学的广泛成果(包括一些物种基因组的测序工作相继完成)，深化对生命复杂系统的系统论认识，包括对人类和一些高等生物存在的智能行为的研究。用计算机模拟生物发育以至进化规律的工作也已经提到生命科学研究的议事日程上来了。

Lewontin曾说过：对生物进化最好的理解是，它是一部对于压力不断探寻迂回通道的历史(Evolution is best viewed as a history of organisms finding devious routs around constraints)。其实，除此之外还应该加上：生物在进化上表现出的这种能力是生命系统本身具有的属性，并且就整体而言，在生命系统耐受的限度内，它可能引导生物不断地向多态和高级的方向发展。

主要参考书

1. Gilbert S F. Developmental Biology. 6th ed. Sunderland: Sinauer Associates Inc, 2000
2. Wolpert L, Beddington R, Jessell T, et al. Principles of Development. 2nd ed. London: Oxford University Press, 2002
3. Gerhart J, Kirschner M. Cell, Embryos and Evolution. London: Blackwell Science, 1997
4. Lawrence P A. The Making of a Fly. London: Blackwell Sientific, 1992
5. Jeske W H, et al. Molecular Plant Development. Oxford: Oxford University Press, 1998
6. Clark M R, et al. Botany. Dubuque: Wm. C. Brown Publishers, 1995
7. Alberts B, et al. Molecular Biology of the Cell. 3th ed. New York: Garland Publishing Inc, 1994
8. Margulis L, Schwartz K V. Five Kingdoms. 3th ed. New York: Freeman, 1982
9. Kauffman S A. The Origins of Order. New York: Oxford University Press, 1993
10. Stewart I. Does God Play Dice? London: Blackwell Sientific, 1989
11. (德)Muller W A. 发育生物学. 黄秀英等译. 北京: 高等教育出版社, 1998
12. 张红卫主编. 发育生物学. 北京: 高等教育出版社, 2001
13. 许智宏, 刘春明. 植物发育的分子机理. 北京: 科学出版社, 1999
14. 胡适宜. 被子植物胚胎学. 北京: 高等教育出版社, 1982
15. 孙大业. 细胞信号转导. 北京: 科学出版社, 1998

名词索引

A

ABC 模型(ABC model) 206, 330
癌基因(oncogene) 365
暗区(area opaca) 67

B

孢子体(sporophyte) 171~181, 187, 226, 232, 233, 253, 307, 319, 325, 326, 328
孢子体世代(sporophyte generation) 171, 187, 191, 214
保幼激素(juvenile hormone) 148, 272
背唇(dorsal lip) 64, 66, 67, 68, 79
背中胚层(dorsal mesoderm) 82
比速分析(allometry) 401
变态(metamorphosis)(动物) 6, 7, 13, 62, 82, 97, 104, 131, 143~154, 161, 276, 298, 299, 303, 306, 312, 324, 329, 332, 334, 347, 351, 363, 364, 366, 403
 半变态(hemimetabolism, hemimetamorphosis) 143, 144
 不完全变态(incomplete metamorphosis) 143
 渐变态(paurometabolic metamorphosis) 143, 276, 298, 306, 351
 全变态(holometabolic metamorphosis) 143, 144, 145, 272, 276, 298, 306
 无变态(ametabolism) 143
变态(植物) 203, 207, 219, 249, 267, 272~275
表型可塑性现象(phenotypic plasticity) 334

C

侧板中胚层(lateral plate mesoderm) 93
侧芽(axillarybuds) 186, 187, 188, 190, 196, 197, 216, 284, 348
侧中胚层(lateral mesoderm) 82, 85
层裂(delamination) 62, 288, 289
产卵器(vulva) 10, 268
产卵器前体细胞(vulval precursor cell, VPC) 268
长胚基模式(long germ mode) 103, 105, 404
长日照昆虫(long-day insect) 334
超循环(hypercycles) 312, 316, 317, 318, 362, 406
成虫盘(imaginal disc) 11, 82, 97, 98, 100, 145, 146, 148, 152, 261, 267, 272, 273, 298, 303, 305, 397, 408
程式级联(process cascade) 310
持幼状态(dauer larval state) 164
重编程(reprogram) 62, 284, 320
重演律(law of recapitulation) 308, 368, 371
初级神经管(primary neural tube) 75
春化现象(vernalization) 204
雌雄同体(hermaphrodite) 9, 139, 141, 278, 339
雌雄异体(gonochoriste) 132, 278, 339
雌原核(female pronucleus) 51, 52, 53, 54
次级神经管(secondary neural tube) 75, 77
促前胸腺激素(prothoracicotropic hormone, PTTH) 147

D

大孢子叶(megasporophyll) 176, 179
底物粘着分子(substrate adhesion molecule) 293, 295
凋亡(apoptosis) 9, 19, 75, 120, 121, 131, 147, 154, 274, 275, 281, 282, 283, 285, 364, 365
顶端外胚层嵴(apical ectodermal ridge, AER) 123,

300
顶端细胞(apical cell)　172, 174, 181, 183, 184, 233, 327, 329
顶端优势(apical dominance)　244
顶体(acrosome)　29, 31, 46, 47, 377
定名元素(denominator elements)　138, 141
动物极(animal pole)　11, 13, 18, 38, 54, 57, 64, 65, 66, 67, 299, 400
短胚基模式(short germ mode)　103, 105, 404
短日照昆虫(short-day insect)　334

F

反分化(dedifferentiation)　280, 311, 327, 330, 350
反应规范(reaction norm)　334, 335
非遗传多型性(polyphenism)　334
分化的许可性作用(permissive interaction)　260
分化决定子(determinant)　283, 285, 378
分化指导反应(instructive interaction)　260
分节结构(segmental pattern)　6, 82
分节现象(metamerism)　6
分生组织(meristem)　177, 179, 181, 184~191, 196, 204, 208, 209, 213, 215, 216, 219, 233, 252, 325, 329, 330
分形(fractal)　17, 56, 290, 307, 308, 318, 355, 356, 357, 358, 363, 367, 406, 412
副节(parasegment)　99, 100, 101, 261, 302

G

干细胞(stem cell)　19, 21, 22, 23, 28, 44, 57, 61, 110, 122, 134, 274~285, 320~327, 345, 348, 378
　　单能干细胞(monopotent stem cell, MSC)　279
　　多能干细胞(pluripotent stem cell, PSC)　279, 281
　　胚胎干细胞(embryonic stem cell, ES)　19, 22, 57, 61, 280, 281, 327, 364
　　群体生殖干细胞(group gonad stem cell)　320, 327
　　生殖干细胞(gonad stem cell, GSC)　14, 17, 19~28, 44, 57, 61, 63, 79, 134, 279~296, 320~327, 404, 411
　　造血干细胞(hematopoietics stem cell, HSC)　79, 109, 110, 279, 280, 345, 364
个体发育(ontogeny)　17, 21, 27, 45, 53, 54, 58, 103, 106, 108, 110, 132, 143, 153, 154, 157, 164, 167, 168, 171, 183, 256, 276, 278, 307~332, 343, 345, 354, 355, 361, 362, 363, 367, 372, 402, 403, 411
共生(symbiosis)　333
孤雌生殖(parthenogemetic)　339, 340, 342
光受体细胞(photoreceptor)　267, 268, 390, 391
光周期(photoperiod)　204

H

寒武纪(Cambrian period)　373, 374, 404, 405
寒武纪大爆发(Cambrian explosion)　372, 374
耗散结构(dissipative structure)　354, 355, 356, 357
合轴分枝(sympodial branching)　186
后口(deuterostomata)　3, 5, 51, 87
后缘带(posterior marginal zone, PMZ)　70, 300
花序(infloresence)　204, 208, 219, 240, 292
花序分生组织(infloresence meristem)　186
还原论　355
黄化现象(etiolation)　239
灰新月区(gray crescent)　55, 64, 65, 299

J

极体(polar body)　9, 13, 32, 33, 42, 53
极细胞(pole cell)　11, 13, 22, 23, 62, 65, 66, 290, 299, 302
极性活化区(zone of polarizing activity, ZPA)　128, 300
脊索中胚层(chordamesoderm)　75, 82
计数元素(numerator elements)　138, 141
假体腔动物(pseudocoelomates)　5
肩带(shoulder girdle)　123
结合蛋白(bindin)　31, 46, 52, 148, 223, 378, 382, 384, 394
近端诱导(proximate interaction)　108, 115, 119, 122, 142, 151, 161~276, 281, 285, 310, 311
近端组织相互作用(proximate tissue interaction)　266
进化能力(evolvability)　405, 406, 411
茎端分生组织(shoot apical meristem)　176, 177, 179~191, 196, 197, 199, 204~220, 233, 234, 247, 252, 298, 311, 312, 330

K

克隆选择(clonal selection) 336
空间区域性分化(spatial differentiation) 64,276,277,278
空间效应(spatial effect) 277,388
口板(oral plate) 87

L

卵黄囊(yolk sac) 14,27,59,72,109
卵裂(cleavage) 3,4,5,9,13,14,22,40,45,51,58,62,79,80,260,283,284,299,378
 表面卵裂(superficial meroblastic cleavage) 5,22
 两侧卵裂(bilateral holoblastid cleavage) 4,5
 螺旋卵裂(spiral holoblastid cleavage) 4
 盘状卵裂(discoidal meroblastic cleavage) 4,5
 旋转卵裂(rotational holoblastid cleavage) 4,5
卵泡(follicle) 18,23,33,34,42,43,134,273,319
卵子发生(oogenesis) 302

M

慢封闭反应(slow block) 48,49,50,51,79
明区(area pellucida) 67,68,70,71,266,283
命运图(fate map) 11,58,65,298
母体基因(maternal gene) 56,281,283,307,319,321

N

内细胞团(inner cell mass) 15,56,59,60,61,71,72,93,281,300,327
内脏中胚层(splanchnic mesoderm) 82,86,87
囊胚(blastula) 5,6,7,11,13,14,15,45,55~72,77,80,93,157,281,284,290,293,299,300,327
Nieüwkoop 中心(Nieüwkoop center) 300
NK 模型(NK model) 405,406

P

P 颗粒(polar granules, posterior granules) 19,21,22,23,24,25,327
旁泌素(paracrine) 93,107,258,261~268,271,272,313
胚孔(blastopore) 18,64,65,66,68,299
胚盘(blastodisc) 67,68,70,300,302
胚泡(blastocyst) 71,300
胚胎发生(embryo genesis) 6,9,17,169,172,184,186,192,215,233,238,249,299
胚体伸长期(elongation) 80
胚外器官(extraembryonic organ) 7,14,18,26,40,56,57,59,60,71,72,281,298~311,320,327,363
胚外组织(extraembryonic tissue) 14,67,68,299,320
配子发生(gametogenesis) 227
配子体(gametophyte) 171,172,176,181,184,210,213,214,220~232,238,248,252,319,325,326,328
配子体世代(gametophyte generation) 171
皮质颗粒(cortical granule) 31,38,49,50,51
瓶细胞(bottle cell) 67

Q

奇怪吸引子(strange attractor) 356,367
迁移(migration) 7,11,19~27,44,51,54,57,59,64,67,68,70,77,85,87,89,112~116,122,134,146,260,279,289,292,293,295,296,327,332,342,348,350,365,377
迁移带(immigration zone, IMZ) 67
区域化现象(compartmentalization) 277,298,390,407
区域特异诱导(regional specificity of induction) 266

R

弱调节级联(weak rgulatory cascade) 408,409

S

Spemann 组织者(Spemann organizer) 66
桑椹胚(morula) 6,7,55,59,300
上胚层(epiblast) 67,68,70,72
神经板(neural plate) 75,76,281,286
神经底板(neural floor plate) 75,76,314
神经嵴(neural crest) 75,77,89,115,116,282
神经嵴细胞(neural crest cell) 77,87,115,116,117,260,279,282,292,293,408
神经母细胞(neuroblasts) 11

神经胚(nurula) 6,7,13,45,63,74,77,79,80,82
神经褶(neural fold) 75
神经轴突的发育导向(axon guidence) 117
生长分化因子(growth and differentiation factor, GDF) 261
生长锥(growth cone) 117,118
生骨节(sclerotome) 85,303
生肌节(myotome) 85,303
生理稳定(physiological stability) 406,407
生皮节(dermatome) 85,303
生血母细胞(anioblast) 108,109,110
生血细胞团(angiogenetic cell cluster) 86
生殖嵴(genital ridge) 25,26,27,28,70,82,134
生殖索(sex cord) 28,134
生殖新月区(germinal crescent) 26,70
时向性分化(temporal differentiation) 276,278
世代交替(alteration of generations) 3,171,172, 319,325,326,327,328,361,367
视黄酸(retinoic acid, RA) 90,91,122,123,131, 305,313,351
室管膜细胞(ependymal cell) 112,113
衰老(senescence) 6,17,27,162~168,284,298, 311,324,345,358
衰老的端粒成因说 163,164,165
双受精(double fertilization) 236,307

T

探察性发育(exploratory development) 253,322, 330,332,368
体节(somite) 3,6,11,13,19,63,80,82,83,85, 89,95~104,111,115,118,146,261,262,263, 281,282,292,298,299,302~307,311,312,318, 399,404
体节中胚层(somatic mesoderm) 82
体腔(coelom) 3,5,62,65,86,372
    无体腔动物(acoelomates) 5
    真体腔动物(coelomates) 5,6
体细胞克隆(somatic cell clone) 164,283,284,324, 327,328,353
体制(body plan) 17,18,19,20,27,45,52,56,58, 61,62,65,70,74,77~82,104,298,299,306, 311,319,372,373,374,394,397~408
体中胚层(somatic mesoderm) 86,89

同源异形基因(homeotic gene) 98,104,105
    同源异形基因簇 89
    同源异形基因复合体(homeotic gene complex, HOM-C) 97
    同源异形突变体(homeotic mutant) 98
    平行进化同源异形基因组(paralogous group) 89,90
    同源异型框(homeobox) 19,393,394,396,397
    同源异型选择者基因(homeotic selector gene) 97,98,99,100,103,299
头突(head process) 70
蜕皮激素(ecdysone) 147,148,149,272

W

外胚层(ectoderm) 7,11,13,56,62,63,65,67,70, 71,75,76,85,86,87,104,107,123,124,129, 265,266,267,283,287,345,390,400
围臂组织(peribrachial flank tissue) 123

X

吸引子(attractor) 318,354,355,356,357,358, 360,361,362,363,367,412
系统发生(systematics development) 7,11,21,62, 79,80,81,82,95,100,104,106,111,112,298, 311,406
细胞连接分子(cell junction molecule) 293,296
细胞内程序分化 260,285,310
细胞水平的性别分化(sexual dimorphisms at the individual cell level) 277,278
细胞系(cell line) 9,17,19,22,118,161,260,278, 279,280,310,321,326,327,330,362
细胞性分化(cytodifferentiation) 19,79,276,278
细胞粘着分子(cell adhesion molecule) 293,294
下胚层(hypoblast) 67,68,72,93
纤维母细胞生长因子(fibroblast growth factor, FGF) 261
相互作用模型(interaction model) 283
向光性(phototrophism) 239,242
小孢子叶(microsporophyll) 176,177,181,228
信号调控连锁(regulatory linkage) 385
信号素(semaphorin) 117
形态发生(morphogenesis) 6,11,17,34,36,38,54,

57, 70, 75, 79, 95, 110, 187, 190, 201, 203, 213, 240, 299~308, 371, 379, 400
形态发生原(morphogen)　19, 34, 36, 38, 52, 54, 57, 61, 64, 70, 285, 299~308, 313, 319, 399
性别分化(sex differentiation)　133, 134, 139, 210, 342, 343
性别决定(sex determination)　21, 44, 132, 133, 134, 138, 139, 141, 142, 256, 278, 320, 339~344, 382
  初级性别决定(primary sex determination)　132, 133, 142
  次级性别决定(secondary sex determination)　132, 135, 137, 138, 142
雄原核(male pronucleus)　45, 51, 52, 53, 54
选择者基因(selector gene)　278

Y

咽弓(pharyngeal arches)　87, 90, 116, 117
咽囊(pharyngeal pouches)　87, 90, 116
羊膜(amnion)　13, 14, 15, 59, 61, 72, 319, 320
叶序(phyllotaxis)　195, 196, 218, 219, 292
伊迪卡拉动物(Ediacaran animal)　373
异配生殖(anisogamy)　171
异时基因(hetrochronic gene)　278
异时现象(heterochrony)　403, 404
异形叶性(hetevophylly)　195, 202
有胚植物(emrbyophyta)　172
幼态持续(neoteny)　403
原癌基因(proto-oncogene)　365
原肠胚(gastyula)　6, 7, 11, 12, 45, 62, 63, 64, 67, 70, 71, 72, 77, 80, 90, 299
原肠形态构建
  层裂(delamination)　62, 288, 289
  内卷(involution)　11, 62, 64, 65, 66, 67, 288
  内陷(invagination)　7, 11, 13, 56, 62, 63, 68, 75, 288, 290
  内移(ingression)　62, 70, 288
  外包(epiboly)　11, 46, 62, 64, 65, 288
远程控制(interaction at a distance)　143, 144, 161, 260, 272~276, 285, 310, 311, 320
原沟(primitive groove)　68, 70
原节(primitave knot)　68, 70, 75, 87, 91, 94
原口(protostomata)　3, 5, 51
原神经上皮(germinal neuroepithelium)　112
原肾管(pronephric duct)　118
原条(primitive streak)　26, 68, 70, 79, 87, 90, 157, 262, 299, 300

Z

杂种优势(hybrid vigor)　228
再生(regeneration)　188, 190, 246, 247, 248, 311, 324, 345, 346, 347, 348, 350, 351, 353, 361
  生长性修复再生(epimorphosis)　347, 351
  形变性修复再生(morphallaxis)　347, 348
老年性痴呆(Alzheimer's disease, AD)　165
支持细胞(sertoli cell)　28, 262
肢体场(limb field)　123, 305
肢体盘(limb disc)　123
植物极(vegetal pole)　11, 13, 18, 25, 38, 54, 57, 62, 64, 65, 66, 290
滞育(diapause)　334
中间中胚层(intermediate mesoderm)　82, 118, 119, 123, 124, 134
中胚层(mesoderm)　5, 7, 11, 56, 62~75, 82, 83, 85, 86, 87, 88, 93, 100, 104, 108, 117, 118, 263, 265, 266, 287
中肾(mesonephros)　6, 109, 118, 119
中肾管(Wolffian duct)　118, 119, 120, 137
滋养层(trophoblast)　14, 59, 60, 61, 71, 300
滋养细胞(nurse cell)　18, 23, 33, 34, 36, 37, 44, 59, 71, 319, 320
自交不亲和性(self incompatibility)　230, 231, 232, 238
自泌素(autocrine)　258
自由基(free radicals)　164, 165, 166, 167
自组织(self-organization)　18, 60, 62, 70, 76, 253, 286~293, 297, 308~319, 331, 355, 357, 360~368, 388, 406, 409, 412
组合调控(combination control)　258

与发育相关的基因(因子)和突变株索引

A

α2 protein 395
a1 protein 395
abdA 98, 101
AbdB 98, 101
ABI 249, 250
activin 262, 271
ActRIIa 94
AG 186, 187, 206
AKV 223
am1 222
AMP1 192
ant1 214
antennapedia complex 97
Antp 97, 98, 99, 100, 398
AP1 188, 206
AP2 206, 250
AP3 206
APP 165, 166
arc1～arc9 200
ATML1 188, 189, 199, 213, 216, 238

B

β-catenin 66
β1 factor 271
bel1 214
bicoid 34, 37, 302, 312
bithorax complex 97

BMP4 76, 85, 263
BMP7 76, 120, 121
BMP8B 31
boss 268
boule 31
BR-C 148

C

Cactus 38
cappucino 23
caudal 34, 302
Cdx1 90
clavata1 219
clk-1 165
cNR-1 94
COP 243
CO 205
CRBP 131
crinkly4 238
CRY1 242
CRY2 242
cue1 200
CYC 208

D

54D12 214
DAX1 133, 134, 343
DAZ 31
decapentaplegic 100, 263, 397
Delta 263

del 208
Det 243
Dfd 97
dhh 262
DICH 208
disc large 378
Distal-less 100, 101, 146, 399
dorsalin 76
Dpp 146
dpp 146
dsx 139

E

E-cadherin 60, 76, 121, 293
EcR-A 148
EcR-B1 148
EcR-B2 148
EMF 205
engrailed 96, 302
EP-cadherin 293
ettin 210, 218
Even skipped 95, 96
eyeless 379, 391

F

FBP11 213, 214
FBP7 214
FCA 205
fem1 226, 227
fem2 226, 227
fem3 226, 227
fem4 226, 227
FGF2 120, 121, 261
fgf3 261
FGF4 124, 263
Fgf8 108
FGF8 123, 124, 261, 305
FHA 205
fiddlehead 210
FLP 200
FVE 205

G

gap gene 96

gcl 23
GDNF 119, 120
gdnf 120
gem1 225
gfa2 226, 227
gfa3 226, 227
gfa4 226, 227
gfa5 226, 227
gfa7 226, 227
gf 226
giant 96
GL1 199
GL2 199
GNOM 192
gurken 36, 37

H

47H4 214
hdd 226, 227
HGF 120
hh 96, 146, 261
HNK-1 70
Hoxa-1 89, 90, 91
Hoxa-3 90
Hoxa-5 90
Hoxb-4 90
Hoxb-6 90
Hoxc-4 131
Hoxc-5 131
Hoxc-6 123
Hoxc-8 90
Hoxc-9 131
Hoxc-10 131
Hoxc-11 131
hunchback 34, 95, 302

I

ID 205
Igf-1 158
Igf-2 158
ihh 262
IME1 222
integrated 262

inv 93
iv 93

K

knirps 96
Krüppel 96, 99

L

lab 97
lec1 191, 192, 193
lefty 93
LET-23 268
LFY 205, 216
Lim1 112
LIN-3 268, 269
Lmx1 129

M

MP 192
MRF4 107
msx1 76
Myf5 85, 107
MyoD 85, 107
Myogenin 107

N

N-cadherin 76, 83, 293
nanos 23, 34, 302
netrin 117
NGFR 122
nodal 93, 94
non-dehiscence 1 229
Notch1 83, 107
NPH 242
Nudel 38

O

openbrain 76
oskar 23, 37, 302
Otx2 112
ovm2 214
ovm3 214

P

P-cadherin 293
p53 281, 364
pac 200
pair-rule gene 19, 96
pal 208
par 82, 307
Paraxis 83
pax1 85
Pax2 121
Pax3 76
Pax-6 379
Pb 97
Pgc 23
pgm1 250
phan 197
phb 187
PHYA~E 241
pie-1 307
PIF3 243, 244
PINHEAD 192
Pipe 38
PI 206
ppt 263
presenilin-1 165
presenilin-2 165
prl 226, 227

R

Radical fringe 123, 124
Rb97D 31
retinoic acid 90, 91, 122, 123, 131, 305, 313, 351
RTN 199

S

scp 225
Scr 97
segment polarity gene 19, 96
Serrate 263
Sxl 138, 139, 141
SF1 134
shh 19, 94, 108, 262

sin1 214
skn-1 307
smad 263
Snake 38
solo 225
sonic hedgehog 76, 94, 124, 128, 262, 263, 397, 400
SOX9 134
sp56 47
SPA1 243
spe-11 31
spire 23
SPL 220
SRY 133, 134, 343
staufen 23
STM 213
swi1 222

T

tbx4 131
tfl1 205
TGF-β1 130
TMM 200
tousled 210
tra-1 141
transformer 139
TRα 151, 275
TRβ 151, 275
TS2 213
TTG 199
tudor 23, 302
Twist 107
twn2 234

U

Ubx 98, 99, 100, 101, 399

V

VAB3 379
valois 23, 302
vasa 23, 44, 302, 327
Vg1 38, 66
VP 249, 250

W

Wg 146
wg 96, 146
Windbeutel 38
Wnt 85, 107, 262, 263, 313
Wnt1 108, 262
Wnt3a 262
Wnt4a 134
Wnt5a 262
Wnt5b 262
Wnt7a 129, 263
Wnt8 66
Wnt11 120
WT1 119, 120, 121

X

xol-1 141
XTC1 192
XTC2 192

Z

ZO-1 378
ZP3 47, 48, 50
ZWI 199

郑 重 声 明

高等教育出版社依法对本书享有专有出版权。任何未经许可的复制、销售行为均违反《中华人民共和国著作权法》,其行为人将承担相应的民事责任和行政责任,构成犯罪的,将被依法追究刑事责任。为了维护市场秩序,保护读者的合法权益,避免读者误用盗版书造成不良后果,我社将配合行政执法部门和司法机关对违法犯罪的单位和个人给予严厉打击。社会各界人士如发现上述侵权行为,希望及时举报,本社将奖励举报有功人员。

反盗版举报电话:(010)58581897/58581896/58581879
传　　真:(010)82086060
E - mall:dd@hep.com.cn
通信地址:北京市西城区德外大街4号
　　　　　高等教育出版社打击盗版办公室
邮　　编:100120

购书请拨打电话:(010)58581118